第2版

选煤工艺设计实用技术手册

XUANMEI GONGYI SHEJI
SHIYONG JISHU SHOUCE

■ 戴少康　编著

煤炭工业出版社

·北京·

内 容 提 要

　　编撰《选煤工艺设计实用技术手册》的目的就是为从事选煤工艺设计的人员提供一本随手可及、方便实用的参考书。本书除保留了传统设计手册工具书式的一部分必要的内容外，还包括了煤炭资源、地质勘探、煤炭性质分析、煤的用途及其对煤质的要求、产品结构方案论证、选煤工艺剖析、煤炭深加工、煤炭转化、资源综合利用等方面的新内容。并结合当前相关行业技术进步的成果，着重阐述其相关知识的基本理念以及选煤工艺设计的思路和方法，故本书也具有类似于技术参考书的内容和功能。另外，编著者集一生从事选煤工程设计、工程咨询的经验体会，广泛汇集选煤设计业界的宝贵经验、教训，通过提供大量典型设计实例，形象具体地对本书提出的观点、论点予以参考佐证，因此对于工程设计更具有实用价值。

　　本书主要供从事选煤工艺设计、工程咨询的技术人员作为工具参考书，也可供从事选煤厂工程建设管理和生产的技术人员参考，亦可作为大、专院校选煤专业的师生教学参考书。

再 版 前 言

《选煤工艺设计实用技术手册》第一版面世后，承蒙读者特别是选煤专业同行垂青，已经重印 2 次。最近煤炭工业出版社提议再版，对编著者来说，再版需要增添新内容、收集近年新资料、更新相关数据，工作量不少，唯恐年迈力不从心。

第一版距现在，虽然只有短短 6 年时间，但国家相关政策、各种标准都有不少更新，选煤行业对设计经验又有了新的积累，编著者本人对选煤工艺技术也有一些新的认知、体会。主客观因素均促使我感到有再版的必要，几经踌躇，斟酌再三，才承诺再版这本《手册》。

既是再版，原版的总体结构和核心内容保持不变，仍按原版的顺序分 8 章撰写；但多数章节内容都有所增补。第一版中的前言表达了编著者编写本《手册》的初衷和主旨并作为一段历史的记载而继续留存。再版仍然保留了原版《手册》的双重功能，既具有传统工具书的功能，又具有相关知识的基本理念及选煤工艺设计的思路和方法的论述内容。再版沿袭了原版通过典型设计实例，形象具体地对《手册》提出的观点、论点予以佐证的编写风格。

再版修订的原则及主要增补、修改内容如下：

1. 文字容量较小的一般增改内容，采用在原文基础上进行修改。例如：

——原版《手册》错漏的修正。

——部分国家标准、行业标准的更新。

2. 文字容量较多的重要增改内容，则在原版结构框架内采用插入方式进行增补、改写。本次再版插入增补、改写的内容多达 32 处，主要有：

——第一章第二节"煤的岩相组成"中，增补介绍了 2013 年 5 月新颁布的国家标准《显微煤岩类型分类》（GB/T 15589—2013）的相关内容。

——第一章第三节"煤的性质"中，增补了长期以来被人们忽视的煤中有害元素汞的危害性及其含量分级的首颁国家标准（GB/T 20475.4—2012）。

——第一章新增加第四节"煤炭分类"，全面系统介绍了由三个国家标准构成的中国煤炭分类完整体系，并新增"最新国际煤炭分类标准"和首颁国家标准《稀缺、特殊煤炭资源的划分与利用》（GB/T 26128—2010）及相关国家政策等内容，并列举大量煤炭分类在设计中应用的实例。

——第二章第三节"选煤试验资料的调整与分析"中，重新改写了有关筛分资料调整方法的内容及相关设计应用实例。

——第三章第二节"煤炭用于燃烧及其对煤质的要求"中，重新编写了有关煤炭用于动力发电及其对煤质的要求的内容，更新了相关国家标准《发电煤粉锅炉用煤技术条件》（GB/T 7562—2010）及设计应用实例；扩展编写了有关燃料水煤浆的内容和2014年新颁国家标准《燃料水煤浆》（GB/T 18855—2014）及设计应用实例。

——第三章第四节"煤炭产品质量标准"中，全面介绍了2014年新颁的国家标准《商品煤质量评价与控制技术指南》（GB/T 31356—2014）的相关内容。

——第四章新增加第六节"重力选煤法的工艺性能"，着重介绍了2014年新发布的国家标准《煤用重选设备工艺性能评定方法》的相关内容，同时转录了国家标准《煤炭洗选工程设计规范》（GB/T 50359—2014报批稿）给出的各种重力选煤设备主要工艺性能评定指标。

——第五章第三节"工艺流程结构"中，重新改写了有关设置预排矸作业的目的和条件的内容。

——第五章第三节"工艺流程结构"中，通过典型设计实例，扩展编写了有关细煤泥回收工艺的分析论证内容。

——第六章第六节"筛分设备选型"中，增加了有关弛张筛的内容。

——第八章第二节"综合利用的政策依据"中，更新摘录了部分新的现行国家或省级有关低热值煤发电的政策文件。

——第八章第四节"煤矸石的综合利用"中，全面介绍了2012年新发布的国家标准《煤矸石利用技术导则》（GB/T 29163—2012）中所规定的煤矸石利用的通则和技术要求。同时更新编入了新近编制的低热值煤发电规划和新设计的低热值煤发电项目的实例。

3. 对工艺技术的新认知、新体会及大篇幅增补内容，则采用专题论述方式以附文的形式出现，附文共6篇，附在再版《手册》正文的最后，以方便读者重点查阅。

在撰写附文三和附文四时，分别得到李梦昆、戴华二位同志的鼎力协助。再版《手册》在出版过程中还得到李明辉、贺佑国、丁易、郭大同、马力强、姜庆乐、肖力等同志的关心和支持，在此一并表示感谢。

但愿再版《手册》能对广大读者和选煤同行有所裨益和新的启迪，错误之处恳请指正。

戴少康

2015 年 12 月 25 日

第 一 版 前 言

　　国家实行改革开放，发展市场经济逾三十年，选煤行业和国内其他行业一样发生了巨大变化。特别是近十年来，随着国外新工艺、新技术的引进，推动我国选煤工艺技术取得了显著进步，工艺设备不断更新，厂房结构及工艺布置突破传统模式，选煤厂工程设计面貌发生了迅速的变化。

　　随着我国市场经济的深入发展，对洗选产品的质量、产品结构的灵活性和适应性提出了更高的要求。选煤工程设计的指导原则与计划经济时期相比，有了较大的改变，不仅要考虑最大产率原则，还要体现最大经济效益原则。

　　科学发展观的提出和发展循环经济的新理念，对煤炭洗选加工、煤炭转化及资源综合利用提出更高要求，国家先后出台了一系列相关的产业政策和文件。促使煤炭深加工、煤炭转化及资源综合利用产业蓬勃兴起，大大扩展了煤炭的用途范围和利用价值。煤炭已不仅仅是传统意义上的动力发电燃料和炼焦原料，也是可以用于高炉喷吹，制水煤浆，以及具有更高利用价值的多种煤化工、煤基合成油的宝贵原料。众多的煤炭用途对煤质有着特殊的不同要求；因此，就要求煤炭洗选工程设计对不同用途的煤质特征和工艺性能的分析、评价要更加精细、准确，以确保实现煤炭资源的合理利用。

　　煤炭加工领域发生的上述巨大变化和进步，新技术、新工艺不断涌现，积淀了丰富的设计实践经验，国家和煤炭行业也颁布了许多新的专业技术标准。

　　为适应上述变化，选煤厂设计规范及时进行了修改，建设部 2005 年首次以国家标准发布了《煤炭洗选工程设计规范》（GB 50359—2005），2009 年首次以国家标准发布了《煤炭工业矿区总体规划规范》（GB 50465—2008）。然而，有关选煤工艺设计手册的编写却一直无人问津。《选煤工艺设计手册（工艺部分）》自 1978 年出版以来逾三十年，其中大多数内容已经过时，与当前国家相关的产业政策和技术发展现状不相适应。业界人士普遍反映，急需有一本方便实用的设计手册，能够汇集这些新知识、新经验、新标准。

　　编著者从事选煤工程设计四十年，退休后又继续从事选煤工程咨询、评估、评审近十年，至今未敢稍有懈怠。就工作经历而言，编著者一直有编撰选煤工艺设计工具书的夙愿，但苦于个人精力、时间及诸多客观因素的限制，难以完成这一编撰量巨大的工作。故决意编撰这本内容相对简要的《选煤工艺设计实用技术手册》。其目的就是为从事选煤工艺设计的人员，提供一本随手可及、方便实用的参考资料，以弥补三十余年的缺憾。

现今要编制一部煤炭洗选工程项目的可行性研究报告或初步设计，仅仅熟悉本行业的知识是远不够的，必须扩展相关知识领域。因而本手册的主旨并不完全是编撰传统意义上纯粹工具书式的选煤设计手册，而是结合当前相关行业技术进步的成果，着重阐述相关知识的基本理念，以及选煤工艺设计的思路和方法，故而也具有类似于技术参考书的内容和功能。另外，编著者集一生从事选煤工程设计、工程咨询、评估（审）的认知与体会，广泛汇集选煤工程设计业界的宝贵经验，通过提供大量典型设计实例，分析优缺点，形象具体地对本手册提出的观点、论点予以参考佐证，因此对于工程设计更具有实用价值和意义。特意在手册名称上冠以"实用技术"一词。

《手册》中除保留了一部分必要的筛分浮沉资料综合方法、工艺流程结构及计算方法、设备选型及计算方法、工艺布置技能等传统内容外，还根据国家当前对设计文件评估（审）核准程序的要求，以及煤炭洗选加工行业和相关领域的技术进步，重点增加了以下新内容：

（1）煤炭资源、地质勘探、煤质化验分析、煤炭深加工、煤炭转化、资源综合利用等相关行业的概念知识。

（2）摘要编录国家和行业最新颁布的相关技术标准。

（3）煤的各种用途及其对煤质的不同要求；产品结构方案论证。

（4）各种选煤方法的分选原理、适用条件及优缺点，重要工艺设备的工作原理及性能。

（5）制定选煤工艺流程的思路，重点剖析了重介质分选工艺流程结构及计算介质流程的关键点。

（6）通过典型设计实例，总结工艺布置的经验、方法。

《手册》在编写过程中力求客观，但也难免带有个人技术观点的局限性。为了给阅读者留有足够的自主选择空间，在编著表述方式上尽量避免随意下结论。

《手册》在出版发行过程中得到中国煤炭建设协会勘察设计委员会的鼎力

支持，对此深表谢意。同时在编撰过程中也得到许多业内人士的大力支持和无私协助，在此一并表示诚挚的感谢。他们是：陈子彤、郭大同、张豫生、丁易、邓晓阳、匡亚莉、戴华、王东宁、段建中、李梦昆、唐中娅、王连栋、朱彧、郭涛、梁彦国、任文芳、柴芳、赵育杰、屈志荣、孟凡贞等。

由于手册涉及内容面广，时间仓促，编著者水平有限，错误和缺点在所难免，恳请读者指正。

戴少康

2009 年 10 月 6 日

目　　　　次

第一章 煤炭资源与煤的性质

第一节 煤炭的形成、分类及分布

煤是一种固态的可燃有机岩，是有机化合物和无机化合物的混合物，它的组成结构非常复杂，极不均匀。这是由于成煤原始物质和成煤过程中发生的生物化学、物理化学作用的不同，以及成煤地质年代的不同等因素的差异造成的。

按照国家标准《中国煤炭分类》（GB/T 5751—2009）对"煤"或"煤炭"的严格定义是：主要由植物遗体经煤化作用转化而成的富含碳的固体可燃有机沉积岩，含有一定量的矿物质，相应的灰分产率小于或等于50%（干基质量百分数）。

一、成煤物质及成煤过程

（一）成煤的原始物质

成煤的原始物质主要是植物。煤是植物残骸经过复杂的生物化学、物理化学及地球化学变化转化而来的。

植物一般分为低等植物和高等植物两大类。高等植物形成的煤为腐植煤，低等植物形成的煤为腐泥煤。在自然界分布最广而又常见的是腐植煤。根据煤化程度的浅深，腐植煤包括泥炭、褐煤、烟煤和无烟煤等煤类。这些煤类各有不同的特征和性质，因而它们的用途也各有侧重。

（二）成煤作用

自然界植物遗体从聚积到转变成煤，经过了一系列的演变过程，在这个转变过程中所经受的各种作用总称为成煤作用，成煤作用包括两个阶段，即泥炭化作用阶段和煤化作用阶段。

1. 泥炭化作用阶段（或腐泥化作用阶段）

主要发生于大批死亡植物遗骸堆积在地表的沼泽、湖泊及浅海滨岸地带等接触空气较少的水体环境中，先后在喜氧微生物的氧化分解（菌解）作用及厌氧微生物的分解和化合相互交错作用（腐植化作用）下，继而经历凝胶化作用、丝炭化作用等而形成新产物—泥炭（或腐泥）。这就是成煤的第一阶段——泥炭化作用阶段（或腐泥化作用阶段）。高等植物经过这一阶段形成泥炭，低等植物经过这一阶段则形成腐泥。

植物转变成泥炭，在化学组成上发生了质的变化，最明显的是生成了腐植酸，消失了蛋白质，降低了纤维素、半纤维素和木质素，碳含量增加，氧含量降低。

2. 煤化作用阶段

成煤的第二阶段——煤化作用阶段，由煤成岩作用阶段和煤变质作用阶段构成。

1）煤成岩作用阶段

当沼泽中生成的泥炭层（或腐泥层）由于地壳的下沉而被泥沙等沉积物覆盖时，泥炭层就逐渐压紧并不断失水，胶体逐渐老化以致固结，厌氧微生物的生物化学作用慢慢消失。在地层下（地表下浅处）的高温（一般不超过70 ℃）和覆盖层的挤压下，泥炭的化学组成发生缓慢变化，逐渐密度增大、腐植酸减少、碳含量增大、氧含量减少，当全水分降到75%（质量分数）时，泥炭转化为年轻的褐煤。这个过程称为煤成岩作用阶段，是煤化作用的开始阶段。

2）煤变质作用阶段

当褐煤继续受地壳运动的影响，下降到地壳的较深处，受到不断增高的压力和温度的影响，引起了煤的内部分子结构、物理和化学性质的变化，年轻褐煤逐渐转变成年老褐煤、烟煤、无烟煤。这种转变属于物理化学作用阶段，也称煤变质作用阶段。

（三）成煤的地质年代

煤属于一种有机生物岩，是由不同地质年代的植物在死亡以后形成的。地质年代是地壳发展的时间表，中国煤炭成煤的地质年代主要有：

（1）晚古生代泥盆纪（D）。距今约41000万年，成煤植物为孢子植物（裸蕨植物），只有少量无烟煤形成。

（2）晚古生代石炭纪（C）。距今约35500万年，成煤植物为孢子植物

（蕨类植物），聚煤主要煤类有炼焦烟煤、其他烟煤、无烟煤。

（3）晚古生代二叠纪（P）。距今约 29000 万年，成煤植物为孢子植物（蕨类植物），聚煤主要煤类有炼焦烟煤、其他烟煤、无烟煤。

（4）中生代三叠纪（T）。距今约 25000 万年，成煤植物为裸子植物，聚煤主要煤类有烟煤、无烟煤。

（5）中生代侏罗纪（J）。距今约 20500 万年，成煤植物为裸子植物，聚煤主要煤类有褐煤、烟煤、无烟煤。

（6）中生代白垩纪（K）。距今约 13500 万年，成煤植物为裸子植物，聚煤主要煤类有褐煤、长焰煤、气煤、无烟煤。

（7）新生代第三纪（R）。距今约 6500 万年，成煤植物为被子植物，聚煤主要煤类有泥炭、褐煤、长焰煤、气煤。

（8）新生代第四纪（Q）。距今约 160 万年，成煤植物为被子植物，聚煤主要煤类有泥炭。

（四）含煤岩系及煤层

1. 含煤岩系

含煤岩系，是具有三维空间形态的沉积实体，是特指含有煤层的一套沉积岩系，是充填于含煤盆地的有共生关系的沉积总体。其同义词有含煤沉积、含煤地层、含煤建造、煤系等。含煤岩系通常简称为"煤系"。

2. 煤层及其分类

煤层是由泥炭层转化而来的，只有泥炭层堆积界面的增高和沼泽水面的抬升保持均衡，泥炭层才能不断得以补偿增厚。这种均衡一旦遭到破坏，泥炭的堆积过程就随之终止。所以，在泥炭的堆积过程中，因泥炭层堆积界面增高速度和沼泽水面抬升速度之间的差异，泥炭层得以补偿的方式分为过度补偿、均衡补偿、欠补偿等 3 种不同的方式，从而形成了厚度不同、稳定性不同的煤层。

煤层按倾角、厚度、稳定性进行分类，见表 1 - 1。

3. 煤层结构分类

1）简单结构煤层

煤层中不含呈层状出现的较稳定的夹石层。

2）复杂结构煤层

煤层中含有较稳定的夹石层一至数层，以至十几层。

表 1-1 煤 层 分 类 表

分 类 依 据	煤 层 名 称	特 征
按煤层倾角分类	近水平煤层	<8°
	缓倾斜煤层	8°~25°
	倾斜煤层	25°~45°
	急倾斜煤层	>45°
按煤层厚度分类	薄煤层	≤1.30 m
	中厚煤层	1.31~3.50 m
	厚煤层	≥3.50 m
按煤层稳定性分类	稳定煤层	（1）煤层厚度变化大小
	较稳定煤层	（2）煤层结构简单或复杂程度
	不稳定煤层	（3）全区可采范围
	极不稳定煤层	

4. 煤层构造分类

1）简单构造煤层

含煤地层沿走向、倾向的产状变化不大，断层稀少，没有或很少受岩浆影响。

（1）产状近似水平，稍有缓波起伏。

（2）简单单斜、向斜或背斜。

（3）方向单一的宽缓褶皱。

2）中等构造煤层

含煤地层沿走向、倾向的产状有一定变化，断层较发育，有时受岩浆一定影响。

（1）产状平缓，发育宽缓褶皱或伴有一定数量断层。

（2）简单单斜、向斜或背斜，伴有较多断层，小规模褶曲。

（3）急倾斜或倒转的单斜、向斜、背斜，或简单褶皱，稀少断层。

3）复杂构造煤层

含煤地层沿走向、倾向的产状变化很大，断层发育，有时受岩浆的严重影响。

（1）受几组断层严重破坏的断块构造。

（2）单斜、向斜、背斜中，次一级褶曲和断层均很发育。

（3）紧密褶皱，伴有一定数量断层。

4）极复杂构造煤层

含煤地层产状变化极大，断层极发育，有时受岩浆的严重破坏。

（1）紧密褶皱，断层密集。

（2）形态复杂的特殊褶皱。

（3）断层极发育，受岩浆严重破坏。

5. 煤层顶、底板

1）基本顶

基本顶是指位于直接顶之上，有时也直接位于煤层之上的厚而坚硬的岩层。通常由厚层状砂岩、石灰岩、砂砾岩等组成。基本顶在采空区常能维持相当大的暴露面积而不随直接顶垮落。

2）直接顶

直接顶是指位于伪顶或煤层（无伪顶时）之上的一层或几层岩层。通常由泥岩、页岩、粉砂岩等比较容易垮落的岩层组成。回采时一般随回柱或支架移动自行垮落，有时需人工放顶。

3）伪顶

伪顶是指直接位于煤层之上，极易垮落的较薄的岩层。通常由炭质页岩等强度较低的岩层组成。厚度一般很薄，随开采落煤而同时垮落。

4）直接底

直接底是指直接位于煤层之下的岩层。通常由泥岩、页岩、黏土岩等强度较低的岩层组成。有时遇水后容易发生滑动、膨胀隆起。

5）基本底

基本底是指位于直接底之下的岩层。通常由砂岩、石灰岩等比较坚固的岩层组成。

（五）煤系共、伴生矿产

含煤岩系中与煤有成因联系的矿产（共、伴生矿物）包括金属与非金属矿产，如铝土矿、耐火黏土（高岭土）、菱铁矿、赤铁矿、黄铁矿、锰矿、磷矿等；此外，还包括其他可燃的矿产，如油页岩、煤层气、碳沥青、石煤等。其中主要的共、伴生矿产分述如下。

1. 黄铁矿

我国高硫煤中硫的赋存形态主要为无机硫和有机硫，无机硫又以黄铁矿（硫化铁）为主。黄铁矿在煤中的赋存状态、嵌布特征有很大差异，直接影响对煤系伴生黄铁矿能否得到有效回收。

2. 高岭土（石）

在我国煤系地层中共伴生高岭岩（目前统称为"煤系高岭土"）已探明储量约 16 Gt，超过了非煤系高岭岩储量。在煤系中，大多是与煤伴生的岩层较厚的优质高岭岩（其中，高岭石占 95% 以上），可单独开采。也有与煤层共生的高岭岩，以煤层中的夹石层形式出现，多与煤同时开采。

高岭土是以高岭石亚族矿物为主要成分的软质黏土，是一种重要的非金属矿产，广泛用于造纸、陶瓷、航天、橡胶、化工、耐火材料及油漆等行业。

3. 油页岩

油页岩是煤系中重要的伴生矿产，油页岩中的有机质主要是一种固态不溶物质——干酪根，油页岩必须含有大量的有机物质才有工业意义。油页岩在热解过程中（将岩石加热到 500 ℃）产生页岩油，评价油页岩最重要的工艺指标是含油率和发热量。含油率是指油页岩干馏后所获得的油量，一般为百分之几至十几，有的超过 20%。发热量大致相当于干煤的 $1/3 \sim 1/5$。油页岩主要用于提取液体燃料及其他化工产品。

与煤系伴生的油页岩大多位于煤层层位以上，我国油页岩矿床最老的为中泥盆世（云南禄劝一带），以后则以中、新生代较为多见，如抚顺、茂名都属新生代第三纪。

4. 煤层气

煤层气是煤层生成的气经运移、扩散后的剩余量，包括煤层颗粒基质表面吸附气，割理、裂隙游离气，煤层水中溶解气，以及煤层之间薄砂岩、碳酸盐等储层夹层间的游离气。

煤层气是一种由煤层自生自储的非常规气藏。由于洁净能源、煤矿安全及环境保护等多重因素的影响，自 20 世纪 70 年代以来，煤层气日益受到各个国家的重视。美国是世界上最早，也是目前唯一实现煤层气工业性开发的国家。中国在 20 世纪 80 年代末完成了第一次全国煤层气资源评价，90 年代初开始应用现代煤层气技术进行煤层气勘探开发试验。我国有丰富的煤层气资源，在埋深 300 ~ 2000 m 范围内煤层气资源量为 31.46×10^{12} m³，居世界第二位。

煤层气的组成以甲烷为主（可达 90% 以上），并含有若干其他气体（如重烃、氢、一氧化碳和二氧化碳等），因此除可作为能源外，还可作为化学工业的原料。

（六）煤中伴生元素

目前，已发现的与煤伴生的元素有 60 多种。煤中微量元素的积聚取决于成煤原始物质的元素组成，煤的形成环境特征，以及成煤期与成煤期后所经历的各种物理化学、地球化学作用。煤中微量元素富集到适宜开发利用的含量，就可作为有用矿产资源加以利用。随着煤炭应用范围的日益扩大，煤中微量元素的研究越来越多地涉及许多问题。例如，煤质的评价，煤的洗选加工，煤矸石的处理和煤渣的无害化处理，煤的综合利用、环境保护，以及煤的气化、液化等过程中微量元素的作用研究等。随着核工业及电子工业对稀有金属需求量的迅速增加，不少国家开展了煤中微量元素利用的研究，已经对煤中具有经济价值的锗、镓、铀、钒等微量元素进行提取。我国煤中伴生的微量元素以锗、铀、钒等最为丰富。

1. 锗

锗在煤中的富集程度大多在 5 g/t（10^{-6}）以下，少数有富集到工业可采品位 20 g/t 以上。我国浙江某地曾发现含锗 3000 g/t 的锗矿化木，主要富集在低阶煤中，且以薄煤层居多。

2. 镓

镓在煤中的品位在 30 g/t 以上时，才具有工业提取价值。通常，煤中镓的品位在 10～30 g/t 之间。由于镓与铝的原子半径相近，不少含三氧化二铝高的煤，镓的品位也较高。燃煤富集后，镓在煤灰中有时可达 500 g/t 以上。

3. 铀

铀是煤中较易富集的元素之一，通常很少富集在高阶煤中，一般高阶煤中铀的品位不超过 10 g/t。铀多数富集在褐煤中，我国已经发现一些含铀品位超 300 g/t 的褐煤矿点。铀在煤中赋存，大多是以与煤的有机质结合为主，借助低阶煤中腐植酸的作用，固定在煤的有机组分中。

4. 钒

在我国，钒主要富集于早古生代的石煤中。浙江、湖南等地的石煤，其钒含量不少已超出具有工业提取价值的品位，达到 0.5%～1.0% 以上。

5. 其他有用元素

煤中除上述稀有元素较易富集外，有时还富集一些其他有用元素。其中，我国煤中镧、铈、钐、铕、钕、镱、镥、钴、铬、铯、铪、钾、钠、镍、钍的含量均高于世界煤中含量的平均值。

二、中国煤炭资源及分布

（一）中国煤炭资源量

根据第三次全国煤田预测资料，除台湾地区外，我国垂深 2000 m 以内的煤炭资源总量为 55697.49×10^8 t。其中，探明保有资源量为 10176.45×10^8 t，预测资源量为 45521.04×10^8 t。在探明保有资源量中，生产、在建井占用资源量为 1916.04×10^8 t，尚未利用资源量为 8260.41×10^8 t。

（二）我国煤炭资源的分布

1. 我国煤炭资源的地域分布

我国煤炭资源主要分布于昆仑—秦岭—大别山以北地区。大致这一线以北的我国北方省区煤炭资源量之和为 51842.82×10^8 t，占全国煤炭资源总量的 93.08%，探明保有资源量占全国探明保有资源量的 90% 以上；而这一线以南其余各省煤炭资源量之和为 3854.67×10^8 t，仅占全国煤炭资源总量的 6.92%，探明保有资源量不足全国探明保有资源量的 10%。显然，我国煤炭资源在地域分布上存在北多南少的特点。

我国煤炭资源主要分布于大兴安岭—太行山—雪峰山以西地区。大致这一线以西的内蒙古、山西、四川、贵州等 11 个省区，煤炭资源量为 51145.71×10^8 t，占全国煤炭资源总量的 91.83%。这一线以西地区，探明保有资源量占全国探明保有资源量的 89%；而这一线以东地区，探明保有资源量仅占全国探明保有资源量的 11%。显然，我国煤炭资源在地域分布上存在西多东少的特点。

我国煤炭资源在地域分布上的北多南少、西多东少的特点，决定了我国西煤东运、北煤南运的基本格局。

2. 我国主要省区煤炭资源分布

我国煤炭资源丰富，除上海以外其他各省区均有分布，但分布极不均衡。煤炭资源量最多的新疆维吾尔自治区煤炭资源量多达 19193.53×10^8 t，而煤炭资源量最少的浙江省仅为 0.50×10^8 t。

我国煤炭资源量大于 10000×10^8 t 的有新疆、内蒙古两个自治区，其煤炭资源量之和为 33650.09×10^8 t，占全国煤炭资源量的 60.42%；探明保有资源

量之和为 3362.35×10^8 t，占全国探明保有资源量的 33.04%。

我国煤炭资源量大于 1000×10^8 t 以上的有新疆、内蒙古、山西、陕西、河南、宁夏、甘肃、贵州等 8 个省区，煤炭资源量之和为 50750.83×10^8 t，占全国煤炭资源总量的 91.12%；这 8 个省区探明保有资源量之和为 8566.24×10^8 t，占全国探明保有资源量的 84.18%。

我国煤炭资源量在 500×10^8 t 以上的有 12 个省区，这 12 个省区是 1000×10^8 t 的 8 个省区加安徽、云南、河北、山东四省，其煤炭资源量之和为 53773.78×10^8 t，占全国煤炭资源总量的 96.55%；这 12 个省区探明保有资源量之和为 9533.22×10^8 t，占全国探明保有资源量的 93.68%。

煤炭资源量小于 500×10^8 t 的 17 个省区（除台湾地区外）煤炭资源量之和为 1929.71×10^8 t，仅占全国煤炭资源量的 3.45%；探明保有资源量为 643.23×10^8 t，仅占全国探明保有资源量的 6.32%。

3. 我国煤炭资源的煤类分布

1）褐煤资源的分布

在我国，褐煤资源量为 3194.38×10^8 t，占我国煤炭资源总量的 5.74%；褐煤探明保有资源量为 1291.32×10^8 t，占全国探明保有资源量的 12.69%；主要分布于内蒙古东部、黑龙江东部和云南东部。

2）低变质烟煤资源的分布

低变质烟煤（长焰煤、不黏煤、弱黏煤）资源量为 28535.85×10^8 t，占全国煤炭资源总量的 51.23%；探明保有资源量为 4320.75×10^8 t，占全国探明保有资源量的 42.46%。主要分布于我国新疆、陕西、内蒙古、宁夏等省区，甘肃、辽宁、河北、黑龙江、河南等省低变质烟煤资源也比较丰富。成煤时代以早、中侏罗世为主，其次是早白垩世、石炭二叠纪。

3）中变质烟煤资源的分布

中变质烟煤（气煤、肥煤、焦煤和瘦煤）资源量为 15993.22×10^8 t，占全国煤炭资源总量的 28.71%；探明保有资源量为 2807.69×10^8 t，占全国探明保有资源量的 27.59%。我国中变质烟煤主要分布于华北石炭二叠纪和华南二叠纪含煤地层中。在中变质烟煤煤中，气煤资源量为 10709.69×10^8 t，占全国煤炭资源总量的 19.23%，探明保有资源量为 1317.31×10^8 t，占全国探明保有资源量的 12.94%；焦煤资源量为 2640.21×10^8 t，占全国煤炭资源总量的 4.74%，探明保有资源量为 682.92×10^8 t，占全国探明保有资源量的

6.71%。

4）高变质煤资源的分布

高变质煤（贫煤、无烟煤）资源量为 7967.73×10^8 t，占我国煤炭资源总量的 14.31%；探明保有资源量为 1756.43×10^8 t，占全国探明保有资源量的 17.26%。高变质煤主要分布于山西、贵州和四川南部。

综上所述，我国煤炭资源的煤类齐全，包括了从褐煤到无烟煤各种不同煤化阶段的煤，但是其数量和分布极不均衡。褐煤和低变质烟煤资源量占全国煤炭资源总量的 50% 以上，动力燃料煤资源丰富。而中变质煤，即传统意义的"炼焦用煤"数量较少，特别是焦煤资源更显不足。就煤质而言，我国低变质烟煤煤质优良，是优良的燃料、动力用煤，有的煤还是生产水煤浆和水煤气的优质原料。中变质烟煤主要用于炼焦，在我国，因灰分、硫分及可选性的影响，炼焦用煤资源不多，优质炼焦用煤更为缺乏。高变质煤煤质的主要缺点是硫分高。

4. 我国主要煤炭工业基地

在我国北方的大兴安岭—太行山、贺兰山之间的地区，地理范围包括煤炭资源量在 1000×10^8 t 以上的内蒙古、山西、陕西、宁夏、甘肃、河南 6 省区的全部或大部分，是我国煤炭资源集中分布的地区，其资源量占全国煤炭资源量的 50% 左右。而这一地区探明保有资源量占我国北方探明保有资源量的 65% 左右。显然，这一地区不仅煤炭资源丰富，煤质优良，而且这一地区地理位置距我国东部、东南部缺煤地区相对较近，是我国最重要的煤炭工业基地。

在我国南方，煤炭资源量主要集中于贵州、云南、四川三省，这三省煤炭资源量之和为 3525.74×10^8 t，占我国南方煤炭资源量的 91.47%；探明保有资源量占我国南方探明保有资源量的 90% 以上。特别是贵州西部、四川南部和云南东部地区是我国南方煤炭资源最为丰富的地区。显然，这一地区是我国南方最重要的煤炭工业基地。

国家发改委《国家发展改革委关于大型煤炭基地建设规划的批复》（发改能源〔2006〕352 号文）批准了 13 个大型煤炭基地。

经国家正式批准的大型煤炭基地包括神东、晋北、晋东、蒙东（东北）、云贵、河南、鲁西、晋中、两淮、黄陇（含华亭）、冀中、宁东和陕北共 13 个基地，含 98 个矿区，分布在全国 14 个省（区），规划的总面积约为 355130 km²，见表 1 - 2。

表1-2　我国大型煤炭基地规划表

基地名称	组　成　基　地　的　矿　区
神　东	神东、万利、准格尔、乌海、府谷、包头（6个）
陕　北	榆神、榆横（2个）
黄陇（华亭）	彬长、澄合、韩城、铜川、黄陵、蒲白、旬耀、华亭（8个）
晋　北	大同、平朔、朔南、轩岗、岚县、河保偏（6个）
晋　中	西山、东山、汾西、霍州、离柳、乡宁、霍东、石隰（8个）
晋　东	晋城、潞安、阳泉、武夏（4个）
鲁　西	兖州、济宁、新汶、枣滕、龙口、淄博、肥城、巨野、黄河北（9个）
两　淮	淮北、淮南（2个）
冀　中	峰峰、邯郸、邢台、井陉、平原、开滦、蔚县、宣下、张北（9个）
河　南	鹤壁、焦作、义马、郑州、平顶山、永夏（6个）
蒙东（东北）	扎赉诺尔、宝日希勒、伊敏、大雁、霍林河、平庄、白音华、胜利、阜新、铁法、沈阳、抚顺、鸡西、七台河、双鸭山、鹤岗（16个）
云　贵	筠连、古叙、盘县、普兴、水城、六枝、织纳、黔北、老厂、昭通、小龙潭、镇雄、恩洪（13个）
宁　东	石嘴山、石炭井、横城、灵武、鸳鸯湖、马家滩、积家井、萌城、韦州（9个）

　　大型煤炭基地的煤炭产量占全国煤炭产量的比重将由目前的78%提高到87%。国家大型煤炭基地对维护国家能源安全，满足经济社会发展的需要，促进地区经济发展具有重要意义。也为加强国家宏观调控提供了有利条件：

　　（1）规划为我国煤炭工业的合理布局打下了基础，明确了"西煤东运""北煤南运"的基本煤炭流向：

　　——神东、晋北、晋东、晋中、陕北五大基地位于我国中西部，主要向华东、华北、东北等地区供给煤炭，并作为"西电东送"北通道电煤基地；

　　——河南、鲁西、两淮、冀中四大基地位于煤炭消费量大的东中部，主要向京津冀、中南、华东等地区供给煤炭；

　　——蒙东（东北）基地主要向东北三省及内蒙古东部地区供给煤炭；

　　——云贵基地主要向西南、中南地区供给煤炭，并作为"西电东送"南通道电煤基地；

　　——黄陇（含华亭）、宁东基地主要向西北、华东、中南地区供给煤炭。

　　（2）规划也为我国煤炭资源的合理开发提出了方向：

——冀中、鲁西、河南 3 个基地应重点做好老矿区生产接续，稳定煤炭生产规模；

——神东、晋北、晋东、蒙东（东北）、云贵、两淮、黄陇（含华亭）、宁东、陕北等 9 个基地要适度加快开发，提高煤炭供应能力；

——晋中基地为优质炼焦煤资源，应实行保护性开发。

三、煤田地质勘查

煤田地质勘查已有行业标准，中华人民共和国国土资源部 2002 年发布了《煤、泥炭地质勘查规范》（DZ/T 0215—2002）。

（一）煤田地质勘查阶段的划分

煤田地质勘查工作划分为预查、普查、详查、勘探 4 个阶段。

1. 预查阶段

预查应在煤田预测或地质调查的基础上进行，其任务是寻找煤炭资源，故也称找煤阶段。预查的结果，要对所发现的煤炭资源是否有进一步地质工作价值做出评价。

预查工作中，与煤质有关的要求是：了解煤类和煤质的一般特征，初步了解其他有益矿产情况。

2. 普查阶段

普查是在预查的基础上，或已知有煤炭赋存的地区进行。普查的任务是对工作区煤炭资源的经济意义和开发建设可能性做出评价，为煤矿建设远景规划提供依据。

普查工作中，与煤质有关的要求是：研究煤的原始物质、煤岩组分和煤的成因类型，大致确定可采煤层煤类和煤质特征，大致了解其他有益矿产赋存情况。

3. 详查阶段

详查的任务是为矿区总体发展规划提供地质依据。凡需要划分井田和编制矿区总体发展规划的地区应进行详查。

详查工作中，与煤质有关的要求是：基本查明可采煤层煤质特征和工艺性能，研究煤类分布规律，确定可采煤层煤类，评价煤的工业利用方向；初步确定主要可采煤层风化带界线；评价可采煤层煤质变化程度；了解其他有益矿产赋存情况，做出有无工业价值的初步评价。

4. 勘探阶段

勘探阶段（精查）的任务是为矿井建设可行性研究和初步设计提供地质资料。勘探以井田为单位进行。勘探的重点地段是矿井先期开采地段（或第一水平）和初期采区。

　　勘探工作中，与煤质有关的要求是：查明可采煤层的煤类、煤质特征及其在先期开采地段范围内的变化。着重研究与煤的开采、洗选、加工、运输、销售及环境保护等有关的煤质特征和工艺性能，并作出相应评价。保证不会因煤质资料而影响煤的洗选加工和既定的工业用途。

　　（二）煤炭资源/储量分类

　　资源/储量分类依据是经济意义、可行性评价程度和地质可靠程度。

　　（1）可行性评价程度。分为概略研究、预可行性研究和可行性研究3种。

　　（2）经济意义。分为经济的、边际经济的、次边际经济的和内蕴经济的4种。

　　（3）地质可靠程度。分为预测的、推断的、控制的和探明的4种。

　　综上所述，煤炭资源/储量可分为16类，见表1-3。

表1-3　固体矿产资源/储量分类表

经济意义	地 质 可 靠 程 度			
	查明矿产资源			潜在矿产资源
	探明的	控制的	推断的	预测的
经济的	可采储量 （111）			
	基础储量 （111b）			
	预可采储量 （121）	预可采储量 （122）		
	基础储量 （121b）	基础储量 （122b）		
边际经济的	基础储量 （2M11）			
	基础储量 （2M21）	基础储量 （2M22）		

表1-3（续）

经济意义	地质可靠程度			
	查明矿产资源			潜在矿产资源
	探明的	控制的	推断的	预测的
次边际经济的	资源量 （2S11）			
	资源量 （2S21）	资源量 （2S22）		
内蕴经济的	资源量 （331）	资源量 （332）	资源量 （333）	资源量 （334）？

注：表中所用编码（111～334），第1位数表示经济意义，即1＝经济的，2M＝边际经济的，2S＝次边际经济的，3＝内蕴经济的，？＝经济意义未定的；第2位数表示可行性评价阶段，即1＝可行性研究，2＝预可行性研究，3＝概略研究；第3位数表示地质可靠程度，即1＝探明的，2＝控制的，3＝推断的，4＝预测的，b＝未扣除设计、采矿损失的可采储量。

第二节　煤的岩相组成

从煤岩学的观点来看，煤是一种沉积岩，是可燃的有机岩石。在岩石的组成上常常具有明显的不均一性。一方面表现在煤是有机物质和无机物质混合组成的复合体；另一方面还在于组成煤的植物有机残体所具有的复杂性和多样性。煤的这种不均一性对煤的性质和煤的加工利用都发生深刻的影响。煤的岩相组成是按岩石学原理和方法划分出的各种宏观与微观组分。用煤岩学的观点对煤进行分类是煤分类学中的一项重要内容。

一、宏观煤岩成分与宏观煤岩类型

（一）宏观煤岩成分

宏观煤岩成分是用肉眼或放大镜方式观察煤的光泽、颜色、硬度、脆度、断口、形态等主要特征而能区分出来的基本组成单位。将腐植煤划分为镜煤、亮煤、暗煤和丝炭4种宏观煤岩成分，其中，镜煤和丝炭是简单的煤岩成分，暗煤和亮煤是复杂的煤岩成分。

（二）宏观煤岩类型

各种宏观煤岩成分的组合有一定的规律性，按宏观煤岩成分的组合及其反映出来的平均光泽强度，可划分为 4 种宏观煤岩类型。

1. 光亮煤

光亮煤主要由镜煤和亮煤组成（＞80%）。光泽很强。由于成分比较均一，常呈均一状或不明显的线理状结构。内生裂隙发育，脆度较大，容易破碎。光亮煤质量最好。

2. 半亮煤

亮煤和镜煤占多数（50% ~ 80%），含有暗煤和丝炭。光泽强度比光亮煤稍弱。由于各种宏观煤岩成分交替出现，常呈条带状结构。具棱角状或阶梯状断口。

3. 半暗煤

镜煤和亮煤含量较少（20% ~ 50%），而暗煤和丝炭含量较多，光泽比较暗淡，常具有条带状、线理状或透镜状结构。半暗煤的硬度、韧性和密度都较大。煤质多数较差。

4. 暗淡煤

镜煤和亮煤含量很少（＜20%），而以暗煤为主，有时含有较多的丝炭。光泽暗淡，不显层理，块状构造，呈线理状或透镜状结构。致密坚硬，韧性大，密度大。煤质多数很差。但含壳质组多的暗淡型煤的质量较好，且密度小。

二、煤岩显微组分与显微煤岩类型

（一）煤岩显微组分

煤岩显微成分是在显微镜下能识别到的煤的成分。显微成分按其原始物质、成因条件、镜下特征及其性质分成若干组，称为显微组分，可以分为有机显微组分和无机显微组分两种。

1. 有机显微组分

腐植煤的有机显微组分可归纳为 3 组：镜质组、惰质组和壳质组。但我国目前对有机显微组分的划分仍沿用"四分法"，即比国际煤岩学会对硬煤显微组分分类多分出一个过渡组分——半镜质组。不久也将改成与国际接轨的"三分法"，即将半镜质组并入镜质组，以便简单而有效地描述和辨别煤的组成与性质，适应加工利用工艺的需要。

1）镜质组（代号 V）

镜质组也称为凝胶化成分，是由植物茎、叶残体的木质-纤维组织受凝胶化作用而形成的。镜质组（含半镜质组）是煤炭的活性组分。

从煤类来看，镜质组含量以褐煤为最高，依次为长焰煤和气煤；镜质组含量最低的是不黏煤，其次是弱黏煤。

从褐煤到无烟煤，随着煤化程度的加深，煤中镜质组由均质向非均质体过渡，其反射率逐渐增高（如平朔长焰煤 $R_{ran} = 0.61\%$，石嘴山气煤 $R_{ran} = 0.76\%$，浦县肥煤 $R_{ran} = 0.96\%$，柳林焦煤 $R_{ran} = 1.41\%$，漳村瘦煤 $R_{ran} = 1.62\%$，陵川贫煤 $R_{ran} = 1.99\%$，纳雍无烟煤 $R_{ran} = 2.65\%$）。因此，煤的镜质组反射率是表征煤阶的重要指标。镜质组反射率与表征煤阶的其他指标（如挥发分、碳含量）不同，它较少受煤的岩相组成变化的影响，因此是公认的较理想的煤阶指标，尤其适用于烟煤阶段。

2）惰质组（代号 I）

惰质组也称为丝炭化成分，是由植物茎、叶残体的木质-纤维组织受丝炭化作用而形成的。因丝质组分无黏结性，故称惰质组。

惰质组分高是我国烟煤煤岩组成的基本特征之一。惰质组含量最少的是褐煤，其次是长焰煤。

3）壳质组（代号 E）

壳质组是成煤物质中生物化学稳定性最强的部分，故也称稳定组。它是由植物遗体中类脂质，如袍子、花粉壁的壳质、树脂、角质层等形成。稳定组是煤炭最具活性的组分。

壳质组含量最高的是气肥煤，其次是气煤，其余各类煤的平均含量都小于5%，总的趋势是煤阶越高，壳质组含量越低。

2. 煤的无机显微成分

1）黏土矿物

黏土矿物是煤灰的主要来源，包括高岭土、水云母、伊利石、蒙脱石、绿泥石等。煤中常见的黏土矿物呈透镜状、薄层状，有的则以微粒状分散在基质中或填充在细胞腔内。这种浸染状黏土很难通过分选方法除掉。

2）黄铁矿

黄铁矿常呈透镜状或微晶集合体，有时也以球状微晶散布在凝胶化基质中或填充在细胞腔里。微晶、浸染状的黄铁矿很难通过洗选方法与煤解离。

3）石英

石英在我国中、新生代陆相含煤建造中普遍存在。最常见的是机械沉积的石英碎屑；另一种是化学成因的自生颗粒，多以微粒或不规则的细粒嵌布于基质中。

此外，煤中还有方解石、菱铁矿、白铁矿、石膏等无机显微成分，不再赘述。

（二）煤的显微煤岩类型

煤的显微煤岩类型是在显微镜下见到的各类显微组分的典型组合，中国和国际上都有关于煤的显微煤岩类型分类标准。

1. 中国显微煤岩类型分类

2013 年国家制定了显微煤岩类型分类的国家标准（GB/T 15589—2013），摘要简介如下：

（1）分类原则。显微煤岩类型是显微组分的自然共生组合，其最小厚度为 50 μm 或最小覆盖面积为 50 μm×50 μm，以其中的显微组分组（或显微组分）出现的数量（体积分数）等于或大于 5% 确定，它可包含小于 20% 的矿物（如黏土、石英、碳酸盐）或小于 5% 的硫化物矿物。

（2）显微煤岩类型分类。显微煤岩类型的划分见表 1-4。

表 1-4 显微煤岩类型分类

显微煤岩类型	显微组分组的体积分数
单组分组类型	
微镜煤	镜质体>95%
微壳煤	壳质体>95%
微惰煤	惰质体>95%
双组分组类型	
微亮煤	（镜质体＋壳质体）>95%
微暗煤	（惰质体＋壳质体）>95%
微镜惰煤	（镜质体＋惰质体）>95%
三组分组类型	
微三合煤	（镜质体＋壳质体＋惰质体）>95%

注：1. 双组分组类型和三组分组类型中，其中任一显微组分组的体积分数大于或等于 5%。

　　2. 根据需要可将各种显微煤岩类型按显微组分及其含量进一步划分为若干亚类型。

2. 国际显微煤岩类型分类

国际上将显微煤岩类型组别分为以下 7 种：

（1）微镜煤。组合特征：V＞95%；

（2）微稳定煤。组合特征：E＞95%；

（3）微惰煤。组合特征：I＞95%；

（4）微亮煤。组合特征：V＋E＞95%；

（5）微镜惰煤。组合特征：V＋I＞95%；

（6）微暗煤。组合特征：E＋I＞95%；

（7）微三组分混合煤。组合特征：V＋E＋I＞95%。

三、煤岩参数对加工工艺过程的影响

煤岩学作为一门学科，除学科自身发展外，更重要的是在煤炭分类和加工、转化、利用各领域都普遍得以应用。从事与煤炭相关工作的人员，若能谙熟煤岩学的内涵，恰当地运用煤岩学观点和方法，对合理选择原料煤、改善加工工艺、提高产品质量、分析生产中出现的问题等方面都会获得有益的启示和实际效果。例如：

（1）在各种煤转化工艺中，煤的岩相组成对液化的影响显得最为敏感。因此在许多煤分类系统中，总把煤岩显微组分含量当作一种分类指标。中国煤炭分类就把煤岩学中的镜质组反射率和煤的显微组分纳入中国煤炭分类的体系，是 3 个分类指标之一。从而确立了煤岩参数在常规煤质评价中的地位。

（2）利用煤岩显微组分在密度上的差异，指导选煤技术以提高选煤效果。

（3）利用不同煤岩类型煤硬度、强度的不同，在焦化领域开发出分级破碎工艺。

（4）燃煤领域应用煤岩学观点研究残焦及飞灰的形态结构，研究煤的惰质组与未燃尽炭之间的关系，更新了煤燃烧的某些概念，并以此改善微惰煤的燃烧过程。

（5）利用不同煤阶、不同煤岩显微组分对气化反应速率和液化转化率的差异，为选择适宜的气化、液化用煤及工艺条件，提供重要的技术依据。现已确认，在较低煤阶烟煤和次烟煤中，镜质组和稳定组是最容易被液化的。而在焦化过程中惰质组被认为是不具活性的。一般认为，各显微组分的液化反应活性顺序为稳定组>镜质组>惰质组。

总之，要关注煤的显微组分及其分布，以便在选择焦化、液化、气化、燃烧等工艺和选用原（燃）料煤类时，做出正确抉择。

第三节　煤 的 性 质

一、煤的物理性质

（一）煤的密度

煤的密度是煤的主要物理性质之一，在涉及煤的体积和质量关系的各种工作中，都需用到密度。煤的密度有 3 种表示方法：真密度、视密度、堆密度（或称散密度）。物理意义上都是单位体积煤的质量，以 g/cm^3 为单位，工业上以 t/m^3 为单位。而相对密度（真相对密度、视相对密度）和密度在数值上虽然相等，但物理意义不同。学术上一般用密度，工业上习惯用相对密度（曾称比重）。

1. 真密度

真密度是指 20 ℃时单位体积煤（不包括煤的孔隙）的质量；真相对密度是指该质量与同体积水的质量之比，表示符号为 TRD。真密度是研究煤的性质和计算煤层平均质量的重要指标之一。在选煤或制备减灰试样时也需要根据煤的真相对密度来确定重液的相对密度。影响煤的真相对密度的主要因素如下：

（1）煤炭成因类型。腐泥煤的真相对密度比腐植煤的真相对密度小。一般腐泥煤为 1.00，腐植煤为 1.25 以上。

（2）煤的变质程度。随着煤的变质程度的增加，纯煤的真相对密度也随之增大。如褐煤一般＜1.30，烟煤多为 1.30～1.40，无烟煤则为 1.40～1.90。

（3）煤岩成分。煤岩成分不同，其真相对密度也不同。如丝炭最大为 1.39～1.52，暗煤为 1.30～1.37，亮煤为 1.27～1.29，镜煤为 1.28～1.30。随着煤化程度的增加，各种煤岩成分的真相对密度逐渐接近。

（4）矿物质。煤中矿物质的真相对密度比有机质的真相对密度大。如石英为 2.65，黏土矿物为 2.40～2.60，黄铁矿为 5.00，菱铁矿为 3.80。因此，煤的真相对密度随着矿物质含量的增加而增大，也就是煤的真相对密度随着煤中灰分的增高而增高。根据经验，煤的灰分每增减 1%，其平均真相对密度增减 0.01。

（5）其他因素。煤中水分增大或煤受到风化，都会使真相对密度变化。

2. 视密度

视密度是指 20 ℃时单位体积煤（包括煤的孔隙）的质量；视相对密度是指该质量与同体积水的质量之比，表示符号为 ARD。视密度用于煤的埋藏量的计算，以及煤的破碎、磨碎、燃烧等过程的计算。此外还用于计算煤的孔隙率，作为煤层气计量基准。不同煤阶的煤，其视密度相差很大。如褐煤为 1.05 ~ 1.30 g/cm³，烟煤为 1.15 ~ 1.50 g/cm³，无烟煤为 1.40 ~ 1.70 g/cm³。

根据煤的视密度和真密度，可以计算煤的孔隙率，计算公式如下：

$$孔隙率 = \frac{真密度 - 视密度}{真密度} < 100\%$$

3. 堆密度（或称散密度）

在规定条件下，容器中单位体积散状煤的质量称为堆密度。是指一定体积自由堆积的煤堆质量，即包括煤粒间孔隙和煤粒内孔隙的单位体积煤的质量。堆密度用于煤仓设计、煤堆质量估算、带式输送机运输量和车船装载量的计算，以及焦炉、气化炉装煤量的计算。堆密度是条件性的指标，测定值受容器大小、容器形状、装煤方法、煤的水分、煤的粒度等条件的影响。在生产实际中，煤的堆密度数值可参考表 1 - 5。

表 1 - 5 煤 的 堆 密 度   g/cm³

名　称	堆密度	名　称	堆密度
原煤	0.85 ~ 1.0	矸石	1.6
精煤	0.8 ~ 0.9	煤泥	1.2 ~ 1.3
中煤	1.2 ~ 1.4		

根据煤的视密度和堆密度，可以计算物料堆积的孔隙率，即煤粒之间的孔隙体积与煤粒堆积总体积的比率：

$$孔隙率 = \frac{视密度 - 堆密度}{视密度} < 100\%$$

（二）煤的机械性质

1. 煤的摩擦角

将煤堆放在一块平板上，使平板逐渐倾斜，直到煤开始向下滑动，这时平板的倾斜角就是煤的摩擦角。在设计选煤厂带式输送机倾斜角、中部槽角度和煤仓下部锥体角度时需用摩擦角。

　　2. 煤的安息角（休止角）

　　散状物料堆的表面与水平面所夹的最大锐角就是煤的安息角。在设计计算选煤厂带式输送机运输量和煤仓、储煤场、矸石堆等的有效容积时需用安息角。不同产品的安息角见表 1-6。

表 1-6　不同产品的安息角　　　　　　　　　　　（°）

名　　称	安 息 角	名　　称	安 息 角
原煤（烟煤）	35~40	矸石	40
精煤	40~45	煤泥（湿）	~15
中煤	40		

　　3. 煤的硬度

　　煤的硬度是指煤抵抗外来机械作用的能力。随外来机械作用的性质不同，煤的硬度有两种常用的表示方法：

　　1）刻划硬度（莫氏硬度）

　　用标准矿石刻划煤，测定的相对硬度为刻划硬度。用作刻划的标准硬度矿石是：1 滑石、2 石膏、3 方解石、4 萤石、5 磷灰石、6 正长石、7 石英、8 黄玉、9 刚玉、10 金刚石。煤化程度低的褐煤和焦煤的刻划硬度最小（2~2.5），无烟煤最大（接近 4）。

　　2）显微硬度（HMV）

　　显微硬度是压痕硬度的一种，在显微镜下根据金刚石压锥压入煤的显微组分的程度（即压锥与煤的单位实际接触面积上所承受的载荷质量）来表示，单位为 kg/mm^2。

　　4. 煤的脆度

　　煤的脆度是指煤受外力作用而破碎的性质，表征煤被破碎或粉碎的难易程度，即可碎性。主要表现为抗压强度和抗剪强度，强度小者，煤易破碎，脆度大；反之，脆度小。脆度与硬度同属抵抗外来机械作用的性质，但受力性质不同，表现形式也不一样，所以两者概念不同。

煤的脆度与岩相组成、煤化程度有关。丝炭最脆，镜煤、亮煤居中，暗煤最韧。所以粉煤中丝炭成分居多。在选煤工艺设计中，可利用煤与矸石可碎性的差异，进行选择性破碎分选。

二、煤的化学性质

（一）煤的氧化

1. 煤氧化的形成

煤的氧化也称氧解，是常见现象。在储存较久的煤堆中可以看到与空气接触的表层煤逐渐失去光泽，从大块碎裂成小块，结构变得疏松，这就是煤的轻度氧化。这种在自然常压条件下进行的轻度氧化，通常也称为风化。

2. 煤氧化阶段的划分

根据煤的氧化深度和氧化产物的不同，可将煤的氧化分成轻度氧化、深度氧化、燃烧氧化3种类型。

3. 氧化对煤质的影响

被风化的煤在化学组成、物理性质、化学性质和工艺性能等方面都有以下明显的改变：

（1）风化煤的碳、氢含量下降，氧含量增加。

（2）风化煤的强度、硬度下降，吸湿性增加。

（3）风化煤中含有再生腐植酸，热值减少，着火点降低。

（4）风化煤的黏结性下降，干馏时焦油产率降低，气相中二氧化碳和一氧化碳增加，氢气减少，烃类物质也减少。

风化后的煤质量变差，影响煤炭的使用效果。

另外，露头的煤层受大气和雨水长时间渗透、氧化、水解，煤质也会发生很大变化，逐渐形成风化煤。露头的风化煤层不再适合作为燃料和化工原料。因其再生腐植酸含量高，可用作生产腐植酸类产品和有机肥料。

4. 煤的自燃

煤的氧化是放热反应，如果煤在堆存中产生的热量不能及时散出而不断积累，煤堆的温度就会逐渐升高，促使氧化反应更趋激烈，产生的热量也就更多。煤的温度一旦达到着火点，就会燃烧，这种现象叫作煤的自燃。煤产生自燃，不仅污染环境而且也是对煤炭资源的浪费。

5. 风化与自燃的防止

鉴于风化和自燃对煤存在危害，所以，在选煤厂的设计中对煤的堆存方式、堆存数量和储存时间方面都应该充分考虑防止煤被风化和自燃的措施。例如：

（1）储煤场、煤仓应尽量减少死角煤。

（2）存煤应循环使用。

（3）一般煤储存的安全温度界限为 50～80 ℃，炼焦煤不超过 50 ℃，故储煤设施应充分考虑通风散热或换气措施。

（4）高硫煤要及时选除黄铁矿。

（5）储煤量适中合理，储存时间不宜过长。

不同季节、不同煤类允许的储存期见表 1-7。

表 1-7 不同季节、不同煤类的储存期

煤　　类	夏季/昼夜	冬季/昼夜
气煤、1/3 焦煤	30	45
肥　　煤	60	75
焦　　煤	60	90
瘦　　煤	60	120

（二）煤的氢化

煤的氢化（加氢）是一种十分重要的化学反应，是研究煤的化学结构和煤的性质的主要方法。煤的加氢分轻度和深度两种。

1. 轻度加氢

轻度加氢在较低的氢分压和不超过煤分解温度的情况下进行，经过加氢的煤可以提高黏结性，但煤的外形不变，元素组成也无显著变化。

2. 深度加氢（或称破坏加氢）

深度加氢在高温、高压条件下，借助催化剂的作用，将煤与氢反应，增加煤的氢含量，降低氧、硫、氮含量，将煤全部转化为液态烃类产物和少量气态烃。这就叫作煤的直接液化，其工艺、设备比较复杂，是投资昂贵的煤炭转化工艺。

（三）煤的磺化

煤的磺化是以烟煤等作为原料经发烟硫酸或浓硫酸磺化处理的过程，所得产物再经洗涤、中和、干燥和筛分，最终得到磺化煤。它是一种多孔性的黑色颗粒物质，广泛用于污水处理，作为制造离子交换剂、硬水软化剂、吸附剂的原料。其他用途也极为广泛。

三、煤的工业分析和元素分析

（一）煤质分析的基准与符号

在煤质分析中得到的煤质指标，根据不同需要，可采用不同的基准来表示。"基"表示化验结果是以什么状态下的煤样为基础而得出的。煤质分析中常用的"基"有：

（1）空气干燥基。以与空气湿度达到平衡状态的煤样为基准。

（2）干燥基。以假想无水状态的煤样为基准。

（3）收到基。以收到状态的煤样为基准。

（4）干燥无灰基。以假想无水、无灰状态的煤样为基准。

（5）干燥无矿物质基。以假想无水、无矿物质状态的煤样为基准。

为避免使用混乱，现将煤质指标新旧符号对照、煤质指标新旧基准符号对照、指标细分时下标新旧符号对照及不同基准的换算公式等分别列于表1-8～表1-11。

最基本的煤质分析就是煤的工业分析、元素分析，以及煤的各种工艺性能分析。

表1-8　煤质分析指标新旧符号对照

指 标 名 称	单 位	新符号	旧符号
真相对密度	无	TRD	d
视相对密度	无	ARD	—
水分	%	M	W
最高内在水分	%	MHC	W_{ZH}
灰分	%	A	A
挥发分	%	V	V
固定碳	%	FC	G_{GD}
发热量	MJ/kg、J/g	Q	Q
灰熔融性半球温度	℃	HT	—
灰熔融性变形温度	℃	DT	T_1

表 1-8（续）

指 标 名 称	单 位	新符号	旧符号
灰熔融性软化温度	℃	ST	T_2
灰熔融性流动温度	℃	FT	T_3
结渣率	%	Clin	JZ
哈氏可磨性指数	无	HGI	K_{HG}
落下强度	%	SS	—
热稳定性	%	TS	Rw
二氧化碳转化率	%	α	a
焦油产率	%	Tar	T
半焦产率	%	CR	K
焦渣特征（煤测挥发分后残留物性状）	分 1~8 个标准	CRC	—
黏结指数	无	$G（G_{R.I.}）$	$G_{R.I.}$
奥阿膨胀度	%	b	b
罗加指数	无	R. I.	R. I.
焦块最终收缩度	mm	X	X
胶质层最大厚度	mm	Y	Y
透光率	%	P_M	P_M
腐植酸产率	%	HA	H
矿物质	%	MM	MM

表 1-9　煤质分析各种基准符号新旧标准对照（GB/T 483—2007）

新 基 名 称	新基符号（下标）	旧 基 名 称	旧基符号（上标）
空气干燥基	ad	分析基	f
干燥基	d	干基	g
收到基	ar	应用基	y
无灰基	af	—	—
干燥无灰基	daf	干燥无灰	r
干燥无矿物质基	dmmf	有机基	j

（二）煤的工业分析

煤的工业分析是指水分、灰分、挥发分和固定碳 4 项测定。从广义上说，

表 1-10　指标细分时下标符号新旧对照（GB/T 483—2007）

项　目　名　称	新　符　号	旧　符　号
外在或游离	f	WZ
内在	inh	NZ
全	t	Q
有机	o	YJ
硫化铁	p	LT
硫酸盐	s	LY
弹筒	b	DT
恒容高位	gr, v	GW（恒容）
恒容低位	net, v	DW（恒容）
恒压低位	net, p	DW（恒压）

表 1-11　煤质分析不同基准的换算公式

要求基\已知基	空气干燥基 ad	收到基 ar	干基 d	干燥无灰基 daf	干燥无矿物质基 dmmf
空气干燥基 ad		$\dfrac{100-M_{ar}}{100-M_{ad}}$	$\dfrac{100}{100-M_{ad}}$	$\dfrac{100}{100-(M_{ad}+A_{ad})}$	$\dfrac{100}{100-(M_{ad}+MM_{ad})}$
收到基 ar	$\dfrac{100-M_{ad}}{100-M_{ar}}$		$\dfrac{100}{100-M_{ar}}$	$\dfrac{100}{100-(M_{ar}+A_{ar})}$	$\dfrac{100}{100-(M_{ar}+MM_{ar})}$
干基 d	$\dfrac{100-M_{ad}}{100}$	$\dfrac{100-M_{ar}}{100}$		$\dfrac{100}{100-A_d}$	$\dfrac{100}{100-MM_d}$
干燥无灰基 daf	$\dfrac{100-(M_{ad}+A_{ad})}{100}$	$\dfrac{100-(M_{ar}+A_{ar})}{100}$	$\dfrac{100-A_d}{100}$		$\dfrac{100-A_d}{100-MM_d}$
干燥无矿物质基 dmmf	$\dfrac{100-(M_{ad}+MM_{ad})}{100}$	$\dfrac{100-(M_{ar}+MM_{ar})}{100}$	$\dfrac{100-MM_d}{100}$	$\dfrac{100-MM_d}{100-A_d}$	

煤的工业分析还包括煤中硫分和煤的发热量测定。一般将这两种项目单独列出。

鉴于煤中硫分和煤的发热量在煤质分析中的重要性，国家在制定煤炭质量分级标准时，将本该属于煤中有害元素的硫分和本该属于煤的工艺性能的发热量两项指标与灰分归为一类，分属同一国标的 3 个部分。为此，再版《手册》

在编排顺序上也将煤中硫分和煤的发热量归为煤的工业分析，列在水分、灰分、挥发分和固定碳 4 个项目之后。

1. 水分

1）水分的类型

——从煤中水的不同结合状态来看，可分为两类：

（1）游离水。以附着、吸附等机械方式同煤结合。

（2）化合水（结晶水）。以化合方式同煤中矿物质结合，如硫酸钙 $CaSO_4 \cdot 2H_2O$、高岭土 $Al_2O_3 \cdot SiO_2 \cdot 2H_2O$ 中的结晶水。

在煤的工业分析中，只测定游离水而不测定结晶水。

——从煤中水存在的不同结构状态来看，也可分为两类：

（1）内在水分。内在水分是指吸附或凝聚在煤颗粒内部的毛细孔中的水，当吸附的水分达饱和状态称为最高内在水分（MHC）。所以，最高内在水分的高低能在一定程度上反映煤的孔隙率的高低。因变质程度越低的煤其孔隙率越高，其中存在一定的规律性。故最高内在水分的高低也能相应表示煤的变质程度的高低。例如：褐煤变质程度最低，内在水分最高；长焰煤、不黏煤等变质程度较低烟煤，内在水分比其他烟煤普遍偏高。

（2）外在水分。外在水分是指附着在煤颗粒表面上的水。

由于毛细孔吸附力的作用，内在水分比外在水分较难蒸发。

2）全水分的换算

在煤的工业分析中所测定的水分，分为全水分和空气干燥基水分。需要注意的是，从形式上看，煤中全水分应该是外在水分与内在水分的和。但是由于计算基准不同，不能简单地用实测的外在水分与内在水分相加去计算全水分，而需作必要的换算，即

$$M_t = M_f + M_{inh} \times \frac{100 - M_f}{100}$$

3）全水分的分级

煤中全水分（M_t）分级的行业标准（MT/T 850—2000）见表 1 - 12。

2. 灰分

1）灰分的基本概念

煤的灰分不是煤的一种固有性质，灰分是煤在规定条件下完全燃烧后的固态残留物。灰分按其存在形态可分为：

表 1 - 12　煤炭全水分分级的行业标准（MT/T 850—2000）

序　号	级 别 名 称	代　号	全水分 M_t/%
1	特低全水分煤	SLM	≤6.0
2	低全水分煤	LM	>6.0 ~ 8.0
3	中等全水分煤	MM	>8.0 ~ 12.0
4	中高全水分煤	MHM	>12.0 ~ 20.0
5	高全水分煤	HM	>20.0 ~ 40.0
6	特高全水分煤	SHM	>40.0

（1）内在灰分。来源于原生矿物质和次生矿物质，很难用洗选方法除去。

（2）外在灰分。来源于外来矿物质，比较容易用洗选方法除去。

2）灰分对煤利用的负面影响

灰分是一个重要的煤质指标，它对煤的加工利用产生负面影响。例如：燃烧后的煤灰、微尘灰对大气和环境造成污染；发电用煤灰分每增加 1%，发热量就下降 200 ~ 360 J/g，每度电标准煤耗量增加 2 ~ 5 g；煤中灰分还影响锅炉燃烧效率和气化炉的气化强度；煤灰分也是冶金焦炭灰分的主要来源，炼焦精煤灰分每增加 1%，焦炭灰分平均提高 1.33%，焦炭灰分每增加 1%，导致高炉利用系数下降，焦比上升 2.0% ~ 2.5%，高炉产铁量下降 2.0% ~ 3.0%。所以对于动力用煤、发电用煤、炼焦用煤均应经过洗选降灰后再利用，才是经济合理的使用方法。

3）灰分的分级标准

1994 年对煤灰分 A_d 的分级曾首次发布过国家标准（GB/T 15224.1—1994）。

2004 年对上述国家标准进行了第一次修改，自生效之日起代替原标准。此次修订着重考虑了用户对煤炭灰分的要求，并要求对动力煤和炼焦精煤分别进行分级。修改后的标准（GB/T 15224.1—2004）仍存在不完善性，因其着重考虑用户对煤炭灰分的要求，故不太适合勘探、设计阶段对原生状态煤炭资源进行评价时的灰分分级。

2010 年又对上述国家标准进行了第二次修改，第二次修改版《煤炭质量分级　第 1 部分：灰分》（GB/T 15224.1—2010）将煤炭灰分分级分为两类，即煤炭资源评价灰分分级和商品煤（动力煤、炼焦精煤）灰分分级。分别列于表 1 - 13 ~ 表 1 - 15。

表 1 – 13 煤炭资源评价灰分分级

级 别 名 称	代 号	灰分 A_d/%
特低灰煤	SLA	≤10.00
低灰煤	LA	10.01～20.00
中灰煤	MA	20.01～30.00
中高灰煤	MHA	30.01～40.00
高灰煤	HA	40.01～50.00

表 1 – 14 动 力 煤 灰 分 分 级

级 别 名 称	代 号	灰分 A_d/%
特低灰煤	SLA	≤10.00
低灰煤	LA	10.01～18.00
中灰煤	MA	18.01～25.00
中高灰煤	MHA	25.01～35.00
高灰煤	HA	＞35.00

表 1 – 15 炼 焦 精 煤 灰 分 分 级

级 别 名 称	代 号	灰分 A_d/%
特低灰煤	SLA	≤6.00
低灰煤	LA	6.01～8.00
中灰煤	MA	8.01～10.00
中高灰煤	MHA	10.01～12.50
高灰煤	HA	＞12.50

说明：（1）其他精煤和原料用煤的灰分分级可参照表 1 – 14 进行分级。

（2）高炉喷吹用煤的灰分分级可参照表 1 – 15 进行分级。

3. 挥发分

1）挥发分的基本概念

煤样在规定条件下隔绝空气加热，逸出的挥发物减去水分后得到的测定值，称之为挥发分。它占煤样质量的百分比，定义为挥发分产率，简称挥发分（%）。通常挥发分随煤阶增高而递减，是煤分类中最主要的指标。也可初步表征煤的焦化、液化及燃烧的特性。挥发分高的煤，有利于提高燃烧时火焰的长度和稳定性，降低飞灰中碳的含量。

所以在确定煤的加工利用途径时，挥发分是一个重要参数。在配煤时，一般认为挥发分具有加和性。

测定挥发分后的残留物（焦渣）的黏结、结焦性状，称为焦渣特征 CRC。焦渣特征可分为 1~8 个标准（1 粉状、2 黏着、3 弱黏结、4 不熔融黏结、5 不膨胀熔融黏结、6 微膨胀熔融黏结、7 膨胀熔融黏结、8 强膨胀熔融黏结）进行区别，并可用以初步鉴定煤的黏结性。

2）挥发分的分级标准

挥发分 V_{daf} 分级尚无国家标准，2000 年制定了行业标准《煤的挥发分产率分级》（MT/T 849—2000）见表 1-16。

表 1-16　煤的挥发分分级标准（MT/T 849—2000）

级 别 名 称	代 号	$V_{daf}/\%$
特低挥发分煤	SLV	≤10.00
低挥发分煤	LV	>10.01~20.00
中等挥发分煤	MV	>20.01~28.00
中高挥发分煤	MHV	>28.01~37.00
高挥发分煤	HV	>37.01~50.00
特高挥发分煤	SHV	>50.00

4. 固定碳

1）固定碳的基本概念

煤中固定碳是指从煤中除去水分、灰分和挥发分后的残留物，即

$$FC_{ad} = 100 - (M_{ad} + A_{ad} + V_{ad})$$

式中　FC_{ad}——固定碳。

固定碳和挥发分一样不是煤中的固有成分，而是热分解产物。固定碳与煤中碳元素含量是两个不同的概念，绝不可混淆。实际上 FC_{daf} 与 V_{daf} 是一件事情的两个方面，因为 $V_{daf} + FC_{daf} = 100\%$。煤中干燥无灰基固定碳含量 FC_{daf} 随煤化程度的增加而增加，与挥发分正好相反。

2）固定碳的分级标准

固定碳 FC_d 分级尚无国家标准，2008 年制定了行业标准《煤的固定碳分级》（MT/T 561—2008）见表 1 - 17。

表 1 - 17　煤 的 固 定 碳 分 级

级 别 名 称	代 号	固定碳 FC_d/%
低固定碳煤	LFC	≤55.00
中等固定碳煤	MFC	>55.00 ~ 65.00
中高固定碳煤	MHFC	>65.00 ~ 75.00
高固定碳煤	HFC	>75.00

5. 硫分

1）硫在煤中的赋存形态

煤中硫含量高低与成煤的沉积环境有密切关系。在我国海陆交互相沉积的煤，其全硫含量普遍较高，陆相沉积的煤，硫分一般较低。硫在煤中的赋存形态如下所述。

（1）有机硫。与煤中烃类化合物相结合的硫。

（2）无机硫。一是硫化物硫（大部分以黄铁矿形态存在）；二是硫酸盐硫。

通常认为配煤时硫含量具有可加性。

2）煤中硫分的危害性

煤中硫分对环境、燃烧、炼焦、气化都是十分有害的。例如：燃煤排入大气的 SO_2 形成酸雨会严重污染环境；可燃硫在炉内燃烧后生成 SO_2 及微量的 SO_3，在烟气中形成酸蒸气凝于低温受热面，会对工业炉窑及其管道产生腐蚀与赌灰；一般含硫量超过 1.5% 时，锅炉效率会逐渐降低；由于黄铁矿硬度大，它的存在会造成磨煤机严重磨损；炼焦时煤中有 80% ~ 85% 的硫分进入焦炭，而焦炭每增加 0.1% 的硫，焦比约增加 1.5%，高炉生产能力降低 2%，石灰石用量增加 2%，钢锭中的硫分超过 0.07% 则为废品。因而，硫分的高低是影响煤炭售价及市场竞争力的重要因素之一。

3）硫分的分级标准

1994 年对硫分 $S_{t,d}$ 的分级曾首次发布过国家标准（GB/T 15224.2—1994）。

2004年对上述国家标准进行了第一次修改，该次修改后的标准（GB/T 15224.2—2004）要求对动力煤和炼焦精煤的硫分分别进行分级，其中对动力煤中的无烟煤、烟煤和褐煤的硫分也需分别进行分级。2004年修改后的标准（GB/T 15224.2—2004）仍存在不完善性。该标准只适用于对动力煤、炼焦精煤和高炉喷吹用煤的硫分进行分级，不太适合勘探、设计阶段对原生状态的煤炭资源进行评价时的硫分分级。

　　2010年又对上述国家标准进行了第二次修改，第二次修改版《煤炭质量分级　第2部分：硫分》（GB/T 15224.2—2010）将煤炭硫分分级分为两类，即煤炭资源评价硫分分级和商品煤（动力煤、炼焦精煤）硫分分级。分别列于表1–18～表1–20。

表1–18　煤炭资源评价硫分分级

级 别 名 称	代 号	干燥基全硫分 $S_{t,d}$/%
特低硫煤	SLS	≤0.50
低硫煤	LS	0.51～1.00
中硫煤	MS	1.01～2.00
中高硫煤	MHS	2.01～3.00
高硫煤	HS	＞3.00

表1–19　动力煤硫分分级

级 别 名 称	代 号	干燥基全硫分 $S_{t,d折算}$/%
特低硫煤	SLS	≤0.50
低硫煤	LS	0.51～0.90
中硫煤	MS	0.91～1.50
中高硫煤	MHS	1.51～3.00
高硫煤	HS	＞3.00

注：1. 对动力煤进行硫分分级时，应按发热量进行折算，折算的"基准发热量"值规定为24.00 MJ/kg。

　　2. 干燥基全硫的折算方法为

$$S_{t,d折算} = \frac{24.00}{Q_{gr,d实测}} S_{t,d实测}$$

式中　$S_{t,d折算}$——折算后的干燥基全硫，%；

　　　$Q_{gr,d实测}$——实测干燥基高位发热量，MJ/kg；

　　　$S_{t,d实测}$——实测干燥基全硫，%。

表1-20 炼焦精煤硫分分级

级别名称	代号	干燥基全硫分 $S_{t,d}$/%
特低硫煤	SLS	≤0.30
低硫煤	LS	0.31~0.75
中硫煤	MS	0.76~1.25
中高硫煤	MHS	1.26~1.75
高硫煤	HS	1.76~2.50

说明：高炉喷吹用煤、其他精煤和原料用煤的硫分分级，均可参照表1-20进行。

6. 发热量

1）发热量的基本概念

单位质量的煤完全燃烧时放出的热量称为煤的发热量。恒湿无灰基高位发热量，是区分褐煤与烟煤的辅助指标。发热量也是煤质分析的重要指标和确定动力煤价格的主要依据，具有明显的商业价值。常用的表示方式有：弹筒发热量、恒压发热量、恒容发热量、高位发热量、低位发热量。

2）发热量的测定及换算

煤的发热量测定以氧弹量热法为标准。

（1）测出的空气干燥基弹筒发热量可转换成恒容高位发热量，即

$$Q_{\mathrm{gr,v,ad}} = Q_{\mathrm{b,ad}} - (95S_{\mathrm{b,ad}} + \alpha Q_{\mathrm{b,ad}})$$

式中 $Q_{\mathrm{gr,v,ad}}$——空气干燥基高位发热量，J/g；

$Q_{\mathrm{b,ad}}$——空气干燥基弹筒发热量，J/g；

$S_{\mathrm{b,ad}}$——由弹筒洗液测得的硫含量，通常用煤的全硫量来代替，%；

95——硫酸生成热校正系数，J；

α——硝酸生成热校正系数，当 $Q_{\mathrm{b,ad}} \leqslant 16.7$ kJ/g 时，$\alpha = 0.001$；当 16.7 kJ/g $< Q_{\mathrm{b,ad}} \leqslant 25.1$ kJ/g 时，$\alpha = 0.0012$；当 $Q_{\mathrm{b,ad}} > 25.1$ kJ/g 时，$\alpha = 0.0016$。

（2）由空气干燥基高位发热量也可转换成各种"基"的高、低位发热量，转换时应特别注意发热量单位是 J/g，其主要转换公式如下。

空气干燥基：

$$Q_{\mathrm{net,ad}} = Q_{\mathrm{gr,ad}} - 206H_{\mathrm{ad}} - 23M_{\mathrm{ad}}$$

或

$$Q_{\text{net,ad}} = 35860 - 73.7V_{\text{ad}} - 395.7A_{\text{ad}} - 702M_{\text{ad}}$$

干燥基：

$$Q_{\text{gr,d}} = \frac{100Q_{\text{gr,ad}}}{100 - M_{\text{ad}}}$$

$$Q_{\text{net,d}} = \frac{100Q_{\text{gr,ad}}}{100 - M_{\text{ad}}} - 206\text{H}_{\text{d}}$$

或

$$Q_{\text{net,d}} = \frac{100(Q_{\text{net,ad}} + 23M_{\text{ad}})}{100 - M_{\text{ad}}}$$

收到基：

$$Q_{\text{gr,ar}} = Q_{\text{gr,ad}}\frac{100 - M_{\text{t}}}{100 - M_{\text{ad}}}$$

$$Q_{\text{net,ar}} = (Q_{\text{gr,ad}} - 206\text{H}_{\text{ad}}) \times \frac{100 - M_{\text{t}}}{100 - M_{\text{ad}}} - 23M_{\text{t}}$$

或

$$Q_{\text{net,ar}} = (Q_{\text{gr,d}} - 206\text{H}_{\text{d}}) \times \frac{100 - M_{\text{t}}}{100} - 23M_{\text{t}}$$

$$Q_{\text{net,ar}} = \frac{(Q_{\text{net,ad}} + 23M_{\text{ad}})(100 - M_{\text{t}})}{100 - M_{\text{ad}}}$$

式中　$Q_{\text{gr,ad}}$、$Q_{\text{gr,d}}$、$Q_{\text{net,ar}}$——各种"基"发热量，J/g；

　　　　H_{ad}——空气干燥基氢含量，%；

　　　　H_{d}——干燥基氢含量，$\text{H}_{\text{d}} = \dfrac{100\text{H}_{\text{ad}}}{100 - M_{\text{ad}}}$，%；

　　　　V_{ad}——空气干燥基挥发分，%；

　　　　A_{ad}——空气干燥基灰分，%；

　　　　M_{ad}——空气干燥基水分，%；

　　　　M_{t}——收到基水分（全水），%。

（3）煤的水分、灰分变化时低位发热量的换算。以收到基为例：

$$Q_{\text{net,ar,1}} = (Q_{\text{net,ar}} + bM_{\text{ar}}) \times \frac{100 - (A_{\text{ar,1}} + M_{\text{ar,1}})}{100 - (A_{\text{ar}} + M_{\text{ar}})} - bM_{\text{ar,1}}$$

式中　$Q_{\text{net,ar,1}}$——相当于煤的灰分、水分为 $A_{\text{ar,1}}$、$M_{\text{ar,1}}$ 时的低位发热量，MJ/kg；

$Q_{\text{net,ar}}$——相当于煤的灰分、水分为 A_{ar}、M_{ar} 时的低位发热量，MJ/kg。水分单独变化时，也可以利用上式换算。

3）发热量分级标准

1994 年国家首次对煤发热量 $Q_{\text{net,ar}}$ 的分级发布国家标准（GB/T 15224.3—1994）。

2004 年国家对 1994 年颁布的发热量 $Q_{\text{net,ar}}$ 分级标准，进行了第一次修订。该次修订发热量指标改为采用干燥基高位发热量 $Q_{\text{gr,d}}$，并要求对无烟煤、烟煤和褐煤分别进行分级。2004 年修改后的标准（GB/T 15224.3—2004）仍存在不完善性，因着重考虑了用户对煤炭热值的要求，故不太适合勘探、设计阶段对原生状态煤炭资源进行评价时的发热量分级。

2010 年又对上述国家标准进行了第二次修改，第二次修改版《煤炭质量分级 第 3 部分：发热量》（GB/T 15224.3—2010）将无烟煤、烟煤和褐煤发热量分级合并为统一的标准，适用于煤炭资源勘查和煤炭生产、加工利用及销售。详见表 1-21。

表 1-21 煤炭发热量分级

级 别 名 称	代 号	发热量 $Q_{\text{gr,d}}/(\text{MJ}\cdot\text{kg}^{-1})$
特高发热量煤	SHQ	>30.90
高发热量煤	HQ	27.21~30.90
中高发热量煤	MHQ	24.31~27.20
中发热量煤	MQ	21.31~24.30
中低发热量煤	MLQ	16.71~21.30
低发热量煤	LQ	≤16.70

4）不同矿区煤炭发热量回归方程和估算经验公式汇集

（1）利用工业分析结果计算我国烟煤低位发热量（空气干燥基）的回归方程式（适用于未知矿区）：

$$Q_{\text{net,ad}} = 35860 - 73.7V_{\text{ad}} - 395.7A_{\text{ad}} - 702.0M_{\text{ad}} - 173.6\text{CRC}$$

（2）利用工业分析结果计算我国无烟煤低位发热量（空气干燥基）的回归方程式（适用于未知矿区）如下所述。

当有 H_{ad} 含量时：

$$Q_{net,ad} = 32347 - 161.5V_{ad} - 345.8A_{ad} - 360.3M_{ad} - 1042.3H_{ad}$$

当没有 H_{ad} 含量时：

$$Q_{net,ad} = 34814 - 24.7V_{ad} - 382.2A_{ad} - 563.0M_{ad}$$

当煤中干基灰分 $A_d > 20\%$ 时，V_{ad} 值应予以校正。首先校正无灰干燥基挥发分 V_{daf} 的数值，即

$$V_{daf}(校后) = 0.80V_{daf}(校前) - 0.1A_d \quad (适合 A_d > 30\% \sim 40\% 的煤)$$

$$V_{daf}(校后) = 0.85V_{daf}(校前) - 0.1A_d \quad (适合 A_d > 25\% \sim 30\% 的煤)$$

$$V_{daf}(校后) = 0.95V_{daf}(校前) - 0.1A_d \quad (适合 A_d > 20\% \sim 25\% 的煤)$$

再根据 $V_{daf}(校后)$ 值，求出校正后的空气干燥基挥发分 V_{ad} 的数值：

$$V_{ad}(校后) = \frac{V_{daf}(校后)(100 - M_{ad} - A_{ad})}{100}$$

（3）利用工业分析结果计算我国褐煤低位发热量（空气干燥基）的回归方程式（适用于未知矿区）：

$$Q_{net,ad} = 31733 - 70.5V_{ad} - 321.6A_{ad} - 388.4M_{ad}$$

（4）中煤发热量估算经验公式（日本永田提供）：

$$Q = 8873 - 102A$$

式中　Q——发热量，4.1868 kJ/kg；

　　　A——灰分，%。

（5）晋城无烟煤（含煤泥、中煤、洗矸）发热量估算回归方程：

$$Q = 8450 - 94(A_d + M_t)$$

（6）阳泉矿区产品煤低位发热量（收到基）估算回归方程（经验公式）：

$$Q_{net,ar} = 35.063 - 0.3554M_t - 0.3931A_d$$

（7）大同煤（侏罗纪）低位发热量（干基）估算回归方程：

$$Q_{net,d} = 8161 - 91.5A_d - 69M_t$$

（8）朔州、雁北地区、河保偏地区（石炭二叠纪）煤炭低位发热量（收到基）估算回归方程：

$$Q_{net,ar} = 7871 - 90A_d - 68M_t$$

（9）准格尔煤田煤炭产品低位发热量（收到基）估算回归方程：

精煤　　　　$Q_{net,ar} = 7848.54 - 80.29A_d - 70.14M_t$

中煤　　　　$Q_{net,ar} = 7231.11 - 82.49A_d - 41.22M_t$

煤泥　　　　$Q_{net,ar} = 6367.00 - 69.22A_d - 56.00M_t$

末原煤　　　　　　$Q_{net,ar} = 7444.62 - 81.72A_d - 64.11M_t$

长焰煤　　　　　　$Q_{net,ad} = 30.9402 - 0.1672M_t - 0.3492A_d$

原煤　　　　　　　$Q_{b,d} = 8100 - 102A_d$（近似公式）

（10）神东矿区不黏煤低位发热量（收到基）估算回归方程：

矿区　　　　　　　$Q_{net,ar} = 7184.63 - 59.29M_t - 69.86A_d$

大柳塔井　　　　　$Q_{net,ar} = 7526 - 77M_t - 75A_d$

活鸡兔井　　　　　$Q_{net,ar} = 7757 - 86M_t - 97A_d$

补连塔矿　　　　　$Q_{net,ar} = 7643 - 84M_t - 83A_d$

马家塔露天矿　　　$Q_{net,ar} = 7856 - 89M_t - 105A_d$

乌兰木伦矿　　　　$Q_{net,ar} = 7228 - 69M_t - 70A_d$

上湾矿　　　　　　$Q_{net,ar} = 7709 - 84M_t - 86A_d$

榆家梁矿　　　　　$Q_{net,ar} = 7736 - 77M_t - 80A_d$

康家滩矿　　　　　$Q_{net,ar} = 7740 - 48M_t - 89A_d$

哈拉沟矿　　　　　$Q_{net,ar} = 7811 - 92M_t - 85A_d$

武家塔矿　　　　　$Q_{net,ar} = 7199 - 55M_t - 70A_d$

（11）榆神矿区煤炭低位发热量（收到基）估算回归方程：

锦界矿井　　　　　$Q_{net,ar} = 7854.01 - 88.47A_d - 60.59M_t$

大保当矿井　　　　$Q_{net,ar} = 7992 - 92.5A_d - 84.27M_t$

杭来湾矿井　　$Q_{net,ar} = 32.03098 - 0.26114A_d - 0.29024M_t$

（12）府谷矿区煤炭低位发热量（收到基）估算回归方程：

冯家塔矿　　　　　$Q_{net,ar} = 6323.34 - 54.62A_d - 29.78M_t$

段寨矿　　　　　　$Q_{net,ar} = 34.06 - 0.41A_d - 0.39M_t$

（13）贵州盘江矿区煤炭低位发热量（干基）估算回归方程：

$$Q_{net,d} = 36.025 - 0.3842A_d$$

（14）新疆哈密大南湖矿区褐煤低位发热量（收到基）估算回归方程：

$$Q_{net,ar} = 7242.63 - 72.07A_d - 97.79M_t$$

（15）内蒙古锡林郭勒盟查干淖尔矿区褐煤估算回归方程：

$$Q_{gr,ad} = 28.12 - 0.218M_{ad} - 0.287A_d$$

（16）山西河曲煤田长焰煤估算回归方程：

$$Q_{net,ar} = 7498 - 80A_d - 70M_t$$

（17）内蒙古鄂尔多斯市万利矿区李家壕矿井各煤层低位发热量（空气干

燥基）回归方程见表 1 - 22。

表 1 - 22　内蒙古鄂尔多斯市万利矿区李家壕矿井各煤层低位发热量

（空气干燥基）回归方程

煤　层　号	发　热　量　回　归　方　程
$2^{-2上}$	$Q_{net,ad} = 30.0553 - 0.3193A_d - 0.3409M_{ad}$
$2^{-2中}$	$Q_{net,ad} = 28.0261 - 0.2825A_d - 0.2391M_{ad}$
$2^{-2下}$	$Q_{net,ad} = 28.4660 - 0.2580A_d - 0.2778M_{ad}$
3^{-1}	$Q_{net,ad} = 31.2576 - 0.3067A_d - 0.4326M_{ad}$
4^{-1}	$Q_{net,ad} = 28.3224 - 0.2665A_d - 0.2447M_{ad}$
5^{-1}	$Q_{net,ad} = 28.2545 - 0.2059A_d - 0.2606M_{ad}$
$6^{-2中}$	$Q_{net,ad} = 29.2221 - 0.3730A_d - 0.2121M_{ad}$
$6^{-2下}$	$Q_{net,ad} = 30.1444 - 0.2833A_d - 0.3727M_{ad}$
7	$Q_{net,ad} = 29.1196 - 0.3180A_d - 0.2201M_{ad}$
初期综合煤层： $2^{-2上}$、$2^{-2中}$、$2^{-2下}$、3^{-1}	$Q_{net,ad} = 30.860 - 0.2910A_d - 0.3831M_{ad}$

注：1. 此表中的发热量公式仅供参考，由于资料有限，钻孔数不多，所以发热量公式不是很准确。

　　2. 发热量单位为 MJ/kg。

（三）煤的元素分析

煤的元素分析是指煤中碳、氢、氮、氧等的测定。

1. 碳、氢

煤中碳、氢元素含量是煤质的基本指标。它们均随煤化过程有规律地变化。煤化程度加深，碳元素含量增加、氢元素含量减少。且一般认为碳、氢元素含量对配煤均具有可加性。如将煤作动力燃料时，可用元素分析数据计算煤的发热量；在作煤化工原料时，氢元素含量或碳氢比 C/H 在很大程度上决定着焦化产品的产率、煤气的产率和质量、煤液化的油品产率。

2. 氧

氧元素含量是煤化学特性中的重要表征，煤中氧元素含量变化很大，一般随煤化程度加深而降低。通常认为氧元素含量对配煤具有可加性。

氧元素含量的多少对煤的直接液化和制备水煤浆特别敏感。例如：O/C 原子比高的煤，对煤液化的氢耗、转化率、油品产率都产生负面影响；O/C

原子比高的煤，在相同制浆条件下，要比 O/C 原子比低的煤浆流动性差很多，其表观黏度将成倍增加；煤中氧元素含量的高低，对煤制合成气配套空分制氧装置的规模大小也有一定影响。当用氧元素含量高的煤制合成气时，可相应减少配套空分制氧装置的规模，从而降低投资和生产成本。

3. 氮

煤中氮元素含量一般较少，通常在 1% ～ 2% 之间，它与煤阶的关系无规律可循。燃煤时氮在氧化氛围中转化为 NO_x，从而对大气产生污染。

（四）煤中有害元素分析

1. 煤中有害元素的危害性

从工业利用角度看，煤中主要有害元素除硫以外还包括磷、氯、砷、汞、氟等，它们的危害性各不相同。

1）磷

磷主要对炼焦有害，磷元素含量高的焦炭进入高炉会增加铁的脆性；但对动力煤而言，磷燃烧后变为磷酸盐残留在煤灰中，用粉煤灰为农田施肥能起到磷肥的作用，反而有利。

2）氯

氯具有较强的腐蚀性，氯元素含量大于 0.25%，燃烧时会对锅炉、管道产生腐蚀和沾污堵塞而缩短锅炉寿命；氯元素含量高的煤会对水泥厂旋风预热器管道产生结皮而堵塞管道，所以水泥厂家要求煤中氯的质量分数不超过0.015%；炼焦用煤中氯的质量分数若超过 0.3%，就会使炭化室的炉壁耐火砖受到严重腐蚀而缩短焦炉寿命；氯元素含量高的煤作为气化、液化原料煤时，也会腐蚀炉体和高温、高压设备。

3）砷

砷主要对食品、酿造工业有害，一般砷元素含量大于 8 μg/g 的煤不能用作食品工业和酿造工业的燃料。我国煤中砷元素含量大都在 8 μg/g 以下，因而一般不影响其使用。

国家标准《煤中有害元素分级　第 3 部分：砷》（GB/T 20475.3—2012）还明确规定煤炭生产加工和利用中对砷含量的要求，分述如下：

——动力用煤砷含量 $\omega(As_d)$ 不宜超过 80 μg/g。

——炼焦用煤砷含量 $\omega(As_d)$ 不宜超过 35 μg/g。

——特殊行业用煤砷含量 $\omega(As_d)$ 不宜超过 4 μg/g。

4）汞

汞是煤中潜在毒害元素中受关注最多的元素之一，汞蒸气有毒，元素汞在厌氧甲烷合成细菌作用下可以转化为毒性更强的甲基汞。燃煤排出的汞是大气中汞污染的重要来源之一，排入大气中的汞再沉降到地面，这是煤中汞进入环境的主要渠道。由于汞的挥发性，意味着汞会很快地出现再循环，从而加剧了汞在全球大气中的扩散。大气中的汞，90% 以上以元素形态存在。一旦吸入或通过饮食进入人体，就很难被排出，累积到一定程度容易引起中毒。近年来煤燃烧产生的汞对环境的污染已引起世界许多国家的高度重视。我国煤中汞浓度的几何均值为 0.579 μg/g，高于美国煤和世界煤的浓度。但是过去我国对燃煤排出的汞是大气中汞污染的重要来源之一认识不足，重视不够，国际上特别是美国对我国燃煤排放的汞量却比较关注。为此，我国于 2012 年制定了国家标准《煤中有害元素分级　第 4 部分：汞》（GB/T 20475.4—2012），标准中还明确规定煤炭利用中对煤中汞含量的要求，如下：

——动力用煤汞含量 $\omega(Hg_d)$ 不宜超过 0.600 μg/g。

——炼焦用煤汞含量 $\omega(Hg_d)$ 不宜超过 0.250 μg/g。

——特殊行业用煤汞含量 $\omega(Hg_d)$ 不宜超过 0.150 μg/g。

5）氟

煤在燃烧过程中，氟化物分解为 HF、SiF_4 等气态污染物，不仅会严重腐蚀炉体及烟气净化设备，也造成大气氟污染和对生态环境的破坏。当煤中氟元素含量大于 85 ~ 130 μg/g 时，就会对炉体及烟气净化设备造成危害；当煤中氟元素含量在 120 ~ 140 μg/g 时，对环境的危害则大大增加。氟化物主要以无机物形式存在于煤中，因此提高入选率是减少煤中氟含量和降低燃煤氟排放量的有效措施。

2. 有害元素含量的分级标准

对磷、氯、砷、汞、氟等主要有害元素含量的分级，分别制定有国家标准或行业标准，截至 2015 年底煤中主要有害元素含量分级的现行的最新国家或行业标准名称如下：

《煤中有害元素含量分级　第 1 部分：磷》（GB/T 20475.1—2006）；

《煤中有害元素含量分级　第 2 部分：氯》（GB/T 20475.2—2006）；

《煤中有害元素含量分级　第 3 部分：砷》（GB/T 20475.3—2012）；

《煤中有害元素含量分级　第 4 部分：汞》（GB/T 20475.4—2012）；

《煤中氟含量分级》（MT/T 966—2005）。

上述标准分别列于表1-23～表1-27。

表1-23 煤中磷元素含量分级（GB/T 20475.1—2006）

级 别 名 称	代 号	磷元素含量 P_d/%
特低磷煤	P-1	<0.010
低磷煤	P-2	≥0.010～0.050
中磷煤	P-3	>0.050～0.100
高磷煤	P-4	>0.100

表1-24 煤中氯元素含量分级（GB/T 20475.2—2006）

级 别 名 称	代 号	氯元素含量 Cl_d/%
特低氯煤	Cl-1	≤0.050
低氯煤	Cl-2	>0.050～0.150
中氯煤	Cl-3	>0.150～0.300
高氯煤	Cl-4	>0.300

表1-25 煤中砷元素含量分级（GB/T 20475.3—2012）

级 别 名 称	代 号	砷元素含量 $\omega(As_d)$/($\mu g \cdot g^{-1}$)
特低砷煤	As-1	≤4.0
低砷煤	As-2	>4.0～25
中砷煤	As-3	>25～80
高砷煤	As-4	>80

表1-26 煤中汞元素含量分级（GB/T 20475.4—2012）

级 别 名 称	代 号	汞元素含量 $\omega(Hg_d)$/($\mu g \cdot g^{-1}$)
特低汞煤	Hg-1	≤0.150
低汞煤	Hg-2	>0.150～0.250
中汞煤	Hg-3	>0.250～0.600
高汞煤	Hg-4	>0.600

表 1-27　煤中氟元素含量分级（MT/T 966—2005）

级别名称	代号	氟元素含量 $F_d/(\mu g \cdot g^{-1})$
特低氟煤	SLF	<80
低氟煤	LF	80～130
中氟煤	MF	131～200
高氟煤	HF	>200

四、煤的工艺性能

1. 落下强度

落下强度是指一定粒度的块煤（60～100 mm），从规定高度（2 m）自由落下到规定厚度的坚硬钢板上，然后使>25 mm 的块煤再次落下，如此落下破碎 3 次，以破碎后>25 mm 的块煤占原煤的质量百分数表示煤的落下强度，用 SS 表示。它基本上能反映出块煤在装卸、运输过程中落下和互相撞击而破碎的特性。

煤的落下强度分级参考标准（暂无法查证该标准出处）见表 1-28。

表 1-28　煤 的 落 下 强 度 分 级　　　　　　　　　%

级别名称	>25 mm 的块煤含量 SS	级别名称	>25 mm 的块煤含量 SS
高强度煤	>65	低强度煤	>30～50
中强度煤	>50～65	特低强度煤	≤30

2. 可磨性

煤的可磨性标志着煤磨碎成粉的难易程度。它与煤阶、水分、煤岩成分以及煤中矿物质的种类、数量和分布有关。它是确定煤的粉碎工艺和选择磨碎设备的重要依据。例如：电厂煤粉锅炉燃料、调制水煤浆、冶金高炉喷吹煤、煤制合成气原料等方面都需要磨制、使用大量煤粉。在设计、估算磨煤机产能与电耗时，需要了解煤的可磨性。许多国家常用的表征煤的可磨性的指标为哈氏可磨性指数。我国制定有哈氏可磨性指数分级行业标准（MT/T 852—2000），详见表 1-29。

3. 煤的塑性

煤在干馏过程中形成的胶质体所具有的黏滞、流动、透气等性能，称之为

表 1-29 煤的哈氏可磨性指数分级（MT/T 852—2000）

级 别 名 称	代 号	哈氏可磨性指数 HGI
难磨煤	DG	≤40
较难磨煤	RDG	>40～60
中等可磨煤	MG	>60～80
易磨煤	EG	>80～100
极易磨煤	UEG	>100

煤的塑性。煤的塑性对煤在炼焦过程中黏结成焦起着重要作用，是影响煤的结焦性和焦炭质量的重要因素。

需要指出的是，胶质层最大厚度 Y 虽然是表征煤的塑性的主要指标之一。但是，Y 值只能表示胶质体的数量，不能反映胶质体的质量。

要全面反映煤的塑性本质，除需测定胶质体的数量外，还要掌握胶质体的性质，如胶质体的膨胀性、收缩性、黏度及析气速度等。表征胶质体的性质的指标较多，限于篇幅在这里就不一一论述了。

1954 年和 1958 年中国煤炭分类方案都将 Y 值作为烟煤分类的主要工艺指标。但 1986 年颁布的现行中国煤炭分类国家标准中，Y 值已改为区分强黏结性烟煤类别的辅助指标之一。

4. 黏结性

烟煤干馏时黏结其本身的或外来的惰性物质的能力，称之为黏结性。它是煤干馏时所形成胶质体显示塑性的另一种表征。黏结性是烟煤分类的主要依据之一，是煤结焦的必要条件，也是评价煤低温干馏、气化、动力用煤性质的一个重要依据。

国际上常用坩埚膨胀序数 CSN 或罗加指数 R. I. 表征煤的黏结性。我国依据罗加指数测定原理以黏结指数（G 或 $G_{R.I.}$）来表征煤的黏结能力。并于 1996 年曾制定过烟煤黏结指数分级行业标准（MT/T 596—1996），2008 年发布了新的行业标准《烟煤黏结指数分级》（MT/T 596—2008），用以代替原有行业标准，详见表 1-30。

5. 结焦性

煤的结焦性是全面反映煤在干馏过程中软化熔融直到固化形成焦炭的能力。它有别于煤的黏结性，但两者关系密切。炼焦煤必须兼有黏结性和结焦

表1-30　烟煤黏结指数分级

级别名称	代号	黏结指数 G
无黏结煤	NCI	≤5
微黏结煤	FCI	>5~20
弱黏结煤	WCI	>20~50
中黏结煤	MCI	>50~80
强黏结煤	SCI	>80

性。我国在制定中国煤炭分类国家标准中，以200 kg试验焦炉所得焦炭的强度和粉焦率，作为结焦性指标。

硬煤国际分类中采用奥阿膨胀度和格金焦形作为煤的结焦性指标。在这里需要提及的是，在中国煤炭分类国家标准中，奥阿膨胀度 b 被确定为区分强黏结煤的辅助指标之一。它是以煤样干馏时体积发生膨胀或收缩的程度来表征煤的塑性的指标的，着重反映胶质体的膨胀性，主要和胶质体的黏度及析气速度有关。

6. 煤灰熔融性和灰黏度

煤灰熔融性和灰黏度是评价动力用煤和气化用煤的重要指标。煤灰熔融性过去曾称煤灰熔点，根据煤灰熔融性可以预测结渣和沾污情况，主要用于固态排渣锅炉、液态排渣锅炉、气化炉设计的参考数据。例如，固态排渣的锅炉或气化炉要求使用灰熔融温度较高的煤，以免炉内产生结渣，影响锅炉正常运行或降低气化效率；液态排渣的锅炉或气化炉要求使用灰熔融温度较低的煤，以保持熔渣有较好的流动性。现已制定出煤灰熔融温度（ST、FT）分级行业标准，详见表1-31和表1-32。

表1-31　煤灰软化温度分级（MT/T 853—2000）

级别名称	代号	软化温度 ST/℃
低软化温度灰	LST	≤1100
较低软化温度灰	RLST	>1100~1250
中等软化温度灰	MST	>1250~1350
较高软化温度灰	RHST	>1350~1500
高软化温度灰	HST	>1500

表 1-32　煤灰流动温度分级（MT/T 853—2000）

级 别 名 称	代 号	流动温度 FT/℃
低流动温度灰	LFT	≤1150
较低流动温度灰	RLFT	>1150~1300
中等流动温度灰	MFT	>1300~1400
较高流动温度灰	RHFT	>1400~1500
高流动温度灰	HFT	>1500

但是，灰熔融温度只能说明灰的溶化温度范围，不能反映灰渣在溶化时的特性。而灰黏度则可以定量地反映灰渣在溶化时的动态特性。由于煤灰中无机成分的性质和含量变化很大，有时煤灰熔融温度相近，而灰渣的流动性（黏度）差别很大。所以，在设计液态排渣的锅炉和煤粉气化炉时，灰渣的黏度特性比煤灰熔融温度更加重要。

为使熔渣顺利排出，移动（固定）床煤气炉所用煤的灰黏度应小于 5.0 Pa·s；煤粉气化炉用煤的灰黏度应大于 25.0 Pa·s；液态排渣锅炉要求炉渣的灰黏度范围是 5.0~10.0 Pa·s。

7. 结渣性

煤的结渣性是测定煤灰在自身的反映热作用下发生形态变化的特性。它比煤灰熔融温度能更好地反映灰的成渣特性。通常采用在规定鼓风强度下使其气化燃烧，燃尽后，以 >6 mm 的渣块质量对总灰渣质量的百分比即结渣率（Clin）作为评定煤的结渣性指标。

结渣率计算公式如下：

$$Clin = m_1/m \times 100\%$$

式中　Clin——结渣率,%；

　　　m_1——粒度>6mm 渣块的质量，g；

　　　m——总灰渣的质量，g。

目前尚查不到国内有关结渣性指标的分级标准，但可参照国家标准《煤的结渣性测定方法》（GB/T 1572—2001）中所提供的结渣性强度区域图，对结渣率进行粗线条的分级，归纳见表 1-33，以便于参照使用。

实践证明，结渣率的高低取决于煤灰成分、煤灰产率及煤灰熔融性三重因素的影响。单凭煤灰熔融特性温度，不能完全正确判断煤灰结渣的情况。通过

表1-33　根据结渣率Clin划分煤结渣性分级

级别名称	不同鼓风强度下的结渣率Clin/%		
	0.1 m/s	0.2 m/s	0.3 m/s
弱结渣性	<23.0	<34.0	<40.0
中等结渣性	23.0~53.0	34.0~70.0	40.0~78.0
强结渣性	>53.0	>70.0	>78.0

大量试验数据的数学处理，得出鼓风流速0.1 m/s时，结渣率与煤灰软化温度ST、灰分A_d的关系式如下：

$$Clin = 44.7 + 1.79A_d - 0.03ST$$

式中　Clin——结渣率，%；

A_d——煤中灰分，%；

ST——煤灰软化温度，℃。

【实例】已知大同侏罗纪弱黏煤软化温度ST = 1270 ℃，分选排矸后产品煤灰分A_d = 8.5%，计算大同侏罗纪煤洗选排矸后的结渣率。

解

$$\begin{aligned}
Clin &= 44.7 + 1.79A_d - 0.03ST \\
&= (44.7 + 1.79 \times 8.5 - 0.03 \times 1270)\% \\
&= 21.815\%
\end{aligned}$$

即大同侏罗纪煤的结渣率为21.815%，属于弱结渣性。

8. 煤灰沾污性

对于煤粉锅炉来说，在炉壁与过热器上的积灰与沾污造成停产事故日益频繁。煤灰中碱金属氧化物（特别是Na_2O）是引起沾污的元凶，煤中氯的存在会强化煤灰积灰沾污过程。评定煤灰沾污性的指标，称为沾污性指数，以R_f表示。对于烟煤煤灰沾污性指数计算式为

$$R_f = \frac{碱性氧化物}{酸性氧化物} \times M_{Na_2O}$$

式中　碱性氧化物——$Fe_2O_3 + CaO + MgO + K_2O + Na_2O$；

酸性氧化物——$Al_2O_3 + SiO_2 + TiO_2$；

M_{Na_2O}——煤灰中Na_2O的质量百分数，%。

对于褐煤煤灰沾污性指数计算式可简化为

$$R_f = \frac{M_{\mathrm{Na_2O}}}{6.0}$$

我国尚无煤灰沾污程度划分等级的标准。在国外,按 R_f 值划分为 4 种沾污程度的等级,现摘录于表 1-34,仅供参考。

表 1-34 煤灰沾污性分级 (国外资料)

沾污类型	煤灰沾污性指数 R_f
弱沾污	<0.2
中等沾污	0.2~0.5
强沾污	0.5~1.0
严重沾污	>1.0

注:资料来源为 D. J. Barratt 等,1991 年。

事实上以碱金属氧化物含量也能评估煤灰的沾污性,对于烟煤煤灰来说,总碱金属含量计算式为

$$R_f' = [\omega(\mathrm{Na_2O}) + 0.6589\omega(\mathrm{K_2O})] \times A_d/100$$

式中　　　　　R_f'——总碱金属含量;

$\omega(\mathrm{Na_2O})$——氧化钠的质量百分数,%;

$\omega(\mathrm{K_2O})$——氧化钾的质量百分数,%;

A_d——煤灰分,%。

通过 R_f' 来划分煤灰的沾污等级,详见表 1-35。

表 1-35 根据 R_f' 划分煤灰沾污性分级 (国外资料)

沾污类型	煤灰沾污性指数 R_f'	沾污类型	煤灰沾污性指数 R_f'
弱沾污	<0.3	强沾污	0.45~0.6
中等沾污	0.3~0.45	严重沾污	>0.6

注:资料来源为 D. J. Barratt 等,1991 年。

9. 煤对二氧化碳的化学反应性

煤对二氧化碳的化学反应性,是指在一定温度条件下煤中的碳与二氧化碳进行还原反应的能力。反应性的强弱直接影响气化、燃烧的耗煤量、耗氧量及煤气中有效成分的多少。因此,它是评价气化、燃烧用煤的一项重要指标。我国采用二氧化碳的还原率表示煤的化学反应性,该指标以被还原成一氧化碳的二氧化碳量占参加反应的二氧化碳总量的百分数 α(%) 来表示。二氧化碳还原率计算公式:

$$\alpha = \frac{\text{转化为 CO 的 CO}_2 \text{ 量}}{\text{参加反应的 CO}_2 \text{ 量}} \times 100\%$$

煤对二氧化碳的反应性随其变质程度的加深而降低。一般来说，褐煤的还原率最高，其次是长焰煤、气煤、肥煤、焦煤、瘦煤、贫煤，而无烟煤的还原率最低。另外，煤对二氧化碳的还原率随反应温度的升高而提高。在实际应用中，一般多以950℃作为还原率指标的基准温度。当温度为950℃时，还原率 $\alpha > 60\%$，被认为煤对二氧化碳的反应性良好。但目前国内尚无统一的煤对二氧化碳的反应性的分级标准。

10. 热稳定性

热稳定性，是指煤在高温燃烧或气化过程中，受热后保持原来粒度的性能。使用热稳定性差的煤作原（燃）料，将导致以块（粒）煤为原（燃）料的移动床气化炉或工业层燃锅炉带出物增多，炉内粒度分布不均匀将增加炉内流体阻力，而且还会降低气化或燃烧的效率。严重时将使气化过程或燃烧过程不能正常进行。

通常测定热稳定性是将一定粒级的试样加热（850℃）一定时间后，以 >6 mm 的残焦占各级残焦质量之和的百分率作为热稳定性指标 TS_{+6}。

一般只对块煤进行热稳定性测定。1996年曾发布过热稳定性分级行业标准（MT/T 560—1996），2008年发布了新的行业标准《煤的热稳定性分级》（MT/T 560—2008），用以代替原有行业标准，详见表1-36。

表1-36　煤的热稳定性分级（MT/T 560—2008）

级 别 名 称	代　号	热稳定性指标 $TS_{+6}/\%$
低热稳定性煤	LTS	≤60
中热稳定性煤	MTS	>60~70
中高热稳定性煤	MHTS	>70~80
高热稳定性煤	HTS	>80

11. 透光率

透光率专指低煤阶煤在规定条件下，用硝酸与磷酸的混合溶液处理后所得溶液的透光百分率，记作 P_M（％）。中国煤炭分类采用透光率指标 P_M，用以区分褐煤和烟煤，以及划分褐煤的小类。

低阶褐煤的 P_M 多在16%以下，高阶褐煤的 $P_M > 30\%$ ~50%，到低阶烟煤（如长焰煤）一般 $P_M > 50\%$ ~90%。

第四节　煤　炭　分　类

一、中国煤炭分类体系与分类标准

国家发展和改革委文件《关于加强煤化工项目建设促进行业健康发展的通知》（发改工业〔2006〕1350 号文）明确指出，"国家实行煤炭资源分类使用和优化配置政策"。因此，熟悉了解中国煤炭分类的完整体系及分类标准十分必要。

（一）中国煤炭分类体系

中国煤炭分类的完整体系，由技术分类、商业编码和煤层煤分类 3 个国家标准组成。前两者属于实用分类，后者属于科学/成因分类。它们之间就其应用范围、对象和目的而言，都不尽一致。三者互为补充，形成一个完整体系，同时执行。中国煤炭 3 种分类的基本概念扼要分述如下：

1. 技术分类

煤炭按技术分类的国家标准是《中国煤炭分类》（GB/T 5751—2009），属于实用分类。是以利用（燃烧、转化）为目的，用以指导煤炭利用，体现煤利用过程较详细的性质与行为特征。

2. 商业编码

煤炭商业编码的国家标准是《中国煤炭编码系统》（GB/T 16772—1997），也属于实用分类。用以指导煤炭国内贸易与进出口贸易，与技术分类共同对商品煤给出质量评价或类别，便于供销与定价。

3. 煤层煤分类

煤层煤分类的国家标准是《中国煤层煤分类》（GB/T 17607—1998），属于科学/成因分类。制定中国煤层煤分类标准的主要目的是提供一个便于与国际上煤炭资源、储量与质量评价系统接轨，有利于国际间交流煤炭资源、储量信息及统一统计口径。

3 个分类标准中，与煤炭资源、煤炭设计关系密切的主要是技术分类和煤层煤分类两个国家标准，下面着重就此两个国家标准展开加以阐述。

（二）国家标准《中国煤炭分类》（GB/T 5751—2009）

中国煤炭技术分类（实用分类）的国家标准，最早于 1986 年 1 月 9 日发布，于 1989 年 10 月 1 日正式实施，标准编号：（GB 5751—1986）。

2009 年国家又对 1986 年发布的煤炭分类标准进行了局部修改，基础核心内容未作变动。修改后的《中国煤炭分类》标准的属性由强制性改为推荐性。

1. 制定中国煤炭技术分类标准的目的与属性

制定中国煤炭技术分类标准是以利用（燃烧、转化）为目的，用于说明煤炭的类别，指导煤炭利用。

《中国煤炭分类》（GB/T 5751—2009）属于应用型技术分类国家标准。

2. 煤炭分类参数

应用型煤炭分类标准一般同时考虑两类分类参数，即用于表征煤化程度的参数和用于表征工艺性能的参数。

（1）用于表征煤化程度的参数（4 个）：①干燥无灰基挥发分（基础参数）符号为 V_{daf}，以质量分数表示；②干燥无灰基氢含量（辅助参数）符号为 H_{daf}，以质量分数表示；③恒湿无灰基高位发热量（辅助参数）符号为 $Q_{gr,maf}$，单位为兆焦每千克（MJ/kg）；④低煤阶煤透光率（辅助参数）符号为 P_M，以百分数表示。

（2）用于表征工艺性能的参数（3 个）：①烟煤的黏结指数符号为 $G_{R.I.}$（简记 G）；②烟煤的胶质层最大厚度符号为 Y，单位为毫米（mm）；③烟煤的奥阿膨胀度符号为 b，以百分数表示。

（3）采用煤化程度参数（主要是干燥无灰基挥发分）将煤炭划分为无烟煤、烟煤和褐煤，详见表 1–37。

注：褐煤和烟煤的划分，采用透光率作为主要指标，并以恒湿无灰基高位发热量为辅助指标。

（4）无烟煤亚类的划分采用干燥无灰基挥发分和干燥无灰基氢含量作为指标，如果两种结果有矛盾，以按干燥无灰基氢含量划分的结果为准，详见表 1–38。

（5）烟煤类别的划分，需同时考虑烟煤的煤化程度和工艺性能（主要是黏结性）。烟煤煤化程度的参数采用干燥无灰基挥发分作为指标；烟煤黏结性的参数以黏结指数作为主要指标，并以胶质层最大厚度（或奥阿膨胀度）作为辅助指标，当两者划分的类别有矛盾时，以按胶质层最大厚度划分的类别为准，详见表 1–39。

（6）褐煤亚类的划分采用透光率作为指标，详见表1-40。

3. 煤类的划分、代号和编码

1）煤类划分及代号

本分类体系中，先根据干燥无灰基挥发分等指标，将煤炭分为无烟煤、烟煤和褐煤；再根据干燥无灰基挥发分及黏结指数等指标，将烟煤划分为贫煤、贫瘦煤、瘦煤、焦煤、肥煤、1/3焦煤、气肥煤、气煤、1/2中黏煤、弱黏煤、不黏煤及长焰煤。各类煤的名称可用下列汉语拼音字母为代号表示：

WY—无烟煤；YM—烟煤；HM—褐煤。

PM—贫煤；PS—贫瘦煤；SM—瘦煤；JM—焦煤；FM—肥煤；1/3JM—1/3焦煤；QF—气肥煤；QM—气煤；1/2ZN—1/2中黏煤；RN—弱黏煤；BN—不黏煤；CY—长焰煤。

2）编码

表1-37 无烟煤、烟煤及褐煤分类表

类 别	代 号	编 码	分 类 指 标	
			$V_{daf}/\%$	$P_M/\%$
无烟煤	WY	01，02，03	≤10.0	—
烟煤	YM	11，12，13，14，15，16	>10.0~20.0	—
		21，22，23，24，25，26	>20.0~28.0	
		31，32，33，34，35，36	>28.0~37.0	
		41，42，43，44，45，46	>37.0	
褐煤	HM	51，52	>37.0[①]	≤50[②]

注：①凡 $V_{daf}>37.0\%$、$G≤5$ 的煤，再用透光率 P_M 来区分烟煤和褐煤（在地质勘探中，$V_{daf}>37.0\%$，在不压饼的条件下测定的焦渣特征为1~2号的煤，再用 P_M 来区分烟煤和褐煤）。

②凡 $V_{daf}>37.0\%$、$P_M>50\%$ 的煤，为烟煤；$30\%<P_M≤50\%$ 的煤，如恒湿无灰基高位发热量 $Q_{gr,maf}$ >24 MJ/kg，划分为长焰煤，否则为褐煤。恒湿无灰基高位发热量 $Q_{gr,maf}$ 的计算式为

$$Q_{gr,maf}=\frac{100(100-MHC)Q_{gr,ad}}{100(100-M_{ad})-A_{ad}(100-MHC)}$$

式中 $Q_{gr,maf}$—煤样的恒湿无灰基高位发热量，J/g；

$Q_{gr,ad}$—一般分析试验煤样的恒容高位发热量，J/g；

M_{ad}—一般分析试验煤样水分的质量分数，%；

A_{ad}—一般分析试验煤样灰分的质量分数，%；

MHC—煤样最高内在水分的质量分数，%。

各类煤用两位阿拉伯数码表示。十位数系按煤的挥发分分组：无烟煤为 0（$V_{daf} \leqslant 10\%$）；烟煤为 1 ~ 4（即 $V_{daf} > 10.0\%$ ~ 20.0%，$V_{daf} > 20.0\%$ ~ 28.0%，$V_{daf} > 28.0\%$ ~ 37.0% 和 $V_{daf} > 37.0\%$）；褐煤为 5（$V_{daf} > 37.0\%$）。

个位数表示：无烟煤类为 1 ~ 3，表示煤化程度；烟煤类为 1 ~ 6，表示黏结性；褐煤类为 1 ~ 2，表示煤化程度。

3）中国煤炭分类表

中国煤炭分类见表 1－37 ~ 表 1－40。

表 1－38 无 烟 煤 亚 类 的 划 分

类　别	代　号	编码	分 类 指 标	
			$V_{daf}/\%$	$H_{daf}/\%$ [*]
无烟煤一号	WY 1	01	≤3.5	≤2.0
无烟煤二号	WY 2	02	>3.5 ~ 6.5	>2.0 ~ 3.0
无烟煤三号	WY 3	03	>6.5 ~ 10.0	>3.0

注：[*] 在已确定无烟煤亚类的生产矿、厂的日常工作中，可以只按 V_{daf} 分亚类；在地质勘探工作中，为新区确定亚类或生产矿、厂其他单位需要重新确定亚类时，应同时测定 V_{daf} 和 H_{daf}，按上表分亚类。如两种结果有矛盾，以按 H_{daf} 划分亚类的结果为准。

表 1－39 烟 煤 的 分 类

类　别	代　号	编码	分 类 指 标			
			$V_{daf}/\%$	G	Y/mm	$b/\%$ [②]
贫煤	PM	11	>10.0 ~ 20.0	≤5		
贫瘦煤	PS	12	>10.0 ~ 20.0	>5 ~ 20		
瘦煤	SM	13	>10.0 ~ 20.0	>20 ~ 50		
		14	>10.0 ~ 20.0	>50 ~ 65		
焦煤	JM	15	>10.0 ~ 20.0	>65 [①]	≤25.0	(≤150)
		24	>20.0 ~ 28.0	>50 ~ 65		
		25	>20.0 ~ 28.0	>65 [①]	≤25.0	(≤150)
肥煤	FM	16	>10.0 ~ 20.0	(>85) [①]	>25.0	(>150)
		26	>20.0 ~ 28.0	(>85) [①]	>25.0	(>150)
		36	>28.0 ~ 37.0	(>85) [①]	>25.0	(>220)

表 1 - 39（续）

类　别	代　号	编码	分　类　指　标			
			$V_{\mathrm{daf}}/\%$	G	Y/mm	$b/\%$ ②
1/3 焦煤	1/3JM	35	>28.0 ~ 37.0	>65①	≤25.0	(≤220)
气肥煤	QF	46	>37.0	(>85)①	>25.0	(>220)
气煤	QM	34	>28.0 ~ 37.0	>50 ~ 65	≤25.0	(≤220)
		43	>37.0	>35 ~ 50		
		44	>37.0	>50 ~ 65		
		45	>37.0	>65①		
1/2 中黏煤	1/2ZN	23	>20.0 ~ 28.0	>30 ~ 50		
		33	>28.0 ~ 37.0	>30 ~ 50		
弱黏煤	RN	22	>20.0 ~ 28.0	>5 ~ 30		
		32	>28.0 ~ 37.0	>5 ~ 30		
不黏煤	BN	21	>20.0 ~ 28.0	≤5		
		31	>28.0 ~ 37.0	≤5		
长焰煤	CY	41	>37.0	≤5		
		42	>37.0	>5 ~ 35		

注：①当烟煤的黏结指数测值 G≤85 时，用干燥无灰基挥发分 V_{daf} 和黏结指数 G 来划分煤类。当黏结指数测值 G>85 时，则用干燥无灰基挥发分 V_{daf} 和胶质层最大厚度 Y，或用干燥无灰基挥发分 V_{daf} 和奥阿膨胀度 b 来划分煤类。在 G>85 的情况下，当 Y>25.0 mm 时，根据 V_{daf} 的大小可划分为肥煤或气肥煤；当 Y≤25.0 mm 时，则根据 V_{daf} 的大小可划分为焦煤、1/3 焦煤或气煤。

　　②当 G>85 时，用 Y 和 b 并列作为分类指标。当 V_{daf}≤28.0% 时，b>150% 的为肥煤；当 V_{daf}>28.0% 时，b>220% 的为肥煤或气肥煤。如按 b 值和 Y 值划分的类别有矛盾时，以 Y 值划分的类别为准。

表 1 - 40　褐煤亚类的划分

类　　别	代　号	编　码	分　类　指　标	
			$P_{\mathrm{M}}/\%$	$Q_{\mathrm{gr,maf}}/(\mathrm{MJ \cdot kg^{-1}})$ *
褐煤一号	HM 1	51	≤30	—
褐煤二号	HM 2	52	>30 ~ 50	≤24

注：*凡 V_{daf}>37.0%，P_{M}>30% ~ 50% 的煤，如恒湿无灰基高位发热量 $Q_{\mathrm{gr,maf}}$>24 MJ/kg，则划为长焰煤。

4）中国煤炭分类图

中国煤炭分类图如图1-1所示。

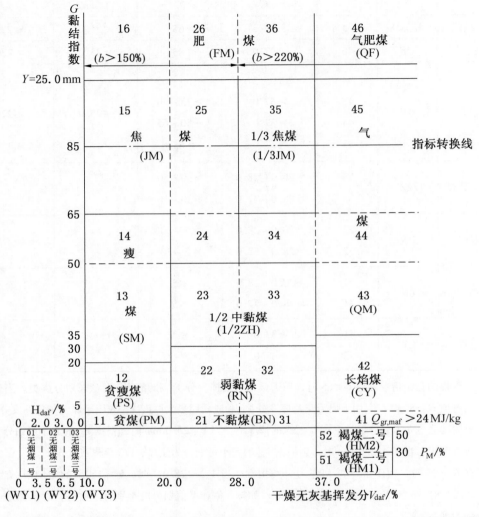

注1：分类用煤样的干燥基灰分产率应小于或等于10%，干燥基灰分产率大于10%的煤样应采用重液方法进行减灰后再分类；对易泥化的低煤化程度褐煤，可采用灰分尽可能低的原煤。

注2：$G=85$为指标转换线。当$G>85$时，用Y值与b值并列作为分类指标，以划分肥煤或气肥煤与其他煤类的指标。$Y>25.00$ mm者，划分为肥煤或气肥煤；当$V_{daf}\leqslant28.0\%$时，$b>150\%$的为肥煤；当$V_{daf}>28.0\%$时，$b>220\%$的为肥煤或气肥煤。如按b值和Y值划分的类别有矛盾时，以Y值划分的类别为准。

注3：无烟煤划分亚类按V_{daf}和H_{daf}划分结果有矛盾时，以H_{daf}划分的亚类为准。

注4：当$V_{daf}>37.0\%$时，$P_M>50\%$者为烟煤，$P_M\leqslant30\%$者为褐煤；$P_M>30\%$～50%时，以$Q_{gr,maf}$值>24 MJ/kg者为长焰煤，否则为褐煤。

图1-1　中国煤炭分类图

（三）国家标准《中国煤层煤分类》（GB/T 17607—1998）

1. 制定煤层煤分类标准的目的与属性

制定中国煤层煤分类的主要目的是提供一个便于与国际上煤炭资源、储量与质量评价系统接轨，有利于国际间交流煤炭资源、储量信息及统一统计口径。

《中国煤层煤分类》（GB/T 17607—1998）属于科学/成因型煤炭分类国家标准。煤层煤（科学/成因）分类并不是一种纯学科、理论式的分类，而是将煤层煤看作原生地质岩体的一种按自然属性的分类。可直接应用于煤层煤的利用领域和煤的开采、加工与利用。

2. 煤层煤分类的参数

煤层煤分类的主要参数基于煤岩特征。煤层煤分类有 3 个相对独立的基本参数，即表示煤化程度的煤阶、煤的显微组分组成和品位（煤中矿物杂质含量）。

1）按煤阶分类

（1）煤阶的基本概念。

煤阶是煤最基本的性质，说明煤化作用深浅程度。一般在工业应用中挥发分是最常用的煤阶指标。但作为煤的科学/成因分类，选用煤的镜质组反射率作为表征煤化程度的重要指标。国际上常用镜质组平均随机反射率（$\bar{R}_{ran}$）来表征煤阶，为便于和国际接轨，《中国煤层煤分类》标准也采用镜质组平均随机反射率（$\bar{R}_{ran}$）来表征煤阶。

在中国，镜质组随机平均反射率与镜质组最大反射率之间换算公式如下：

$$R_{max} = 1.0645\bar{R}_{ran}$$

式中　R_{max}——镜质组最大反射率,% ;

　　　$\bar{R}_{ran}$——镜质组平均随机反射率,% 。

（2）煤阶的称谓与层次。

煤阶有两种不同的称谓与层次：①一种煤阶称谓与层次是低煤阶煤、中煤阶煤和高煤阶煤；②另一种按习惯形象且常用的煤阶称谓与层次是褐煤、次烟煤（国际上常设的一类介乎褐煤与烟煤类之间的过渡煤类，它属于低煤阶煤。由于次烟煤发热量较褐煤高，可以作为很好的动力煤，在工业加工利用上与水分含量高、只宜就地消费的褐煤不尽相同）、烟煤和无烟煤。

（3）以煤阶划分煤类的要点。

①对于中、高煤阶煤，以镜质组平均随机反射率作为分类参数，R_{ran},%；对低煤阶煤，以恒湿无灰基高位发热量作为分类参数，$Q_{\text{gr,maf}}$，MJ/kg。

②用恒湿无灰基高位发热量 $Q_{\text{gr,maf}} = 24$ MJ/kg 为界来区分低煤阶煤（$Q_{\text{gr,maf}} < 24$ MJ/kg）与中煤阶煤（$Q_{\text{gr,maf}} \geqslant 24$ MJ/kg）。

划分低煤阶煤小类时，恒湿无灰基高位发热量的计算公式：

$$Q_{\text{gr,maf}} = Q_{\text{gr,ad}} \times (100 - M_{\text{t}})/100 - \left[M_{\text{ad}} + A_{\text{ad}}(100 - M_{\text{t}})/100 \right]$$

式中　　$Q_{\text{gr,maf}}$——恒湿无灰基高位发热量，MJ/kg；

$\qquad Q_{\text{gr,ad}}$——空气干燥基高位发热量，MJ/kg；

$\qquad M_{\text{t}}$——全水分,%；

$\qquad M_{\text{ad}}$——空气干燥基水分,%；

$\qquad A_{\text{ad}}$——空气干燥基灰分,%。

③低煤阶煤分为次烟煤、高阶褐煤和低阶褐煤 3 个小类。

——20 MJ/kg $\leqslant Q_{\text{gr,maf}} < 24$ MJ/kg 的煤称之为次烟煤；

——15 MJ/kg $\leqslant Q_{\text{gr,maf}} < 20$ MJ/kg 的煤称之为高阶褐煤；

——$Q_{\text{gr,maf}} < 15$ MJ/kg 的煤称之为低阶褐煤。

④对于中煤阶煤（烟煤），按 $R_{\text{ran}} = 0.6\%$、$R_{\text{ran}} = 1.0\%$、$R_{\text{ran}} = 1.4\%$、$R_{\text{ran}} = 2.0\%$ 为分界点，划分为低阶烟煤、中阶烟煤、高阶烟煤和超高阶烟煤等 4 个小类。即：

——$Q_{\text{gr,maf}} \geqslant 24$ MJ/kg 且 $R_{\text{ran}} < 0.6\%$ 的煤称之为低阶烟煤；

——$0.6\% \leqslant R_{\text{ran}} < 1.0\%$ 的煤称之为中阶烟煤；

——$1.0\% \leqslant R_{\text{ran}} < 1.4\%$ 的煤称之为高阶烟煤；

——$1.4\% \leqslant R_{\text{ran}} < 2.0\%$ 的煤称之为超高阶烟煤。

⑤对于高煤阶煤（无烟煤），确定有如下的分界点，$R_{\text{ran}} = 2.0\%$ 是烟煤与无烟煤的分界点，并以 $R_{\text{ran}} = 3.5\%$、$R_{\text{ran}} = 5.0\%$ 为分界点，将无烟煤划分成低阶无烟煤、中阶无烟煤和高阶无烟煤 3 个小类。至于煤与非煤（即高阶无烟煤与半石墨）的分界值为 $R_{\text{ran}} \leqslant 8.0\%$。即：

——$2.0\% \leqslant R_{\text{ran}} < 3.5\%$ 的煤称之为低阶无烟煤；

——$3.5\% \leqslant R_{\text{ran}} < 5.0\%$ 的煤称之为中阶无烟煤；

——$5.0\% \leqslant R_{\text{ran}} \leqslant 8.0\%$ 的煤称之为高阶无烟煤；

——$R_{\text{ran}} > 8.0\%$ 为非煤（半石墨）。

2）按煤的显微组分组成分类

从着眼于简单明了地区分"组成"出发，与国际标准统一采用以煤的显微组分组成无矿物质基镜质组含量（%，V/V）表示，$V_{t,mmf}$（vol,%）。划分为 4 类：

——$V_{t,mmf}$（%，V/V）<40% 的煤称之为低镜质组煤；

——40%≤$V_{t,mmf}$（%，V/V）<60%，称之为中等镜质组煤；

——60%≤$V_{t,mmf}$（%，V/V）<80%，称之为较高镜质组煤；

——$V_{t,mmf}$（%，V/V）≥80%，称之为高镜质组煤。

3）按煤的品位分类

通常以煤中矿物杂质含量来表征煤的品位。国内煤质化验习惯上用灰分产率来替代煤中矿物质含量。本标准以干燥基灰分 A_d（%）来表征煤的"品位"。具体划分 5 类：

——A_d<10.0%，称之为低灰分煤；

——10.0%≤A_d<20.0%，称之为较低灰分煤；

——20.0%≤A_d<30.0%，称之为中等灰分煤；

——30.0%≤A_d<40.0%，称之为较中高灰分煤；

——40.0%≤A_d≤50.0%，称之为高灰分煤；

注：50.0%<A_d≤80.0%，称之为碳质岩，已不属于煤的范畴；A_d>80.0%者，称为岩石，也不属于"煤层煤分类"范畴。

3. 煤层煤分类图示

中国煤层煤分类标准（GB/T 17607—1998），分类示意图如图 1-2 所示。

二、最新国际煤分类标准

从 1993—2005 年，历时 12 年，有 14 个国家参与制定最新国际煤分类标准（ISO 11760：2005），它们是：澳大利亚、加拿大、中国、捷克、法国、德国、日本、荷兰、波兰、葡萄牙、南非、瑞典、英国、美国。

1. 制定标准的目的

提出一个简明的分类系统，便于煤炭的重要性质、参数在国际间可以相互比较，正确无误地评价世界各地区的煤炭资源，计算储量。进而确定开采及选煤工艺方案，制定煤阶体系，指导配煤和采用洁净煤技术。

2. 国际煤分类的指标

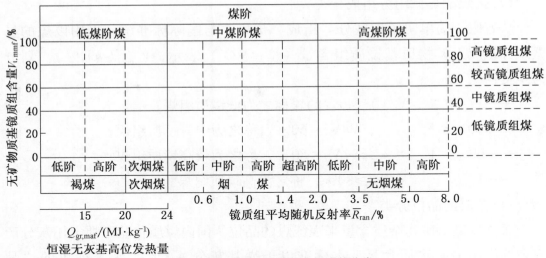

(a) 按煤阶和煤的显微组分组成的分类

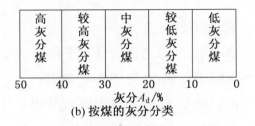

(b) 按煤的灰分分类

图 1-2　中国煤层煤分类

国际煤分类与中国煤层煤分类（GB/T 17607—1998）同样都是以煤阶、煤岩相组成和品位 3 个独立变量作分类指标。

1）煤阶分类指标

采用镜质组平均随机反射率（$\bar{R}_{\mathrm{ran}}$）作为煤阶指标，并在低煤阶煤阶段以煤层水分作为辅助指标，用以区分煤与泥炭，以及褐煤小类分类。以煤阶划分煤类的要点如下：

（1）无灰基煤层煤水分 $M_{\mathrm{daf}} > 75\%$ 时属于泥炭而不归属为煤。

（2）当无灰基煤层煤水分 $M_{\mathrm{daf}} \leqslant 75\%$ 并 $V_{\mathrm{daf}} > 35\%$，镜质组随机平均反射率 $\bar{R}_{\mathrm{ran}} < 0.4\%$ 时属于低煤阶煤 C，即"褐煤 C"。

（3）当无灰基煤层煤水分 $M_{\mathrm{daf}} \leqslant 35\%$，镜质组随机平均反射率 $\bar{R}_{\mathrm{ran}} < 0.4\%$ 时属于低煤阶煤 B，即"褐煤 B"。

（4）当镜质组随机平均反射率 $\bar{R}_{\mathrm{ran}} \geqslant 0.4\%$ 且 $< 0.5\%$ 时属于低煤阶煤 A，

或称为"次烟煤（Sub - bituminous）"。

（5）镜质组随机平均反射率 $\bar{R}_{ran}$ = 0.4% 是褐煤与次烟煤的分界点。

（6）镜质组随机平均反射率 $\bar{R}_{ran}$ = 0.5% 是低煤阶煤（次烟煤）与中煤阶煤（烟煤）的分界点。

（7）镜质组随机平均反射率 $\bar{R}_{ran}$ = 2% 是中煤阶煤（烟煤）与高煤阶煤（无烟煤）的分界点。

（8）煤阶分类图示　最新国际煤分类标准（ISO 11760：2005）按煤阶分类示意图如图 1 - 3 所示。

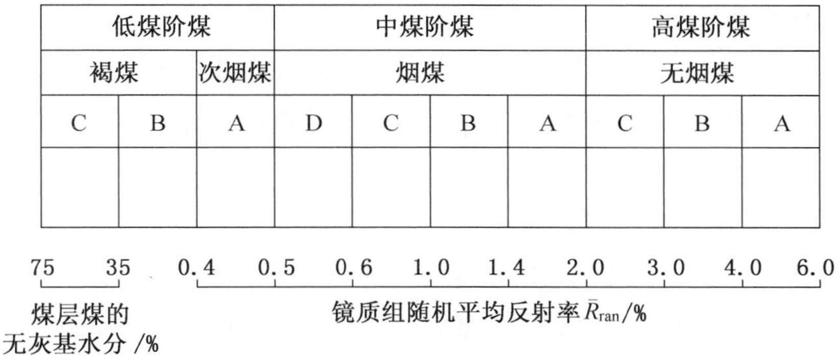

低煤阶煤			中煤阶煤				高煤阶煤		
褐煤		次烟煤	烟煤				无烟煤		
C	B	A	D	C	B	A	C	B	A

75　　35　　0.4　　0.5　　0.6　　1.0　　1.4　　2.0　　3.0　　4.0　　6.0

煤层煤的
无灰基水分 /%　　　　　　　镜质组随机平均反射率 $\bar{R}_{ran}$/%

图 1 - 3　最新国际煤按煤阶分类图（ISO 11760：2005）

（9）镜质组随机平均反射率与镜质组最大反射率之间换算公式如下：

中国反射率换算公式：$R_{max} = 1.0645\bar{R}_{ran}$

国际常用反射率关系式：$\bar{R}_{ran} = 0.92R_{max} + 0.02$

式中　R_{max}——镜质组最大反射率，% ；

　　　$\bar{R}_{ran}$——镜质组平均随机反射率，% 。

2）煤岩相组成分类指标

采用镜质组含量作为煤岩相组成分类指标，分为 4 档：

（1）煤中镜质组含量＜40% ，称为低镜质组含量；

（2）40% ≤煤中镜质组含量＜60% ，称为中等镜质组含量；

（3）60% ≤煤中镜质组含量＜80% ，称为中高镜质组含量；

（4）煤中镜质组含量≥80% ，称为高镜质组含量。

3）煤品位分类指标

采用干燥基灰分产率作为煤的品位分类指标，分为5档：

（1）灰分产率<5.0%，称为极低灰煤；

（2）5.0%≤灰分产率<10.0%，称为低灰分煤；

（3）10.0%≤灰分产率<20.0%，称为中等灰分煤；

（4）20.0%≤灰分产率<30.0%，称为中高灰分煤；

（5）30.0%≤灰分产率<50.0%，称为高灰分煤。

（当干燥基灰分≥50%时，不属于煤的范畴。）

三、稀缺、特殊煤炭资源的划分与利用

（一）相关国家标准

2010年国家制定了《稀缺、特殊煤炭资源的划分与利用》国家标准（GB/T 26128—2010），首次以"国标"形式对我国稀缺、特殊煤炭资源明确了划分原则，给予了准确定义。摘录简介如下：

1. 稀缺、特殊煤炭资源划分原则

根据煤炭资源的稀缺性、用途的重要性及煤炭性质的特殊性、用途的特殊性划分。稀缺、特殊煤炭资源可以煤层、矿区或煤田为单位划定。

2. 稀缺、特殊煤炭资源定义

（1）稀缺煤炭资源是指具有十分重要的工业用途，其利用途径具有一定的产业规模，需求量大但资源量又相对较少的优质煤炭资源。

（2）特殊煤炭资源是指煤中某个或某些成分、性质与一般煤有所不同，其含量特高或特低，并具有一些特殊性质的煤炭资源。

3. 稀缺煤炭资源的划分、评价与利用

（1）稀缺炼焦用煤。煤炭类别为肥煤、焦煤、瘦煤的炼焦煤资源。应全部入选，生产符合GB/T 397的炼焦用煤，并作为炼焦用。

（2）稀缺高炉喷吹用无烟煤。灰分 A_d < 17.00%，硫分 $S_{t,d}$ < 1.00%的无烟煤资源。优先生产符合GB/T 18512的高炉喷吹用煤，作为高炉喷吹用。

（3）稀缺高炉喷吹用贫煤、贫瘦煤。灰分 A_d < 15.00%，硫分 $S_{t,d}$ < 1.00%的贫煤、贫瘦煤资源。优先生产符合GB/T 18512的高炉喷吹用煤，作为高炉喷吹用。

（4）特低灰、特低硫煤。灰分 A_d < 10.00%，硫分 $S_{t,d}$ < 0.50%的煤炭资源。优先生产符合MT/T 1011的活性炭用煤，作为活性炭用原料煤；其次用

于需要低灰、低硫的特殊用途方面。

4. 特殊煤炭资源的划分、评价与利用

（1）高锗煤。锗含量 $Ge_d > 30.0\mu g/g$ 的煤炭资源。应先提锗，再利用；或在利用中提锗。

（2）高腐植酸煤。总腐植酸产率 $HA_{t,d} > 40.00\%$ 的煤炭资源。优先用于作腐植酸产品。

（3）高蜡褐煤。苯萃取物产率 $EB_d > 3.00\%$ 的褐煤资源。优先提取苯萃取物后再使用。

（4）特高挥发分、特高油含量煤。挥发分 $V_{daf} > 45.00\%$，焦油产率（Tar_d）大于 12.00% 的煤炭资源。优先用于解制气、提焦油，具有一定储量规模的可考虑煤制油。

（5）高可磨性、低灰煤。可磨性 $HGI > 100$，灰分 $A_d < 10.00\%$ 的煤炭资源。优先用于作橡胶、塑料等充填料的原料。

（6）高活性、低灰煤。$850℃$ 下，煤对二氧化碳的反应性 α 达到 90% 以上，灰分 $A_d < 10.00\%$ 的煤炭资源。优先用于作还原剂。

（7）高密度、低灰、低硫无烟煤。真相对密度 TRD_d 达到 2.20，灰分 $A_d < 10.00\%$，硫分 $S_{t,d} < 0.50\%$ 的煤炭资源。优先用于作高密度碳材料的原料。

（8）特低铁、低灰分煤。铁含量 $Fe_d < 0.30\%$，灰分 $A_d < 5.00\%$ 的煤炭资源。优先用于作锌等的还原剂。

5. 保护稀缺、特殊煤炭资源的相关规定

——在对煤炭资源开发利用以前,应对煤炭资源的稀缺性、特殊性进行评价；

——稀缺、特殊煤炭资源要进行保护性开采；

——稀缺、特殊煤炭资源应按优先用途进行利用。

（二）相关国家政策

为保护和合理开发利用特殊和稀缺煤类，2012 年 12 月 9 日国家发展和改革委发布了第 16 号令，公布了《特殊和稀缺煤类开发利用管理暂行规定》。其主要内容和与设计相关的规定摘录如下：

第一条　为保护和合理开发利用特殊和稀缺煤类，根据《中华人民共和国煤炭法》及有关规定，制定本规定。

第二条　在中华人民共和国境内从事特殊和稀缺煤类的开发建设、生产管理、加工利用等活动，必须遵守本规定。

第三条　本规定所称特殊和稀缺煤类，是指具有某种煤质特征、特殊性能和重要经济价值、资源储量相对较少的煤炭种类，包括肥煤（含气肥煤）、焦煤（含 1/3 焦煤）、瘦煤和无烟煤等。

国家发展改革委、能源局根据国民经济发展需要，适时公布特殊和稀缺煤类矿区范围（首批公布的特殊和稀缺煤类矿区范围见表 1-41）。

表 1-41　特殊和稀缺煤类矿区范围

省（区、市）	矿区名称	主要煤类	备注
北京	京西	无烟煤	
河北	开滦	肥煤、焦煤	
	峰峰	肥煤、焦煤、瘦煤	
	邢台	焦煤、瘦煤	
山西	西山	焦煤、肥煤、瘦煤	
	汾西	肥煤、焦煤、瘦煤	
	霍州	肥煤、焦煤、瘦煤	
	霍东	焦煤、瘦煤	
	离柳	焦煤、肥煤、瘦煤	
	乡宁	肥煤、焦煤、瘦煤	
	晋城	无烟煤	
	阳泉	无烟煤	
	潞安	瘦煤	
内蒙古	乌海	肥煤、焦煤	
	包头	焦煤	
辽宁	沈阳	焦煤、肥煤、瘦煤	
黑龙江	鸡西	焦煤、肥煤	
	鹤岗	焦煤	
	七台河	焦煤、肥煤、瘦煤	
江苏	徐州	肥煤、焦煤	
	丰沛	肥煤	
安徽	淮北	肥煤、焦煤、瘦煤	
山东	兖州	肥煤	
	新汶	肥煤	

表 1-41（续）

省（区、市）	矿区名称	主要煤类	备注
山东	枣腾	肥煤	
	巨野	焦煤、肥煤	
	黄河北	焦煤、肥煤、瘦煤、无烟煤	
河南	平顶山	肥煤、焦煤	
	永夏	无烟煤	
	安鹤	瘦煤、无烟煤	
	焦作	无烟煤	
重庆	南桐	焦煤	
	天府	焦煤	
	永荣	焦煤	
四川	攀枝花	焦煤、瘦煤	
贵州	盘江	肥煤、焦煤、瘦煤	
	水城	肥煤、焦煤、瘦煤	
云南	恩洪	焦煤、瘦煤、无烟煤	
陕西	韩城	焦煤、瘦煤、无烟煤	
青海	木里	肥煤、焦煤、瘦煤	
宁夏	石炭井	焦煤	
	汝箕沟	无烟煤	包括内蒙古古拉本
新疆	阿艾	焦煤	
	温宿博孜墩	肥煤、焦煤、无烟煤	
	艾维尔沟	肥煤、焦煤、瘦煤	
	巴里坤	肥煤、焦煤	
	拜城	焦煤	

注：1/3 焦煤和气肥煤分别列入焦煤和肥煤之中。

第四条 国家对特殊和稀缺煤类实行保护性开发利用，坚持统一规划、有序开发、总量控制、高效利用的原则，禁止乱采滥挖和浪费行为。

第七条 特殊和稀缺煤类矿区的资源开发由中方控股。

第八条 特殊和稀缺煤类优先采用露天开采。矿区均衡生产服务年限不得低于矿区规范规定的 1.2 倍。

第九条　特殊和稀缺煤类煤矿的设计服务年限不得低于煤矿设计规范规定的 1.2 倍。

第十条　新建大中型特殊和稀缺煤类煤矿投产后 10 年内，原则上不得通过改扩建、技术改造（产业升级）、资源整合（兼并重组）和生产能力核定等方式提高生产能力。

第十一条　在特殊和稀缺煤类采区范围内不得建设共用工程或者其他工程，确需压覆煤炭资源建设的，应当与煤矿企业充分协商，由省级煤炭行业管理部门报国务院煤炭行业管理部门同意后，方可批准建设，并由建设单位依法对压占资源及其他损失予以补偿。

在未设采区的特殊和稀缺煤类矿区范围内，确需建设共用工程或者其他工程的，由省级煤炭行业管理部门报国务院煤炭行业管理部门备案后，方可组织施工建设。

第十二条　国家鼓励提高资源回收率。特殊和稀缺煤类矿井采区回采率：薄煤层不低于 88%，中厚煤层不低于 83%，厚煤层不低于 78%。

第十九条　国家鼓励开展选煤技术研发，提高精煤产率。特殊和稀缺煤类应当全部洗选。

第二十条　经洗选加工的优质特殊和稀缺煤类应当优先用于冶金、化工、材料等行业。限制特殊和稀缺煤类作为燃料直接利用。

四、煤类应用设计实例

煤炭是我国第一大能源，煤炭资源在我国国民经济中具有十分重要的地位，然而不同的煤类有着不同的用途，必须合理利用。对于稀缺、特殊的煤类，国家有指定优先的用途，必须保护性利用。在选煤工艺设计中，准确判定煤类，定准煤炭产品方向，进而制定合理的分选加工工艺，对煤炭资源实行合理利用或保护性利用，是一项十分重要的工作。

国家发展改革委文件（发改工业〔2006〕1350 号文）明确指出"**国家实行煤炭资源分类使用和优化配置的原则**"。但是在设计实践中仍然不乏因煤类定位失误，造成产品方向错位，加工分选工艺失当，投资浪费等不良后果的典型实例。

【实例】山西娄烦某矿井赋存的煤炭种类是气煤，然而选煤厂设计却当作 1/3 焦煤对待，作为稀缺炼焦煤全部入选。选煤工艺十分复杂，扼要表述如下：

动筛跳汰预排矸+两段重介旋流器主再选+粗煤泥干扰床分选+细煤泥浮选。

《初步设计》投资从《可研报告》的2亿多元人民币大幅增加到7亿多元人民币。究其原因，主要是对中国煤炭分类的国家标准不熟悉，致使分选工艺设计失当，造成"过度加工"、投资浪费所致。其实烟煤分类主要应抓住两个关键指标：①表征煤化程度的挥发分 V_{daf}；②表征工艺性能的黏结性指数 $G_{R.I.}$。

该矿前24年开采一水平4号煤，其挥发分为33.08%，黏结性指数为54。根据中国煤炭分类的国家标准，当 $V_{daf}=28\% \sim 37\%$ 范围内时，只要 $G_{R.I.}<65$，就不可能是1/3焦煤，只能是典型的气煤（QM34）。而我国气煤资源不缺，山西省气煤资源亦多，国内除少量优质气煤用作炼焦配煤外，其余大多数气煤都用作动力煤使用。根据上述市场需求，按国家标准（GB/T 26128—2010）和国家发展改革委第16号令，气煤不属于稀缺煤类，不必全部按炼焦煤来分选加工，分选工艺完全可以简化。

点评：本实例表明，由于对炼焦煤类判定失误，导致选煤工艺设计不合理，造成"过度加工"，投资浪费，具有典型意义。

【实例】 内蒙古锡林郭勒盟巴其北矿区赋存的煤炭属低煤阶煤炭，呈现褐煤和长焰煤共存的状态。故矿区煤类的准确判定，对选煤方法的合理选择具有举足轻重的意义。下面以矿区内巴其北二井为代表，将井田各煤层的透光率、发热量参数列于表1-42。

表1-42 巴其北二井各煤层透光率、恒湿无灰基高位发热量测试成果表

煤层号	2	3	4	5	6	7	8	9
$P_M/$ %	$\dfrac{18\sim65}{37(155)}$	$\dfrac{28\sim57}{44(73)}$	$\dfrac{33\sim59}{46(43)}$	$\dfrac{31\sim57}{41(175)}$	$\dfrac{28\sim65}{40(179)}$	$\dfrac{28\sim58}{39(62)}$	$\dfrac{28\sim58}{39(116)}$	$\dfrac{26\sim57}{41(86)}$
发热量 $Q_{gr,maf}/$ (MJ·kg^{-1})	$\dfrac{18.2\sim24.0}{20.7(107)}$	$\dfrac{17.7\sim23.7}{21.22(39)}$	$\dfrac{18.8\sim23.2}{21.21(18)}$	$\dfrac{15.3\sim23.4}{20.72(116)}$	$\dfrac{18.4\sim22.7}{20.61(110)}$	$\dfrac{16.7\sim29.6}{20.55(98)}$	$\dfrac{19.0\sim29.9}{20.64(78)}$	$\dfrac{18.9\sim29.2}{20.91(55)}$

根据表1-42，巴其北二号井田所赋存的低煤阶煤，各煤层透光率波动在18.0%～65.0%之间，平均值为37%～46%；各煤层恒湿无灰基高位发热量 $Q_{gr,maf}$ 平均值波动在20.55～21.22 MJ/kg之间，均低于褐煤与长焰煤恒湿无灰

基高位发热量 $Q_{gr,maf}$ 分界点 24.0 MJ/kg。根据中国煤炭分类国家标准（GB/T 5751—2009）评定，巴其北二号井田所赋存的大部分低阶煤应属褐煤2号。

若参照国家标准《中国煤层煤分类》（GB/T 17607—1998）规定，平均随机反射率 R_{ran} < 0.6%，恒湿无灰基高位发热量 $Q_{gr,maf}$ = 20.0 ~ 24.0 MJ/kg 的煤当属于次烟煤。《中国煤层煤分类》标准进一步旁证了巴其北二号井田赋存的煤炭不属于长焰煤，仅为次烟煤。

若参照最新国际煤分类标准（ISO 11760：2005），褐煤与次烟煤的主要分界点是平均随机反射率 R_{ran} < 0.4%。而本矿镜质组最大反射率波动在0.2363% ~ 0.3353% 之间，平均 0.2935%，折算成随机平均反射率为0.2757%，属于褐煤B，国际煤分类标准进一步旁证了巴其北二号井田存在褐煤的客观实际。

所以，不论是按中国煤炭分类标准、中国煤层煤分类标准，还是按最新国际煤分类标准，本矿各煤层的煤类似应以褐煤2号（HM2 52）或次烟煤为主，其次才为年轻的长焰煤（CY41），三种煤类共存才符合实际情况。

鉴于本煤田是以褐煤为主的低煤阶煤，特别是投产初期开采2煤层时几乎全是褐煤，遇水易崩解是低煤阶煤的共性。根据本井田褐煤、长焰煤钻孔煤芯煤样泥化试验结果表明：煤样过水 20 s 取出后晾晒 4 d，煤芯表面凹凸不平，炭质泥岩和泥岩细层成粉末状或小颗粒状脱落，亮煤和镜煤炸裂，暗煤成薄片状、碎块状，丝炭成粉末状。充分表明褐煤、长焰煤均存在遇水崩解现象。所以，力求减少低煤阶煤崩解和泥质矸石泥化仍然是本井田分选加工必须重点关注的问题。能否采用湿法分选（重介浅槽排矸）宜慎重对待。因为用重介方法分选褐煤在我国毕竟缺乏生产实例和实践经验。只有在取得本矿区煤样并经过相关分选试验，证明遇水后一定时间内能够不崩解的前提下，采用湿法分选才可行，否则本矿区褐煤暂不宜采用湿法分选加工。

点评：本实例表明，在考虑低煤阶煤类的分选加工时，应严格划分褐煤与次烟煤、长焰煤的分界线，若欲采用湿法分选，尤宜慎重对待。

【实例】 新疆哈密大南湖矿区大南湖一号井田含煤地层为侏罗纪中下统西山窑组，可采煤层有29层，可分为4个煤层群，其中第一煤层群（3、5、6、7煤层）为矿井前 20 ~ 30 年主采煤层。

矿井建设规模：10.00 Mt/a，配套建设相应规模的分选加工系统。

大南湖一号井田前期开采的上部煤层群（3、5、6、7 煤层）透光率波动在 30% ~56% 之间，说明有相当数量的煤炭透光率<50%；恒湿无灰基高位发热量波动在 20.84 ~23.23 MJ/kg 之间；该井田煤阶指标镜质组最大反射率波动在 0.13% ~0.47% 之间，换算成平均随机反射率应为 0.122% ~0.443%，说明绝大多数煤炭平均随机反射率 R_{ran} <0.40%。所以，不论是按中国煤炭分类标准还是按最新国际煤炭分类标准，本矿井前期开采的上部煤层群的煤类，应以低热值褐煤为主。若参照国家标准《中国煤层煤分类》（GB/T 17607—1998）规定，顶多属于次烟煤，而不是长焰煤。

　　另外，根据地质报告提供的煤矸石泥化试验，3 煤层泥化比最高达 79.83%，各试样泥化比平均值达 54.89%。另经专家组到现场踏勘验证，亲眼目睹褐煤遇水后短时间内即崩裂、粉碎的实际情况。充分说明本矿赋存的褐煤以及顶底板矸石和夹矸均具有易泥化的特性，不宜采用湿法分选。

　　设计预测，经过风选排矸后煤炭产品质量为：A_d = 20.43%，$Q_{net,ar}$ = 15.97 MJ/kg（3814.83 kcal/kg）。后来实际采样证明发热量比预测更低，约在 3000 kcal/kg 左右。

　　矿井煤炭主要供应大南湖一电厂作发电用煤。大南湖一电厂（一期工程 2×300 MW）与该矿井为煤电一体化项目，年需电煤 1.50 Mt。

　　然而煤矿业主根据地质报告个别钻孔的煤质参数，认定大南湖一号井田赋存的是长焰煤，并将此煤类提供给配套坑口电厂用户，误导了电厂设计片面要求锅炉燃料发热量 $Q_{net,ar}$ >20.36 MJ/kg（4863 kcal/kg），并据此订购了煤粉锅炉。电厂设计煤种、校核煤种相关煤质参数见表 1-43。

表 1-43　大南湖一电厂设计、校核煤种主要煤质指标

名　称	M_t/%	M_{ad}/%	A_{ar}/%	V_{daf}/%	$S_{t,d}$/%	$Q_{net,ar}$/(MJ·kg^{-1})
设计煤种	18.10	10.02	7.94	40.16	0.25	20.36
校核煤种	15.90	13.39	12.23	44.85	0.45	19.61

　　从上面分析可以明显看出，即便经过必要的风选提质，大南湖一号矿井风选后的电煤产品灰分、发热量仍然与大南湖一电厂的设计煤种、校核煤种的相关煤质指标存在较大差距，难以满足要求。

　　据了解，后来大南湖一电厂不得不根据大南湖一号矿井的实际煤类、煤质

条件，重新调整设计煤种的相关指标，废弃已订购的煤粉锅炉，另外重新订购了适合大南湖一号井田低热值褐煤的锅炉，造成了工程返工、投资浪费的严重后果。

点评：该实例表明，在设计阶段，煤矿项目提供给用户的煤类、煤质参数必须准确，必须符合客观实际，否则将给用户造成经济损失。该实例属典型的警示范例。

【实例】 陕西吴堡矿区××选煤厂，设计生产能力4.00 Mt/a，入选吴堡矿区两个矿井的原煤，煤类以焦煤为主，少量肥、瘦煤，属于国家特殊稀缺炼焦煤类。设计提供的原煤浮沉特性详见表1-44。

表1-44 50~1 mm综合级浮沉试验综合报告表（校正后）

密度级/	产　率		灰　分	浮物累计		沉物累计	
(g·cm⁻³)	占本级/%	占全样/%	A_d/%	R/%	A_d/%	R/%	A_d/%
<1.3	19.52	16.03	4.03	19.52	4.03	100.00	35.75
1.3~1.4	30.14	24.74	9.92	49.66	7.60	80.48	43.45
1.4~1.5	10.60	8.70	18.65	60.26	9.55	50.34	63.52
1.5~1.6	3.81	3.13	28.01	64.07	10.65	39.74	75.49
1.6~1.7	2.17	1.78	35.93	66.24	11.47	35.93	80.52
1.7~1.8	1.48	1.21	44.18	67.72	12.19	33.76	83.38
1.8~2.0	1.65	1.35	59.88	69.36	13.32	32.28	85.18
>2.0	30.64	25.15	86.54	100.00	35.75	30.64	86.54
合计	100.00	82.10	35.75				
煤泥	2.35	1.98	36.29				
总计	100.00	84.08	35.76				

设计推荐原煤全部破碎至50 mm以下，选前1 mm脱泥，50~1 mm原煤采用无压三产品重介旋流器分选，1~0.25 mm粗煤泥采用干扰床分选，<0.25 mm细煤泥采用浮选联合工艺。

将粗煤泥（1.0~0.25 mm）分出，采用干扰床（TBS）分选，不仅使工艺变得复杂，而且因干扰床的分选精度极低，其可能偏差 $E_p = 0.12$，比无压三产品重介旋流器的可能偏差 $E_p = 0.04$ 差得多。况且设计确定的干扰床分选

密度 $\delta_p = 1.35$ g/cm³，从上面浮沉资料可以估计出其截流的边界灰分约为 7%。而三产品重介旋流器的分选密度 $\delta_p = 1.54$ g/cm³，估计其截流的边界灰分约为 22%。两者边界灰分值相差太大，约相差 15 个百分点以上，明显不符合最大产率（等 λ）原则。因此，单独采用干扰床（TBS）分选粗煤泥反而影响了原煤整体综合分选效率，使得综合精煤产率不升反降，得不偿失。这不符合国家发展改革委 2012 年发布的第 16 号令《特殊和稀缺煤类开发利用管理暂行规定》要求提高稀缺炼焦煤分选精煤产率的精神。

点评：该实例表明，对于稀缺的焦煤资源而言，在设计制定选煤工艺时，应特别关注提高精煤产率的问题，选煤工艺符合最大产率（等 λ）原则尤为重要，设计应放在首要位置考虑。

【实例】新疆哈密三塘湖矿区西部分区（库木苏区、汉水泉区）赋存的煤炭，整体来看多属于低阶烟煤——长焰煤和不黏煤。具有以下国内罕见的适合直接液化的优质特性。

（1）库木苏区除 2 号煤层以外的全部可采煤层以及汉水泉区中下部煤层（15、18、31、32、33、34、37 号煤层）的各项指标均符合直接液化用煤技术要求。是我国绝无仅有、罕见的加氢直接液化的理想原料。具体指标如下：

——镜质组最大反射率 R_{max} 平均值在 0.43% ~ 0.66% 之间，接近直接液化油产率最高的最佳值（$R_{max} = 0.6\%$）；

——显微煤岩组分中，镜质组 + 半镜质组 + 壳质组等活性组分含量 > 80%，符合直接液化要求 > 80% 的最佳值；惰质组含量，库木苏区各煤层为 4.6% ~ 13.26%，汉水泉区为 9.25% ~ 19.99%，均达到直接液化用煤要求（惰质组含量小于 15% ~ 20%）的理想指标；

——氢碳原子比 H/C 平均为 0.86 ~ 0.93 之间，优于直接液化要求 H/C > 0.75 的最佳值；

——挥发分 V_{daf}：库木苏区各煤层 V_{daf} 为 47.24% ~ 50.25%，汉水泉区 V_{daf} 为 46.25% ~ 48.29%，均大大高于直接液化用煤要求 V_{daf} > 37% 的理想值；

——原煤内在水分低为 2.84% ~ 3.63%，接近液化入炉原料水分 < 2% 的要求，可降低炉前末煤干燥成本；

——原煤经分选，灰分可降至 < 8%，符合直接液化 Ⅰ 级原料煤灰分 < 8% 的指标。

（2）汉水泉区、库木苏区赋存的煤炭煤焦油含量均极高（其中：汉水泉区各煤层煤焦油产率平均高达 13.80% ~ 16.30% ；库木苏区各煤层煤焦油产率平均高达 12.86% ~ 15.63%)，皆属高油煤，国内少见，是煤炭低温干馏—焦油加氢提质—半焦制气多联产煤、气、化一体化产业的理想原料。

综上分析，库木苏区、汉水泉区等西部分区煤炭储量丰富，产能巨大。像这样质量和资源量双优的优质的煤炭直接液化原料基地，全国罕见，可以作为我国加氢直接液化或多联产煤化一体化产业的理想原料基地。不宜作为一般煤化工原料或用作发电燃料烧掉，浪费了宝贵资源，太可惜。

根据国家标准《稀缺、特殊煤炭资源的划分与利用》（GB/T 26128—2010）的规定，在对煤炭资源开发利用以前，应对煤炭资源的稀缺性、特殊性进行评价。三塘湖矿区西部分区（库木苏区、汉水泉区）赋存的长焰煤、不黏煤均符合国家标准关于"稀缺煤炭资源"是指具有十分重要的工业用途，其利用途径具有一定的产业规模，需求量大但资源量又相对较少的优质煤炭资源定义的范围；也符合"特殊煤炭资源"是指煤中某个或某些成分、性质与一般煤有所不同，其含量特高或特低，并具有一些特殊性质的煤炭资源定义的范围。故应按国家标准实行"稀缺、特殊煤炭资源要进行保护性开采""稀缺、特殊煤炭资源应按优先用途进行利用"的原则。

点评：特别建议，库木苏区、汉水泉区优质的特殊、稀缺煤炭资源最好能作为战略资源储备保存下来，不宜挪作他用。

第二章　选煤试验资料分析及煤的可选性

第一节　采、制样

一、采、制样的主要术语

（1）煤样。为确定某些特性按规定方法采取的、具有代表性的一部分煤。

（2）采样。采取煤样的过程。

（3）子样。从一个采样部位按规定采取的一份煤样。

（4）总样。按规定由子样合并成的煤样。

（5）煤芯煤样。由钻孔的煤芯中按规定采取的煤样。

（6）煤层煤样。按规定在采掘工作面、探巷或坑道中由一个煤层采取的煤样。

（7）生产煤样。在煤矿正常生产情况下，按规定采取，能代表一个煤层生产煤的性质的煤样。

（8）煤样的制备。按规定程序减小煤样粒度和数量的过程。

二、采、制煤样的技术要求

为使可选性试验资料具有足够的代表性。从采、制煤样开始，就必须严格按照相关标准和规定进行。

下面仅以生产煤样为例，扼要说明采、制煤样的技术要求。生产煤样包括矿井生产煤样和露天矿生产煤样。

1. 矿井生产煤样采取的有关要求

矿井生产煤样的采取，必须严格按照国家标准《生产煤样采取方法》（GB 481—1993）的规定进行。为保证煤样具有代表性，采样条件还应符合以下要求：

（1）采样的煤层、夹矸层的厚度和性质应稳定、正常。不得在断层、褶曲、透水区、火成岩侵入区、风氧化区等构造变动地段采样。

（2）顶、底板岩石性质及管理应正常。

（3）矿井生产条件，包括采煤方法、开采顺序和矿井各生产环节运行等应正常。

2. 露天矿生产煤样采取的有关要求

露天矿生产煤样的采取，同样必须严格按照国家标准《生产煤样采取方法》（GB 481—1993）的规定进行。为保证煤样具有代表性，采样条件还应符合以下要求：

（1）在煤层正常条件下，选择有代表性部位安排采样点，剥离表面氧化层，平整采样工作面，使其与倾斜面垂直。

（2）清除采样点周围的浮物和杂物，铺好帆布，准备采样。

（3）根据采样质量和采高计算出采样刻槽的宽度和深度，宽度和深度之比为2。

（4）用电铲采样或用钻眼爆破法采样，并用手镐修理槽面，采出的煤样全部装入麻袋。

第二节　选　煤　试　验

一、选煤试验类型及试样规模

选煤试验的主要类型及试样规模分述如下：

（1）煤芯煤样简易可选性试验（《煤芯煤样可选性试验方法》MT 320—1993）。

（2）煤层煤样可选性试验，煤样质量约3 t。

（3）生产煤样可选性试验，设计用煤样质量不少于10 t；矿井生产用煤样质量不少于5 t，不做浮沉试验时不少于2.7 t。

（4）工业性试验或半工业性试验，因其耗费人力、物力、财力较大，如果不是必须，不轻易做这种试验，一般只在采用新选煤工艺情况下才用。

二、选煤试验内容及其试验方法的国家（行业）标准

以生产煤样为例，供选煤工艺设计用的选煤试验内容及试验方法的国家标

准有：

（1）原煤（自然级）筛分、浮沉试验。《煤炭筛分试验方法》（GB/T 477—2008）、《煤炭浮沉试验方法》（GB/T 478—2008）。

（2）大块煤破碎后（破碎级）的筛分、浮沉试验。《煤炭筛分试验方法》（GB/T 477—2008）、《煤炭浮沉试验方法》（GB/T 478—2008）。

（3）煤粉筛分、浮沉试验（俗称小筛分、小浮沉）。《煤粉筛分试验方法》（MT/T 19093—2003）、《煤粉浮沉试验方法》（MT/T 19092—2003）。

（4）煤泥浮选试验。按选煤实验室单元浮选试验方法进行，由可比性浮选试验和最佳浮选参数试验两部分组成。《煤粉（泥）实验室单元浮选试验方法》（GB/T 4757—2013）；分步释放浮选试验，相关国家标准包括：《煤粉（泥）浮选试验　第 1 部分：试验过程》（GB/T 30046.1—2013）、《煤粉（泥）浮选试验　第 2 部分：顺序评价试验方法》（GB/T 30046.2—2013）、《煤粉（泥）浮选试验　第 3 部分：释放评价试验方法》（GB/T 30046.3—2013）。

（5）煤和矸石泥化试验。包括：①煤的转筒泥化试验，原相关行业标准《煤和矸石泥化试验方法》（MT/T 109—1996）。2011 年国家颁发了煤的转筒泥化试验的国家标准《选煤厂　煤的转筒泥化试验方法》（GB/T 26918—2011）；②矸石安氏泥化试验，原相关行业标准《煤和矸石泥化试验方法》（MT/T 109—1996）。为了与相关国际标准接轨，2005 年国家颁发了矸石泥化程度测定的国家标准《选煤厂　煤伴生矿物泥化程度测定》（GB/T 19833—2005）。

（6）煤泥水沉降试验。相关国家标准《选煤厂煤泥水自然沉降试验方法》（GB/T 20919—2011）。

三、选煤试验技术要求

上述各项选煤试验方法均有相关的国家标准和行业标准，应严格遵守执行。试验的技术要求，应符合行业标准《选煤试验方法一般规定》（MT/T 809—1999）中的要求。

其中试验允许差的相关要求如下。

（1）筛分试验、浮沉试验、浮选试验，煤样灰分与各产物（产品）加权平均灰分之间的差值，按煤样灰分的 3 个区间规定允许差（相对值或绝对值）：＜15% 、15% ～30% 、＞30% 。

（2）各种试验质量损失允许差：2% ～3% 。

第三节　选煤试验资料的调整与分析

一、试验资料的代表性

选煤试验资料（这里主要指原煤筛分、浮沉试验资料）是选煤工艺设计的基础依据，也是选后产品结构定位的主要依据之一。它对选煤工艺设计的重要性，堪与矿井的煤田地质勘查报告的重要性比肩。所以，试验资料应该具有足够的代表性。但是，在实际设计中常常遇到试验资料缺乏代表性的问题。随着我国煤矿建设的飞速发展，新矿区、新矿井越来越多，不具备采取生产煤样的条件，多数情况下是没有本井田生产煤样的试验资料，只能借用《地质报告》的简选试验资料、邻近地方小井的试验资料或本矿建井期煤巷掘进工作面的煤层煤样来代替。但是，这些资料都缺乏代表性。因此，原煤试验资料的代表性问题日益突出，成为带有普遍性的新问题。用不具备代表性或代表性差的筛分、浮沉资料作设计，是对设计的误导，后果是严重的。

因此，《煤炭洗选工程设计规范》（GB 50359—2005）（以下简称《设计规范》）在5.1.6条中（黑体字为强制性条文）首次对入选原煤筛分、浮沉试验资料的代表性提出了明确要求，**"可行性研究和初步设计必须对筛分、浮沉试验资料的代表性进行评述。当筛分、浮沉试验资料的代表性不足时，应按规定进行调整，使其接近生产实际"**。这是新规范的进步点之一，也是与旧规范一个最主要的区别。

二、试验资料调整的方法与步骤

对借用的代表性不足的筛分、浮沉试验资料进行合理的调整，以增加资料的代表性，是至关重要的工作。目前，调整资料的方法，国家和行业尚无统一的规定和标准，只能按照《设计规范》5.1.6条规定的原则进行调整。该标准对资料调整的规定是，**"参照邻近煤矿、选煤厂的实际生产情况调整。根据煤田地质报告、采煤方法、运输提升方式等因素调整"**。

资料调整的目的和调整的标准只有一个，即尽量符合生产实际。原煤筛分、浮沉试验资料的具体调整方法与步骤分述如下。

（一）对生产原煤灰分进行合理预测

原煤筛分资料调整的第一步，是要对矿井实际生产原煤灰分进行合理预测。

鉴于矿井，特别是采用综合机械化开采和掘进的大型矿井，在生产过程中有相当数量的顶、底板和夹矸将不可避免地混入原煤中。生产矿井的原煤灰分比《地质报告》煤层煤芯煤样灰分应有所增高（一般灰分要高出 4～6 个百分点或更高）。设计调整资料时，首先要进行原料煤矿井生产原煤灰分的预测工作，要求预测的生产原煤灰分值，应尽量切合本矿井生产实际。

这就要求选煤工艺设计者必须同时熟悉井田煤层结构、矿井开采工艺、采煤方法、配套巷道掘进情况及数量、开采顺序、首采煤层、煤层配采比例、井下毛煤粒度控制、井下煤仓设置等基本情况。它们不仅与生产原煤灰分的预测工作有关，而且与筛分浮沉资料的综合与调整、地面工艺平面总布置密切相关。

下面分两种情况粗略介绍两种实际使用的预测生产原煤灰分的方法，以供参考。

1. 第一种方法

若借用煤质资料系同矿区邻近矿井同一煤层的生产煤样，且煤层结构特征、采煤方法皆与本矿井相近或相同，则可结合本井田地质报告中钻孔平均灰分对借用资料进行调灰处理即可，无须另行预测生产原煤灰分。调灰的办法是用本井田与借用资料井田钻孔平均灰分的差值作为灰分系数，来调整（增减）邻近矿井生产煤样的原煤灰分。如果本矿井首采区服务年限较长，比如在15～20年，则可按首采区的钻孔煤芯灰分统计平均值为准，进行调灰处理，同时兼顾一下全井田的煤质变化趋势。

2. 第二种方法

如果本矿井采煤方法为综采，而借用的煤质资料来自于邻近的小窑或系本矿建井期所采的煤层煤样。在这种情况下，可用一种比较简便的近似计算方法直接预测生产原煤灰分。

具体的做法是将矿井综采过程中可能混入毛煤中的顶、底板，夹矸层的灰分与该煤层的钻孔煤芯煤样灰分的加权平均值作为该煤层预测的生产原煤灰分。近似计算公式如下：

$$A_{\mathrm{d}} = \frac{h_1 d_1 A_1 + h_2 d_2 A_2 + h_3 d_3 A_3 + h_4 d_4 A_4}{h_1 d_1 + h_2 d_2 + h_3 d_3 + h_4 d_4} \qquad (2-1)$$

式中　　　　　h_1——该煤层平均厚度，m；

　　　　　　　h_2——混入原煤中的顶板厚度，在综采条件下一般伪顶按全部厚度、直接顶按 50 mm 厚度混入考虑；

　　　　　　　h_3——混入原煤中的底板厚度，在综采条件下一般按 50 mm 考虑；

　　　　　　　h_4——混入原煤中的夹矸层厚度，一般指厚度超过地质勘查报告钻孔煤芯煤样灰分统计规定的夹矸层厚度之和；

d_1、d_2、d_3、d_4——煤层、顶板、底板、夹矸层的平均视密度，kg/L；

A_1、A_2、A_3、A_4——煤层、顶板、底板、夹矸层的平均灰分，%；

　　　　　　　A_d——该煤层预测的生产原煤灰分，%。

3. 预测生产原煤灰分需要特别关注的问题

在预测计算生产原煤灰分时，还需要特别关注以下 3 个问题：

（1）当井田煤层厚度大，矿井采用的是综采放顶煤采煤法，则因在顶煤垮落过程中，有相当数量的顶板矸石通过液压支架天窗混入原煤中，名曰"窜矸"。沈阳煤炭科学研究所曾在《关于综放开采顶煤损失及回采率问题研究》一文中对顶煤损失与窜矸率（亦称矸石混入率）的关系做过清晰描述，提出了顶煤损失与窜矸率关系曲线（图 2-1）。该曲线粗略地描绘了顶煤放落的全过程。

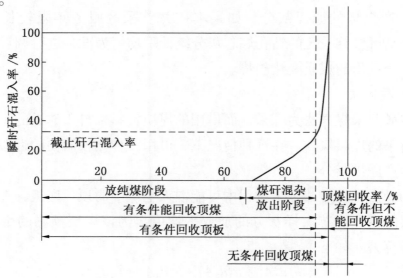

图 2-1　顶煤损失与窜矸率的关系曲线图

一般窜矸量比普通综采时顶板矸石混入量要大得多，落下的顶板厚度远不止 50 mm。窜矸量取值可根据实验室放顶煤试验提供的数据或根据同类生产矿井经验数据选取。若无可参考的数据，则可视本矿井顶板岩性软硬程度和开天窗时间的长短酌定。一般窜矸量取值约在 4% ~8% 之间（占原煤百分数）。现在放顶煤技术日臻成熟，窜矸量多能控制在 4% 以下。

在综放条件下预测灰分时，亦可将窜矸量折算成当量顶板厚度代替综采混入的顶板厚度进行计算。

（2）当井田煤层与直接顶板或底板之间存在泥质岩类的伪顶或伪底时，因泥质岩类（泥岩、炭质泥岩、页岩）强度低、易破碎，一般在开采过程中伪顶和伪底会全部垮落混入原煤中。故在预测生产原煤灰分时，除按常规厚度预测顶、底板的混入量外，还应按伪顶和伪底也全部进入原煤考虑。

（3）当井田煤层厚度偏薄，或岩巷较多时，则还需考虑掘进煤对生产原煤灰分的影响。特别是当井田煤层存在厚度不大于 1.30 m 的薄煤层时，采煤工作面因采高大于煤层厚度，在综采过程中混入原煤的顶板厚度也会明显增加，远大于一般综采按 50 mm 厚度考虑的顶板混入量。另外薄煤层巷道掘进煤多为半煤岩，矸石量多、灰分高，混入原煤后对生产原煤灰分同样会造成一定的影响。所以，在预测计算生产原煤灰分时，对薄煤层的采、掘影响应该予以适度考虑，作特殊处理。

【实例】贵州六枝黑塘矿区××煤矿（3 Mt/a），井田内含煤地层主要为二叠系上统龙潭组，含可采煤层 12 层。井田内绝大多数煤层为中厚及薄煤层群，多数煤层含 0 ~1 层夹矸，部分煤层含 0 ~2（3）层夹矸。各煤层夹矸及顶底板多为泥质岩类。

××煤矿为一矿三井模式，一井区设独立工业场地，二、三井区共用工业场地。故选煤厂建设与之相适应，为一矿二厂。

《初步设计》根据矿井确定的采煤方法，经计算各井区预测生产原煤灰分、硫分分述如下：

——考虑到一井区前 10 年主要开采 2 号煤层，故一井区只预测 2 号煤层实际生产原煤灰为 27.62%，硫分为 2.87%；

——考虑到二井区前 3 年开采 2 号煤，4 ~6 年开采 3 - 1、3 - 2 号煤，7 ~8 年开采 5 号煤，9 ~15 年开采 6 - 1 号煤；三井区前 8 年开采 2 号煤，9 ~15 年开采 3 - 1、3 - 2 号煤。结合二、三井区前 15 年煤层的配采比例，预测出综合实际生产原煤灰分为31.13%，硫分为3.02%。

上述预测的实际生产原煤灰分存在以下问题：

（1）根据井下工作面排产顺序，一井区前10年并非只采2号煤层，而是从第4年起就交错搭配开采其他煤层。具体排产顺序如下：1～6年开采2号煤，4～11年开采3－1、3－2号煤，9～12年开采4号煤，11～15年开采5号煤。所以，设计按前10年只采2号煤层来预测生产原煤灰分并不符合一井区实际排产顺序。设计预测生产原煤灰分、硫分有误。

（2）3个井区在预测实际生产原煤灰分时，均未考虑矿井开采薄煤层群其采煤工作面混入的矸石量比中厚煤层要多得多的客观条件，以及掘进巷道的高灰半煤岩也将混入原煤中等不利因素对原煤灰分增加所产生的影响。故设计预测的实际生产原煤灰分值均偏低。

点评：生产原煤灰分预测的准确与否十分重要，直接关系到工艺流程的计算、设备选型、产品数质量等多个环节的正确性。应重新预测三个井区的生产原煤灰分。

【实例】宁夏灵武×××矿井（2.4 Mt/a），井田主要含煤地层为二叠系下统山西组（P1s）和石炭系上统—二叠系下统太原组（C2P1t），共含煤层9层。其中5煤煤层平均厚度5.31 m，煤层结构简单～极复杂，含夹矸0～6层，多为含2～3层夹矸，夹矸厚度0.07～0.61 m，夹矸岩性以炭质泥岩、泥岩为主。煤层顶、底板多为砂岩，但均赋存有泥岩、炭质泥岩伪顶和伪底，是该煤层结构的最大特点。5煤属较稳定的全区可采厚煤层，是矿井主采煤层。

《可研报告》依据采矿提供的首采区范围、开采原则、地质报告的钻孔煤芯煤样资料，采用钻孔统计法，统计出首采区范围内各煤层煤芯原煤灰分，然后考虑实际开采时顶、底板、夹矸混入等因素计算生产原煤灰分。预测生产原煤灰分见表2－1。

表2－1 矿井生产原煤灰分预测结果表

项　　目		3（1～3年及 13～16年）	5（17～20年）	3（32.67%）+5（67.33%） （4～12年）
煤层	煤层厚度/m	2.12	4.84	
	煤芯灰分 A_d/%	21.67	22.36	
	煤视密度/(t·m⁻³)	1.42	1.43	

表 2-1（续）

项 目		3（1~3年及 13~16年）	5（17~20年）	3（32.67%）+5（67.33%） （4~12年）
夹矸	夹矸厚度/m	0.29	0.67	
	夹矸灰分 A_d/%	68	60	
	夹矸密度/(t·m^{-3})	2.52	2.06	
顶板	顶板厚度/m	0.05	0.05	
	顶板灰分 A_d/%	85	85	
	顶板密度/(t·m^{-3})	2.19	2.41	
底板	底板厚度/m	0.05	0.05	
	底板灰分 A_d/%	85	85	
	底板密度/(t·m^{-3})	2.37	2.32	
生产原煤	灰分 A_d/%	33.79	30.18	31.83

虽然《可研报告》根据矿井排产顺序，分年代时段预测矿井生产原煤灰分的方法基本合理。但是却忽略了矿井主采煤层 5 煤存在有泥岩、炭质泥岩伪顶和伪底的客观条件，没有考虑在开采过程中伪顶和伪底会全部垮落混入原煤中，仅按常规厚度预测顶、底板混入量，最终将导致预测生产原煤灰分偏低（30.18%）的弊端，《可研报告》预测的生产原煤灰分比邻近的任家庄煤矿 5 煤层生产大样原煤灰分（35.07%）低近 5 个百分点，就是明证。

点评：本实例足以证明，若忽略了在开采过程中伪顶和伪底会全部垮落混入原煤的实际情况，必将导致预测的生产原煤灰分偏低的后果。具有典型警示意义。

【**实例**】内蒙古锡林郭勒盟查干淖尔煤田赋存的煤炭为褐煤，沉积有两个含煤组，上部为第一含煤组，含 1 个煤层；下部为第二含煤组，含 5 个煤层；由上而下编号为 1、2S$_2$、2S$_1$、2、2X$_1$、2X$_2$。其中：

2S$_2$ 煤层占总资源储量的 13.9%，煤层厚度 0.20~12.30 m，平均 5.60 m，含夹矸 0~7 层。煤层顶、底板为泥岩、砂泥岩及炭质泥岩。

2 煤层占总资源储量的 82.2%，煤层厚度 3.10~41.95 m，平均 22.32 m，含夹矸 0~13 层。夹矸为泥岩或炭质泥岩，煤层顶板为泥岩、砂泥岩和粉砂岩，底板多为泥岩和砂泥岩。

依据查干淖尔×号井前 20 年工作面排产情况，矿井主要开采煤层为 2S₂ 煤层和 2 煤层，2S₂ 煤层为前 10 年首采煤层，采煤方法为一次采全高综采，其中，11 个工作面为护顶综采，9 个工作面为护顶综采和护顶、护底综采相结合的综采法；10 年后主采 2 煤层，采煤方法为分层放顶煤综采法，前 20 年只开采上分层。

由于查干淖尔×号矿井属新建矿井，没有实际生产的原煤灰分资料。因此，矿井生产原煤灰分的预测是通过对《查干诺尔煤田×号井田煤炭勘探报告》钻孔资料中煤层，夹矸，以及顶、底板灰分的统计，并依据矿井的采煤方法，预测夹矸，顶、底板混入原煤的数量，从而计算出生产原煤灰分。具体计算步骤如下：

（1）夹矸混入量的分析处理。根据本矿井采煤方法及煤层夹矸的赋存情况（多数为"五花肉"形式赋存于煤层，采煤过程中无法剔除），为保证资源利用率夹矸按全部混入考虑。本次依据首采一盘区 2S₂ 煤层和 2 煤层钻孔柱状图，分别统计计算得到 2S₂ 煤层、2 煤层上分层夹矸厚度。

一盘区内 2 煤层 91 个钻孔柱状图，按矿井分层开采统计，得到 2 煤上分层夹矸厚度为 1.76 m。

一盘区内 2S₂ 煤层 52 个钻孔柱状图，扣除护顶、护底所含夹矸量后，得到 2S₂ 煤层夹矸厚度为 0.65 m。

（2）顶、底板混入量的分析处理。2S₂ 煤层因顶、底板皆为软岩，采用留护顶、护底煤的综采法，护顶平均厚度按 0.5 m 考虑，少数工作面护底煤平均厚度按 0.1 m 考虑，大部分不留护底煤的工作面铲底厚度按 0.05 m 考虑，为计算方便，预测灰分时，顶板按不混入原煤考虑，而底板按混入 0.05 m 考虑。

2 煤层上分层为放顶煤综采，考虑窜矸的存在，按顶板窜矸率 7%，大约相当于 0.43 m 厚的矸石混入考虑，因上分层底板在煤层上，不考虑底板混入。

（3）顶、底板及夹矸灰分的选取。勘探报告中分别对各煤层顶、底板及夹矸灰分进行统计计算。并将 2 煤层顶板灰分为 28.53% 及夹矸中灰分为 11.30% ~29.92% 的不符合实际的钻孔去掉后，重新计算得出顶、底板及夹矸灰分值。

（4）预测矿井生产原煤灰分计算结果。根据以上统计分析，按式（2-1）计算，可得到 2S₂ 煤层和 2 煤上分层的预测生产原煤灰分。需要特别说明的是，2S₂ 煤层平均可采厚度为 5.60 m，扣除护顶、护底煤后，煤层实际开采厚度为 5.00 m。两层煤生产原煤灰分预测结果详见表 2-2。

表 2-2　$2S_2$ 煤层和 2 煤上分层灰分预测表

煤层号	煤 层			顶 板			底 板			夹 矸 层			预测毛煤灰分 $A/\%$
	平均灰分 $A_1/\%$	平均厚度 h_1/m	平均视密度 $d_1/$ $(kg\cdot L^{-1})$	平均灰分 $A_2/\%$	平均厚度 h_2/m	平均视密度 $d_2/$ $(kg\cdot L^{-1})$	平均灰分 $A_3/\%$	平均厚度 h_3/m	平均视密度 $d_3/$ $(kg\cdot L^{-1})$	平均灰分 $A_4/\%$	平均厚度 h_4/m	平均视密度 $d_4/$ $(kg\cdot L^{-1})$	
$2S_2$	25.35	5.00	1.360	86.83	0.00	2.00	82.30	0.05	2.00	72.54	0.65	2.00	33.37
2 煤上分层	26.10	10.00	1.360	76.79	0.43	2.00	84.42	0.00	2.00	67.69	1.76	2.00	36.66

注：$2S_2$ 煤层平均可采厚度为 5.60 m，扣除护顶、护底煤后，煤层实际开采厚度为 5.00 m。

点评： 查干淖尔×号矿井生产原煤灰分的预测是通过对钻孔资料中煤层，夹矸，以及顶、底板灰分的统计，并依据采煤方法，估计夹矸及顶、底板混入原煤的数量，从而计算出生产原煤灰分的典型实例。这一实例是比较科学的生产原煤灰分预测方法，值得参考借鉴。

（二）对借用原煤筛分资料的粒度组成进行调整的方法

若借用煤质资料来自于邻近的小窑或系本矿建井期所采的煤层煤样。因其采煤方法多为炮采，与综采条件下的原煤粒度组成存在较大差异。在这种情况下，必须对替代原煤筛分资料的粒度组成进行合理调整。需要特别指出的是，鉴于动力煤分选多采用块煤排矸或分粒级分选。所以，对于动力煤分选而言，原煤筛分资料的粒度组成的准确性及代表性尤为重要。

原煤筛分资料的粒度组成调整的方法尚无具体标准可参照，只能按照《设计规范》5.1.6 条规定的原则**"参照邻近煤矿、选煤厂的实际生产情况"**进行调整。

（三）原煤筛分资料调整灰分的方法

1. 调整筛分资料灰分的实质含义

原煤筛分资料调整的主要对象是灰分。对原煤筛分资料灰分的调整，主要是调整原煤总灰分和各粒级的灰分。一般是在预测生产原煤灰分的基础上，对原煤筛分资料进行灰分调整。

从预测生产原煤灰分的方法和计算过程中，不难看出，对筛分资料进行灰分调整（"调灰"）的实质含义应该就是"调矸"，即把混入原煤的外来矸石合理地、尽量符合实际地分配到各粒级里去。换言之，"调灰"的实质也就是相当于将混入原煤中的顶、底板及夹矸所增加的"外来灰分"合理地分配到原煤各粒级中去，从而达到调整各粒级灰分和原煤总灰分的目的。

2. 借用"灰分系数法"调整筛分资料灰分

目前在选煤工艺设计中，为了简便，不少设计者往往利用"灰分系数法"来调整原煤筛分资料各粒级的灰分。若欲借用"灰分系数法"来调整原煤筛分资料的灰分，则必须首先了解"灰分系数法"的概念和适用条件。

1）"灰分系数法"的概念

在用生产煤样做原煤筛分试验时，原煤总样灰分与各粒级子样灰分的加权平均值往往存在差异，这种差异是由于筛分试验本身的试验误差造成的。

所谓"灰分系数法"本是用来进行校正上述筛分试验误差的方法。它是以试验原煤总样灰分与各粒级子样灰分的加权平均值的差值作为灰分校正系数，并将灰分校正系数分别加（减）到被校正筛分资料各粒级原来的灰分中，使其各粒级校正后的灰分的加权平均值与原煤总样灰分一致。

国家标准《煤炭筛分试验方法》（GB/T 477—2008）规定，原煤筛分试验总样灰分与各粒级子样灰分的加权平均值的绝对差值不得超过2%。也就是说，用所谓"灰分系数法"校正筛分试验的灰分误差必须在小于2%范围内进行，方为有效。

必须指出的是，原煤筛分试验灰分误差的校正（简称"校正灰分"）与原煤筛分资料的灰分调整（简称"调整灰分"即"调矸"）有着本质的区别，不能混为一谈。但在实际设计中往往将上述两个概念混为一谈，这是调整筛分资料工作中的一大误区。混淆了"校正灰分"和"调整灰分"两个基本概念。严格地讲，将校正筛分试验灰分误差的方法——"灰分系数法"用在对筛分资料调整灰分（调矸）上，是讲不通的，不科学的，存在严重问题。

2）借用"灰分系数法"调整筛分资料的适用条件

为了简化设计，若欲借用"灰分系数法"进行原煤筛分资料灰分调整，只能在一定条件下借用，不能乱用。有以下两种情况必须区别对待：

（1）第一种情况：当预测生产原煤灰分与借用的筛分资料的原煤灰分（百分数值）相差不大时（比如在2%左右），则借用"灰分系数法"来调整筛分资料所带来的偏差较小，勉强可以接受。这时灰分校正系数可按下式求得：

$$k = A_c - A_y$$

式中　k——灰分校正系数；

A_c——预测的生产原煤灰分,%；

A_y——被校正的借用筛分资料的原煤灰分,%。

即便在上述条件下借用"灰分系数法"调整筛分资料，也还有以下两点需要设计者特别注意：

①筛分资料调整灰分的原则是调整各粒级物料中的高密度物（矸石）与低密度物（煤）含量的比例关系，而不是改变煤和矸石本身的灰分值。这一原则的实质含义，在调整浮沉资料的方法中得到了明确的体现和印证。

所以，对于原煤筛分资料中>50 mm块原煤各粒级，只能调整小计灰分，而组成该粒级的分项（煤、夹矸煤、矸石）的灰分是不能随意改变的，只能通过相应增、减各分项的产率的方法，使各分项加权平均灰分正好等于调整后的该粒级的小计灰分。具体的调整方法类似于浮沉资料的校正方法。

②对于原煤筛分资料中<50 mm各粒级物料，则可按"灰分系数法"的常规做法进行灰分调整。因为，筛分资料中<50 mm各粒级的灰分实质上也就是该粒级的小计灰分，其中也包含了煤、夹矸煤、矸石各分项的灰分在内，该灰分即是它们的加权平均值，只是因粒度小，筛分试验不便分列而已。

（2）第二种情况：当预测生产原煤灰分与借用筛分资料的原煤灰分相差较大时，则不宜按"灰分系数法"调整筛分资料。理由如下：

①如前所述，按预测生产原煤灰分对筛分资料进行灰分调整的实质含义，是相当于将混入原煤的顶、底板及夹矸所增加的"外来灰分"，合理地分配到原煤各粒级中去。但借用"灰分系数法"调整筛分资料时，是将灰分系数（即预测生产原煤灰分与借用筛分资料的原煤灰分之差值）平均加（减）到每一粒级物料里去的。这不符合井下采煤的实际情况，因矸石硬度较大，不易破碎，在采煤过程中，矸石一般混入大粒级原煤中多，进入小粒级原煤中少，从大粒级到小粒级大致上呈梯度分布，并非如"灰分系数法"那样平均等分。

②在预测生产原煤灰分与借用的筛分资料的原煤灰分差值大的情况下，硬要借用"灰分系数法"调整筛分资料灰分，必将导致调整后的末煤各粒级灰分值"失真"。预测生产原煤灰分与借用的筛分资料的原煤灰分差值越大，则调整后的末煤各粒级灰分值增、减幅度也越大，"失真"程度越大，带来的严重后果是，误导末煤分选工艺的正确选定。所以，在此情况下，不宜按"灰

分系数法"调整原煤筛分资料的灰分。

在实际设计调整原煤筛分资料时，具体操作中往往出现偏差，不乏具有足以引为训诫的典型实例，下面仅举几个设计实例供分析参考。

【实例】乡宁煤田×××大型煤矿（6.0 Mt/a）配套选煤厂的工艺设计，借用地方小煤矿的筛分、浮沉资料作为设计的原始基础。但地方小煤矿的采煤方法为炮采，故借用筛分资料原煤灰分偏低仅为 14.74% 。设计在考虑了本矿综采过程中一定数量顶、底板矸石混入原煤的情况下，预测生产原煤灰分为 22.16% 。并以预测灰分为准，对借用筛分资料采用"灰分系数法"进行调整。调整前后的原煤筛分资料见表 2-3。

表 2-3　原设计筛分资料调整表

粒级/mm	产物名称	调整前		调整后	
		产率/%	灰分/%	产率/%	灰分/%
>100	煤	18.936	12.80	18.936	**20.22**
	夹矸	1.630	29.69	1.630	**37.11**
	矸石	0.650	75.71	0.650	**83.13**
	小计	21.216	15.68	21.216	**23.10**
100~50	煤	13.928	13.08	13.928	**20.50**
	夹矸	0.039	38.88	0.039	**46.30**
	矸石	0.585	73.30	0.585	**80.72**
	小计	14.552	15.57	14.552	**22.99**
50~25	煤	10.502	13.72	10.502	**21.14**
25~13	煤	12.914	15.13	12.914	**22.55**
13~6	煤	7.802	16.68	7.802	**24.10**
6~3	煤	6.749	15.92	6.749	**23.34**
3~0.5	煤	9.924	12.08	9.924	**19.50**
0.5~0	煤	16.340	13.36	16.340	**20.78**
原煤总计		100.00	14.74	100.00	**22.16**

注：表中黑体字表示调整后改变了的灰分数值。

设计采用上述调整方法是不正确的，存在以下问题：

（1）该矿采用综采放顶煤开采，设计预测生产原煤灰分未考虑在放顶煤过程中的窜矸因素，一般放顶煤综采窜矸率为 4% ~ 8%，生产原煤灰分会因此大幅度增加。故该设计预测的生产原煤灰分偏小，粗略估计生产原煤灰分当在 26.0% 以上。

（2）设计预测的生产原煤灰分（22.16%）与借用资料原煤灰分（14.74%）相差近 7.5 个百分点，差值较大，若把放顶煤综采窜矸量考虑进去，差值更大，在此条件下不宜采用"灰分系数法"调整筛分资料各粒级的灰分。设计借用"灰分系数法"调整筛分资料，人为抬高了末煤各粒级的灰分，造成"失真"。正确的做法，建议按本文推荐的合理的筛分资料调整方法进行调整。

（3）对借用的原煤筛分资料中 >50 mm 块原煤各粒级灰分调整时，将组成该大粒级的分项（煤、夹矸煤、矸石）的灰分都加一个灰分系数（7.42）的做法是不正确的。正如前面已经论述的，调整筛分资料时，>50 mm 块原煤粒级的分项（煤、夹矸煤、矸石）的灰分是不能改变的。正确的做法是通过相应增减各分项的产率，使各分项加权平均灰分正好等于调整后的该粒级小计灰分。按正确做法调整后的 >50 mm 块原煤粒级的结果应见表 2-4。

表 2-4　按正确做法 >50 mm 级块原煤筛分资料调整表

粒级/mm	产物名称	调整前		调整后	
		产率/%	灰分/%	产率/%	灰分/%
>100	煤	18.936	12.80	**16.695**	12.80
	夹矸	1.630	29.69	**1.431**	29.69
	矸石	0.650	75.71	**3.090**	75.71
	小计	21.216	15.68	21.216	**23.10**
100~50	煤	13.928	13.08	**12.138**	13.08
	夹矸	0.039	38.88	**0.034**	38.88
	矸石	0.585	73.30	**2.380**	73.30
	小计	14.552	15.57	14.552	**22.99**

注：表中黑体字表示调整后改变了的产率、灰分数值。

（4）借用的地方小煤矿（0.15 Mt/a）采煤方法为短壁式爆破落煤，故块煤量偏多，粉末煤量偏少。而该矿井在综采放顶煤加上连续采煤机开采条件下块煤量将减少，粉末煤量将会明显增加；在放顶煤过程中因窜矸的影响，块矸量也会增加。因而原煤粒度组成将发生很大差异。严格地讲，设计还应该根据采煤方法的改变，对借用的地方小煤矿筛分资料进行粒度组成调整。

点评：本实例有关调整筛分资料的方法存在以下3个主要问题：

——由于忽视了放顶煤"窜矸"因素的影响，造成预测生产原煤灰分偏低；

——因原煤筛分资料调整方法失误，致使＞50 mm块原煤各粒级分项（煤、夹矸、矸石）灰分发生改变，违背了筛分资料各分项（煤、夹矸、矸石）灰分不能变动的原则；

——借用"灰分系数法"调整筛分资料，人为抬高末煤各粒级灰分，导致末煤灰分"失真"。

上述分析表明，本实例因筛分资料调整方法不当，最终导致资料代表性差，具有典型借鉴意义。

【实例】陕西彬长矿区两个相邻的矿井（亭南煤矿、××矿井），其煤质基本相同，但因在调整筛分资料灰分的方法上的差异，造成分选工艺上的完全不同。分述如下：

（1）亭南煤矿选煤厂（3.00 Mt/a），采用本矿生产煤样所做的筛分试验资料作为设计依据。详见表2-5。

表2-5 彬长矿区亭南煤矿筛分试验结果表

粒级/ mm	产物名称		产 率			质 量			
			产量/ kg	占全样/ %	筛上累计/%	M_{ad}/%	A_d/%	$S_{t,d}$/%	$Q_{gr,d}$/ （MJ·kg^{-1}）
＞150	手选	煤	1015.8	9.94		5.12	12.67	0.14	28.04
		夹矸煤	165.7	1.62		3.43	28.81	0.05	19.30
		矸石	491.5	4.81		1.24	89.30	0.02	
		小计	1673	16.37	16.37	3.81	36.78	0.10	
150~100	手选	煤	540.8	5.29		5.03	11.04	0.21	29.24
		夹矸煤	48.4	0.47		3.28	30.68	0.14	18.09
		矸石	255.9	2.50		1.28	82.57	0.10	
		小计	845.1	8.27	24.64	3.79	33.82	0.17	

表 2-5（续）

粒级/mm	产物名称		产率			质量			
			产量/kg	占全样/%	筛上累计/%	M_{ad}/%	A_d/%	$S_{t,d}$/%	$Q_{gr,d}$/(MJ·kg^{-1})
100~50	手选	煤	948	9.28		4.52	10.83	0.16	29.50
		夹矸煤	111.8	1.09		3.27	31.92	0.13	18.01
		矸石	221.6	2.17		1.30	87.07	0.11	
		小计	1281.4	12.54	37.18	3.85	25.85	0.15	
>50 合计			3799.5	37.18	37.18	3.82	32.44	0.13	
50~25	煤		1488.4	14.56	51.74	3.90	23.79	0.21	25.28
25~13	煤		1234.6	12.08	63.82	4.34	18.63	0.17	26.58
13~6	煤		1242.4	12.16	75.98	4.46	14.33	0.25	28.15
6~3	煤		832.0	8.14	84.12	4.81	12.73	0.22	28.68
3~0.5	煤		929.4	9.09	93.22	4.94	12.63	0.22	28.82
<0.5	煤		693.3	6.78	100.0	4.82	15.53	0.30	27.36
原煤总计			10219.6	100.0		4.22	22.76	0.19	

由于亭南煤矿的筛分试验资料是本矿以生产煤样为基础，矿方严格按照国家标准《煤炭筛分试验方法》（GB/T 477—2008）的要求进行试验的，试验做得比较规范。其大粒级原煤灰分相对较高（>13 mm 块原煤加权平均灰分高达 27.86%），小粒级原煤灰分相对较低（<13 mm 粒级的末原煤加权平均灰分仅为 13.83%），比较符合亭南煤矿实际生产情况，具有一定代表性。而且也客观反映了彬长矿区原煤筛分特性的普遍规律，即块煤含矸多、灰分高，末煤含矸少、灰分较低的原煤筛分特性。

考虑到亭南煤矿的筛分试验资料比较符合实际生产情况，故设计决定不再进行资料调整而直接采用作为设计依据。

从表 2-5 可以看出，<13 mm 末原煤的灰分不高（13.83%），发热量高（$Q_{gr,d}$≥28.0 MJ/kg），作为电煤，末煤完全不必进行分选降灰即可满足电厂用户要求。所以，亭南矿选煤厂设计的选煤工艺，只考虑对>40 mm 块煤进行动筛跳汰机排矸分选，末原煤暂不分选，仅预留了增建末煤分选系统地的余地。

实践证明，亭南矿选煤厂设计的选煤工艺基本符合亭南矿井实际生产的原煤煤质条件，这主要得益于煤质资料具有代表性。

（2）相邻的另一座××矿井选煤厂（4.00 Mt/a），因矿井为新建井，无法取得生产煤样，借用本矿区邻近的下沟煤矿生产煤样所做的筛分、浮沉试验资料，在预测本矿生产原煤灰分（22.08%）与借用资料灰分（15.00%）相差7.08个百分点的条件下，不合宜地利用"灰分系数法"去调整借用的下沟煤矿筛分资料。调整前后的筛分资料见表2-6。

表2-6　下沟煤矿原煤筛分资料按灰分系数法调整前后的结果表

粒级/mm	产物名称		调整前		调整后	
			占全样/%	A_d/%	占全样/%	A_d/%
>100	手选	煤	5.371	8.36	**4.233**	8.36
		夹矸煤	1.377	30.66	**1.781**	30.66
		矸石	2.497	85.35	**3.231**	85.35
		小计	9.245	32.48	9.245	**39.56**
100~50	手选	煤	7.758	10.36	**6.859**	10.36
		夹矸煤	0.175	35.79	**0.281**	35.79
		矸石	1.309	89.45	**2.103**	89.45
		小计	9.243	22.04	9.243	**29.12**
>50 合计			18.487	27.26	18.487	**34.35**
50~25	煤		16.089	13.71	16.089	**20.79**
25~13	煤		14.318	12.46	14.318	**19.54**
13~6	煤		13.763	11.61	13.763	**18.69**
6~3	煤		14.138	11.59	14.138	**18.67**
3~1	煤		14.123	10.57	14.123	**17.65**
1~0.5	煤		2.129	10.57	2.129	**17.65**
<0.5	煤		6.952	14.55	6.952	**21.63**
毛煤总计			100.000	15.00	100.000	**22.08**

注：表中黑体字表示调整后改变了的产率、灰分数值。

由表2-6可以看出，调整后人为地明显抬高了末煤各粒级的灰分，<13 mm粒级的加权平均灰分从调整前的11.67%，抬高到调整后的18.75%。致使末煤灰分严重"失真"。本矿的产品方向是作为动力电煤，本来只需通过简单的块煤排矸分选即可满足要求。结果因资料调整方法不当，误导设计采用了块、

末原煤全部入选的复杂的选煤工艺（＞13 mm块原煤采用重介浅槽分选；＜13 mm末煤采用有压两产品重介旋流器分选，预留＜1 mm粉煤采用螺旋分选机分选的位置）。这主要是受筛分资料调整方法不当的影响造成的结果。

　　点评：本实例充分说明了，在有条件采取本矿生产煤样进行筛分、浮沉试验的情况下，直接采用本矿具有代表性的筛分、浮沉试验资料作为设计依据，是设计的首选方案。若不具备上述条件，退而求其次，可采用借用资料的方案，但应特别引起重视的是，在调整前、后，原煤灰分相差大的情况下，利用"灰分系数法"调整筛分资料是不可取的。带来的严重后果是，误导了末煤分选工艺的正确选定。

　　3. 原煤筛分资料调整灰分的合理方法

　　推荐一种比较合理的原煤筛分资料调整灰分的方法，供读者借鉴参考。

　　如前所述，按预测生产原煤灰分对筛分资料进行灰分调整的实质含义是"调矸"，即相当于将混入原煤的顶、底板及夹矸所增加的"外来灰分"合理地分配到原煤各粒级中去。而井下采煤的实际情况是，因矸石硬度大不易破碎，一般混入大粒级原煤中多，进入小粒级原煤中少，从大粒级到小粒级大致上呈梯度分布，而不是平均等分。

　　依据上述原则，推荐的原煤筛分资料的合理调整方法与具体操作步骤如下：

　　（1）将预测生产原煤灰分与借用筛分资料的原煤灰分的差值乘以原煤产率100%，变成了"外来灰分量"（实质上这就是混入原煤中的外来矸石的灰分量）。

　　（2）混入原煤的"外来灰分量"（即外来矸石灰分量）进入各粒级的比例或曰分配率，按下述方法计算：

　　——将借用资料＞50 mm各级的可见矸石含量（占全样）与＜50 mm各粒级浮沉资料中的＞1.8 kg/L或＞1.7 kg/L密度级的沉矸含量（占全样）相加作为100%，即可换算出混入原煤的外来矸石灰分量进入各粒级的分配率。

　　（3）用换算出的分配率，将外来矸石灰分量分配到各粒级中去，并与各粒级原来的灰分量相加，除以各粒级原来的产率，即得出各粒级"调灰"（"调矸"）后的灰分。

　　（4）最后将调灰处理后的筛分资料各粒级灰分进行加权平均计算，肯定是与预测生产原煤灰分基本吻合的。

【实例】 为了证明本文推荐的原煤筛分资料调整方法的合理性与可操作性，编著者特地仍以上个实例中××矿井选煤厂（4.00 Mt/a）借用的下沟煤矿原煤筛分资料为基础，按本文推荐的原煤筛分资料调整灰分的方法对该筛分资料重新进行一次灰分调整，结果就完全不同了，具体操作步骤如下：

（1）将预测生产原煤灰分（22.08%）与借用筛分资料的原煤灰分（15.00%）的差值7.08乘以原煤产率100%，变成了"外来灰分量"708（实质上这就是混入原煤中的外来矸石的灰分量）。

（2）将借用资料>100 mm级的可见矸石含量（占全样）与<100 mm各粒级浮沉资料中的>1.8 kg/L密度级的沉矸含量（占全样）相加作为100%，即可换算出混入原煤的矸石灰分量进入各粒级的分配率，详见表2-7。

（注：因借用的下沟煤矿筛分资料中100~50 mm级块煤可见矸含量明显低于100~50 mm级浮沉资料中>1.8 kg/L密度级的沉矸含量，为此计算分配率时，采用100~50 mm级浮沉资料>1.8 kg/L密度级的沉矸含量代替筛分资料可见矸含量。）

（3）利用换算出的分配率，将外来矸石灰分量分配到各粒级中去，并与各粒级原来的灰分量相加，除以各粒级原来的产率，即得出各粒级调矸后的灰分，同样详见表2-7。

（4）最后将调整处理后的筛分资料各粒级灰分进行加权平均计算，结果与预测生产原煤灰分基本上是吻合的，详见表2-8。

表2-7 换算分配率、计算调矸后各粒级灰分表

粒级/ mm	>1.8 kg/L沉矸量 （占全样/%）	换算分配率/ %	混入原煤中的 矸石灰分量	调矸后各粒级 灰分/%
>100	3.88	28.05	198.594	53.96
100~50	2.10	15.19	107.545	33.68
50~25	2.87	20.75	146.910	22.84
25~13	1.78	12.87	91.120	18.82
13~6	1.30	9.40	66.552	16.45
6~3	1.08	7.81	55.295	15.50
3~1	0.72	5.21	36.887	13.18
1~0.5	0.10	0.72	5.097	12.96
合计	13.83	100	708.0	

表2-8 下沟煤矿原煤筛分资料按推荐方法调整的结果表

粒级/mm	产物名称		调整前		调整后	
			占全样/%	A_d/%	占全样/%	A_d/%
>100	手选	煤	5.371	8.36	**3.189**	8.36
		夹矸煤	1.377	30.66	**0.817**	30.66
		矸石	2.497	85.35	**5.239**	85.35
		小计	9.245	32.48	9.245	**53.96**
100~50	手选	煤	7.758	10.36	**6.418**	10.36
		夹矸煤	0.175	35.79	**0.145**	35.79
		矸石	1.309	89.45	**2.680**	89.45
		小计	9.243	22.04	9.243	**33.68**
>50 合计			18.487	27.26	18.487	**43.82**
50~25	煤		16.089	13.71	16.089	**22.84**
25~13	煤		14.318	12.46	14.318	**18.82**
13~6	煤		13.763	11.61	13.763	**16.45**
6~3	煤		14.138	11.59	14.138	**15.50**
3~1	煤		14.123	10.57	14.123	**13.18**
1~0.5	煤		2.129	10.57	2.129	**12.96**
<0.5	煤		6.952	14.55	6.952	14.55
毛煤总计			100.000	15.00	100.000	**22.08**

注：表中黑体字表示调整后改变了的产率、灰分数值。

由表2-8可以清楚地看出，按本文推荐方法调整后，筛分资料各粒级灰分组成充分体现了彬长矿区原煤筛分特性的普遍规律，即块煤含矸多、灰分高，末煤含矸少、灰分较低的筛分特性。而且，按本文推荐方法调整后其各粒级灰分数值与相邻的符合实际生产情况的亭南煤矿筛分资料基本接近，这就充分说明了借用的下沟煤矿原煤筛分资料只要采用本《手册》推荐方法进行合理调整后，同样也能得到符合实际生产情况的结果。

若按表2-8合理调整后的筛分资料作为××矿井选煤厂选煤工艺设计的依据，则完全可以与亭南矿选煤厂一样，末煤没有必要进行分选加工，可大大节省选煤厂投资。

点评： ××矿井选煤厂原煤筛分资料重新合理调整的实例，充分证明了本

《手册》推荐的调整筛分资料灰分的方法，基本上符合生产实际。是可资利用的调整筛分资料灰分的方法。为此建议，在设计中应尽量使用本《手册》推荐的调整筛分资料灰分的方法来调整借用原煤筛分资料，以增加资料的代表性。

（四）浮沉资料调整的方法

原煤各粒级浮沉资料的调整，可借用浮沉资料校正的方法。就是根据筛分资料各粒级调整后的灰分对相应各粒级浮沉资料中>1.8 kg/L 密度物（矸石）和<1.8 kg/L 各密度级物料的产率按比例进行相应增减调整，即在改变（增减）<1.8 kg/L 各密度级数量的同时，等量相反改变（减增）>1.8 kg/L 密度级的数量。以实现各密度级物料加权平均灰分变成与筛分资料各相应粒级调整后的灰分相一致。此方法同样可以用于对原煤综合浮沉资料的调整。

浮沉资料校正计算方法与步骤如下所述。

（1）计算校正值 X：

$$X = \frac{100(A_1 - A_2)}{A_{>1.8} - A_2} \tag{2-2}$$

$$A_1 = \frac{100A_{\text{筛}} - \gamma_{\text{泥}} A_{\text{泥}}}{100 - \gamma_{\text{泥}}} \tag{2-3}$$

式中　　X——校正值，即>1.8 kg/L 密度级增加或减少的量,%；

$A_{>1.8}$—— >1.8 kg/L 密度级的灰分,%；

A_2——校正前的小计灰分,%；

A_1——校正后的小计灰分,%；

$A_{\text{筛}}$——校正后的筛分资料中某粒级的灰分（对原煤综合浮沉资料而言，即为校正后的筛分资料的原煤灰分）,%；

$A_{\text{泥}}$——浮沉煤泥的灰分,%；

$\gamma_{\text{泥}}$——浮沉煤泥的数量,%。

（2）计算校正后的<1.8 kg/L 密度级中某一密度级的数量：

$$\gamma_{hn} = \gamma_n(100 - X) \tag{2-4}$$

式中　γ_{hn}——校正后<1.8 kg/L 密度级中某一密度级的数量,%；

γ_n——校正前<1.8 kg/L 各相应密度级的数量,%；

X——校正值,%。

（3）计算校正后的>1.8 kg/L 密度级的数量：

$$\gamma_{>1.8} = 100 - \sum \gamma_{hn} \qquad (2-5)$$

式中　　$\gamma_{>1.8}$——校正后>1.8 kg/L 密度级的数量,% ;

　　　　$\sum \gamma_{hn}$——校正后<1.8 kg/L 各密度级数量之和,% 。

需要特别指出的是,浮沉资料中各密度级的基元灰分在校正过程中是不允许变动的。这也充分体现了按灰分系数法校正筛分资料各粒级灰分的实质含义。

(五) 多层煤混合分选时筛分、浮沉资料的综合原则

当井下同时开采两层以上可选性相差较大的煤层时,存在按最大产率原则(等 λ 原则) 判断其能否混洗的问题。《设计规范》首次在 5.1.5 条中明确规定,"当各层煤在分选密度相同的条件下,其可选性、基元灰分相差较大,净煤硫分相差较大或煤种不同时,宜分别分选"。

如果各层煤符合混合分选条件,就需要对混合分选的各层煤的筛分、浮沉试验资料进行综合。在综合资料时,涉及如何确定各层煤的混合比例问题。若按各层煤的煤层厚度为依据计算混合比例,则不符合生产实际。应该按各层煤工作面的单产比例进行资料综合,比较切合生产实际。

三、试验资料分析

上述各项选煤试验结果均应按规定形成相应的试验资料,各项试验资料表述的格式及内容要求,在相应的试验方法标准(国标或行业标准) 中均有示范可参考。

由于成煤原始物质、成煤环境与成煤年代的不同,形成了煤质特性方面千差万别的客观情况,有时即便同属一块煤田,但在不同的井田,甚至不同的采区、层位,其煤质的变化与区别也是非常明显的。几乎没有一个选煤厂入选原煤的煤质特性是完全雷同的。因此,掌握煤质资料的分析方法就显得十分重要。实践证明,通过对煤质资料的准确分析,充分掌握其特性,因地制宜地进行选煤工艺设计是科学合理的设计思路。

下面仅以原煤(自然级) 筛分、浮沉试验,煤粉筛分、浮沉试验,以及煤泥浮选试验等试验资料为例,对其分析要点分述如下。

(一) 原煤(自然级) 筛分试验资料分析的要点

1. >50 mm 大粒级原煤情况的分析

根据夹矸煤含量和结构特征并结合破碎级筛分试验资料可以初步判断大粒级原煤解离的可行性和必要性，作为选择入选粒度上限的参考因素；根据矸石含量评定原煤含（可见）矸量等级，作为选择＞50 mm 块原煤排矸方法的依据之一；根据硫铁矿含量可考虑经简单手选出黄铁矿副产品的可能性。

2. 各粒级含量分析

根据原煤粒度组成（粒度分布）判断煤的硬度，即在井下生产过程中，受采掘设备切割破碎的程度。例如，13 mm 以下末煤含量多，特别是 3 mm 以下粉煤含量多，结合末煤、粉煤灰分的高低，说明煤或矸石硬度低。在确定选煤方法时应当谨慎对待；根据＜0.5 mm 煤粉（俗称原生煤泥）含量的多少，可作为次生煤泥量取值、确定选煤工艺和制定煤泥水流程的依据之一。

3. 各粒级质量分析

根据各粒级的灰分变化规律判断煤或矸石的脆度，即易碎程度。例如，灰分随粒度减小而降低，则说明煤的质地较脆，易碎；反之，灰分随粒度减小而增高，则说明矸石质地较脆，易碎。对比＜0.5 mm 煤粉灰分与原煤或邻近粗粒级粉煤灰分的高低及含量的多少，可初步判断矸石或煤的易粉碎程度；可提示在某些生产环节设计时，是否需要采取防过粉碎措施。

（二）浮沉试验资料分析的要点

1. 各密度级的含量和灰分分析

根据原煤密度组成，即轻、中、重密度物含量的多少，灰分的高低，可以粗略地判断煤质的优劣和可选性的难易。作为选后产品结构定位、确定选煤方法和分选工艺方式的主要依据之一。

2. 浮沉煤泥的分析

根据浮沉煤泥含量的多少及灰分的高低（与原煤灰分相比），进一步判断煤或矸石在洗选加工过程中遇水后的易泥化程度和可能产生次生煤泥的数量。

3. 各密度级含硫量分析

原煤含硫量高时，应进行各密度级硫分测定和硫的分布规律分析。借此可以判断通过分选的脱硫效果，为制订脱硫方案提供资料依据；也可判断矸石的含硫指标及其利用价值。

4. 绘制可选性曲线

根据浮沉试验资料，绘制可选性曲线。绘制方法有两种：

（1）在 200 mm×200 mm 坐标纸上绘制 5 条曲线：浮物曲线 β、沉物曲线

θ、密度曲线 δ、灰分特性曲线 λ、密度 ± 0.1 g/cm^3 曲线 ε。

（2）在 200 mm×350 mm 坐标纸上绘制迈耶尔曲线 M（代替 β、θ 和 λ 3 条曲线）、密度曲线 δ、密度 ± 0.1 g/cm^3 曲线 ε。

可任选其中一种方法绘制可选性曲线。

根据用户对产品质量要求，利用可选性曲线，可初步预测选后产品的大致产率，从而初步判断该原煤经洗选后，满足用户对产品质量要求的可行性和合理性。

（三）煤粉筛分、浮沉试验资料分析的要点

<0.5 mm 煤粉的筛分、浮沉试验资料习惯上又称为小筛分、小浮沉。根据<0.5 mm 煤粉的粒度组成和密度组成，可以判断粗煤泥采用重力法分选的可行性及合理性，以便为减少浮选的煤泥量提供资料依据。

（四）煤泥浮选试验资料分析的要点

煤泥浮选试验按国家标准《选煤实验室单元浮选试验方法》（GB/T 4757—1984）进行，由可比性浮选试验和最佳浮选参数试验两部分组成。

（1）可比性浮选试验。可比性浮选试验是必做的。可全面了解、对比煤的可浮性。

（2）最佳浮选参数试验。最佳浮选参数试验分为浮选药剂的选择，浮选条件（矿浆浓度、充气量、浮选机叶轮转速、捕收剂与矿浆接触时间）的选择，分次加药及流程试验，浮选特性及产品分析试验等 4 个阶段进行。主要是为选煤厂设计提供参数。例如，《设计规范》5.4.1 条规定，按试验确定浮选时间的 2.5 倍计算选择浮选设备的处理能力。

根据最佳浮选参数试验的第四阶段（浮选特性及产品分析）试验中的浮选速度试验结果，绘制可浮性曲线，据此可为煤炭可浮性评定所需的浮选精煤产率指标提供依据。

（五）选煤试验资料分析小结

综上所述，对原煤筛分、浮沉，煤粉筛分、浮沉，煤泥浮选等试验资料的分析要点可以简明扼要地归纳为以下两条：

（1）在分析煤质资料时，切忌就资料本身死板地罗列数据，孤立地就事论事，把试验资料分析与工艺设计割裂开来。

（2）合理正确的煤质分析方法应该是将煤质资料的数据规律和分析内容，与选煤方法的选择、工艺环节的设置、流程的制定、设备选型，甚至与产品的定向、定位有机地联系起来分析考虑，为下一步工艺设计作铺垫、作准备。这就使煤质分析工作具有生动的含义、活的灵魂。

第四节　煤炭可选性、可浮性评定

一、煤炭可选性评定

我国为＞0.5 mm 的煤炭可选性评定方法制定了国家标准（GB/T 16417—2011）。规定了煤炭可选性评定方法、可选性等级的命名和划分。现将国标主要内容分述如下。

1. 可选性评定方法

煤炭可选性评定采用"分选密度 ±0.1 含量法"（简称"δ ±0.1 含量法"）。δ ±0.1 含量计算的规定和要点如下：

（1）δ ±0.1 含量按理论分选密度计算。

（2）理论分选密度在可选性曲线上按指定精煤灰分确定（准确到小数点后两位）。

（3）理论分选密度＜1.7 g/cm^3 时，以扣除沉矸（＞2.00 g/cm^3）为 100% 计算 δ ± 0.1 含量；理论分选密度 ≥ 1.7 g/cm^3 时，以扣除低密度物（＜1.50 g/cm^3）为 100% 计算 δ ±0.1 含量。

（4）δ ±0.1 含量以百分数表示，计算结果修约至小数点后一位。

2. 可选性等级命名和划分

按照分选的难易程度，将煤炭可选性分为 5 个等级，各等级的名称及 δ ± 0.1 含量指标见表 2 - 9。

二、煤炭可浮性评定

我国为＜0.5 mm 的烟煤和无烟煤可浮性评定方法制定了国家标准（GB/T 30047—2013）。该标准规定了煤粉（泥）定义、可浮性评定指标和可浮性等级及划分指标。现将标准主要内容分述如下。

1. 煤粉（泥）定义

粒度小于 0.5 mm 的干煤（湿的称煤泥）。

2. 煤炭可浮性评定指标

采用浮选精煤可燃体回收率 E_c（％）作为评定煤炭可浮性的指标。其计算式如下：

$$E_c = 100 \times \frac{\gamma_c(100 - A_{d,c})}{100 - A_{d,f}} \qquad (2-6)$$

式中　　E_c——浮选精煤可燃体回收率，％；

　　　　γ_c——浮选精煤产率，％；

　　　　$A_{d,c}$——浮选精煤干基灰分，％；

　　　　$A_{d,f}$——浮选入料干基灰分，％。

3. 煤炭可浮性等级

按照浮选的难易程度，把煤炭可浮性划分为 5 个等级，各等级的名称及浮选精煤可燃体回收率 E_c 指标见表 2-10。

表 2-9　煤炭可选性等级的划分

δ±0.1 含量/%	可选性等级
≤10.0	易选
10.1～20.0	中等可选
20.1～30.0	较难选
30.1～40.0	难选
>40.0	极难选

表 2-10　煤粉（泥）可浮性等级及划分指标

可浮性等级	精煤可燃体回收率 E_c/%
易浮	≥90.1
中等可浮	80.1～90.0
较难浮	60.1～80.0
难浮	40.1～60.0
极难浮	≤40.0

三、煤和矸石泥化程度评定

泥化是指煤或矸石浸水后碎散成泥的现象。煤和矸石泥化试验方法早已制定有行业标准（MT/T 109—1996），该标准包括适用于原煤（生产煤样）泥化试验的转筒法和专门用于矸石泥化特性测定的安氏法等两种泥化试验方法。

为了与相关国际标准接轨，2005 年国家又颁布了矸石泥化程度测定的国家标准《选煤厂　煤伴生矿物泥化程度测定（GB/T 19833—2005）》。但是，长期以来，国家或行业均未制定煤和矸石泥化程度级别划分的标准，造成在选煤厂设计中评定煤和矸石的泥化程度无据可依的局面，给设计带来许多不便。

2008 年发布了行业标准《选煤厂　煤伴生矿物泥化程度评定（MT/T 1075—2008）》，结束了评定矸石泥化程度无据可依的局面。现将该行业标准摘要转录如下。

1. 概念、术语

煤伴生矿物，在本标准中特指矸石。

泥化程度，表示矸石遇水后被泥化（粉碎）的难易程度，代号为 DW。

2. 测定

按 GB/T 19833 测定 W_{500} 和 B（泥化比），取小数点后一位，计算公式如下：

$$B = \frac{W_{10}}{W_{500}} \times 100\%$$

式中　　W_{10}——试样中细泥（粒级小于 10 μm）的质量分数,%；

　　　　W_{500}——500 μm 试验筛筛下物质量分数,%。

3. 泥化程度级别划分

首先用 W_{500} 进行泥化程度划分，当 $W_{500} \leqslant 1.0\%$ 时，为低泥化程度 LDW；当 $W_{500} > 1.0\%$ 时，根据泥化比将泥化程度划分为 4 级，见表 2-11。

表 2-11　煤伴生矿物泥化程度级别名称、代号和划分

级 别 名 称	代 号	划分指标泥化比 B/%
低泥化程度	LDW	≤1.0
中泥化程度	MDW	1.1~10.0
中高泥化程度	MHDW	10.1~20.0
高泥化程度	HDW	>20.0

四、煤泥水沉降特性分类

长期以来，国家或行业均未制定选煤厂煤泥水沉降特性难易程度划分级别的标准，造成在选煤厂设计中评定煤泥水沉降特性难易程度无据可依的局面，给设计带来许多不便。

2008 年提出了相关的煤炭行业标准（征求意见稿），为了暂时弥补评定煤泥水沉降特性难易程度无据可依的缺憾，提前将未经审定的煤炭行业标准《选煤厂煤泥水沉降特性分类（征求意见稿）》的有关内容摘要转录如下，仅供参考。

1. 概念、术语

在煤泥水硬度决定其沉降性能的认知基础上，该标准引入了煤泥水"原生硬度"的新概念。

（1）原生硬度。在煤炭分选过程中，由于煤炭中的有机质煤及无机矿物质在水中发生一系列溶解、吸附反应而形成的循环煤泥水的水硬度称为原生硬度。原生硬度由煤炭矿物组成及补加水条件决定，主要取决于钙、镁离子的含量。在补加水 pH 值和离子组成基本稳定条件下，它代表了煤炭的一种固有特性。

（2）沉降性能。表示煤泥水自然澄清的难易程度。

2. 取样、测定

当煤泥水在系统中至少完成一个循环后，取样点原则上应设在煤泥水浓缩设备入料处。按照 MT/T 206 方法测定样品水硬度即为煤泥水原生硬度。

3. 煤泥水沉降性能级别划分

根据原生硬度把煤泥水沉降性能分为 3 级，详见表 2-12。

4. 沉降性能类型描述

1）易沉降煤泥水

易沉降煤泥水代表着煤泥水的凝聚状态，这时的微细粒煤泥可自发凝聚形成大颗粒，沉降速度快，不加任何絮凝剂或凝聚剂便可实现煤泥水的澄清与循环。

表 2-12　煤泥水沉降性能级别和划分指标

级 别 名 称	划分指标：原生硬度/ $(mgCaCO_3 \cdot L^{-1})$
易沉降	＞885
中等可沉降	178～885
难沉降	＜178

2）难沉降煤泥水

难沉降煤泥水代表着煤泥水的分散状态，这时的微细粒煤泥（主要是泥化的黏土矿物）由于处于分散状态，难以在煤泥水系统中实现沉降，实际生产中往往形成煤泥循环与积聚，最终导致煤泥水外排。单纯加絮凝剂往往导致煤泥水系统的恶化；以凝聚为主的煤泥水沉降药剂制度可实现煤泥水澄清，但药剂成本高。

3）中等可沉降煤泥水

中等可沉降煤泥水代表着介于凝聚与分散状态的煤泥水，药剂制度与用量介于上述两者之间。

第三章　煤炭用途及产品方案

第一节　煤炭用途概述

　　中国是以煤炭为主导型的化石能源资源相对丰富的国家，根据第三次全国煤田预测资料，除台湾地区外，我国垂深 2000 m 以内的煤炭资源总量为 55697.49×10^8 t。其中，探明保有资源量为 10176.45×10^8 t，预测资源量为 45521.04×10^8 t。在探明保有资源量中，生产、在建井占用资源量为 1916.04×10^8 t，尚未利用资源量为 8260.41×10^8 t。中国煤炭探明保有资源量占世界探明保有资源量的 13%，居世界第三位。中国是世界上少数几个以煤为主要能源的国家，2006 年煤炭产量为 23.7×10^8 t，居世界第一位，煤炭占一次能源消费结构中的比重为 69.4%。在今后相当长的时期内，煤炭仍将是中国的主要一次能源。有关部门预测，2010 年煤炭在我国一次能源消费结构中的比重将降至 66.1%，至 2020 年我国能源消费结构中煤炭的比重仍可能超过 55%。但是中国油气资源相对不足，人均油气资源量为世界平均的 1/15，对外油气依存度不断提高，2006 年石油净进口达 1.63×10^8 t，对外油气依存度超过 47%。在此形势下，发挥中国煤炭资源优势，采用先进可靠技术，有序发展和煤炭相关的洁净煤、燃煤发电、煤化工等煤基能源、化工产业，适当缓解中国石油短缺的矛盾，就成为国家能源发展战略的一个重要方面。

　　我国在以煤为主要能源的大环境下，煤炭资源的合理利用，是一项重要的基本国策，国家实行煤炭资源分类使用和优化配置政策。作为以煤炭洗选加工和综合利用为主业的设计工作者，必须了解煤在不同用途条件下，有关对煤质要求方面的知识，扩展对以煤炭为原、燃料的下游产业的相关基础知识，掌握下游产业对煤质的具体要求和要求的缘由。

　　以煤炭为原、燃料进行转化的下游产业扼要分述如下。

　　（1）以煤炭为燃料的产业包括：动力发电、工业窑炉及水煤浆制备等。

（2）以煤为原料生产固体产品、油料产品、气体产品和其他化工产品的煤化工产业包括：煤炭焦化及下游产品加工；煤炭低温干馏；高炉喷吹；煤炭直接加氢液化合成油；煤炭气化合成油品（间接液化）；煤炭气化生产甲醇及甲醇下游产品，包括二甲醚、烯烃等；煤制天然气；煤炭气化生产合成氨及各种化肥；煤基碳素制品等。

第二节　煤炭用于燃烧及其对煤质的要求

一、煤炭燃烧的基本概念

目前，我国生产的煤炭 80% 以上用于燃烧，即用于动力发电、工业窑炉、食品酿造和民用生活燃料。可见煤炭用于燃烧，占有煤炭利用市场中最大的份额。

煤的燃烧过程，不仅是一个单纯的化学反应过程，而且还是涉及传热、扩散、气流运动等复杂的物理过程。为了提高热能利用效率，满足各种燃煤设备及环保的最低要求，在煤炭洗选加工设计时就应该了解煤质特性与燃煤设备的种类、形式、燃烧工况、负荷状态的相关关系，熟悉各种燃煤设备对燃煤的质量要求。

燃煤的性质根据燃烧需求大体可分为 3 个层次：

第一层次是最基本的煤质指标，如挥发分、灰分、黏结指数、发热量及硫分等，例如，发电用煤灰分每增加 1%，发热量就下降 200~360 J/g，每度电标准煤耗量增加 2~5 g；煤中灰分还影响锅炉燃烧效率。又如挥发分高的煤，有利于提高燃烧时火焰的长度和稳定性，降低飞灰中碳的含量。

第二层次的指标主要是对燃煤工艺性能的重要补充，如全水分、可磨性、燃点、粒度组成、有害元素含量、煤灰熔融特性温度、煤灰黏度、结渣性及镜质组反射率等。

第三层次的指标主要是对燃煤性质的更为专业的了解，如碳氢含量、密度、硬度、比热、导热系数、膨胀系数、沾污能力、灰渣强度及烧结温度等。

二、燃烧对煤质的一般要求

燃烧对煤的质量要求最为宽松。一般来说，各种不同煤阶、类别、等级的煤都能用于燃烧。这反而使人们往往忽视了燃煤产品如何做到适销对路的问题，致使煤的质量不能很好地符合燃煤设备的要求。更有甚者，干脆直接燃烧原煤。这就造成煤炭利用效率不高，浪费了宝贵的煤炭资源，同时也加重了由燃烧造成的环境污染。科学合理的燃烧途径应该是通过适当的加工手段，如筛选、机械排矸和必要的洗选等，排除煤中的杂质，适度降灰、降硫，降低其他有害元素含量，提高燃煤的质量后再用于燃烧。

三、煤炭用于动力发电及其对煤质的要求

煤炭用于动力发电是消耗煤炭数量最多的使用途径。在各种类型发电锅炉中，煤粉锅炉又是应用最多的类型。本书着重论述发电煤粉锅炉用煤与煤质相关的技术要求。

1. 发电煤粉锅炉用煤的国家标准

早在1987年国家就颁布了《发电煤粉锅炉用煤质量标准》（GB/T 7562—1987），1998年、2010年又先后两次对该标准进行了修改，并修改了标准名称。修改后的最新国家标准正式名称为《发电煤粉锅炉用煤技术条件》（GB/T 7562—2010），适用于各类固态排渣煤粉锅炉用煤。

最新国家标准对发电煤粉锅炉用煤技术条件是按划分为无烟煤锅炉、贫煤锅炉、烟煤锅炉、褐煤锅炉分别提出技术要求的。详见表3-1、表3-2、表3-3、表3-4。

表3-1　无烟煤煤粉锅炉用煤的技术要求

项　目	符　号	单　位	技 术 要 求
挥发分	V_{daf}	%	>6.50~10.00
发热量	$Q_{net,ar}$	MJ/kg	>24.00 >21.00~24.00
灰分	A_d	%	≤20.00 >20.00~30.00
全水分	M_t	%	≤8.0 >8.0~12.0
全硫	$S_{t,d}$	%	≤1.00 >1.00~2.00 >2.00~3.00

表3-1（续）

项　目	符　号	单　位	技 术 要 求
煤灰熔融性软化温度	ST	℃	＞1450 ＞1350～1450 ＞1250～1350
哈氏可磨性	HGI	—	＞60 ＞40～60

表3-2　贫煤煤粉锅炉用煤的技术要求

项　目	符　号	单　位	技 术 要 求
挥发分	V_{daf}	%	＞10.00～20.00
发热量	$Q_{net,ar}$	MJ/kg	＞24.00 ＞21.00～24.00 ＞18.50～21.00
灰分	A_d	%	≤20.00 ＞20.00～30.00 ＞30.00～40.00
全水分	M_t	%	≤8.0 ＞8.0～12.0
全硫	$S_{t,d}$	%	≤1.00 ＞1.00～2.00 ＞2.00～3.00
煤灰熔融性软化温度	ST	℃	＞1450 ＞1350～1450 ＞1250～1350
哈氏可磨性	HGI	—	＞80 ＞60～80

表3-3　烟煤煤粉锅炉用煤的技术要求

项　目	符　号	单　位	技 术 要 求
挥发分	V_{daf}	%	＞20.00～28.00 ＞28.00～37.00 ＞37.00

表3-3（续）

项　　目	符　号	单　位	技　术　要　求
发热量	$Q_{net,ar}$	MJ/kg	> 24.00 > 21.00 ~ 24.00 > 18.00 ~ 21.00 > 16.50 ~ 18.00
灰分	A_d	%	≤ 10.00 > 10.00 ~ 20.00 > 20.00 ~ 30.00 > 30.00 ~ 40.00
全水分	M_t	%	≤ 8.0 > 8.0 ~ 12.0 > 12.0 ~ 20.0
全硫	$S_{t,d}$	%	≤ 1.00 > 1.00 ~ 2.00 > 2.00 ~ 3.00
煤灰熔融性软化温度	ST	℃	> 1450 > 1350 ~ 1450 > 1250 ~ 1350 > 1150 ~ 1250
哈氏可磨性	HGI	—	> 80 > 60 ~ 80 > 40 ~ 60

表3-4　褐煤煤粉锅炉用煤的技术要求

项　　目	符　号	单　位	技　术　要　求
挥发分	V_{daf}	%	> 37.00
发热量	$Q_{net,ar}$	MJ/kg	> 18.00 > 14.00 ~ 18.00 > 12.00 ~ 14.00
灰分	A_d	%	≤ 10.00 > 10.00 ~ 20.00 > 20.00 ~ 30.00

表 3-4（续）

项　目	符　号	单　位	技 术 要 求
全水分	M_t	%	≤30.0 >30.0~40.0 >40.0
全硫	$S_{t,d}$	%	≤0.50 >0.50~1.00 >1.00~1.50
煤灰熔融性软化温度	ST	℃	>1350 >1250~1350 >1150~1250

2. 煤灰熔融性和灰黏度对发电锅炉的影响

煤灰熔融性过去曾称煤灰熔点，根据煤灰熔点可以预测结渣和沾污情况，主要用于固态排渣锅炉、液态排渣锅炉、气化炉设计的参考数据。例如，固态排渣的锅炉或气化炉要求使用灰熔融温度较高的煤，以免炉内产生结渣，影响锅炉正常运行或降低气化效率；液态排渣的锅炉或气化炉要求使用灰熔融温度较低的煤，以保持熔渣有较好的流动性。

但是，灰熔融温度只能说明灰的溶化温度范围，不能反映灰渣在溶化时的特性。而灰黏度则可以定量地反映灰渣在溶化时的动态特性。由于煤灰中无机成分的性质和含量变化很大，有时煤灰熔融温度相近，而灰渣的流动性（黏度）差别很大。所以，在设计液态排渣的锅炉和煤粉气化炉时，灰渣的黏度特性比煤灰熔融温度更加重要。

为使熔渣顺利排出，移动（固定）床煤气炉所用煤的灰黏度应<5.0 Pa·s；煤粉气化炉用煤的灰黏度应<25.0 Pa·s；液态排渣锅炉要求炉渣的灰黏度范围是 5.0~10.0 Pa·s。

3. 煤灰成分对发电锅炉的影响

作为动力发电用煤而言，还有一点是需要特别指出的，即煤灰成分对发电锅炉造成的影响。据调查显示，煤粉锅炉在炉壁与过热器上的积灰与沾污造成停产事故日益频繁，就如俗话所说的，像糨糊一样把锅炉与过热器糊死。

沾污对锅炉的危害与煤灰成分中碱金属氧化物的含量有关，引起沾污的元凶就是煤灰中的氧化钠 Na_2O。实践证明，碱金属氧化物，特别是氧化钠 Na_2O 含量高的煤灰，在煤炭燃烧、气化过程中，将对炉体热辐射表面形成极高程度的沾污危害。此外，煤中有害元素氯 Cl 的存在，会进一步强化积灰与沾污的程度。所以，设计要充分重视对动力煤的煤灰成分及有害元素的分析。

关于煤灰沾污性，我国尚无计算指标与分级标准，特借鉴国外有关煤灰沾污性指数计算公式及分级标准作为分析评价的依据。国外煤灰沾污性指数计算公式及分级标准的有关内容详见本书第一章第三节四中第 8 项。

4. 煤中有害元素对发电锅炉的影响

煤中主要有害元素除硫以外还包括磷、氯、砷、汞、氟等，它们对发电锅炉的危害性各不相同。分述如下：

（1）硫。可燃硫在炉内燃烧后生成 SO_2 及微量的 SO_3，在烟气中形成酸蒸汽凝于低温受热面，会对发电锅炉及其管道产生腐蚀与赌灰；一般含硫量超过 1.5%，锅炉效率会逐渐降低；黄铁矿硬度大，它的存在会造成磨煤机严重磨损。

（2）磷。对动力煤而言，磷燃烧后变为磷酸盐残留在煤灰中，用粉煤灰为农田施肥能起到磷肥的作用，反而有利。

（3）氯。氯具有较强的腐蚀性，氯含量大于 0.25%，燃烧时对锅炉、管道就开始产生腐蚀，且氯有强化煤灰沾污堵塞的作用，从而缩短锅炉寿命。

（4）砷。国家标准《煤中有害元素分级 第 3 部分：砷》（GB/T 20475.3—2012）明确规定：动力用煤砷含量 $\omega(As_d)$ 不宜超过 80 $\mu g/g$。

（5）汞。燃煤排出的汞是大气中汞污染的重要来源之一，排入大气中的汞再沉降到地面，这是煤中汞进入环境的主要渠道。由于汞的挥发性，意味着汞会很快地出现再循环，从而加剧了汞在全球大气中的扩散。近年来煤燃烧产生的汞对环境的污染已引起世界许多国家的高度重视。我国煤中汞浓度的几何均值为 0.579 $\mu g/g$，高于美国煤和世界煤的浓度。但是过去我国对燃煤排出的汞是大气中汞污染的重要来源之一认识不足，重视不够。

迟至 2012 年，我国才制定了国家标准《煤中有害元素分级 第 4 部分：汞》（GB/T 20475.4—2012），标准中明确规定：动力用煤汞含量 $\omega(Hg_d)$ 不宜超过 0.600 $\mu g/g$。

（6）氟。煤在燃烧过程中，氟化物分解为 HF、SiF_4 等气态污染物，不仅会严重腐蚀炉体及烟气净化设备，也造成大气氟污染和对生态环境的破坏。当煤中的氟含量大于 85~130 μg/g 时，就会对炉体及烟气净化设备造成危害；当氟含量在 120~140 μg/g 时，对环境的危害则大大增加。

需要指出的是，大多数有害元素（例如硫、氯、砷、氟等）主要以无机物形式存在于煤中，可通过对原煤分选来排除。因此提高入选率是减少煤中有害元素含量和降低煤中有害元素对锅炉的危害，减少煤在燃烧过程中有害元素排放量的有效措施。

5. 发电锅炉受煤质影响的设计实例

在实际设计操作中，经常出现因提供给电厂设计的燃煤煤质指标不准确，造成锅炉设备结构选型不适应实际供给电厂商品煤煤质条件的情况。尤其是目前我国产业政策鼓励建设坑口电厂，实行煤电一体化，有别于过去电厂燃煤"吃百家饭"的传统习惯，过去电厂设计锅炉结构可以先定，再寻找适合的燃煤来适应锅炉。而坑口电厂的燃煤是对口供应，不能选择，给电厂提出的煤质资料必须准确，否则将造成锅炉设备结构不适应燃煤煤质条件的严重后果。实践中不乏电厂锅炉受煤质影响的实例，略举几例以警示设计人员：

【实例】新疆哈密×××矿区一号井田含煤地层为侏罗纪中下统西山窑组。井田可采煤层可分为 4 个煤层群，其中第一煤层群（3、5、6、7 煤层）为矿井前 20~30 年主采煤层，上部煤层赋存的煤炭种类以褐煤为主，下部煤层群则以长焰煤为主，底部煤层有少量不黏煤。

×××电厂与本矿为煤电一体化项目，是本矿目标用户。鉴于×××矿区的褐煤具有落下强度极差、易粉碎、易泥化（褐煤遇水后立即崩裂、粉碎）等特点。设计推荐的选煤工艺为复合式风选排矸，选后电煤产品灰分 A_d 将波动在 18.0% ~ 24% 之间，收到基低位发热量 $Q_{net,ar}$ 波动在 14.63 MJ/kg（35000 kcal/kg）左右。

然而提供给×××电厂的煤质指标是根据《×××矿区一号井田地质勘探报告》个别煤层个别钻孔煤芯煤样浮煤化验结果选取的，导致电厂设计煤种、校核煤种相关煤质指标远好于×××矿区一号矿井风选排矸后的商品煤质量，过于脱离实际。电厂设计煤种、校核煤种煤质指标详见表 3-5。

结果因锅炉结构设计不适应煤矿实际供给电厂的商品煤煤质，不得不将已订货下料制作的锅炉作废，另行订货，重新制造适合燃烧褐煤的锅炉，造成了巨大的浪费。

表3－5　×××电厂设计、校核煤种主要煤质指标

名　　称	M_t/%	M_{ad}/%	A_{ar}/%	V_{daf}/%	$S_{t,d}$/%	$Q_{net,ar}$/(MJ·kg^{-1})
设计煤种	18.10	10.02	7.94	40.16	0.25	20.36
校核煤种	15.90	13.39	12.23	44.85	0.45	19.61

点评：上述实例是锅炉设备结构设计不适应实际供给电厂商品煤煤质条件的典型情况，教训深刻，值得谨记。

【实例】新疆准东五彩湾矿区××集团所属露天矿坑口电厂，以五彩湾矿区一号露天矿生产的不黏煤为燃料。电厂运行不久，锅炉即被煤灰像糨糊一样黏糊堵死，无法运转。究其原因就是煤灰成分中碱金属氧化物含量高，其中沾污元凶 Na_2O 含量尤其高，属严重沾污等级。据了解，最后不得已，只能从嘉峪关内调运沾污性指数低的劣质煤和末矸石，反向西运至五彩湾坑口电厂掺烧，缓解煤灰沾污影响。

由于没有收集到五彩湾矿区一号露天煤矿的煤灰成分数据，为了具体说明五彩湾矿区不黏煤的沾污性达到何等严重程度，特地借用新疆伊泰公司甘泉堡2.00 Mt/a 煤制油项目所提供的来自五彩湾矿区三号、二号两座露天煤矿的原料煤的煤灰成分数据作为参照旁证。煤制油项目原料煤操作煤种的煤灰成分参数如下（括弧内的数据为设计煤种数据）：

SiO_2——13.21%（17.08%）

Al_2O_3——5.96%（6.99%）

Fe_2O_3——7.06%（11.60%）

TiO_2——0.30%（0.61%）

CaO——41.99%（27.53%）

MgO——10.21%（7.42%）

K_2O——0.39%（0.66%）

Na_2O——6.13%（6.18%）

MnO_2——0.13%（0.08%）

SO_3——8.90%（21.65%）

P_2O_5——0.07%

从上述煤灰成分组成看，五彩湾矿区二号、三号露天矿煤灰成分中碱性氧化物含量很高，占65.78%～53.39%，其中沾污元凶氧化钠 Na_2O 含量高达6.13%～

6.18%，致使煤灰沾污性极其严重。根据提供的煤灰成分参数测算，其操作煤种煤灰沾污性指数 R_f 高达 20.71，是沾污最高级指标 R_f 的 20 倍，设计煤种煤灰沾污性指数 R_f 也高达 13.37，是沾污最高级指标 R_f 的 13 倍，（国外标准：$R_f > 1$ 即属严重沾污级）。均属极其严重的沾污类型。

由此可见，若用五彩湾矿区不黏煤作电厂锅炉燃料时，尤其需要高度重视煤灰沾污问题。

点评：其实，在准东煤田乃至于全新疆侏罗系煤田均存在煤灰成分碱金属氧化物含量高，氧化钠 Na_2O 含量尤其高，对锅炉炉体热辐射表面形成极高程度沾污的问题，带有普遍性。准东煤田五彩湾矿区××集团所属露天矿坑口电厂的锅炉被煤灰沾污糊死的实例，就是前车之鉴，必须引以为戒。及早采取相应对策。

【**实例**】贵州××电厂 2×660 MWCFB 超超临界燃煤发电机组。

设计本着就近供应的原则，电厂所需燃料煤，拟从电厂周边××县的地方煤矿供给。××县地区含煤地层主要为上二叠统龙潭组、长兴组/宣威组，区内煤炭种类主要属无烟煤三号，设计确定的电厂燃料的设计煤种、校核煤种各项煤质指标见表 3-6。

表 3-6 电厂燃料的设计煤种、校核煤种煤质指标

序号	名　　　称	符　号	单　位	设计煤种	校核煤种
1	燃料品种			无烟煤	无烟煤
2	收到基水分	M_{ar}	%	7.5	7.8
3	工　业　分　析				
	空气干燥基水分	M_{ad}	%	1.0	1.05
	收到基灰分	A_{ar}	%	37.77	36.32
	干燥无灰基挥发分	V_{daf}	%	10.32	11.73
	收到基低位发热量	$Q_{net,ar}$	J/g	18370	18580
4	元　素　分　析				
	收到基碳	C_{ar}	%	47.66	48.00
	收到基氢	H_{ar}	%	2.14	2.22
	收到基氧	O_{ar}	%	1.12	1.39
	收到基氮	N_{ar}	%	0.83	0.84
	收到基硫	$S_{t,ar}$	%	2.98	3.43

表 3-6（续）

序号	名 称	符号	单位	设计煤种	校核煤种
5	灰 熔 融 性				
	变形温度	DT	℃	1370	1180
	软化温度	ST	℃	1440	1250
	半球温度	HT	℃	1480	1290
	流动温度	FT	℃	1500	1330
6	哈氏可磨指数	HGI		62	70
7	煤的冲刷磨损指数	K_e		5.1	4.6
8	灰 成 分				
	二氧化硅	SiO_2	%	62.22	23.67
	三氧化二铝	Al_2O_3	%	26.02	17.29
	三氧化二铁	Fe_2O_3	%	6.60	13.54
	二氧化钛	TiO_2	%	0.58	0.5
	氧化钙	CaO	%	1.27	2.42
	氧化镁	MgO	%	0.71	0.83
	氧化钠	Na_2O	%	0.63	0.4
	氧化钾	K_2O	%	0.54	0.76
	二氧化锰	MnO_2	%	0.018	0.045
	三氧化硫	SO_3	%	0.5	1.68
9	煤 中 有 害 元 素				
	煤中氯	Cl_{ar}	%	0.029	0.037
	煤中砷	As_{ar}	μg/g	5	9
	煤中氟	F_{ar}	μg/g	81	105
	煤中汞	Hg_{ar}	μg/g	0.09	0.20
	煤中游离二氧化硅	$SiO_2(F)$	%	7.39	7.08

从上述电厂设计煤种的煤质指标可以看出××县地区煤炭作为电厂燃料具有如下煤质优缺点：

（1）××县地区煤炭种类以无烟煤三号（WY3）为主，具有低—中高灰、特低—低挥发分、特低—高硫、中高—高发热量等煤质特性。值得指出的是，本地区无烟煤煤灰成分中碱性氧化物含量很低（9.75%），特别是 Na_2O 含量低（0.63%），初步测算煤灰沾污指数 $R_f = 0.07$，属弱沾污等级。加之煤中氯元素含量也低，属特低氯煤，不会强化煤灰沾污程度。故本地区无烟煤煤灰对锅炉沾污性极弱，具有动力发电用煤难得的优点。

（2）××县地区无烟煤中除硫分高外，其他煤中有害元素含量均很低，对发电锅炉危害较小。

（3）作为动力发电用煤，还需关注本地区无烟煤以下煤质缺点：难着火、燃烧极难稳定、极难燃尽、磨损严重、硫分高腐蚀严重等。均宜考虑采取相应对策。例如，通过分选可以明显降低硫分，建议应尽量提供经过排矸分选降硫后的洗混煤作为电厂燃料，以降低硫对锅炉的腐蚀。

四、煤炭用于水泥回转窑及其对煤质的要求

2000 年发布了经过修改和补充的国家标准《水泥回转窑用煤技术条件》（GB/T 7563—2000），列于表 3-7。该标准适用于水泥回转窑烧成，可作为矿区制定工业用煤标准、煤炭资源用途评价的依据。

表 3-7　水泥回转窑用煤的类别、技术要求

项　目	技　术　要　求
煤炭类别	（1）一般用煤类别：弱黏煤、不黏煤、1/2 中黏煤、气煤、1/3 焦煤、气肥煤、焦煤、肥煤 （2）可搭配使用煤类别：长焰煤、瘦煤、贫瘦煤、贫煤、褐煤、无烟煤 （3）在条件允许时可单独使用贫煤、贫瘦煤、瘦煤、长焰煤、褐煤、无烟煤[①]
煤炭粒度	（1）粉煤、末煤、混煤、粒煤 （2）当粉煤、末煤、混煤、粒煤数量不足或不能满足质量要求时，可用原煤和其他粒度的煤
灰分 A_d/%	<27.00
挥发分 V_{daf}/%	>25.00
发热量 $Q_{net,ar}$/（MJ·kg^{-1}）	>21.00
硫分 $S_{t,d}$/%	<2.00[②]

注：①该条不受表中有些指标的限制。

　　②个别矿区 $S_{t,d}$ 达不到要求时，由供需双方协商解决。

五、煤炭用于制备代油水煤浆及其对煤质的要求

1. 水煤浆制备的基本概念

水煤浆（coal water mixture）的定义：由煤、水和少量添加剂经过加工制成的具有一定粒度分布、流动性和稳定性的流体。按用途分为燃料用水煤浆和气化用水煤浆。

水煤浆既是一种以煤代油的新型煤基流体燃料，又可作为气流床气化炉（德士古炉）生产合成气的原料。

实践证明，1.8～2.1 t 水煤浆可替代 1 t 重油，成本费用降低 1/2；燃烧水煤浆与直接燃煤相比，具有燃烧效率高、负荷易调控、节能、环保效益好等显著优点。所以是洁净煤技术的重要组成之一；以水煤浆代替无烟块煤造气生产合成氨，每吨合成氨的煤耗可降低 0.8 t。

2. 制备水煤浆对煤质的要求

制备水煤浆最重要的条件是要求原料煤具有良好的成浆性。然而，不同煤炭种类的成浆性存在很大差异。

从煤化程度来讲，一般煤阶越低，孔隙率和比表面积越大，内在水分越高，煤中氧碳比（O/C）增大，亲水极性官能团越多，哈氏可磨性指数越小，煤的成浆性越差。随着煤化程度的增加，煤的成浆性逐渐提高。但达到一定煤化程度后，像到瘦煤、贫煤特别是无烟煤阶段，煤的分子排列整齐，内部裂缝有所增加，内表面积又逐渐增多，内在水分提高，哈氏可磨性指数降低，煤的成浆性又变差。

从煤岩显微组分来讲，因煤中亲水极性官能团主要分布在镜质组中，因此，镜质组分高的煤成浆性差。而丝质组含碳高，一般是多孔结构，致使煤的孔隙率和比表面积大，内在水分含量高，哈氏可磨性指数减小，不易成浆。

然而，在实际应用中受煤炭资源、制浆成本等诸多因素制约，在选择制浆原料煤时，不能只考虑煤的成浆性一个方面。需从煤的成浆性、煤类资源的合理利用、制浆成本（主要指煤价格）等三方面因素综合考虑。具有高挥发分的低阶至中阶烟煤，如不黏煤、弱黏煤、1/2 中黏煤、气煤等应是我国制浆用煤的定位煤种。长焰煤、贫瘦煤可用作配煤制浆。

3. 煤炭成浆性的测算

经过大量试验，就影响煤炭成浆性的主要相关煤质因素（M_{ad}、HGI、

O_{daf}），建立了评定烟煤成浆性难易指标 D 的计算回归式如下：

无含氧数据模型　$D = 7.5 + 0.5M_{ad} - 0.05HGI$

有含氧数据模型　$D = 7.5 - 0.015HGI + 0.223M_{ad} + 0.0257O_{daf}^2$

式中　M_{ad}——空气干燥基水分，%；

　　　O_{daf}——干燥无灰基氧元素含量，%；

　　　HGI——哈氏可磨性指数。

D 值越大，表明成浆性越差。成浆性难易指标 D 与可制浆浓度 C 之间有下列经验关系：

$$C = 77 - 1.2D$$

式中　C——水煤浆表观黏度为 1000 mPa·s（剪切速率为 100 s^{-1}）时的质量百分浓度，%。

烟煤成浆性难易分类等级见表 3-8。

表 3-8　烟煤成浆性分类等级

成浆性难易	指标 D	可制浆浓度 C/%
易	<4	>72
中等	4~7	72~68
难	7~10	68~65
很难	>10	<65

4. 有关燃料水煤浆的国家标准

2002 年我国首次发布了以水煤浆代油的新型煤基流体燃料有关技术要求的国家标准《水煤浆技术条件》（GB/T 18855—2002），后经 2008 年、2014 年两次修改。2014 年颁布的最新国家标准不仅对原标准名称作了修改，修改后的正式名称为：《燃料水煤浆》（GB/T 18855—2014），而且将燃料水煤浆按产品质量划分为三级，分别是Ⅰ级燃料水煤浆、Ⅱ级燃料水煤浆、Ⅲ级燃料水煤浆。代码分别是 FCWS-1、FCWS-2、FCWS-3。最新国家标准《燃料水煤浆》（GB/T 18855—2014）有关对燃料水煤浆的技术要求，详见表 3-9。

表 3-9　燃料水煤浆技术要求

项　　目	单位	技　术　要　求		
		Ⅰ级	Ⅱ级	Ⅲ级
发热量 $Q_{net,cws}$	MJ/kg	≥16.80	≥16.00	≥15.20
全硫 $S_{t,cws}$	%	≤0.30	≤0.45	≤0.55
灰分 A_{cws}	%	≤6.00	≤7.50	≤8.50

表 3 - 9（续）

项 目	单位	技 术 要 求		
		I 级	II 级	III 级
表观黏度 $\eta_{100_{s-1}}$	mPa·s	≤1500		
粒度 $P_{d, +0.5mm}$	%	≤0.80		
煤灰熔融性软化温度 ST	℃	≥1250		
氯含量 Cl_{cws}	%	≤0.15		
煤灰中钾和钠含量 $\omega(K_2O) + \omega(Na_2O)$	%	≤2.80		
砷含量 As_{cws}	μg/g	≤25		
汞含量 Hg_{cws}	μg/g	≤0.200		

注：1. 燃料水煤浆——专指作为燃料用的水煤浆产品，可用于供应锅炉、工业窑炉和电站锅炉等。

2. 水煤浆表观黏度——浆体温度为 20 ℃，剪切速率为 $100s^{-1}$ 时的黏度称为水煤浆表观黏度，单位为毫帕秒（mPa·s），采用 $\eta_{100_{s-1}}$ 表示。

3. 水煤浆基——分析结果以水煤浆为基准表示时称为水煤浆基（简称浆基）。例如表中水煤浆基灰分，以 A_{cws} 表示。基准换算应符合 GB/T 25215 的规定。

4. 水煤浆粒度 $P_{d, +0.5mm}$——指水煤浆中大于 0.5 mm 的物料占水煤浆中物料的含量,% 。

5. $\omega(K_2O)$——煤灰中氧化钾的含量,% 。

6. $\omega(Na_2O)$——煤灰中氧化钠的含量,% 。

此外，还对水煤浆的贮存和运输作了如下规定：

（1）向用户销售的符合表 3 - 9 要求的燃料水煤浆产品，应贮存在具有搅拌装置的密闭容器内，并定期搅拌。

（2）燃料水煤浆应用洁净的封闭容器运输或管道输送。

5. 烟煤制浆的设计实例

三大煤质因素（哈氏可磨性指数 HGI、内在水分 M_{ad} 以及氧元素含量 O_{daf}）对烟煤成浆性带来影响的实例颇多，通过下述列举的实例可以得到进一步佐证。

【实例】 新疆准东煤田西黑山矿区将军戈壁二号露天煤矿目标用户十分明确，主要为特变电工公司"一高两新"产业的自备电厂和为城市供热的热电厂项目提供燃料。

作为动力发电用煤，本矿不黏煤虽具有特低灰、特低硫、特低氯、中高挥发分、中高—高热值、极易磨、弱—中等结渣性等优良燃煤特性，但也存在内在水分高、煤灰软化温度较低等煤质缺点。

还需要特别指出的是，该矿不黏煤成浆性差，若欲采用以水煤浆为燃料进行发电时，则必须先做成浆试验，慎重抉择。具体分析如下：

该矿不黏煤本是我国制浆用煤的定位煤种，其哈氏可磨性指数高（B_5 煤层平均 HGI = 103.9），也是成浆的有利因素。但是，该矿不黏煤与成浆相关的另外两大因素：内水高（M_{ad} = 10.84%）、氧元素含量高（O_{daf} = 15.74%）皆不利于成浆。经初步测算，本矿不黏煤成浆性难易指标 D = 14.73，属于很难成浆等级的烟煤，制成水煤浆浓度偏低。理论计算水煤浆浓度仅为 C = 59.32%，实际生产制浆浓度会更低。以如此低浓度水煤浆作为燃料发电，不仅燃烧效率低，且煤耗高。

点评：其实，西黑山矿区乃至整个准东煤田赋存的不黏煤、长焰煤普遍存在内在水分高、氧元素含量高的煤质特性，导致成浆性差，理论计算制浆浓度多在 60% 以下，甚至低至 57%，实际生产制浆浓度将会更低。所以本区低阶烟煤不宜制成水煤浆作为燃料使用。

第三节 煤炭用作煤化工原料及其对煤质的要求

一、煤炭化学工业（煤化工）概述

以煤炭为原料经化学方法将煤炭转化为气体、液体和固体产品或半成品，再进一步加工成一系列化工产品或石油燃料的工业，称为煤炭化学工业，简称煤化工。从技术路线来看，煤化工包括煤焦化、煤气化和煤液化 3 种技术路线。煤化工技术路线如图 3-1 所示。

所谓现代煤化工范围，有的专家认为主要包括：甲醇、甲醇制化工产品（二甲醚、醋酸及其下游产品）、甲醇制醇醚燃料、甲醇制烯烃、煤制油（直接和间接液化）、多联产等。现代煤化工以生产洁净能源和可替代石油化工的产品为主，它与能源、化工技术相结合，可形成煤炭—能源化工一体化的新兴产业。煤化工产业将在我国能源的可持续利用中扮演重要的战略储备角色，这对于降低我国对进口石油的依赖程度有重大意义。

我国一次能源资源结构的特点是煤炭资源相对比较丰富，而石油资源相对比较贫乏。通过现代煤化工技术，将我国资源储量相对比较丰富的煤炭转化为

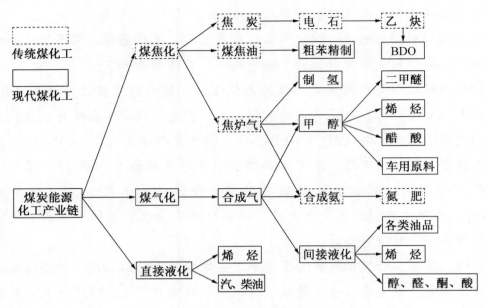

图 3-1 煤化工技术路线

碳一化工产品、替代燃料（甲醇、二甲醚）、乙烯、丙烯、柴油、汽油、航空煤油、液化石油气等产品，实现对部分石油的间接和直接替代，是一项符合国内一次能源资源结构特点，有效且可行地确保我国能源供应的战略储备技术措施。

二、煤炭用于炼焦及其对煤质的要求

1. 炼焦的基本概念

炼焦是指煤在隔绝空气情况下，加热到较高温度时，经历软化、脱挥发分、膨胀、固化，然后形成多孔富碳固体——焦炭的过程。

煤能炼焦的先决条件就是煤能在受热后具有黏结或熔融的性质，然而并不是所有具有黏结性的煤都属于能炼成焦炭的炼焦煤。国家标准《炼焦用煤技术条件》（GB/T 397—2009）中明确规定炼焦原料煤煤类为：气煤、气肥煤、1/3焦煤、肥煤、焦煤、瘦煤等。

实际上用煤炼制的焦炭，90%以上用于高炉炼铁，即所谓的冶金焦。焦炭在高炉中主要有三大作用：一是作为燃料提供冶炼过程需要的热量；二是作为还原剂，将氧化铁还原成熔融的生铁；三是作为高炉负荷的载体，维持高炉料柱透气性的骨架，对此则要求焦炭必须具有高落下强度和耐磨强度。

与煤焦化相关的部分煤化工产业链如图3-2所示。

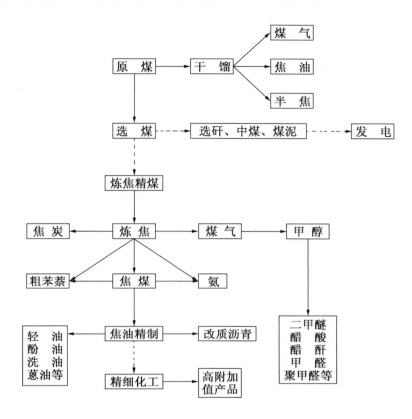

图3-2　与煤焦化相关的部分煤化工产业链

2. 冶金焦对原料煤煤质的要求

炼焦用煤是煤炭转化工艺中，对煤质要求较为严格的煤类群体。与焦化过程有关的煤质特性较多，除主要与煤的黏结性（黏结性指数 G）、结焦性（奥阿膨胀度 b）、煤的塑性（胶质层最大厚度 Y）、挥发分等指标有关外，还与煤阶、显微煤岩组分（体现在容惰比 IHR）、灰分、全水分、煤的元素组成、煤中有害元素（硫、磷、氯）含量、煤灰熔融特性等有关。例如：

（1）煤的灰分是冶金焦炭灰分的主要来源，炼焦精煤灰分每增加1%，焦炭灰分平均提高1.33%，而焦炭灰分每增加1%，将导致高炉利用系数下降，焦比上升2.0%~2.5%，石灰石耗量增加2.5%，高炉产铁量下降2.0%~3.0%。所以对于炼焦用煤必须经过洗选降灰。

（2）煤灰成分无论对炼焦本身还是对高炉炼铁都有一定的影响。为了避免焦炭与炉砖的熔结，对煤的灰熔点要有一定要求，一般要求煤灰软化温度 ST > 1260 ℃。

（3）在炼焦过程中，煤中 80% ~ 85% 的硫保留在焦炭中。硫分无论是对炼焦还是对炼铁都是最有害的杂质之一。硫分每增加 0.1%，熔剂和焦炭的耗量就要增加 2.0%，高炉生产能力则降低 2.0% 左右。故炼焦煤的硫分应控制在 1% 以下。

限于篇幅，不能对上述各类与焦化过程有关的煤质指标一一展开分析。下面仅将国家标准《炼焦用煤技术条件》（GB/T 397—2009）中有关冶金焦用原料煤技术要求列于表 3 - 10，铸造焦用原料煤技术要求列于表 3 - 11。

表 3 - 10　冶金焦用原料煤技术要求

项　　目	技 术 要 求	项　　目	技 术 要 求
灰分 A_d/%	特级：≤5.00 1 级：5.01 ~ 5.50 2 级：5.51 ~ 6.00 3 级：6.01 ~ 6.50 4 级：6.51 ~ 7.00 5 级：7.01 ~ 7.50 6 级：7.51 ~ 8.00 7 级：8.01 ~ 8.50 8 级：8.51 ~ 9.00 9 级：9.01 ~ 9.50 10 级：9.51 ~ 10.00 11 级：10.01 ~ 10.50 12 级：10.51 ~ 11.00 13 级：11.01 ~ 11.50 14 级：11.51 ~ 12.00[①]	全硫 $S_{t,d}$/%	特级：≤0.30 1 级：0.31 ~ 0.50 2 级：0.51 ~ 0.75 3 级：0.76 ~ 1.00 4 级：1.01 ~ 1.25 5 级：1.26 ~ 1.50 6 级：1.51 ~ 1.75[①]
		磷含量 P_d/%	1 级：< 0.010 2 级：≥0.010 ~ 0.050 3 级：> 0.050 ~ 0.100 4 级：> 0.100 ~ 0.150[①]
		黏结指数 G	> 20 ~ 50 > 50 ~ 80 > 80[①]
		全水分 M_t/%	1 级：≤9.0 2 级：9.1 ~ 10.0 3 级：10.1 ~ 12.0[①②]

注：①对于不符合表中灰分、全硫、磷含量、黏结指数和全水分要求的部分原料煤，由供需双方协商解决。

　　②东北、西北、华北地区冬季有火力干燥设备的选煤厂，冬季全水分 M_t ≤10.0%，冬季一般指 11 月 15 日至 3 月 15 日，在特殊情况下，由供需双方协商，根据防冻的要求提前或延长。

表 3-11 铸造焦用原料煤技术要求

项　目	技术要求	项　目	技术要求
灰分 A_d/%	特级：≤5.00 1级：5.01~5.50 2级：5.51~6.00 3级：6.01~6.50 4级：6.51~7.00 5级：7.01~7.50 6级：7.51~8.00 7级：8.01~8.50 8级：8.51~9.00 9级：9.01~9.50①	全硫 $S_{t,d}$/%	特级：≤0.30 1级：0.31~0.50 2级：0.51~0.75 3级：0.76~1.00①
		磷含量 P_d/%	1级：<0.010 2级：≥0.010~0.050 3级：>0.050~0.100 4级：>0.100~0.150①
		黏结指数 G	>20~50 >50~80 >80①
		全水分 M_t/%	1级：≤9.0 2级：9.1~10.0 3级：10.1~12.0①②

注：①对于不符合表中灰分、全硫、磷含量、黏结指数和全水分要求的部分原料煤，由供需双方协商解决。

②东北、西北、华北地区冬季有火力干燥设备的选煤厂，冬季全水分 M_t≤10.0%，冬季一般指11月15日至3月15日，在特殊情况下，由供需双方协商，根据防冻的要求提前或延长。

上述国家标准中还规定了以下与选煤厂设计有关的内容：

（1）一般情况下，选煤厂不应将不同煤类煤混洗、混发，特别是长焰煤、不黏煤、无烟煤和贫煤等煤类不应配入炼焦煤中作为炼焦原料煤销售。

（2）取得用户同意，供给混洗精煤时，应保证煤质稳定，同时应提供混配比例数据或精煤镜质体反射率分布图。炼焦原料煤中掺入其他煤类，通过镜质体反射率直方图来鉴定。

（3）精煤镜质体反射率分布图应按照 GB/T 6948 的规定，由人工测定。

（4）炼焦用煤应保证煤质稳定，要特别注意结焦性能的稳定。

（5）选煤厂不应入选或供应已经风氧化的煤，如用户认为供应的精煤变质时，可提出要求，由供需双方协商进行采样检验，认为煤适用后才可供应。

（6）应采取措施将浮选精煤与重选精煤混匀，便于运输和防冻。

（7）在冬季供给严寒地区（东北、西北、华北）使用的精煤或严寒地区选煤厂生产的精煤，其水分 M_t 超过10%时，根据实际需要采取防冻和解冻措施。

三、煤炭用于高炉喷吹及其对煤质的要求

（一）高炉喷吹煤粉的基本概念

高炉喷吹煤粉是从高炉风口向炉内直接喷吹磨细了的无烟煤粉或烟煤粉或两者的混合煤粉，以替代焦炭起提供热量和还原剂的作用，从而降低焦比，降低生铁成本，它是现代高炉冶炼的一项重大技术革命。其意义具体表现为：

（1）以价格低廉的煤粉替代价格昂贵而日趋匮乏的冶金焦炭，使高炉炼铁焦比降低，生铁成本下降。

（2）喷煤是调剂炉况热制度的有效手段，可改善高炉炉缸工作状态，使高炉稳定运行。

（3）喷吹的煤粉在风口前气化燃烧会降低理论燃烧温度，这就为高炉使用高风温和富氧鼓风创造了条件。

（4）喷吹煤粉气化过程中放出的氢气比焦炭多，提高了煤气的还原能力和穿透扩散能力，有利于铁矿石还原和高炉操作指标的改善。

现在世界上90%的生铁是在采用喷吹补充燃料的高炉上生产出来的，其中喷吹煤粉的高炉占80%以上。

我国高炉喷吹煤粉试验起步较早，喷煤总量已突破20 Mt，平均喷煤比已达到150~200 kg/t 铁。

高炉喷吹煤粉工艺系统主要由原煤储运、煤粉制备、煤粉输送、煤粉喷吹、干燥气体制备和供气动力系统组成。

（二）高炉喷吹对煤质的要求

1. 高炉喷吹对煤质的要求

高炉喷吹用煤的煤质及工艺性能应能满足高炉冶炼工艺要求和对提高喷吹量与置换比有利，以便替代更多焦炭。高炉喷吹对煤质的要求是指有害元素（如硫、磷、钾及钠等元素）的含量要少、灰分低、热值高及燃烧性能好。分述如下：

（1）喷吹煤粉的灰分在冶炼过程中会转变成炉渣，不仅增加石灰石的消耗和炉渣量，而且使焦比升高。故喷吹煤的灰分越低越好，应比使用的焦炭灰分低2个百分点，即焦炭灰分若为13.0%，则喷吹煤灰分应不高于11.0%。

也有一种说法认为喷吹煤灰分可与使用的焦炭灰分相同。

（2）喷吹煤中的硫分影响生铁和钢的质量（钢铁中含硫大于 0.07% ，就会使之产生热脆性而无法使用）。为脱去钢铁中的硫，就需在高炉和炼钢炉中多加石灰石，致使成本升高，生产能力下降。故喷吹煤的硫分越低越好，应比使用的焦炭硫分低 0.2 个百分点，即焦炭硫分若为 0.8% ，则喷吹煤硫分应不高于 0.6% 。

（3）喷吹煤的胶质层厚度越薄越好，以免在喷吹过程中在高炉风口易结焦，造成风口烧坏或堵塞喷枪，影响喷吹和高炉正常生产。因此，喷吹煤一般要求 $Y < 10.0$ mm 。

（4）高炉喷吹煤需要将煤磨到一定细度，如 <200 目（<0.074 mm）达到 65% ~85% 。煤的可磨性指数越大，可磨性越好，越易粉碎，则制粉消耗的电能越少，磨粉加工费用越低。但煤的可磨性指数 >90 时，在磨机内会有黏结现象。实践证明，喷吹煤可磨性指数为 70~90 时最佳。

（5）煤的燃烧性能好，主要指其着火温度低，对 CO_2 反应性强。可使喷入高炉的煤粉能在有限的空间和时间内尽可能多地气化，少量未气化的煤粉也因反应性强而与高炉煤气中的 CO_2 和 H_2O 反应而气化，从而减少焦炭的气化反应，这就在某种程度上对焦炭强度起到保护作用。另外，燃烧性能好的煤也可以磨得粗一些，即 <200 目占的比例少一些，这为降低磨煤能耗和费用提供了条件。总之，对 CO_2 反应性强的煤，不仅可提高煤粉燃烧率，扩大喷吹量，还可对焦炭强度起到保护作用。

（6）煤的发热量越高越好，喷入高炉的煤粉是以其放出的热量和形成的还原剂 CO 、 H_2 来替代焦炭在高炉内提供热源和还原剂。因此煤的发热量越高，在高炉内放出的热量越多，置换的焦炭量也越多，即置换比越大。

（7）煤灰熔融性对高炉喷吹也有影响，高炉是液态排渣的气化设备，炉内温度高，一般煤灰熔融温度无论高低都能适应。但是低煤灰熔融温度，会造成在煤粒燃烧过程中，易熔的灰分很快包围煤粒还未燃烧的那部分，形成所谓的"黑心元宵"，有阻碍煤粒内部燃烧的倾向。因此要求低煤灰熔融温度喷吹煤的粒度磨得更细一点，这就增加了磨煤能耗和费用。所以，喷吹煤的煤灰熔融温度不宜太低。

2. 高炉喷吹对煤炭种类的选择

对煤炭种类的选择要求既经济又合理，一般都以经济效益的高低来选择煤类，但也不应忽略其工艺性能的合理性。根据我国国情，首先应考虑喷吹无烟煤和非炼焦烟煤（贫煤、贫瘦煤、气煤、长焰煤、不黏煤、弱黏煤等）。

国外大部分高炉喷吹中等挥发分和高挥发分烟煤，其原因是：

（1）烟煤来源容易，其储量大于无烟煤储量，喷吹烟煤有利于合理利用煤炭资源。

（2）烟煤挥发分高，着火点低，易于燃烧。日本神户进行的试验表明，含挥发分40%的烟煤，其燃烧率达90%；含挥发分33%的烟煤，其燃烧率为80%；含挥发分22%的烟煤，其燃烧率只有60%。因烟煤挥发分高，分解吸热高于无烟煤，更有利于高炉使用高风温和富氧，也更有利于高炉指标的改善。

（3）烟煤含 H_2 量均高于无烟煤，H_2 的还原能力强（1 kg 氢可代替 6 kg 碳），扩散能力强，更有利于铁矿石还原。

（4）烟煤可磨性一般较无烟煤好，易于降低磨煤电耗。

但是，烟煤一般含碳量较低，并且由于烟煤易于自燃、着火、爆炸，必须有可靠的安全措施，因而烟煤喷吹设施投资高于无烟煤。

在生产实践中发现任何一种煤都不可能达到对喷吹用煤性能的全部要求。为了获得较全面的喷吹效果和经济效果，应利用配煤来达到。

国内外配煤常用含碳量高、热值高的无烟煤和挥发分高、易燃烧的长焰煤配合，使混合煤的挥发分达到20% ～25%（平均22%），灰分在12%以下，充分发挥两种煤的优势，取得良好的喷吹效果。近年来国外也注意高反应性煤（即对 CO_2 反应性强的煤）的应用。

3. 国家标准对高炉喷吹用煤的技术条件的有关规定

2001 年和 2002 年国家先后发布了有关《高炉喷吹用无烟煤技术条件》（GB/T 18512—2001）和《高炉喷吹用烟煤技术条件》（GB/T 18817—2002）的国家标准。在总结几年实践经验的基础上，将上述两项国家标准合并为一项国家标准，增加、修订了部分内容，于 2008 年重新发布了《高炉喷吹用煤技术条件》（GB/T 18512—2008），见表 3 - 12 ～表 3 - 14。

四、煤炭用于低温干馏及其对煤质的要求

（一）煤炭低温干馏概述

1. 煤炭低温干馏的基本概念

表3-12 高炉喷吹用无烟煤的技术要求

项 目	符 号	单 位	级 别	技 术 要 求
粒 度	—	mm		0～13 0～25
灰 分	A_d	%	Ⅰ级 Ⅱ级 Ⅲ级 Ⅳ级	≤8.00 ＞8.00～10.00 ＞10.00～12.00 ＞12.00～14.00
全 硫	$S_{t,d}$	%	Ⅰ级 Ⅱ级 Ⅲ级	≤0.30 ＞0.30～0.50 ＞0.50～1.00
哈氏可磨性指数	HGI	—	Ⅰ级 Ⅱ级 Ⅲ级	＞70 ＞50～70 ＞40～50
磷 分	P_d	%	Ⅰ级 Ⅱ级 Ⅲ级	≤0.010 ＞0.010～0.030 ＞0.030～0.050
钾和钠总量	$w(K)+w(Na)$	%	Ⅰ级 Ⅱ级	＜0.12 ＞0.12～0.20
全 水 分	M_t	%	Ⅰ级 Ⅱ级 Ⅲ级	≤8.0 ＞8.0～10.0 ＞10.0～12.0

注：煤中钾和钠总量的计算式为

$$w(K)+w(Na) = \frac{[0.830w(K_2O)+0.742w(Na_2O)]A_d}{100}$$

式中　$w(K)+w(Na)$—煤中钾和钠的总量,%；

　　　　0.830—钾占氧化钾的系数；

　　　　$w(K_2O)$—煤灰中氧化钾的含量,%；

　　　　0.742—钠占氧化钠的系数；

　　　　$w(Na_2O)$—煤灰中氧化钠的含量,%；

　　　　A_d—煤的干燥基灰分,%。

表 3-13　高炉喷吹用贫煤、贫瘦煤的技术要求

项　目	符　号	单　位	级　别	技 术 要 求
粒　度	—	mm		＜50
灰　分	A_d	%	Ⅰ级	＜8.00
			Ⅱ级	＞8.00~10.00
			Ⅲ级	＞10.00~12.00
			Ⅳ级	＞12.00~13.00
全　硫	$S_{t,d}$	%	Ⅰ级	≤0.50
			Ⅱ级	＞0.50~0.75
			Ⅲ级	＞0.75~1.00
哈氏可磨性指数	HGI	—	Ⅰ级	＞70
			Ⅱ级	＞50~70
磷　分	P_d	%	Ⅰ级	≤0.010
			Ⅱ级	＞0.010~0.030
			Ⅲ级	＞0.030~0.050
钾和钠总量	$w(K)+w(Na)$	%	Ⅰ级	＜0.12
			Ⅱ级	＞0.12~0.20
全　水　分	M_t	%	Ⅰ级	≤8.0
			Ⅱ级	＞8.0~10.0
			Ⅲ级	＞10.0~12.0

注：煤中钾和钠总量的计算方法同表 3-12。

表 3-14　高炉喷吹用其他烟煤的技术要求

项　目	符　号	单　位	级　别	技 术 要 求
粒　度	—	mm		＜50
灰　分	A_d	%	Ⅰ级	≤6.00
			Ⅱ级	＞6.00~8.00
			Ⅲ级	＞8.00~10.00
			Ⅳ级	＞10.00~12.00
全　硫	$S_{t,d}$	%	Ⅰ级	≤0.50
			Ⅱ级	＞0.50~0.75
			Ⅲ级	＞0.75~1.00

表 3 - 14 （续）

项　　目	符　　号	单　位	级　别	技术要求
哈氏可磨性指数	HGI	—	I 级	＞70
			II 级	＞50 ~ 70
烟煤胶质层厚度	Y	mm		＜10
磷　　分	P_d	%	I 级	≤0.010
			II 级	＞0.010 ~ 0.030
			III 级	＞0.030 ~ 0.050
钾和钠总量	$w(K) + w(Na)$	%	I 级	≤0.12
			II 级	＞0.12 ~ 0.20
发　热　量	$Q_{net,ar}$	MJ/kg		≥23.50
全　水　分	M_t	%	I 级	≤12.0
			II 级	＞12.0 ~ 14.0
			III 级	＞14.0 ~ 16.0

注：煤中钾和钠总量的计算方法同表 3 - 12。

　　煤在隔绝空气（或在非氧化气氛）条件下，将煤加热，引发热解，生成煤气、焦油、粗苯和焦炭（或半焦）的过程，称为煤干馏（或称炼焦、焦化）。按加热终温的不同，可分为 3 种：500 ~ 600 ℃ 为低温干馏（因焦油形成约在 550 ℃，故 510 ~ 600 ℃ 为低温干馏的适宜温度）；700 ~ 900 ℃ 为中温干馏；900 ~ 1100 ℃ 为高温干馏。下面重点论述低温干馏。

　　2. 煤炭低温干馏的特点及应用

　　煤炭的低温干馏过程仅是一个热加工过程，常压生产，不用加氢，不用氧气，即可制得煤气和焦油，实现了煤的部分气化和液化。低温干馏比煤的气化和液化工艺过程简单，加工条件温和，投资少，生产成本低。如果主要产物半焦性能好，又有销路，则煤炭中、低温干馏生产在经济上也是有竞争力的。

　　低温干馏技术主要用于褐煤提质、高含油煤提油。特别是褐煤，因其内在水分大、多数灰分高、挥发分高、热值低、灰熔点低、易自燃，不适合长期储存和远距离运输。因此，褐煤资源的利用受到极大的局限。然而褐煤资源储量丰富，全世界褐煤地质储量约 40000×10^8 t，占全球煤炭储量的 40%；中国褐煤资源量为 3194.38×10^8 t，占我国煤炭资源量的 5.74%，其中，褐煤探明资

源量为 1291.32×10^8 t，占全国探明资源量的 12.69%。因而褐煤资源的利用越来越受到世界各国的重视，澳大利亚、德国、希腊、美国、印度尼西亚等富含高水分褐煤的国家都在积极研究开发针对褐煤的干燥、干馏工艺和设备，以解决褐煤利用的瓶颈问题。

以褐煤为原料进行低温干馏，可把 3/4 的原煤热值集中于半焦，但半焦质量还不到原料煤质量的 1/2，提质程度显著，且可解决褐煤远距离运输难的问题。褐煤低温干馏实质上是一个干燥提质加工过程，一般分为两步：

（1）第一步是干燥，除掉褐煤中的平衡水分。

（2）第二步是通过热解，除掉一部分或大部分挥发分，使褐煤改质成为物理化学性质相对稳定的优质固体燃料（半焦），热解过程亦可产生部分液态燃料（煤焦油）。

目前，国内外各种褐煤干燥提质技术、褐煤低温干馏提质技术大多处于起步阶段，工艺技术、产品性能有待进一步完善，让市场用户接受半焦产品也还需要有一个过程。因此，目前国内大规模的现代化褐煤干燥提质、干馏提质的商业运行范例尚不多见。

3. 煤炭低温干馏的产物

煤炭低温干馏产物的产率和组成取决于原料煤性质、干馏炉结构和加热条件。一般，焦油产率为 6% ～25%；半焦产率为 50% ～70%；煤气产率为 80～200 m^3/t（原料干煤）。

半焦是煤低温干馏的主要产物，半焦的孔隙率为 30% ～50%，具有固定碳含量高、对 CO_2 反应性好、比电阻大等特点（反应性、比电阻均比高温焦炭高得多）。中、低温干馏半焦应用比较广泛：

（1）块煤通过中温干馏得到的高比电阻（0.35～20 Ω·m）半焦（俗称兰炭）是优质的铁合金焦、电石焦，也可用作生产冶金型焦的中间产品，还可作为化肥厂、煤气厂优质的气化原料。

（2）褐煤低温半焦是有效的还原剂、碳质吸附剂、高炉喷吹燃料和粉矿烧结燃料，也是优质的民用和动力燃料。

需要特别指出的是，中、低温干馏过程，对原料煤的灰分而言也是一个"浓缩"增灰过程，所产生的半焦产品灰分要高出原料煤灰分，增高的幅度取决于干馏过程产出焦油和煤气的多少。半焦的用途与半焦产品的灰分高低直接相关。追根溯源，是与原料煤的灰分直接相关。因而原料煤灰分高低这一重要因素，在选择低温干馏作为煤炭深加工和转化途径时，就应该给予充分考虑。可通过分选加工降低原料煤灰分，以洗选降灰后的煤炭产品作干馏原料，有利于降低半焦的灰分，提高半焦产品的质量和适应市场的能力。

4. 低温干馏主要炉型

干馏炉是中、低温干馏生产工艺中的主要设备，干馏炉的供热方式可分为外热式和内热式。近年来内热式方法得到广泛利用。根据加煤和煤移动方向不同，低温干馏炉分为立式炉、水平炉、斜炉和转炉等。常用的低温干馏炉有：沸腾床干馏炉、气流内热式炉（鲁奇-斯皮尔盖斯三段炉，简称 L-S 法）、立式炉、带式炉等。

区别于外热式和气流内热式干馏法，后来又开发了固体热载体干馏新工艺，采用固体热载体进行煤干馏，加热速度快，载体与干馏气态产物分离容易，单元设备生产能力大，焦油产率高，煤气热值高，适合粉煤干馏。例如：托斯考工艺（转炉干馏，以热瓷球作热载体）；鲁奇-鲁尔盖斯低温干馏工艺，简称 L-R 法（以热半焦作热载体）；大连理工大学新法干馏工艺（以热半焦作热载体）。

另外，还有美国 ENCOAL 公司的 LFC 轻度气化技术或轻度热解工艺，主要由干燥器和热解器组成；西安热工研究院的整体流化床轻度气化褐煤提质技术等。

（二）低温干馏对煤质的要求

（1）褐煤、长焰煤和高挥发分的不黏煤等低阶煤，适于中、低温干馏加工。原料煤的煤化程度越低，生成半焦对 CO_2 的反应能力和比电阻越高。

（2）不同煤类干馏后所产的煤气和焦油的产率、组成均有很大差异。一般来说，高含油煤的焦油产率高，有利于提高低温干馏的经济效益。

（3）煤中硫分的高低对在干馏热解过程中产生的煤气含硫化氢量的多少有直接关系。

（4）低温干馏过程对灰分而言实质上是一个浓缩过程。所以，低温干馏原料煤的灰分宜尽量低一些。

（5）不同干馏炉型对原料煤的粒度有不同要求，分述如下：

——沸腾床干馏炉要求原料煤粒度<6 mm。

——气流内热式炉要求原料煤粒度为 20~80 mm。

——外热式立式炉原料煤要求有一定黏结性，并具有一定块度，粒度

<75 mm，其中粒度<10 mm 的量<75%（引进的考伯斯立式炉用大同弱黏煤粒度为 13~60 mm）。

——内热式立式炉要求原料煤必须是块状的，粒度为 20~80 mm。

——固体热载体干馏炉适合粉煤干馏，例如，托斯考转炉原料煤粒度最好<12.7 mm；鲁奇-鲁尔盖斯工艺，原料煤粒度为 0~5 mm；大连理工大学新法干馏工艺，原料煤粒度为 0~5 mm。

（6）LFC 轻度气化技术，可用于褐煤及次烟煤干燥提质。要求入炉原料煤粒度为 3.2~50.8 mm（1/8~2in）。

下面举例说明不同的干馏炉型对不同煤类原料煤的煤质要求，以及原料煤灰分高低对低温干馏半焦产品质量的影响。

【实例】内蒙古鄂尔多斯某煤炭干馏项目规模为年产半焦 1.20 Mt，采用内热式立式炉，以神府、东胜地区的不黏煤或长焰煤作干馏原料，对原料煤的煤质要求如下：

全水分≤7.0%，硫分≤0.5%，灰分≤6.5%，挥发分29%~36%，粒度25~80 mm，热稳定性要好。

【实例】内蒙古霍林河地区某低温干馏项目规模为年产焦油 0.25 Mt，半焦 1.50 Mt。采用大连理工大学固体热载体法实验室装置（10 kg/h）进行热解（干馏）试验。以霍林河地区丰富的褐煤资源为原料，该项目年耗原料煤量为 375.0×10^4 t。试验所用的霍林河地区褐煤样品的煤质特征及工艺性能指标见表 3-15。

表 3-15　试验煤样主要煤质特性指标

项　　　目	试验煤样	项　　　目	试验煤样
煤炭种类	褐煤	硫分 S_t/%	0.21
粒度/mm	0~5	水分 M_{ad}/%	27.49
黏结指数 G	1	发热量 $Q_{b,ad}$/(MJ·kg^{-1})	19.54
挥发分 V_{daf}/%	56.15	灰熔点 ST/℃	1317
灰分 A_d/%	10.72	焦油产率 Tar_{ad}/%	8.55

据了解，霍林河露天矿实际生产原煤的灰分高达 25.75%~32.02%；全水分为 30.4%~32.8%；收到基低位发热量仅为 11.87~13.61 MJ/kg(2838~

3254 kcal/kg）。若将煤矿实际生产原煤直接供作干馏原料，则与上述实验室试验煤样的煤质特性参数差异较大。这就说明生产原煤必须经过分选加工处理，以便降灰提高热值。以经过分选加工，适当降灰的选后产品供作干馏原料才比较接近试验煤样的煤质特性参数。但褐煤遇水极易泥化，不宜采用水洗，只能采用干法分选。

【实例】　内蒙古锡林浩特某褐煤干燥工程建设规模为年处理褐煤 5 Mt。采用美国 ENCOAL 公司的 LFC 轻度气化技术或轻度热解工艺，以内蒙古锡林浩特胜利煤田××露天矿丰富的褐煤资源为原料，具有低中—中高灰分、低中—中硫、低磷、中低—中等发热量、高挥发分、较低—中等煤灰软化温度、富油煤等煤质特征。试验所用煤样与胜利煤田××露天矿主采 6 号煤层的煤质特征及工艺性能指标见表 3-16。

表 3-16　试验煤样与胜利煤田××露天矿 6 号煤层煤质指标对比表

项　　目	试验煤样煤质	胜利××露天矿 6 号煤层煤质
煤炭种类	褐煤二号	褐煤二号
空气干燥基水分 M_{ad}/%		3.04~26.88；平均 12.33
全水分 M_t/%	32.90	32.89（《可研报告》平均值）
灰分 A_d/%	15.16	6.95~38.68；平均 15.16
硫分 S_t/%	0.82	0.34~2.33；平均 1.22
挥发分 V_{daf}/%	44.20	35.80~47.30；平均 44.20
发热量 $Q_{net,ar}$/(MJ·kg^{-1})	14.86	11.04~17.38；平均 15.34
灰熔点/℃	1200（HT）	1176（ST）
哈氏可磨性指数 HGI	51	46（《可研报告》平均值）
焦油产率 Tar_d/%		4.46~9.76；平均 6.64（摘自《可研报告》）

由表 3-16 中数据可知，在原料煤煤质方面尚存在以下问题：

（1）试验煤样煤质指标与××露天矿 6 号煤层的主要煤质指标（平均值）差别虽然不大。但由于煤炭生成环境的特殊性，即便是同一层煤，在矿田不同的块段其煤质也会有一定的差别和波动。波动的煤质将导致干燥提质固体产品（PDF）的质量也不稳定。为此，应加强露天矿选采、配采，以减少露天矿开采毛煤的煤质波动幅度。

（2）露天矿在开采过程中煤层的顶、底板及夹矸将不可避免地混入毛煤中（随着开采层位的不同，矸石的混入量也有所变化），从而增加了毛煤的外在灰分。根据胜利煤田××露天矿《初步设计》预测，投产前 20 年内 6 号煤层的实际生产毛煤灰分波动在 15.78% ~23.55% 之间，5 号煤层的实际生产毛煤灰分波动在 20.06% ~24.77% 之间，且绝大多数年份 5 号、6 号煤层实际生产毛煤灰分均高出试验煤样灰分 5 个百分点以上。如果直接利用生产原煤作为本项目干燥原料，势必导致提质后的固体产品（PDF）实际灰分大大高于试验结果（18.34%），以此为据所做的一系列工艺计算结果（包括经济效益）均将发生变化。

鉴于低温干馏过程，对原料煤的灰分而言也是一个"浓缩"增灰过程，所产生的半焦产品灰分要高出原料煤灰分。为了提高干燥提质固体产品（PDF）质量，以经过风选排矸降灰后的褐煤供应本项目作干燥原料是必要的。根据××露天矿的褐煤已经进行的复合式风力分选试验结果可知，经过风选排矸后，灰分能降到 16.0% 左右，风选效果还是明显的。

（三）其他褐煤干燥提质技术

鉴于低温干馏工艺技术相对比较复杂，废液污染处理困难，投资和生产加工费用较高，半焦产品价位较高，半焦挥发分极低，一般不适宜燃烧烟煤的电厂锅炉燃用，只能配烧。另外，因褐煤热稳定性差，在 500 ~600 ℃ 热解温度下，半焦产品大部分被崩裂粉碎成 <2 mm 的粉末状，易自燃，易飞扬，反而给运输带来新的困难。因此，现今寻求其他更经济、更简便、更实用的褐煤干燥提质技术十分热门。下面重点介绍几种其他褐煤干燥提质技术。

1. 德国多特蒙德大学研究开发的褐煤热压脱水工艺（MTE）

该工艺单位能耗较低，工艺过程简单地分为 4 个阶段：①用工艺热水预热；②过热蒸汽加热；③加压脱水（成型）；④闪蒸进一步脱水。电厂具有丰富的蒸汽资源，因此十分适合与电厂集成运作。

2. 美国长青能源公司研发的 K-Fuel 褐煤改性技术

借用鲁奇气化炉按干燥要求适当改造，采用过热蒸汽通过控制热量（温度 247 ℃）、压力（40 kg/cm^2）、时间（45 min）3 个因素，达到使褐煤脱水及表面改性的目的。脱水改性后的褐煤可远距离运输，水分可降至 7% 左右，发热量提高至 21 MJ/kg 左右，而褐煤挥发分高的特性基本保持，有利于燃烧。该工艺要求入炉原料粒度 6 ~80 mm，干燥吨煤加工费 40 ~50 元，吨煤投资

150～200 元。在美国明尼苏达州 2005 年建成规模为 1.00 Mt/a 的生产系统，运行了近 3 年。

3. 中国矿业大学（北京）与神华集团联合开发的热压成型 HPU－06 工艺技术

将褐煤破碎至 0～3 mm，经过气流干燥，轻度热解后辊压成型。

4. 澳大利亚亚太煤钢公司开发的冷干（Coldry）工艺

可将含水分约 60% 的褐煤制成含水分为 8%～14% 的型煤，所得到的型煤发热量可达到烟煤水平。该技术对褐煤某些性质（含油率、腐植酸含量）有一定要求，利用该技术在印度尼西亚建成一座生产示范项目。据说，经试验证明我国褐煤的性质与印度尼西亚褐煤的性质不同，利用冷干工艺难以成型。

5. 北京柯林斯达科技发展公司开发的褐煤改性提质技术

将褐煤整形破碎至 ≤50 mm，经筛分，13～50 mm 块煤进带式炉中（炉内传送金属带宽 3～4 m），在 180～300 ℃ 温度范围内，脱出全水、结晶水和部分含氧官能团，使褐煤脱氧改性；≤13 mm 末煤进热风炉干燥。单台处理量 70 t/h，干燥时间 30 min，干燥吨煤加工费 30.0 元，吨煤投资 200.0 元。该公司褐煤经不同提质工艺处理后产品性质的差别见表 3－17，仅供参考。

表 3－17　褐煤经不同提质工艺处理前后质量情况表

项　　目	提质温度/℃	水分 M_t/%	灰分 A_d/%	挥发分 V_{daf}/%	发热量 $Q_{net,ar}$/(MJ·kg^{-1})
原煤（褐煤）		36.00	12.00	45.00	13.76
干燥提质褐煤	<180	20.00	12.00	45.00	19.54
改性提质褐煤	180～300	8.00	12.67	41.79	21.39
干馏炭化半焦	300～600	8.00	17.96	12.19	25.86

6. 唐山神州机械公司推出的"双干工艺"

"双干工艺"即采用"干燥＋干选"工艺对褐煤进行提质处理，达到既降灰又降水的双重目的。其中，"干燥"工艺采用振动混流式低温（≤200 ℃）干燥技术，"干选"工艺采用复合式风力分选方法。振动混流式低温干燥技术关键是采取低温大风量混流干燥流程，热风自下而上逆向穿过多层"之"字形布置的振动筛床，热气流反复穿越筛面和物料，气固间接触面积大，接触时间长，物料干燥均匀，一般水分可降低 10～15 个百分点。该工艺具有占地面积小、单位容积处理量大（目前最大单台处理量200 t/h）、经济实用的特点，干燥吨煤加工费15.0元，吨煤投资28.0元。神华股份北电胜利矿6号褐煤干燥试验结果（干燥时间20 min）见表3-18。

表3-18　神华北电胜利矿6号褐煤干燥试验结果

项　　目	粒度/mm	全水 M_t/%	灰分 A_d/%	发热量 $Q_{net,ar}$/(kcal·kg^{-1})
干燥前	0~40	35.30	13.62	3570
干燥后	0~40	24.30	14.50	4140

注：1 kcal = 4.1868 kJ。

【实例】 万利矿区昌汉沟对0~30 mm不黏煤、韩家村选煤厂对选后0~30 mm产品煤分别采用唐山神州机械公司200 t/h和60 t/h振动混流式低温干燥炉进行生产试验，结果见表3-19和表3-20。

表3-19　昌汉沟矿不黏煤干燥生产试验结果

项　　目	粒度/mm	全水 M_t/%	灰分 A_d/%	发热量 $Q_{net,ar}$/(kcal·kg^{-1})
干燥前	0~30	28.70	19.94	3861
干燥后	0~30	20.60	19.68	4459

注：1 kcal = 4.1868 kJ。

表3-20　韩家村选煤厂选后煤干燥生产试验结果

项　　目	粒度/mm	全水 M_t/%	灰分 A_d/%	发热量 $Q_{net,ar}$/(kcal·kg^{-1})
干燥前	0~30	31.20	7.06	4290
干燥后	0~30	22.00	7.41	5030

注：1 kcal = 4.1868 kJ。

五、煤炭用于气化及其对煤质的要求

（一）煤炭气化的基本概念

煤的气化是指在一定温度、压力条件下，用气化剂（又称气化介质，主要有空气、氧气、水蒸气、二氧化碳或氢气）对煤进行热化学加工（即经过部分氧化和还原反应），将煤中有机质（碳、氢）转变为煤气（以一氧化碳、氢、甲烷等可燃组分为主的气体）的过程。若将煤气再进一步转化成甲烷（CH_4）成分占 94% 以上即为天然气。

煤气、天然气均可作为工业燃料和城市民用气，除了可以提高煤的综合利用和热效率外，一个重要的原因还在于可大大减轻煤燃烧时对环境的污染。因此，煤的气化是当前洁净煤技术中首选项目之一。

煤的气化方面需要特别指出以下两点。

1. 煤制天然气

利用煤制天然气，在国内起步时间并不长，工艺流程简单，技术可靠，消耗低，单位热值成本低，总热效率高。煤制天然气能量总转化率为 60% ~ 65%，比煤炭发电高约 70%，比煤制甲醇高 25%，比煤制合成油高 30% ~ 60%。天然气热值约为 34750 kJ/Nm³，成本约为 1.1 元/Nm³。

煤制天然气，CO 转化率接近 100%，H_2 转化率为 99%，CO_2 转化率为 98%，选择性接近 100%，废热利用率高约 95% ~ 98%，但废水含有害物，处理较难。

我国天然气供应缺口较大，供需矛盾突出，市场前景广阔。到 2010 年，中国国内管道天然气需求量约 1200×10^8 Nm³，而国内生产能提供的只有 900×10^8 Nm³，天然气供应缺口将达 300×10^8 Nm³；2015 年中国天然气需求将达 1700×10^8 Nm³，而国内生产能提供的只有 1200×10^8 Nm³，天然气供应缺口将达 500×10^8 Nm³；到 2020 年将达到 2000×10^8 Nm³ 以上，占我国能源消费总量的比例将从 2.5% ~ 2.6% 上升为 7% ~ 10%，而缺口至少达 1000×10^8 Nm³。

2. 煤制合成气

利用煤炭气化生成的有效气体成分（CO + H_2）如果占 85% ~ 90% 以上，则为合成气。合成气是煤基化工（碳一化工）、煤基合成油（间接液化）的理想原料气。

目前，国内比较熟悉的各类实用气化技术如图 3 - 3 所示。

（二）煤炭气化工艺的类型及其对煤质的要求

和煤的燃烧过程一样，气化对煤的质量要求是很宽松的。但是，因为煤气的用途不同，对煤气的有效组成成分要求也不同，因而所采用的气化工艺、气化炉型、气化剂种类，以及对原料煤的性质要求也就不同。例如，当煤气用作燃料时，要求甲烷含量高、热值大，则可以选用挥发分较高的煤作原料；当煤气用作化工原料合成气时，甲烷反而是一种有害成分，使用低挥发分煤更理想；又如，生产合成氨用的半水煤气，要求氢气含量高，这时甲烷变成一种杂

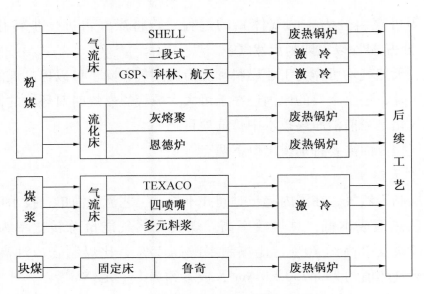

图 3－3　各类实用气化技术示意图

质，含量不能太大，要求原料煤挥发分小于 10%，故一般多用无烟煤作气化原料。

因此在选择气化工艺时，应结合煤气用途，考虑气化原料煤的相关煤质特性及其对气化过程的影响极为重要。现将不同的煤气化工艺及其对煤质的要求扼要分述如下。

1. 固定床气化（移动床气化）

固定床气化是指煤料靠重力下降与气流逆向接触的气化过程，即气化剂以较低速率由下而上通过炽热的煤床层并反应产生煤气的过程。按气化炉操作压力一般可分为常压和加压两类。

1）常压固定床气化炉

常压固定床气化炉主要代表有：混合煤气发生炉、水煤气发生炉、两段式气化炉、常压固定床间歇气化法（UGI 炉）。

鉴于固定床间歇气化法有效制气时间短，气化强度低；生产煤气中含有氰、酚等有害气体，煤气洗涤水处理困难，对环境有一定影响。2006 年 7 月国家发改委在发改工业〔2006〕1350 号文中，已明确禁止核准或备案采用常压固定床间歇气化和直接冷却技术的煤气化项目。

合成氨也多用固定床气化炉制气，1998 年曾发布了《合成氨用煤技术条件》（GB/T 7561—1998）和《水煤气两段炉用煤技术条件》（GB/T 17610—1998）两项国家标准；2001 年又曾发布了《常压固定床煤气发生炉用煤技术条件》（GB/T 9143—2001）国家标准。

2008 年发布了新的国家标准《常压固定床气化用煤技术条件》（GB/T 9143—2008），用以代替上述 3 项国家标准。有关常压固定床气化用煤的技术要求见表 3 - 21。

表 3 - 21　常压固定床气化用煤的技术要求

项　目	符　号	单　位	级　别	技　术　要　求	
煤炭类别				褐煤、长焰煤、不黏煤、弱黏煤、气煤、瘦煤、贫瘦煤、贫煤和无烟煤	
粒　度	—	mm		>6～13 >13～25 >25～50 >50～100	
限下率	—	%		>6～13 mm；≤20 >13～25 mm；≤18 >25～50 mm；≤15 >50～100 mm；≤12	
灰　分	A_d	%	Ⅰ级 Ⅱ级 Ⅲ级	对无烟块煤： ≤15.00 >15.00～19.00 >19.00～22.00	对其他块煤： ≤12.00 >12.00～18.00 >18.00～25.00
煤灰熔融软化温度	ST	℃		≥1250 ≥1150（A_d≤18.00%）	
水　分	M_t	%		<6.00（无烟煤） <10.00（烟煤） <20.00（褐煤）	
全　硫	$S_{t,d}$	%	Ⅰ级 Ⅱ级 Ⅲ级	≤0.50 >0.50～1.00 >1.00～1.50	
黏结指数	G		Ⅰ级 Ⅱ级	≤20 >20～50	

表 3-21（续）

项　　目	符号	单位	级别	技　术　要　求
热稳定性	TS$_{+6}$	%	Ⅰ级	＞80
			Ⅱ级	＞70~80
			Ⅲ级	＞60~70
落下强度	SS	%		＞60

注：对黏结性指数在 40~50 的低挥发性烟煤，应采用"胶质层最大厚度（Y）"指标，即无搅拌装置时，$Y \leqslant 12.0$ mm；有搅拌装置时，$Y \leqslant 16.0$ mm，相应的试验方法为 GB/T 479。

2）加压移动床气化炉

加压移动床气化炉主要代表炉型为：鲁奇气化炉、改进型鲁奇炉（BGL炉）。对原料煤质量要求除灰分、硫分、发热量、煤灰软化温度、热稳定性、落下强度等指标与上述常压移动床气化炉相同外，还特别要求：

（1）原料煤不具黏结性或呈弱黏结性（如褐煤、次烟煤、贫煤、无烟煤等）。

（2）具有较高灰熔融性温度。

（3）反应活性要好，即对 CO_2 还原率高。

2. 流化床气化（又称沸腾床气化）

流化床气化是指向上移动的气流使粒度为 0~10 mm 的小颗粒煤在空间呈沸腾状态的气化过程。其气化工艺分为常压和加压两类：

（1）常压流化床气化工艺主要代表有温克勒气化炉。

（2）加压流化床气化工艺主要代表有高温温克勒气化法（HTW）、灰熔聚气化炉、U-Gas、灰黏聚气化炉、恩德炉。

流化床气化工艺比较适合高挥发分、高活性的年轻煤，最适合使用的煤种是褐煤和低阶烟煤，但不太适合无烟煤及煤灰熔融温度高的煤（一般要求 ST ＜1250 ℃）；灰熔聚流化床气化技术采用废锅加激冷流程，可以增加出灰口，有利于高灰煤的使用；为了加料方便和减少氧耗，入炉煤水分要求＜10%，最好＜5%；气化用煤粒度较小（0~10 mm），为了减少飞灰，有时需把＜0.5 mm 的粉煤筛掉。

2013 年国家首次颁布了《流化床气化用原料煤技术条件》（GB/T 29721—2013）国家标准，明确规定了流化床气化用原料煤的技术要求，详见表 3-22。

表 3-22　流化床气化用原料煤的技术要求（GB/T 29721—2013）

项　目	级　别	技 术 要 求
全水分 M_t/%	Ⅰ级	≤10.0
	Ⅱ级	>10.0~20.0
	Ⅲ级	>20.0~40.0
灰分 A_d/%	Ⅰ级	≤10.0
	Ⅱ级	>10.0~20.0
	Ⅲ级	>20.0~30.0
	Ⅳ级	>30.0~40.0
全硫 $S_{t,d}$/%	Ⅰ级	≤1.00
	Ⅱ级	>1.00~2.00
	Ⅲ级	>2.00~3.00[①]
煤灰熔融性软化温度 ST/℃	—	≥1050
950 ℃下，煤对 CO_2 反应性 α/%	Ⅰ级	>80.0
	Ⅱ级	>60.0[②]~80.0
黏结指数 G	Ⅰ级	≤20
	Ⅱ级	>20~50

注：① 全硫大于 3.00% 的煤也可用于流化床气化。

　　② 950 ℃下，煤对 CO_2 反应性小于 60.0% 可适用于灰熔聚流化床气化。

3. 气流床气化

气流床气化是指气体介质夹带煤粉并使其处于悬浮状态，煤料在高于其灰熔点的温度下与气化剂发生燃烧反应，灰渣以液态方式排出气化炉的气化过程。生成的合成气中有效气体（CO + H_2）占 85%~90% 以上，是煤基化工（碳一化工）、煤基合成油（间接液化）的理想原料气。气流床气化包括以水煤浆进料和以干煤粉进料两种工艺。

1）主要代表炉型

（1）柯柏斯-托切克炉（简称 K-T 炉）。常压干煤粉进料的气流床气化装置。

（2）德士古（Texaco）气流床加压气化炉。一种以水煤浆为原料，氧为气化剂的加压并流、液态排渣的气流床气化装置。

（3）多喷嘴水煤浆气化炉。我国自行开发的四喷嘴水煤浆气化技术（4 个喷嘴对置喷射）和多元料浆气化技术（在水煤浆内加重质烃），是对德士古（Texaco）水煤浆单喷嘴气化炉的改进。

（4）谢尔（Shell）气化炉。干煤粉加压气流床气化装置。

（5）GSP 气化炉。采用炉顶喷干煤粉进料、纯氧气流床加压气化装置。

（6）航天炉（HT - L - 40 航天粉煤加压气化技术）。北京万源煤化工工程公司和安徽临泉化工公司共同开发的航天炉，采用干煤粉水冷壁加压气化激冷流程，兼具 GSP 气化炉和德士古气流床加压气化炉的一些长处。

（7）两段炉。西安热工研究院开发的两段式干煤粉加压气化技术已获得国家发明专利。这个炉型是对谢尔（Shell）气化炉的改进。

2）不同类型气流床气化炉对煤质的不同要求

（1）以水煤浆为原料的气流床加压气化炉对煤质的要求：

——原料煤种适宜较年轻的烟煤，通常选用的煤类为弱黏煤、不黏煤、气煤等。这类烟煤成浆性较好且挥发分高。制成浆体易于着火且能稳定燃烧。但成浆性差的煤不适合作水煤浆气化原料。例如，褐煤与某些低阶烟煤（长焰煤）的挥发分虽高，但因褐煤与低阶烟煤内在水分较高，煤中氧含量高，哈氏可磨性指数小，因而此类煤本身成浆性就差，煤浆浓度低。且内在水分高还影响发热量，故不宜用来制浆。

——煤的灰熔点应尽可能低。根据国内运行经验，德士古气化用煤煤灰流动温度（FT）宜低于 1350 ℃；煤的灰分不宜大于 13%，且越低越好（生产实践证明，原料煤的灰分大于 18%，就会严重影响气化生产正常运行）；内在水分不超过 8%；发热量宜大于 22.9 MJ/kg；灰渣黏度控制在 20 ~ 30 Pa·s 时，更有利于操作。对煤的黏结性、热稳定性没有严格的限制。

（2）干煤粉气流床气化炉对煤质的要求。以 Shell 气化炉、GSP 气化炉为代表的 4 种以干煤粉为原料的加压气流床气化装置（Shell 气化炉、GSP 气化炉、航天炉、两段炉）对煤质的要求如下：

——对气化原料的适应性宽，从年轻的泥、褐煤、烟煤到年老的无烟煤和石油焦均可气化。

——煤的灰分要求不严格，适应范围比较宽。因为加压气流床气化炉多采用水冷壁结构，原料煤灰分低于 6% 使炉壁不易附着燃烧时产生的液态熔渣，不利于保护炉壁（而 GSP 气化炉要求灰分＞1% 即可）。若灰分过高，对气化工艺在技术上虽不存在太大问题。但从经济角度来讲，煤中灰分含量越高，炉体容积有效利用率越低，气化时消耗的热量越多，氧耗也越高，煤气产率和气化效率均有所降低；灰分越高，气化耗煤量越大，制粉量越大，将增加制粉成本；灰分高也将增加炉渣的排出量和随炉渣排出的碳损耗量。所以气流床气化工艺用灰分高的煤作原料，在经济上是否合理，应全面考虑。据有关文献记载，比较合理的灰分范围为 6% ～18%（仅供参考）。

——煤的水分越低越好（特别是内在水分），一般要求入炉煤粉水分最好＜2%。原料煤水分的高低直接影响磨粉干燥成本的高低。

——煤中的硫分在气化过程中将生成硫化氢（H_2S）和碳基硫（COS）混在合成气中，必须脱除。硫分越高，将增加合成气净化脱硫量，故煤的硫分越低越好。但硫分的高低对气化工艺的效果并无影响。

——煤的氧元素含量越高越好，这是生产合成气气化工艺与制原料氢气的工艺截然不同的要求。煤的氧元素含量越高，越可减少空分制氧规模，节省投资，降低成本。

——因加压气流床气化炉均采用液态排渣工艺，煤的灰熔点过高对排渣不利，还需加助溶剂，故一般要求煤灰流动温度 FT＜1400 ℃。以利于液态排渣与水冷壁挂渣形成膜式壁。但是，生产实践证明煤的灰熔点过低，反而不利于水冷壁挂渣形成膜式壁。

——煤的可磨性好使磨制煤粉比较容易，一般要求 HGI＞60。

3）不同煤质条件对煤制合成气效果的影响

从技术角度来讲，尽管从褐煤至无烟煤各种变质程度的煤炭均可作为煤制合成气的原料。但是，生产煤制合成气时为达到最佳技术经济工况条件，根据采用的气化工艺不同，对相关煤质指标的要求也是有所差别的。主要相关煤质指标的好与坏，直接关系到煤制合成气产气率和生产成本的高低。表 3 - 23 所列为 GSP™ 气流床气化炉对两种不同煤质的原料煤的气化消耗指标。

表 3 - 23　GSP™ 气化工艺消耗指标

项　目		原料煤一	原料煤二
原料煤煤质指标	C/%	64.2	72.6
	H/%	2.5	3.6

表 3-23（续）

项　　目		原料煤一	原料煤二
原料煤煤质指标	O/%	0.9	13.8
	N/%	0.9	0.7
	S/%	3.1	0.9
	灰分/%	26.9	6.9
	水分/%	1.5	1.5
	低位发热量/$(kJ \cdot kg^{-1})$	~24800	~27500
	灰熔点 FT/℃	~1420	~1400
合成气有效组分($CO + H_2$)/%		~88.2	~94.8
$1000Nm^3$（$CO + H_2$）消耗	原料煤/kg	~650	~550
	氧气（99.6%）/Nm^3	~350	~310

由表 3-23 可知，煤质的好坏对气化效果及消耗所造成的差异是明显的。高灰、高硫、低氧含量的"原料煤一"比低灰、低硫、高氧含量的"原料煤二"其合成气有效组分低 6.6 个百分点，而单位煤耗、氧耗均明显高于"原料煤二"，最终将影响到气化成本的高低和间接液化效益的好坏。因此，在确定矿区或矿井的煤炭资源是否适合作为煤制合成气的原料煤时，必须从技术、经济两个方面综合权衡利弊，慎重抉择，在经济合理的条件下，宜尽量通过洗选加工改善原料煤质量。

4）不同类型气流床气化炉实际运行状况

各种煤炭气化工艺各有所长，各有所短，气化的工艺效果也有所差异。另外，各种煤炭气化工艺技术的成熟程度，以及目前在国内运行、掌控的程度均不相同。

（1）水煤浆气流床气化工艺实际运行状况剖析。以水煤浆为原料，用于气流床气化制合成气，进而生产煤基合成油或甲醇及其下游化工产品已有相当数量商业化运行范例，日投煤量最大规模 1500 t。并有逐渐扩大发展的趋势，在目前是一种比较先进可靠的气化技术，有一定的市场前景。

作为气化原料的水煤浆与作为代油的煤基流体燃料的水煤浆相比，对其煤浆性能要求应有所区别。作为气化原料的水煤浆对灰分和成浆浓度的要求要宽松一些。在实际选择制浆原料煤时应有区别，不能等同对待。但是，应掌握好宽松的尺度。在实际采用以水煤浆为原料的气化工艺时，往往忽略原料煤成浆性（水煤浆浓度）给气化工艺效果和经济效益带来的影响，造成了不良后果（参见下面应用实例）。为此建议，对于成浆性差的煤，若拟采用水煤浆气流床气化工艺，应慎重对待。

【实例】某 60×10^4 t/a 煤制甲醇项目，将水煤浆浓度从 62% 提高到 72%，一年即可增产 5×10^4 t，减少氧气消耗 8400×10^4 m³，减少原料煤消耗 2.1×10^4 t，节本增效 1300 万元，效益十分显著。本实例充分说明水煤浆浓度对气化工艺效果和经济效益带来的影响。

【实例】某煤炭间接液化项目，规模为年产油品 100×10^4 t，制合成气采用以水煤浆为原料的德士古气流床气化工艺。以陕西榆神矿区某矿长焰煤为原料，具有**低灰**（$A_d = 7.67\%$ ~ 8.54%）、**特低—低硫**（$S_{t,d} = 0.36\%$ ~ 0.57%）、**特高热值**（$Q_{gr,d} = 30.96 \sim 31.31$ MJ/kg）、**中高—高挥发分**（$V_{daf} = 35.59\%$ ~ 37.68%）、**煤灰软化温度低—中等**（ST = 1060 ~ 1350 ℃有利于液态排渣）、**中等结渣性**等优良煤质特性。但也存在**内在水分较高**（$M_{ad} = 5.42\%$ ~ 6.21%）、**可磨性较难**（HGI = 55 ~ 61）、**氧元素含量较高**（11.07%）等不利于制粉、成浆的煤质缺点。

鉴于该间接液化工程的气化工艺采用以水煤浆为原料的德士古气流床气化工艺，这就要求原料煤必须具有较好的成浆性。但是，该项目并未作原料煤成浆试验，项目的气化工艺参数和与气化相关的制氧空分装置的能力均是按 65% 的水煤浆浓度为基础设计的，可是实际水煤浆浓度远达不到设计所要求的 65%，造成了一系列不良后果。扼要分析如下。

因原料煤的煤类为长焰煤，属低阶烟煤，煤化程度低，孔隙率和比表面积大，煤的水分较高，煤中氧碳比（O/C）大，亲水极性官能团多，哈氏可磨性指数小，因而该煤类本身成浆性就差。事实上与成浆有关的几项主要煤质指标如**内在水分、可磨性、氧元素含量**等均不理想。经初步测算，原料煤成浆性难易指标 $D = 11.21$，理论上成浆浓度为 60% ~ 63.55%。另据当地采用 Texaco 水煤浆气化工艺生产甲醇的企业，也用榆神矿区原料煤制浆，其水煤浆浓度长期波动在 60% 左右，这说明实际制浆浓度可能比理论测算值还要低，远达不到该项目设计所要求的 65% 的水煤浆浓度。

原料煤的成浆性是关乎水煤浆气化技术气化效率高低的重要问题，为慎重起见，必须补作原料煤成浆试验。后来，业主委托南方某大学补作原料煤成浆试验。试验结论如下：在剪切速率100s⁻¹，表观黏度1000 mPa·s条件下，成浆浓度为59.82%。

作为德士古加压气流床气化工艺，上述试验水煤浆浓度明显偏低。一般工业制浆比实验室成浆浓度还要低2个百分点左右，即用榆神矿区长焰煤工业制浆浓度可能要低于58%。在此浓度条件下，若要保证必要的气化效率，一是加大耗煤量；二是必须增加耗氧量，加大空分装置的规模。故势必增加投资和气化成本。

最终，该项目调低了气化工艺参数，加大了空分装置的能力，从而使投资增加了数亿元。该项目选择原料煤时未充分考虑煤的成浆性，造成了不良后果，其经验教训对采用水煤浆气化技术具有典型意义。

（2）干煤粉气流床气化工艺实际运行状况剖析。干煤粉气流床气化工艺，在国外仅有一台（套）以天然气为原料用于发电的Shell气化炉在运行，目前尚无以煤为原料用于化工的气流床气化炉生产的先例。在国内Shell气化炉虽已引进20余台（套）在建或试运行，日投煤量最大规模为2800 t。但据了解，当前Shell气化炉在实际运行中因技术比较复杂，掌控较为困难，可靠性仍有待进一步验证；GSP气化炉在国内已有5台（套）在建，日投煤量最大规模为2000 t，无运行范例，可靠性尚待进一步验证；国内自行研制的航天炉目前仅有一台规模为550 t/d的炉型在安徽临泉化工公司100×10⁴ Nm³（CO+H₂）/d工程运行，实现了长周期稳定运行，效果良好，但炉型偏小。

虽然干煤粉气流床气化工艺技术先进，但业内专家预计，尚需再经过两三年运行实践，技术当趋于成熟。

（3）不同煤制合成气工艺技术路线气化效果对比。下面仅以一个煤炭间接液化项目为例，对比配套采用不同煤炭气化工艺的技术指标的差异。仅供煤炭间接液化项目选择配套煤制合成气气化工艺时参考。

【实例】某煤炭间接液化项目，规模为年产油品1 Mt，以陕西榆林地区煤炭为原料。设计按配置不同煤炭气化工艺的技术指标对比见表3－24。

表3－24　主要煤炭气化工艺的技术指标

项　　目	鲁奇炉 （BGL）	Shell 气化炉	德士古气流床 加压气化炉	多喷嘴水煤 浆气化炉
原料煤	块煤	干粉煤	水煤浆	水煤浆
气化压力/MPa	4.0	4.0	4.0	4.0

表 3 - 24（续）

项　目	鲁奇炉（BGL）	Shell 气化炉	德士古气流床加压气化炉	多喷嘴水煤浆气化炉
气化温度/℃	550	1550	1350	1300
（$CO + H_2$）有效气体含量/%	84	90	79.77	83.01
F－T 合成油产量/($t \cdot h^{-1}$)	132.14	126.27	134.50	
比煤耗/($kg \cdot 10^{-3} Nm^{-3}$)			610	581
比氧耗/($Nm^3 \cdot 10^{-3} Nm^{-3}$)			398	369
合成气制备电耗/($kW \cdot h$)	13981	38712	31700	
合成气制备循环水消耗/($t \cdot h^{-1}$)	19865	27215	32280	
吨合成油原料煤耗/t	3.746	3.310	3.405	3.243
吨合成油总水耗/t	12.70	12.41	11.72	
气化投资/万元	低	高	中等 162464	中等 149232
建设时间/月	18	24	18	18
国产化率	高	低	高	国内开发

六、煤炭用于液化及其对煤质的要求

（一）煤炭液化的基本概念

煤炭液化是指把固体状态的煤炭经过一系列复杂的化学加工过程，转化为液体燃料或化工原料的洁净煤技术。根据化学加工过程的不同工艺路线，煤炭液化可分为直接液化和间接液化两大类。

1. 煤炭直接液化

煤炭直接液化是指煤炭在高压、高温和催化剂的作用下，直接与氢气反应（加氢），从而直接转化成液体油品的工艺技术。

2. 煤炭间接液化

煤炭间接液化是指煤炭在更高温度下与氧气和水蒸气进行煤气化反应，产生以一氧化碳和氢气为主的合成气（$CO + H_2$），然后再在催化剂的作用下合成为液体燃料的工艺技术（F－T 合成）。

（二）煤炭直接液化对煤质的要求

煤炭直接液化对原料煤的煤类、显微煤岩组分及相关煤质指标要求比较严格。通常选用优质高挥发分年轻烟煤和高阶褐煤作用直接液化用煤，对煤质的要求分述如下。

（1）煤类：以年轻的烟煤（长焰煤、不黏煤、弱黏煤）或年老的褐煤沥青化阶段的煤为宜。此时，反映煤阶（煤化程度）高低的镜质体最大反射率（$R_{\max}$）在 0.5% ~ 1.3% 之间，适合于煤的加氢。据有关文献记载，一般当 $R_{\max}$ = 0.6% 左右时，油产率最高。

（2）煤岩显微组分：据有关文献记载，要求镜质组 + 壳质组（活性组分）> 80%，且越高越好；丝质组（惰性组分）< 15%，且越少越好。

（3）煤的挥发分：一般要求煤的干燥无灰基挥发分> 37%。

（4）煤的灰分：要求严格，一般宜< 10%，理想值为< 5%。煤的灰分越低，油产率越高，液化装置效率越高。煤灰中的碱性成分（如 Ca）在液化反应中易生成沉淀（碳化钙），对液化不利。煤的灰分低，对降低磨粉成本也有利。

（5）煤的水分：越低越好（特别是内在水分），一般要求入液化反应炉的原料煤粉水分< 2%。所以，原料煤水分的高低直接影响磨粉干燥成本的高低。

（6）煤的氧元素含量：越低越好，因为在制氢及加氢直接液化过程中，煤的氧元素含量越高，液化气产率和水产率也越高（与氢化合变成水），耗氢量越大，增大了制氢成本。或者降低油产率。

（7）煤的碳、氢元素含量：低煤阶煤碳元素含量大致在78% 为最佳；中等煤阶煤碳元素含量在 83% ~ 84% 的煤液化转化率最高。氢元素含量越高越好，可减少氢耗量，相应减少制氢量。一般要求 H/C 原子比> 0.75。据有关文献记载，也可反过来要求，碳氢比越小越好，一般应该是 C/H < 16。

（8）煤的硫分：当直接液化工艺采用黄铁矿作催化剂时，煤中硫化铁含量多则比较有利，可减少催化剂用量。反之，若不用黄铁矿作催化剂时，煤中硫化铁含量越多越不利，将增加油品净化脱硫量。

（9）煤的可磨性：可磨性好磨制煤粉制成油煤浆比较容易。一般要求 HGI > 60。

（10）直接液化煤耗量（包括原、燃料煤耗量综合指标）：约 2 t 煤产 1 t 油品。

（11）2009 年 6 月国家正式发布了国家标准《直接液化用原料煤技术条件》（GB/T 23810—2009），对直接液化用原料煤的类别、基本技术要求作了原则规定，摘要转录如下：

——用煤类别。褐煤，烟煤中的长焰煤、不黏煤、弱黏煤及气煤。

——技术要求。直接液化用原料煤的基本技术要求详见表 3-25。

表 3-25　直接液化用原料煤的技术要求

项　目	符　号	指　标	
全水分	M_t	褐煤	≤35.0
		烟煤	≤16.0
灰　分	A_d	1 级	≤8.00
		2 级	8.01~12.00
挥发分	V_{daf}	>35.00	
氢碳原子比	H/C，以干燥无灰基表示	>0.75	
惰质组含量	I	1 级	≤15.00
		2 级	15.01~45.00
哈氏可磨性指数	HGI	>50	
镜质体反射率	$R_{max}/\%$	<0.65	

注：煤样的氢碳原子比（H/C）的计算式为

$$\frac{H}{C} = \frac{H_{daf}\dfrac{N_A}{M_C}}{C_{daf}\dfrac{N_A}{M_H}}$$

式中　H/C—氢碳原子比，以干燥无灰基表示；

　　　H_{daf}—干燥无灰基煤样中氢的质量分数，%；

　　　C_{daf}—干燥无灰基煤样中碳的质量分数，%；

　　　M_C—碳元素的相对原子质量，数值为 12；

　　　M_H—氢元素的相对原子质量，数值为 1；

　　　N_A—阿伏伽德罗常数，数值为 6.02×10^{23} mol^{-1}。

我国比较适合作加氢直接液化原料的典型煤炭资源并不多，从煤质角度来看，比较理想的直接液化原料煤资源则更少，目前已知的仅有：云南先锋的褐煤、黑龙江依兰煤田的长焰煤、内蒙古鄂尔多斯呼吉尔特矿区的不黏煤、新疆哈密三塘湖矿区西部分区的长焰煤等。现举其中三例说明如下。

【实例】黑龙江依兰煤田赋存的长焰煤。具有**低内水**（M_{ad} = 1.23% ~ 1.67%）、**低—中灰**（9.85% ~ 22.43%）、**特低—低硫**（按基准发热量折算后的 $S_{t,d}$ = 0.372% ~ 0.772%）、**低—中磷**（0.019% ~ 0.076%）、**中等—高热值**

（$Q_{gr,d} = 24.25 \sim 29.06$ MJ/kg）、**高挥发分**（44.85% ~50.26%）、**不黏—弱黏结性**（$G = 2.1 \sim 13.9$）、**高油煤**（$Tar_d = 13.25\% \sim 18.45\%$）等优良煤质特征。

本矿区赋存的不黏煤属低阶烟煤，还具有以下适合煤的加氢液化的煤质特性：

——镜质组最大反射率 R_{max} 平均在 0.55% ~0.69% 之间，略波动在直接液化油产率最高的最佳值（$R_{max} = 0.6\%$）左右。

——显微煤岩组分中，镜质组 + 半镜质组 + 壳质组等活性组分含量为 90.72%，超过直接液化要求 >80% 的最佳值；惰质组 + 半惰质组分含量平均为 1.25%，大大低于直接液化要求 <15% 的最佳值。

——碳元素含量平均为 75.96%，接近直接液化要求低煤阶煤碳含量大致在 78% 左右的最佳含碳值；氢元素含量较高，平均为 6.11%，有利于减小制氢装置的规模。

——碳氢比为 12.43，大大低于直接液化要求 C/H <16 的最佳值。

——本矿区原煤经排矸处理后，灰分便可降至 10% 左右，符合直接液化原料煤灰分 <10% 的要求。

——原煤内在水分较低为 1.23% ~1.67%，符合液化反应炉的入炉原料水分 <2% 的要求。

尽管煤质方面还存在煤灰软化温度较高（中煤层 ST <1500 ℃，其余煤层 ST >1500 ℃）等不利于加氢直接液化反应炉液态排渣的缺点。从煤质角度综合来看，依兰矿区的长焰煤确实是加氢直接液化的理想原料。但是，依兰矿区煤炭储量有限，1100 m 以浅的资源/储量估算总量仅有 326.46 Mt。难以成为我国煤炭直接液化的原料煤基地。

【实例】内蒙古鄂尔多斯呼吉尔特矿区侏罗纪中下统延安组赋存的不黏煤。具有**较低内在水分**（3.13% ~3.44%）、**特低灰**（7.30% ~8.82%）、**低硫**（按基准发热量折算后为 0.52% ~0.78%）、**低磷**（0.01% ~0.015%）、**特低氯—低氯**（0.048% ~0.075%）、**低砷含量**（0 ~2 μg/g 一级含砷煤）、**中高挥发分**（34.02% ~35.67%）、**特高热值**（$Q_{gr,d} = 30.66 \sim 31.02$ MJ/kg）、**高热稳定性**（$TS_{+6} = 92.39\% \sim 95.47\%$）、**中等可磨性**（HGI = 53 ~55）、**煤灰软化温度较低—中等**（ST = 1236 ~1289 ℃）等优良煤质特征。

本矿区赋存的不黏煤属低阶烟煤，还具有以下适合煤的加氢液化的煤质特性：

——镜质组最大反射率 R_{max} 平均在 0.6709% ~0.7596% 之间，接近直接液化油产率最高的最佳值（$R_{max}=0.6\%$）。

——显微煤岩组分中，镜质组+半镜质组+壳质组等活性组分含量平均为 72.8% ~76.3%，接近直接液化要求＞80% 的最佳值。

——碳氢比在 15.79 ~16.26 之间，接近达到直接液化要求 C/H＜16 的最佳值。

——另外，本矿区原煤经简单排矸处理，灰分便可降至＜5%，符合直接液化原料煤灰分＜5% 的理想值。

——原煤内在水分较低，为 3.13% ~3.44%，很接近液化反应炉的入炉原料水分＜2% 的要求。

尽管煤质方面还存在一些不利于直接液化的缺点：显微煤岩组分中，丝质组分含量偏高（平均为 23.7% ~28.0%），超出直接液化要求＜15% 的最佳值；煤的挥发分平均为 34.02% ~35.67%，略低于直接液化要求煤的干燥无灰基挥发分＞37% 的最佳值；但综合来看，本矿区的不黏煤适应加氢直接液化的各项煤质指标均明显好于周边矿区（神东、神府南、榆神、新街、塔然高勒、高头窑、万利等矿区）的煤炭（表3-26），是我国不多见的加氢直接液化的理想原料。

表3-26　呼吉尔特矿区煤质与相邻矿区煤质对比表

项　目		直接液化理想指标	呼吉尔特及其相邻矿区煤质指标				
			呼吉尔特	新街矿区	塔然高勒	高头窑矿区	神东矿区
显微组分	镜质组/%	＞80	72.8 ~76	43.5 ~53	50 ~51.6	41.1 ~61	59 ~62.9
	丝质组/%	＜15	23.7 ~28	38 ~47.5	36.7 ~43	39 ~58.4	26 ~30.8
镜质组反射率/%		0.6	0.67 ~0.71	0.6	0.23 ~0.9	0.42 ~0.5	0.34 ~0.4
碳氢比（C/H）		＜16	15.8 ~16.1	17 ~17.8	17 ~18	18 ~19.2	17.13
氧元素含量/%		越低越好	11 ~12.4	12.2 ~15	17 ~17.88	15 ~16.6	13.5 ~14
灰分 A_d/%		＜5 ~10	7.3 ~8.8	5.8 ~6.1	10.5 ~15	10.7 ~15	7.1 ~9.16
水分 M_{ad}/%		≤2（入炉）	3.1 ~3.4	5.2 ~5.6	7.8 ~9.19	9.6 ~11	8.9 ~9.58
挥发分 V_{daf}/%		＞37	34 ~35.7	33.9 ~34	34 ~35.67	33 ~36.1	32.9 ~36
煤灰软化温度 ST/℃		＜1300	1236 ~1289	1215 ~1290	1170 ~1200	1170 ~1200	1201 ~1284

表 3 - 26（续）

项 目	直接液化理想指标	呼吉尔特及其相邻矿区煤质指标				
		呼吉尔特	新街矿区	塔然高勒	高头窑矿区	神东矿区
发热量 Q_{gr}/（MJ·kg^{-1}）		30.6~31	29.5	26~27.6	25.6~27	28~28.9
煤炭种类		不黏煤	不黏煤	不黏煤	长焰煤	不黏煤

像呼吉尔特矿区这样地质储量非常丰富（获得查明资源量 7102.77 Mt）、矿区建设规模大（60.00 Mt/a）、煤质又好的整装大型矿区，在全国更是罕见，应该倍加珍惜，实行保护性开采利用。考虑到我国煤炭直接液化技术尚未进入大规模工业化应用阶段，在我国煤炭直接液化工艺技术成熟过关之前，本矿区不宜急于进行大规模开发，挪作其他用途。

【实例】新疆哈密三塘湖矿区西部分区（库木苏区、汉水泉区）赋存的煤炭，整体来看多属于低阶烟煤——长焰煤和不黏煤。

库木苏区除 2 号煤层以外的全部可采煤层以及汉水泉区中下部煤层（15、18、31、32、33、34、37 号煤层）的各项指标均符合直接液化用煤技术要求。是我国绝无仅有，罕见的加氢直接液化的理想原料。具体指标如下：

——镜质组最大反射率 R_{max} 平均值在 0.43% ~0.66% 之间，接近直接液化油产率最高的最佳值（R_{max} = 0.6%）左右；

——显微煤岩组分中，镜质组 + 半镜质组 + 壳质组等活性组分含量 80%，符合直接液化要求 >80% 的最佳值；惰质组含量：库木苏区各煤层为 4.6% ~13.26%，汉水泉区为 9.25% ~19.99%，达到直接液化用煤要求 <15% ~20% 的理想指标；

——氢碳原子比 H/C 平均为 0.86~0.93 之间，优于直接液化要求 H/C >0.75 的最佳值；

——挥发分（V_{daf}）：库木苏区各煤层为 47.24% ~50.25%，汉水泉区为 46.25% ~48.29%，均大大高于直接液化用煤要求 >37% 的理想值；

——原煤内在水分低为 2.84% ~3.63%，接近液化入炉原料水分 <2% 的要求；

——原煤经分选，灰分可降至 <8%，符合直接液化 I 级原料煤灰分 <8% 的指标。

综上分析，库木苏区、汉水泉区等西部分区煤炭储量丰富，产能巨大。像这样质量和资源量双优的优质的煤炭直接液化原料基地，全国罕见，可以作为我国加氢直接液化或多联产煤化一体化产业的理想原料基地。

根据国家标准《稀缺、特殊煤炭资源的划分与利用》(GB/T 26128—2010)的规定，在对煤炭资源开发利用以前，应对煤炭资源的稀缺性、特殊性进行评价。三塘湖矿区西部分区（库木苏区、汉水泉区）赋存的长焰煤、不黏煤均符合国家标准关于"稀缺煤炭资源"是指具有十分重要的工业用途，其利用途径具有一定的产业规模，需求量大但资源量又相对较少的优质煤炭资源定义的范围。也符合"特殊煤炭资源"是指煤中某个或某些成分、性质与一般煤有所不同，其含量特高或特低，并具有一些特殊性质的煤炭资源定义的范围。故应按国家标准实行"稀缺、特殊煤炭资源要进行保护性开采""稀缺、特殊煤炭资源应按优先用途进行利用"的原则。不宜作为一般煤化工原料或用作发电燃料烧掉，糟蹋了宝贵资源太可惜。

为此特别建议，库木苏区、汉水泉区优质的特殊、稀缺煤炭资源，最好能作为战略资源储备保存下来。

（三）煤炭间接液化对煤质的要求

间接液化对原料煤的煤种、显微煤岩组分及相关煤质指标要求相对比较宽松。严格来讲，煤炭气化生成的合成气（$CO + H_2$）才是间接液化 F－T 合成的原料，对间接液化工艺而言，煤制合成气是其源头环节，俗称"气头"，足见其重要性。所以，煤炭间接液化对煤质的要求与煤制合成气对原料煤的质量要求是一致的（煤制合成气对原料煤的质量要求详见前面论述煤炭气化的相关内容），这里不再赘述。

间接液化煤耗量比直接液化要大得多，一般包括原、燃料煤耗量在内的综合煤耗指标为：4.5～5 t 煤产 1 t 油品或化学产品。

七、煤炭用于转化为碳一化工产品及其对煤质的要求

1. 碳一化工产品的基本概念

所谓碳一化学是以含有一个碳原子的物质（如一氧化碳 CO、二氧化碳 CO_2、甲烷 CH_4、甲醇 CH_3OH、甲醛 HCHO 等）为原料合成化工产品或液体燃料的有机化学化工生产过程，这里主要是指以煤为原料，气化后合成碳一化学系列产品的化工产业。

碳一化学系列化工产品包括：由煤制合成气（CO＋H₂）合成燃料、甲醇及系列产品、合成低碳醇、醋酸及系列产品、合成低碳烯烃、燃料添加剂等。以合成气为原料制备碳一化工产品的部分煤化工产业链如图3-4所示。

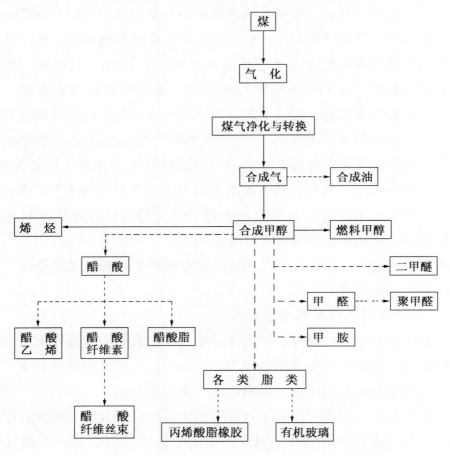

图3-4　制备碳一化工产品的部分煤化工产业链

甲醇是碳一化工的基础产品，也是碳一化学起始化合物，主要用于替代石油作为清洁燃料和作为高附加值有机化工产品（主要包括：二甲醚、甲醛、醋酸、汽油抗爆震添加剂甲基叔丁基醚、对苯二甲酸二甲酯、农药）的原料。预计"十二五"末期，我国甲醇产能将超过20 Mt，到2020年甲醇产能将超过66 Mt。目前，我国已具备利用高硫、低质煤制甲醇作为车用燃料的主要替代品的能力，其生产技术已位居世界前列。

二甲醚主要用于石油液化气和柴油的替代品，是新型的清洁燃料。目前二甲醚替代液化石油气已经取得突破，国家有关部门已颁布了民用二甲醚的标准，部分地区利用二甲醚作燃料已逐步展开。二甲醚替代柴油工作在上海等地区的城市公交车上进行示范，并已取得初步成果。煤制二甲醚将逐步成为新型煤化工的重要产业和石油替代产品。2006 年我国二甲醚产能约 27×10^4 t，产量约 20×10^4 t。我国已建成多套 10×10^4 t 级、1 套 20×10^4 t 级、2 套 30×10^4 t 级生产装置，居世界领先地位。上海等地和一些企业正在开展二甲醚替代柴油和民用燃料的试点工作。预计 2010 年和 2020 年全国二甲醚需求量将分别达到 7 Mt 和 20 Mt，发展空间较大。随着国家石油替代战略和示范工程的实施，二甲醚市场前景较好。

国家煤化工产业中长期规划和产业政策已将甲醇、二甲醚列为鼓励发展的重点产品。国家发改委（发改工业〔2006〕1350 号文）指出，"以民用燃料和油品市场为导向，支持有条件的地区，采用先进煤气化技术和二步法二甲醚合成技术，建设大型甲醇和二甲醚生产基地"。国家发改委（发改工业〔2006〕1404 号文）指出，"发展二甲醚等煤基醇醚燃料有利于迅速缓解石油供应短缺矛盾，是近期替代工作的重点"。

但是，煤化工产业对煤炭资源、水资源、生态、环境、技术、资金和社会配套条件要求较高，不应盲目建设。为此，国家发改委在发改工业〔2006〕1350 号文中规定，"国家将制定煤化工产业发展规划。各地区要结合当地实际，按照科学发展观的要求，认真做好煤化工产业区域发展规划的编制工作，加强产业发展引导。在规划编制完成并得到国家发展改革部门确认之前，暂停核准或备案煤化工项目……一般不应批准年产规模在 3 Mt 以下的煤制油项目，1 Mt 以下的甲醇和二甲醚项目，60×10^4 t 以下的煤制烯烃项目"。

2. 煤基碳一化工对煤质的要求

合成气中有效气体（$CO + H_2$）占 85% ~90% 以上，是煤基碳一化工产业的理想原料气。

煤制合成气是煤化工工艺源头环节，俗称"气头"。所以，煤基碳一化学化工产业对煤质的要求与煤制合成气对原料煤的质量要求是一致的（煤制合成气对原料煤的质量要求详见前面煤炭气化部分有关内容），这里不再赘述。

八、国家标准《煤化工用煤技术导则》简介

2009 年 3 月国家正式发布了国家标准《煤化工用煤技术导则》（GB/T 23251—2009），对煤化工所用原料煤的技术要求作了原则规定，体现了煤化工用煤的最低基本要求和原则。摘要转录如下：

（1）用于焦化的煤类以气煤、1/3焦煤、气肥煤、肥煤、焦煤、瘦煤等具有较强黏结性的煤为主要炼焦煤种，以1/2中黏煤、弱黏煤、贫瘦煤等弱黏结性的煤及长焰煤、不黏煤、贫煤或无烟煤等无黏结性的煤为辅助炼焦煤种；焦化用煤在灰分、全硫、磷分及黏结指数等方面的技术指标应符合GB/T 397的要求。

（2）用于气化的煤类可使用褐煤、长焰煤、不黏煤、弱黏煤、部分气煤、贫瘦煤、贫煤和无烟煤等无黏结性或较弱黏结性的煤作为原料煤，无烟块煤优先用作常压固定床生产合成氨的原料；气化用煤应考虑粒度、灰分、灰熔融性温度及黏结指数等主要技术指标；不同气化工艺对煤的灰熔融性温度有不同要求，固定床气化工艺（固态排渣时）一般要求煤灰软化温度 ST > 1250 ℃，水煤浆气流床气化工艺一般要求煤灰流动温度 FT < 1300 ℃，干煤粉气流床气化工艺一般要求 FT < 1450 ℃；流化床气化工艺要求使用反应活性较高的煤类。

（3）用于煤炭直接液化的煤类可使用年老褐煤及长焰煤、不黏煤、弱黏煤、部分气煤等低变质程度烟煤作为原料煤；煤炭直接液化用煤应考虑灰分、挥发分和煤岩显微组分含量等主要技术指标，一般要求煤灰分 A_d < 10%，挥发分 V_{daf} > 35%，煤中惰质组分含量（体积分数）< 35% ［注：本条所列煤炭直接液化用煤主要技术指标数据与前述国家标准《直接液化用原料煤技术条件》（GB/T 23810—2009）的相关指标之间存在差异，读者使用时应注意］。

（4）煤化工用煤的资源量要求。大型煤化工项目应有足够的煤炭资源量保证。百万吨级及以上的煤制甲醇（包括二甲醚、烯烃等下游产品）项目，煤炭液化项目应配套相应的煤炭资源量和煤炭产量，见表3-27。

表3-27 与大型煤化工项目配套的煤炭资源量和煤炭产量

煤化工项目	规模/Mt	煤炭资源可利用量		
		产量/(10^4 t·a^{-1})	可采储量/10^8 t	资源服务年限保障/年
煤制甲醇（包括二甲醚、烯烃等下游产品）项目	年产甲醇1	≥250	≥2.5	≥50
煤炭液化项目	年产油品1	≥450	≥4.5	≥50

（5）经洗选后能作为炼焦用的主要炼焦煤类不应作为煤炭气化、煤炭液化用煤。

（6）对具有特殊性质或用途的稀缺煤炭资源应进行保护性利用或高附加值开发利用。原则上不宜作为煤炭气化、煤炭液化用煤。

（7）在满足相关煤炭气化工艺或煤炭直接液化工艺基本要求的前提下，鼓励煤化工用煤使用较高硫分煤或其他含碳固体物质。在鼓励煤化工用煤使用较高硫分煤或较高灰分煤的同时，应鼓励通过适当的洗选、排矸等方式，降低煤化工用原料煤的硫分和灰分，以提高煤化工转化的经济效益、环保效益和社会效益。

（8）大型煤化工项目实施之前，应对煤化工用煤进行专门的可行性评价。评价可从煤炭资源和原料煤煤质与煤化工项目的适应性入手，评价内容可包括煤炭类别、煤质特性、加工转化特性、煤炭用途及煤炭资源量的可保障性等。

九、煤炭用于碳素制品及其对煤质的要求

碳素制品的种类很多，应用甚广，其中产量最大的是电极炭。其他还有：高炉和炼钢炉用作炉衬的碳砖、轴承材料、结构材料（包括用碳素纤维生产的高级复合材料）、活性炭、碳分子筛、生物碳制品等。但以煤为原料的碳素制品主要有电极炭和活性炭两种。

1. 煤基电极炭

无烟煤经 1100～1350 ℃热处理后，是生产高炉炭块和碳素电极等制品的主要原料之一，要求灰分＜10%，含硫少，耐磨性好。适用块煤而不用粉煤，并且要与冶金焦或沥青焦掺和使用。

2. 煤基活性炭

煤基活性炭是以煤为原料经过炭化、活化而制成的活性炭。它是以炭为主体具有丰富孔隙率、巨大比表面积和良好吸附性能的一种广谱吸附材料。由于其化学性质稳定，微晶结构独特，吸附能力优良，力学强度好，使用后再生方便，因此拥有十分广泛的用途。

煤基活性炭因其原料来源广泛，产品价格相对低廉，吸附性能优良，已成为中国目前发展最快，产量最大的碳素制品。具有良好的发展前景。

总的来讲，各类煤都可作为煤基活性炭的原料。煤化程度较高的煤（从

气煤—无烟煤）制成的活性炭微孔发达，适用于气相吸附、净化水和作为催化剂载体；煤化程度较低的煤（弱黏煤，不黏煤，以及一部分低阶长焰煤、褐煤）制成的活性炭过渡孔较发达，适用于液相吸附（脱色）、气体脱硫等。全国除西藏、青海外各省、市、自治区均有活性炭生产厂家，宁夏银川、石嘴山和山西大同为集中产地。我国生产活性炭品种近百个，生产能力已达 30×10^4 t 以上，其中煤基活性炭占 70% 左右。

因为在炭化、活化中，煤的质量大幅度降低，灰分成倍浓缩，所以它要求原料煤的灰分、硫分越低越好，碳含量越高越好。生产优质活性炭的原料煤灰分应<10%，最好是用超低灰（<3%）高纯度精煤作原料。2006 年我国首次制定的行业标准《煤基活性炭用煤技术条件》（MT/T 1011—2006）对煤制活性炭用原料煤的质量作了相应的规定，见表3-28。

表3-28　煤基活性炭用煤的基本技术要求和试验方法

项　　目	符　号	单　位	技 术 要 求	试 验 方 法
类　　别			褐煤、长焰煤、不黏煤、弱黏煤、贫煤、无烟煤	GB 5751
粒　　度		mm	<25、<50	GB/T 17608
灰　　分	A_d	%	<5.00	GB/T 212
全　　硫	$S_{t,d}$	%	<0.50	GB/T 214
黏结指数	G		<18	GB/T 5446

十、风化煤及其含腐植酸高的煤的利用

露头的煤层受大气和雨水长时间渗透、氧化、水解，煤质也会发生很大变化，逐渐形成风化煤。露头的风化煤层质量变差，影响煤炭的使用效果，不再适合作为燃料和化工原料。但因其再生腐植酸含量高，可用作生产腐植酸类产品和有机肥料。

另外，有些地区赋存的低变质程度的褐煤，也含有丰富的腐植酸，是制造腐植酸有机肥料或者制取腐植酸进而生产腐植酸类产品（硝基腐植酸铵、硝基腐植酸钠、腐植酸钠、磺甲基腐植酸钠等）的优质原料。

【实例】 昭通褐煤内在水分和全水分均很高，分别为 15.49% 和 59.60%。致使本矿区原本属于高热值的褐煤，转换成收到基低位发热量后，其热值便降至 $Q_{net,ar} = 6.67$ MJ/kg（1592 kcal/kg），已明显低于国家商品煤发热量分级标准（GB/T 15224.3—1994）的低热值煤指标下限（$Q_{net,ar} = 8.50$ MJ/kg）。严重影响了昭通地区褐煤的开发利用，至今没有找到一条经济合理的利用途径。但是，昭通褐煤含有丰富的腐植酸（平均含量为 42.72%，其中游离腐植酸占 90%），是制取腐植酸和制造有机肥料的优质原料。从技术角度来讲，这正是像昭通这类褐煤比较现实可行的优势利用途径。

当前国内外腐植酸盐的生产和销售均呈现旺盛态势，据了解东南亚各国需求量极大。目前，中国腐植酸粗制品的生产量、出口量急剧增长，但缺少腐植酸类精细产品。若能形成规模化腐植酸产业和腐植酸类产品精细加工业，预计在国内外均具有良好的市场前景。

第四节　煤炭产品质量标准

早在 1997—1998 年我国就对煤炭产品质量标准制定了多项相关的国家标准，2006 年又对上述国家标准进行了修改和补充，形成新的国家标准《煤炭产品品种和等级划分》（GB/T 17608—2006）。下面以新的国家标准为基础，分别阐述煤炭产品的质量标准，见表 3-29～表 3-40。

一、煤炭产品粒度划分标准

表 3-29　无烟煤和烟煤粒度划分　　　　　　　　　　　　mm

粒度名称	粒度	粒度名称	粒度
特大块	>100	混块	>13、>25
大块	>50～100	混粒煤	>6～25
混大块	>50	粒煤	>6～13
中块	>25～50、>25～80	混煤	<50
小块	>13～25	末煤	<13、<25
混中块	>13～50、>13～80	粉煤	<6

注：1. 特大块最大尺寸不得超过 300 mm。

　　2. 煤炭筛分应按 GB/T 477 执行。

表 3-30　褐煤粒度划分　　　　　　　　　mm

粒度名称	粒度	粒度名称	粒度
特大块	>100	中块	>25~50、>25~80
大块	>50~100	小块	>13~25
混大块	>50	末煤	<13、<25

注：1. 特大块最大尺寸不得超过 300 mm。

　　2. 煤炭筛分应按 GB/T 477 执行。

二、煤炭产品品种划分标准

煤炭产品按其用途、加工方法和技术要求划分为 5 大类，29 个品种。

表 3-31　煤炭产品的类别、品种和技术要求

产品类别	品种名称	技术要求			
		粒度/mm	发热量 $Q_{net,ar}$/ （MJ·kg^{-1}）	灰分 A_d/%	最大粒度 上限/%[①]
1　精煤	1-1　冶炼用炼焦精煤	<50、<100		≤12.50	≤5
	1-2　其他用炼焦精煤	<50、<100		12.51~16.00	
	1-3　喷吹用精煤	<25、<50	≥23.50	≤14.00	
2　洗选煤	2-1　洗原煤	<300	无烟煤、烟煤： ≥14.50 褐煤：≥11.00	—	≤5
	2-2　洗混煤	<50、<100			
	2-3　洗末煤	<13、<20、<25			
	2-4　洗粉煤	<6			
	2-5　洗特大块	>100			
	2-6　洗大块	50~100、>50			
	2-7　洗中块	25~50			
	2-8　洗混中块	13~50、13~100			
	2-9　洗混块	>13、>25			
	2-10　洗小块	13~20、13~25			
	2-11　洗混小块	6~25			
	2-12　洗粒煤	6~13			

表 3-31（续）

产品类别	品　种　名　称	技　术　要　求			
		粒度/mm	发热量 $Q_{net,ar}$/ ($MJ \cdot kg^{-1}$)	灰分 A_d/%	最大粒度 上限/%[①]
3　筛选煤	3-1　混煤	<50	无烟煤、烟煤: ≥14.50 褐煤: ≥11.00	<40	≤5
	3-2　末煤	<13、<20、<25			
	3-3　粉煤	<6			
	3-4　特大块	>100			
	3-5　大块	50~100、>50			
	3-6　中块	25~50			
	3-7　混块	>13、>25			
	3-8　混中块	13~50、13~100			
	3-9　小块	13~20、13~25			
	3-10　混小块	6~25			
	3-11　粒煤	6~13			
4　原煤	4-1　原煤、水采原煤	<300	无烟煤、烟煤: ≥14.50 褐煤: ≥11.00	<40	
5　低质煤[②]	5-1　原煤	<300		>40	
	5-2　煤泥、水采煤泥	<1.0、<0.5		16.50~49.00	

注：①取筛上物累计产率最接近、但不大于 5% 的那个筛孔尺寸，作为最大粒度。

②如用户需要，必须采取有效的环保措施，在不违反环保法规的情况下，由供需双方协商解决。

三、产品的质量指标的划分标准

1. 灰分 A_d

表 3-32　冶炼用炼焦精煤灰分等级划分　　　　　　　　　　%

等　级	灰分 A_d	等　级	灰分 A_d
A-0	0~5.00	A-4	6.51~7.00
A-1	5.01~5.50	A-5	7.01~7.50
A-2	5.51~6.00	A-6	7.51~8.00
A-3	6.01~6.50	A-7	8.01~8.50

表 3-32（续）   %

等 级	灰分 A_d	等 级	灰分 A_d
A-8	8.51~9.00	A-12	10.51~11.00
A-9	9.01~9.50	A-13	11.01~11.50
A-10	9.51~10.00	A-14	11.51~12.00
A-11	10.01~10.50	A-15	12.01~12.50

表 3-33　其他用炼焦精煤灰分等级划分   %

等 级	灰分 A_d	等 级	灰分 A_d
A-1	12.51~13.00	A-5	14.51~15.00
A-2	13.01~13.50	A-6	15.01~15.50
A-3	13.51~14.00	A-7	15.51~16.00
A-4	14.01~14.50		

表 3-34　喷吹用精煤灰分等级划分   %

等 级	灰分 A_d	等 级	灰分 A_d
A-0	0~5.00	A-10	9.51~10.00
A-1	5.01~5.50	A-11	10.01~10.50
A-2	5.51~6.00	A-12	10.51~11.00
A-3	6.01~6.50	A-13	11.01~11.50
A-4	6.51~7.00	A-14	11.51~12.00
A-5	7.01~7.50	A-15	12.01~12.50
A-6	7.51~8.00	A-16	12.51~13.00
A-7	8.01~8.50	A-17	13.01~13.50
A-8	8.51~9.00	A-18	13.51~14.00
A-9	9.01~9.50		

表 3-35　其他煤炭产品灰分等级划分   %

等 级	灰分 A_d	等 级	灰分 A_d
A-1	≤5.00	A-4	7.01~8.00
A-2	5.01~6.00	A-5	8.01~9.00
A-3	6.01~7.00	A-6	9.01~10.00

表 3 - 35（续）　　　　　　　　　　　　　　　　　　　　%

等　　级	灰分 A_d	等　　级	灰分 A_d
A - 7	10. 01 ~ 11. 00	A - 22	25. 01 ~ 26. 00
A - 8	11. 01 ~ 12. 00	A - 23	26. 01 ~ 27. 00
A - 9	12. 01 ~ 13. 00	A - 24	27. 01 ~ 28. 00
A - 10	13. 01 ~ 14. 00	A - 25	28. 01 ~ 29. 00
A - 11	14. 01 ~ 15. 00	A - 26	29. 01 ~ 30. 00
A - 12	15. 01 ~ 16. 00	A - 27	30. 01 ~ 31. 00
A - 13	16. 01 ~ 17. 00	A - 28	31. 01 ~ 32. 00
A - 14	17. 01 ~ 18. 00	A - 29	32. 01 ~ 33. 00
A - 15	18. 01 ~ 19. 00	A - 30	33. 01 ~ 34. 00
A - 16	19. 01 ~ 20. 00	A - 31	34. 01 ~ 35. 00
A - 17	20. 01 ~ 21. 00	A - 32	35. 01 ~ 36. 00
A - 18	21. 01 ~ 22. 00	A - 33	36. 01 ~ 37. 00
A - 19	22. 01 ~ 23. 00	A - 34	37. 01 ~ 38. 00
A - 20	23. 01 ~ 24. 00	A - 35	38. 01 ~ 39. 00
A - 21	24. 01 ~ 25. 00	A - 36	39. 01 ~ 40. 00

注：灰分 A_d > 40% 的低质煤，如需要并能保证环境质量的条件下，可双方协商解决。

2. 硫分 $S_{t,d}$

表 3 - 36　精煤硫分等级划分　　　　　　　　　　　　%

等　　级	硫分 $S_{t,d}$	等　　级	硫分 $S_{t,d}$
S - 1	0 ~ 0. 30	S - 6	1. 26 ~ 1. 50
S - 2	0. 31 ~ 0. 50	S - 7	1. 51 ~ 1. 75
S - 3	0. 51 ~ 0. 75	S - 8	1. 76 ~ 2. 00
S - 4	0. 76 ~ 1. 00	S - 9	2. 01 ~ 2. 25
S - 5	1. 01 ~ 1. 25	S - 10	2. 26 ~ 2. 50

表 3 - 37　其他煤炭产品硫分等级划分　　　　　　　　%

等　　级	硫分 $S_{t,d}$	等　　级	硫分 $S_{t,d}$
S - 1	0 ~ 0. 30	S - 3	0. 51 ~ 0. 75
S - 2	0. 31 ~ 0. 50	S - 4	0. 76 ~ 1. 00

表 3 - 37（续） %

等 级	硫分 $S_{t,d}$	等 级	硫分 $S_{t,d}$
S - 5	1.01 ~ 1.25	S - 10	2.26 ~ 2.50
S - 6	1.26 ~ 1.50	S - 11	2.51 ~ 2.75
S - 7	1.51 ~ 1.75	S - 12	2.76 ~ 3.00
S - 8	1.76 ~ 2.00	S - 13	> 3.00*
S - 9	2.01 ~ 2.25		

注：* 如用户需要，必须采取有效的环保措施，在不违反环保法规的情况下，由供需双方协商解决。

3. 发热量 $Q_{net,ar}$

表 3 - 38　喷吹用精煤发热量等级划分　　　　　　MJ/kg

等 级	编 号	发热量 $Q_{net,ar}$	等 级	编 号	发热量 $Q_{net,ar}$
Q - 1	305	> 30.00	Q - 9	265	26.01 ~ 26.50
Q - 2	300	29.51 ~ 30.00	Q - 10	260	25.51 ~ 26.00
Q - 3	295	29.01 ~ 29.50	Q - 11	255	25.01 ~ 25.50
Q - 4	290	28.51 ~ 29.00	Q - 12	250	24.51 ~ 25.00
Q - 5	285	28.01 ~ 28.50	Q - 13	245	24.01 ~ 24.50
Q - 6	280	27.51 ~ 28.00	Q - 14	240	23.51 ~ 24.00
Q - 7	275	27.01 ~ 27.50	Q - 15	235	23.01 ~ 23.50
Q - 8	270	26.51 ~ 27.00			

表 3 - 39　其他煤炭产品发热量等级划分　　　　　　MJ/kg

等 级	编 号	发热量 $Q_{net,ar}$	等 级	编 号	发热量 $Q_{net,ar}$
Q - 1	295	> 29.00	Q - 9	255	25.01 ~ 25.50
Q - 2	290	28.51 ~ 29.00	Q - 10	250	24.51 ~ 25.00
Q - 3	285	28.01 ~ 28.50	Q - 11	245	24.01 ~ 24.50
Q - 4	280	27.51 ~ 28.00	Q - 12	240	23.51 ~ 24.00
Q - 5	275	27.01 ~ 27.50	Q - 13	235	23.01 ~ 23.50
Q - 6	270	26.51 ~ 27.00	Q - 14	230	22.51 ~ 23.00
Q - 7	265	26.01 ~ 26.50	Q - 15	225	22.01 ~ 22.50
Q - 8	260	25.51 ~ 26.00	Q - 16	220	21.51 ~ 22.00

表 3 - 39（续）　　　　　　　　　　　　　　　　MJ/kg

等　级	编　号	发热量 $Q_{net,ar}$	等　级	编　号	发热量 $Q_{net,ar}$
Q - 17	215	21.01 ~ 21.50	Q - 28	160	15.51 ~ 16.00
Q - 18	210	20.51 ~ 21.00	Q - 29	155	15.01 ~ 15.50
Q - 19	205	20.01 ~ 20.50	Q - 30	150	14.51 ~ 15.00[①]
Q - 20	200	19.51 ~ 20.00	Q - 31	145	14.01 ~ 14.50[②]
Q - 21	195	19.01 ~ 19.50	Q - 32	140	13.51 ~ 14.00[②]
Q - 22	190	18.51 ~ 19.00	Q - 33	135	13.01 ~ 13.50[②]
Q - 23	185	18.01 ~ 18.50	Q - 34	130	12.51 ~ 13.00[②]
Q - 24	180	17.51 ~ 18.00	Q - 35	125	12.01 ~ 12.50[②]
Q - 25	175	17.01 ~ 17.50	Q - 36	120	11.51 ~ 12.00[②]
Q - 26	170	16.51 ~ 17.00	Q - 37	115	11.01 ~ 11.50[②]
Q - 27	165	16.01 ~ 16.50			

注：①发热量 $Q_{net,ar} \leqslant 14.50$ MJ/kg 的无烟煤、烟煤，如用户需要，在不违反环保法规的情况下，由供需双方协商解决。

②只适用于褐煤，发热量 $Q_{net,ar} \leqslant 11.00$ MJ/kg 的褐煤，如用户需要，在不违反环保法规的情况下，由供需双方协商解决。

4. 块煤限下率

表 3 - 40　块煤限下率等级划分　　　　　　　　　%

等　级	块煤限下率	等　级	块煤限下率
1	≤3.00	6	15.01 ~ 18.00
2	3.01 ~ 6.00	7	18.01 ~ 21.00
3	6.01 ~ 9.00	8	21.01 ~ 24.00
4	9.01 ~ 12.00	9	24.01 ~ 27.00
5	12.01 ~ 15.00	10	27.01 ~ 30.00

四、商品煤质量评价与控制技术指南

为了贯彻落实国务院《大气污染防治行动计划》，建立健全商品煤评价机制，加强商品煤全过程质量管理，提高终端用煤质量，推进煤炭高效洁净利用，改善环境质量，2014 年 12 月 31 日国家颁布了国家标准《商品煤质量评价与控制技术指南》（GB/T 31356—2014），明确规定了与商品煤有关的术语和定义、质量评价指标、质量控制指标与控制值等内容。本标准适用于生产、加工、储运、销售、进口、使用等各环节的商品煤。不适用于坑口自用煤及低热值煤电厂用煤。下面将该标准主要相关内容摘录如下：

1. 术语和定义

商品煤——原煤经过加工处理后用于销售的煤炭产品。可分为动力用煤、冶金用煤、化工用原料煤等类别。

低热值煤电厂——以煤矸石、煤泥、洗中煤等低热值煤为主要原料发电的电厂。

动力用煤——通过煤的燃烧来利用其热值的煤炭产品统称动力用煤。动力用煤按用途可分为发电用煤、工业锅炉及窑炉用煤和其他用于燃烧的煤炭产品。

冶金用煤——用于冶金的煤炭产品统称冶金用煤。冶金用煤按用途可分为炼焦用精煤、喷吹用精煤、烧结用煤等。

化工用原料煤——经化学加工转化过程生产能源及化工产品的煤炭产品统称化工用原料煤。包括气化用煤、液化用煤等。

运距——商品煤从产地或进境口岸起发生运输的距离。

2. 质量评价指标

商品煤按其不同类别分别提出质量评价指标，详见表3－41～表3－43。

表3－41　动力用煤质量评价指标

商品煤类别	基 本 指 标		辅 助 指 标	
	指 标 名 称	单位	指 标 名 称	单位
动力用煤[①]	煤粉含量[②]$P_{-0.5mm}$	%	煤中碳含量 C_{daf}	%
	全水分 M_t	%	煤中氢含量 H_{daf}	%
	灰分 A_d	%	煤中氮含量 N_{daf}	%
	挥发分 V_{daf}	%	煤中钾和钠总量 $\omega(K)+\omega(Na)$	%
	全硫 $S_{t,d}$	%	煤灰熔融性	℃
	发热量 $Q_{net,ar}$	MJ/kg	哈氏可磨性 HGI	—
	煤中磷含量 P_d	%		
	煤中氯含量 Cl_d	%		

表 3-41（续）

商品煤类别	基本指标		辅助指标	
	指标名称	单位	指标名称	单位
动力用煤[①]	煤中砷含量 As_d	µg/g		
	煤中汞含量 Hg_d	µg/g		
	煤中氟含量 F_d	µg/g		

注：①动力用煤的煤类包括褐煤、非炼焦烟煤和无烟煤。

　　②煤粉含量指商品煤中粒度小于0.5 mm的煤粉的质量分数。

表 3-42　冶金用煤质量评价指标

商品煤类别	基本指标		辅助指标	
	指标名称	单位	指标名称	单位
冶金用煤	全水分 M_t	%	煤中碳含量 C_{daf}	%
	灰分 A_d	%	煤中氢含量 H_{daf}	%
	挥发分 V_{daf}	%	煤中氮含量 N_{daf}	%
	全硫 $S_{t,d}$	%	烟煤胶质层指数（X 和 Y）	mm
	黏结指数 $G_{R.I.}$	—	奥亚膨胀度（a 和 b）	%
	煤中磷含量 P_d	%	发热量 $Q_{net,ar}$	MJ/kg
	煤中氯含量 Cl_d	%	哈氏可磨性 HGI	—
	煤中砷含量 As_d	µg/g	镜质体反射率	%
	煤中汞含量 Hg_d	µg/g	煤岩显微组分	
	煤中氟含量 F_d	µg/g		
	煤中钾和钠总量 $\omega(K)+\omega(Na)$	%		

表 3-43　化工用原料煤质量评价指标

商品煤类别	基本指标		辅助指标	
	指标名称	单位	指标名称	单位
化工用原料煤	全水分 M_t	%	煤中碳含量 C_{daf}	%
	灰分 A_d	%	煤中氢含量 H_{daf}	%
	挥发分 V_{daf}	%	煤中氮含量 N_{daf}	%
	全硫 $S_{t,d}$	%	煤中钾和钠总量 $\omega(K)+\omega(Na)$	%
	发热量 $Q_{net,ar}$	MJ/kg	哈氏可磨性 HGI	—

表3－43（续）

商品煤类别	基本指标		辅助指标	
	指标名称	单位	指标名称	单位
化工用原料煤	煤灰熔融性	℃	落下强度 SS	%
	煤中磷含量 P_d	%	热稳定性 TS_{+6}	%
	煤中氯含量 Cl_d	%	煤灰高温黏度特性	Pa·s
	煤中砷含量 As_d	μg/g	煤对 CO_2 化学反应性 α	%
	煤中汞含量 Hg_d	μg/g	镜质体反射率	%
	煤中氟含量 F_d	μg/g	煤岩显微组分	%

3. 质量控制指标与控制值

商品煤质量控制指标指商品煤中对环境和人体健康、用煤设备以及煤炭利用效率影响较大的煤质指标。控制值则为商品煤在流通贸易中应达到的基本要求。商品煤按其不同类别分别提出质量控制指标和控制值，详见表3－44～表3－45。

表3－44 动力用煤质量控制指标与控制值

商品煤类别	控制指标	单位	控制值			
			运距≤600 km		运距>600 km	
动力[1]用煤	煤粉含量[2] $P_{-0.5mm}$	%	≤30.0		≤25.0	
	灰分 A_d	%	褐煤≤30.0	其他煤≤35.0[3]	褐煤≤20.0[4]	其他煤≤30.0
	全硫 $S_{t,d}$	%	褐煤≤1.50	其他煤≤2.50[5]	褐煤≤1.00	其他煤≤2.00
	煤中磷含量 P_d	%	≤0.100			
	煤中氯含量 Cl_d	%	≤0.150			
	煤中砷含量 As_d	μg/g	≤40.0			
	煤中汞含量 Hg_d	μg/g	≤0.600			

注：①动力用煤的煤类包括褐煤、非炼焦烟煤和无烟煤。

②煤粉含量指商品煤中粒度小于0.5 mm的煤粉的质量分数。

③当动力用煤的灰分为 35.00%＜A_d≤40.00% 时，其发热量 $Q_{net,ar}$ 不应小于 16.50 MJ/kg。

④当动力用煤的运距超过 600 km 时，要求褐煤发热量 $Q_{net,ar}$≥16.50 MJ/kg，其他煤发热量 $Q_{net,ar}$≥18.00 MJ/kg。

⑤原产地为广西壮族自治区、重庆市、四川省、贵州省 4 个高硫煤产区的动力用煤，其全硫 $S_{t,d}$ 应不大于 3.00%。

表 3 – 45 冶金用煤质量控制指标与控制值

商品煤类别	控 制 指 标	单位	质量要求
冶金用煤	灰分 A_d	%	≤12.50[①]
	全硫 $S_{t,d}$	%	≤1.50[②]
	煤中磷含量 P_d	%	≤0.100
	煤中氯含量 Cl_d	%	≤0.150
	煤中砷含量 As_d	μg/g	≤20
	煤中汞含量 Hg_d	μg/g	≤0.250
	煤中钾和钠总量[③] $\omega(K)+\omega(Na)$	%	≤0.25

注：①炼焦用肥煤、焦煤、瘦煤以及用于喷吹的无烟煤，其灰分控制要求为：$A_d < 14.00\%$，肥煤、焦煤、瘦煤及无烟煤的煤类判别按 GB/T 5751 执行。

②炼焦用肥煤、焦煤、瘦煤的干基全硫控制要求为：$S_{t,d} \leq 2.50\%$。

③煤中钾和钠总量的计算方法：

$$\omega(K)+\omega(Na)=[0.830 \times \omega(K_2O)+0.742 \times \omega(Na_2O)] \times A_d \div 100$$

式中 $\omega(K)+\omega(Na)$——煤中钾和钠总量，%；

0.830——钾占氧化钾的系数；

$\omega(K_2O)$——煤灰中氧化钾的含量，%；

0.742——钠占氧化钠的系数；

$\omega(Na_2O)$——煤灰中氧化钠的含量，%；

A_d——煤的干基灰分，%。

4. 化工用原料煤质量控制指标与控制值

化工用原料煤除硫分外其他质量控制指标与控制值参照动力用煤表 3 – 44 执行。唯硫分指标，在满足相关煤炭气化工艺或煤炭直接液化工艺基本要求且具备硫回收设施时，可使用较高硫分的原料煤。

第五节 煤炭产品定向与定位

一、产品定向的原则及依据

产品定向即指确定煤炭产品用途的主导方向。产品定向的主要依据是煤炭的种类、煤质特征和煤的工艺性能。当然也与市场需求有关。

1. 煤炭种类对产品定向的影响

煤炭资源的合理利用，是一项重要的基本国策。在确定煤炭产品用途的主导方向时，煤炭种类这一重要因素必须得到充分体现。国家发改委《关于加强煤化工项目建设管理促进产业健康发展的通知》（发改工业〔2006〕1350号文）明确规定，"国家实行煤炭资源分类使用和优化配置政策。炼焦煤（包括气煤、肥煤、焦煤、瘦煤）优先用于煤焦化工业，褐煤和煤化程度较低的烟煤优先用于煤液化工业，优质和清洁煤炭资源优先用作发电、民用和工业炉窑的燃料，高硫煤等劣质煤主要用于煤气化工业，无烟块煤优先用于化肥工业"。当然上述文件仅仅指出了按煤炭资源分类使用和优化配置政策的大方向，其原则是必须执行的。但受篇幅所限，该文件在内容的具体表述上并不是很全面，在实际运用中还需根据具体条件具体对待。例如，褐煤和煤化程度较低的烟煤应该优先用于煤化工产业，而不必仅仅局限于文件中所述及的煤液化工业。根据煤炭种类因地制宜地确定产品用途方向的实例很多，仅举几例如下。

【实例】《贵州发耳矿区总体规划》对矿区所赋存的低灰、低硫优质瘦煤，本是国家十分稀缺的炼焦煤资源，这样面积大、储量集中的优质瘦煤资源在国内已不多见。但总体规划反而将其用作坑口发电厂燃料，资源利用不合理，明显违反了国家发改委《关于加强煤化工项目建设管理促进产业健康发展的通知》（发改工业〔2006〕1350号文）的有关规定。后经专家评估，提出质疑，贵州省领导亲自干预才得以纠正。

【实例】华东地区的兖州、济宁、淮南等矿区气煤资源储量特别丰富，但当地炼焦配煤用量不大，故大部分气煤都被当作发电用煤。由此可见，产品定向也与当地市场的需求有关。但气煤属炼焦煤资源，挪作他用的理由，在设计中必须进行充分的阐述，否则很难被国家认同。例如，淮南矿区××矿井《可研报告》对该矿井气煤没有用作炼焦配煤而用于发电的合理性，缺乏充分论证。在该项目核准会签中，分别遇到国家发改委、国土资源部的质疑，被驳回重新进行了论证。

2. 煤质特征、煤的工艺性能对产品定向的影响

有些煤质特征和煤的工艺性能，如显微煤岩组分、元素组成、有害元素含量、硫成分及其嵌布特性、内在水分、煤灰熔融性、化学活性、热稳定性、落下强度、可磨性等，均是煤炭"与生俱来"的天然特性，是任何洗选加工方法都改变不了的。煤炭的这些天然特性对确定煤炭的产品方向有着重要影

响。

【实例】华亭矿区某矿 5 号煤层属特低灰（8.01%）、特低硫（0.32%）、低磷（0.028%）、高挥发分（39.93%）、高热值（$Q_{gr,d} = 28.92\ \text{MJ/kg}$）的长焰煤（$P_M = 73.7\%$），煤质可谓不错。经对煤质特征和煤的工艺性能综合分析后，便可得出以下有关 5 号煤层合理的产品方向的具体意见：

（1）初看似乎可作为优质动力煤，但由于内在水分较高（达 7.26%），对煤的热值将产生不利影响，经初步测算其收到基低位发热量 $Q_{net,ar}$ 将降低到 21.72 MJ/kg。加上煤灰成分偏碱性，酸碱比为 0.61，致使煤灰软化温度较低（ST = 1208 ℃），结渣性强（Clin = 25.82%）；综合分析可知，该矿 5 号煤层不是理想的优质动力煤。

（2）5 号煤层是长焰煤，属变质程度低的年轻烟煤，碳氢比 16（C/H = 15.56），似可作为煤炭直接液化的原料。但因煤的显微煤岩组分中惰质组含量高（37.23%）、镜质组含量低（53.25%），氧元素含量高（15.57%），故不是煤炭直接液化的理想原料。

（3）5 号煤层化学活性好（950 ℃时对 CO_2 反应率为 69% ~ 94%），且热稳定性好（TS$_{+6}$ = 64.3%）、落下强度高（SS > 65%），故其块、粒煤产品是比较理想的移动床气化原料。

（4）5 号煤层中有害元素含量均比较低，属特低硫（0.32%）、低磷（0.028%）、特低氯（0.03%）、一级含砷（2.9 μg/g）煤，是理想的食品加工与酿造业的燃料。在当地，其块煤产品是极受欢迎的民间食品烧烤燃料。

【实例】内蒙古鄂尔多斯呼吉尔特矿区侏罗纪中下统延安组赋存的不黏煤，适应加氢直接液化的各项煤质指标均明显好于周边矿区（神东、神府南、榆神、新街、塔然高勒、万利等矿区）的煤炭，是我国不多见的加氢直接液化的理想原料。鉴于该矿区各项煤质指标在本节有关煤炭直接液化对煤质的要求的实例中已有详细阐述，此处不再赘述。

需要强调的是，我国赋存的比较适合作为加氢直接液化原料的煤炭储量已经不多了。像呼吉尔特矿区这样储量大（获得查明资源量 7102.77 Mt，获得潜在资源量 813.37 Mt），又适合加氢直接液化的整装煤田更不多见。但《呼吉尔特矿区总体规划（初版)》仍将该矿区煤炭产品方向定为以优质动力发电用煤和煤化工原料为主。相当多的煤炭资源被作为生产二甲醚的原料或作为发电的燃料。

随着煤炭转化工艺技术的快速发展，对煤炭的用途、利用方向，也应打破传统观念、转变理念、与时俱进。对呼吉尔特矿区赋存的宝贵的低阶烟煤，首先应考虑它是一种可以生产高附加值油品和煤化工产品的优质原料，其次才是动力发电燃料，顺序不宜颠倒。鉴于该矿区煤炭作为加氢直接液化的原料，比周边矿区具有特殊明显的煤质优势，宜倍加珍惜，多加保护。其合理、正确的产品方向和利用途径分析如下：

（1）待直接液化工艺技术商业化成熟过关后，再大规模开发利用该矿区的煤炭资源。

（2）由于煤制合成气及其下游煤化工产品（如甲醇、二甲醚等）或煤基合成油（间接液化）的相关工艺技术相对比较成熟，当前虽可酌情小规模实施利用。但因煤制合成气对原料煤质量要求不像加氢直接液化工艺对原料煤质量要求那样严格，故其原料煤的来源要相对广泛得多，容易取得，该矿区周边各大矿区的煤炭均适合取用。为此，应尽量少耗费该矿区适合加氢直接液化的煤炭资源去作煤化工和间接液化的原料。

（3）从煤质角度来看，本矿区的煤炭虽然也是优质发电用煤，但从经济角度来考虑，不宜当作电煤烧掉。

【实例】陕西彬长矿区×矿井选煤厂，设计生产能力：6.00 Mt/a。

井田赋存的煤炭种类单一，各煤层均属不黏煤（BN31）。具有**中等内在水分**（$M_{ad} = 4.36\%$）、**低灰**（$A_d = 12.94\%$）、**中高挥发分**（$V_{daf} = 32.92\%$）、**中等固定碳**（$FC_d = 58.4\%$）、**高发热量**（$Q_{gr,d} = 28.78$ MJ/kg）、**低硫**（$S_t = 0.83\%$）、**低磷**（$P_d = 0.020\%$）、**特低氯**（$Cl_d = 0.041\%$）、**特低氟**（$F_d = 35$ μg/g）、**特低砷**（$As_d = 3.7$ μg/g）、**中等可磨性**（$HGI = 70$）、**化学活性差**（950 ℃时对 CO_2 反应率 $\alpha = 36.32\%$）、**高落下强度**（$SS = 85.4\% \sim 86.0\%$）、**高热稳定性**（$TS_{+6} = 81.5\%$）、**中等煤灰软化温度**（$ST = 1265$ ℃）、**强结渣性**（炉栅截面流速 0.2 m/s 时，结渣率 29.4%）、**无黏结性**（$G_{R.I.} = 1.3$）、**富油煤**（$Tar = 8.08\%$）等煤质特性。

根据煤质条件，虽然设计将本矿煤炭产品方向定为动力用煤、气化、液化、制水煤浆、低温干馏原料煤等，也可以供高炉喷吹用煤。

但是，在制定选煤工艺时，设计却以高炉喷吹用煤作为主要产品方向。并在此基础上推荐了原煤全部入选的选煤工艺如下：

80～13 mm 块煤采用重介浅槽分选，13～1.5 mm 末煤采用两产品重介旋流器分选，1.5～0.25 mm 粗煤泥采用螺旋分选机分选，<0.25 mm 细煤泥采用两段浓缩、两段回收（沉降离心机＋快开隔膜压滤机）工艺。选煤厂分选后的产品结构方案见表 3－46。

表 3－46　选煤厂最终产品平衡表（全入选）

产品名称		产率 γ/%	产量			灰分 A_d/%	水分 M_t/%	发热量 $Q_{net,ar}$/ (4.18 kJ·kg^{-1})
			t/h	t/d	10 kt/a			
块精煤	洗大块（80～30 mm）	14.55	165.31	2645.00	87.29	10.00	12.00	6014.14
	洗中块（30～13 mm）	11.90	135.26	2164.09	71.42	11.36	13.11	5846.91
	合计（80～13 mm）	26.45	300.57	4809.09	158.70	10.61	12.50	5938.88
末精煤	浅槽精煤（13～0 mm）	7.11	80.80	1292.73	42.66	8.69	13.00	6061.83
	旋流器精煤（13～0 mm）	23.00	261.36	4181.82	138.00	8.33	15.00	5980.17
	螺旋精煤（1.5～0.5 mm）	6.36	72.27	1156.36	38.16	10.00	20.00	5574.66
	合计（13～0 mm）	36.47	414.43	6630.91	218.82	8.69	15.46	5926.58
混煤	粗煤泥（3～0.5 mm）	4.46	50.68	810.91	26.76	18.02	22.00	4836.50
	沉降过滤煤泥（0.5～0.25 mm）	6.83	77.61	1241.82	40.98	20.38	24.00	4541.74
	压滤煤泥（0.25～0 mm）	8.71	98.98	1583.64	52.26	22.27	28.00	4173.94
	旋流器精煤（13～0 mm）	6.33	7.73	123.72	4.08	8.33	15.00	5980.17
	合计（13～0 mm）	26.33	299.20	4787.27	157.98	17.71	19.46	5000.22
矸石	块矸石（80～13 mm）	5.82	66.14	1058.18	34.92	77.78	12.50	
	旋流器矸石（13～0 mm）	3.87	43.98	703.64	23.22	74.06	15.00	
	螺旋矸石（1.5～0.25 mm）	1.06	12.05	192.73	6.36	62.50	20.00	
	合计（80～0 mm）	10.75	122.16	1954.55	64.50	74.04	15.02	
原煤		100.00	1136.36	18181.82	600.00	18.60	12.00	5340.40

设计推荐的上述选煤工艺和产品结构方案十分复杂。实际投产后，大多数情况下只进行块原煤排矸分选，而多数分选环节，如末煤重介旋流器、粗煤泥螺旋分选机等均弃置停运，造成了极大的浪费。导致上述不合理现象的原因，主要就是因为设计错误地确定了产品方向酿成的不良后果。该设计产品方向之所以有误，具体理由如下：

（1）该矿诸多煤质条件并不适合做高炉喷吹煤。

该矿不黏煤虽然具有一些适合高炉喷吹的煤质优势（低灰、低硫、低磷、高热值、钾和钠总量低约 0.098% 等），但是也存在以下诸多不利于高炉喷吹的煤质缺点。

——本矿不黏煤煤灰成分中可作为喷吹煤粒骨架的 Al_2O_3 含量低（19.76%），而起"助熔"作用的 SiO_2 含量高（41.15%），致使煤灰熔融温度不高（ST = 1265 ℃），具有较强结渣性（炉栅截面流速 0.2 m/s 时，结渣率 = 29.4%）。易熔的煤灰将导致煤粉颗粒燃烧、气化不完全，形成所谓的"黑心元宵"，喷吹效果不佳。

——本矿不黏煤化学活性差，对 CO_2 还原性较低（950 ℃ 时对 CO_2 转化率 $\alpha = 36.32\%$），致使煤粉颗粒燃烧、气化率不高。当前国内外高炉喷吹煤的发展趋势是使用对 CO_2 反应率高的喷吹煤。

——本矿不黏煤挥发分较高（$V_{daf} = 32.92\%$），属中高挥发分煤，在喷吹过程中，为避免爆炸危险，往往需加惰性气体氮，增加了喷吹成本。或掺混低挥发分煤（无烟煤、贫煤），使挥发分较高的低阶烟煤作为高炉喷吹用量有限。

——本矿不黏煤可磨性中等（HGI = 70），达不到 I 级高炉喷吹煤要求可磨性指数 HGI > 70 ~ 90 的规定。加之本矿不黏煤存在的煤灰熔融温度不高、对 CO_2 还原性不强等两个煤质缺点，均要求对喷吹煤颗粒磨得更细。可磨性差无疑将增大磨煤成本。

（2）缺乏必要的高炉喷吹煤市场支撑条件。

与邻近省份矿区如晋城、阳泉矿区的无烟煤，潞安矿区的贫煤等适合高炉喷吹的煤炭相比，本矿不黏煤质量差距较大，缺乏市场竞争力，销路难以打开。事实证明，该矿选煤厂投产后，煤炭产品找不到高炉喷吹煤用户，缺乏必要的市场支撑条件。

就目前目标市场条件而言，该矿末煤比较现实的产品方向应以动力电煤为主。考虑到该矿末原煤灰分较低（<13%），发热量较高（>22.99 MJ/kg）的实际情况，末原煤完全可以不分选直接作为动力电煤产品。这样分选范围可以缩小，选煤工艺可以大大简化，投资还可以大幅度降低。

点评：本实例是由于错误地确定了产品方向，误导了选煤工艺客观合理地确定，造成投资极大浪费的典型警示范例。其实，在彬长矿区类似上述错误的并不止一家矿井，应该充分汲取这一教训。

二、产品定位的原则及依据

所谓产品定位就是在已经明确了煤炭产品大方向的前提下，进一步确定产品的档次。它主要取决于煤炭本身的煤质特性和市场需求两个关键因素，两者相辅相成，缺一不可。其中煤质特性是第一要素。脱离煤炭本身煤质的好坏去追求市场需求，妄定产品档次，是不现实的。"量体裁衣"、"因材适用"才是产品定位的科学基础。

（一）产品定位必须以原煤本身的煤质条件为基础

1. 煤炭种类对产品定位的影响

由于我国焦煤资源较少，且多属于难选煤、极难选煤，为最大限度地回收资源，我国对于资源稀缺的炼焦用煤（如焦煤、肥煤、瘦煤），一般选出一种精煤，其精煤灰分往往高于其他配焦煤类。从国家资源宏观调配的角度来看，气煤、1/3 焦煤相对丰富，如果用于炼焦配焦煤，它的精煤灰分应当尽量降低，以拉平资源稀缺的炼焦用煤相对较高的精煤灰分。为了获得较好的经济效益，在生产低灰配焦精煤的同时，可以考虑生产中等质量的产品，如洗混煤、洗末煤和洗粉煤等作为动力燃料，当然必须以市场需要为前提条件。

2. 其他煤质特性对产品定位的影响

煤质特性是煤炭与生俱来的自然品质。如果天然成煤条件不好，比如在成煤过程中，有些黏土矿物质和黄铁矿微粒被散布在凝胶化基质中或填充在植物的细胞腔内。则会造成煤炭内在灰分升高，硫分难以脱除。无论如何分选加工，也不可能选出低灰、低硫的优质高档煤炭产品来。所以煤质本身的好坏是产品定位的基础，是第一位的，不能脱离这个基础去妄定产品的档次。前面曾列举华亭矿区某矿 5 号煤的煤质特性决定了其产品定向与定位的实例就很具有典型性。下面再举一例来进一步说明这个问题。

【实例】众所周知，大同矿区开采的侏罗纪弱黏结煤，具有内在灰分低、硫分低、挥发分高、发热量高、热稳定性好等煤质特性，是动力发电、工业制气、工业窑炉、冶金炼焦配煤的优质原料，长期以来畅销国内外。此外，大同侏罗纪原煤可选性极好，主要体现在：<1.5 kg/L 低密度物累计灰分低（$A_d <$ 5.5%）、累计产率高（$\sum \gamma > 83\%$）、1.5~1.8 kg/L 中间密度物含量极少（2.5% 左右）。因而分选加工十分容易，只需通过排矸处理，产品灰分就可以降到很低，一般均小于 7% ~ 8% 。

然而，大同矿区即将开发的石炭二叠纪气煤，虽然同属一个矿区，其煤质却比侏罗纪煤差得多。尽管煤的挥发分、发热量仍比较高，硫分也低，仍不失为动力发电的良好燃料；但是，煤炭产品的档次却不能与侏罗纪煤同日而语。这主要是因为大同矿区石炭二叠纪煤的内在灰分比侏罗纪煤高得多，而低密度物的产率却又低得多。大同矿区侏罗纪煤与石炭二叠纪煤浮物累计计算结果见表 3 - 47。

表 3 - 47　大同矿区侏罗纪煤与石炭二叠纪煤浮物累计对比表

密度级/ (kg·L⁻¹)	侏罗纪煤浮物累计		石炭二叠纪煤浮物累计	
	$\sum \gamma/\%$	$A_d/\%$	$\sum \gamma/\%$	$A_d/\%$
<1.35			37.44	6.26
1.35 ~ 1.40	80.48	5.01	45.96	7.37
1.40 ~ 1.50	82.81	5.53	59.02	9.84
1.50 ~ 1.60	84.77	5.81	65.16	11.64
1.60 ~ 1.80	86.29	6.45	71.07	13.81
>1.80	100.00	17.01	100.00	29.13

由表 3 - 47 可知，在同一密度级条件下，石炭二叠纪煤比侏罗纪煤的浮物累计灰分要高出 2.36% ~ 7.36% ，但相应的浮物累计产率却要低 34.52% ~ 15.22% 。

如果将这两种煤按生产同样灰分的产品进行对比，则两种煤的差异更为明显。根据表 3 - 47 的有关数据预测产品灰分 <7% 时，两种煤选后结果对比见表 3 - 48。

表 3 - 48　大同矿区侏罗纪煤与石炭二叠纪煤选后产品预测对比表

煤　　　系	理论分选密度/(kg·L⁻¹)	选后产品（理论值）	
		产率/%	灰分/%
侏罗纪煤	1.90	87.00	6.80
石炭二叠纪煤	1.375	41.70	6.87

由表 3 - 48 可知，在选后产品灰分 < 7% 的相同条件下，两者的产品产率相差 1 倍多。这说明，脱离开石炭二叠纪煤本身的煤质特性去勉强要求大同石炭二叠纪煤达到大同侏罗纪煤的产品质量档次，那是不现实的。后果是产品的产率低下、经济效益急剧下降、企业必然亏本经营。

那么对于大同矿区石炭二叠纪煤而言，合理的产品定位应该在什么档次呢？根据"量体裁衣"、"因材适用"的原则，考虑到石炭二叠纪煤的内在灰分较高，低密度轻产物产率较低的客观煤质条件，大同矿区石炭二叠纪煤产品灰分不宜定低。另外，国内电煤市场需求仍以普通动力煤（$A_d = 14\% \sim 20\%$）为主，优质动力煤（$A_d = 12\% \sim 14\%$）居次。根据煤质、市场两个相关因素的分析，认为大同矿区石炭二叠纪煤炭产品结构应重点确定以下两个问题。

（1）关于电煤产品灰分的档次问题。为此特地以大同矿区某选煤厂（设计规模为 15.00 Mt/a）为基础，选择了 $A_d = 12\%$、$A_d = 14\%$ 两种产品灰分方案进行经济对比，见表 3 - 49。

表 3 - 49　大同矿区石炭二叠纪煤炭产品方案对比表

指　标		产　品　方　案		差　额（方案 2 - 方案 1）
		方案 1	方案 2	
主产品（电煤）灰分 A_d/%		≤14	≤12	
产品结构	电煤产量/10^4 t	1004.0	922.2	- 81.80
	中煤产量/10^4 t		58.7	+ 58.7
	煤泥产量/10^4 t	86.4	86.4	0
	高岭岩产量/10^4 t	32.7	32.7	0
销售收入合计/万元		311721.0	309440.5	- 2280.5
生产总成本/万元		240846.0	243242.0	+ 2396.0
年利税总额/万元		70875.0	66198.5	- 4676.5
投资估算/万元		93062.0	94987.0	+ 1925.0

注：1. 本表以某选煤厂（规模 15.00 Mt/a）为基础进行方案对比。

　　2. 产品售价：电煤　300 元/t（$A_d \leqslant 14\%$）、320 元/t（$A_d \leqslant 12\%$）

　　　　　　　　中煤　65 元/t（$A_d \leqslant 43\%$）

　　　　　　　　煤泥　65 元/t（$A_d \leqslant 27.5\%$、$M_t = 25\%$）

　　　　　　　　高岭岩　150 元/t

　　3. 方案 2 因增加了出中煤再选系统，生产成本和投资均比方案 1 有所增加。

由表 3 - 47 和表 3 - 49 可知，大同矿区石炭二叠纪电煤产品的灰分定位在 $A_d \geq 14\%$ 为宜。因为 $A_d = 14\%$ 产品方案比 $A_d = 12\%$ 产品方案电煤产品产率高了近 6 个百分点，每年多产电煤 81.8×10^4 t，年销售收入多 2280.5 万元，年利税总额多 4676.5 万元。

（2）关于大同矿区石炭二叠纪煤炭不宜选出中煤的问题。推荐电煤产品的灰分定位在 $A_d = 14\%$ 时，完全没有必要出中煤。理由如下：

原煤经洗选排矸后，产品的灰分为 14%，矸石灰分已达 66%。如果将灰分为 66% 的矸石作为再选入料，从中勉强分选出中煤来，则存在诸多不合理性。首先，再选入料中 > 1.8 kg/L 密度级的纯矸石量占到 85% 以上，用重介质旋流器去分选这种轻重产物比例严重倒置的物料，在技术上几乎不可行。其次，经计算，从灰分为 66% 的矸石中只能选出产率不足 4%、灰分 > 47% 的高灰中煤。这样的高灰中煤根本无法外销，只能作为本矿煤矸石综合利用电厂的燃料。然而，为了回收这样一点点高灰、低热值中煤，还必须增加重介质再选系统，使全厂工艺系统变得复杂，初步估算需增加投资 2000 万元以上。每年约有 4 Mt 以上的矸石重复洗选加工，致使生产成本增加近 2400 万元，经济上十分不合理。与其这样，还不如将灰分为 66% 的洗选矸石直接运往煤矸石综合利用电厂作燃料。

有一种观点认为，增设重介质再选系统，预留出中煤的可能性比较灵活。但是，编著者认为工艺系统预留产品结构的灵活性，应以经济上是否合理、市场上是否有销路为衡量准绳。

【实例】济北矿区某选煤厂主要入选本矿生产的 3 号煤层原煤。

（1）煤质条件评述。济北矿区原煤属**低中灰**（14.63% ~ 16.69%）、**低硫**（0.55% ~ 0.64%）、**低—特低磷**（0.0162% ~ 0.0095%）、**高灰熔点**、**高热值**（25.91 ~ 29.43 MJ/kg）优质气煤。在华东地区是良好的动力用煤。

3 号煤层的内在灰分较低，与兖州矿区煤的内在灰分相近。但是，轻密度级物料的产率却比兖州矿区的煤要低得多，见表 3 - 50。

由表 3 - 50 可知，济北矿区的原煤选后产品的灰分不宜定得过低。因为，在生产低灰产品的条件下，精煤产率将大大低于兖州矿区（约低 16 个百分点），其经济效益可能远不如兖州矿区好。

（2）产品定位分析。济北矿区煤的内在灰分较低，洗选出灰分为 9% 的低灰优质动力煤虽然是完全可行的。但是，正如前面煤质评述中所分析的，因其

表 3-50　兖州矿区的 3 号煤层与济北矿区某两个煤矿的
3 号煤层灰分和产率比较表　　　　　　　%

项　　目	兖州（3 号煤层）	济北（3 号煤层）之一	济北（3 号煤层）之二
浮物累计灰分	8.54	8.52	8.57
浮物累计产率	87.32	70.43	71.88

轻产物产率远不如兖州高，无法与邻近的兖州矿区优质气煤竞争。加之华东地区气煤储量极为丰富，而当地炼焦煤市场对气煤用作配焦煤的需求量又十分有限。若在济北矿区选煤厂生产低灰炼焦配煤产品，从经济、市场两个角度来看不一定是最佳方案。根据济北矿区某选煤厂 3 号煤层的浮沉资料分析得出，当生产灰分≤12% 的优质动力煤时，其产率增加幅度最大。比生产灰分为 9% 的炼焦配煤产品时，每年提高产量约 18×10^4 t，增加利润约 2000 万元以上。所以，建议对济北矿区某选煤厂产品定位，宜以生产灰分≤12% 的优质动力煤为主。

考虑到国内外市场的多元化要求，不能固定只生产灰分为≤12% 的一种产品。设计在系统中考虑了对产品灰分能够"无级调节"的措施是正确的。即 50~0.5 mm 原煤既可全部入选生产优质动力煤产品；也可根据对产品灰分的不同要求，通过调节进入分级筛（φ13 mm）的原煤量的办法，达到调控 <13 mm 末煤入选量的目的。洗后末煤再与不入选的筛下末原煤掺配，便可生产出不同灰分的产品。这样在满足不同灰分要求的前提下，可将末原煤入选量减少到最低限度，尽量减少煤泥水系统的负荷，是十分经济合理的。为了具体说明上述"无级调节"的实际效果，初步预测如下：

——如果只入选 >13 mm 块煤，筛下 <13 mm 末煤全部不入选，则只需开一个跳汰系统，掺混后可出灰分 >17% 的产品。

——如果再增加 <13 mm 末原煤量的 1/2 去入选，则可出灰分为 14% 左右的产品。

——如果 50~0.5 mm 原煤全部去入选，则可生产灰分≤12% 的优动产品。

（二）产品定位应以市场需求为导向

社会主义市场经济与计划经济时代完全不同，从前煤炭市场是卖方市场，供不应求。现在是买方市场，供大于求，竞争十分激烈。随着国家能源结构的改变和环保要求日趋严格，煤炭市场的需求正处在深刻变化之中。

为了减少对大气的污染，现在环保部门要求动力用煤的硫分含量一般不得大于 1%。而由于用途不同或用户炉型技术条件上的差异，往往对动力煤灰分（或发热量）的要求变化幅度很大。例如，炼焦精煤灰分要求多在 9% 左右；高炉喷吹用煤灰分要求在 10% 左右；出口动力煤灰分一般要求小于 12%；国内新建大电厂需用优质动力煤为燃料，灰分要求 12% ~ 14%，而普通动力电煤灰分仅需 14% ~ 20% 甚至更高，即可满足要求。所以针对不同的市场用户，产品档次的定位也应有所不同。

以市场需求为导向，确定产品档次或产品定位时，有以下两个方面值得关注：

（1）在市场经济条件下，一个煤矿或选煤厂的用户往往不是一个，而且也不可能固定在一种产品档次需求上不变。为适应当前煤炭需求多样性和多变性的市场特征，煤炭产品定位应有一定的灵活性，这一点十分重要。但是，产品档次定位的灵活程度，应以经济上是否合理为衡量准绳。设计的选煤工艺系统应能为实现这种灵活的产品结构提供必要的保证和可能性。

（2）超出市场用户的实际需求，"过度地"洗选加工，盲目地提高产品档次，在经济上是不合算的。在市场经济条件下，工艺设计与产品方案应遵循经济效益最大化原则。

下面仅举几个例子，结合煤质和市场两个因素来进一步说明产品定位问题。

【实例】 陕西省黄陵矿区某井田含煤地层为侏罗纪中统延安组，共含煤 4 层，其中仅 2 号煤层（平均厚 3.39 m）为主要可采煤层，全区大部可采。该井田赋存的煤炭属中低变质程度烟煤，煤类以弱黏煤为主，少量气煤。

现以主要可采煤层 2 号煤层为代表，对本井田煤炭的煤质特征、工艺性能和用途扼要归纳评价如下。

（1）本井田的煤炭具有**低内水**（M_{ad} = 2.70%）、**低中灰**（A_d = 17.11%）、**特低硫**（按基准发热量折算后 $S_{t,d}$ = 0.448%）、**中磷**（$P_{t,d}$ = 0.067%）、**低氯**（Cl_d = 0.086%）、**高热值**（折算后的 $Q_{gr,d}$ = 27.87 MJ/kg）、**中高挥发分**（V_{daf} = 33.75%）、**中等煤灰软化温度**（ST = 1279 ℃）、**中等可磨性**（HGI = 69）等优良煤质特性，是良好的动力发电用煤。虽可作为高炉喷吹煤，但因挥发分较高，以及煤灰成分中可作为高温条件下喷吹煤粒骨架的 Al_2O_3 含量低

（仅为 21.67%），作为高炉喷吹煤并不理想，预计市场竞争力不强。

（2）本井田的煤炭还具有**高落下强度**（SS = 89.0%）、**高热稳定性**（$TS_{+6} = 91.1\%$）等煤质优点，虽然煤炭**化学活性较差**（950 ℃时对 CO_2 转化率 $\alpha = 33.0\%$），但若能适当提高气化炉温度，仍是移动（固定）床气化炉造气的良好原料。

本矿井选煤厂选煤工艺为：50～13 mm 块原煤采用浅槽重介质分选机分选；<13～1.5 mm 末原煤采用预脱泥两段有压入料两产品重介质旋流器分选；1.5～0.25 mm 粗煤泥采用干扰床煤泥分选机分选；<0.25 mm 细泥不分选，直接脱水回收掺入中煤产品。

选后产品结构方案和可能的目标市场如下：

50～25 mm 块精煤，$A_d = 9.97\%$、产量为 1.208 Mt/a，可供陕化、渭化等化工厂作气化用煤。

<25 mm 末精煤，$A_d = 9.98\%$、产量为 2.09 Mt/a；可供武钢等钢铁厂作高炉喷吹，供省内陕西焦化厂、西安焦化厂、宝鸡焦化厂、咸阳焦化厂及省外焦化厂作炼焦配煤原料。

电煤，$A_d = 20.0\%$、产量为 1.462 Mt/a，可供省内秦岭发电厂、宝鸡发电厂、渭河发电厂及省外电厂作燃料。

中煤，$A_d = 28.15\%$、产量为 1.518 Mt/a，可供黄陵一号热电厂作燃料。

矸石，$A_d = 73.04\%$、产量为 0.722 Mt/a。

上述选煤工艺、产品结构方案与目标市场分析存在以下问题：

（1）上述目标市场用户均无数、质量要求，也无供煤协议文件作支撑，无从判断推荐的产品结构方案与目标市场用户是否相适应。

（2）鉴于国家标准《常压固定床煤气发生炉用煤技术条件》（GB/T 9143—2001）规定特级气化煤灰分≤12.0%，一级气化煤灰分为 12.0%～18.0%，设计确定块精煤产品主要供化工厂作气化用煤，因而没有必要将块精煤灰分洗至 9.97%。增加了块煤再洗分选环节，不利于工艺流程的简化。

（3）国内高炉喷吹煤市场需求量有限，年需高炉喷吹煤 20.00 Mt/a 左右。而本矿煤炭如前所分析的，因煤质方面的原因，作为高炉喷吹煤并不理想，与周边省份的矿区如晋城、阳泉矿区的无烟煤、潞安矿区的贫煤相比，质量差距较大，作为高炉喷吹煤其市场竞争力不强，销路难以打开。另外，弱黏煤作为炼焦配煤市场用量更不大。故黄陵 2 号煤层将高炉喷吹煤和配焦煤作为主要产品方向，原煤基本全部洗选，生产低灰精煤产品的加工原则，是不尽合理的。据了解，该选煤厂运行期间，因高炉喷吹煤和炼焦配煤市场推不开，末精煤产品销路不畅，致使其末煤重介质分选系统和干扰床煤泥分选系统长时间闲置不用，造成了浪费。

点评：本实例充分证明了煤质条件和市场需求对确定正确的产品方向，制订合理的产品结构方案甚至最终影响到工艺流程的合理性，均有着举足轻重的影响，具有典型意义。

【实例】淮南矿区××井田因矿权划分给两个业主，将原井田也划分为××东和××西两个井田。故而两个井田的煤层结构、赋存状况、煤类、煤质特性、原煤可选性基本一致。但是，由于××东和××西两个矿井选煤厂《可研报告》对产品定向与定位在认知方面存在差异，导致确定的选煤工艺相距甚远，具有典型借鉴意义。

（1）煤层赋存状况。两井田含煤地层为石炭二叠纪山西组，全区或大部可采的主要煤层均为 13^{-1}、11^{-2}、8、5^{-1}、4^{-1} 等5层煤。赋存的煤炭种类上部煤层以气煤为主，下部煤层多为1/3焦煤。两矿井前20年主要均开采上部煤层 13^{-1}、11^{-2} 两层煤，两矿井 11^{-2} 煤层与 13^{-1} 煤层配采比例分别为1:3和3:7。

（2）煤质特性及可选性：

①两井田煤质特征及工艺性能以《××西井田地质勘探报告》为代表扼要归纳如下。

具有**低内水**（$M_{ad} = 1.29\% \sim 1.52\%$），**中等灰分**（$A_d = 23.96\% \sim 25.31\%$），**中高—高挥发分**（$V_{daf} = 35.55\% \sim 39.92\%$），**中高热值**（$Q_{gr,d} = 24.98 \sim 25.28 \ MJ/kg$），**特低—低硫**（$S_{t,d} = 0.33\% \sim 0.60\%$），**特低—低磷**（$P_d = 0.006\% \sim 0.024\%$），**特低氯**（$Cl_d = 0.016\% \sim 0.021\%$），**低砷含量**（$As_d = 2.2 \sim 4.5 \ \mu g/g$，属一、二级含砷煤），**较高煤灰软化温度**（参考朱集东矿 $ST > 1390 \ ℃$），**低结渣指数**（参考朱集东矿 $0.028 \sim 0.101$），**低沾污指数**（参考朱集东矿 $0.051 \sim 0.085$），**强黏结性**（$G = 79.13 \sim 82.50$）等优良煤质特性，是优良的动力发电用煤和良好的炼焦配煤。

②原煤可选性评定。当理论分选密度为 $< 1.5 \ kg/L$ 时，属难选～极难选；当理论分选密度 $> 1.6 \ kg/L$ 时，属易选。

（3）产品方向。××东选煤厂确定的产品方向主要为动力电煤。

××西选煤厂确定的产品方向兼顾炼焦配煤、化工用煤和动力电煤。

分析评价如下：

①安徽省发改委近日批复的安徽省煤化工（淮南）基地规划，到 2020 年淮南将建设成为新型能源和现代煤化工生产基地。规划分近、中、远 3 个五年规划建设，重点发展煤基烯烃、硝酸、化肥、替代燃料四大产品链。鉴于煤化工项目技术方面还不够完全成熟，尚存在许多不确定因素，加之国家近期对发展煤化工发布一系列政策限制。所以，可以预见在相当一段时期内煤化工（淮南）基地尚难形成规模，对煤的需求量还十分有限。在煤化工（淮南）基地未形成规模前这段时期，生产动力电煤应该是××东和××西两座煤矿的主要产品方向。

②鉴于华东地区气煤储量极为丰富，但是气煤作为炼焦配煤的市场需求量很有限，所以在华东地区气煤多当作动力发电用煤。特别是××东和××西两个矿井的气煤内在灰分高，轻产物产率极低（当精煤灰分为 8% 时，精煤产率仅为 20% 左右），与山东兖州、济宁、济北三大矿区赋存的气煤相比，煤质要差得多。若硬要生产炼焦配煤，经济效益既差，也缺乏市场竞争力。只宜用作动力发电。到了后期，矿井开采下部煤层，虽然煤类变为以 1/3 焦煤为主，但因本井田煤的可选性差，轻产物含量少（这是淮南矿区潘谢区煤质方面的共性），洗选低灰炼焦精煤的产率很低，剩余大部分灰分较高的煤炭产品仍然只能适合作动力电煤。

通过上述分析，××东和××西两个矿井的气煤主要宜用作动力发电用煤，不宜洗选低灰炼焦精煤，其经济效益既差，又缺乏市场竞争力，不尽合理。

（4）选煤工艺：

①××东选煤厂推荐的分选加工工艺。毛煤经 150 mm、50 mm 两段筛分。>150 mm 大块矸石直接落地综合利用，150~50 mm 块原煤经捡杂后破碎掺入 <50 mm 筛下煤。混原煤根据煤质情况采用分流入选方式，部分混原煤 13 mm 分级，>13 mm 原煤与未分级原煤采用无压入料三产品重介质旋流器分选，<13 mm 末原煤直接作为动力煤产品。分流比例视煤质情况可任意调节。0.5~0.25 mm 粗煤泥采用高频筛回收，0.25~0.045 mm 煤泥采用筛网沉降离心机回收，可选择掺入选混煤产品或筛末煤中，以提高动力煤产率。<0.045 mm 煤泥采用压滤机进行脱水处理。

分析认为，上述分选加工工艺基本上是可行的。其中混原煤根据煤质情况采用分流入选方式，选煤方法采用无压入料三产品重介质旋流器分选工艺均是合理的工艺原则。符合本井田煤质波动大，煤层的顶、底板及夹矸的岩性多为泥岩，遇水泥化现象严重的煤质特性。而且采用无压三产品重介质旋流器分选工艺，也为选煤厂后期洗选井田下部煤层 1/3 焦煤资源时，需生产低灰精煤产品，提供了适应条件，但煤泥回收方式存在一定问题。

——0.5～0.25 mm 粗煤泥采用高频筛回收，存在水分高的缺点。建议考虑采用高效卧式煤泥离心机对粗煤泥脱水。

——0.25～0.045 mm 煤泥采用筛网沉降离心机回收，存在入料粒度偏细的弊端。实践表明，筛网沉降离心机回收的粒度下限难以达到 0.045 mm（325目）。建议通过调研合理解决。

②××西选煤厂推荐的分选加工工艺。＞50 mm 大块原煤采用动筛跳汰机预排矸；经预排矸的大块原煤破碎后与筛下＜50 mm 原煤混合采用分级入选方式，50～8 mm（或 13 mm）采用预先脱泥有压两产品重介质旋流器两段分选（一段先排矸、二段精选）；＜8 mm（或＜13 mm）末原煤直接作为动力煤产品或全部预先脱泥后进两产品重介质旋流器分选；2.0～0.20 mm 粗煤泥采用TBS 干扰床分选；＜0.20 mm 细煤泥采用普通机械搅拌式浮选机分选。

分析认为，上述分选工艺集动筛跳汰、两段两产品重介质旋流器、干扰床、浮选等 4 种分选工艺并存，系统过于复杂，且存在一系列弊端。

——＜50 mm 筛下混原煤采用分级入选方式，以 8 mm（或 13 mm）作为分级界限，保证筛分效率是一大难题。据了解《项目申请报告》选取 8 mm 分级筛分效率高达 80% 在当时筛分技术条件下是不现实的，在潘谢区井下水量大、原煤外在水分高的条件下，远难达到。

——为了出一点点（占全样的 10% 左右）低灰炼焦精煤，不惜将选煤工艺搞得如此复杂，几乎包罗了从动筛跳汰机、两段两产品重介质旋流器、TBS干扰床、机械搅拌式浮选机等 4 种分选不同粒级原煤的选煤方法。实际上，设计工艺流程图清楚表明，低灰炼焦精煤仅通过两段两产品重介质旋流器分选获得，而 TBS 干扰床、机械搅拌式浮选机的设置，并不是为了出低灰炼焦精煤，只是因为两产品重介质旋流器从原煤中抽走了一部分低灰精煤后，为了保证剩余的煤炭产品发热量不低于动力电煤要求的 20.934 MJ/kg，不得已而设置的。例如，浮选精煤灰分高达 18%，这样做是否值得，设计未作全面技经济论证。

——鉴于本井田原煤含粉末煤量较大、矸石易泥化的特性，采用预先脱泥有压入料两产品重介质旋流器分选＋粗煤泥 TBS 干扰床分选联合工艺，两种选煤方法均需采用高压泵送物料方式，势将进一步增大次生煤泥量，不利于重介质旋流器本身的分选和煤泥水的处理。应对上述方案与无压入料三产品重介质旋流器分选方案进一步作全面技术经济比较，择优采用才合情理。

——设置浮选环节存在诸多不合理性。

首先，利用生产成本昂贵的浮选工艺回收高灰浮精产品（$A_d = 18.0\%$）经济上不合理，浮选加工费取 3 元/t 也远低于实际生产指标。

其次，普通机械搅拌浮选机本身的性能结构不宜分选＜0.20 mm 细煤泥，选择性差，效果不佳。而且设计采用＜0.50 mm 全粒级煤泥的实验室单元浮选资料为依据也与实际入浮原料为＜0.20 mm 细煤泥不符，细煤泥的可浮性将会更差。

最后，即便到了后期矿井开采下部煤层，以 1/3 焦煤为主，需要生产低灰炼焦精煤时，是否需要设置浮选环节来分选煤泥，还必须根据届时下部煤层煤泥可浮性好坏，经济上是否合算，经过充分论证后酌定。

点评：本实例充分证明了煤质条件和市场需求对确定正确的产品方向，制订合理的产品结构方案甚至于最终影响到工艺流程的合理性，均有着举足轻重的影响，具有典型意义。

【实例】 内蒙古呼吉尔特矿区某矿井设计生产能力为 13.00 Mt/a，井田赋存的煤炭种类以不黏煤为主，少数长焰煤和弱黏煤。具有**较低内在水分**（4.74% ～ 5.02%）、**特低灰**（$A_d = 8.21\% ～ 9.15\%$）、**特高热值**（$Q_{gr,d} = 30.59 ～ 31.04$ MJ/kg）、**高挥发分**（$V_{daf} = 34.47\% ～ 34.87\%$）、**低硫**（$S_t = 0.57\% ～ 0.58\%$）、**低磷**（$P_d < 0.05\%$）、**特低—低氯**（$Cl_d = 0.045\% ～ 0.064\%$）等优良煤质特征。另外，显微煤岩组成、镜质组最大反射率、碳氢比、氧元素含量等指标均达到或接近直接液化对原料煤要求的理想值。本矿煤炭资源是一种可直接液化生产高附加值油品和煤化工产品的优质原料。

该矿作为鄂尔多斯 3.00 Mt/a 二甲醚项目配套煤源工程，其煤炭产品主要供二甲醚项目作原料煤和燃料煤，二甲醚项目年需原料煤为 6.00 Mt，燃料煤为 3.30 Mt。剩余煤炭产品外运供浙江某燃料有限公司作电厂燃料，要求收到基低位发热量 23.027 MJ/kg（5500 kcal/kg），需煤量为 3.00 Mt/a。

《可研报告》推荐的分选加工工艺为：150～13 mm 块原煤采用浅槽重介质分选机排矸，部分<13～1.5 mm 末原煤采用选前脱泥有压入料两产品重介质旋流器分选，1.5～0.15 mm 粗煤泥采用螺旋分选机分选。选后煤炭产品结构方案见表3-51。

表3-51　最终产品平衡表

产品名称		数　量				质　量		发热量 $Q_{net,ar}$/ (4.18 kJ·kg^{-1})
		γ/%	t/h	t/d	10 kt/a	A_d/%	M_t/%	
精煤	块精煤	39.72	978.01	15648.24	516.39	7.51	7.0	
	末精煤	17.54	431.92	6910.77	228.06	6.72	8.0	
	螺旋精煤	7.69	189.34	3029.39	99.97	7.31	15.0	
	小　计	64.96	1599.27	25588.40	844.42	7.27	8.22	6276
混煤	末原煤	18.68	460.02	7360.32	242.89	13.82	6.00	
	洗末煤	1.73	42.71	683.42	22.55	11.02	8.00	
	煤　泥	5.22	128.59	2057.49	67.90	14.96	22.00	
	小　计	25.64	631.33	10101.23	333.34	13.86	9.39	5653
矸石	块矸石	6.28	154.53	2472.46	81.59	66.44	8.00	
	末矸石	2.14	52.59	841.50	27.77	69.56	12.00	
	螺旋矸石	0.99	24.40	390.38	12.88	68.67	24.00	
	小　计	9.40	231.52	3704.34	122.24	67.38	10.59	
原　煤		100.00	2462.12	39393.97	1300.00	14.61	6.00	

　　然而《可研报告》对原煤分选加工范围和分选下限的确定，缺乏必要、充分地论证。推荐的产品结构方案也存在以下问题：

　　（1）由表3-51可知，精煤总量为8.4442 Mt/a，除供二甲醚项目作原料煤需6.00 Mt/a外，其余2.4442 Mt/a尚需通过铁路外销，目标市场用户为浙江某燃料公司作电厂燃料，要求收到基低位发热量23.027 MJ/kg（5500 kcal/kg）。而精煤收到基低位发热量高达26.276 MJ/kg（6276 kcal/kg），大大高于用户要求，显然是一种浪费，并不合适。说明产品结构方案中洗精煤总量过多，超出了目标市场需求。

　　（2）末原煤本身的灰分就比较低，仅为13.82%，收到基低位发热量为

23.668 MJ/kg（5653 kcal/kg），已经满足了浙江某燃料公司对电煤发热量的要求，无须再分选降灰进一步提升热值。实际上末原煤通过分选后，灰分降至11.02%，仅降低了2.8个百分点，意义不大，经济上是否合理尚需论证。

（3）块精煤产量已经达到5.1639 Mt/a，灰分7.51%，供二甲醚项目作原料煤只欠0.8361 Mt/a，若掺配0.8361 Mt/a末原煤后，其加权平均灰分也只有8.39%，仍然属于优质煤化工原料。

以上分析表明，从产品结构的合理性来看，末原煤洗选的必要性不大。然而，《可研报告》设计推荐的选煤工艺不仅对末煤、粗煤泥进行了分选，而且分选下限定为0.15 mm，选煤工艺过于复杂。其实末煤、粗煤泥完全没有必要洗选，理由如下：

首先，煤化工对原料煤的灰分要求并不严格，比较理想的原料煤灰分一般要求在6%～18%之间即可。对于二甲醚项目采用以水煤浆为原料的加压气流床气化工艺而言，灰分<13%即可满足要求。

其次，外运目标用户对煤炭发热量要求也不高，仅为23.027 MJ/kg（5500 kcal/kg），本井田煤炭内在灰分低，末原煤的发热量已经达到23.668 MJ/kg（5653 kcal/kg），末原煤无须分选。

最后，实际情况是开采过程中混入原煤的矸石多存在于块原煤中，说明仅需对块原煤进行排矸分选基本就能满足当前所有目标用户的要求。

点评：本实例充分说明，产品结构方案定位应以能够满足目标市场对原料煤的数、质量要求为基本前提。超出目标市场的需求进行"过度"分选加工是不必要的。如果本项目适当缩小分选范围，进一步节省投资和生产成本，经济上则更为合理。为适应市场的变化，仅预留有增建末煤分选系统的场地即可。

【**实例**】陕西榆神矿区××矿井、选煤厂改扩建项目。扩建后设计生产能力为15.00 Mt/a，井田赋存的煤炭种类为长焰煤和不黏煤，具有**特低灰**（A_d = 6.28%～7.56%）、**中高—高挥发分**（V_{daf} = 36.95%～38.36%）、**高热值**（$Q_{net,ar}$ = 25.87～26.29 MJ/kg）、**特低硫**（S_t = 0.31%～0.38%）、**特低—低磷**（P_d = 0.007%～0.026%）、**特低氯**（Cl_d = 0.014%～0.041%）、**低氟**（F_d = 2～102 μg/g）、**低含砷量**（As_d = 2～3 μg/g）等优良煤质特性。尽管**水分偏高**（M_{ad} = 5.87%～6.80%）、**煤灰软化温度低—较低**（ST = 1025～1240 ℃）、**结渣性强、可磨性较难**（HGI = 56～65）等煤质方面的缺点，但仍不失为良好的

动力发电用煤。

矿井前20年主要开采3^{-1}煤层，十几年后开始配采4^{-2}煤层，配采比例为3^{-1}煤层：4^{-2}煤层＝2：1。按此比例综合的原煤灰分为15.31%，原煤筛分资料见表3－52。

表3－52 原煤筛分资料综合表

粒级/mm	产物名称	4^{-2} 煤		3^{-1} 煤		综合原煤	
		$\gamma_1 = 33\%$		$\gamma_2 = 67\%$		$\gamma_{总} = 100\%$	
		产率 γ/%	灰分 A_d/%	产率 γ/%	灰分 A_d/%	产率 γ/%	灰分 A_d/%
>100	煤	9.11	12.44	3.24	6.48	5.18	9.94
	夹矸煤	0.30	67.70	0	0	0.10	67.70
	矸 石	0.86	93.92	1.23	82.77	1.11	85.62
	小 计	10.27	20.85	4.47	27.47	6.39	23.96
100～50	煤	9.54	14.06	17.09	7.18	14.61	8.66
	夹矸煤	0.16	61.73	0	0	0.05	61.73
	矸 石	1.17	86.52	0.71	83.71	0.86	84.97
	小 计	10.87	22.56	17.80	10.25	15.52	13.07
>50 合计		21.14	21.73	22.28	13.71	21.91	16.26
50～25	煤	21.16	26.51	23.63	11.15	22.81	15.85
25～13	煤	14.07	21.66	14.20	12.28	14.16	15.36
13～6	煤	8.81	20.30	12.23	10.04	11.10	12.73
6～3	煤	10.55	18.71	11.85	11.58	11.42	13.75
3～0.5	煤	15.79	17.68	10.19	9.81	12.04	13.22
0.5～0	煤	8.48	25.78	5.62	17.5	6.56	21.03
50～0 合计		78.86	22.06	77.72	11.53	78.09	15.04
毛煤总计		100.00	21.99	100.00	12.02	100.00	15.31

本矿井改扩建后，分选加工工艺为：200～13 mm块原煤采用浅槽重介质分选机排矸工艺，部分＜13 mm末原煤（约占全样9%）采用选前预脱泥有压入料两产品重介质旋流器分选工艺，剩余＜13 mm末原煤（约占全样32.12%）不分选，直接掺入供当地电厂的电煤产品中。选后最终产品平衡表见表3－53。

表 3-53 最 终 产 品 平 衡 表

产 品		产率 γ/%	产 量			灰分 A_d/%	水分 M_t/%
			t/h	t/d	10 kt/a		
精煤	浅槽块精煤	18.68	530.60	8489.56	280.16	7.28	18.00
	浅槽末精煤	31.54	895.96	14335.33	473.07	6.42	15.50
	旋流器精煤	8.22	233.61	3737.78	123.35	6.40	16.50
	小 计	58.44	1660.17	26562.67	876.58	6.69	16.62
末煤	末原煤	19.22	546.13	8738.00	288.35	14.48	16.81
	脱泥煤泥	3.62	102.84	1645.51	54.30	15.53	19.59
	粗煤泥	5.92	168.30	2692.83	88.86	14.56	27.00
	加压煤泥	4.54	129.03	2064.50	68.13	18.06	30.00
	压滤煤泥	0.50	14.34	229.39	7.57	18.06	32.00
	小 计	33.81	960.64	15370.23	507.21	15.14	20.15
矸石	浅槽矸石	6.96	197.82	3165.19	104.45	81.32	
	旋流器矸石	0.78	22.28	356.45	11.76	78.01	
	小 计	7.75	220.10	3521.64	116.21	80.99	
原 煤		100.00	2840.91	45454.55	1500.00	15.31	16.00

上述产品结构方案定位不尽合理，分析如下：

（1）产品目标市场用户。该煤矿分选后煤炭产品主要就近供煤电一体化××电厂作燃料，年供煤量约 5.00 Mt/a，要求收到基低位发热量 $Q_{net,ar}>$ 21.771 MJ/kg（5200 kcal/kg）；剩余产品由××集团统一安排销售，主要供南方电厂，要求收到基低位发热量 $Q_{net,ar}>24.283$ MJ/kg（5800 kcal/kg）。

（2）上述产品结构方案中，末煤产量 507.22×10^4 t/a，估算收到基低位发热量 $Q_{net,ar}=22.092$ MJ/kg（5276.6 kcal/kg），已能满足××电厂一、二期工程所需燃煤的数、质量要求。剩余低灰精煤产品产量多达 876.57×10^4 t/a，且灰分 A_d 仅为 6.69%，估算其发热量 $Q_{net,ar}$ 高达 26.189 MJ/kg（6255.15 kcal/kg），大大超出南方电厂对收到基低位发热量 $Q_{net,ar}>24.283$ MJ/kg（5800 kcal/kg）的要求。

（3）鉴于本井田赋存的煤炭属于特低灰、特低硫不黏煤和长焰煤，煤质优良，《可研报告》设计的＜13 mm 末煤实际入选量只占末原煤的 1/5，排除出的末矸产率仅占全样的 0.78%，可见设置末原煤排矸分选的实际意义不大，效果并不明显，反而使工艺流程变得复杂，增加了基建投资和生产成本。

（4）如果将这部分（约9%）末原煤不经分选直接掺入精煤产品中，精煤的平均灰分也只是从原设计的6.69%略微提升至7.92%，估算其发热量 $Q_{net,ar}$ 仍然高达25.733 MJ/kg（6146.32 kcal/kg），还是大大高于南方电厂对收到基低位发热量 $Q_{net,ar}$ > 24.283 MJ/kg（5800 kcal/kg）的要求。说明这部分（约9%）末原煤没必要分选。

（5）因设计对末原煤分选采用选前预先脱泥工艺，又将脱出的3.62%煤泥的水分增加至19.59%，对提高产品热值反而不利，还增加了煤泥脱水的成本。

（6）超出用户实际需求"过度地"分选加工，盲目地提高产品档次，经济上不合算。另外，考虑到矿井前20年主要开采煤质相对更好的 3^{-1} 煤层，该煤层生产原煤灰分为12.02%，<13 mm末原煤加权平均灰分仅为11.94%，估算其发热量 $Q_{net,ar}$ 已接近或基本达到南方电厂要求的24.283 MJ/kg（5800 kcal/kg），就更不需要分选了。

正确的做法是：①适当减少分选加工煤量，暂缓扩建<13 mm末原煤排矸分选系统，待南方电厂用户进一步落实后，根据实际需要再决定是否应该扩建；②洗精煤、末煤两种产品分别装仓，根据不同用户需求既可单独销售，又可按不同比例掺配销售。

点评：本实例又一次充分说明，产品结构方案定位应以能够满足目标市场对原料煤的数、质量要求为基本前提。超出目标市场的需求进行"过度"分选加工不必要。如果本项目适当缩小分选范围，进一步节省投资和生产成本，经济上则更为合理。为适应矿井中后期煤质的变化，预留增建末原煤排矸分选系统的可能性即可。

第六节　煤炭产品市场预测与分析

中国煤炭建设协会组织编制的《选煤厂可行性研究报告编制内容（试行）》对产品市场供、需预测，目标市场分析，价格现状与预测，市场竞争力分析及市场风险等内容均提出了原则要求。根据近年国家项目核准的要求，对可行性研究报告阶段，有关市场分析的主要内容扼要阐述如下。

一、煤炭产品市场供需预测

煤炭产品市场供需预测所应包含的主要内容如下：

（1）调查了解本矿区现有的或正在规划的煤炭产品品种、产量、用途、用户及需求量。

（2）调查了解与拟建项目的产品有关的煤炭品种、数量、质量、价格等供应现状及需求现状。

（3）市场供需预测要有针对性，切忌空对空。例如，如果产品不计划出口，则供需预测不必涉及国外市场。

二、目标市场分析

目标市场分析是产品市场预测的核心，是关系到工程项目建设的必要性最重要的条件之一。尤其是在编制"可行性研究报告"和"项目申请报告"阶段，产品目标市场必须论证清楚，切忌空对空。主要内容要求有：

（1）根据拟建项目的产品品种、质量，分析可能占有的目标市场、用户及占有份额。在"可研"阶段，宜附有与目标用户供需煤炭的文字协议。

（2）分析预测产品进入国外市场的可行性及出口量。

三、价格现状与预测

价格现状与预测所应包含的主要内容如下：

（1）分析国内市场产品销售价格现状并预测价格走势。

（2）如果产品有出口的可能性，则需分析国外市场产品销售价格现状并预测价格走势。

四、市场竞争力分析

市场竞争力分析所应包含的主要内容如下：

（1）分析产品主要竞争对手情况。

（2）客观分析拟建项目的产品市场竞争力优势。包括区域优势、运输优势、煤类优势、煤质优势及营销优势。

（3）客观分析拟建项目的产品竞争劣势，论证应对策略。

五、市场风险分析

市场风险分析主要指对未来市场某些重大不确定因素发生的可能性及其对拟建项目造成经济损失的程度进行分析。

第七节 产品结构方案

一、产品结构方案制订的原则

确定产品结构的原则是生产适销对路的产品，并应按《选煤厂可行性研究报告编制内容（试行）》深度要求，进行多产品方案技术经济比较，使经济效益最优化。

二、产品结构方案比选论证的方法

与产品结构相关的因素是多方面的，它既与市场的需求和用户对产品质量的要求有关，也与选煤工艺有关，更与煤炭本身的先天煤质条件有关。所以产品结构方案的比选论证方法也应该是综合性的、全面的技术经济比较。一般是在采用不同的选煤方法分选的条件下作多方案产品结构的比选，结合市场预测论证，从中选出最佳产品结构作为设计推荐方案。比选论证的内容涵盖了产品数、质量，销售收入，生产成本，利税值，投资估算等诸多可比因素。

实际上在产品结构方案论证的同时也把下一步选煤方法比选的部分内容纳入在一起论证了。因为产品结构与选煤方法关系密切，它们之间的关联是很难简单用几句话讲清楚的。可以这样去理解：产品结构定位档次的高低在一定程度上影响着选煤方法的取舍，而不同的选煤方法又在很大程度上决定着选后产品方案的优劣。它们互为因果，两者是典型的因果交错关系。通过产品结构方案的论证，全厂选煤工艺的轮廓也就基本明晰、基本定形了。因此，产品结构论证这一步对整个工艺设计而言是至关重要的。

为了具体地阐述产品结构比选论证的一般方法，现以西山矿务局某选煤厂技改设计对产品结构论证的实例为代表加以说明。

【实例】该厂主要入选杜儿坪矿2号、3号原煤和西铭矿2号原煤。

杜儿坪矿井原煤灰分为 24.77%，属中等灰分煤；硫分为 0.87%，属低硫分煤；挥发分为 17.63%，属低挥发分煤；发热量为 26.76 MJ/kg，属高热值煤。筛分浮沉资料省略不列。

西铭矿井原煤灰分为 19.93%，属中等灰分煤；硫分为 0.67%，属低硫分煤；挥发分为 16.70%，属低挥发分煤；发热量为 28.66 MJ/kg，属特高热值煤。筛分浮沉资料省略不列。

由于该选煤厂不具备配煤条件，杜儿坪矿井来煤与西铭矿井来煤不能充分均匀地配煤混合入选，所以现在该厂采取轮流入选方式，来什么煤，选什么煤。

（1）产品定向与定位。鉴于本厂入选的杜儿坪 2 号、3 号原煤和西铭矿 2 号原煤均属国家稀缺的低硫优质瘦煤，是国内市场紧缺的炼焦配煤产品。为了使这一宝贵的炼焦煤资源得到充分利用，精煤产品灰分不宜定得太低。通过市场分析和用户调查，应以生产 10～11 级精煤为主。根据设计委托书要求，技术上应留有洗选 8 级精煤的能力。

（2）产品结构方案论证。依据上面已确定的 3 种不同灰分的精煤产品作为 3 个产品方案：

方案 I   生产 8 级精煤（$A_d \leqslant 9\%$）

方案 II   生产 10 级精煤（$A_d \leqslant 10\%$）

方案 III 生产 11 级精煤（$A_d \leqslant 10.5\%$）

另根据设计委托书要求，本次方案设计只对无压入料三产品重介质旋流器和跳汰粗选、重介质旋流器精选两种选煤方法进行比选。为此设定：

方案 a——无压入料三产品重介质旋流器 + 煤泥重介旋流器 + 细泥浮选工艺方案。

方案 b——跳汰粗选、重介质旋流器精选 + 煤泥浮选工艺方案。

产品结构方案论证，应把上述产品方案和选煤工艺方案结合起来，进行综合比选。为此，将它们排列组合为 6 个产品结构方案，分别是：方案 I a、方案 I b、方案 II a、方案 II b、方案 III a、方案 III b。

现将这 6 个方案分别进行工艺计算，得出 7 个产品平衡表（限于篇幅产品平衡表省略不列），并进一步对 6 个方案进行全面技术经济比较，见表 3－54。

对产品方案分析论证如下：

表 3 – 54　产品结构及选煤方法综合比较表

产品结构方案	精煤灰分等级	精　煤　产　品			中　煤　产　品			销售收入/万元	总成本/万元	利税值/万元	相关可比投资/万元
		产率/%	产量/(10^4 t·a^{-1})	灰分/%	产率/%	产量/(10^4 t·a^{-1})	灰分/%				
方案 I a	8	53.95	161.85	8.98	32.15	96.45	27.55	36320.3	35721.0	599.3	3065.28
方案 I b（西）	8	45.41	45.00	8.99	48.86	48.37	21.16	33655.1	36228.0	-2572.9	2394.30
方案 I b（社）	9	47.42	95.30	9.31	41.73	83.88	25.95	38874.7	35721.0	3153.7	3065.28
方案 II a	10	62.53	187.59	9.99	23.58	70.74	31.61	37725.1	36228.0	1497.1	2394.30
方案 II b	10	60.78	182.30	9.99	22.55	67.65	31.17	39587.3	35721.0	3866.3	3065.28
方案 III a	11	65.70	197.10	10.49	20.42	61.62	33.36	38732.6	36228.0	2504.6	2394.30
方案 III b	11	64.64	193.90	10.49	18.69	56.07	33.81				

①从表 3-54 可以看出，方案 Ⅰb 中只有西铭煤可以满足生产 8 级精煤的要求，而杜儿坪煤最低只能洗出 9 级精煤（$A_d \leqslant 9.5\%$）。这主要是因为杜儿坪煤的浮选精煤灰分比较高所致。杜儿坪煤只能靠降低重介质精煤的灰分来背浮选精煤的高灰分。但是，由于杜儿坪煤本身浮沉特性的原因，在降灰的同时，重介质精煤的产率降幅更大。在跳汰粗选、重介质旋流器精选的条件下，因 <0.5 mm 的煤泥全部去浮选，入浮量大，高灰浮选精煤量也就多。以低灰，但量又不足的重介质精煤，与高灰、量大的浮选精煤加权平均以后，无论如何也无法将综合精煤灰分降至 9% 以下。这说明当 b 类方案分选杜儿坪煤出 8 级精煤低灰产品时，在工艺技术上存在一定困难，不能满足设计委托书要求，只能洗出 9 级精煤。

只有 a 类方案——无压入料三产品重介质旋流器 + 煤泥重介质旋流器 + 细泥浮选工艺方案，才能完全满足生产 8～11 级精煤的要求，说明 a 类方案是可以适应市场变化并对今后发展有利的选煤工艺方案。

②从表 3-54 还可以看出如下规律，在生产同级精煤产品的情况下，a 类方案的精煤产率、产量、销售收入、利税值等指标均高于 b 类方案。在同类（a 类或 b 类）选煤工艺方案条件下，精煤灰分等级越高的产品方案，上述各项指标越好。

其中，效益最好的方案是方案 Ⅲa（生产 11 级精煤），年利税值达 3866.3 万元；效益最差的方案是方案 Ⅰb（生产 8 级精煤），年利税为负值，约为 -2572.9 万元，属于亏损经营，该产品方案不可行。

③从表 3-54 可以看出，a 类方案相关可比投资为 3065.28 万元，b 类方案相关可比投资为 2394.30 万元。a 类方案比 b 类方案多投资 670.98 万元。这主要是因为 b 类方案可以利用该厂现有的跳汰机进行粗选，而且进入重介质旋流器精选系统的处理量也比采用重介质工艺的 a 类方案少，故投资省一些。

但是，因为 a 类方案的年盈利比 b 类方案高得多。投产后，不到半年的盈利即可将多出的投资弥补回来。所以 a 类方案投资较大的缺点并不是问题。

综合上述技术经济全面分析论证，该设计推荐的产品结构方案为：

方案 Ⅲa。即采用无压入料三产品重介质旋流器 + 煤泥重介质旋流器 + 细泥浮选工艺，生产 11 级精煤，并留有生产 8 级精煤的技术能力。推荐的产品方案最终产品平衡表见表 3-55。

表3-55　推荐的产品方案最终产品平衡表

产品名称		数量				灰分/%	水分/%
		γ/%	t/h	t/d	10 kt/a		
精煤	重介质精煤	50.45	360.36	5045.05	151.35	10.62	7.00
	粗泥精煤	12.32	88.02	1232.25	36.97	9.79	16.00
	浮选精煤	2.93	20.90	292.58	8.78	11.33	20.00
	小计	65.70	469.28	6569.88	197.10	10.49	9.47
中煤	中煤	14.24	101.75	1424.49	42.73	30.35	15.00
	压滤煤泥	6.17	44.08	617.15	18.51	40.29	20.00
	小计	20.42	145.83	2041.63	61.25	33.36	16.58
矸石		13.88	99.18	1388.49	41.65	68.10	15.00
总计		100.00	714.29	10000.00	300.00	23.16	

第八节　国家对现代煤化工项目建设的政策限制

通过近几年我国发展现代煤化工产业的实践，充分表明了现代煤化工属高耗能、高耗水、高排放产业，其能源消耗和二氧化碳排放强度均高出全国平均水平的10倍以上。而且现代煤化工技术尚未完全成熟过关，尤其是对环境造成的污染十分严重，治理难度大，教训极其深刻。现代煤化工产业的无序盲目发展所带来的问题，引起国家政府部门的高度重视。为此，国家发改委于2011年发布了《关于规范煤化工产业有序发展的通知》（发改产业〔2011〕635号）对现代煤化工项目的建设提出了十分严格的限制条件。国家环境保护部又于2015年发布了《关于现代煤化工建设项目环境准入条件（试行）的通知》（环办〔2015〕111号）对建设现代煤化工项目的环境准入条件提出了更为苛刻严格的要求。

所以设计单位，在确定煤炭设计项目的产品方向和落实目标市场时，应充分考虑上述国家关于发展建设现代煤化工产业的政策精神，慎重抉择。

第四章　选　煤　方　法

第一节　选煤方法的分类

为了适应不同煤质、不同分选条件的需要，经过近百年的发展和工艺技术进步，选煤方法的种类繁多。

按分选力场分类：有在重力场分选的类型，在离心力场分选的类型。

按分选介质分类：有在水介质中分选的类型，在重介质中分选的类型，在空气介质中分选的类型。

利用其他原理的分选方法：有利用矿物表面润湿性的差别分选煤泥的浮游选煤法，利用矿物硬度、脆度的差异进行分选的选择性破碎分选法，利用矿物对同位素射线吸收率的差别进行分选的放射线分选法。

将上述分选类型搭配组合，又形成许多不同种类的选煤方法。种类繁多的选煤方法各有所长，各有其应用条件（适用范围），因而合理选择选煤方法就成了选煤工艺设计最重要的核心环节之一。

为了做到恰当、合理地选择选煤方法，就必须了解和熟悉不同选煤方法的分选原理、特点、适用范围。本章将扼要阐述目前常用的几种选煤方法的分选原理、优缺点、适用范围，以及选择选煤方法的原则、依据、相关因素。

第二节　跳　汰　选　煤　法

跳汰选煤是在垂直脉动为主的介质中，以密度差别为主要依据实现分选的重力选煤方法（简称重选）。

一、跳汰选煤的分选原理

对跳汰选煤原理的研究历来存在许多理论模型或假说。主要是探讨两个问题：一是跳汰过程产生的原因；二是物料在跳汰过程中哪段时间内产生分层。现选择几种主要的理论模型扼要介绍如下。

（一）定因模型

定因模型主要是借颗粒沉降速度和加速度讨论重选规律，认为重选物料能否按密度分层，主要受颗粒或粒群的沉降末速度的约束。

（二）容积密度分层模型

1. 相对密度分层模型

根据物料的有效重力与介质的水动力阻力平衡时即可悬浮的机理，认为在上升流中，每个同性粒群（同密度、同粒度）悬浮体，与液体一样，按相对密度分层，密度高者在密度低者之下。

2. 容积密度模型

容积密度模型——跳汰分层的位能理论。认为不同密度的颗粒混合物是不稳定的力学系统，在重力作用下向低位能状态转换。因此，只有位能降低才是跳汰物料分层过程的物理原因。介质脉动仅仅有使物料分层时释放能量的效应。

（三）重介质分层模型

1. 重介质模型

认为重选物料按床层悬浮体有效密度分层。所谓有效密度是指颗粒沉降时所受的总阻力，除介质浮力外，还包括塑性阻力（即摩擦阻力）。

2. 运动学模型

认为只有床层达不到统计稳定状态，而且整个周期都处于统计不稳定状态时，才是颗粒按密度分层的有效条件。

（四）等压强同层位模型

上述各种理论模型着眼点多集中在床层或同性粒群的质量及其悬浮体密度上。忽视了颗粒的形状和粒度的作用，未能说清实际分选密度高于悬浮体密度的原因。

生产实践的数据表明，随着颗粒粒度的减小，分选密度上升，<3 mm 的小颗粒上升速率尤为急剧，而且在产品浮沉分析中发现在污染与损失的成分中扁平体和长方体占有相当数量。这说明颗粒的形状和粒度像密度一样，对跳汰过程有不容置疑的作用，任一颗粒最终进入床层的某一分层，都是各种因素综合作用的结果，而不仅是密度。

等压强同层位模型认为，颗粒的压力强度是颗粒的密度、粒度、形状和运动状态等物理性质的综合参数。在床层悬浮体中，压强不同的颗粒之间存在压力差，必然产生相对运动。压强小的颗粒上升，压强大的颗粒下沉，导致分层。压强相同的颗粒之间无压力差，不出现相对运动，聚集在一起，形成等压强颗粒层。这就是重选物料按颗粒的压力强度分层的等压强同层位重选的基本机理。

跳汰分选过程十分复杂，尽管跳汰选煤方法的历史悠久，但时至今日还没有一种得到选煤学界一致公认的有关跳汰机理的理论能对跳汰分选过程进行全面、准确的解释，尚停留在理论模型或假说阶段。

（五）动筛跳汰选煤的原理

动筛跳汰机是另一种形式的跳汰机，工作时，槽体中的水不脉动，靠筛板在水介质中作上、下往复运动，使筛板上的物料床层得到周期性的松散，从而在干扰沉降环境中轻重物料按密度进行分层。

动筛跳汰机与空气脉动跳汰机的主要区别在于：

（1）不用风，也不用运输冲水和顶水。

（2）跳汰频率、跳汰周期的特性曲线由动筛驱动机构的运动特性所决定。

二、跳汰选煤的特点

1. 优点

（1）跳汰选煤历史悠久，工艺技术成熟，工艺流程相对简单，维护管理方便，加工费用相对较低。

（2）对易选煤，跳汰选煤可获得较高的数量效率，一般在 90% 左右，分选不完善度 I 值在 0.14 ~ 0.18 之间。若排矸分选密度大于 1.8 kg/L，采用重介质选煤时，高密度悬浮液难以配制；而跳汰选煤可以不受分选密度的限制。

（3）动筛跳汰机是德国 20 世纪 80 年代开发的用于井下块煤排矸的分选设备，后来用于选煤厂块煤排矸，可有效处理 > 50（35）mm 以上的块原煤，具有工艺简单、单位处理量大、分选精度高（不完善度 I 值在 0.10 以下）、入料粒度上限大（350 ~ 400 mm）、生产成本低及循环水用量小等优点。因此，近年来在我国得到了广泛应用。

2. 缺点

（1）在分选难选和极难选煤时，跳汰选煤的分选效率明显低于重介质选煤的分选效率，特别是当原煤中<2~3 mm细粒粉煤含量多时，跳汰分选精度会显著度下降，精煤损失较大。所以，对<3 mm细粒粉煤含量多的原煤采用跳汰选煤要格外慎重。

（2）生产实践表明，当分选密度低于1.4 kg/L时，跳汰机难以操控，不能保证实现正常分选。所以，当要求在低分选密度条件下生产低灰精煤产品时，采用跳汰选煤应格外慎重。

（3）跳汰选煤所需循环水量较重介质选煤约大1倍，所以洗水系统、煤泥水系统负荷量也大1倍，相应增加了投资。

第三节　重介质选煤法

重介质选煤（简称重介选）是在密度大于水的介质中，以密度差别为主要依据实现分选的重力选煤方法。

一、重介质选煤的分选原理

重介质选煤的基本原理是利用阿基米德原理，即浸没在液体中的颗粒所受到的浮力等于颗粒所排开的同体积的液体的重力。

在静止的悬浮液中，作用在颗粒上的力有重力 G 和浮力 F_t。因此，悬浮液中颗粒所受到的作用力 F 为

$$F = G - F_t = V(\delta - \rho)g$$

式中　V——颗粒体积，m^3；

　　　δ——颗粒密度，kg/m^3；

　　　ρ——悬浮液密度，kg/m^3；

　　　g——重力加速度，m/s^2。

当 $\delta > \rho$ 时，颗粒下沉；当 $\delta < \rho$ 时，颗粒上浮；当 $\delta = \rho$ 时，颗粒处于悬浮状态。

但在重介质选煤过程中，悬浮液是流动的，悬浮液中的颗粒除受到重力和浮力作用外，还受到悬浮液流体的动力阻力的作用。这种阻力包括黏性阻力（内摩擦力）和流动阻力（紊流阻力）。大颗粒物料（>6 mm）在重介质悬浮

液中运动时，主要受紊流阻力的影响，受黏性阻力的影响很小。因此，颗粒的粒度越大，分选速度越快，效率越高。小颗粒在运动中所受到的流体阻力比较复杂，它与颗粒的粒度、形状，以及悬浮液的密度和黏度有关。鉴于不同的重介质分选设备中悬浮液的流动状态存在很大差异，分选机理也有很大不同（这部分内容将在第六章中详细论述）。

二、分选介质

1. 分选介质的种类

重介质选煤的分选介质有重液和悬浮液两种。

（1）重液。重液是无机盐水溶液或有机溶液，由于难以回收未在工业中应用。

（2）悬浮液。悬浮液是在工业中应用最为广泛的分选介质形式。悬浮液是一种两相分散体系，即固相和液相。固相为高密度的微粒，称加重质；液相通常为水。悬浮液是一种粗分散体系，加重质的粒径大于 0.1 μm 时，称为悬浮液；加重质的粒径小于 0.1～0.01 μm 时，称为胶体溶液。

目前，国内外普遍采用磁铁矿粉与水配制的悬浮液作为重介质选煤的分选介质。这种悬浮液可以在相当宽的范围内配制成所需要的密度，而且容易净化回收。

2. 重介质选煤用磁铁矿粉的技术要求

（1）《设计规范》对采用磁铁矿粉作加重质时，作了若干明确的技术规定，转录如下。

第 5.3.7 条规定，"当采用磁铁矿粉作加重质时，其磁性物含量应不小于 95%，密度不宜小于 4.5 t/m³。磁铁矿粉的粒度应符合下列规定：

用于斜（立）轮、刮板重介质分选机分选块煤的磁铁矿粉粒度，小于 0.074 mm 的含量应占 90% 以上；

用于重介质旋流器分选的磁铁矿粉粒度，小于 0.045 mm 的含量应占 85% 以上。"

第 5.3.9 条为强制性条文，规定**"分选每吨煤的磁铁矿粉技术耗量应符合下列规定：块煤，＜0.8 kg；混煤、末煤，＜2.0 kg"**。

（2）2007 年发布的煤炭行业标准《选煤用磁铁矿粉》（MT/T 1017—2007）按重介质选煤工艺的要求，将磁铁矿粉分为 4 个级别：特粗、粗、细、特细。对各级产品的技术要求详见表4-1。

表4-1 磁铁矿粉技术要求

指 标		级 别			
		特 粗	粗	细	特 细
真密度/(g·cm⁻³)		>4.5	>4.5	>4.5	>4.5
磁性物含量/%		≥95	>95	>95	>95
粒度组成/%	>125 μm	<10	<5	—	—
	<75 μm	>70	>80	—	—
	<45 μm	>55	>65	>80	>90
外在水分/%		<8			
硫 分/%		<3			

注：粒度组成、外在水分和硫分等技术要求，也可根据用户要求协商确定。

三、重介质选煤的特点

1. 优点

（1）分选效率高。块煤重介质分选机和重介质旋流器的分选效率在各种重力选煤方法中是最高的，其可能偏差 E_p 值可达 $0.02 \sim 0.07$。

（2）分选密度调节范围宽、控制精度高。重介质选煤的分选密度一般为 $1.3 \sim 2.0$ kg/L，而且易于调节。其误差可保持在 $\pm 0.5\%$ 范围内，控制精度之高是其他选煤方法所无法比拟的。

（3）分选粒度范围宽，对入选原煤质量适应性强。重介质选煤在入选原煤粒度上允许范围宽，例如，斜轮重介质分选机允许入料粒度最大范围为 $450 \sim 6$ mm；刮板重介质分选机（浅槽重介质分选机）允许入料粒度最大范围为 $200 \sim 6$ mm；大直径重介质旋流器允许入料粒度上限可达 80 mm；小直径重介质旋流器有效分选粒度下限可达 0.15 mm，甚至更小，所以对粉末煤含量大的原煤，重介质旋流器也能够进行正常分选。

重介质选煤对入选原煤可选性的适应性强，原煤可选性无论难易，重介质选煤均能胜任。

（4）生产过程易于实现自动化。重介质选煤所用悬浮液的密度、黏度、磁性物含量及液位等工艺参数均能实现自动控制。对重介质旋流器入料量、入料压力等影响分选效果的操作参数，也能实现有效的自动控制。这也是其他选煤方法所无法比拟的。

（5）重介质选煤的循环水耗量比跳汰选煤约少 1 倍，故煤泥水系统负荷小，可相应减少投资和运营成本。

2. 缺点

（1）增加了加重质的净化回收工序，工艺流程相对复杂。

（2）介质对设备、管道磨损比较严重。

（3）当要求循环介质密度大于 1.8 kg/L 时，高密度悬浮液难以配制。

第四节 浮 游 选 煤 法

煤泥水中的固体悬浮物具有极大的表面积，煤和矸石颗粒的表面具有不同的物理化学性质，从而表现出对水的润湿性的差别。浮游选煤（简称浮选）是依据矿物表面润湿性的差别，分选细粒（＜0.5 mm）煤泥的选煤方法。

一、浮选的原理

浮选是在气—液—固三相界面的分选过程，它包括在水中的矿粒黏附到气泡上，然后上浮到煤浆液面并被收入泡沫产品的过程。

向预先用浮选药剂处理过的配置成一定浓度的煤浆通入空气，形成气泡，矿粒能否黏附到气泡上取决于水对该矿粒的润湿性。润湿性差（疏水）的煤粒向气泡黏附并浮起；反之，润湿性强（亲水）的矸石颗粒不易与气泡黏附，仍留在煤浆中，这样便达到煤与矸石颗粒分离的目的。

再深入一层讲，矿粒表面是亲水或疏水取决于表面分子与水分子相互作用的强烈程度，即所谓水化作用的强弱。水分子是极性极强的分子，煤中成灰矿物的分子极性也强，与水分子的作用力（范德华氏力）强，水分子被吸引到矿物固体表面，生成所谓厚的水化层；而煤中有机质分子极性较弱，与水分子的作用较弱，只能生成薄的水化层。矿物颗粒表面的疏水性可以用气—液—固三相的接触角 θ 来表示。若矿物表面极亲水，气相不能排开液相，接触角 θ 为 0；反之，若矿物表面极疏水，气相完全排开液相，则接触角 θ 为 180°。而实际上矿物表面接触角 θ 还未发现超过 108°的。

煤是具有天然可浮性的矿物之一，但煤的结构复杂，包含着非极性、杂极性和极性的物质。影响煤的可浮性的因素有：煤的变质程度、煤岩成分、氧化程度、矿物杂质及其嵌布特征、粒度组成等诸多因素。各种煤和矿物杂质的接触角 θ 范围见表 4-2。

表 4-2　各种煤和矿物杂质的接触角 θ 范围　　　　　　　（°）

煤 或 矿 物	接触角 θ	煤 或 矿 物	接触角 θ
焦　煤	90 ~ 86	无烟煤	~ 73
肥　煤	85 ~ 83	炭质页岩	~ 43
瘦　煤	82 ~ 79	泥质页岩	0 ~ 10
贫　煤	75 ~ 71	石灰石	0 ~ 10
气　煤	72 ~ 65	黄铁矿	~ 30
长焰煤	63 ~ 60	石　英	0 ~ 4

表 4-2 中数据表明，中等变质程度的焦煤和肥煤具有最好的天然疏水性。

二、浮选药剂的功能、类型及作用

浮选药剂按其功能不同可分为捕收剂、起泡剂、促进剂和调整剂等。下面着重阐述捕收剂、起泡剂在浮选中的作用。

（一）捕收剂

捕收剂主要在固—液界面上发生作用，能选择性地吸附在煤粒表面，提高其表面疏水性和可浮性，使之易和气泡发生附着并增强附着的牢固性。

我国煤泥浮选广泛采用煤油和轻柴油等烃类油（属非极性有机化合物）作为捕收剂。一般煤化程度高的煤采用煤油，煤化程度低的煤采用轻柴油。

1. 煤油

煤油是 200 ~ 300 ℃ 石油的分馏产品，其主要成分是 C_{11} ~ C_{16} 烷烃。煤油可分为灯用煤油、拖拉机煤油、溶剂用煤油和航空用煤油。我国常用灯用煤油和拖拉机煤油作捕收剂。一般，灯用煤油含芳烃量少；拖拉机煤油含芳烃量多。煤油只具有捕收性，当芳烃含量较高时，浮选活性和起泡性增高。浮选时，煤油用量范围在 0.5 ~ 2.0 kg/t 之间。若煤油过量，则出现明显的消泡能力。

2. 轻柴油

轻柴油是 $C_{15} \sim C_{18}$（C_{23}）的液体烃类混合物。轻柴油中烃类组分波动比煤油大，尤其芳烃含量相差更为显著，催化裂化轻柴油含芳烃量比直馏轻柴油高得多。浮选活性和起泡性也增高许多。浮选时，轻柴油用量范围一般在 $1.0 \sim 3.0$ kg/t 之间，个别情况可高达 4.0 kg/t 以上，其用量与煤泥的可浮性和起泡剂用量有关。

（二）起泡剂

起泡剂主要吸附在气—水界面，降低界面张力，促使形成直径小、分散度高的气泡。在煤泥浮选中，多数起泡剂也在煤粒表面发生吸附并显示捕收作用。

起泡剂是表面活性物质，具有副极性结构，其非极性烃基具有亲气性，极性烃基具有亲水性。为了实现浮选目的，起泡剂分子应具备下述性能：

（1）在气—水界面发生定向吸附，能适当降低表面张力。

（2）典型的起泡剂应没有捕收性，或具有选择捕收性。

（3）在用量不大的情况下，能促进产生分散均匀、黏度低、寿命和大小皆适宜的众多气泡。

常用的起泡剂有醇类起泡剂和萜类起泡剂两类。

1. 醇类起泡剂

醇类不仅是良好的起泡剂，而且对煤粒具有捕收性。此外，醇类对矿泥有胶溶性，对烃类油具有分散作用。这些性质都有助于改善煤的浮选效果。因而被广泛用于浮选。

醇类起泡剂主要包括：仲辛醇、杂醇油、$C_6 \sim C_8$ 混合醇、$C_8 \sim C_{16}$ 混合醇、甲基异乙基甲醇（甲基戊醇）等。

生产实践证明：仲辛醇选择性好，能产生较小的气泡和较脆的泡沫层，吨煤用量比松油和 2 号浮选油低 50% 左右，是我国煤泥浮选应用较广的起泡剂；$C_6 \sim C_8$ 醇的起泡能力较强，$C_8 \sim C_{16}$ 醇的选择性较好，生成泡沫多，脆而不黏，有利于泡沫过滤脱水，均是较好的起泡剂。

2. 萜类起泡剂

萜类起泡剂主要包括：松油（主要成分是萜烯醇）、2 号浮选油（松醇油）、樟脑油、桉叶油及黄油等。

松油等萜类起泡剂过去使用较多，因杂质含量较多，生成的泡沫黏度较高，捕收性也高，故目前萜类起泡剂使用较少。

（三）促进剂

促进剂是改善捕收剂和起泡剂的作用效应的添加剂，它不同于单纯的乳化剂和分散剂，同时具有增溶、分散和乳化作用。它可在气—液、液—液界面均显示作用，从而改善煤的浮选过程。

一般促进剂多为表面活化剂，具有杂极性分子结构，如胺类链烷醇胺-妥尔油脂肪酸缩合物、咪唑啉类、乙氧基化的脂肪酸、羟基烷基化的聚胺类等。使用含促进剂的捕收剂和起泡剂，对于煤化程度较低的煤，浮选精煤产率可大幅度提高；对中等挥发分含量的煤的浮选，则可减少烃类油捕收剂的用量。

MB 系列浮选剂是我国生产的一种捕收—起泡剂，对煤泥浮选具有促进作用，不仅适用于各种挥发分含量的烟煤浮选，而且适用于无烟煤浮选。与常规浮选剂相比，优点是浮选速度快，用量可节省 1/3 ~ 1/2。

（四）调整剂

1. 介质 pH 调整剂

介质 pH 调整剂的作用是调整矿浆 pH 值，改变煤粒和脉石矿物表面的电性，从而改善浮选效果。

2. 抑制剂

作用在脉石矿物表面，抑制其可浮性。

三、浮选的特点

1. 优点

（1）浮选是煤泥特别是细粒煤泥唯一有效的分选方法。

（2）浮选也是选煤厂洗水净化的有效方法之一。

2. 缺点

（1）使用浮选药剂对洗水和周边环境易造成污染。

（2）浮选是基建投资高、生产成本高的分选方法。为此，粗煤泥宜优先考虑采用加工费相对较低的重力选煤方法分选，尽量减少去浮选的煤泥量。但是鉴于目前能对粗煤泥进行重力分选的方法有螺旋分选机、干扰床、煤泥重介旋流器、水介质旋流器等，其分选效率均较低，所以对于炼焦煤而言，回收大量浮选精煤仍然可以获得可观的经济效益，是不可或缺的分选环节。

第五节 其他选煤方法

除了跳汰选煤、重介质选煤和浮选外，还有一些其他常用的选煤方法，如螺旋分选机、摇床、干扰床、水介质旋流器、螺旋滚筒分选机和风力选煤等。

一、螺旋分选机

液流在螺旋槽面上运动的过程中，产生了离心力，并在螺旋槽横断面上形成螺旋断面环流。矿粒在螺旋槽中的分选过程大致分为 3 个阶段：第一阶段是颗粒群按密度分层；第二阶段是轻、重矿粒因离心力大小不同，沿螺旋槽横向展开（分带），这一阶段持续时间最长，需反复循环几次才能完成，这是螺旋分选机之所以设计成若干圈的根本原因；第三阶段运动达到平衡，不同密度的矿粒沿各自回转半径，横向从外缘至内缘均匀排列，设在排料端部的截取器将矿带分割成精、中、尾 3 种产品，从而完成分选过程。

螺旋分选机具有基建、生产费用低，无动力、无运动部件、无噪声、结构简单、便于操作、占地面积小，以及见效快等优点。但其分选精度不高，不完善度 I 值仅为 0.20 ~ 0.25（摘自《设计规范》），分选密度难以控制在 1.7（或 1.65）kg/L 以下，因而不宜用在低密度条件下分选低灰精煤产品。

螺旋分选机有效分选粒度为 6 ~ 0.075 mm，但在实际生产中使用最多的分选粒度范围为 2 ~ 0.15 mm。比较适合用于细粒动力煤和粗煤泥排除高灰泥质与硫化铁。目前，其定型产品有 MLX、NXL 等系列。

二、摇床

摇床床面上铺有格条，原料煤与水流由给料槽和给水槽给入，床面上不同性质的物料在重力、摩擦力、惯性力及横向水流的作用下，沿着不同的方向运动，进行松散、分层、输送和分离达到分选的目的。

摇床分选细粒煤具有精度较高、设备简单、操作方便、质量轻、电耗低、生产成本低等优点。但也存在处理能力低、占地面积大等缺点，故在生产中推广使用受到限制。近年来对摇床作了许多技术改进，开发出一些新的机型，如多层悬挂式摇床和双头离心摇床等，在一定程度上弥补了普通摇床的缺点，提高了处理能力和分选脱硫效果，其不完善度 I 值可达 0.20～0.22（摘自《设计规范》），因此应优先选用悬挂式多层摇床。

摇床分选下限低，其有效分选下限为 0.074 mm。摇床适于处理细粒煤，对含硫量较高的煤脱硫降灰效果显著，生产实践中摇床主要用于末煤和粗煤泥脱硫分选。

三、干扰床

干扰床是一种利用上升水流在槽体内产生紊流的干扰沉降分选设备。由于颗粒的密度不同，其干扰沉降速度存在差异，从而为分选提供了依据。沉降速度大于上升水流速度的颗粒进入干扰床槽体下部，形成由悬浮颗粒组成的流化床层，即自生介质干扰床层。入料中那些密度低于干扰床层平均密度的颗粒将浮起，进入溢流。而那些密度大于干扰床层平均密度的颗粒便穿透床层，进入底流通过底部排料口排出。

早期干扰床主要用于物料（砂料）按粒度分级，1964 年在英国首先将干扰床用于煤炭的分选。干扰床能有效分选 4～0.1 mm 的细粒煤，但要求入料粒度上、下限之比以 4∶1 为宜，最佳分选粒度是 1～0.25 mm 的粗煤泥。

干扰床设备本身无运动部件，用水量少（10～20 $m^3 \cdot m^{-2} \cdot h^{-1}$ 工作面积），能实现低密度（1.4 kg/L）分选，其可能偏差 E_p 值可达 0.12。干扰床为目前困扰国际选煤界的粗煤泥分选问题，提供了一种可供选择的分选方法。

四、水介质旋流器

水介质旋流器是用水作介质，利用离心力按密度进行分选的设备。其结构与一般旋流器基本相同，不同点是它的锥体角度大一些。在分选过程中，锥体部分有一个悬浮旋转床层，可起到类似重介质的作用。

水介质旋流器具有结构简单、无运转部件、操作方便及生产成本低等优点，但存在分选精度低的缺点，国内外资料表明，其可能偏差 E_p 值为 0.09～0.21 之间。近年来国内有关单位对水介质旋流器的结构作了较大的改进，分选精度有了一定改善，据了解不完善度 I 值可达 0.18，其有效分选下限为 0.25 mm。主要用在粗煤泥分选。

五、螺旋滚筒分选机

螺旋滚筒分选机以入选原煤中小于 0.3 mm 的煤粉作为介质，与水混合形成较稳定的悬浮液进行分选，故又称自生介质滚筒分选机。具有分选工艺流程简单，拆装、搬迁方便的特点。但因其分选效率较低，多作为简易选煤厂用于6 mm 以上的动力煤、脏杂煤的分选，或用于煤矸石的二次分选处理。

利用引进技术，国内目前已定型生产的有 LZT、TX 等系列自生介质螺旋滚筒分选机。该机用于烟煤、无烟煤的工业分选，其分选粒度范围为 100 ~ 6（3）mm，产品灰分最低达到 8%，效率为 97% 以上，可处理易选及中等可选性煤，单机处理量可达 80 ~ 120 t/h。与滚筒分选机配套的旋流器可使分选下限达到 0.5 mm。

六、风力选煤

风力选煤是以空气作分选介质的选煤方法，简称风选。空气介质与水介质的主要区别在于空气的密度很小，仅是水密度的 1/813。黏度仅是水黏度的 1/50。矿粒在空气介质中下落的加速度几乎等于自由落体的加速度，所以煤和矸石在空气介质中等沉系数很小，约为 1.35。这就决定了风选的入料粒度范围要求非常窄，传统风选要求入料粒度上、下限之比为 2.5:1，一般粒度上限不大于 20 mm，而且煤和矸石的视密度差不得低于 0.8。

风选另一个致命的弱点是对入选原料煤的水分和颗粒形状（主要是其中的矸石）非常敏感，当入料外在水分超过 7% 时，颗粒游动性明显下降，片状矸石量过多，就会大大降低处理能力和分选效率。传统风选设备的可能偏差 E_p 值仅可达 0.23 ~ 0.28（摘自《设计规范》）。鉴于上述原因，风选的使用受到了限制。

近年我国自行开发的复合式干法分选设备，突破了传统风选单一分选机理，集多种分选作用于一体。其多种分选机理扼要阐述如下：

（1）在 80 ~ 0 mm 宽粒度级别入料的条件下，利用自生介质（原煤中细粒物料与空气组成气—固两相混合介质）形成具有一定密度、相对稳定的悬浮介质层进行分选，物料通过悬浮介质层时，密度低的煤粒上浮，而密度高的矸石下沉。

（2）借助床面振动和风力作用使密度不同的煤、矸石、硫铁矿等入选物料在床面上松散分层，并在床面作螺旋翻转运动，形成多次分选，从而提高分选精度。

（3）充分利用逐渐提高的床层密度所产生的颗粒相互碰撞挤压形成的浮

力效应进行分选，从而可排出比较纯净的矸石产品。

在上述多种分选机理的综合作用下，其分选效率比传统风选有了明显提高。在高密度（≥1.8 kg/L）排矸分选条件下，在80~6 mm有效分选粒级范围内，其分选数量效率≥90%，不完善度I值可达0.1，所需风量仅为传统风选的1/3。它还具有不用水、工艺简单、投资少、生产成本低、符合国家节水节能要求等一系列优点。另外，生产实践表明，用复合式干选机单独分选块煤时，对块煤的外在水分没有严格要求，即外在水分的大小对块煤风选效果影响不大。所以，在干旱缺水地区，对低水分易选煤及遇水易泥化的褐煤，干法分选仍是首选的分选方法之一。也是选前预排矸作业可供选用的设备。

目前，复合式干选机最大机型FGX-48处理能力达480 t/h，是世界上最大的风选设备。

第六节　重力选煤法的工艺性能

一、重力选煤法工艺性能评定指标

2014年发布的国家标准《煤用重选设备工艺性能评定方法》（GB/T 15715—2014）关于重力选煤法工艺性能评定指标，采用了国际标准8个评定指标中的6个指标。分别说明如下：

1. 给料速度

要尽可能保持给料速度均匀，其单位为t/h。

2. 可能偏差或不完善度

可能偏差一般用于重介质分选，不完善度仅用于水介质分选。它们的计算公式如下：

$$E = (d_{75} - d_{25})/2$$
$$I = (d_{75} - d_{25})/2(d_{50} - 1)$$

式中　　E——可能偏差，g/cm^3；

　　　　I——不完善度；

　　　　d_{75}——产品分配曲线上对应于分配率为75%的密度，g/cm^3；

　　　　d_{25}——产品分配曲线上对应于分配率为25%的密度，g/cm^3；

　　　　d_{50}——产品分配曲线上对应于分配率为50%的密度，g/cm^3。

3. 数量效率

数量效率的计算公式如下：

$$\eta_e = \gamma_p \times 100 / \gamma_t$$

式中　η_e——数量效率，%；

　　　γ_p——实际精煤产率，%；

　　　γ_t——理论精煤产率，%。（注：理论精煤产率值从计算入料的可选性曲线上获得）

4. 灰分误差

灰分误差的计算公式如下：

$$A_e = A_p - A_t$$

式中　A_e——灰分误差，%；

　　　A_p——实际精煤灰分，%；

　　　A_t——理论精煤灰分，%。（注：理论精煤灰分值从计算入料的可选性曲线上获得）

5. 总错配物含量

总错配物含量的计算公式如下：

$$M_o = M_1 + M_h$$

式中　M_o——总错配物含量（占入料），%；

　　　M_1——密度小于分选密度的物料在重产品中的错配量（占入料），%；

　　　M_h——密度大于分选密度的物料在轻产品中的错配量（占入料），%。

6. 邻近密度物含量

邻近密度物含量值按 GB/T 16417 确定。

二、各种重力选煤设备主要工艺性能指标摘录

各种重力选煤设备的分选工艺性能、分选效率差别很大，是选煤工艺设计时选择选煤方法的主要依据之一。国家标准《煤炭洗选工程设计规范》（GB/T 50359—报批稿）5.1.8 条给出了各种重力选煤设备主要工艺性能评定指标（可能偏差或不完善度），转录于表 4 - 3 ~ 表 4 - 6。各种重力选煤设备给料速度指标，参见第六章"工艺设备选型"的相关内容。

表 4-3　空气脉动跳汰机、动筛跳汰机不完善度

分选粒级/mm	作 业 条 件		不完善度 I
50（100）~0.5	跳汰主选	矸石段	0.14 ~ 0.16
		中煤段	0.16 ~ 0.18
	跳汰再选	—	0.18 ~ 0.20
50（200）~13	跳汰主选	矸石段	0.11 ~ 0.13
		中煤段	0.14 ~ 0.16
13 ~ 0.5	跳汰主选	矸石段	0.18 ~ 0.20
		中煤段	0.20 ~ 0.22
	跳汰再选	—	0.22 ~ 0.25
300 ~ 50	动筛跳汰	排矸	0.09 ~ 0.11
300 ~ 25			0.11 ~ 0.13

表 4-4　重介质分选设备及风力分选机可能偏差

设备名称	作 业 条 件		可能偏差 E_p
斜轮、立轮、刮板重介分选机	分选粒级>13 mm		0.02 ~ 0.04
两产品重介质旋流器	脱泥	（主选）分选粒级>0.5 mm	0.03 ~ 0.04
	不脱泥	（主选）分选粒级>0.5 mm	0.04 ~ 0.05
		（再选）分选粒级>0.5 mm	0.04 ~ 0.06
三产品重介质旋流器	脱泥	一段（主选）、分选粒级>0.5 mm	0.03 ~ 0.04
		二段（再选）、分选粒级>0.5 mm	0.04 ~ 0.06
	不脱泥	一段（主选）、分选粒级>0.5 mm	0.03 ~ 0.05
		二段（再选）、分选粒级>0.5 mm	0.05 ~ 0.07
煤泥重介旋流器	分选粒级 1.5 ~ 0.5 mm		0.08 ~ 0.12
风力分选机	分选粒级 80 ~ 6 mm		0.23 ~ 0.28

表 4-5　摇床、螺旋分选机不完善度

设备名称	分选粒级/mm	不完善度 I
摇床	6 ~ 0	0.20 ~ 0.22
螺旋分选机	3 ~ 0	0.20 ~ 0.25

表 4-6 干扰床可能偏差

设备名称	分选粒级/mm	可能偏差 E_p
干扰床	1.5 ~ 0.25	0.11 ~ 0.14

第七节 选煤方法的选择

一、选煤方法选择的原则

选煤方法的选择是制定选煤工艺流程的核心问题。选煤方法的选择应遵循的原则是:

(1) 分选效率高,工艺技术先进、可靠。

(2) 易于实现自动控制,节能。

(3) 能分选出质量符合要求的产品,综合经济效益好。

二、选煤方法选择的依据及相关因素

选煤方法的选择与多种因素相关,过去《设计规范》规定,基本上只根据原煤可选性的难易一个条件简单地确定选煤方法的做法是不全面的。选择选煤方法应该有一个更科学、更全面的依据。所以,新颁《设计规范》5.1.7 条(黑体字为强制性条文)明确规定,**"选煤方法应根据原煤性质(如粒度组成、密度组成、可选性、可浮性、硫分构成及其赋存特性、矸石岩性)、产品要求、分选效率、销售收入、生产成本、基建投资等相关因素,经过技术经济比较后确定"**。

上述条文的核心要求是应根据具有代表性的可选性资料,统筹考虑与分选工艺相关的各种因素,通过技术经济量化比较来确定分选方法。这是新规范与旧规范最主要的区别和进步点之一。

下面扼要阐述几种相关因素与确定选煤方法的关系,并通过实例加以佐证,以便进一步加深对上述《设计规范》5.1.7 条规定的理解。

(1) 当原煤中块矸含量很多,特别是矸石的岩性又属于易泥化的泥岩或炭质泥岩时,则宜采用动筛跳汰机预排矸,将大块泥岩矸石尽早地从系统中排除,这样对后续主选工艺和煤泥水系统十分有利。动筛跳汰机允许入料粒度上限可高达 300 ~ 400 mm,且具有处理量大、排矸精度高($I = 0.09 \sim 0.11$)、循

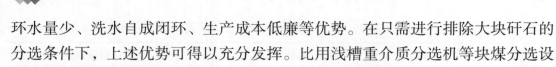

环水量少、洗水自成闭环、生产成本低廉等优势。在只需进行排除大块矸石的分选条件下，上述优势可得以充分发挥。比用浅槽重介质分选机等块煤分选设备要合理有利得多。但动筛跳汰机的弱点是有效分选粒度下限只能达35（30）mm，单机处理能力不如浅槽重介质分选机大，所以在使用范围上受到一定限制。一般在特大型选煤厂设计中需设置预排矸环节时，若采用动筛跳汰机台数过多或需预排矸的粒度下限小于 30（25）mm，则可改用单机处理能力大、分选粒度下限低的浅槽重介质分选机替代，以减少系统数量。

目前采用动筛跳汰机预排矸分选工艺的比较多，但对采用该工艺合理的入料煤质条件往往缺乏深入分析。例如：

——没有充分考虑动筛跳汰机的排料机构的特殊形式，比较适合分选矸石含量多的物料。含矸量太少的原煤采用动筛跳汰机排矸，不利于动筛跳汰机处理能力的充分发挥。将导致相应增加动筛跳汰机选型台数。有的设计不管入料中矸石所占的比例是否合理，在矸石含量很少的情况下，就盲目采用动筛跳汰机预排矸（详见下面实例）。一般入料中矸石含量所占的最佳比例应为 30% ~ 50%。

——不少设计将动筛跳汰机分选下限定为 25 mm，明显低于德国 KHD 公司（动筛跳汰机原创研制单位）提出的动筛跳汰机合理分选下限宜 ≥35 mm 的要求。分选下限定为 25 mm 还存在其他诸多弊端，例如，筛孔直径为 25 mm 的干法分级筛分效率不高，将导致筛上物限下率增高，难以达到动筛跳汰机要求入料中限下率低于 5% 的标准，限下率超标势必影响动筛跳汰机分选效果。建议，在设计运用中，宜适当提高动筛跳汰机分选下限。

【实例】陕西神府矿区（南区）×××矿选煤厂（6.00 Mt/a），《可研报告》采用动筛跳汰机预排矸。而该矿原煤矸石含量总体就少，块矸含量更少，>50 mm 块原煤中的矸石含量不足 9%（占本级）。采用动筛跳汰机预排矸不尽合理。因为含矸量太少的原煤采用动筛跳汰机排矸，不利于动筛跳汰机处理能力的充分发挥。将导致相应增加动筛跳汰机选型台数，增加投资。

（2）跳汰机对易选煤的分选精度并不亚于重介质选煤。但在分选难选煤时的分选效率与重介质选煤相比有一定差距。另外，有关研究表明，跳汰机对 2 ~ 3 mm 以下粉煤的分选精度明显变差，精煤损失大。所以在采用跳汰选煤时，除需考虑可选性外，还需考虑粒度组成，特别是对含 3 mm 以下粉煤量大的原煤更要格外慎重。现以汾西矿区某选煤厂设计的教训为例，来说明原煤粒度组成对确定选煤方法的重要影响。

【**实例**】 汾西矿区×××选煤厂入选原煤为特低硫、特低磷主焦煤，但粒度、密度组成存在以下问题。

粒度组成：原煤极易粉碎，末、粉煤含量特别大。其中<13 mm 末煤的产率占原煤的 80% 以上；<3 mm 的粉煤产率高达 47.9%，约占原煤总量的一半；<0.5 mm 原生煤泥含量为 17.66%。可谓粉、末煤含量大的原煤典型。

浮沉特性：原煤中轻产物含量少，且内在灰分高，其中，<1.4 kg/L 密度级浮物累计量仅为 43%；累计灰分已达 9.20%；当精煤灰分要求为 10.5% 时，$\delta \pm 0.1$ 含量为 33% 仍属难选煤。

对于这种粉、末煤含量极大，且可选性亦难的原煤，原设计采用了传统的混合跳汰分选工艺。且不论跳汰选煤对难选煤能否胜任，单就粉、末煤量如此之大这一点而言，就不宜选择跳汰选煤。因为跳汰机分选粉煤，特别是分选 3 mm 以下的粉煤时，透筛损失大，分层效果差，分选效率明显降低。这一点在该厂的生产实践中也得到了充分证实。该厂建成投产后，由于跳汰机精煤损失大，精煤产率过低，生产亏损严重，不得不长期关门停产。这就是由于对原煤筛分特性与选煤方法的相关关系认识不到位，导致选煤方法选择失误的典型实例。

（3）当用户要求出块煤产品时，采用有压入料重介质旋流器分选工艺就不利于保护块煤。因为入料离心泵叶片的高速搅动、强烈撞击，对煤有较强的破碎作用。

（4）当原煤中黄铁矿嵌布粒度比较细时，采用重介质旋流器分选，脱硫效果就比较好，有时还需配备煤泥重介质旋流器或螺旋分选机进行分选，才能有效脱除更细的黄铁矿微粒。

（5）当原煤中所含矸石的岩性为泥岩时，因其遇水极易泥化的特殊性质，在采用重介质选煤方法分选，特别是采用有压入料重介质旋流器分选时，应格外慎重。主要考虑到泥岩矸石经混合桶悬浮液浸泡后，再经入料离心泵叶片高速搅动、强烈撞击，定会大量被泥化。混入悬浮液的高灰泥质会大大增加悬浮液中非磁性物含量，将引起工作悬浮液的密度、黏度等特性参数的改变，导致分选效果变坏。而且也会给脱介和介质系统带来一系列麻烦。在这种条件下，采用无压入料重介质旋流器分选比较合理，无压入料重介质旋流器是泥化程度最轻的选煤方法之一，有利于减少次生煤泥量。下面仅举一例进一步说明。

【**实例**】 陕北榆神矿区×××动力煤选煤厂（4.00 Mt/a），入选煤类为长焰煤。本矿煤质方面的最大特点是多数煤层的顶、底板及夹矸岩性均为泥岩，遇水易崩解、易泥化。然而设计选煤工艺采用原煤全部入选工艺：50～1.5 mm采用选前脱泥有压入料两产品重介质旋流器分选，1.5～0.15 mm粗煤泥采用螺旋分选机分选，<0.15 mm细泥采用压滤机直接回收。

自试生产调试以来，主要入选本矿井开采的4^{-2}号煤层原煤，该煤层平均含有厚200 mm泥岩夹矸和泥岩伪顶。存在的主要问题是即便在入选煤量不大（平均实际入选煤量不足设计额定能力的1/5）的情况下，洗水很快变黑、变稠，煤泥水系统能力严重不足，煤泥处理不了，导致循环水池液位不断上涨、溢出，开车仅几个小时，便无法生产。究其原因，主要有以下两点：

——设计采用有压入料重介质旋流器分选方式，产生次生煤泥量大。入料经离心泵叶片高速搅动、强烈撞击，原煤中所含泥岩矸石大量被泥化。据现场实测，进入浓缩机的<0.15 mm细泥量占原煤总量的18%，比原设计预测值5.23%高出近3.5倍。结果造成煤泥水系统能力严重不足。

——泥岩矸石遇水泥化后，不易沉降，压滤效果变差，按常规选型的浓缩机、压滤机面积明显不够，细泥得不到及时回收，大量积聚在洗水中，导致循环水很快变黑、变稠，循环水池液位不断上涨、溢出。

后来增建一座压滤车间，在原设计3台压滤机（300 m²/台）的基础上，再增加6台压滤机（400 m²/台），压滤面积增加2倍多，增加投资近1500万元。

这可谓因选煤方法选择不当带来一系列问题的典型警示范例，也是体现矸石岩性对选煤方法选择的影响程度的典型实例。

对这种含有大量易泥化的泥岩矸石的原煤，比较妥当的分选方法宜先采用动筛跳汰机预排矸，将大块泥岩矸石尽早地从系统中排除，这样对后续主选工艺和煤泥水系统十分有利。其后若需全部入选，也宜采用无压入料重介质旋流器分选比较合理，无压入料重介质旋流器是泥化程度最轻的选煤方法之一，有利于减少次生煤泥量，减轻煤泥水系统的负荷。其实，像该矿这样内在灰分低、<1.4 kg/L密度级轻产物率高达80%、中间产物少、可选性好的原煤，若产品方向定位为动力煤和煤化工原料，则大可不必全部入选，采用>13（25）mm块煤重介质浅槽分选机排矸工艺，<13（25）mm末煤不洗选，块煤产品可作气化原料，末煤直接作电煤就比较经济合理。

据了解，同在榆神矿区位置紧邻本项目的另一座××矿井选煤厂的二期工程，设计规模为 10.00 Mt/a。因两井田边界相连，煤层结构、煤质条件基本相同。设计在充分汲取本项目因矸石泥化严重影响生产的教训的基础上，果断放弃了原煤全部入选的打算，改为采用 200～25 mm 的大块原煤进重介浅槽排矸分选，<25 mm 末煤暂不分选的加工原则。该工艺不仅符合本区煤质条件，满足目标市场要求，而且避免了重蹈覆辙。

（6）在西北严重干旱缺水地区，干法分选则独具优势。可以不用洗水便可使原煤得到一定的分选。它比较适用于褐煤、易泥化煤、劣质煤、易选煤的排矸分选。实践表明，我国研发的复合式干法选煤是可供采用的新型干法分选方式。

第五章 工 艺 流 程

第一节 工艺流程制定的依据和原则

一、工艺流程制定的依据

选煤工艺流程的制定应以原煤性质、用户对产品的要求、最大产率和最高经济效益等因素为依据。

二、工艺流程制定的原则

制定一个合理、简单、高效且能满足技术经济要求的工艺流程，应遵循以下基本原则：

（1）采用与原煤性质相适应的，技术先进、生产可靠的选煤方法和分选作业环节。

（2）作业环节设置合理，避免作业环节功能重复。

（3）煤、水、介质流程简单、高效，避免出现不良闭环。

（4）能分选出满足用户要求的不同质量规格的产品。

（5）在满足产品质量要求的前提下，应能获得最大精煤产率，力求最高经济效益和社会效益。

第二节 入选工艺原则及入选方式的确定

在制定选煤工艺流程时，首先必须确定入选工艺原则及入选方式，一般包括以下内容：入选粒度上、下限的确定，混合与分组入选方式的确定，分级与不分级入选方式的确定。

一、入选粒度上、下限的确定

原煤入选粒度上、下限由三方面因素相互制约，应综合考虑各种相关因素，确定合理的入料上、下限。

1. 用户要求

入选原煤上、下限应尽可能与用户对产品的粒度要求和质量要求相一致，以控制入选量和免除选煤产品不必要的破碎筛分作业。例如：

（1）按国家标准《煤炭产品品种和等级划分》（GB/T 17608—2006）规定，炼焦精煤供煤粒度要求为＜50 mm 或＜100 mm；高炉喷吹对供煤粒度要求无烟煤为25～0 mm，烟煤为＜50 mm；水煤浆用煤的用户对供煤的粒度上、下限没有特殊要求，用户均自备有破碎机，只要求粒度上限不影响装卸和运输，并小于用户破碎机的入料规定上限即可。因炼焦煤入焦炉前一般需将炉料粉碎至＜3 mm 级占85% 左右。而制水煤浆则对煤粒的细度要求更严格，其中＜0.075 mm微细粒含量应≥75%。所以，在选煤工艺设计中，对炼焦煤、高炉喷吹用煤和水煤浆用煤的入选粒度下限一般均为0，以便尽量增加精煤产品量，达到提高资源利用率的目的。

（2）移动床、合成氨气化用煤的粒度上限最大为 100 mm，下限多为≥13 mm。所以设计入选粒度上、下限最大范围以不超过100～13 mm 为宜；而煤化工和煤间接液化多采用气流床气化炉，该气化工艺要求入炉原料煤全部磨成粉，所以对供煤粒度无明确要求。设计时确定入选粒度上、下限的灵活性也比较大。

（3）国家标准《发电煤粉锅炉用煤技术条件》（GB/T 7562—1998）中对供煤的粒度上限要求为＜50 mm，对供煤粒度下限无特殊要求。所以，在选煤工艺设计确定入选粒度上、下限时，宜根据用户对产品质量（如灰分、发热量等）的不同要求合理选择。如果用户对电煤发热量要求高，则可以把入选下限定的低一些，增加入选加工量，以提高综合产品热值；如果用户对电煤发热量要求比较低，则可以把入选下限定的高一些，以减少入选加工量，降低加工费用，有利于提高选煤厂经济效益。

2. 入选原煤性质

原煤性质对确定入选粒度上、下限的影响主要表现在以下两方面：

（1）块原煤中夹矸煤的含量和破碎后单体解离情况，是确定入选粒度上限的主要技术依据之一。当块原煤中的夹矸煤含量较多时，为了能够获得较高的精煤产率，应当根据夹矸煤条带的厚度和可能解离的程度，通过破碎试验和相应的浮沉试验资料分析，选择适宜的入选粒度上限。但不能片面依此为依据任意提高或降低入选上限。因为入选上限提高过多，会由于分选粒级加宽导致分选机（主要为跳汰机）操作困难，分选机的生产故障也会随着粒度上限提高而增加；若入选粒度上限过低，原煤过度破碎将会产生相当数量细粒级煤和煤粉，使分选效果降低，给煤泥水系统增加负荷。因此要全面衡量利弊，合理确定入选粒度上限。

（2）在确定入选粒度下限时，应当全面考虑各粒级的灰分（有时还需考虑硫分）和可选性。例如，当某些粒级（特别是粉、末煤）的灰分或最终产品加权平均灰分未超过用户的要求值，且筛分又不困难时，可以考虑将这部分粒级原煤筛出不入选，以减少入选加工量，减少煤泥水系统负荷，降低加工费用，有利于提高选煤厂经济效益。

3. 分选设备允许处理的粒级

分选设备适宜处理的粒级除与分选设备类型有关外，还与其规格有关。大型设备的处理粒度会大些，较典型设备（如旋流器）的入料上限与其直径有关。按我国目前的分选设备发展现状，各分选设备的入料上、下限大致可参见表5-1。

表5-1　分选设备适宜处理的入料上、下限　　　　　　　　　　mm

分选设备名称	入料上限	有效分选下限
块煤跳汰机	80（200）	6（13、25）
末煤跳汰机	6（13、25）	0.5（0.3）
混合跳汰机	50（80）	0.5（0.3）
动筛跳汰机	350（400）	35（30）
斜（立）轮重介质分选机	300 200（150）	13（6） 13（6）
浅槽重介质分选机	150（200）	13（6）
重介质旋流器	50（80）	0.5（0.2）
水介质旋流器	13	0.2
摇床	13	0.06

表 5-1（续）　　　　　　　　　　　　　mm

分 选 设 备 名 称	入 料 上 限	有 效 分 选 下 限
斜槽分选机	200	1（0.5）
浮 选 机	0.5	0
螺旋分选机	3.0	0.15

有一点需要特别指出的是，判断重力分选设备对小于 0.5 mm 物料有效分选下限已有行业标准（MT/T 811—1999）。该标准明确指出，"评定重选设备分选下限的指标为：对以重介质或重液为介质的分选机，小于 0.5 mm 某一粒度级的可能偏差 E 小于或等于 0.01 g/cm^3；对以水为介质的分选机，小于 0.5 mm 某一粒度级的不完善度 I 小于或等于 0.25 时，按最小粒度级的粒度下限作为该设备的分选下限"。

分选粒度下限一经合理确定，则工艺流程的相关环节必须与之相适应，否则已确定的分选下限等于虚设。在设计中工艺流程的相关环节与已确定的分选下限不相适应的实例也不鲜见。

【实例】 内蒙古鄂尔多斯市某矿区某矿《可研报告》设计的块煤浅槽重介质分选机排矸分选系统，所确定的分选下限为 13 mm。入浅槽重介质分选机前原煤先经 13 mm 干式分级筛分。鉴于 13 mm 干式分级筛分效率不高（65% ~ 70%），大量<13 mm 限下物料仍然会留在筛上物中，为保证浅槽重介质分选机入料的限下率不超标，必须进一步提高分级筛分效率，设计特地增设了脱泥环节，但脱泥筛的筛孔尺寸却定为 6 mm。设计原意是认为浅槽重介质分选机允许的分选粒度下限为 6 mm，将筛孔尺寸定为 6 mm 技术上可行，还可多分选些原煤。但是这样一来，使浅槽重介质分选机入料的实际分选粒度下限变为 6 mm，违反了已经确定的分选下限定为 13 mm 的工艺原则。出现了工艺流程的相关环节与已确定的工艺原则不相适应的矛盾。

其实，为保证浅槽重介质分选机入料限下率不超标，进一步提高分级筛分效率的办法很多。大可不必单设脱泥环节，只需适当加长 13 mm 分级筛筛长，将单一干式筛分改为干、湿筛分相结合的方式，即可有效提高分级筛分效率。与原设计相比减少了一个脱泥筛环节，简化了工艺系统，减少了设备，节省了投资，降低了电耗，符合节能减排的要求。

二、混合与分组入选方式的确定

如果选煤厂入选的原煤来自多个矿井或同一矿井的多个煤层（实际上大多数设计是属于这种情况），这时就需要考虑多层原煤是应该采取混合入选还是分组入选的问题。

《设计规范》5.1.5条明确指出，**"当各煤层在分选密度相同的条件下，其可选性、基元灰分相差较大，净煤硫分相差较大或煤种不同时，宜分别分选"**。这时，井下采取分采、分运，地面分储、分别入选的方式最为合理。但是，井下实现分采、分运、分别提升困难较大，一般矿井难以具备这种条件。另外，选煤厂分组入选工艺系统布置也比较复杂，基建和生产费用高，生产管理比较困难。鉴于井下、井上两方面都存在困难，所以我国大多数选煤厂设计采用的是混合入选方式。

（一）采用混合入选方式的必要条件

1. 各煤层混合入选的相关因素

各煤层（或各矿的原煤）能否混合入选，这主要取决于以下3个因素：

（1）煤的种类是否相同或相近。

（2）它们的可选性差别较小。

（3）要特别关注与分选密度相邻的密度级的基元灰分 λ 是否接近，以判断混合入选是否符合最大产率原则。

在实际设计中能同时满足以上3点的理想情况是很难遇到的。大多数情况下是各煤层之间在上述3个方面有近有异。当然，如果条件基本允许，则应优先考虑混合入选方式，因为混合入选会使工艺系统和工艺布置比较简化，也会给生产管理带来诸多方便。但是，如果各煤层之间在上述3个方面差别太大，则不宜混合入选，只能分组入选或轮流单独分选。一般来讲，混选或分组选两种方式的选择关系到工艺的合理性、系统的复杂性、管理的难度、投资的大小及经济上是否合理等诸多方面，是个牵涉面广且比较复杂的问题，需要权衡利弊，全面考虑，再决定取舍。

2. 各煤层混合入选比例的确定

如果决定采用混合入选方式，则还需进一步合理确定各煤层混合入选的比例。这主要取决于以下两个因素：

（1）井下应根据各煤层储量和煤层厚度按比例合理配采。

（2）各煤层硫分高低有别，当前因环保部门和用户要求日益严格，为保证选后产品硫分不超标，需根据各煤层精煤的不同产率，返算高、低硫原煤混合配选的比例。

选煤工艺设计的责任是，综合考虑以上两个因素，在满足产品硫分要求的前提下，尽量兼顾井下合理的配采比例（按各煤层开采的单产比例计算）。

3. 保证各煤层混合入选比例的重要性

确定了合理的混合入选的比例后，还必须解决如何保证实现各煤层混合入选比例的技术措施问题。有些设计，在确定了各煤层混合比例后，便不再进一步考虑保证实现比例的措施，而是将各层煤筛分、浮沉资料按所确定比例混合在一起进行流程计算。这样做不符合生产实际情况。这是由于井下各煤层工作面的开采作业循环是不可能同步的，因而各煤层瞬间产出量混合后的比例关系是随机的、变化的，根本无法保证实现确定的入选比例，其造成的后果是严重的，分述如下：

（1）分选密度将随混合比例的变化而随机波动，生产过程无法操控。

（2）如果维持分选密度不变，则产品的质量（灰分、硫分等）只能随原煤混合比例的变化而随机波动、变化，根本无法稳定。

（3）不符合选煤工艺设计所追求的最大产率原则。

（二）各煤层按比例混合的方案

解决各煤层按比例混合有以下两种可供选择的方案：

方案一——井下最好能实现分采、分运、分别提升至地面，选煤厂分别储存，为准确控制混合入选的比例提供必要的条件。然而，井下实现分采、分运、分别提升的难度较大。不仅井下为达到此要求基建耗资过多，而且井下生产管理复杂，一般矿井不容易具备这种条件。

方案二——井下在宏观范围内（如1d内）能够保证各煤层混合比例的前提下，可以考虑在地面设置原煤均质化混煤场，保证入选原煤性质在一段时间内（时间长短取决于混煤场容量，一般为2~3d）保持相对均匀。国内外均有选煤厂采用这种方法。

下面举例进一步说明判断多层原煤分组或混合入选条件的方法。

【实例】乌海矿区×××选煤厂多层原煤分组或混合入选条件的分析。

该厂主要入选本矿12号、$13^2_{上}$号、13号、15号4个煤层，矿井最多只能同时开采 3 个煤层，即 12 号、13 号（或 $13_{上}^{2}$ 号）、15 号煤层。这样该厂就存在多层原煤能否混合入选的问题。4 个煤层的主要煤质特征详见表 5-2。

表 5-2 乌海矿区×××选煤厂主要煤层煤质特征指标

煤质特征指标		主要开采煤层			
		12 号	$13_{上}^{2}$ 号	13 号	15 号
灰分 $A_d/\%$	原 煤	20.14 ~ 44.24 29.64	14.78 ~ 22.24 19.29	19.11 ~ 33.67 25.47	23.43 ~ 35.26 28.16
	精 煤	5.94 ~ 21.68 11.47	7.64 ~ 12.77 10.78	6.25 ~ 12.96 9.10	12.97 ~ 21.62 14.97
硫分 $S_{t,d}/\%$	原 煤	0.84 ~ 4.66 2.12	0.50 ~ 2.21 0.91	0.63 ~ 2.19 1.26	1.18 ~ 4.03 2.56
	精 煤	1.26 ~ 2.57 1.85	0.50 ~ 0.88 0.67	0.65 ~ 1.17 0.83	1.01 ~ 2.11 1.24
煤 类		肥煤	焦煤	焦煤	焦煤

由表 5-2 可知，×××选煤厂入选原煤有以下两个特点：

（1）4 个煤层按煤类可分为两组，除 12 号煤层属肥煤外，其余 3 个煤层基本上都属于焦煤。

（2）这两组煤正好也是硫分高低的区分线。12 号煤层属高硫煤，且多为有机硫和浸染状无机硫，洗选难以脱除，所以洗后平均硫分仍高达 1.85%。其余 3 个煤层中，$13_{上}^{2}$ 号、13 号煤层均为低中硫或中硫煤，洗后硫分均可降至 1% 以下；15 号煤层虽然也属于高硫煤，但以无机硫为主，洗后硫分可降至 1.24% 左右。

根据《设计规范》5.1.5 条规定，"当各煤层在分选密度相同的条件下，其可选性、基元灰分相差较大，净煤硫分相差较大或煤种不同时，宜分别分选"。从煤类、硫分两个因素考虑，首先可以肯定，上述两组煤应该分组入选。其次需判断焦煤组，即 13 号（或 $13_{上}^{2}$ 号）、15 号煤层能否混合入选。鉴于 13 号、15 号煤层同密度级的基元灰分（λ）比较接近，根据最大产率原则，13 号、15 号煤层存在可以混合入选的可能性。为此对 13 号、15 号煤层分别单独入选和按比例（1∶1）混合入选两种方式进行粗略估算，结果见表 5-3。

表 5-3　焦煤组（13 号、15 号煤层）单独或混合入选结果表

入 选 方 式	分选密度 $\delta_p/(\mathrm{kg \cdot L^{-1}})$	精煤产率 $\gamma_{-1.4}/\%$	精煤灰分 $A_d/\%$	精煤边界灰分 $\lambda/\%$
13 号、15 号煤层 分别单独入选	1.46（13 号） 1.34（15 号）	41.75（合计）	10.5（13 号） 10.5（15 号）	24.80（13 号） 12.60（15 号）
13 号、15 号煤层 混合入选（1∶1）	1.385	45.75	10.35	16.00（13 号） 18.10（15 号）

　　计算结果表明，两煤层混合入选方式与单独入选方式相比，其精煤产率要高出 4 个百分点，这是因为这两煤层洗选后精煤产品的边界灰分比较接近，符合最大产率原则的缘故。但是，13 号、15 号煤层可选性差别较大，同密度级的产率和浮物累计灰分差别也大（限于篇幅，相关浮沉资料省略），所以，为了选出同样的精煤灰分（10.5%），分选密度将随两煤层混合比例的变化而变化：若可选性差的 15 号煤层占的比例增大，则分选密度往低波动；若可选性好的 13 号煤层占的比例增大，则分选密度往高波动。这就说明焦煤组 13 号、15 号煤层必须按固定比例配煤入选，绝不能任意随机掺混入选。否则会因掺混比例随机变化，引起分选密度随机波动，在实际生产中难以调控，无法操作。

　　鉴于井下各煤层工作面的开采作业循环是不可能同步的，因而各煤层瞬间产出量混合后的比例关系是随机的、变化的，根本无法保证实现确定的入选比例。因而，×××选煤厂入选本矿同时开采的 12 号、13 号（或 $13^2_{\text{上}}$ 号）、15 号煤层都必须实行分采、分运、轮流提升至地面，选煤厂分别储存，为分组入选或者准确控制混合入选的比例提供必要的条件。×××矿井井底只设有两个煤仓，不够用，还需借助于采区煤仓才能实现 3 个煤层分采、分运、轮流提升至地面的要求。如果是新设计，则矿井与选煤厂应密切配合，合理解决 3 个煤层分采、分运、轮流提升至地面的要求。

三、分级与不分级入选方式的确定

　　从我国选煤生产实践的角度来看，由于采煤机械化程度的提高，原煤中的块煤量较少，粉末煤量很多，块、末比例失调，所以有一种观点认为实行分级入选意义不大。故我国 2000 年前设计的选煤厂，采用不分级跳汰机分选居多。

2000 年后新设计的炼焦煤选煤厂，也多采用不分级重介质旋流器分选。不分级入选的优点是：流程系统简化、管理操作方便、工艺布置简洁、厂房体积较小。

从理论上讲，鉴于粒度大小不同，与之相适应的分选条件（如跳汰机分选的风水条件，重介质分选的悬浮液密度、介质的粒度组成、旋流器的结构参数或入料压力等）也应有所差异。被分选物料的粒度范围越宽，分选条件越难兼顾周全，越难实现在合理条件下的分选。所以，不分级入选方式的分选效率一般要低于分级入选方式。从这一层意义上讲，分级入选应该是比较合理的入选方式。特别是在大型和特大型选煤厂设计中，因小时处理能力大，若采用分级入选，还会给设备选型和工艺布置带来不少方便。因而，分级入选方式在当前设计中也越来越受到重视，并被采用。

目前在设计中常用的重力法分级入选方式（无论分选两产品或三产品）有 3 种：

（一）块煤跳汰机分选、末煤重介质旋流器分选

＞25 mm（或＞13 mm）块煤采用跳汰机分选，＜25 mm（或＜13 mm）末煤采用重介质旋流器分选（包括两段两产品重介质旋流器和三产品重介质旋流器）。

1. 优点

两种选煤方法扬长避短，优势互补，充分发挥跳汰机分选块煤效率较高，加工费用相对较低的优势。同时也充分发挥重介质旋流器分选末煤时分选精度高的优势。

2. 缺点

两种选煤方法并存，工艺流程复杂，洗水循环量较大，煤泥水设施负荷量较大。其典型流程如图 5－1 所示。

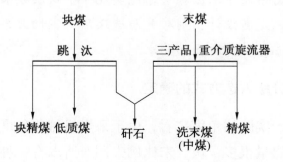

图 5－1　块煤跳汰机＋末煤重介质旋流器分级入选流程

（二）块煤浅槽重介质分选机分选、末煤重介质旋流器分选

＞25 mm（或＞13 mm）块煤采用浅槽重介质分选机主、再选，＜25 mm（或＜13 mm）末煤采用重介质旋流器分选（包括两段两产品重介质旋流器和三产品重介质旋流器）。其典型流程如图5-2所示。生产精、中、矸3种产品的特大型选煤厂多用此流程。

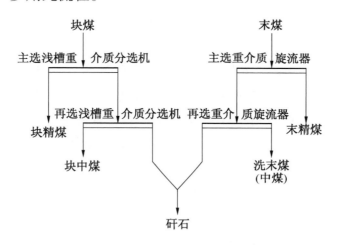

图5-2　块煤浅槽重介质分选机＋末煤重介质旋流器分级入选流程

1. 优点

两种重介质选煤法优势互补，充分发挥浅槽重介质分选机分选块煤处理量大，加工费用相对较低的优势，同时也充分发挥重介质旋流器分选末煤时分选精度高的优势。

2. 缺点

4种性质、密度不同的介质系统并存，介质流程相对复杂。

当然也有块、末煤分别采用浅槽重介质分选机和重介质旋流器仅作排矸分选的情况，此时只有两种密度不同的介质系统并存，介质流程相对简单，比较合理。

在实际应用块煤浅槽重介质分选机＋末煤重介质旋流器分选流程中，也有出现偏差不尽合理的情况。现以下述选煤厂工艺设计的实例加以说明。

【实例】平朔矿区×××露天矿选煤厂二期（15.00 Mt/a）、平朔×露天矿选煤厂（30.00 Mt/a）精煤分选系统，均是采用＞13 mm块煤采用浅槽重介质分选机主、再选，＜13 mm末煤两段两产品重介质旋流器主、再选分级入选方式。

鉴于厂型大，块、末煤分选系统又均为主、再选，故4种性质、密度不同的独立介质系统并存数量多达近12套（×露天矿选煤厂），管理比较复杂。值得进一步探讨的是<13 mm末煤重介质旋流器分选环节，若用三产品重介质旋流器来代替两段两产品重介质旋流器主、再选，则介质系统可减至9套。

【实例】 山西兴县××选煤厂（一期8.00 Mt/a，二期15.00 Mt/a）、陕西黄陵矿区××选煤厂（7.00 Mt/a）均为生产精、中、矸3种产品的特大型选煤厂。

推荐的选煤工艺均为：150～13 mm块原煤采用一段浅槽重介质分选机分选出精煤（浅槽重介质分选机排出的重产物破碎后利用第二段末原重介质旋流器继续分选中、矸产品）；<13～1.5 mm末原煤采用预脱泥两段有压入料两产品重介质旋流器分选；<1.5～0.25 mm粗煤泥采用干扰床煤泥分选机分选；<0.25 mm细泥不分选，直接脱水回收掺入中煤产品。

上述选煤工艺存在以下不尽合理的地方：

（1）用浅槽重介质分选机分选精煤，重产物破碎后利用第二段末煤重介质旋流器排矸，正好是各用其所短，有悖常规。不仅没有充分发挥浅槽重介质分选机适宜排矸的工艺优势，反而因为第二段末煤重介质旋流器入料中增加了来自浅槽重介质分选机的重产物，恶化了入料的密度组成，很可能形成轻重产物比例倒挂的不利情况，结果导致出现第二段末煤重介质旋流器处理能力大幅下降的弊端。

（2）块、末煤分选系统的物料搅和在一起，不能分别开、停车，反而失去了系统的灵活性。

（三）<50 mm混原煤采用分级入选的方式

鉴于井下机械化开采程度的不断提高，原煤中粉煤（<3 mm）含量比例增高的趋势加快。为此，近年在设计中，对<50 mm混原煤也开始采用分级入选方式。一般50～2 mm（或1 mm）混粒煤采用重介质旋流器（包括两段两产品重介质旋流器和三产品重介质旋流器）或跳汰机分选，脱除的<2 mm（或<1 mm）细粒煤（含粗煤泥）采用螺旋分选机或小直径重介质旋流器、水介质旋流器、干扰床、摇床等分选。其典型流程如图5-3所示。

1. 优点

鉴于任何重力分选方法对<2 mm细粒煤的分选精度都会明显变差（跳汰选煤法尤为严重），故将<2 mm细粒煤（含粗煤泥）分出进行单独分选，有

利于提高主重介质旋流器（或跳汰机）的分选效率。也有利于减少去浮选的煤泥量。

2. 缺点

将细粒煤（含粗煤泥）分出单独分选，必须注意分选方法的选择。鉴于不同的粗煤泥分选设备都有各自不同的分选条件和适用范围，如果选择不当，反而会影响原煤整体综合分选效率。例如，在分选低灰炼焦精煤时，若将分出的＜2 mm 细粒煤（含粗煤泥），采用螺旋分选机进行单独分选，就很不合理。理由如下：

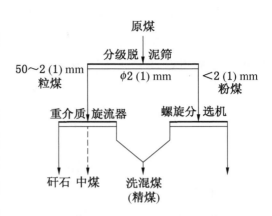

图 5－3 ＞2 mm 重介质旋流器与＜2 mm 螺旋分选机分级分选流程

（1）螺旋分选机分选密度难以控制在 1.7（或 1.65）kg/L 以下，因而不宜用在低密度条件下，分选低灰精煤产品。只宜用于细粒动力煤和粗煤泥脱硫、排除高灰泥质。在分选低灰炼焦精煤这种条件下，若硬性采用螺旋分选机分选细粒煤（含粗煤泥），则会因螺旋分选机比主旋流器分选密度高，截取的精煤边界灰分也比主旋流器高，不符合最大产率原则，必将影响综合炼焦精煤的产率。

（2）螺旋分选机分选精度不高，不完善度 I 值为 0.20～0.25（摘自《设计规范》）。去螺旋分选机分选的＜2 mm 细粒煤越多，则对综合精煤产率下降的影响就越大。

以上 3 种分级入选方式各有所长、各有所短，宜根据原煤筛分、浮沉特性，经技术经济比较后，择优选用。

在实际应用中不乏对细粒煤（含粗煤泥）分选工艺选择不当的实例。

【实例】黑龙江鹤岗矿区，某外国公司设计建设的××炼焦煤选煤厂（1.50 Mt/a）采用选前脱泥两段有压入料两产品重介质旋流器＋粗煤泥入螺旋分选机分选工艺。因螺旋分选机分选密度难以控制在 1.7 kg/L 以下，比主旋流器分选密度高得多，截取的精煤边界灰分也比主旋流器高，不符合最大产率原则，加之螺旋分选机分选精度不高，结果影响综合炼焦精煤的产率，比本矿区邻近的某选煤厂采用国内设计选前不脱泥无压入料三产品重介质旋流器＋煤泥重介质旋流器分选工艺的精煤产率约低 5 个百分点，一年损失几千万元的收入。本实例可谓对细粒煤（含粗煤泥）分选工艺选择不当的典型警示范例。如果粗煤泥采用干扰床煤泥分选机分选，则效果就会有所改善。详见后面第三节介绍的贵州盘江矿区××选煤厂设计实例。

第三节 工艺流程结构

工艺流程结构设计是指作业环节的设置及煤、煤泥水、介质、水等料、液流向的确定。

选煤厂的工艺流程可以归纳划分为几个大的作业范畴，即选前准备，重力分选，悬浮液循环、净化、回收，浮选，产品脱水，煤泥水处理等。每个大作业范畴又可分为若干个作业环节，这些作业环节有两种类型：一是物料发生分离的环节（如分选、筛分分级、水力分级、脱介、脱水、浓缩、过滤等）；二是物料不发生分离的环节（如破碎、介质桶、矿浆准备、集中水池等）。各大作业范畴的流程结构均由这两种类型的作业环节组合而成。

一、选前准备作业流程结构

选前准备作业的主要任务是确保入选粒度的上、下限，含泥量能满足分选作业的要求，并去除原煤中的杂物。为此而设置一系列工艺作业环节，如预先筛分、检查性手选、破碎、准备筛分、预先脱泥等环节是常见的准备作业流程结构的组成部分。其中，手选作业可分为常规性手选（拣除可见矸和硫铁矿物等）和检查性手选（拣除铁器、木块等杂物及少量特大块矸石）两种。为了减轻工人体力劳动强度，目前新设计的大型选煤厂一般不再设常规性人工手选作业环节，而采用检查性手选。本手册将选择性破碎机和动筛跳汰机等机械选矸作业环节归划为重力分选作业流程结构范畴内的选前预排矸环节，此处不再赘述。设计常用的准备作业流程结构如图5-4所示。

1. 检查性手选流程

检查性手选流程如图5-4a所示，是常见的准备作业流程，适用于不分级混合入选，由预先筛分、检查性手选和破碎3个作业环节构成，预先筛分作业的目的是预先筛除符合入选粒度上限要求的部分原煤，既减小了破碎机的负荷，又减少了物料的过粉碎，并为提高手选作业的效率提供了有利条件。预先筛分筛孔尺寸应视选煤作业入选上限要求而定。图5-4中虚线表示的部分可

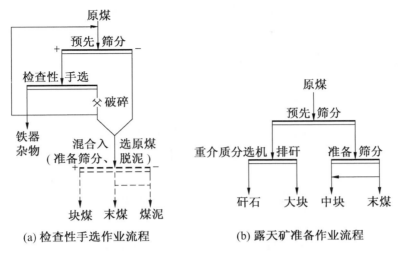

图 5－4　原煤准备作业流程

以适用于以下 3 种情况：

（1）分级入选，此时预先筛分机的筛孔可相应加大，应视块煤入选上限要求而定；准备筛分机的筛孔，应视块煤入选下限要求而定；末煤是否脱泥，应视分选作业要求而定。

（2）采用重介质旋流器混合入选并要求原煤进行选前脱泥，此时也可考虑采用单层筛。

（3）非炼焦用煤往往将筛出质量好的末煤，作为最终产品单独销售或与排矸后的块煤产品掺混销售。

2. 露天矿准备作业流程

露天矿准备作业流程如图 5－4b 所示。露天矿一般为动力煤，其中大于 50 mm 的煤量大，且矸石多。传统上在露天矿坑内已经进行过粗碎，将毛煤粒度上限控制在 300（200）mm 以下，毛煤进入选煤厂后，准备作业流程多采用预先筛分筛出大于 50 mm 的煤，入重介质分选机选矸，代替人工手选；准备筛分筛出中块煤和末煤，视煤质情况，可以直接销售，也可以进行再分选。

二、重力分选作业流程结构

重力分选流程结构设计的要点，即指用一种选煤方法单独作业或用几种选煤方法及多个分选环节搭配作业的流程结构的选择。这是工艺流程结构设计的重点。设计常用的几种重选流程结构分述如下。

（一）用单一选煤方法完成重力分选作业的流程结构

用单一选煤方法完成重力分选作业的流程结构是设计中最常用的重力分选作业流程结构形式。其典型流程结构如图 5-5 所示。

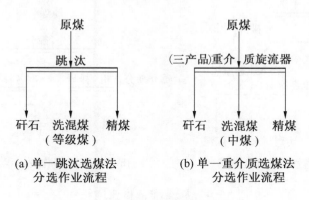

图 5-5　单一选煤方法分选作业流程

1. 动力煤

动力煤常采用一种选煤方法完成块煤或原煤的排矸分选任务。常用的选煤方法（设备）有：动筛跳汰机，单、双段跳汰机，斜、直轮重介质分选机，浅槽重介质分选机，重介质旋流器（含有压入料和无压入料两种方式），螺旋滚筒分选机，选择性破碎机等。

2. 炼焦煤

炼焦煤也常采用一种选煤方法完成原煤的重力分选任务。常用的选煤方法（设备）有：双段跳汰机，重介质旋流器（包括两段两产品重介质旋流器和三产品重介质旋流器）。

（二）预排矸 + 主分选作业流程结构

1. 预排矸的工艺理念

严格来讲，预排矸与动力煤排矸分选并不是同一种工艺理念。预排矸是专指在主分选工艺环节之前设置的排矸分选作业。通常是将经过预排矸处理的初级产品破碎后，与未经预排矸的小粒级原煤掺混在一起，再进入主分选环节分选。这与将机械排矸代替人工手选，以及将动筛跳汰机或浅槽重介质分选机用于块煤排矸分选的情况是完全不同的理念，不能等同视之，混为一谈。在后一种情况下，动筛跳汰机或浅槽重介质分选机是作为分级排矸分选工艺的组成环节之一，它们排矸后的轻产物直接作为产品，不存在破碎后又进入主分选环节再次分选的流程。

2. 设置预排矸作业的目的及其应用条件

1）设置预排矸作业的目的

设置预排矸作业的目的，主要是为了改善主分选环节入料的密度组成（减少矸石含量），从而改善主分选环节的分选条件和煤泥水系统的工作条件。所以，一般只有在主工艺分选环节采用重介质旋流器且需要分选低灰产品的条件下（即要求出精、中、矸 3 种产品时）才有可能考虑在主分选工艺环节之前设置预排矸作业。

如果主分选工艺本身就是单纯的排矸分选，则就不需要在主分选工艺环节之前设置预排矸作业。因为将经过预排矸处理的初级产品破碎后，与未经预排矸的小粒级原煤掺混在一起进入主分选环节再次进行排矸分选，形成这部分物料重复排矸分选的弊端，既无必要又没有实际意义。在这种情况下，只宜采用分级排矸分选工艺。例如：采用块煤浅槽重介质分选机排矸＋末煤重介质旋流器排矸，或采用块煤动筛跳汰机排矸＋混（末）煤重介质旋流器排矸。

2）设置预排矸作业的条件

重介质旋流器分选流程中是否需要设置预排矸作业，主要取决于入选原煤含矸石量的多少以及矸石易泥化程度两个因素，这是设置预排矸作业的必要条件。分述如下：

（1）条件之一，原煤含矸石量多，或者说原煤密度组成中，重产物产率高，特别是入选原煤轻重产物比例严重"倒挂"时，对重介质旋流器处理能力将产生极大的影响，使之处理能力大幅下降，不能正常发挥。故需通过预排矸措施来减少原煤中的矸石量或者说改善原煤的密度组成，适度扭转入选原煤轻重产物比例"倒挂"现象。

（2）条件之二，当原煤所含矸石的岩性属于易泥化的泥岩、炭质泥岩、黏土岩、泥质页岩等泥质岩类时，在分选过程中大量泥质岩类泥化后，会对重介质悬浮液的流变特性和密度特性等参数产生不可忽视的影响。必将直接危及重介质旋流器的分选效果，而且还会增加煤泥水系统的负荷。故需通过预排矸将大量易泥化的矸石尽早从煤流系统中排除出去。以便改善重介质悬浮液的特性参数，减轻煤泥水系统的负荷。

总之，只有在具备上述两种条件之一或二者兼具时，方宜在主选作业前设置预排矸作业环节。

在设计中应根据具体条件，正确选择在主分选工艺环节之前是否应该设置预排矸分选作业。下面仅举两例进一步加以说明。

【实例】 山东巨野矿区××矿井选煤厂是一座炼焦煤选煤厂，设计生产能力为1.80 Mt/a。入选的煤炭以肥煤、焦煤、1/3焦煤为主，煤种稀缺宝贵，煤质优良。

主采的山西组3（3$_\text{上}$）、3$_\text{下}$号煤层顶、底板及夹矸多为泥岩、炭质泥岩。《巨野煤田××井田勘探报告》提供的安氏泥化试验结果表明，矸石存在明显泥化现象，几十小时内不澄清，有溶胶形成。在井下综合机械化开采过程中，有一定数量的煤层顶、底板及夹矸混入原煤中，设计预测实际生产原煤灰分为24.64%，其中>50 mm大块原煤产率为19.33%，灰分高达37.43%。由此说明，易泥化的矸石主要混入大块原煤中。

设计经多方案比选，推荐的选煤方法为：>50 mm大块原煤采用动筛跳汰机预排矸；经过预排矸的产品破碎后与<50 mm原煤混合，采用不脱泥无压入料三产品重介质旋流器分选；<0.5 mm煤泥采用直接浮选联合分选工艺。

设置预排矸环节，减少入选原煤矸石含量，改善了主分选环节入料的密度组成，有利于无压入料三产品重介质旋流器处理能力的正常发挥。同时，设置预排矸使大量泥质岩类矸石尽早从煤流系统中排除出去，以便为其后的主分选环节和煤泥水系统的设计创造有利条件。推荐的无压入料三产品重介质旋流器分选＋煤泥直接浮选联合选煤工艺，也有利于尽量减少矸石泥化，减少次生煤泥量，从而进一步改善主分选环节的分选条件和煤泥水系统的工作条件，是合理可行的。

【实例】 山西朔南矿区××矿井选煤厂是一座动力煤选煤厂，设计生产能力为10.00 Mt/a。4号、6号、9号煤层为全区主要可采煤层，其中首采4号煤层结构复杂，含夹矸0~9层。夹矸及顶、底板岩性多为泥岩、炭质泥岩、砂质泥岩、高岭石泥岩等泥质岩类。预测4号煤层生产原煤灰分为33.82%，>50 mm大块原煤产率为15%左右，其中>1.80 kg/L高密度物的产率高达66.15%。

根据本矿煤质特性及煤的可选性分析，设计推荐300~50 mm大块原煤采用动筛跳汰机预排矸；动筛轻产物破碎后与筛下<50 mm原煤混合，采用预脱泥有压入料两产品重介质旋流器排矸分选；脱除的1.5~0.25 mm粗煤泥采用CSS（干扰床）分选机分选等联合分选工艺。<0.25 mm细煤泥直接回收。

鉴于该矿只生产普通动力煤产品，各粒级原煤只需通过排矸分选即能实现，不需设置预排矸环节。设计将动筛跳汰机的轻产物破碎后又进入两产品重介质旋流器再次排矸分选，形成了这部分物料重复排矸分选的不合理现象，不仅无谓增加了重介质旋流器的处理量，而且还存在增加生产成本、增加能耗的弊端。其实，将动筛跳汰机视为原煤分级排矸分选工艺流程的一个组成环节，动筛跳汰机排矸分选后的轻产物破碎后直接掺入重介质旋流器排矸分选后的轻产物中，一起作为普通动力煤最终产品即可。

3. 常用的预排矸工艺

如果原煤或毛煤中只是大块矸石含量多，预排矸作业则可采用适合排除大块矸的排矸设备（如动筛跳汰机）。

如果原煤各粒级矸石含量均多（主要表现为各粒级原煤灰分均高），预排矸作业则必须采用能同时排除大、小粒度矸石的排矸设备（如浅槽重介质分选机、单段跳汰机、复合式风选机等）。

现在选前预排矸作业已经极少采用效率低下，劳动繁重的人工拣矸方式，多采用机械排矸方式。但是，一个公认的原则是，预排矸作业应该简便易行，不宜复杂，否则不经济。

1）动筛跳汰机预排矸工艺

当原煤或毛煤中大块矸石含量多（块矸含量以占入料的 30% 左右为宜），或者矸石岩性属于易泥化的泥质岩类的情况时，比较适合采用动筛跳汰机预排矸工艺。与其他选矸方法相比，动筛跳汰机选矸具有排矸粒度上限高（允许达300 mm）、处理量大、耗水量小，工艺系统简单、辅助设备少，操作容易，煤泥水处理系统简单、占地面积小，生产成本低等特点。动筛跳汰机的弱点主要是分选下限只能达35（30）mm，因此在动力煤排矸工艺中，使用范围受到一定的限制。但就实现选前预排矸作业的目的与功能而言，其分选下限能达到 35 mm就足够了。因而近年来在我国采用动筛跳汰机预排矸的设计、生产实例比较多。动筛跳汰机预排矸工艺流程如图 5-6 所示。

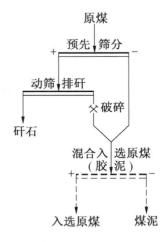

图 5-6　动筛跳汰机预排矸工艺流程

2）选择性破碎机预排矸工艺

原煤中大于 50 mm 粒级的含矸量超过 30% 以上，且煤质较脆、矸石较硬时，

＞50 mm 大块原煤可考虑采用选择性破碎机预排矸工艺。煤和矸石在脆性和硬度上的差异可通过跌落试验确定。可靠的跌落试验资料是采用本方法的前提。选择性破碎机选矸的优点是集筛分、选矸和破碎 3 个作业功能为一体，实现一机多用。但是，因选择性破碎机存在分选精度低，机体质量大，运转时振动和噪声大等明显缺点，目前设计上极少使用。选择性破碎预选矸工艺流程如图 5 - 7 所示。

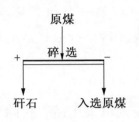

图 5 - 7 选择性破碎机预选矸工艺流程

3）复合式风选机预排矸工艺

当原煤中各粒级原煤灰分均高（说明各粒级矸石含量均多），需预排矸的原煤粒级范围比较宽时，复合式风选机分选下限可达 6 mm 的工艺特点比其他排矸设备更有优势。近年我国自行开发的复合式干法分选设备，在多种分选机理的综合作用下，其分选效率比传统风选有了明显提高。在高密度（≥1.8 kg/L）排矸分选条件下，在 80～6 mm 有效分选粒级范围内，其分选数量效率≥90%。它还具有不用水、工艺简单、投资少、生产成本低、符合国家节水节能要求等一系列优点。但其局限性是对入料外在水分要求比较严（＜7%～9%）。然而，在单独分选块煤（＞13 mm）时，对块煤的外在水分并没有严格要求，即外在水分的大小对块煤风选效果影响不大，分选数量效率仍可保持＞90%。所以，复合式风力分选系统对外在水分高的块状原煤预排矸仍然适用。

4）浅槽重介质分选机、单段跳汰机预排矸工艺

浅槽重介质分选机预排矸需增加介质系统，单段跳汰机预排矸循环水系统负荷量相对较大。该两种预排矸方法均因其工艺相对复杂，投资相对较高，设计中较少采用。

（三）主选＋再选作业流程结构

1. 跳汰主选＋跳汰再选

跳汰主选＋跳汰再选作业流程结构如图 5 - 8a 所示。该流程适于易选或中等可选性煤。主选机选出最终精煤和矸石，主选中煤经再选后，出再选精煤和最终中煤，也可出精煤、中煤和矸石，应根据煤质情况和要求而定。

20 世纪我国设计建设的炼焦煤选煤厂采用此种流程比较多。原因是跳汰机自控水平较低，主要靠人工操作。设置再选环节的意图是为了预防由于人为操作失误造成的损失。即把主选跳汰过程中因操作失误损失在中煤里的精煤，通过再次分选回收回来，达到减少损失提高精煤产率的目的。

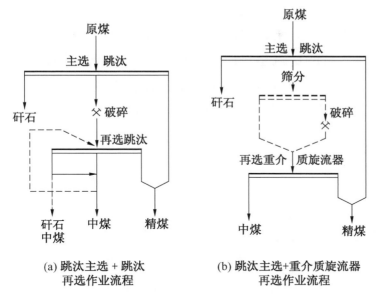

(a) 跳汰主选 + 跳汰
再选作业流程

(b) 跳汰主选+重介质旋流器
再选作业流程

图 5−8 主选 + 再选跳汰作业流程结构

但是，跳汰主选 + 跳汰再选作业流程在工艺理论层面上有一定缺陷。因为再选环节的入料是主选跳汰机排出的中煤，其可选性是原煤中最差的部分（$\delta \pm 0.1$ 含量集中存在于中煤里），若采用与主选环节分选精度、分选效率相同的跳汰选煤方法再去分选一次，其分选效果会更差。这是一种重复加工，收效不大，增加了洗水循环量，使流程变得更复杂的落后工艺。所以，现在已极少采用此种流程。

2. 跳汰主选 + 重介质旋流器再选

如果分选较难选煤，中间密度物含量较多，主选机排出的中煤变得更为难选，可以考虑采用跳汰主选 + 重介质旋流器再选作业流程，如图 5−8b 所示。

由于再选环节采用了分选效率更高的重介质旋流器，因而该流程在一定程度上克服了跳汰主选 + 跳汰再选作业流程在同一分选效率下重复加工的缺点。适合分选密度＞1.4 kg/L、主选跳汰机能够一次分选出最终精煤产品的情况（因跳汰机有效分选密度不宜＜1.4 kg/L）。设置重介质旋流器再选环节的目的，是为了减少主选跳汰机的精煤损失，提高精煤产率。

主、再选流程中，主选机排出的中煤是否需要破碎（或筛分、破碎）再选，应考虑中煤中的夹矸煤数量、破碎后的解离情况及重介质旋流器的入选上限，对于矸石极易产生泥化的物料，应当尽量避免对中间物进行破碎处理。

根据煤质情况，上述跳汰主选＋重介质旋流器再选作业流程还可以考虑主、再选环节并行生产不同质量的精煤产品，即主选设备出低灰精煤，再选设备出高灰精煤。该流程的优点是对原煤性质、产品市场适应性大，调节灵活。缺点是对中等可选性煤和较难选煤的总分选效率不算最高（相对于全重介质）；两种选煤方法并存，循环水量较大，流程结构比较复杂。

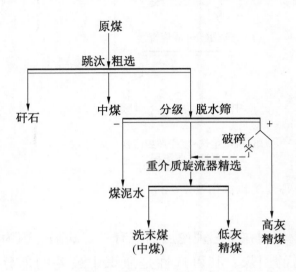

图5-9　跳汰粗选＋重介质旋流器
精选作业流程

（四）粗选＋精选作业流程结构

1. 跳汰粗选＋重介质旋流器精选

跳汰粗选＋重介质旋流器精选作业流程如图5-9所示。该流程适用于难选和极难选煤。特别是当要求在低密度条件下分选低灰精煤时，因为分选密度 1.4 kg/L，跳汰机难以操控，只能提高分选密度。即原料煤先经过跳汰机在较高分选密度条件下粗选，获得矸石及少量的高灰中煤、粗精煤。然后将

粗精煤脱水，再进入重介质旋流器进行低密度精选。旋流器溢流出低灰精煤，底流为洗末煤或中煤。

我国最早采用该流程的是美国 RS 公司设计的山东兴隆庄矿选煤厂。该流程的特点是发挥了跳汰和重介质旋流器两种选煤方法各自的优势。试验资料表明，随着分选密度的降低，重介质旋流器的分选精度反而略有提高（$E_p = 0.03\delta_p - 0.015$）。将重介质旋流器用在低密度段精选更为合理有利，而原煤在高密度段通常呈现为较好的可选性，故以加工费用相对较低的跳汰机作粗选也是用其所长，从而能够获得较高的综合数量效率。另外，本流程对生产多品种产品有较好的灵活性。但该流程的缺点也比较明显：两种选煤方法并存，系统配置较为复杂；原煤中大部分物料重复分选，其重复加工量因煤质不同略有区别，多在50%~60%以上。因而洗水循环量也相应增加，产生次生煤泥的机会也增多，导致浮选煤泥量增加，很不经济。相对于全重介质旋流器分选流程，其技术经济效果有所逊色。

跳汰粗选＋重介质旋流器精选作业流程比较适合采用跳汰法分选的炼焦煤老选煤厂的技术改造。原有跳汰机可作为粗选环节保留下来加以利用,只需增设精选环节所用重介质旋流器系统。具有改、扩建容易,占地面积小,节省投资的优点。

　　2. 重介质旋流器粗选＋重介质旋流器精选

　　从流程组合形式上看,重介质旋流器粗选＋重介质旋流器精选作业流程与常规的两段两产品重介质旋流器分选作业流程似乎一样,但其流程结构、分选顺序却正好相反。该流程结构的特点是,第一段重介质旋流器先在高密度条件下排矸(粗选),粗精煤溢流脱介后再入第二段重介质旋流器在低密度条件下进一步分选精、中煤(精选)。其流程如图5-10所示。

　　重介质旋流器粗选＋重介质旋流器精选作业流程,与跳汰粗选＋重介质旋流器精选作业流程结构不同,它不存在跳汰粗选＋重介质旋流器精选流程所具有的大部分原煤被重复分选加工的弊端,是另一种意义上的粗选＋精选作业流程。这种流程结构,比较适用于密度组成存在轻、重产物产率严重倒置(即轻密度物少、高密度物多),浮沉特性反常的原煤的分选。理由如下:

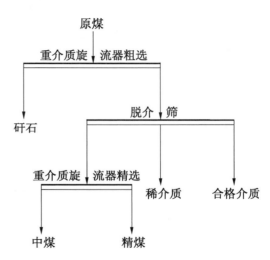

图5-10　重介质旋流器粗选＋重介质旋流器精选作业流程

　　(1) 一般重介质旋流器(包括有压入料两产品和无压入料三产品)由于本身结构的原因,不能适应这种重产物(高密度物)过多的原煤条件,其处理能力将大幅度下降。

　　(2) 若选用处理能力更大(直径更大)或台数更多的重介质旋流器,即用“大马拉小车”的办法,虽然可以缓解处理能力下降的问题,但技术经济上不太合理。

　　然而采用重介质旋流器粗选＋重介质旋流器精选作业流程,就可以相对合理地解决这一问题(注:采用圆筒形无压入料两产品重介质旋流器,是解决轻、重产物产率倒置的原煤分选的另一种选择。因为,无压入料两产品重介质旋流器具有底流和溢流都能通过占入料量80%的特点)。

　　轻、重产物产率倒置的原煤在我国并不鲜见,贵州盘江矿区(如松河煤矿)、黑龙江依兰矿区、内蒙古乌海矿区、蒙西矿区（如棋盘井煤矿）、内蒙古准格尔矿区赋存的劣煤等都是比较典型的轻、重产物密度组成倒置的原煤实例。下面分别列举两个典型实例加以说明。

【实例】 以乌海矿区×××矿原煤浮沉资料为例，见表5-4。

表5-4 乌海矿区×××矿原煤浮沉试验资料

密度级/(kg·L⁻¹)	密度物/%		浮物累计/%		沉物累计/%	
	γ	A_d	$\sum \gamma$	A_d	$\sum \gamma$	A_d
<1.30	2.30	4.19	2.30	4.19	100.00	30.52
1.30~1.40	27.21	9.83	29.51	9.39	97.70	31.14
1.40~1.50	21.35	16.49	50.86	12.37	70.49	39.37
1.50~1.60	11.16	26.15	62.02	14.85	49.14	49.31
1.60~1.80	12.42	37.76	74.45	18.68	37.98	56.12
1.80~2.00	6.21	52.47	80.65	21.28	25.55	65.04
>2.00	19.34	69.07	100.00	30.52	19.34	69.07
合　　计	100.00	30.52				

由表5-4可知，低密度物的内在灰分高、产率低。其中，<1.4 kg/L低密度级浮物累计灰分已高达9.39%，而累计产率仅为29.51%；中间密度物含量很高，约45%；>1.8 kg/L高密度物（矸石）产率也高达25.55%。中煤+矸石的产率高达70.49%，大大高于轻产物的产率（29.51%），这种轻、重产物密度组成倒置的反常现象，是乌海矿区和蒙西地区特有的浮沉特性。这说明本井田原煤的洗选加工工艺应作特殊考虑，宜采用重介质旋流器粗选+重介质旋流器精选作业流程，即一段重介质旋流器先排矸粗选，粗精煤再入二段重介质旋流器精选。而且不宜洗选低灰精煤产品，否则精煤产率必然低下，经济效益堪忧。

【实例】 贵州盘江矿区××煤矿选煤厂是一座以入选国家稀缺的主焦煤为主的炼焦煤选煤厂，规模为3.00 Mt/a。

（1）煤质特性。该井田煤层的顶、底板及夹矸多为遇水极易泥化的泥质岩类，故宜加设动筛跳汰机预排矸环节。前期开采的两层（1+3号煤层、3号煤层)混合原煤经动筛跳汰机预排矸后的筛分、浮沉资料见表5-5～表5-7。

表 5 – 5　1 + 3 号煤层和 3 号煤层混合（50% ：50% ）50 ~ 0 mm 筛分组成表

粒级/mm	产物名称	数 量		质 量		
		占全样/%	筛上累计/%	水分/%	灰分/%	全硫/%
50 ~ 25	煤	14.13	14.13		35.87	2.71
25 ~ 13	煤	17.57	31.70		34.63	1.37
13 ~ 6	煤	13.05	44.75		31.33	1.81
6 ~ 3	煤	12.84	57.59		29.71	1.64
3 ~ 0.5	煤	17.41	75.00		26.31	1.33
0.5 ~ 0	煤	25.00	100.00		18.32	1.05
合　计		100.00			28.22	1.57

由表 5 – 5 ~ 表 5 – 7 可知：

①低密度物的内在灰分高、产率低。其中，< 1.4 kg/L 低密度级浮物累计灰分已高达 10.07% ，而累计产率仅为 50.73% ；> 1.8 kg/L 高密度物（矸石）产率高达 27.84% 。中煤 + 矸石的产率占原煤近 50% ，矸石的产率约占中煤 + 矸石总量的 60% ，均属轻、重产物密度组成倒置的非正常物料。

②< 3 mm 粉煤产率和 < 0.5 mm 原生煤粉产率，分别高达 42.41% 和 25.00% ，说明煤易粉碎。但原生煤粉粒度组成较粗，且 > 1.8 kg/L 高密度细粒矸石和泥质的含量也高达 24.33% 。

（2）工艺流程的制定。某设计单位与南非合作，根据上述煤质特点，采用了动筛跳汰机预排矸，经预排矸后的煤炭破碎至 < 50 mm，与筛下 50 ~ 0 mm 原煤混合后，再分粒级分别进行粗、精选的工艺流程，如图 5 – 11 所示。

（3）该工艺流程的主要特点：

①在重介质旋流器分选前，采用动筛跳汰机预排矸工艺，让易泥化的泥岩矸石尽早地从煤流系统中排出，可在一定程度上改善主选入料轻重比例倒置的状况，同时减少了系统中的高灰细泥含量，降低了煤泥水处理的难度和成本。

②采用分级分选工艺，对不同粒级采用不同的选煤方法，发挥每种选煤方法各自的优势。

③根据各粒级原煤均属轻、重产物密度组成倒置的非正常物料的特点，分粒级原煤均采用先排除易泥化的矸石，然后再分选精煤的粗、精选分选流程是本设计的最主要的工艺特点。

表 5-6 1+3 号煤层和 3 号煤层混合（50%：50%）50～0.5 mm 密度组成表

密度级/(g·cm⁻³)	浮沉物				浮物累计			沉物累计			δ±0.1含量	
	占本级/%	占全样/%	灰分/%	硫分/%	占本级/%	灰分/%	硫分/%	占本级/%	灰分/%	硫分/%	密度/(g·cm⁻³)	产率/%
<1.3	11.57	8.52	5.35	0.75	11.57	5.35	0.75	100.00	31.39	1.74	1.30	50.73
1.3~1.4	39.16	28.84	11.47	0.76	50.73	10.07	0.76	88.43	34.80	1.87	1.40	50.35
1.4~1.5	11.19	8.24	20.85	0.99	61.92	12.02	0.80	49.27	53.34	2.76	1.50	16.72
1.5~1.6	5.53	4.07	29.44	1.40	67.45	13.45	0.85	38.08	62.89	3.28	1.60	8.62
1.6~1.7	3.09	2.28	38.07	1.64	70.54	14.53	0.88	32.55	68.57	3.60	1.70	4.71
1.7~1.8	1.62	1.19	46.72	2.03	72.16	15.25	0.91	29.46	71.77	3.81	1.80	29.46
>1.8	27.84	20.50	73.23	3.91	100.00	31.39	1.74	27.84	73.23	3.91		
合计	100.00	73.64	31.39	1.74								
煤泥	1.81	1.36	38.48	1.52								
总计	100.00	75.00	31.52	1.74								

表5-7 1+3号煤层和3号煤层混合（50%：50%）3～0.5 mm 密度组成表

密度级/(g·cm⁻³)	浮沉物				浮物累计			沉物累计			δ±0.1含量	
	占本级/%	占全样/%	灰分/%	硫分/%	占本级/%	灰分/%	硫分/%	占本级/%	灰分/%	硫分/%	密度/(g·cm⁻³)	产率/%
<1.3	27.08	4.56	4.43	0.75	27.08	4.43	0.75	100.00	25.75	1.33	1.30	63.46
1.3～1.4	36.38	6.13	10.38	0.76	63.46	7.84	0.76	72.92	33.66	1.55	1.40	44.03
1.4～1.5	7.65	1.29	21.68	0.99	71.11	9.33	0.78	36.54	56.84	2.33	1.50	10.06
1.5～1.6	2.41	0.41	32.2	1.40	73.52	10.08	0.80	28.89	66.15	2.68	1.60	3.73
1.6～1.7	1.32	0.22	41.65	1.64	74.84	10.64	0.82	26.48	69.24	2.80	1.70	2.15
1.7～1.8	0.83	0.14	49.64	2.03	75.67	11.06	0.83	25.16	70.69	2.86	1.80	25.16
>1.8	24.33	4.10	71.41	2.89	100.00	25.75	1.33	24.33	71.41	2.89		
合 计	100.00	16.85	25.75	1.33								
煤 泥	3.23	0.56	43.15	1.32								
总 计	100.00	17.41	26.31	1.33								

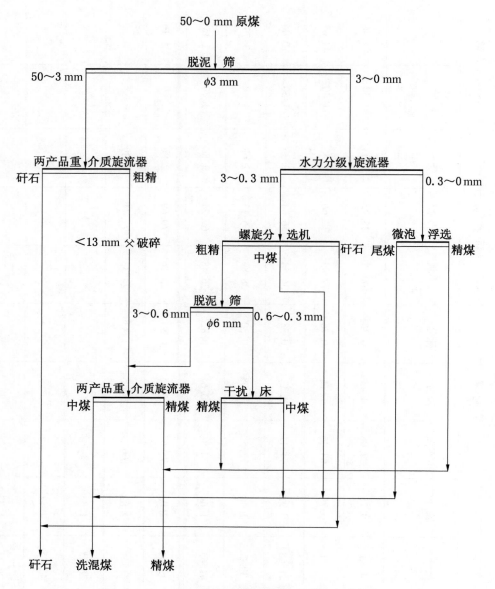

图 5-11　××煤矿选煤厂某粗、精选工艺流程

——50~3 mm 筛上物进入高密度两产品重介质旋流器先排矸，选出矸石和粗精煤；粗精煤破碎至＜13 mm，再进入低密度重介质旋流器精选。

——3~0 mm 筛下物进入水力旋流器分级成 3~0.3 mm 及 0.3~0 mm 两组物料。

——3~0.3 mm 细粒粉煤先进入螺旋分选机粗选，粗精煤经筛孔为 0.6 mm 的脱泥筛脱泥，筛上物（3~0.6 mm）返回低密度重介质旋流器精选，筛下物（0.6~0.3 mm）进入煤泥分选机（干扰床）精选。

—— 0.3~0 mm 进入微泡浮选。

（4）该工艺流程的技术合理性分析：

①采用选前脱泥工艺的理由。××煤矿选煤厂入选原煤中＜0.5 mm 原生煤粉含量25%，包括次生及浮沉煤泥在内的总煤泥含量为35%左右，如果采用不脱泥工艺，35%的煤泥进入重介质分选系统，将会使工作介质的容积浓度严重超标。大量的煤泥进入介质系统，只有借助加大介质分流量，通过磁选净化排出，才能保证介质系统中煤泥进出总量的动态平衡。而介质分流过大，必然增加磁选机负荷，影响磁选效率，并增加介质消耗。所以选前必须脱泥。另外，选前脱泥也有利于提高重介质旋流器分选精度。

②脱泥筛采用3 mm 筛孔脱泥的理由。由表5-5可知，原煤中3~0 mm 粉煤含量为42.41%，再加上次生及浮沉煤泥，粉煤总含量很大，达到52.41%。采用3 mm 筛孔脱泥，将3~0 mm 细粒煤及煤泥从原煤中脱除出去，采用更加经济简便、适合处理粉煤（包括粗煤泥）的重力分选工艺（螺旋分选机＋煤泥分选机），可以大大减少进入高密度重介质旋流器的物料量，减小整个重介质旋流器分选系统的设备选型，从而降低建设投资及运行成本。

③采用两段两产品重介质旋流器粗、精选，先排矸石的理由。××煤矿选煤厂入选原煤中，＞1.8 kg/L 高密度物（矸石）产率高达27.84%。中煤＋矸石的产率约占原煤总量的50%，矸石的产率约占中煤＋矸石总量的60%，均属轻、重产物密度组成倒置的非正常物料。如果按照常规的做法，一段旋流器先出精煤产品，二段旋流器再排矸。那么一、二段旋流器的处理能力均会由于底流量过大而受到制约，处理量将大幅度降低。加大一、二段旋流器的选型，显然很不经济，也不符合节能减排的原则。所以需采用非常规的特殊工艺，即先排矸石的粗、精选工艺，才能保证两段两产品重介质旋流器的正常运行。

④一段重介质旋流器的粗精煤先破碎至13 mm 再精选的理由。尽管没有提供50~13 mm 原煤破碎至＜13 mm 后，可以解离出矸石及黄铁矿的相关资料，因而不能准确判断破碎解离效果。但从筛分资料所显示的原煤粒度越小，灰分和硫分越低的规律中，可以推断对一段重介质旋流器的轻产物（粗精煤）进行破碎，可能有助于提高解离效果，从而进一步改善最终精煤产品的质量。

⑤采用螺旋分选机作为3~0.3 mm 细粒煤（包括粗煤泥）粗选手段的理

由。3～0.3 mm 恰好是螺旋分选机分选的有效粒度范围，螺旋分选机结构简单，运行成本低，其最主要的工艺特点是分选密度高（＞1.7 kg/L），比较适合细粒煤（包括粗煤泥）排除高灰泥质的分选，应当是细粒煤（包括粗煤泥）粗选环节的首选工艺。

⑥螺旋分选机分选出的粗精煤按 0.6 mm 再分级，粗、细粒煤采用不同的分选方法分别精选的理由。

——螺旋分选机分选的粒度范围为 3～0.3 mm，而煤泥分选机（干扰床）分选的粒度范围要求上、下限之比不大于 4，否则煤泥分选机的分选精度急剧变差。若将螺旋分选机的粗精煤全部进入煤泥分选机（干扰床）精选是不合理的。

——根据旋流器生产厂家（南非 Multotec 公司）提供的资料，直径为1000 mm 的低密度段重介质旋流器的分选下限不宜小于 0.5 mm，否则分选精度会下降。因此设计将螺旋分选机的粗精煤按 0.6 mm 的粒度进行了再分级，让 3～0.6 mm 物料进入第二段低密度段重介质旋流器进一步精选。这样两段重介质旋流器的产品在脱介（筛孔 0.5 mm）时，粗煤泥会留在筛上的产品里，不会随介质进入合格介质桶，对保持悬浮液的稳定有好处；同时，又能最大限度地使粗精煤中的大部分得到高效重介质分选。

——剩余 0.6～0.3 mm 较细的物料进入煤泥分选机（干扰床）精选。既满足了煤泥分选机（干扰床）分选的粒度上、下限之比不大于 4 要求，又最大限度地减少了去煤泥分选机（干扰床）精选的数量。因为，煤泥分选机（干扰床）分选精度 E_p 值＞0.11（原开发厂家保证 E_p 值为 0.12），比重介质旋流器的分选精度差得多，故不宜多去。

⑦采用 0.3 mm 分级的理由。

——浮选是一种高投资、高运行成本的选煤方法，实践中应当适当降低入浮煤泥的上限。

——浮选最有效的分选粒度为 0.3～0 mm，0.3 mm 以上的粗煤泥在浮选过程中极易因气泡的携载能力不足而损失在尾矿中，造成资源浪费。

——只有在煤泥水处理系统中采用粗煤泥重力分选和细煤泥浮选联合工艺，才能最大限度地降低运行成本。

三、重介质旋流器分选作业分选工艺条件的选择

在设置重介质旋流器分选作业流程结构时，必须首先确定分选工艺条件，一般包括以下内容：有压入料与无压入料方式的选择，两产品重介质旋流器与三产品重介质旋流器的选择，大直径重介质旋流器与小直径旋流器组的选择，选前脱泥与不脱泥的选择。

（一）有压入料与无压入料方式的选择

有压入料方式：被选物料与重介质悬浮液混合后，用泵有压切向给入旋流器。

无压入料方式：被选物料从旋流器顶部中心口靠自重落入（高差约2.5 m），而悬浮液80%～90%从旋流器底部有压切向给入，其余10%～20%从顶部中心口随物料一起进入旋流器。

两种入料方式特点比较如下所述。

1. 分选效果比较

在分选效果方面，国内外传统上大多认为有压入料重介质旋流器比无压入料重介质旋流器对细粒级物料的分选精度更高，分选下限更低，似乎有压入料方式更适合粉末煤含量多的难选煤的分选。但是近年来，在国内采用无压入料重介质旋流器分选难选煤的应用实例却越来越多，旋流器直径也越来越大。从一些采用无压入料重介质旋流器的选煤厂的生产实际效果来看，其分选精度与有压入料重介质旋流器相比差别并不大，分选效果相近，特别是在选前不脱泥的条件下，两者的分选效果相差更小，详见表5-8。

表5-8　有压入料与无压入料重介质旋流器分选效果比较表

厂　　名		南　桐	老屋基	西　曲	双　柳
入料方式		有压入料两产品	无压入料三产品	无压入料三产品	无压入料三产品
旋流器规格/mm		ϕ600（一段） ϕ550（一段）	ϕ1200/850	ϕ1000/700	ϕ1200/850
入料粒度/mm		30～0	80～0	50～0	50～0
一　段	δ_1	1.45	1.35	1.34	1.40
	E_1	0.035	0.039	0.038	0.039
二　段	δ_2	1.75	1.80	1.91	1.80
	E_2	0.062	0.056	0.055	0.060
数量效率 η/%		＞90.00	93.01	95.32	95.10

2. 分选机理比较

在分选机理方面，有压入料与无压入料方式各有所长。

（1）在有压入料条件下，矿粒与悬浮液一同进入旋流器，就同时具有很高的相同切向速度。从而最大限度地利用了物料在旋流器内的分选时间和分选空间。而无压入料圆筒形重介质旋流器在入料初始阶段（也就是在筒体上部节段），因物料颗粒与悬浮液之间存在切向速度差，导致出现实际分离密度升高和重产物错配的问题。只有适当增加旋流器筒体长度，也就是等于增加了分选时间和分选空间，才足以纠正初始阶段分选物料的错配问题。所以无压入料圆筒形重介质旋流器筒体都比较长。

（2）无压入料圆筒形重介质旋流器比有压入料圆锥形旋流器内形成的密度场的介质密度分布要均匀得多，密度变化梯度要小得多。无压入料圆筒形重介质旋流器的这种特点，对物料按密度精确分选应该是很有利的。

（3）在无压入料条件下，只存在重矿粒穿越"分离界面"，奔向外螺旋流的单向运动，避免了有压入料重介质旋流器内轻、重矿粒交错穿越"分离界面"，相互干扰的弊端，提高了分选效率和分选精度。

（4）有压入料方式，产生次生煤泥量大，特别是当原煤中含有大量泥岩矸石时，将导致旋流器内工作介质的高灰非磁性物含量大大增加，引起重介质悬浮液密度、黏度等特性参数的改变，对分选效果将产生不利影响。而无压入料重介质旋流器是泥化程度最轻的（产生次生煤泥量约3%）分选工艺之一。

（5）泵送物料有压入料方式使煤粒在入料泵高速旋转叶轮的撞击下易产生过粉碎，不适合需生产块煤产品的动力煤分选。而无压入料重介质旋流器不存在这一弊端。

3. 国外对无压入料圆筒形重介质旋流器的评价

无压入料圆筒形重介质旋流器最早是英国煤炭公司在 20 世纪 80 年代开发的，是一种两产品重介质旋流器，取名为 LARCODEMS。通过英国 9 台、南非 3 台 LARCODEMS 旋流器的生产实践和澳大利亚的试验，国外总结出无压入料的 LARCODEMS 旋流器具有以下优点：

（1）底流和溢流都能通过占入料量 80% 的量，因此对各种性质的原煤适应性强，特别对密度组成存在轻、重产物产率倒置的反常特性的原煤的分选有很好的适应性。

（2）悬浮液和矿物分别给入旋流器，避免了有压入料方式泵送物料对矿物颗粒的粉碎，以及矿物颗粒对泵的磨损；或者也可降低采用定压漏斗给料方式所需的较高的厂房高度。

（3）由于分选密度与悬浮液密度之间差值小，所以分选密度可控性和悬浮液密度的衡定性都比较好。

（4）LARCODEMS 旋流器的应用实践证明，无压入料圆筒形重介质旋流器完全可以用作块煤（100～12 mm）或混煤（100～0.5 mm）分选，打破了重介质旋流器只宜分选末煤的传统观念。

综上所述，有压入料与无压入料两种方式，皆是可供采用的高效分选工艺。在设计选用时，应根据煤质条件和产品结构要求具体分析，具体对待，择优选用。

（二）两产品重介质旋流器与三产品重介质旋流器的选择

1. 用两产品重介质旋流器排矸

两产品重介质旋流器比较适合只需将矸石排除掉便能满足市场对产品煤的质量要求的排矸分选。例如：澳大利亚在我国所建的模块式选煤厂，多采用有压入料两产品重介质旋流器来完成排矸任务。其分选密度均小于 1.8 kg/L，循环悬浮液密度一般在 1.6 kg/L 左右。但是，如果排矸所需的分选密度比较高，比如 $\delta_p > 1.9$ kg/L 时，若仍采用两产品重介质旋流器来排矸，则需要慎重对待。因为分选密度太高存在以下弊端：

（1）分选密度越高，旋流器分选的可能偏差值越大。对于两产品重介质旋流器而言，可用下面的经验公式表示其相关关系：

$$E_p = 0.03\delta_p - 0.015$$

式中　E_p——分选可能偏差，kg/L；

　　　δ_p——分选密度，kg/L。

（2）密度大于 1.8 kg/L 的悬浮液制备较难，而且为了保证高密度悬浮液中非磁性物含量不超限，一般选前必须脱泥，否则分流量太大，介质消耗将成倍增加。

（3）循环介质密度过高，对设备、管道磨损大，而且在同样布置高差和同样入料压头要求下，介质泵的电耗也相应增加。

另外，鉴于两产品圆锥形重介质旋流器的结构参数——锥比一旦被固定，旋流器底、溢流量的合理比例关系也就确定了。这时，企图简单地用改变有压入料两产品重介质旋流器分选密度的办法来实现对产品灰分的大幅度调节，在技术上是不可取的。在生产实践中并不乏警示范例。

【**实例**】我国引进澳大利亚的晋城××矿模块式选煤厂，采用有压入料两产品重介质旋流器分选＜13 mm 末原煤。原设计要求精煤灰分为 13%，小时处理能力约 600 t。投产后，因市场需求变化，改为生产灰分为 11% 的精煤，因而不得不降低分选密度。结果因底流重产物产率增大，超过了旋流器已有结构参数——锥比所能承受的波动范围，致使旋流器不能正常运作。该厂只能将小时处理量减至不足 400 t。

但是对无压入料两产品圆筒形重介质旋流器而言，则不存在上述弊端，无压入料两产品圆筒形重介质旋流器对底、溢流量的变化适应范围比较大，最大可在 20% ~80% 之间任意自动调节。所以能够适应产品灰分的大幅度变化，这是无压入料两产品圆筒形重介质旋流器的主要优势之一。

2. 用三产品重介质旋流器来代替两产品重介质旋流器排矸

在分选密度很高的情况下，如果用三产品重介质旋流器来代替两产品重介质旋流器排矸，是一种可考虑的替代办法。但有优点也有缺点：

（1）可以实现用低密度循环介质完成高密度排矸的任务，避免了高密度循环介质的上述种种弊端。

（2）出不出中煤可灵活掌握，通过对两段旋流器分选密度的搭配调节，可大大增加产品灰分的调节幅度，提高了对市场多元化需求的适应能力。

（3）若采用三产品重介质旋流器代替两产品重介质旋流器排矸，则因循环悬浮液密度可降至 1.5 kg/L 以下，所允许的煤泥含量可高达 50% 以上，一般可不必设选前脱泥环节，简化了介质流程。

（4）三产品重介质旋流器比同直径两产品重介质旋流器处理能力偏低，且介质循环量大得多（增加近 1 倍），泵的能耗也相应有所增大。

所以，如果用三产品重介质旋流器来代替两产品重介质旋流器排矸，应作综合技术经济比较后再决定取舍。

3. 两产品或三产品重介质旋流器分选炼焦煤

当分选炼焦煤时，因精煤灰分一般要求较低，多数情况下必须出精、中、矸 3 种产品，才能保证精煤和矸石的灰分同时满足要求。这时若采用重介质旋流器分选工艺，可供选择的方案有两个。

（1）方案一——采用两段两产品重介质旋流器来生产 3 种产品。其优点是：两段介质密度可以分别测控，控制精度高。其缺点是：高、低两种密度的介质系统并存，工艺流程和工艺布置复杂，第二段重介质旋流器系统设备管道磨损大，介质泵电耗大。

（2）方案二——采用三产品重介质旋流器（有压入料与无压入料皆可）一次完成3种产品的分选任务。其优点是：用一套低密度介质系统就可以实现必须用高、低两种密度介质才能完成生产3种产品的任务。简化了介质流程和工艺环节，紧凑了工艺布置，也减少了对设备管道的磨损。其缺点是：三产品重介质旋流器第二段所需的高密度介质，是靠第一段旋流器自然浓缩形成的，一般可将悬浮液密度提高0.3~0.6 kg/L，但问题是很难实现对第二段介质密度的精确控制。如果对中煤的灰分要求不太严格，则三产品重介质旋流器的优势比较明显。

综上所述，对于两产品或三产品重介质旋流器的选择，应根据煤质的特性和产品质量要求具体分析、区别对待。

（三）大直径重介质旋流器与小直径重介质旋流器组的选择

旋流器直径的大小除与处理能力有关外，还与入料粒度上限、有效分选下限及分选效果有关。所以本手册将旋流器直径大小的选择也纳入在设置重介质旋流器分选作业流程结构时一并考虑。

重介质旋流器直径的大小面临着两种选择：一是选用一个大直径重介质旋流器；二是采用几个小直径重介质旋流器来代替。下面几点分析可供设计选择时参考。

（1）对于大型选煤厂而言，因小时处理量大，若采用小直径重介质旋流器，台数太多，出于工艺布置上的考虑，设计往往选用大直径重介质旋流器居多。

采用大直径重介质旋流器有很多优点：可减少生产系统数量，或实现单系统生产。加上目前重介质选煤其他配套工艺设备大型化均已过关，这就为实现工艺环节单机化，减少设备台数，便于自动化控制，简化工艺布置、减少厂房体积提供了便利和可能。

鉴于离心力与旋流器的直径成反比。对一定粒度的矿粒而言，旋流器直径越大，在同样压头条件下，对矿粒产生的离心力越小，所以大直径重介质旋流器的有效分选下限必然变粗。若欲弥补这一缺点，必须按相应比例加大入料压头，以获得必需的离心力（因为离心力与入料压头成正比）。用尽量提高入料压头的办法来弥补直径大的短处，就成了解决细粒物料分选问题的关键。可是，旋流器的入料压头受诸多因素的制约，不能任意无限制地加大。所以，对细粒级物料分选效果差，是大直径重介质旋流器存在的突出问题，而且重介质旋流器直径越大，细粒物料（包括粗煤泥）分选效果差的问题就越突出。

对大直径重介质旋流器分选粒度下限偏粗的弱点，目前可资借鉴的弥补措施如下：

——当采用预先脱泥重介质旋流器分选工艺时，可用螺旋分选机、水介质旋流器、干扰床等粗煤泥分选设备解决。即将预先脱除的＜0.5 mm（或＜1.0 mm）煤泥，经旋流器组浓缩后，入粗煤泥分选设备再分选。其分选下限均可达 0.15 mm。但是，由于螺旋分选机分选密度偏高（一般＞1.7 kg/L），故只宜用来排除高灰泥质和细粒黄铁矿。

——当采用不脱泥重介质旋流器分选时，可用煤泥重介质旋流器进一步分选存在于合格介质中的＜0.5 mm 煤泥，其有效分选下限可达 0.045 mm。

（2）对于大型选煤厂而言，如果不用大直径重介质旋流器分选，另一种可供选择的方式是用多台直径较小的旋流器组成一组，代替一台大直径重介质旋流器进行分选。有人认为这种方式可以避免大直径重介质旋流器对细粒物料分选欠佳的弊端。其实，在大直径重介质旋流器出现之前，多台直径较小的旋流器组成一组这种工艺模式在国内外大型选煤厂设计中多被采用。例如：从美国引进全套工艺技术的兖州兴隆庄选煤厂，古交的西曲选煤厂和东曲选煤厂均采用 ϕ600 mm 重介质旋流器组（4 台为一组）的工艺模式。但是长期以来却忽略了一个问题，即旋流器组存在进料、悬浮液流量、压头等分配不均，影响总体分选效果的问题。

【实例】国外（南非、澳大利亚）的生产实践均证明，大直径重介质旋流器因旋转半径大对分选效率产生的损失与小直径重介质旋流器组因入料分配器分配不均对分选效率造成的损失相比，其程度基本相当，见表 5-9。

表 5-9　澳大利亚两座选煤厂采用不同直径重介质旋流器分选效果比较表

入料粒度/mm	Goonyella 选煤厂		Riverside 选煤厂	
	2 台 ϕ710 mm 旋流器组	1 台 ϕ1000 mm 旋流器	2 台 ϕ710 mm 旋流器组	1 台 ϕ1000 mm 旋流器
	E_p	E_p	E_p	E_p
＞16.0	0.028	0.025	0.020	0.014
16.0～4.0	0.030	0.026	0.025	0.020

表 5-9（续）

入料粒度/mm	Goonyella 选煤厂		Riverside 选煤厂	
	2 台 φ710 mm 旋流器组	1 台 φ1000 mm 旋流器	2 台 φ710 mm 旋流器组	1 台 φ1000 mm 旋流器
	E_p	E_p	E_p	E_p
4.0~2.0	0.038	0.028	0.045	0.026
2.0~0.5	0.055	0.045	0.070	0.049

【实例】 内蒙古乌海矿区×××选煤厂，采用 4 台小直径（400 mm）无压入料两产品重介质旋流器为一组的分选工艺，用 1 台合格介质泵同时向 4 台重介质旋流器并联供料。生产实践证明综合分选效果并不好，由现场快速浮沉试验结果（表 5-10）可知，4 台重介质旋流器之间分选效果差异很大。

表 5-10　乌海矿区×××选煤厂一组 4 台重介质旋流器
分选效果（快浮）比较表　　　　　　　　%

旋流器序号	入　料		精　煤（溢流）		洗混煤（底流）	
	$\gamma_{-1.4}$	A_d	$\gamma_{-1.4}$	A_d	$\gamma_{-1.4}$	A_d
1	75.00	11.82	86.30	9.34	71.80	13.96
2	71.00	12.50	81.50	11.22	44.60	18.50
3	75.90	11.18	83.30	10.08	64.70	17.50
4	77.80	12.42	84.40	10.06	75.70	11.42

因此，只强调旋流器直径大小对分选效果的影响，而忽视旋流器组入料分配不均匀所带来的危害是片面的。这一点在重介质旋流器分选工艺设计中，远未引起人们的重视。为此，建议在选煤工艺设计时，应结合入料粒度上、下限的要求和处理量的大小，全面权衡利弊，合理选择重介质旋流器的直径和配置模式（单台或成组）。

（四）选前脱泥与不脱泥的选择

1. 选前脱泥的优缺点分析

国外多采用选前脱泥，有压入料重介质旋流器分选工艺。

1）优点

分选精度高，效率高。由于入料中非磁性物（煤泥）含量少，故产品脱介效果好，介质消耗也低。而且在介质系统中可以不必专设分流环节，或者只需少量分流，因而悬浮液密度的调节变得十分简捷，无须调节分流量，只需控制补加清水量一个因素，使悬浮液性质相对比较稳定。

2）缺点

（1）设选前脱泥，工艺环节增多，工艺布置相对复杂。

（2）有压入料重介质旋流器的突出优势之一是分选下限低，据有关资料记载，可达0.15 mm。但是选前若将<0.5 mm（或<1.5 mm）的煤泥全部脱除，进不了旋流器，没有了粗煤泥作分选对象，那么分选下限低的优势又有何用呢？这是一个自相矛盾的工艺优势，值得深思。在设置选前脱泥的工艺条件下，应重新审视这一优势还有无实际意义。

（3）预先脱除的原生煤泥，需要专门分选处理，反而使系统变得更复杂。对炼焦煤而言，这个问题尤为突出。目前作为粗煤泥单独分选可供选择的方法，都不同程度地存在一些问题，工艺效果尚不理想。若勉强为之，则使得综合精煤产率不升反降，得不偿失（参见本章第二节【实例】黑龙江鹤岗矿区××炼焦煤选煤厂）。

2. 选前不脱泥优缺点分析

国内目前采用选前不脱泥，全部原煤入重介质旋流器分选的工艺为数不少。

1）优点

因选前不脱泥，简化了工艺环节，紧凑了工艺布置，带来了诸多其他好处。有一种观点认为，在设计中对某种工艺的取舍不能只从纯理论去分析论证，必须从工程角度全面考虑技术、经济、操作、管理诸多因素，综合分析、权衡利弊。

2）缺点

从理论上讲，选前不脱泥对分选精度，尤其是对细粒级物料的分选精度会造成一定影响。原生煤泥量大，且易泥化的原煤的影响尤甚。

3. 判断选前是否应该脱泥的依据

综上所述，选前脱泥与不脱泥各有优缺点。选前是否需要脱泥主要取决于分选悬浮液中非磁性物含量是否超过允许的限度。为了满足悬浮液流变特性和稳定性双重要求，《选煤厂设计手册（工艺部分）》（1979年版）规定，重介质悬浮液的固体体积浓度应在 15% ~35% 之间。

目前普遍被接受的，也比较符合实际的重介质分选理论认为，当煤粒的粒度为加重质粒度的数十倍以上时，悬浮液可以被看成是密度为两相平均密度的均相的液体，煤粒在其中运动的阻力和真溶液一样；但是，当煤粒粒度接近加重质粒度时，应被看作是在干扰沉降条件下的运动。因此，在离心力场中因受干扰沉降等沉比的限制，能被有效分选的粒度下限约为加重质最大粒度的 5 倍以上。然而，据有关方面研究指出，如果悬浮液的固体体积浓度超过 30% 这个极限，即便是对较粗的块煤，悬浮液也不能被看作是均匀的液体。故悬浮液的固体体积浓度一般不宜超过 30% 。以此为依据经粗略计算，不同密度悬浮液中含煤泥量的最大允许值见表 5-11 。

必须指出的是，悬浮液中允许的煤泥含量除与悬浮液本身的密度

表 5-11　悬浮液中固相的煤泥含量最大允许值

悬浮液密度/ (kg·L^{-1})	煤泥含量/ %	悬浮液密度/ (kg·L^{-1})	煤泥含量/ %
1.4	60	1.8	20
1.5	50	1.9	<10
1.6	40	2.0	<5
1.7	30	—	—

有关外，还与磁铁矿粉的细度及被选物料的粒度大小密切相关，所以表 5-11 中的数据仅供设计参考，不能作为唯一的依据。

由表 5-11 可知，在低密度条件下分选，悬浮液中允许的煤泥含量比较高，一般可不必进行选前脱泥。但在设计时，必须进行工作悬浮液体积浓度校核计算。并确认在此体积浓度条件下，合格介质分流量的大小适度以后，再确定选前是否可以不脱泥。因为分流量过大，存在重介质悬浮液性质不稳定、介质消耗增多等弊端。

炼焦煤因要求的精煤灰分较低，故分选密度大都比较低，使不脱泥入选成为可能。

动力煤若利用两产品重介质旋流器排矸，则是在高密度条件下进行分选，悬浮液中非磁性物的允许含量很少，故一般选前多设预先脱泥环节，以确保煤泥含量不超限。若采用三产品重介质旋流器代替两产品重介质旋流器排矸，则因循环悬浮液密度降至 1.5 kg/L 左右，所允许的煤泥含量可高达 50% 以上，使不脱泥入选成为可能，简化了流程。

典型重介质旋流器分选流程实例：选前不脱泥，无压入料三产品重介质旋流器分选流程。是目前我国选煤工艺设计中广泛采用的典型重介质旋流器分选

流程之一，如图 5-12 所示。

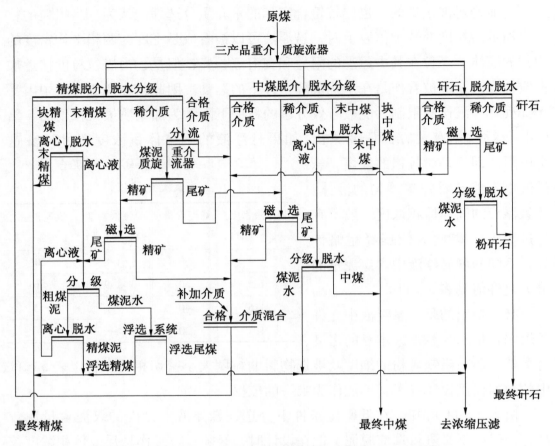

图 5-12 无压入料三产品重介质旋流器典型原则流程

该流程有以下特点：

（1）采取轻、重产物系统的稀介质分开磁选（有时也可采用中煤、矸石系统的稀介质合并用一套磁选环节的方式，以简化流程，方便布置），有利于对不同灰分的磁选尾矿分别回收处理，分别掺入不同的产品中。

（2）由精煤系统合格介质分流一部分，采用小直径煤泥重介质旋流器组对其中的粗煤泥（0.5~0.15 mm）进行有效分选的流程，在一定程度上弥补了无压入料三产品重介质旋流器有效分选粒度下限较粗的弱点。这样只需要增加很少的设备和环节，就可以从轻产物系统的磁选尾矿中回收已经得到有效分选的粗煤泥，同时减少浮选入料量，有利于提高经济效益。与国外重介质工艺流程相比，多了一个分流环节，而分流量的大小可以采用磁性物测量仪在线检测计算出非磁性物含量是否合格，自动回控分流执行机构的开启度来实现。

（3）该工艺流程可以借鉴澳大利亚模块选煤厂介质密度控制方法，采用在合格介质泵入料管上增设添加清水管，根据密度计在线检测值自动跟踪设定值，微调添加水量，在几秒钟内快捷调整循环悬浮液密度的方式。总之，通过对分流量、循环悬浮液密度的自动检测、调控，该工艺流程可以与国外重介质工艺流程一样实现高度自动化运作。

（4）该流程中仍然存在一些不良闭环，如精磁尾矿经煤泥离心机脱水，离心液又返回精磁尾矿水力分级环节，不尽合理。

四、悬浮液循环、净化、回收作业流程结构

悬浮液循环、净化、回收作业的核心任务和最终目的是降低介质消耗。其作业环节包括：以筛分方式从产品中直接脱除合格悬浮液（合格介质）循环再用；在筛面加喷水脱出产品上黏附的残余悬浮液成为稀悬浮液（稀介质）；稀介质与从合格介质中分流出的部分悬浮液一起经磁选回收、净化、脱除泥质（非磁性物）成为磁选精矿，与新制备的磁铁矿粉共同作为补加的加重质返回合格介质桶，供调节循环悬浮液（循环介质）密度之用。

（一）重介质分选产品脱介的典型流程

重介质分选产品脱介的典型流程如图 5－13 所示。第一次脱介也称为预先脱介，块煤用固定条缝筛，末煤或混煤用弧形筛。第二次脱介用振动筛，振动筛分为两段，第一段长度占筛长的 2/5，其筛下物作为合格悬浮液，第二段长度为剩余筛长，先经两次循环水喷淋，再经一次清水喷淋，其筛下物为稀悬浮液。鉴于絮凝剂的作用，浓缩澄清的循环水浓度很低，在实践中有的选煤厂将 3 道喷淋皆用循环水与清水的混合水，则喷淋水系统更简化。

（二）稀介质（包括分流悬浮液）净化、回收的典型流程

稀介质（包括分流悬浮液）净化、回收的典型流程如图 5－14 所示，它包括：浓缩—磁选流程、两段磁选之间加浓缩旋流器流程、直接磁选流程及筛

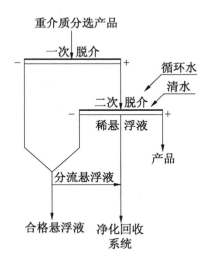

图 5－13　重介质分选产品脱介、分流流程

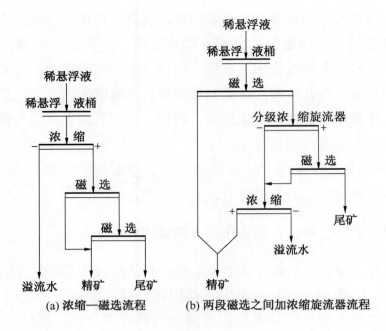

(a) 浓缩—磁选流程　　　(b) 两段磁选之间加浓缩旋流器流程

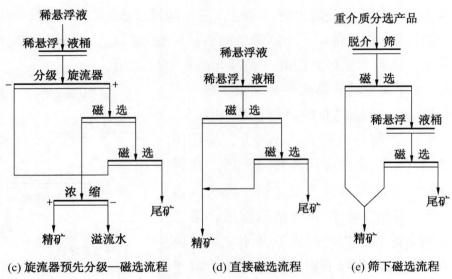

(c) 旋流器预先分级—磁选流程　　(d) 直接磁选流程　　(e) 筛下磁选流程

图 5－14　稀悬浮液净化、回收流程

下磁选流程等类型。

1. 浓缩—磁选流程

浓缩—磁选流程如图 5－14a 所示，适用于悬浮液数量大、浓度较低的介质系统。该流程的优点是可以利用自流方式使浓缩机溢流用于产品脱介筛喷水和工作悬浮液的调节；缺点是细粒磁铁矿粉和细煤泥易损失，净化、回收过程滞留时间较长。我国早期建造的许多重介质选煤厂均采用此流程。现在很少采用。

2. 两段磁选之间加浓缩旋流器流程

两段磁选之间加浓缩旋流器流程如图5－14b所示，这种流程常用于重介质旋流器选末煤系统，如山东兴隆庄矿选煤厂（美国重介质选煤工艺技术）。该流程的优点是采用旋流器可以适度提高二段磁选机的入料浓度，一段磁选后增加浓缩环节可以利用磁凝聚作用使细粒磁铁矿粉和细煤泥留在系统中；缺点是流程较为复杂，设备多。现在很少采用。

3. 旋流器预先分级—磁选流程

旋流器预先分级—磁选流程如图5－14c所示。该流程与两段磁选之间加旋流器流程类似，同样具有较好地回收细粒磁铁矿和细煤泥的效果，但相对来说设备布置较为容易。现在也很少采用。

4. 直接磁选流程

直接磁选流程如图5－14d所示。该流程的优点是，取消了浓缩设备，设备种类少，缩短了循环介质的路程，流程简单，尾矿中磁铁矿损失小，净化、回收过程滞留时间较短；缺点是磁选环节负荷较大，所需磁选机台数较多。采用这种流程需要具备两个条件：一是稀悬浮液量较少且浓度适当；二是磁选机处理能力大。因为当前设计多采用国外高效、大处理量磁选机，且脱介喷水采用小水量、高压头工艺，为采用这种流程提供了有利条件。另外，国外磁选机磁选效率高，还可将两段磁选合并为一段磁选，使介质流程更加简化，工艺布置更为紧凑。目前，国内外重介质选煤厂介质系统设计多采用此种一段直接磁选流程。需要特别指出的是，采用一段直接磁选流程时，应注意入磁选机的稀介质浓度是否满足磁选机的要求。

5. 筛下磁选流程

筛下磁选流程如图5－14e所示，与直接磁选流程基本相同，不同点在于取消了稀介质桶和稀介质泵，进一步缩短了悬浮液在回收过程中的滞留时间，有利于悬浮液密度的稳定。但是，该流程因脱介筛下稀介质需自流进入磁选机，致使厂房高度比直接磁选流程的厂房高一层楼。目前，国内有些重介质选煤厂介质系统设计也采用此种流程。采用此种流程同样需要注意入磁选机的稀介质浓度是否能满足磁选机的要求。

（三）补加介质制备流程

新补加的磁铁矿粉先制成浓悬浮液，并和磁选精矿一起加入合格介质桶，供调节循环悬浮液用。其制备流程如图 5-15 所示。

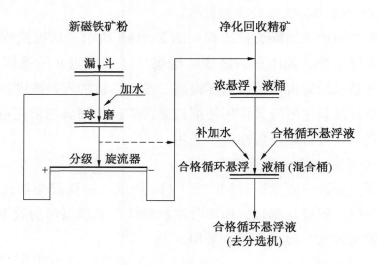

图 5-15　磨矿和循环悬浮液补充的流程

这种流程要求球磨机具有较大的处理能力，否则难以满足生产需要。如果对磁铁矿粉先进行分级，使合格的细矿粉不进入球磨机，这样可以大大减小球磨机的负荷。在实际生产中，有些选煤厂所用的磁铁矿粉要求厂家按规定的粒度组成供应，这样可以省去介质制备磨矿系统的设置。

澳大利亚模块式重介质选煤厂将每个生产班所需补加的介质量一次加够，使合格介质桶内的悬浮液密度在整个生产过程中始终保持高于所需密度值，因此不必再设在线的浓介质添加系统，只需通过调节添加水量一个因素就能达到调节介质密度的目的。有的国外厂家建议，将新制备的磁铁矿粉先加入稀介质系统，经磁选机净化处理后，再进入合格介质桶。这样能够保证补加介质密度比较稳定，而且还能去除外购磁铁矿粉中绝大部分高灰岩粉，提高了补加介质的质量。缺点是需设置专用磁选机来净化补加介质。这些国外先进合理的工艺技术已被广泛吸收、运用在我国重介质选煤流程的设计中。

（四）悬浮液循环、净化、回收流程小结

完整的悬浮液循环、净化、回收流程（简称介质流程）由上述 3 个局部流程（重介质分选产品脱介流程，稀介质净化、回收流程，补加介质制备流程）组合而成。流程中的分流、悬浮液补加、水的补加是介质系统 3 个重要的控制调节因素。此外，在确定介质流程时还需着重考虑以下 2 个问题：

（1）采取综合技术措施降低介质消耗的问题。介质消耗是重介质分选的重要技术经济指标，对重介质分选的生产成本影响较大，降低介质消耗应该是重介质分选工艺设计的重点之一，在设计阶段就应该为降低介质消耗提供必要的基础条件和技术保证。这也是衡量一部重介质分选工艺设计水平高低的重要标尺。

《设计规范》5.3.9 条为强制性条文，规定 **"分选每吨煤的磁铁矿粉技术耗量应符合下列规定：块煤，<0.8 kg；混煤、末煤，<2.0 kg"**。经过多年实践经验的积累，目前我国多数重介选煤厂的介质消耗都能控制在 2 kg/t 以下。但少数设计往往在付诸实施投产以后效果仍然不佳，介质消耗偏大，仍大于 2 kg，甚至 3~5 kg。

介质消耗是一个综合效果，影响介质消耗指标的因素是多方面的，与介质流程环节的设置、设备选型及其性能、工艺过程运行的工况条件等因素均密切相关，必须全面考虑，采取综合技术措施，方能收到降低介质消耗的效果。积多年设计、生产实践经验，综合降低介质消耗的技术措施包括以下 10 个方面。

——合理选择脱介筛的面积，筛面上的料层不宜过厚，且脱介筛必须具备足够的长度，以保证足够的脱介时间，并可杜绝脱介筛跑介。除设弧形筛预脱介外，脱介筛必须设合格介质段，尽量减少去稀介段的介质量，以减少介质净化因磁选效率所造成的损耗。一般应保证不少于脱介筛长度的 2/5 为合格介质段，3/5 为稀介段。有些设计选用筛长小于 4 m 的脱介筛，甚至不设合格介质段，是不利于保证足够的脱介时间和提高脱介效果的。

——物料入脱介筛前加设均料设施使物料均布筛面，切忌偏载，以提高脱介效率。如果物料入脱介筛前加设弧形筛预脱介，不仅可以增加脱介效果，而且可在一定程度上收到使物料均布筛面的作用。

——合理选择脱介筛筛孔缝隙，合格介质段的筛孔缝隙应严格控制为 0.5 mm（>0.5 mm 粗煤泥难以起到稳定悬浮液的作用）；稀介段的筛孔缝隙可适当增至 0.75~1.0 mm（若筛下物料是直接去浮选，则不宜大于 0.5 mm）；预脱介的弧形筛的筛孔缝隙因投影关系，亦可增至 0.75~1.0 mm。

——提高脱介筛喷水的压头并保证足够的喷水量，推荐采用小流量、高压头喷水制度。一般宜设 3 道喷水。喷嘴喷出的喷水扇面必须覆盖筛子横断面不留间隙，喷水的压头最好能使物料在筛上翻滚，尽量减少筛上物料带走的介质量。

——尽量避免采用双层脱介筛。这是由于喷水透过上层筛面至下层筛已无压头，脱介效果差；如果下层筛再加喷水，则会导致磁选机的入料（稀介质）浓度偏低，影响磁选效率，增加介质消耗。

——选用高效磁选机回收介质，可有效地减少介质消耗。《设计规范》5.3.5条规定，磁选机的总磁选效率不应低于99.8%。若磁选效率更高（例如，美国艺利磁选机磁选效率高达99.9%以上），则对降低介质消耗效果更好。

——合理选择磁选机的工况条件是提高磁选效率的必要措施。以美国艺利公司高效磁选机为例，使磁选机磁选效率保持在最佳状态有3项必须具备的工况条件，缺一不可，最佳工况条件包括：

严格控制磁选机的入料量不超过允许值（100 $m^3 \cdot h^{-1} \cdot m^{-1}$）；

保证合理的入料浓度（15%~25%，最佳值为20%）；

保证磁选机入料中磁性物含量不超过允许值（18.5 $t \cdot h^{-1} \cdot m^{-1}$）。

满足了上述3项最佳工况条件，则美国艺利公司高效磁选机磁选效率可达99.9%。在实际设计中往往忽视磁选机要求的工况条件，多数情况磁选机不是在最佳工况条件下工作，这是多数重介质选煤厂介质消耗增高的重要原因之一。

——介质分流量必须控制在合理范围，一般不宜超过合格介质量的25%~30%，分流量越大，去磁选净化的介质量越多，介质消耗就越高。减少分流量的唯一途径就是通过选前预脱泥减少进入重介质旋流器的原生煤泥量，应将其控制在合理范围内。

——末煤或不分级混煤重介质分选，在条件适宜时，产品脱水的离心液可考虑进入介质净化系统或补加介质制备系统利用，以减少介质消耗。

——合理选择补加介质方式。补加新介质宜在介质库调成悬浮液，用泵输送至主厂房，可有效避免抛撒损失。新介质最好先通过磁选机净化，去除外购新介质中所含的高灰岩粉。为了保证及时补加介质，中矸磁选机的处理能力应留有一定的富余或专设一台磁选机作为净化补加新介质用。流程中若存在高、低两种分选介质密度时，通常是采用高密度的合格悬浮液向低密度悬浮液中补加。

（2）轻、重产物悬浮液净化、回收流程共用或分开的问题：

——一般块煤重介质分选时共用或分开两种方式均可采用。

——动力煤重介质排矸分选时，轻、重产物系统悬浮液净化、回收流程可采用合并共用方式，磁选尾矿回收后统一处理。

——炼焦煤重介质分选或动力煤生产低灰产品时，轻、重产物系统悬浮液采用分开处理的方式具有明显的优越性。轻、重产物的磁选尾矿单独回收后可分别掺入轻、重产物。其中，中煤、矸石系统的稀悬浮液可共用一套净化、回收系统。

五、浮选流程结构

煤泥属于易浮的矿物，因此浮选流程通常比较简单。

1. 常见的浮选流程

常见的浮选流程如图 5 - 16 所示。

图 5 - 16a 所示为最为常见的单段浮选流程。适用于可浮性好、矸石不易泥化的煤泥。该流程简单、操作方便、处理量大，我国大多数选煤厂采用单段浮选流程。

图 5 - 16b 所示为带有中煤返回的扫选流程。其目的是为了提高精煤产率和尾煤灰分。中煤返回地点主要取决于中煤和返回地点入料的灰分，两者的灰分应当相近。适用于较易于浮选的煤泥，也是一种较为常用的浮选流程。

图 5 - 16c 所示为带有扫选作业的三产品的浮选流程。为了得到低灰精煤和高灰尾煤，对于可浮性较难的煤泥可以考虑采用本流程。由于增加了中煤产品，相应地增加了一套中煤过滤脱水设备和运输系统，使得设备布置和管理上都增加许多困难，往往并不能增加效益。浮选尾煤灰分过高，造成产品无法销售和处理，也会给生产管理带来困难。因此，常见的此种浮选流程还是出两产品，尾煤灰分控制在一定范围，便于利用或外销。

图 5 - 16d 所示为带有浮选精煤二段再精选的浮选流程。对于一些炼焦煤选煤厂，浮选可浮性较难的煤泥，单段浮选精煤质量难以达到要求，势必降低重选精煤灰分，来背浮选精煤灰分。为了避免重选精煤灰分降得过低，造成总精煤产率下降，则宜考虑设置浮选精煤再精选或部分浮选精煤再精选的浮选流程。二段再精选的尾煤可作为单独的浮选中煤或与一段浮选尾煤合并作为总的浮选尾煤。是否设置浮选精煤再精选，应当结合重力分选，按最大产率原则，进行全面的技术经济比较后决定。

2. 其他浮选流程

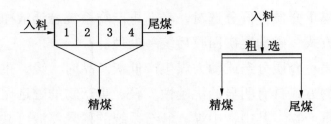

(a) 单段浮选流程

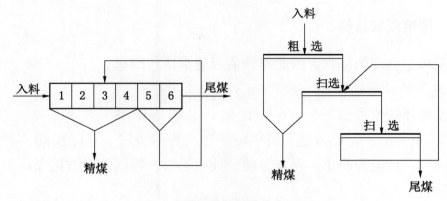

(b) 带有中煤返回的扫选流程

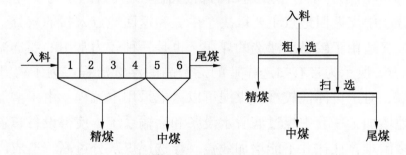

(c) 带有扫选作业分出三产品的浮选流程

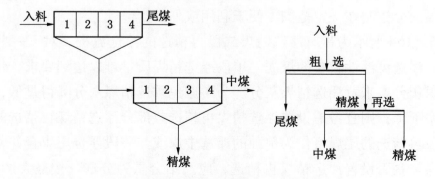

(d) 带有浮选精煤二段再精选的浮选流程

图 5-16　浮选流程

此外，浮选还可以采用分段加药的流程、分级浮选的流程、尾煤分级再浮选的流程等。对于传统的机械搅拌式浮选机，一般浓缩浮选通常采用一段六室的浮选机，而直接浮选由于入浮入料的浓度低，一般采用一段四室的浮选机。

近年来，煤泥浮选机技术也得到很大的发展。新的浮选工艺和设备有：

（1）微泡浮选柱（床）业已广泛地用于选煤厂煤泥浮选，尤其是在煤泥粒度较细的条件下，采用对细泥选择性好的浮选柱分选具有较大的技术优势，多采用单段浮选流程。

（2）充气式微泡浮选机或喷射吸气式浮选机对于粒度较粗的煤泥分选则具有较好的分选效果，多采用带有扫选作业的两产品浮选流程，以增加浮选时间。

应当根据煤泥性质及产品质量要求对浮选工艺流程及浮选设备加以选择。

六、重选产品脱水与水力分级作业流程结构

（一）跳汰分选精煤产品脱水作业流程结构

跳汰分选精煤产品脱水分为块精煤脱水和末精煤脱水。

1. 块精煤脱水作业流程

块精煤比表面积较小，脱水较为容易，一般多采用一次脱水，即跳汰溢流产品进入脱水筛之前，先经固定条缝筛泄出大量的煤泥水（也可不设固定条缝筛预脱水），然后再进入振动脱水筛，最终在仓中进一步脱水。图 5－17 所示为跳汰块煤分选的块精煤脱水流程。

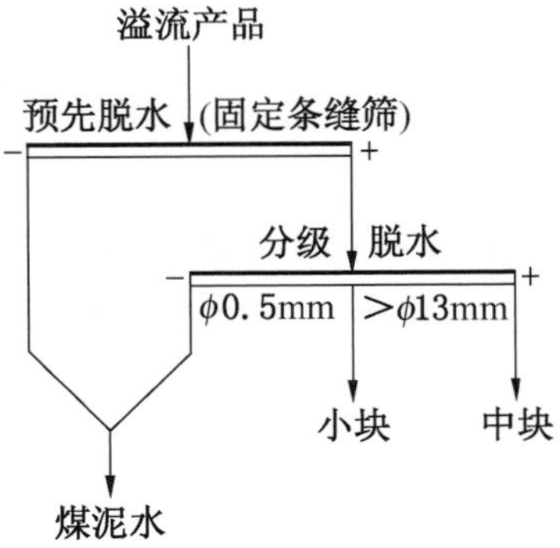

2. 末精煤脱水流程

末精煤一般采用两次脱水流程。图 5－18 所示为跳汰混合选块、末精煤脱水流程。其中，一次脱水或采用筛子脱水（图 5－18a），或采用斗子捞坑脱水（图 5－18b）。由于斗子捞坑是将水力分级与精煤产品脱水两个作业合并为一个环节的工艺设施，所以使用斗子捞坑会造成煤泥对末精煤污染加重，在进行二次脱水前应当进行脱泥处理。加喷水脱泥可以降低末精煤灰分。两种流程中经一次脱水后的末精煤均再进入离心机进行二次脱水，进一步降低末精煤产品的水分。

上述两种末精煤脱水流程优缺点分析如下：

图 5－17　块精煤脱水流程

— 261 —

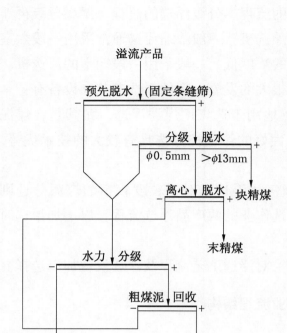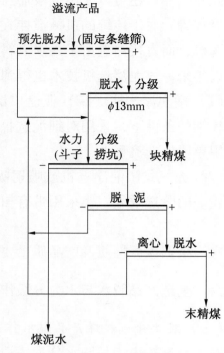

(a) 末精煤脱水和粗煤泥回收分开进行流程　　　　(b) 末精煤脱水和粗煤泥回收一并进行流程

图 5-18　末精煤脱水和粗煤泥回收流程

（1）末精煤和粗煤泥回收分开进行流程。当细煤泥灰分较高，细煤泥的污染严重时，采用该流程有利于粗煤泥分选和减少细煤泥污染。在该流程中，通过水力分级，粗煤泥单独进行回收。该流程的优点是有利于改善 0.5 mm 的分级效果，避免了煤泥对精煤的污染，而且旋流器作为水力分级设备，设备体积小，占厂房空间少，土建费用低（为防止分级旋流器溢流跑粗，入料泵选型时压头参数的选择是关键）。所以，现在我国新设计的多数选煤厂采用该流程脱水。分级旋流器＋弧形筛＋煤泥离心机（或沉降过滤离心机）流程结构，是当前粗煤泥脱水、回收的首选流程结构。

（2）末精煤脱水和粗煤泥回收一并进行流程。20 世纪 80 年代前，我国选煤厂多采用该流程对末精煤脱水。在该流程中，有的将跳汰溢流产品全部直接先送入斗子捞坑，精煤捞起后再进入双层筛分级脱水。这样的流程有利之处是系统和设备较为简单，可以有效地清除木屑；其不利之处是脱泥效果较差，需要的捞坑体积较大，相应斗式提升机的规格也要加大。

粗煤泥回收是一个与末精煤脱水流程相关的问题。在该流程中，只要捞坑体积及斗式提升机规格符合要求，能保证捞坑溢流粒度不跑粗，就可实现在捞坑斗式提升末精煤脱水的同时使粗煤泥的回收一并完成。该流程具有运转可靠，管理方便等优点，但也存在精煤受煤泥污染较多，厂房布置与土建结构较为复杂，基建投资也比较高等缺点。如果将脱泥筛的筛下水和离心液单独进行水力分级回收粗煤泥，既可避免这部分煤泥水直接返回捞坑形成不良闭环，增加捞坑溢流跑粗的概率，同时也能减少细煤泥对末精煤的污染。

（二）跳汰分选中煤、洗矸脱水作业流程结构

跳汰分选中煤一般经斗式提升机脱水后，进入仓中进一步脱水，或经脱水筛脱水后再进仓。在北方严寒地区或用户对产品水分有要求时，可以先将末中煤筛出，筛出的末中煤在离心机中脱水，然后与块中煤一起进入仓中。矸石一般经斗式提升机预先脱水，然后进入矸石仓进一步脱水。

（三）重介质分选产品脱水作业流程结构

重介质分选的产品脱水与悬浮液净化、回收同时完成，在前面悬浮液循环、净化、回收流程结构分析中已经作了阐述，这里不再重复。需要特别指出的有以下两点。

（1）块煤重介质分选产品在脱介筛上因稀介段最后一道喷水距脱介筛出料端很近，产品实际脱水时间极短，块煤产品水分较高，远达不到一般块煤产品脱水筛筛上物的水分指标。最简单的解决的办法就是适当加长脱介筛长度，增加稀介段喷水后的产品脱水时间，可不必再增加脱水环节。

（2）重介质旋流器分选与跳汰分选产品脱水流程结构主要区别在于：脱介筛多为单层筛，筛上产品（精煤、中煤）多不分级，全部入离心机进行二次脱水；磁选机尾矿中所含的粗煤泥单独脱水、回收，多采用分级旋流器＋弧形筛＋煤泥离心机（或沉降过滤离心机）流程结构。

七、煤泥水处理流程结构

煤泥水处理流程包括煤泥的分级，粗煤泥回收，煤泥的浓缩、分选，煤泥产品脱水，以及选煤工艺用水（洗水）循环复用等作业。

（一）粗煤泥分级、脱水、回收流程

粗煤泥回收脱水的两个基本流程如图5-19和图5-20所示。这两个流程的区别在于煤泥筛筛下水是循环返回分级浓缩设备，还是直接去浓缩机进一步

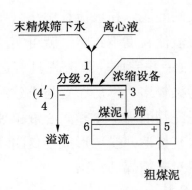

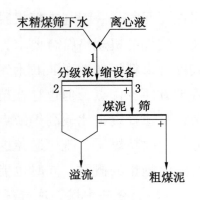

注：4′不包括循环负荷，4 包括循环负荷。

图 5 - 19　粗煤泥回收脱水流程之一　　　图 5 - 20　粗煤泥回收脱水流程之二

处理。

分级浓缩设备可以采用角锥沉淀池、旋流器、倾斜板沉淀槽等，回收粗煤泥过去习惯上首选的设备是高频振动脱水筛，现在多选脱水效率更高的煤泥离心脱水机。

为了提高高频筛或煤泥离心脱水机入料浓度，目前重介质分选的工艺流程中，分级浓缩环节多采用旋流器（组）完成，旋流器溢流与筛下水或离心液都去浓缩机。旋流器的工作效果，不仅与旋流器结构参数有关，而且与物料的性质和操作条件有关。由于结构参数不同，旋流器在分级、浓缩或精选方面的性能有所侧重，但往往这几种性能或多或少兼而有之。所以，在采用旋流器（组）分级浓缩流程时，对旋流器结构参数选型应予以应有的重视。

（二）细煤泥浓缩、脱水、回收流程

1. 有浮选作业的煤泥水处理流程

浮选作业既是一种分选作业，又是煤泥水处理的一种手段。有浮选作业时煤泥水处理流程由浮选前准备、浮选、浮选后产品脱水三大部分组成。其中，浮选作业自身的流程结构，前面已进行了分析论述，不再重复。这里只重点分析论述与浮选前的准备和浮选后产品脱水相关的流程结构。

1）浮选前的准备流程结构

浮选前的准备，主要解决控制入浮物料的粒度、入浮浓度、入浮量、浮选药剂添加方式等问题。采用浓缩机或分级浓缩旋流器和弧形筛配合控制入浮浓度和入浮粒度是选煤厂常用的工艺手段。我国当前最多采用的煤泥浮选前的准备流程主要有直接浮选流程（图 5 - 21）和低浓度浓缩浮选（俗称底流大排放浓缩浮选）流程（图 5 - 22）。

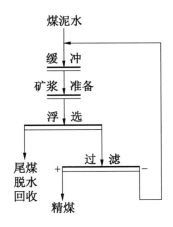

图 5 - 21 直接浮选流程

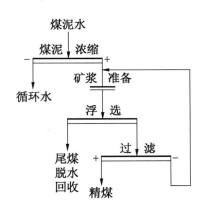

图 5 - 22 低浓度浓缩浮选流程

（1）直接浮选前准备流程结构。直接浮选是针对历史上一度占主导地位的浓缩浮选的缺点而产生的一种新的浮选流程，如图 5 - 21 所示。即取消了原有入浮前的煤泥浓缩机，生产中的煤泥水不经浓缩全部直接进入浮选，使浮选与跳汰两个分选环节同时开、停机。再加上尾煤浓缩机内加絮凝剂，可有效地降低溢流循环水浓度，较好地解决了灰分高的细泥在洗水中的积聚和对精煤污染的难题。

但是，入浮浓度过低是直接浮选流程存在的主要问题。在许多选煤厂，尽管跳汰机严格控制工作用水，入浮浓度也只能提高至 60 ~ 80 g/L，结果导致浮选精泡水分过高，严重时影响过滤机滤饼水分。此外，选用设备多（大型选煤厂尤为严重），造成投资和生产费用相对提高也是直接浮选流程的缺点。厂型小或原煤含煤泥较多时，选择直接浮选流程较为有利。另外，重介质分选工艺的循环水用量约是跳汰分选工艺循环用水量的 1/2，煤泥水浓度相对较高，比较适合配套采用直接浮选流程。

半直接浮选是直接浮选的一种特例，是解决跳汰选煤厂直接浮选入浮浓度过低的一种方法。半直接浮选流程如图 5 - 23 所示。

该流程既保持了全部煤泥水直接浮选流程的主要优点，如取消了煤泥浓缩机，解决了洗水中细泥积聚、泥化问题，洗水质量好（近似清水）等；又在一定程度上改进了全部煤泥水直接浮选流程浮选入料浓度低、浮选机台数多等缺点。唯一不足之处是再选机循环水不是清水，而是浓度为 80 g/L 的主选机

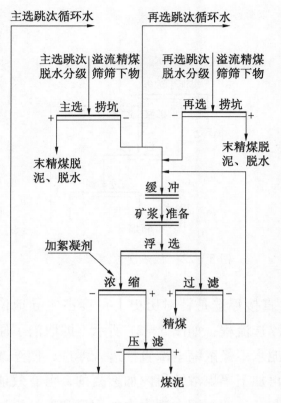

图 5－23　半直接浮选流程

捞坑溢流水。因再选机精煤灰分通常要比主选机精煤灰分高，故主选机捞坑溢流水对再选机高灰精煤的污染也就不太显著了。

（2）浓缩浮选前准备流程结构。浓缩浮选是采用浓缩机底流大排放的方式形成的，当大排放达到浓缩机没有溢流的程度，浓缩机也就转化为简单的煤泥水通道，就成为直接浮选流程。因此，这两种流程并没有原则性和实质性的根本区别，目的在于如何避免循环水中细泥积聚，并创造更好的浮选和过滤条件。

浓缩浮选流程如图 5－22 所示。一般都是老厂在浓缩浮选基础上改造而成，其优点是入浮浓度调节范围大，操作灵活，其相对投资和生产费用均较低。缺点是循环水中仍然容易产生细泥积聚，浮选开停机仍然有滞后现象。

总之，浮选前准备流程的选择，需要根据原煤的煤质情况、主选工艺及厂型大小，经过技术经济比较后做出决定。

2）浮选后产品脱水流程结构

（1）浮选精煤产品脱水流程结构。过去，浮选精煤一般采用真空过滤机脱水。现在，加压过滤机、隔膜挤压压滤机等高效脱水设备愈来愈多地用于浮选精煤脱水。特别是现在炼焦煤选煤工艺设计对煤泥多采用分级分选原则，一般＞0.25 mm 的粗煤泥采用重力法进行分选、回收，去浮选的煤泥多是＜0.25 mm的细煤泥。在这种情况下，采用过滤效率更高的隔膜挤压压滤机则更为实用。

在严寒地区为了防止精煤在运输中冻结，或是用户对精煤水分有严格要求时，浮选精煤还需经过火力干燥进一步降低水分。浮选精煤用过滤机脱水流程如图 5－21 和图 5－22 所示。

（2）浮选尾煤产品脱水流程结构。比较典型的浮选尾煤回收流程有两种：一是全压滤流程。即浮选尾煤经过一次浓缩，底流全部通过压滤机处理。该流程在一次浓缩效果较好的条件下，可以最大限度地避免循环水中细泥的积聚，其脱水流程如图5－24所示。二是沉降过滤离心机和压滤机联合作业流程。即浮选尾煤经过浓缩，相对较粗的底流用沉降过滤离心机回收，溢流与离心机滤液经第二次浓缩，其底流再用压滤机回收，其脱水流程如图5－25所示。

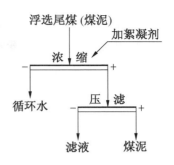

图5－24　全压滤回收
浮选尾煤（煤泥）流程

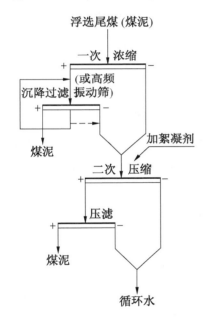

图5－25　沉降过滤离心机和
压滤机联合回收浮选
尾煤（煤泥）流程

第二种流程的原意在于能够回收尾煤中相对较粗的颗粒，将其掺入洗混煤或洗末煤，以提高经济效益。但是，现在炼焦煤选煤工艺设计对煤泥多采用分级分选原则，一般>0.25 mm 的粗煤泥采用重力法进行分选并单独回收，去浮选的煤泥多是<0.25 mm 的细煤泥。如果，再采用第二种流程（图5－25）处理细煤泥，则先后经二次脱除粗粒后的浮选尾煤粒度变得更细，进一步增加了压滤回收的难度。另外，沉降过滤离心机的价格高，对运行、维修的技术水平要求也高，用于回收尾煤时离心机的筛篮容易磨损，这使得第二种流程的投资和生产成本均比较高。故采用第二种流程需慎重。

2. 无浮选作业的煤泥水处理流程结构

动力煤选煤厂一般不设浮选作业。在没有浮选作业的情况下，多采用煤泥水全部浓缩后经加压过滤或压滤回收，其流程就相当于图5－24。

目前多数动力煤选煤厂设计对煤泥水进行分级处理。即在采用设备结构简单，投资和生产费用均较低，使用及维护也比较容易的高频振动筛、煤泥离心机回收粗煤泥，掺入洗混煤或洗末煤的基础上，将剩余细煤泥经浓缩后，再采用加压过滤或压滤回收。但需要考虑的是在已经脱除粗煤泥的情况下，细煤泥回收处理难度大。如果采用压滤以外的方法脱水，往往难以达到预期的效果。

例如，若仍拟采用加压过滤工艺手段回收细煤泥，则需格外谨慎。因为，实践证明用加压过滤机回收细煤泥不仅过滤效果差，滤饼水分高，且处理能力大幅下降，是不适宜的。

在设计中采用加压过滤机回收细煤泥，或采用加压过滤机与板框压滤机并联回收细煤泥的实例并不鲜见。更有甚者，将＜0.25 mm（0.15 mm）的细煤泥进一步分级回收，采用两段串联浓缩机分级浓缩，分别用筛网沉降离心机（或加压过滤机）和板框压滤机分级回收两段浓缩机的底流。无论采用加压过滤机与板框压滤机并联回收细煤泥，还是采用两段串联浓缩机分级浓缩回收细煤泥，都是不尽合理、极不现实的做法。仅举一例，说明其不合理性。

【实例】 陕西彬长矿区××矿井选煤厂，设计生产能力：6.00 Mt/a。

设计推荐的煤泥水系统为：＞0.25 mm 粗煤泥煤泥采用煤泥离心机脱水回收；＜0.25 mm 细煤泥采用两段浓缩，两段浓缩机底流分别用沉降过滤离心机及快开隔膜压滤机分级回收。

这样一来，该选煤厂煤泥水系统，实际上是分三级处理回收煤泥的，设计得过于复杂。特别是细煤泥回收系统，既然＞0.25 mm 粗煤泥已经过煤泥离心机回收了，剩下的＜0.25 mm 细煤泥若再分二级回收，需经两段串联浓缩机分级浓缩，这样做技术上是行不通的。理由分析如下：

（1）若一段浓缩机不添加絮凝剂，单靠自然沉降，对＜0.25 mm 如此细的煤泥所需沉淀面积非常大，在一般浓缩机内是很难自然沉降下来的，不会有明显的浓缩效果。则一段浓缩机基本无底流，形同虚设。

（2）若在一段浓缩机内添加絮凝剂，借助絮凝剂的作用，细煤泥絮凝成团，则几乎会全部沉降下来，那就无须再设第二段浓缩环节了。

（3）实践证明沉降过滤离心机对成絮团状的细煤泥脱水效果差，滤液浓度高，该机对滤饼水分和滤液浓度很难兼顾两全。要实现洗水闭路，还必须靠压滤机把关。结果造成在煤泥水系统中两种煤泥脱水设备并存，则进一步增加了煤泥水系统的复杂性。

点评：该选煤厂的细煤泥回收系统，比较合理的做法是：只采用一段浓缩，且只宜采用隔膜挤压压滤机一种设备回收＜0.25 mm 细煤泥。既简便，又经济。

八、选煤厂洗水闭路循环

（一）洗水闭路循环的标准

实现洗水闭路循环是选煤厂设计和生产中的重要课题，也是关系到环境保护的重大问题，长期以来一直受到行业内的高度重视。1999 年国家煤炭工业局批准发布了煤炭行业标准《选煤厂洗水闭路循环等级》（MT/T 810—1999），该标准规定选煤厂洗水闭路循环划分为 3 个等级。下面仅就其中一级标准的有关规定叙述如下：

（1）洗水动态平衡，不向厂区外排放水。水重复利用率在 90% 以上，单位补充水量小于 0.15 m^3/t （入选原料煤）。

（2）煤泥全部在室内由机械回收。

（3）设有缓冲水池或浓缩机（也可用煤泥沉淀池代替，储存缓冲水或事故排放水），并有完备的回水系统。设备冷却水自成系统，少量可进入补充水系统。

（4）洗水浓度小于 50 g/L。

（5）年入选原料煤量达到核定能力的 70% 以上。

（二）影响选煤厂洗水闭路循环的因素

要真正达到上述洗水闭路循环一级标准，必须从煤泥水处理流程的设计认真做起，围绕上述 5 点要求，合理设置工艺环节。

影响选煤厂洗水闭路循环的因素很多，关键因素有两点：

（1）煤泥水固、液分离需彻底，煤泥应及时充分回收。

（2）全厂洗水必须保持动态平衡。

有了好的压滤设备，煤泥充分回收相对容易实现。而要在入选原料煤量达到核定能力的条件下的长期运行中实现洗水动态平衡，难度则比较大。

（三）多功能洗水净化再生工艺技术简介

《多功能洗水净化再生工艺技术》被确认为煤炭工程勘察设计专有技术。已在几十部选煤厂设计中被采用，其中在古交矿区和淮南矿区已有大量选煤厂投入使用，时间最长的镇城底选煤厂已运行了二十几年。该工艺技术为保持全厂洗水平衡，实现洗水彻底闭路循环，达到零排放，提供了可靠保证。这些选煤厂的煤泥水全部实现了零排放，达到了煤炭部颁发的选煤厂洗水闭路循环一级标准，环保效果十分显著，为保护自然水体不受污染做出了贡献。

多功能洗水净化再生工艺技术的原理，简单地讲，就是在选煤厂煤泥水处理系统中专设一座洗水净化浓缩池，并将该浓缩池的中流管与循环水池连通，构成一个大型连通器，使净化浓缩池与循环水池的水位同步升降，从而具有自动调节洗水平衡、进一步净化多余洗水等多种功能，如图5-26所示。

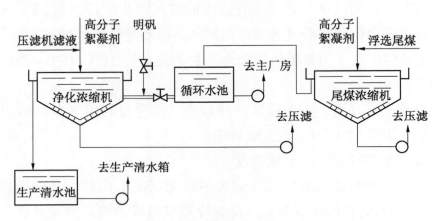

图5-26　多功能洗水净化再生工艺原理图

1. 自动调节洗水平衡的功能

专设的净化浓缩池与循环水池连通后，构成一个大型连通器，可在相当大的范围内自动及时地调节系统中洗水的平衡，将系统中暂时多余的洗水储存起来，不致外排。系统缺水时再自动回流到循环水池，供生产使用。全厂洗水平衡的调节，完全靠大型连通器自动实现，不需人来干预。生产操作、管理十分方便。

2. 高度澄清、净化多余洗水的功能

进入净化浓缩池的多余洗水，是选煤循环水的一部分，实际上是经过尾煤浓缩池借助于絮凝剂初步澄清的溢流水，其浓度一般在15~20 g/L之间。在净化浓缩池内，这部分多余洗水基本上处于静止状态，有利于固体物沉降，再借助高分子絮凝剂的作用（有时还需添加无机凝聚剂），多余洗水将得到进一步澄清与净化，其净化溢流水悬浮物含量一般可降至400 mg/L以下，符合选煤厂生产用清水标准，完全可以作为清水返回系统复用。这样整个系统就形成了一个完整的闭环，杜绝了多余洗水外排的可能性。由于多余的洗水净化再生为生产清水复用，代替了水源清水，需补充的清水量完全可控制在0.1 m³/t（入选原料煤）以下。

3. 供水和储水的功能

在选煤厂开车或停车时，净化浓缩池又可发挥供水池或储水池的作用。开车洗煤时，不必按照常规方式等待系统洗水周转平衡后再加煤洗选。而是开车便可加煤进行洗选，大大缩短了开车时间；停车时，全厂管路系统中的游动水都可以通过各种渠道最终退回净化浓缩池储存起来，以备下次开车时再用。

目前，对净化浓缩池的大小及净化浓缩池溢流水水池容积的确定，还没有找到一种合理的计算方法，有待进一步研究。生产实践证明，净化浓缩池的直径不必太大，根据厂型大小和洗水量的多少，一般净化浓缩池的直径可在 15～22 m 之间选择。

第四节 工艺流程计算

一、工艺流程计算的目的和依据

1. 工艺流程计算的目的

在选煤工艺设计过程中，工艺流程的计算是其中一项重要的内容，是在已确定的工艺流程结构和工作制度的前提下进行的。工艺流程计算应达到以下目的：

（1）计算出各作业入料和排料的数量和质量。

（2）使工艺流程的煤、水、介质数量和质量达到平衡，为绘制数、质量工艺流程图提供可靠的依据。

（3）为各工艺环节所需的设备数量和管道规格提供选型计算的基础资料和依据。

（4）为技术经济分析提供最终产品平衡表作为计算选煤厂销售收入的依据。

（5）为投产后的生产技术管理，生产指标分析对比提供参考。

2. 工艺流程计算的依据

为保证工艺流程计算结果的准确性和提供数据的可靠性，在工艺流程计算时必须依据：

（1）已经确定的工艺的流程结构。

（2）已经综合调整合格的入厂（入选）原料煤的筛分、浮沉及其他试验资料。

（3）《设计规范》规定的或符合生产实际的各种流程计算所需的工艺参数。

（4）根据设计委托书中所规定的选煤厂年生产能力和《设计规范》2.0.1 条规定的选煤厂工作制度（宜按每年工作 330 d，每天工作 16 h 计算），推算出的小时处理量：

$$Q = \frac{Q_0}{Tt} \tag{5-1}$$

式中　　Q——选煤厂小时处理量，t/h；

$\quad\quad Q_0$——选煤厂年生产能力，t/a；

$\quad\quad T$——选煤厂年工作日数，d/a；

$\quad\quad t$——选煤厂日工作小时数，h/d。

二、工艺流程计算的内容及计算工艺指标

选煤工艺流程计算的内容包括 3 种平衡计算：一是煤的数、质量平衡计算；二是水量的平衡计算；三是采用重介质选煤时介质量的平衡计算。3 种平衡计算所涉及的工艺指标分述如下。

1. 煤的数、质量平衡计算指标

（1）煤的绝对数量（绝对干燥质量）。符号为 Q，单位为 t/h。

（2）煤的相对数量。符号为 γ，用质量百分数（%）表示。

（3）煤的质量。灰分为 A_d，用百分数（%）表示；硫分为 $S_{t,d}$，用百分数（%）表示。

2. 水量的平衡计算指标

（1）水量（不包括其中的悬浮物）。符号为 W，单位为 m³/h 或 t/h。

（2）全水分（即含水百分数）指标。符号为 M_t，用百分数（%）表示。

（3）水量与水分指标常用的换算公式为

$$M_t = \frac{W}{Q + W} \times 100\% \tag{5-2}$$

$$W = \frac{QM_t}{100 - M_t} \tag{5-3}$$

（4）矿浆体积的计算：

$$V = W + \frac{Q}{\delta} = Q\left(R + \frac{1}{\delta}\right) \tag{5-4}$$

$$R = \frac{W}{Q}$$

式中　V——矿浆（即指煤泥水）体积，m^3/h；

　　　R——液固比；

　　　δ——煤泥的真密度，t/m^3。

（5）矿浆浓度的计算：

$$P = \frac{Q}{Q + W} \times 100\% \tag{5-5}$$

$$q = \frac{1000}{R + \frac{1}{\delta}} \tag{5-6}$$

$$R = \frac{1000}{q} - \frac{1}{\delta} \tag{5-7}$$

式中　P——固体质量百分浓度；

　　　q——煤泥水的体积浓度，g/L 或 kg/m^3。

在 P、q、R 之间相互换算的公式，可以用式（5-5）~式（5-7）进行推导。

3. 介质量的平衡计算指标

（1）悬浮液中固体物量（由磁性物与非磁性物所构成）。符号为 G，单位为 t/h。

（2）悬浮液中磁性物量。符号为 G_f，单位为 t/h。

（3）悬浮液中非磁性物量。符号为 G_c，单位为 t/h。

（4）悬浮液中的水量。符号为 W，单位为 m^3/h 或 t/h。

（5）悬浮液的密度：

$$\rho = \lambda(\delta - 1) + 1 \tag{5-8}$$

式中　ρ——悬浮液的密度，t/m^3；

　　　λ——悬浮液中固体的体积浓度（无因次，用小数表示）；

　　　δ——悬浮液中固体混合物的真密度，t/m^3。

（6）悬浮液的体积：

$$V = \frac{G}{g} = \frac{G}{\lambda \delta} \tag{5-9}$$

式中　V——悬浮液的体积，m^3/h；

G——悬浮液中固体物，t/h；

g——悬浮液中单位体积的固体物，t/m³。

三、数、质量流程的计算

（一）数、质量流程计算的原则

（1）流程计算必须遵守数、质量平衡的原则。所谓平衡，是指进入某作业的各种物料数、质量总和应等于该作业排出的各种物料数、质量总和。

（2）对于水分、灰分、硫分等指标必须用加权平均的方法进行计算。

（3）百分数必须是同一基础量时才可以运算。例如，计算各作业的质量百分数时，必须以入厂（或入选）原煤为 100% 作为基数。

（4）计量单位必须相同时才可以运算。例如，水量必须以 t/h 或 m³/h 同一计量单位方可进行运算。

（5）计算固体物料数量平衡时，应采用干燥基进行。

（6）进行数、质量流程计算时，必须按照作业顺序进行。

（二）主要作业环节数、质量流程的计算

数、质量流程计算的基本方法和具体步骤，在《选煤厂设计手册（工艺部分）》（1979 年版）和《选煤工艺设计与管理（设计篇）》（高校教材 2006 年版）中对这部分基础技能、知识均有详细论述，这里不再重复赘述。本手册仅着重分析、论述主要作业环节数、质量流程计算方法中需注意的事项、重点技能和某些计算指标的选取。

1. 选前准备作业流程

（1）筛孔尺寸（d）。筛孔尺寸的选择是由工艺流程确定的，但要用筛分试验资料核对，并从资料中查出理论筛下物产率 γ 和灰分 A_{d}。

（2）筛分效率（η）。筛分效率受筛孔尺寸大小，入料含水分及难筛颗粒多少，筛分设备的选型及负荷高低的影响。设计时为简便起见，假定选型适当，筛分效率仅根据作业的方式和方法进行选择。

对于混合入选 $d \geqslant 50$ mm 时，预先筛分取 $\eta = 100\%$。对于分级入选的准备（分级）筛分，当筛孔尺寸 $d = 13 \sim 8$ mm 干法筛分时，取 $\eta = 85\% \sim 60\%$（筛分效率与处理能力成反比）；湿法筛分时，取 $\eta = 95\% \sim 85\%$。

（3）脱泥效率（η）。与原煤的粒度特性、脱泥筛的性能及与选定的筛上喷水量有关。脱泥效率与喷水量的关系见表 5 - 12。

2. 重力分选作业流程

1）重力分选作业流程计算方法

常用的重力分选作业流程计算方
法有分配曲线法和正态分布近似公式
法两种。

分配曲线法应用于设计的前提，

表 5－12　脱泥效率与喷水量的关系

吨煤喷水量/m³	原煤脱泥效率/%	吨煤喷水量/m³	原煤脱泥效率/%
1.0	80	2.0	87
1.5	84	2.5	90

必须有实际生产的精煤、中煤和洗矸的浮沉试验资料，用最小二乘法（格氏
法）计算实际的精煤、中煤和洗矸产率，再用产品的实际产率与浮沉试验资
料计算出分配率，并绘出跳汰机的一段与二段分配曲线，找到实际的分选密度
和可能偏差 E。设计时，依据这些资料，用改变分选密度、平移分配曲线的方
法，找到所需的分配率并计算出设计指标。

分配曲线法使用的局限性在于资料的来源。如果是老厂改扩建，有充足的
生产资料可供设计使用，或者设计新选煤厂时有工业性试验或半工业性试验资
料供设计使用时可应用此法。

这种方法是从分配曲线查出 δ_{p} 和 E，并计算出不完善度 I，可能不符合设
计要求，如改变 I 值，存在重新选定 E 和改变 δ_{p} 的问题，因此不仅是平移分
配曲线，而且存在改变分配曲线形状的问题。用已知的 I 值和分配率所计算出
的精煤灰分指标如不符合设计要求，则需多次改变分选密度重新计算，直到符
合要求为止。

正态分布近似公式法计算选煤产品的数、质量，是目前设计部门应用较为
普遍的一种方法。经过长期研究和生产实践证明，重选过程中，各密度物在选
后产品中的分配率和各密度物在分选过程中进入该产品中的概率在数值上是相
等的，也就是近似于正态分布规律。虽不是典型的正态分布，但将分配曲线经
过适当转换后，由表示正态分布规律的数学公式移植过来，利用正态分布累积
曲线的数据，可计算出各密度物在某一分选段选后产品中的分配率 ε（也称分
配指标），然后用原煤浮沉试验的资料和各分选段分配率 ε 计算出产品的数、
质量指标。所以，"近似公式法"又称"分配指标法"。不同重力分选方法近
似公式法的计算要点分述如下：

（1）湿法跳汰分选（或流槽分选）的近似公式。表示分选精确程度的可
能偏差 $E = \delta_{75} - \delta_{25}/2$，其随跳汰分选密度 δ_{p} 的改变而改变。如果用不完善度
$I = E/\delta_{p} - 1$ 表示跳汰分选精确程度，则得到不随 δ_{p} 变化而变的稳定值。计算

跳汰分选 t 值（分配率转换数）的近似公式为

$$t = \frac{1.553}{I} \lg \frac{\delta - 1}{\delta_p - 1} \qquad (5-10)$$

从跳汰分选的近似公式可知，选定 I 和 δ_p，取每个密度级的平均值为 δ，代入式（5-10）后，可计算出 t 值，然后从 t 值表中查出分配率 ε。

（2）重介质分选的近似公式。由于重介质分选的分配曲线比较接近于正态分布积分曲线，因此横坐标采用 δ 的刻度，可能偏差 E 值与分选密度的改变无关。计算重介质分选 t 值的近似公式为

$$t = \frac{\chi - m}{\sigma} = \frac{\delta - \delta_p}{\sigma} = \frac{0.675}{E}(\delta - \delta_p) \qquad (5-11)$$

选定 E 与 δ_p，取每个密度级的平均值为 δ，代入式（5-11）后，可计算出 t 值，然后从 t 值表中查出分配率 ε。

（3）风选的近似公式。风选法的分配曲线也是不对称的，其极坐标的转换方法与跳汰法类似，只是风选法的介质是空气，极坐标的刻度为 $\lg\delta$。计算风选 t 值的近似公式为

$$t \approx \frac{0.675}{E'} \lg \frac{\delta}{\delta_p} = \frac{1.553}{I} \lg \frac{\delta}{\delta_p} \qquad (5-12)$$

选定 E（或 I）与 δ_p，取每个密度级的平均值为 δ，代入式（5-12）后，可计算出 t 值，然后从 t 值表中查出分配率 ε。

（4）有关近似公式法计算的几点说明。在上述 3 种分选方法 t 值的计算过程中，有以下几点需要说明。

——分配率有两种，一种是分配到重产物中去的，另一种是分配到轻产物中去的，一般多用前者进行计算。即先计算矸石产品的分配率，再计算中煤产品的分配率，剩余的即为精煤产品的分配率。

——浮沉资料中，头尾两密度级的平均密度 δ 的确定办法：< 1.3 kg/L 密度级的 δ 值取 1.2 kg/L；> 1.8 kg/L 密度级的 δ 值，在计算尾煤时取 $1.95 \sim 2.05$ kg/L，计算中煤时取 $1.9 \sim 2.0$ kg/L。

——分配到产品中各密度级的灰分，仍取原煤中相应密度级的灰分。

——实际分选密度 δ_p 的确定。一般可按用户对产品质量（灰分）的要求，从可选性曲线中查出理论分选密度 δ_i，据此再根据实际生产经验推断出实际分选密度 δ_p。

在《选煤厂设计手册（工艺部分）》（1979 年版）中，提出当采用跳汰选和槽选时，可参考下列经验公式选取实际分选密度。

中煤段：

$$\delta_{p2} = \delta_i - (0.05 \sim 0.1) \tag{5-13}$$

矸石段：

$$\delta_{p1} = \delta_i + (0.1 \sim 0.2) \tag{5-14}$$

在《选煤设工艺计与管理（设计篇）》（高校教材 2006 年版）中，提出按照我国的统计资料及经验，可参考表 5-13 中所列数值，将理论分选密度 δ_i 转化为实际分选密度 δ_p。表中的差值对中煤段为负值，对矸石段为正值乘以2。

表 5-13　实际与理论分选密度差值

$\delta \pm 0.1$ 含量/%	可选性等级	差 值 范 围
<10.0	易选	0 ~ 0.04
10.1 ~ 20.0	中等选	0 ~ 0.05
20.1 ~ 30.0	稍难选	0 ~ 0.06
30.1 ~ 40.0	难选	0.02 ~ 0.08
>40.0	极难选	0.04 ~ 0.10

由于推断出的实际分选密度往往不够准确，一般需要反复试算多次才能比较准确合理地满足用户对产品质量（灰分）的要求，计算十分烦琐。现在已有相关计算软件，用电脑计算，比较方便省时。

——分选精确程度指标（I 或 E_p 值）的选取，分述如下：

跳汰机的不完善度 I 值，参照表 4-3 选取或采用厂家提供的保证值。

重介质分选和风选设备的可能偏差 E_p 值，参照表 4-4 选取或采用厂家提供的保证值。

摇床、螺旋分选机的不完善度 I 值，参照表 4-5 选取或采用厂家提供的保证值。

干扰床的可能偏差 E_p 值，参照表 4-6 选取。

2）次生煤泥量的选取

《设计规范》5.1.8 条 6 款规定，次生煤泥占入选原煤百分率根据煤和矸石的泥化试验确定，也可参照邻近选煤厂实际生产指标选取。

《选煤厂设计手册（工艺部分）》（1979年版）表3-41中列出的次生煤泥指标，现转录见表5-14，供参考选取。

表 5-14　次　生　煤　泥　量

选煤方法	煤炭种类	原煤中 -0.5 mm级含量/%			
		>20	20~15	15~10	<10.0
跳汰选	肥煤、焦煤	10~12	8~10	7~8	5~7
	瘦　煤	8~10	7~8	6~7	4~5
	气　煤	7~8	6~7	5~6	3~4
槽　选	—	4~5	3~4	2.5~3	2~2.5

注：工艺系统比较复杂时取大值；原生煤泥量大时取大值；重介质分选机参考跳汰选取值；有压入料重介质旋流器分选取大值；无压入料重介质旋流器分选参考槽选取值；再选入料经过破碎，次生煤泥量取入料的3%~8%；次生煤泥的灰分取机选级的灰分或破碎入料的平均灰分。

3）重选产品设计平衡表的编制

在重选（含重介质选煤）流程计算过程中，认为煤泥不起分选作用，所以在计算重选作业数、质量之前，应先将全部煤泥（指原生煤泥、次生煤泥和浮沉煤泥之和）扣除。为简化计算，也可在计算重选作业前不考虑次生煤泥和浮沉煤泥，在编制重选产品设计平衡表时一并考虑。

重选产品设计平衡表的编制格式见表5-15。

表 5-15　重选产品设计平衡表

名　　称	数量/%		灰分/%
	占本级	占全样	
精　煤	38.98	31.81	10.71
中　煤	50.34	41.08	24.09
洗　矸	10.68	8.72	69.28
合　计	100.00	81.61	23.69
占浮沉入料	95.95	81.61	23.69
浮沉煤泥	4.05	3.44	31.67
合　计	100.00	85.05	24.01

表 5 - 15 （续）

名 称	数量/%		灰分/%
	占 本 级	占 全 样	
占全样	85.05	85.05	24.01
原生煤泥	7.95	7.95	18.39
次生煤泥	7.00	7.00	23.69
合 计	100.00	100.00	23.54

注：表中数据摘自某计算实例，不具典型意义。

4）煤泥在重力分选作业流程计算中的分配

扣除的全部煤泥，在重力分选作业流程计算中的分配，可参照下述办法进行：

为了计算简便，假定混合入选的煤泥，全部进入精煤溢流。另外一种考虑，是少量煤泥被中煤矸石带走，而大部分煤泥进入精煤溢流。如果没有实际资料，可按下面经验数据进行煤泥分配，这种分配方法适用于煤泥含量较大，且灰分较高时采用，即全部煤泥的 85% 分配到精煤中，10% 分配到中煤中，5% 分配到矸石中。中煤中煤泥的灰分与中煤相同，矸石中煤泥灰分应比矸石灰分低，通过加权平均推算精煤中的煤泥灰分一定比原生煤泥灰分低。如果能收集到月综合的生产试验报告，而且与原煤性质相近时，可供参考或作为煤泥分配的依据。

分级入选的次生煤泥，1/3 并入块精煤溢流，2/3 并入末精煤溢流；再选物料破碎作业的次生煤泥，并入破碎后的产品。原生煤泥和入选级浮沉煤泥的分配同混合入选。或全部进入末精煤溢流，或按比例（85：10：5）分配至精、中、矸中。

3. 浮选作业流程

浮选属简单的两产品分选作业，多用两产品平衡法计算流程。根据产率、灰分量平衡的原则列出如下二元一次联立方程。

$$\begin{cases} \gamma_1 + \gamma_2 = \gamma_u \\ \gamma_1 A_1 + \gamma_2 A_2 = \gamma_u A_u \end{cases}$$

解之

$$\gamma_1 = \frac{A_2 - A_u}{A_2 - A_1}\gamma_u \qquad (5-15)$$

$$\begin{cases} \gamma_2 = \gamma_u - \gamma_1 \\ \gamma_2 = \dfrac{A_u - A_1}{A_2 - A_1}\gamma_u \end{cases} \qquad (5-16)$$

式中 $\quad \gamma_u$、γ_1、γ_2——入料、精煤、尾煤产率,%；

$\quad A_u$、A_1、A_2——入料、精煤、尾煤灰分,%。

式（5-15）和式（5-16）中，浮选精煤、尾煤的灰分按国家现行标准《煤粉（泥）实验室单元浮选试验方法》（GB/T 4757）中，浮选参数优化试验结果酌情选取，或参照相似煤质的实际生产资料选取。代入式（5-15）和式（5-16）中，即可计算出浮选精煤、尾煤的产率。

4. 重选产品脱水与水力分级流程

通过煤泥分配的计算以后，利用重选产品设计平衡表便可以计算出进入产品脱水和水力分级环节入料的数、质量。流程计算要点和相关计算工艺参数的选取，扼要分述如下（仅供参考）：

（1）脱水分级筛的筛孔一般取 13 mm，为了简化计算过程，筛分效率 η 可取 100%。

（2）末精煤脱水筛的筛孔一般多取 0.5 mm，筛上物中小于 0.5 mm 的含量可按 4% ~6% 计，筛下物中小于 0.5 mm 的含量可按 80% ~85% 计。

（3）水力分级环节。捞坑的分级效率为 50% ~70%（即在提升物中 <0.5 mm 的煤泥有 50% ~30%）；捞坑斗子提起物进脱泥筛的筛孔多取 0.5 mm，其脱泥效率 $\eta = 60\%$ ~70%（在煤泥含量大，且煤泥灰分较高时，为了保证达到设计的脱泥效率，应加喷水脱泥。每吨末精煤喷水水量消耗每小时为 0.3 m³）；角锥的分级效率通常按入料中 >0.5 mm 粒级全部进入底流，且底流中 >0.5 mm 级的含量占底流量的 35% ~45%（若缺乏入料粒度组成时，底流量也可按入料量的 30% ~50% 考虑。考虑到粗煤泥的混入一般取偏大值计算）；带倾斜板水力分级圆（角）锥的分级效率按底流量为入料量的 50% ~60% 计算。水力分级浓缩旋流器的分级效率按溢流量占入料量的 55% ~65% 计算，溢流灰分比入料高 2.0% ~3.0%。

（4）离心液所含固体量，指 <0.5 mm 及少量 >0.5 mm 粗煤泥组成，一般选用占入料量的 5% ~10%，灰分比入料高 2.0% ~2.5%。

（5）脱水与水力分级流程循环物料计算原则。在工艺流程中，一般不提倡物料作不良循环的流程结构。若遇到非循环不可时，为了计算简便，仅考虑一次返回循环量，即假定返回某作业后，全部随该作业的溢流带走。考虑一次循环量，虽然是近似计算，但因循环量是一个收敛的幂级数。经验算可知，一次循环量约占 95%。根据以上的原理，循环量占入料的比例很小时，仅考虑一次循环量已足够精确，否则将产生很大的误差。

5. 煤泥水处理流程

煤泥水处理流程计算包括煤泥的分级，粗煤泥回收，煤泥的浓缩、分选，煤泥产品脱水，以及选煤工艺用水（洗水）回收循环复用等作业的计算。

1）粗煤泥脱水、回收作业

图 5-19 和图 5-20 所示为粗煤泥回收脱水的两个基本流程。这两个流程的区别在于煤泥筛筛下水是循环返回分级浓缩设备，还是直接去浓缩机进一步处理。筛下水循环返回分级浓缩设备的计算原则同脱水与水力分级流程循环物料计算原则，不再赘述。

采用角锥池作为分级浓缩设备时，开始计算不包括循环负荷，分级作业的计算应根据入料粒度组成及角锥池单位面积处理量进行估算，通常设入料中 >0.5 mm 粒级全部进入底流，且底流中含 >0.5 mm 级数量占底流量的 35% ~ 45%。若缺乏入料粒度组成时，底流量也可按入料量的 30% ~ 50% 考虑。实际生产中由于溢流中含有 >0.5 mm 粗煤泥，因此，应选取偏大一些的指标。

当分级浓缩采用旋流器（组）完成时，其底流的 γ 值可取 33% ~ 66%，视底流水量 W 的大小而定，W 为大值，则 γ 也取大值，反之取小值。溢流水量 W 与底流水量 W 取值，视溢流口与底流口面积比值而定。由于结构参数不同，该比值为 1.5 ~ 8。$\phi350$ mm 的浓缩旋流器，溢流口与底流口面积比值一般为 5，考虑到重力及阻力的影响，乘以系数 0.7 ~ 0.8 修正按面积分配的流量。

旋流器的溢流中 <0.5 mm 粒级为 100%。

2）细煤泥脱水、回收作业

首先需要通过浓缩环节将细煤泥沉降积聚起来，然后才能实现细煤泥的脱水、回收。其相关作业的计算要点分述如下：

（1）浓缩机、沉淀塔（现在已很少使用）等是依靠重力实现沉降分级浓缩的设备，其溢流速度等于截留粒度的煤泥在煤泥水中的实际沉降速度。理论上溢流中的固体量，应按截留粒度（多取 0.05 mm 或 0.1 mm）计算，在实际设计时，因浓缩机入料中加入了足够的凝聚剂，一般溢流中的固体量取零，否则应按实际情况选取溢流的浓度。

目前设计中采用较多的高效耙式浓缩设备的作业计算。要根据其规格和性能，以及设备样本给出的指标进行。例如，美国恩沃罗-克里尔耙式浓缩机，与普通浓缩机相比，单位处理量提高了5~6倍；美国艾姆科高效浓缩机在给料相同和凝聚剂用量相似的条件下，尽管选用沉降面积很小，设计计算取值时，浓缩机底流浓度仍等于或大于普通浓缩机。

（2）过滤与压滤。浮选精煤进行过滤时，滤液返回矿浆准备器，为了简化计算，设滤液中固体含量为零。尾煤采用压滤脱水时，也是假定压滤滤液中固体含量为零。

（3）干燥作业的计算不考虑烟道气带走的尘量，也不考虑某种干燥机对精煤干燥后增加灰分，认为进入与排出的数、质量相同，通过干燥仅只降低产品的水分。

四、介质流程的计算

（一）介质流程计算的基本要求和原则

介质流程的计算是重介质选煤工艺流程计算的主要内容之一。其计算的基本要求和原则如下：

（1）通过计算使重介质系统有关悬浮液的计算指标，如悬浮液体积 V（m^3/h）、悬浮液中固体量 G（t/h）、磁性物质量 G_f（t/h）、非磁性物质量 G_c（t/h）、水量 W（m^3/h）等达到平衡。

（2）用数、质量平衡或体积平衡原理计算浓介质的补加量 V_x（m^3/h）、补加水量 V_W（m^3/h）及分流量 V_P（m^3/h）。

（3）介质流程计算的基本方法和具体步骤，在《选煤厂设计手册（工艺部分）》（1979年版）及《选煤工艺设计与管理（设计篇）》（高校教材2006年版）中对这部分基础技能、知识均有详细论述，这里不再赘述。本手册仅着重分析论述介质流程计算的要点和某些计算基础参数的选取。

（二）介质流程计算的要点及基础参数的确定

介质流程计算的要点或者叫作计算的关键环节，主要有3个：一是工作悬浮液性质即基础参数（体积量、密度、容积浓度、非磁性物含量）及其在产品中分配比例的确定；二是通过重介质分选作业的计算，确定循环悬浮液的基础参数（体积量、非磁性物含量等）；三是计算分流量，当分流量过大时，应采取措施实现合理的分流量。

抓住了上述 3 个关键环节，介质流程的计算任务基本上就能够顺利完成。下面分别叙述介质流程计算的要点及基础参数的确定。

1. 重介质分选作业工作悬浮液基础参数的确定及计算

工作悬浮液的基础参数主要包括体积量、密度、容积浓度的确定，以及非磁性物含量的计算。这是介质流程计算的基础和重点。其实质意义是通过计算工作悬浮液的非磁性物含量，为下一步计算循环悬浮液的非磁性物含量，进而计算分流量提供必要的计算依据。

1）工作悬浮液体积量的组成

重介质分选作业工作悬浮液的体积量等于入选原煤所带入的煤泥水（折合成悬浮液量）和循环悬浮液量之和，即

$$V = V_0 + V_1 \tag{5-17}$$

式中　V——工作悬浮液体积，$\mathrm{m^3/h}$；

V_0——入选原煤带入的悬浮液（煤泥水）的体积，$\mathrm{m^3/h}$；

V_1——循环悬浮液的体积，$\mathrm{m^3/h}$。

2）工作悬浮液体积浓度的确定

工作介质中所含固体的体积浓度，其物理意义为

$$\lambda = \frac{\rho - 1}{\delta - 1} \tag{5-18}$$

式中　λ——工作悬浮液中固体的体积浓度；

ρ——工作悬浮液的密度，$\mathrm{t/m^3}$；

δ——工作悬浮液中固体加重质的平均密度，$\mathrm{t/m^3}$。

在实际介质流程计算中，工作悬浮液体积浓度通常是根据实践经验确定的。工作悬浮液体积浓度合理的范围一般在 20% ~ 30% 之间，但允许的极限值可适当放宽至 $\lambda_{上限} \leq 35\%$、$\lambda_{下限} \geq 15\%$。为了给分流量计算留有余地，使分流量尽可能保持在合理范围内，一般要求：

（1）选块煤时体积浓度指标 λ 偏上限取值（当工作悬浮液密度 $\rho \geq 1.8\ \mathrm{t/m^3}$ 时，若体积浓度 λ 取值偏低，则工作悬浮液的非磁性物含量 γ_c 计算结果可能出现负值。说明当需要设计高密度工作悬浮液时，其体积浓度指标 λ 取值宜适当偏上限）。

（2）选混煤时体积浓度指标 λ 取中值，尽量不超过 25%。

（3）选末煤时体积浓度指标 λ 偏下限取值。

3）工作悬浮液密度的确定

工作悬浮液的密度取决于分选密度。分选密度与工作悬浮液密度的关系如下：对于块煤重介质分选机，如果不存在强烈的上升或下降液流的影响，可以认为工作悬浮液的密度等同分选密度；对于无压入料圆筒形重介质旋流器，工作悬浮液的密度也可视为等同分选密度；对于有压入料圆筒圆锥形重介质旋流器，工作悬浮液的密度低于分选密度。

由此可见，不同分选设备、不同分选粒级其工作悬浮液的密度与分选密度的差值也不同。工作介质的密度根据分选所需的实际分选密度 δ_P 来确定，两者之间的经验关系可参考表5-16选取。

表5-16　工作介质密度与实际分选密度的关系表

密 度 差	块煤重介质分选或无压入料重介质旋流器分选	有压入料重介质旋流器分选	
		粗 粒 煤	细 粒 煤
$\delta_P - \rho/(\mathrm{g \cdot cm^{-3}})$	±0.00	0.12 ~ 0.18	0.18 ~ 0.22

4）工作悬浮液中非磁性物含量的计算

由于工作悬浮液密度是由加重质中磁性物与非磁性物构成的混合密度，再加上水的密度而合成，其关系式为

$$\rho = \lambda(\delta - 1) + 1 \tag{5-19}$$

式中　ρ——工作悬浮液的密度，t/m^3；

　　　λ——工作悬浮液中固体的容积浓度（以小数表示）；

　　　δ——工作悬浮液中固体混合物的真密度，t/m^3。

而固体混合物的真密度是用比体积的平衡式求出的。单位质量所占的体积称为比体积，即比体积为密度的倒数。

已知磁性物与非磁性物含量之和 $\gamma_f + \gamma_c = 1$，则

$$\frac{\gamma_f}{\delta_f} + \frac{\gamma_c}{\delta_c} = \frac{1}{\delta}$$

$$\delta = \frac{\delta_f \delta_c}{\delta_f \gamma_f + \delta_c \gamma_c} \tag{5-20}$$

式中　δ_f——磁性物的真密度，磁铁矿 $\delta_f = 4.4 \sim 5.2 \ t/m^3$；

δ_c——非磁性物的真密度，烟煤煤泥一般取 $\delta_c = 1.50\ t/m^3$，无烟煤煤泥一般取 $\delta_c = 1.70\ g/cm^3$；

γ_f——工作悬浮液中磁性物的含量，%；

γ_c——工作悬浮液中非磁性物的含量，%。

将式（5-20）代入式（5-19）中就可得出非磁性物含量的计算公式：

$$\gamma_c = \frac{\delta_c \left[\lambda(\delta_f - 1) - (\rho - 1) \right]}{(\delta_f - \delta_c)\left[\rho - (1 - \lambda) \right]} \tag{5-21}$$

将前面依据实践经验确定的工作悬浮液密度 ρ 和合理选定的工作悬浮液体积浓度 λ 值代入式（5-21），便可求出工作悬浮液的非磁性物（煤泥）含量 γ_c。

在额定的体积浓度下，工作悬浮液中允许的非磁性物含量最大极限值（在实际介质流程计算中，一般不必作此项计算）为

$$\gamma_{cmax} = \frac{\gamma_{c0} g_0 (\rho_x - \rho) + \gamma_{cx} g_x (\rho - \rho_0)}{g_0 (\rho_x - \rho) + g_x (\rho - \rho_0)} \tag{5-22}$$

式中　γ_{c0}、γ_{cx}——入料和补加浓介质中非磁性物煤泥的数量，%；

　　　g_0、g_x——入料和补加浓介质中单位体积的固体质量，t/m^3；

　　　ρ_0、ρ_x——入料和浓介质的密度，t/m^3。

2. 循环悬浮液基础参数的确定及计算

1）循环悬浮液量的确定

循环悬浮液必须保持有足够的数量，才能维持正常工作，一般可参照《设计规范》中表5.3.1 和表5.3.2 有关指标选取循环悬浮液量。需要特别指出的是，《设计规范》中表5.3.1 和表5.3.2 有关指标给值范围较大，上限与下限值有的相差近1 倍，正确合理取值的关键是依据实践经验。

循环悬浮液量也可参考表5-17 和表5-18 所列经验数字选定。

表5-17　循环悬浮液数量指标

设 备 名 称	循环悬浮液/（$m^3 \cdot t^{-1}$入料）
斜轮、立轮重介质选煤机	0.8~1.0
D.S.M 重介质旋流器	2.5~3.0
D.W.P 重介质旋流器	3.5~4.0
三产品重介质旋流器	4.0~4.5

表5-18　循环悬浮液的定额指标（经验值）

设　备　名　称	规　　格		循环介质量
斜轮、立轮、浅槽重介质分选机	每 米 槽 宽		80～100 m³/(m·h)
两产品重介质旋流器	直径/mm	700	270.0 m³/h
		600	190.0 m³/h
		500	125.0 m³/h
		350	60.0 m³/h
无压入料三产品重介质旋流器	型　号	WTMC508/350	150～180 m³/h
		WTMC600/400	200～250 m³/h
		WTMC710/508	300～350 m³/h
		WTMC850/600	600～650 m³/h
		WTMC900/650	650～700 m³/h
		WTMC1000/710	1000～1200 m³/h
		WTMC1200/850	1000～1400 m³/h

2）循环悬浮液中非磁性物质量的计算

循环悬浮液的其他指标，则可根据已计算出的工作悬浮液各项指标及入选原煤带入悬浮液的煤泥、水量等指标，按质量平衡原则计算。从而可计算出循环悬浮液中非磁性物质量和非磁性物含量。

需要特别指出的是，入选原煤带入悬浮液的煤泥量为原生煤泥量＋次生煤泥量＋浮沉煤泥量的总和。

3. 工作悬浮液在重介质分选产品中的分配

1）块煤重介质分选机工作悬浮液的分配

块煤重介质分选机中的工作悬浮液，有80%～90%随浮物排出，10%～20%随沉物排出。当沉物多且粒度较小时，随沉物排出的悬浮液也多，取大值。为简化计算，通常假设块煤重介质分选机随浮物和沉物排出的悬浮液的性质与工作悬浮液的性质相同。即认为分配到产品中的悬浮液磁性物含量与工作悬浮液相同。

2）重介质旋流器中工作悬浮液的分配

重介质旋流器中的工作悬浮液，在底流与溢流的分配可按经验数字选取。彭荣任编著的《重介质旋流器选煤》一书提出的重介质旋流器内分选

（工作）悬浮液随产品排出的数量分配比例一般如下：

（1）两产品重介质旋流器。随精煤（轻产物）排出的悬浮液占全量的70%~80%，随矸石（重产物）排出的悬浮液占全量的20%~30%。

说明：括弧内文字为本手册编著者注。

（2）三产品重介质旋流器。随精煤排出的悬浮液占全量的50%~60%，随中煤排出的悬浮液占全量的30%~40%，随矸石排出的悬浮液占全量的10%~20%。

当然也可根据重介质旋流器离心力场造成底、溢流悬浮液的密度差值，列出悬浮液质量的平衡式，求得工作悬浮液在底流与溢流中的体积分配量。

$$\begin{cases} V = V_y + V_d \\ V_y = V - V_d \end{cases} \tag{5-23}$$

$$V\rho = V_y\rho_y + V_d\rho_d \tag{5-24}$$

$$V_d = \frac{\rho - \rho_y}{\rho_d - \rho_y}V \tag{5-25}$$

式中　　V、ρ——工作悬浮液体积、密度；

V_y、ρ_y——溢流悬浮液体积、密度，一般溢流悬浮液密度比工作悬浮液的密度低 0.07~0.17 t/m³；

V_d、ρ_d——底流悬浮液体积、密度，一般底流悬浮液密度比工作悬浮液的密度高 0.4(0.3)~0.7 t/m³（当底流排料多，介质粒度粗时，偏大取值）。

需要指出的是，考虑到后面计算分流量的需要，计算工作悬浮液在底流与溢流的分配量（V_d、V_y）时，最好在选定的底流与溢流悬浮液密度（ρ_d、ρ_y）的基础上，按式（5-23）和式（5-25）计算求得，尽量避免按经验数据取值。

3）磁性物在底、溢流中的分配

设底流悬浮液中磁性物含量（$\gamma_{f,d}$）比工作悬浮液高 5%~15%（25%），当底流重产物多、加重质粒度粗时，取大值。

底流悬浮液中非磁性物含量的计算式为

$$\gamma_{c,d} = 1 - \gamma_{f,d}$$

式中　$\gamma_{c,d}$——重介质旋流器底流非磁性物含量，%；

$\gamma_{f,d}$——重介质旋流器底流磁性物含量，%。

在已知重介质旋流器入料、底流、溢流的悬浮液体积、密度变化数值后，其他如固体量、磁性物含量、非磁性物含量等相应指标都可以通过计算得出。

4. 脱介作业介质流程的计算

1）脱介作业

脱介作业一般分二次脱介（图5-13）。

（1）第一次脱介，块煤产品脱介采用条缝筛。脱介量为入料悬浮液量的80%～90%，而重介质旋流器预先脱介多采用弧形筛。精煤脱介量为入料悬浮液量的70%～80%，中煤、矸石为入料悬浮液量的60%～70%。为了简化计算，假设筛上和筛下悬浮液的性质与进入脱介筛的悬浮液的性质相同。

（2）第二次脱介多采用脱介振动筛。前1/3段脱出浓介质，后2/3段脱介时加喷水脱出稀介质，一般加两道（或三道）喷水，第一（二）道用循环水，第三道用清水（或澄清水），两者用水量为2：1。

喷水量、喷水压力指标的确定，应参照《设计规范》中的相关指标选取或采用厂家提供的保证值，见表5-19。

表5-19 脱介筛稀介段喷水量指标

名　　称	喷　水　量		喷水压力/MPa
	m³/t	m³/(m·h)	
块　煤	0.5～1.0	23～33	0.15～0.3
混煤、末煤	1.0～2.0	35～50	

表5-19给出的喷水量指标范围较宽，计算取值时，宜根据脱介物料含泥量的多少酌情选取，需要特别指出的是：

——喷水量的大小，关系到脱介效果的好坏。

——喷水量的大小，还直接影响到稀介质的浓度，而磁选机磁选效率的高低，与入料（即稀介质）的浓度密切相关。

以上两点均会对全厂最终介质消耗指标产生至关重要的影响。这一观点在前面关于悬浮液循环、净化、回收作业流程结构的小结中已有详细明确的论述，请参阅。

2）脱除介质量的计算方法

脱除介质量的计算方法有两种，即经验指标法和经验公式法。因第二种计算方法的一些参数难以确定，并需要产品筛分浮沉资料，计算比较复杂，所以多采用经验指标计算法。

（1）按经验指标计算法，物料由脱介筛合格介质段进入稀介段时，该物料表面所带走磁性物数量 N 的经验指标，见表 5 - 20。

表 5 - 20　脱介筛产品进入稀介段带磁性物数量指标

品　　种	粒度/mm	磁性物数量 $N/(\mathrm{kg} \cdot \mathrm{t}^{-1})$
大块煤	＞50	10
中块煤	13（25）～50	20
末煤	≤13（25）	50

（2）经稀介段喷水脱介后，产品所带走磁性物数量 M，可按表 5 - 21 经验数据选取。

表 5 - 21　产品带走磁性物数量指标

品　　种	粒度/mm	磁性物数量 $M/(\mathrm{kg} \cdot \mathrm{t}^{-1})$
大块煤	＞50	0.2～0.3
中块煤	13（25）～50	0.3～0.4
末煤	≤13（25）	0.5～0.7

5. 浓介质补加量 V_x、补加水量 V_W、分流量 V_P 的计算

为保持稳定的分选密度，必须严格控制补加浓介质量和补加水量，合理调整分流量，以保持工作悬浮液处于稳定的平衡状态。

重介质选煤工艺中，介质循环系统的一般结构如图 5 - 27 所示。

1）分流量 V_P、补充水量 V_W 和补加浓介质量 V_x 的基本计算公式

（1）补加浓介质量：

$$V_x = \frac{G_n(\gamma_{c,n} - \gamma_{c,F}) - V_S(\gamma_{c,F} - \gamma_{c,S})}{g_x(\gamma_{c,F} - \gamma_{c,x})} \quad (5 - 26)$$

（2）介质分流量：

$$V_p = \frac{V_n(\rho_n - 1) + V_x(\rho_x - 1) - V_S(\rho_S - 1)}{\rho_F - 1} - V_F \quad (5 - 27)$$

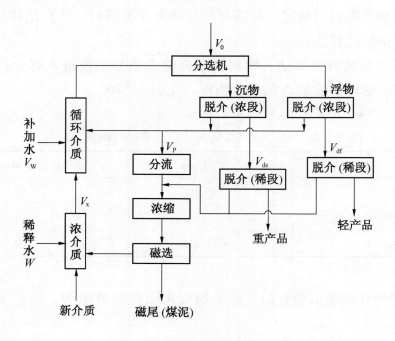

图 5 - 27　介质循环系统流程

或

$$V_P = \frac{G_n + V_x g_x - V_S g_S}{g_F} - V_F \qquad (5-28)$$

（3）补充水量：

$$V_W = \frac{V_x(\rho_x - \rho_F) + V_n(\rho_F - \rho_n) - V_S(\rho_S - \rho_F)}{\rho_F - 1} \qquad (5-29)$$

或

$$V_W = V_x + V_F + V_P - V_S - V_n \qquad (5-30)$$

式中　　V_n、V_x、V_P、V_W——入选煤带入的悬浮液、补加浓介质、分流悬浮液和补加水的体积，m^3/h；

G_n——入选煤带入悬浮液中的固体数量，t/h；

V_F、V_S——浮物和沉物产品带入稀介段的悬浮液体积，m^3/h；

ρ_n、ρ_x、ρ_F、ρ_S——入选煤带入的悬浮液、补加浓介质、浮物和沉物产品带入稀介段的悬浮液的密度，ρ_x 一般取

$$2.0\ t/m^3;$$

g_x、g_F、g_S——单位体积的补加浓介质、浮物和沉物产品带入稀介段的浮液中的固体量，t/m^3；

$\gamma_{c,n}$、$\gamma_{c,x}$、$\gamma_{c,F}$、$\gamma_{c,S}$——入选煤带入的悬浮液、补加浓介质、浮物和沉物产品带入稀介段的悬浮液中固体的非磁性物含量，$\gamma_{c,x}$一般取5%。

按重介质悬浮液体积和质量平衡原则，列出平衡式分别计算相关指标（计算过程从略）。

2）设置分流环节的必要性

介质流程必须考虑设置分流环节是基于以下三方面的原因：

（1）因入料中不断带来煤泥，使介质系统的非磁性物含量逐渐增多。

（2）有时入料带来过多的水分。

（3）因为介质回收流程的缺点，使细的加重剂逐渐流失，造成工作悬浮液性质的改变。

3）合理控制介质分流量的必要性

为了减轻介质净化回收作业的负荷，减少因净化回收设备的磁选效率而产生的介质损失，合理控制去磁选的介质分流量是十分必要的。但是，目前尚无统一规定的合理分流量指标。根据实践经验，分流量一般不宜超过合格介质量的1/4（或30%）。理由如下：

（1）因为分流量越大，去磁选机净化的介质量越多，介质消耗就越高。

（2）分流量越大，介质系统越难实现稳定和平衡，最终影响重介质旋流器分选效果。

需要特别指出的是，当实际计算的分流量过高时，必须设法减少分流量。而减少分流量的唯一办法，就是通过选前预先脱泥，减少进入重介质旋流器的原生煤泥量。原生煤泥量减少了，在工作悬浮液的性质不变的前提下，便可相应增加循环悬浮液中允许的非磁性物（煤泥）的含量，即可达到减少分流量的目的。式（5-28）就显示出了这种实质性的内在规律，式（5-28）显示分流量 V_p 与入选煤带入悬浮液中的固体数量 G_n 成正比关系。

6. 磁选作业计算

设置磁选作业的目的是使循环悬浮液中非磁性物（即煤泥）的含量稳定，将入料带入的煤泥量，按相同的速度连续不断地清除，达到净化悬浮液的目的。一般净化悬浮液量占工作悬浮液量的比例不大于 10% ~ 20% 。

对直接磁选来说，磁选入料为脱介筛下的稀介质和合格介质的分流部分。在正常的工作状态下磁选效率一般按规范取 $\eta = 99.8\%$ ，先进的美国艺利磁选机的磁选效率可达 99.9% 。

磁性物在磁选精矿中的质量为

$$G_{\text{f磁精}} = G_{\text{f入}} \eta \tag{5-31}$$

通常磁选精矿中磁性物的含量 $\gamma_{\text{f磁精}}$ 和磁选精矿悬浮液的密度 $\rho_{\text{精}}$ 在设计中已预先确定，一般取 $\gamma_{\text{f磁精}} = 95\%$ 、$\rho_{\text{精}} = 2.0$ 。

（三）介质流程平衡表的编制

在上述计算的基础上，可编制出介质系统平衡表（表 5 - 22），循环介质系统平衡表（表 5 - 23），重介质系统水量消耗及介质消耗表（表 5 - 24）。这些表格可检查、核对计算结果，分析并满足介质系统指标的平衡。

表 5 - 22　介质系统平衡表

项　　目		各　项　指　标			
		$G/(\text{t}\cdot\text{h}^{-1})$	$G_c/(\text{t}\cdot\text{h}^{-1})$	$G_f/(\text{t}\cdot\text{h}^{-1})$	$W/(\text{m}^3\cdot\text{h}^{-1})$
进入	原煤带入煤泥水				
	脱介用循环水				
	脱介用清水				
	稀释用水				
	补加水				
	补加新介质				
	合　计				
排出	精煤产品带走				
	中煤产品带走				
	浓缩机溢流				
	磁选尾煤				
	合　计				
差　　额					

表 5-23 循 环 介 质 系 统 平 衡 表

项 目		各 项 指 标				
		$V/(\mathrm{m}^3 \cdot \mathrm{h}^{-1})$	$G/(\mathrm{t} \cdot \mathrm{h}^{-1})$	$G_c/(\mathrm{t} \cdot \mathrm{h}^{-1})$	$G_f/(\mathrm{t} \cdot \mathrm{h}^{-1})$	$W/(\mathrm{m}^3 \cdot \mathrm{h}^{-1})$
进入循环介质桶	精煤脱介返回合格介质					
	中煤脱介返回合格介质					
	补加浓介质					
	补加清水					
	合 计					
排出循环介质						
差 额						

表 5-24 重 介 质 系 统 水 量 消 耗 及 介 质 消 耗

项 目		总耗量/t/h	每吨原煤消耗/kg
水 量 消 耗	循环水		
	清 水		
	合 计		
介 质 消 耗	精煤带走量		
	中煤带走量		
	矸石带走量		
	小 计		
	磁选尾矿损失		
	合 计		

五、水量流程的计算

（一）产品水分指标的选取

为达到降尘目的井下采煤时往往要喷洒水,故在水量流程计算时应考虑入厂原煤的含水量。用原煤水分 M_t（%）代入式（5-3）,计算出原煤小时带水吨数。

产品脱水可以采用脱水筛、离心机、脱水斗式提升机等设备,煤泥产品可采用真空过滤机、加压过滤机、沉降过滤式离心机、煤泥离心机、隔膜挤压压滤机、板框压滤机、带式压滤机、高频振动筛等设备脱水。对于严寒或寒冷地区，还需要采用干燥机对产品进行干燥。

各种脱水设备的产品水分指标的确定应参照《设计规范》（表6.1.1、表6.1.2、表6.1.3、表6.1.4-1、表6.1.4-2和表6.1.4-3）中的脱水指标选取或采用厂家提供的保证值，摘录见表5-25～表5-30。

表5-25 脱水筛、脱泥筛筛上物水分

筛孔尺寸/mm	参 数	指 标		
		精煤脱水、分级	末精煤脱水、脱泥	粗粒煤泥脱水
13	筛上物水分 M_f/%	8～10	—	—
1.0	筛上物水分 M_f/%	—	12～15	—
0.5	筛上物水分 M_f/%	—	13～18	18～23
0.35	筛上物水分 M_f/%	—	—	23～28

表5-26 离心机产品水分

设备类型	规格/mm	入料粒级/mm	产品水分 M_f/%
立式刮刀卸料	ϕ700	0.5～13	5～7
	ϕ900	0.5～13	5～7
	ϕ1000	0.5～25	5～7
	ϕ1150	0.5～25	5～7
卧式振动	ϕ1000	0.5～25	6～8
	ϕ1200	0.5～13	6～8
		0.5～50	5～7
	ϕ1400	0.5～13	6～8
		0.5～50	5～7

注：产品水分与入料条件（入料量、水分、粒度）有关。细粒级含量高时，产品水分宜取偏大值。

表5-27 脱水斗式提升机产品水分

作业类别	提升速度/(m·s⁻¹)	脱水时间/s	装满系数	倾角/(°)	产品水分 M_f/%
最终脱水	0.16	45～50	0.50～0.75	<65	22～27
预脱水	0.27	20～25	0.50～0.75	<70	28～30

表 5-28 过滤机、压滤机产品水分

设 备 名 称	处理物料	入料浓度/(g·L⁻¹)	产品水分 M_f/%	工作压力/MPa
真 空 过滤机	精煤、中煤	250~350	22~26	-0.03~-0.05
	煤泥	350~500	24~28	-0.03~-0.05
加 压 过滤机	精煤	200~250	16~18	0.35~0.50
	煤泥	350~500	18~22	0.35~0.50
箱 式 压滤机	尾煤	350~500	22~26	0.25~0.35
	煤泥	350~500	20~24	0.25~0.35
快开式隔膜 压滤机	精煤	200~250	18~23	0.50~0.70
	煤泥	350~500	20~24	0.50~0.70

表 5-29 沉降过滤式、沉降式离心脱水机产品水分

设备规格/(mm×mm)	处 理 物 料	入料浓度/%	产品水分 M_f/%
$\phi900\times1800$	<1 mm 煤泥	25~35	15~24
$\phi900\times2400$	<1 mm 煤泥	25~35	15~24
$\phi1100\times2600$	<1 mm 煤泥	25~35	15~24
$\phi1100\times3400$	<1 mm 煤泥	25~35	15~24
$\phi1400\times1800$	<1 mm 煤泥	25~35	15~24
$\phi1800\times4000$	<1 mm 煤泥	25~35	14~20

表 5-30 煤泥离心机产品水分

规 格/mm	处 理 物 料	入料浓度/%	产品水分 M_f/%
$\phi700$	<3 mm 煤泥	>35	15~22
$\phi900$	<3 mm 煤泥	>35	15~22
$\phi1000$	<3 mm 煤泥	>35	15~22
$\phi1200$	<3 mm 煤泥	>35	15~22

水量流程计算选用的指标也可参见表 5-31~表 5-33，表内所列指标是通过生产实践或经验积累得到的，有的指标摘自《设计规范》。

表 5 - 31　煤 浆 浓 度 参 考 指 标

名　　　称	液　固　比	备　　　注
浮选泡沫精煤	1.5~3.0	直接浮选取大值
煤泥浓缩机底流	2.5~3.5	低浓度浓缩取 4.5~7.5
尾煤浓缩机底流	1.0~1.5	加凝聚剂或絮凝剂
角锥沉淀池底流	1.0~2.0	
浮选入料	5.0~8.0	直接浮选 60~70 g/L
过滤作业入料	1.0~2.5	
精煤脱水筛入料	3.0 左右	

表 5 - 32　每吨煤入料用水参考指标

作　业　名　称		用　水　量	备　　　注
跳汰选煤循环水量	不分级煤跳汰	2.5~3.0 m³/t	物料粒度大或密度大，物料含量多时取大值，反之取小值
	块煤跳汰	3.0~3.5 m³/t	
	末煤跳汰	2.0~2.5 m³/t	
	再洗跳汰	3.0~3.5 m³/t	
	动筛跳汰排矸	10~20 m³/(m²·h)	
斜槽重介质分选机循环水		5.0~8.0 m³/t	
补充清水量	分选深度为 0	0.7 m³/t	设计时控制的参数指标
	分选深度为 0.5 mm	0.5 m³/t	
	分选深度为 6 mm	0.4 m³/t	
	分选深度为 13 mm	0.3 m³/t	
脱水筛喷水量	块精煤	0~0.25 m³/t	块精煤可考虑不加
	末精煤	0.3 m³/t	
	煤泥	0.8~1.0 m³/t	
浮选精煤用清水		0.5 m³/t	可不加或减少
压 滤 机	冲洗滤布用水	3.0 m³/t	
脱介质喷水量	块精煤	0.5~1.0 m³/t	包括循环水及清水
	块中煤	1.0~2.0 m³/t	
	块矸石	1.0~2.0 m³/t	
	末精煤	1.0~2.0 m³/t	
	末中煤及末矸石	1.0~2.0 m³/t	

表5-33 产品水分参考指标

产品名称	脱水方式	水分/%	备注
块精煤（＞13 mm）	脱水筛	8~10	
末精煤（13~0.5 mm）	脱水筛	13~18	粗煤泥多时取大值
	捞坑斗式提升机	28~30	
	立式刮刀卸料离心脱水机	5~7	
	卧式振动卸料离心脱水机	6~8	
粗粒煤泥脱水	0.50 mm 分级脱水筛	18~23	
	0.35 mm 分级脱水筛	23~28	
	煤泥离心机	15~24	
中煤	脱水斗式提升机	22~27	
	脱水筛	14~16	
	立式刮刀卸料离心脱水机	5~7	
	卧式振动卸料离心脱水机	6~8	
矸石	脱水斗式提升机	16~18	
	脱水仓	12~14	
浮选精煤	沉降过滤式离心脱水机	15~24	
	真空过滤机	22~26	
	加压过滤机	16~18	
浮选尾煤	真空过滤机	24~28	
	沉降过滤式离心脱水机	15~24	
	箱式压滤机	22~26	
末精煤（含浮选精煤）	火力干燥机	8~12	内在水分大时取大值

（二）水量流程计算的要点

水量流程计算时，可以根据先行确定的产品水分指标计算产品带走水量，进而确定使用的总清水量。如果作业所需清水量大于产品带走水量，个别作业的补加清水应采用澄清水代替使用。

1. 水量流程计算步骤

（1）根据选定的水分（液固比或浓度等）指标，计算进入作业的水量和本作业产品带出的水量。

（2）根据平衡原理，找出各作业多余的水量，或应补加的水量。

（3）根据作业的特点，除计算水量 W 外，有时需计算出其他水的指标从不同侧面表示，如 M_t、P、q、R 等。指标的选择与作业特点，以及表示水分的方法、习惯有关。

2. 水量平衡的验算原则及要求

（1）进入某作业的水量应与该作业排出的水量相等。

（2）实现洗水闭路循环时，加入系统的总水量应等于产品带走的总水量。

（3）各作业所用循环水量应与产生循环水的作业返回的水量相等。

（三）水量平衡表的编制

根据水量流程计算结果和水量平衡关系编制水量平衡表（表5-34）。该表应反映出完全洗水闭路的水量平衡关系。

表5-34　水　量　平　衡　表　　　　　　　　　　　m³/h

选煤过程中用水量		水量	选煤过程中排出水量		水量
循环水	主选机用水量	1200	产品带水量	精煤产品带水量	49.7
	再选机用水量	435.6		中煤产品带水量	20.0
小　计		1635.6		矸石产品带水量	14.2
清水	主选精煤脱水筛喷水	42.9		浮选产品带水量	4.6
	再选精煤脱水筛喷水	13.6	小　计		88.5
	煤泥筛上喷水	21.5	澄清返回水	浓缩机溢流水量	1226.8
	浮选精煤槽消泡水	10.5		事故放水池返回水量	408.8
小　计		88.5	小　计		1635.6
全部用水量		1724.1	排出总水量		1724.1

第五节　选煤产品最终平衡表及工艺流程图

一、选煤产品最终平衡表的编制

流程计算完后，应将各产品的产率、产量、灰分、水分分别填入最终产品平衡表，见表5-35。此表应绘在选煤工艺流程图上，也要编入初步设计说明书中。

表 5-35　选煤产品平衡表

产品名称	数　　量				灰分 A_d/%	水分 M_t/%
	产率 γ/%	小时产量/(t·h⁻¹)	日产量/(t·d⁻¹)	年产量/(Mt·a⁻¹)		
重选精煤						
浮选精煤						
精煤合计						
中　煤						
尾　煤						
矸　石						
总　　计	100.0					

二、选煤工艺流程图的绘制

选煤工艺流程全部计算结束后，应绘出选煤工艺流程图，每个作业应标明作业名称，主要设备型号、台数，产品名称，有关 γ、Q、A_d、M_t、W 等数量、质量、水量指标等。如有重介质选煤部分，同时也应绘出介质流程，除标注上述数量、质量、水量指标外，还要把 V、G、G_f、G_c、W 等有关重介质的指标标注显示出来。

三、重介质分选工艺流程图中数、质量及悬浮液指标的标注

鉴于重介质分选工艺，入选原煤带入的煤泥量、水量成为工作悬浮液的组成部分，这就给工艺流程图中数、质量及悬浮液指标带来如何标注的问题，特别是工艺流程图入选原煤部分相关指标的标注需特殊处理。目前尚无法检索到有关这方面的具体论述和规定。为实现工艺流程图中各项数、质量指标在图面上的平衡，必须从入选原煤中预先扣除原生煤泥量＋次生煤泥量＋浮沉煤泥量的总和及水量，将这部分煤泥量作为重介质分选设备工作悬浮液的非磁性物数量出现，水量也应并入工作悬浮液总体积量指标中。同时相应改变入选原煤的相关数、质量指标。等到介质系统计算完毕，从磁选作业的尾矿开始进行煤泥水系统的数、质量计算时，介质系统中的非磁性物数量、水量又将回归工艺流程数、质量流程计算和水量流程计算的指标当中。

重介质分选工艺流程图入选原煤相关数、质量及悬浮液指标的标注方式，可参考下面的实例。

　　【实例】 某炼焦煤选煤厂设计生产能力为 1.50 Mt/a，按年工作 300 d，每天工作 14 h，计算小时处理量为 357.14 t/h；原煤灰分为 19.50%；原煤中 ＜0.5 mm 原生煤泥量＋次生煤泥量＋浮沉煤泥量的总和约占原煤的 22.40%。设计采用选前不脱泥，无压入料三产品重介质旋流器分选工艺，分选密度为 1.43 kg/L。重介质分选工艺流程图入选原煤部分摘抄如图 5－28 所示。

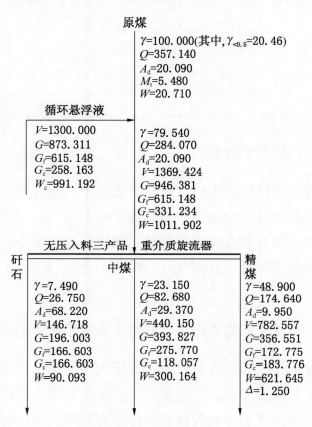

图 5－28　入选原煤数、质量及悬浮液指标标注实例

第六章 工艺设备选型

第一节 工艺设备选型的原则及相关因素

一、设备选型的重要性

设备选型与计算是选煤厂设计的重要步骤。其实，一部好的设计不论工艺多么先进、完善，最终还是要靠设备的正常运行才能体现出来。近年来设计投产的重介质选煤厂，在工艺流程方面出问题的并不多，暴露出来的大多数问题都是因为设备选型失误或设备工艺技术参数选择不当造成的。所以，设计人员一定要高度重视工艺设备选型在选煤厂设计中的重要性。

在选煤厂设计中往往认为工艺设备选型主要是与设备的处理能力和所需处理的物料量的多少有关。所以在工艺设备选型计算时，只简单地将所需处理的物料量除以设备的单位处理能力就得出设备应选台数。

把工艺设备选型计算过分简单化，是工艺设备选型的一种认识误区。这样选型不够全面，失误较多，其不良后果往往在选煤厂建成投产后才逐渐暴露出来。但工程一旦建成，再来弥补改正设备选型方面的失误，为时已晚，甚至会留下永久的遗憾。

近年来，我国选煤设备发展迅猛，设备的品种、规格繁多，国产的、引进的、仿制的应有尽有，这使设备选择的范围更广，但难度也相应增大。这就需要更好地了解各种设备的性能及适用条件，正确计算与选型。

二、设备选型的原则

设备选型与计算的任务是根据已经确定的工艺流程及各作业的数、质量，并考虑煤质特性和对产品质量的要求，选出适合生产工艺要求的设备型号与台数，从而使选煤厂达到设计所要求的各项生产指标。

设备选型时应注意以下7项原则。

（1）所选设备的型号与台数，应与所设计厂型相匹配，尽量采用大型设备，减少每个工艺环节的设备台数和并行的生产系统数量。鉴于设备性能的可靠性不断提高，除特殊需要外，一般工艺环节的设备不考虑备用，以使设备与厂房布置紧凑，减少分配环节，便于生产操作、管理，便于生产过程集中控制和自动化的实施。

（2）所选设备的类型应适合煤质特性和产品质量要求。

（3）所选设备技术先进、性能可靠，应优先选用高效率、低能耗、成熟可靠的新产品。

（4）综合考虑节能、使用寿命和备品备件等因素，尽可能选用同类型、同系列的设备产品，以便于检修和备件的储备、更换。适当考虑选用具有"兼容性"的系列设备，便于新型设备对老型设备的更换，也便于更新和改扩建。

（5）设备选型应贯彻国家当前的技术经济政策，考虑长远规划。设备招标应考虑性能价格比，切忌一味追求低价格。

（6）尽量采用低于85 dB的设备。

（7）在选煤厂的生产中，原煤的数量和质量具有不均衡性，为了保证选煤厂均衡生产，在设备选型时需考虑不均衡系数。选煤厂各环节设备处理能力不均衡系数的选取应符合《设计规范》2.0.3条（强制性条款黑体字）的有关规定。转录如下：

①矿井来煤时，从井口或受煤仓到配（原）煤仓的设备的处理能力应与矿井最大提升能力一致。

②由标准轨距车辆来煤，受煤坑到配（原）煤仓设备处理能力的不均衡系数应不大于1.50，当采用翻车机卸煤时，配（原）煤仓前设备的处理能力应与翻车机能力相适应。

③在配（原）煤仓以后，设备的处理能力不均衡系数，在额定小时能力的基础上，煤流系统取1.15，矸石系统取1.50，煤泥水系统和重介质悬浮液系统取1.25。

另外，在生产实际中，煤泥水系统处理能力对全厂生产的影响比较大。因此，应尽量将煤泥水系统设备的处理能力留有余地。

三、设备选型的相关因素

影响设备选型计算的相关因素是多方面的，归纳起来大致有以下 5 点。

1. 设备本身的性能及其处理能力

设备本身的性能好坏对设备处理能力和工艺效果的影响很大。例如：香蕉筛与水平直线振动筛同属振动筛，但单位面积处理能力却不同；各种型号的卧式离心脱水机，尽管规格相同，但因结构不同和参振原理上的差异，其处理能力和脱水效果却大不一样。

2. 进入设备处理的物料量或流量

有的设备选型主要与干物料量多少有关，如干法筛分机和跳汰机等；有的设备选型却与干物料量和流量两个量都有关，选型计算时要兼顾两种量的需求台数，如浮选机和磁选机等。

3. 设备使用的相关工艺条件

相关工艺条件包括：入料粒度上、下限，入料压力，入料浓度，设备安装角度，筛板材质，筛孔尺寸，以及开孔率等。不同的设备对使用工艺条件的要求内容也不同，所以一种设备的相关工艺条件可能只包括上述部分条件。例如：筛分机的处理能力与设备安装角度、筛孔尺寸等条件有关；脱水筛、脱介筛的处理能力及脱水、脱介效果则与筛板材质、筛孔尺寸及开孔率等条件有关；磁选机的磁选效率则与入料浓度、入料中磁性物含量等条件有关；过滤机、压滤机、浓缩机的处理能力及工艺效果则与入料浓度及入料粒度上、下限等条件有关；各类旋流器的处理能力和工艺效果则与入料浓度、入料压力等条件有关。

4. 入料的相关煤质特性

相关煤质特性包括：入料的粒度组成、密度组成、物料的外在水分等特性。例如：跳汰机、动筛跳汰机、浅槽重介质分选机、重介质旋流器等工艺分选设备的处理能力和分选效果均在不同程度上与入料的粒度组成、密度组成密切相关；干法筛分设备的处理能力则与物料的外在水分有关；脱水筛、脱介筛的处理能力及脱水、脱介效果则与入料中的煤泥含量有关。

5. 工艺布置方面的要求

设备选型的规格、台数与工艺布置的要求密切相关，两者必须统筹考虑。例如，厂房布置成单系统或者布置成多系统，就直接影响到设备选型的规格和台数。而厂房拟布置工艺系统的多少，又主要取决于主分选设备的选型，其他各作业环节的设备选型必须与之相适应。一般各工艺系统多采用独立布置方式，各作业环节的设备一一对应布置。有时，某个作业环节又因布置的需要，各工艺系统可共用一台设备。总之，设备选型与工艺布置这两个设计环节（步骤）相互关联，应统筹考虑、协调进行。

第二节　跳汰分选设备选型

一、跳汰分选设备的类型

根据工作原理和结构的不同，常用的跳汰分选设备可分为空气脉动跳汰机和动筛跳汰机两类。

（一）空气脉动跳汰机

按空气室的位置不同又分为筛侧空气室跳汰机和筛下空气室跳汰机两种。

1. 筛侧空气室跳汰机

以鲍姆跳汰机为代表，现在已极少采用。

2. 筛下空气室跳汰机

筛下空气室跳汰机有块煤跳汰机、混煤跳汰机和末煤跳汰机 3 种机型。我国已经使用和生产的跳汰机有多种型号和规格，分别列于表 6-1。目前在我国应用较多的有我国自行研发的 X 型和 SKT 型筛下空气室跳汰机，其工艺性能堪与世界著名的德国巴达克跳汰机相媲美。新近开发出的 YT 系列产品，是在原有跳汰机的基础上，使用了复合空气室跳汰机机体、复频和多频跳汰周期、多室共用风阀等专利技术。

表 6-1　我国使用和生产的跳汰机型号与规格

型　　　号	已使用（生产）规格/m²	形　　式	备　　　注
X 系列	8、11、14、16、19、22、25、27、30	筛下空气室	20 世纪 80 年代后生产
SKT 系列	8、10、12、14、16、18、20、24	筛下空气室	
YT 系列	16、14、12、10、8	混合式	2000 年以后生产
LTX 系列	6、8、10、12、14、16、35	筛下空气室	

表 6-1（续）

型　号	已使用（生产）规格/m²	形　式	备　注
巴达克	14、30、35	筛下空气室	国外引进
LTG 系列	3、4、6、8、15	筛侧空气室	
BOM 系列	8、10、12、16	筛侧空气室	
LTGV 系列	4、6、8、10、14、18、22、27、32、37		永田式，引进技术制造
LTW 系列	2、6、8、12.6、15、16		
台吉式	4.2、6、8.2、8.7		
CT 系列	1.5、2.5、3、4、4.5、6	筛侧空气室	

（二）动筛跳汰机

从动筛驱动机构的类型上，动筛跳汰机分为液压式（DT 系列、TD 系列）和机械式（GDT 系列、KJDT 系列）两种，前者应用较多，常用型号规格见表 6-3。

二、跳汰分选设备的工作原理

1. 空气脉动跳汰机的工作原理

无论是筛侧空气室跳汰机还是筛下空气室跳汰机，其工作原理都是通过特殊结构的风阀将压缩空气按一定频率周期性地给入、排出，使跳汰机机体内的洗水形成垂直脉动水流，使跳汰机筛板上的物料床层得到周期性地松散，从而在干扰沉降环境中轻、重物料按密度进行分层，再通过排料机构实现轻、重产物分离。

跳汰频率、进排风周期、风量、风压、水量、水压、排料速度等参数组成跳汰机操作制度。为了达到最佳分选效果，不同可选性的原煤宜采用不同的操作制度。最理想的跳汰周期特性曲线为梯形正弦波。

跳汰机的风阀结构不断改进、完善，已由原机械传动风阀改进为电控气动风阀和数控电磁风阀。最新结构的跳汰机又将原每个小气室对应配置一个风阀改进为多室共用风阀，即矸石段和中煤段分别集中配置一个风阀，大大简化了跳汰机的风水配置和操作调节。

2. 动筛跳汰机的工作原理

动筛跳汰机是德国 20 世纪 80 年代开发的处理井下毛煤的块煤排矸分选设

备，可有效处理＞50（35）mm以上的块原煤。

动筛跳汰机是另一种形式的跳汰机，工作时，槽体中的水不脉动，靠液压或机械机构驱动筛板围绕一根固定轴在水介质中作上、下往复运动，使筛板上的物料床层得到周期性的松散，从而在干扰沉降环境中轻、重物料按密度进行分层，通过并列的提升轮实现轻、重产物分离。

动筛跳汰机与空气脉动跳汰机的工作原理的主要区别在于：

（1）不用风，也不用运输冲水和顶水，依靠筛板上下往复运动形成被分选物料干扰沉降环境，按密度进行分层。

（2）跳汰频率、跳汰周期的特性曲线由动筛筛板驱动机构的运动特性所决定。

三、跳汰分选设备的性能

1. 跳汰分选设备的处理能力

跳汰分选设备的处理能力在《设计规范》5.2.1条中给出了相关的参照指标，转录见表6-2。

表6-2　跳汰机处理能力

作业条件		单位宽度处理能力/(t·m⁻¹·h⁻¹)	单位面积处理能力/(t·m⁻²·h⁻¹)
空气脉动跳汰机	不分级入选	80～100	13～18
	块煤分选	90～110	14～20
	末煤分选	50～70	10～14
	再　选	50～70	10～14
动筛跳汰机排矸		80～110	40～70

注：1. 采用单段跳汰机排矸时，处理能力可按单位宽度指标确定。

　　2. 跳汰机单位宽度（面积）处理能力，易选煤取偏大值，难选煤取偏小值。

2. 动筛跳汰机部分型号的处理能力

动筛跳汰机部分型号的处理能力及循环水用量等参数见表6-3，也可供动筛跳汰机及其辅机选型计算时参考。

3. 跳汰分选设备的有效分选粒度上、下限

（1）块煤跳汰机有效分选粒度上限为150（200）mm。

表6－3　动筛跳汰机的处理能力（参考值）

液　压　式				
型　号	DT1.0/2.0	DT1.2/2.4	DT1.4/2.8	DT1.6/3.2	DT1.8/3.6
处理能力/(t·h⁻¹·台⁻¹)	80～120	110～150	140～170	160～225	200～275
循环水/(m³·t⁻¹干煤)	0.08～0.2				
不完善度 I	0.07～0.12				

机　械　式				
型　号	KJDT1.0/2.0	KJDT1.2/2.4	KJDT1.4/2.8	KJDT1.6/3.2	KJDT1.8/3.6
处理能力/(t·h⁻¹·台⁻¹)	60～90	70～100	100～120	120～150	150～180
循环水/(m³·t⁻¹干煤)	0.08～0.2				
不完善度 I	0.09～0.12				

单位面积处理能力（规范规定值）		
	单位宽度处理能力/(t·m⁻¹·h⁻¹)	单位面积处理能力/(t·m⁻²·h⁻¹)
动筛跳汰机排矸	80～110	40～70

（2）混煤跳汰机有效分选粒度上限为 50（80）mm，下限为 0.5 mm。

（3）动筛跳汰机主要用于＞50 mm 块煤的排矸，其有效分选上限为 350（400）mm、下限为 35（30）mm。但是，不少设计将动筛跳汰机分选下限定为 25 mm，明显低于德国 KHD 公司（动筛跳汰机原创研制单位）提出的动筛跳汰机合理分选下限宜≥35 mm 的要求。分选下限定为 25 mm 还存在其他诸多弊端，例如：筛孔直径为 25 mm 的干法分级筛分效率不高，将导致筛上物限下率增高，难以达到动筛跳汰机要求入料中限下率低于 5% 的标准，限下率超标势必影响动筛跳汰机分选效果。建议，在设计运用中，宜适当提高动筛跳汰机分选下限。

四、跳汰分选设备选型计算

（一）空气脉动跳汰机选型计算

跳汰机台数的确定我国通常采用单位面积负荷定额计算法。由于国际上采用单位槽宽负荷定额计算法，我国《设计规范》同时给出了两种定额指标，跳汰机选型计算台数时，两种计算方法均可使用。

使用单位面积负荷定额时，所需跳汰机台数按下述步骤计算。

（1）计算所需跳汰面积：

$$F = \frac{kQ}{q} \qquad (6-1)$$

式中　F——所需跳汰面积，m^2；

　　　k——物料不均衡系数；

　　　Q——入料量，t/h；

　　　q——单位面积负荷定额（由表6-2查取），$t/(m^2 \cdot h)$。

（2）计算所需跳汰机台数：

$$n = \frac{F}{F'} \qquad (6-2)$$

式中　n——所需跳汰机台数，台；

　　　F——所需跳汰面积，m^2；

　　　F'——选用跳汰机有效面积，m^2。

使用单位槽宽负荷定额时，所需跳汰机台数按下式计算：

$$n = \frac{kQ}{Bq} \qquad (6-3)$$

式中　n——所需跳汰机台数，台；

　　　Q——入料量，t/h；

　　　k——物料不均衡系数；

　　　B——分选机槽宽，m；

　　　q——单位槽宽负荷定额（由表6-2选取），$t/(m \cdot h)$。

（二）动筛跳汰机选型计算

（1）按单位宽度或单位面积能力计算时，其单位宽度或单位面积能力指标可由《设计规范》5.2.1条的转录表6-2选取，并参照式(6-1)~式(6-3)计算所需台数。

（2）按单台处理能力计算动筛跳汰机所需台数时，可参照下式来计算：

$$n = \frac{kQ}{Q_e} \qquad (6-4)$$

式中　n——所需动筛跳汰机台数，台；

　　　k——物料不均衡系数；

Q——入料量，t/h；

Q_e——设备处理量，可参考表 6 – 3 查取，或采用厂家提供的保证值，t/（h·台）。

（三）跳汰机配套辅助设备选型

1. 循环水泵选型

跳汰机分选每吨煤的循环水用量，在《设计规范》5.2.3 条的表 5.2.3 中，给出了相关参考指标，转录见表 6 – 4，供在配套循环水泵选型时参照。

表 6 – 4 跳 汰 机 循 环 用 水 量

作业条件	空 气 脉 动 跳 汰 机				动筛跳汰机
	不分级煤	块 煤	末 煤	再 选	排 矸
循环用水量	2.5 ~ 3.0 m³/t	3.0 ~ 3.5 m³/t	2.0 ~ 2.5 m³/t	3.0 ~ 3.5 m³/t	10 ~ 20 m³/(m²·h)

2. 鼓风机选型

跳汰机的工作风压、风量在《设计规范》5.2.4 条的表 5.2.4 中，给出了相关参考指标，转录见表 6 – 5，供在配套鼓风机选型计算所需风量时参照。

表 6 – 5 跳 汰 机 工 作 风 压 及 风 量

作 业 条 件	风压/MPa	风量/（m³·m⁻²·min⁻¹）
不分级煤	0.035 ~ 0.050	4 ~ 6
块 煤	0.040 ~ 0.050	5 ~ 7
末 煤	0.035 ~ 0.050	3 ~ 5
再 选	0.035 ~ 0.050	3 ~ 5

第三节 重介质分选设备选型

一、重介质分选设备的类型

根据工作原理的不同，重介质分选设备可分为两大类：在重力场中分选的重介质分选机和在离心场中分选的重介质分选机。

1. 在重力场中进行分选的重介质分选机

如刮板重介质分选机（又称浅槽重介质分选机）、斜轮重介质分选机、立轮重介质分选机等。

我国使用的块煤重介质分选机有立轮、斜轮和浅槽刮板式3种，国内生产的斜轮重介质分选机有LZX系列8种规格。国产立轮重介质分选机有LZL系列有3种规格，JTL系列有10种规格。浅槽刮板式重介质分选机国内尚无系列产品，多采用国外产品。详见表6-6。

表6-6　部分厂矿块煤重介质分选机使用情况

类　型	规　格　型　号	产　　地	类　型	规　格　型　号	产　　地
斜轮重介质分选机	LZX-1.2	国产	立轮重介质分选机	迪萨1.4	波兰
	LZX-1.6	国产		迪萨2.1	波兰
	LZX-2	国产		迪萨3/2 三产品	波兰
	LZX-2.6	国产		泰司卡4.5 m	德国
	LZX-3.2	国产		TL型2.5 m	国产
	LZX-4	国产		JTL型1.6 m	国产
浅槽刮板式重介质分选机	T-22054	美国	—	—	—
	T-12054	美国	—	—	—

2. 在离心力场中进行分选的重介质旋流器

（1）按结构不同可分为：两产品重介质旋流器和三产品重介质旋流器两种。

（2）按入料方式不同又分为：有压入料重介质旋流器和无压入料重介质旋流器两种。

目前国内生产的重介质旋流器品种很多，主要有NZX系列、NWX系列、GDMC系列、DMC系列重介质旋流器。

二、重介质分选设备的工作原理

下面扼要介绍两种类型重介质分选设备的工作原理。

（一）块煤重介质分选机的工作原理

块煤重介质分选机通常用于>13（6）mm块煤的分选，主要包括提升轮式（斜轮或立轮）重介质分选机和刮板式（亦称浅槽式）重介质分选机。其悬浮液一般以水平流和垂直流两种方式进入分选槽。水平流的作用是运输浮起的轻产物从溢流口排出；垂直流（浅槽分选机为上升流，斜轮、立轮分选机为下降流）的作用是维持分选槽中悬浮液的稳定。

各种颗粒是在下列几种力的作用下运动，即重力、浮力和介质的流体动力阻力。

当颗粒在静止介质或匀速运动介质中运动时，在没有加速度，即没有惯性力的条件下，重力与浮力之差与介质的流体动力阻力达到平衡时，根据下式就可以计算出颗粒在介质中自由沉降的末速。

在层流中（雷诺数 $Re < 1$）为

$$v_0 = \frac{(\delta - \rho) d^2 g}{18\mu}$$

在紊流中（$Re > 1000$）为

$$v_0 = \sqrt{\frac{\pi d (\delta - \rho) g}{6\psi\rho}}$$

式中　d——被选颗粒的直径，m；

δ——被选颗粒的密度，kg/m^3；

ρ——悬浮液的密度，kg/m^3；

μ——介质的动力黏度，Pa·s；

g——重力加速度，m/s^2；

ψ——颗粒的无量纲系数（雷诺数 Re 的函数）；

v_0——颗粒在介质中自由沉降的末速，m/s。

由于煤和矸石颗粒的密度（δ）不同，所以沉降的末速也不同，从而造成不同密度的颗粒分层；当然沉降末速也与直径 d、悬浮液密度 ρ、流体阻力等有一定关系。这就是块煤重介质分选机的分选机理——沉降末速理论。

（二）重介质旋流器的工作原理

重介质旋流器通常用于分选末煤或不分级的混煤，分选是利用阿基米德原理在离心力场中完成的，其工作原理扼要阐述如下。

1. 重介质旋流器离心力场中颗粒受力分析

颗粒在重介质旋流器内的运动过程中，主要受到 3 种作用力（离心力 F_c、向心曳力 F_e、流体阻力 F_h）的影响。

（1）作用在颗粒上的离心力 F_c，它比颗粒所受的重力 G 要大若干倍，计

算式为

$$F_c = m \frac{v_1^2}{R}$$

（2）颗粒所受到的向心曳力 F_e，相当于块煤重介质分选机中的浮力 F_t，其方向与离心力相反，计算式为

$$F_e = \frac{m}{\delta} \times \frac{\rho v_2^2}{R}$$

式中　m——颗粒的质量，kg；

　　　　δ——颗粒的密度，kg/m³；

　　　　ρ——悬浮液的密度，kg/m³；

　　　　v_1——颗粒的切向速度，m/s；

　　　　v_2——悬浮液流的切向速度，m/s；

　　　　R——颗粒或相应位置悬浮液流的旋转半径，m。

（3）颗粒在径向运动所受的流体阻力 F_h，其方向也与离心力相反。

若用离心加速度 v_t^2/R 代替重力加速度 g，就可计算出颗粒在离心力场中沉降末速 v_r（r 表示径向）。

$$v_r = \frac{(\delta - \rho) d^2 v_t^2}{18 R \mu}$$

式中　v_t——颗粒的切向速度，m/s。

其他符号意义同前。

颗粒在离心力场中沉降速度与在重力场中自由沉降速度之比为

$$i = \frac{v_t^2}{Rg}$$

i 称为离心系数。其实质含义是离心加速度与重力加速度之比，该值表明，颗粒在离心力作用下的沉降速度比自由沉降速度要大许多倍。这就是细粒煤能够在重介质旋流器中得到高效分选的主要原因。

2. 重介质旋流器中颗粒运动速度类型分析

对旋流器内任一点的速度可按三元空间流向，分为切向速度、径向速度、轴向速度。切向速度随旋转半径的减小而增大，是决定离心力大小的重要因素；径向速度影响径向流体压力分布，其间存在一个径向零位面；轴向速度分布决定下降螺旋流与上升螺旋流的分界面。即在重介质旋流器的轴向上有两股

方向相反的螺旋流，两股螺旋流之间也有一个轴向速度为零的包络面。

3. 重介质旋流器中密度场的形成及其颗粒运动规律

悬浮液在离心力作用下沿着旋流器的径向逐渐分层，加重质的浓度由内向外、由上至下逐渐增高。这种浓缩作用使悬浮液的密度也由内向外、自上而下地增大，即形成不同密度的"等密度"面。从而形成悬浮液的密度场。重介质旋流器的密度场存在一个理论上的分离界面。圆筒形重介质旋流器内形成的分离界面接近于圆柱形；圆锥形重介质旋流器内形成的分离界面接近于圆锥形，故也称"分离锥面"。这个界面上的平均悬浮液密度在理想情况下，近似等于矿粒的分离密度。分离界面的形成，又取决于轴向速度为零的包络面（即垂直零速面），并与径向零位面有关。

物料进入旋流器后，在离心力的作用下，不同密度的颗粒迅速沿径向分散开。重颗粒与轻颗粒在离心力与向心曳力的合力的作用下，各自移动到与自己密度相近的等密度面上分别进入下降和上升螺旋流中，从底流口和溢流口排出。邻近分选密度的颗粒则在分离界面（包络面）附近摆动，可能反复徘徊多次，才能分别从底、溢流口排出。当然，矿粒在旋流器内运动的实际轨迹要复杂得多，但总的趋势大体上是按上述规律运行的。

由于物料是在逐渐增大的密度场中分选，故圆锥形重介质旋流器的分选密度比工作悬浮液的密度略高。而圆筒形重介质旋流器内形成的密度场其介质密度分布比圆锥形重介质旋流器要均匀得多，密度变化梯度要小得多。因而筒内的分选密度与工作悬浮液的密度可视为基本相当。

三、重介质分选设备的性能

（1）《设计规范》5.3.1 条和 5.3.2 条给出了重介质分选设备的处理能力、悬浮液循环量、标准给料压力等参数指标，转录见表 6-7 和表 6-8。

表 6-7　斜轮、立轮、刮板重介质分选机处理能力

分　选　机	单位槽宽处理能力/(t·m^{-1}·h^{-1})	单位槽宽悬浮液循环量/(m^3·m^{-1}·h^{-1})
斜(立)轮重介质分选机	70~100	80~100
刮板重介质分选机	70~100	175~200

表6-8　重介质旋流器标准给料压力、处理能力及悬浮液循环量

参　数	条　件	指　标	备　注
给料压力/每米矿浆柱	原煤重介质旋流器	9~15D	D为旋流器圆筒段直径（单位为m）
	煤泥重介质旋流器	30~45D	
干煤处理能力/(t·m⁻²·h⁻¹)	原煤重介质旋流器	200~320	指旋流器单位时间单位筒体横截面的处理量
矿浆处理能力/(m³·m⁻²·h⁻¹)	煤泥重介质旋流器	1000~1500	
吨煤介质循环量/m³	原煤重介质旋流器	2.5~4.5	三产品重介质旋流器取偏大值

注：1. 无压旋流器的入料压力取偏大值，有压旋流器的入料压力取偏小值。

　　2. 重产物含量多时，旋流器处理能力取偏小值。

　　3. 生产低灰产品时，介质循环量取偏大值。

（2）国内常用的斜（立）轮重介质分选机、刮板重介质分选机、各种类型重介质旋流器的单台设备处理量及其他工艺性能指标的参考值见表6-9~表6-13（仅供选型计算时参考）。

表6-9　斜（立）轮重介质分选机的处理能力（参考值）

分选机槽宽/mm	处理能力/(t·h⁻¹)	入料粒度/mm	最大浮物量/(t·h⁻¹)	最大沉物量/(t·h⁻¹)
1200	65~95	13~200	45	100
1600	100~150	13~300	88	147
2000	150~200	13~300	110	202
2600	200~300	12~300	143	196
3200	250~350	12~400	232	277

表6-10　浅槽重介质分选机处理能力（参考值）

型　号	排料段宽度/mm	刮板宽度/mm	额定处理能力/(t·h⁻¹)	额定排矸量/(t·h⁻¹) 刮板高度 203 mm	额定排矸量/(t·h⁻¹) 刮板高度 254 mm	介质循环量/(m³·h⁻¹)	电动机功率/kW 刮板高度 203 mm	电动机功率/kW 刮板高度 254 mm
T4048	1219	1219	90	180	240	235	7.5	15
T4054	1219	1372	90	225	275	235	7.5	15

表 6-10（续）

型　号	排料段宽度/mm	刮板宽度/mm	额定处理能力/(t·h⁻¹)	额定排矸量/(t·h⁻¹)		介质循环量/(m³·h⁻¹)	电动机功率/kW	
				刮板高度			刮板高度	
				203 mm	254 mm		203 mm	254 mm
T6048	1829	1219	135	180	240	355	7.5	15
T6054	1829	1372	135	225	275	355	7.5	15
T8048	2438	1219	180	180	240	470	7.5	15
T8054	2438	1372	180	225	275	470	7.5	15
T10048	3048	1219	225	180	240	590	7.5	15
T10054	3048	1372	225	225	275	590	7.5	15
T12048	3658	1219	275	180	240	710	11	20
T12054	3658	1372	275	225	275	710	11	20
T14048	4267	1219	320	180	240	825	11	20
T14054	4267	1372	320	225	275	825	11	20
T16048	4877	1219	365	180	240	945	15	20
T16054	4877	1372	365	225	275	945	15	20
T16060	4877	1524	365	265	310	945	15	30
T18048	5486	1219	410	180	240	1060	15	20
T18054	5486	1372	410	225	275	1060	15	20
T18060	5486	1524	410	265	310	1060	15	20
T20048	6096	1219	455	180	240	1180	15	30
T20054	6096	1372	455	225	275	1180	15	30
T20060	6096	1524	455	265	310	1180	15	30
T22048	6706	1219	500	180	240	1300	15	30
T22054	6706	1372	500	225	275	1300	15	30
T22060	6706	1524	500	265	310	1300	15	30
T24048	7315	1219	545	180	240	1415	15	30
T24054	7315	1372	545	225	275	1415	22	30
T24060	7315	1524	545	265	310	1415	22	40
T26048	7925	1219	590	180	240	1535	22	30
T26054	7925	1372	590	225	275	1535	22	30
T26060	7925	1524	590	265	310	1535	22	40

表 6-11　两产品重介质旋流器处理能力（参考值）

旋流器 直径/mm	锥度/ (°)	给料标准 压力/MPa	入料 粒度/mm	最大处理能力 （干量）/(t·h⁻¹)	标准给料压力下悬浮 液循环量/(m³·h⁻¹)	底流最大排放 量（干量）/(t·h⁻¹)
700	20	0.064	50～0.5	104	273	54
600	20	0.055	40～0.5	68	191	36
500	20	0.045	25～0.5	45	125	27
350	20	0.032	6～0.5	25	60	13
395	圆筒		25～0.5	40		
500	圆筒		25～0.5	60		

表 6-12　3NZX 系列三产品重介质旋流器处理能力（参考值）

参　　　数	型　号				
	3NZX 1200/850	3NZX 1000/700	3NZX 850/600	3NZX 700/500	3NZX 500/350
一段内径/mm	1200	1000	850	700	500
二段内径/mm	850	700	600	500	350
循环量/(m³·h⁻¹)	800～1200	600～800	450～600	300～450	210～300
工作压力/MPa	0.18～0.30	0.15～0.22	0.12～0.17	0.10～0.15	0.06～0.10
入料粒度/mm	0～80	0～60	0～50	0～40	0～25
处理量/(t·h⁻¹·台⁻¹)	250～350	170～280	100～180	70～120	25～60
安装角度/(°)	10	10	10	10	10

表 6-13　3GDMC 系列三产品重介质旋流器处理能力（参考值）

参　　　数	型　号			
	3GDMC 1400/1000	3GDMC 1300/920	3GDMC 1200/850	3GDMC 1000/700
一段内径/mm	1400	1300	1200	1000
二段内径/mm	1000	920	850	700
循环量/(m³·h⁻¹)	1500～1800	1200～1500	800～1200	500～700
工作压力/MPa	0.21～0.38	0.19～0.33	0.17～0.29	0.12～0.19
入料粒度/mm	≤90	≤85	≤80	≤60
处理量/(t·h⁻¹·台⁻¹)	450～550	350～450	300～400	160～230
安装角度/(°)	15	15	15	15

四、重介质分选设备选型计算

（一）斜（立）轮重介质分选机的选型计算

斜轮、立轮重介质分选机的生产能力都可采用单位负荷定额计算，或由产品目录查取。由于原煤的密度组成变化很大，浮物或沉物过多也影响分选机的处理量，故选定设备台数后，还需用经验公式或经验数据校核设备允许通过的浮物量或沉物量，必要时要调整选定的设备台数。

（1）采用单位负荷定额计算。采用单位负荷定额计算时，所需斜轮、立轮或刮板重介质分选机的台数按下式计算：

$$n = \frac{kQ}{Bq} \qquad (6-5)$$

式中　n——所需分选机台数，台；

　　　Q——入料量，t/h；

　　　B——分选机槽宽，m；

　　　q——单位槽宽负荷定额（由表6-7查取或采用厂家提供的保证值），t/（m·h）；

　　　k——物料不均衡系数。

（2）允许最大浮物量的计算式为

$$q_1 = 100B \qquad (6-6)$$

式中　　q_1——允许最大浮物量，t/h；

　　　　B——所选分选机槽宽，m；

　　　100——分选机1 m槽宽的最大浮物排量，t/（h·m）。

（3）沉物量指标与入料中的最大矸石粒度及排矸轮转速有关。立轮重介质分选机设计沉物量与斜轮重介质分选机相同。

表6-7所列为斜轮、立轮重介质分选机的单位负荷定额。表6-9所列为斜（立）轮重介质分选机单台设备处理量（包括最大浮物排量、最大沉物排量）的参考值。

（二）刮板重介质分选机的选型计算

刮板（浅槽）重介质分选机的生产能力可采用单位负荷定额计算，可参照式（6-5）计算，或由产品目录查取。由于原煤的密度组成变化很大，沉物过多会影响刮板重介质分选机的处理量，故选定设备台数后，还需用经验数据校核设备允许通过的沉物量，必要时要调整选定的设备台数。与斜（立）轮重介质分选机不同，一般刮板（浅槽）重介质分选机无须校核允许通过的浮物量。

刮板（浅槽）重介质分选机允许通过的沉物量与槽体内刮板的宽度、高度两个因素有关。表 6 - 10 所列为刮板重介质分选机单台设备处理量及不同刮板宽度、高度条件下，额定排矸量的参考值。

（三）重介质旋流器选型计算

1. 重介质旋流器选型基本计算方法

重介质旋流器台数选择采用单台处理能力来计算，即

$$n = \frac{kQ}{Q_e} \tag{6-7}$$

式中　　n——所需旋流器台数，台；

　　　　k——物料不均衡系数；

　　　　Q——入料量，t/h；

　　　　Q_e——设备处理量，可参考表 6 - 11 ~ 表 6 - 13 查取，t/（h·台）。如果采用《设计规范》转录表 6 - 8 中的参数——干煤处理能力 q，则

$$Q_e = \frac{kQ}{q\pi \times \frac{1}{4}D^2}$$

式中　　q——干煤处理能力，t/（m²·h）；

　　　　D——旋流器直径，m。

其他符号意义同前。

2. 重介质旋流器入料量的确定

重介质旋流器选型计算时，有关入料量的确定有两种观点：

一种观点认为，重介质旋流器入料量应该是重介质进入旋流器的原煤的全部（包括 0.5 ~ 0 mm 煤泥量在内）。

另一种观点认为，重介质旋流器需处理的入料量，应该把 < 0.5 mm 煤泥总量（原生煤泥 + 浮沉煤泥 + 次生煤泥）扣除。因为入料中 < 0.5 mm 煤泥总量已计入重介质旋流器内工作悬浮液的非磁性物量中了，这部分物料不应该重复计算。但考虑到入料中 < 0.5 mm 煤泥总量变化较大的实际情况，选前不脱泥重介质旋流器选型时，其处理能力宜适当留有余地。

目前，对这两种观点尚无定论，设计者可根据自己掌握的实践经验酌情选择。

3. 有压入料两产品重介质旋流器选型需关注的问题

有压入料两产品重介质旋流器选型时,需要关注的问题很多,但最主要的任务是合理确定处理能力及介质循环量。一般产品样本中对各种规格的两产品重介质旋流器均标有处理能力及介质循环量两项指标,例如,直径为ϕ850 mm有压入料两产品重介质旋流器的处理能力在产品样本中标注为:$Q = 100 \sim 180$ t/h。处理能力取值范围如此之大,是很难做到准确合理取值的,所以仅仅依靠产品样本选型,往往与实际差距很大。这主要是因为影响两产品重介质旋流器处理能力的因素很多,主要有旋流器的结构参数和入料的浮沉特性（即密度组成）等,必须全面考虑。

两产品重介质旋流器的直径是标定旋流器规格和处理能力的主要结构参数,可用一组简单的经验公式说明其相关关系:

$$Q_1 = A_1 D^{2.5} \tag{6-8}$$

$$Q_2 = A_2 D^2 \tag{6-9}$$

式中　Q_1——给入旋流器的悬浮液流量,m^3/h;

　　　Q_2——给入旋流器的煤量,t/h;

　　　D——旋流器的圆柱直径,m;

　　　A_1——系数,一般取 $700 \sim 800$;

　　　A_2——系数,一般取 200。

由经验公式可以计算出 ϕ850 mm 两产品重介质旋流器的额定处理能力在 144.5 t/h 左右,恰好是产品样本标注取值范围的中值。但是,这一数值还要受旋流器的结构参数——锥比及入料煤的浮沉特性的制约。因为锥比（$i = d_u / d_0$）的大小,对旋流器底流和溢流的数量分配关系很大,可用下面的经验公式表示:

$$K \left(\frac{d_u}{d_0} \right)^3 = \frac{Q_u}{Q_0} \tag{6-10}$$

式中　d_u——旋流器底流口直径;

　　　d_0——旋流器溢流口直径;

　　　Q_u——旋流器底流量;

　　　Q_0——旋流器溢流量;

　　　K——系数,可取 1.1。

一般用两产品重介质旋流器选煤时,其锥比在 $0.5 \sim 0.8$ 范围内选用。在不同的锥比取值条件下，底、溢流量分配的比例关系也不同。当入料的高密度物（沉物）含量较多时，锥比宜偏大取值；反之，取值可偏小。在重介质旋流器选型、订货时，应根据入料的密度组成和所需处理量，要求制造厂家合理选取锥比。

旋流器一旦制造完毕，锥比即被固定，旋流器底、溢流量的合理比例关系也就基本确定了。投入运行后，如果原煤密度组成发生变化或者用户对产品灰分要求发生变化，都会影响到旋流器的底、溢流量发生相应改变。若变化过大，已固定的旋流器锥比则不能适应，势必影响重介质旋流器的分选效果或生产能力。所以在重介质旋流器选型时，一定要充分重视入料的密度组成和产品灰分要求对旋流器锥比及处理能力的影响。下面仅举一个实例，进一步阐明这个问题。

【实例】 我国引进澳大利亚某模块式选煤厂采用有压入料两产品重介质旋流器分选＜13 mm末原煤，原设计精煤灰分为13%，小时处理能力约为600 t。投产后因市场需求变化，改为生产灰分为11%的精煤产品，降低了分选密度，旋流器溢流量减少，底流量增大，旋流器原设计锥比不能适应，底流口排出能力满足不了底流物料量增大的要求，致使旋流器不能正常分选，该厂只能将小时处理量减至不足400 t。这是因产品灰分变化引起旋流器处理能力发生相应变化的典型实例。

4. 无压入料三产品重介质旋流器选型需关注的问题

与有压入料两产品重介质旋流器的选型一样，无压入料三产品重介质旋流器选型的主要任务仍然是合理确定旋流器的处理能力及介质循环量。无压入料三产品重介质旋流器的处理能力虽然与第一段圆筒形重介质旋流器的直径大小有关，但在很大程度上又受第二段圆锥形重介质旋流器处理能力的制约；介质循环量则是第一段旋流器和第二段旋流器的介质循环量需求之和。这是三产品重介质旋流器选型的特殊之处。所以在确定无压入料三产品重介质旋流器的处理能力及介质循环量时，一定要兼顾两段旋流器的处理能力及介质循环量的需求。以下几点意见，仅供三产品重介质旋流器设备选型时参考：

（1）三产品重介质旋流器的实际处理能力在很大程度上受其第二段旋流器处理能力的制约。

（2）第二段旋流器处理能力与旋流器的锥比取值大小密切相关。

（3）第一段旋流器和第二段旋流器的实际处理能力又均与各自入料的密

度组成密切相关。

【实例】海勃湾矿区×××选煤厂年处理原煤 150×10^4 t，入选煤种为宝贵的主焦煤和1/3焦煤，但煤质比较特殊，密度组成，轻、重产物比例严重倒置是其主要特点。原煤密度组成详见表6-14。

表6-14　×××煤矿50~0.5 mm原煤密度组成表

密度级/ (kg·L^{-1})	入选原煤		浮物累计		沉物累计	
	γ /%	A_d /%	γ /%	A_d /%	γ /%	A_d /%
<1.30	2.30	4.19	2.30	4.19	100.00	30.52
1.30~1.40	27.21	9.83	29.51	9.39	97.70	31.14
1.40~1.50	21.35	16.49	50.86	12.37	70.49	39.37
1.50~1.60	11.16	26.15	62.02	14.85	49.14	49.31
1.60~1.80	12.42	37.76	74.45	18.68	37.98	56.12
1.80~2.00	6.21	52.47	80.65	21.28	25.55	65.04
>2.00	19.34	69.07	100.00	30.52	19.34	69.07
合　计	100.00	30.52				

由表6-14可知，<1.4 kg/L轻密度级浮物累计产率不足30%；1.4~1.8 kg/L中间密度物含量高达45%；>1.8 kg/L沉物累计产率大于25%。对于轻、重产物比例严重倒置的原煤，可供选择的分选方案有以下3种。

方案一：采用两段两产品重介质旋流器分选工艺。按照常规做法，第一段旋流器应先选出精煤产品，第二段旋流器再分选出中煤和矸石。鉴于本厂原煤轻、重产物比例严重倒置，第一段旋流器底流产物（中煤＋矸石）的产率高达70%以上，即使将第一段旋流器的锥比取最大值（0.8），根据前面的经验公式初步估算，旋流器的处理能力至少比设备额定能力减小一半。这样，第一段旋流器的选型台数将增加1倍或者需选更大直径的旋流器，这显然很不经济。

方案二：第一段旋流器先排矸石（粗选），第二段旋流器再分选精煤和中煤（精选）的工艺方案。这时，第一段旋流器底流产物（矸石）的产率大约只有25%，旋流器的处理能力可以正常发挥。可是，第二段旋流器入料的轻、重产物比例虽有所改善，但仍然倒置（中煤∶矸石＝40∶60），分选效果仍不理想。

方案三：采用无压入料三产品重介质旋流器分选。鉴于原煤轻、重产物比例严重倒置，受第二段圆锥形重介质旋流器处理能力的制约，影响到三产品重介质旋流器总的处理能力大打折扣。结果与方案一同样需增加选型台数或者选更大直径的旋流器，"大马拉小车"显然同样是很不经济的。

限于篇幅，这里不再进一步讨论上述工艺方案的合理性。通过本实例对 3 个方案的分析，可以清楚看出，入料的密度组成和产品灰分对旋流器锥比及处理能力的影响。

（四）介质系统相关设备的选型与计算

1. 脱介筛

脱介筛是重介质工艺流程中降低介质消耗的关键环节之一。筛子本身的性能，筛板材质、层数、面积，筛孔尺寸与开孔率，以及选前是否脱泥等因素和条件，都与最终脱介效果密切相关。在不同工作条件下对脱介筛选型，除按一般筛分设备选型所需要考虑的问题以外，还需要特殊考虑的问题分述如下：

（1）有关筛板材质及相关问题的说明。筛板的材质通常有聚氨酯和不锈钢两种。

①聚氨酯筛板。耐磨、使用寿命长，但筛板开孔率偏低。当筛孔为 0.5 mm 时，筛板开孔率为 14%；当筛孔为 1.0 mm 时，筛板开孔率为 16% ~ 18%。

②不锈钢筛板。耐磨性差、使用寿命短，普通不锈钢仍有一定磁性，不利于脱介，推荐采用铬镍钛合金材料制作筛板，磁性小，有利于脱介。不锈钢筛板开孔率高是其主要优点，在相同筛孔尺寸条件下，开孔率可比聚氨酯筛板提高 20% ~25%。

（2）选前不脱泥的情况下不同筛型脱介处理能力的确定：

①水平直线振动筛。筛孔为 0.5 mm，单位面积处理能力为 2 ~ 4 t/(h·m²)；与之配套的弧形筛筛板为曲面，因投影关系可将筛孔尺寸加大至 0.75 ~ 1.0 mm。

②香蕉筛。筛孔为 0.50 mm，单位面积处理能力为 5 ~ 6 t/(h·m²)（入料煤泥量大取小值，反之取大值）。为提高筛子整体处理能力，香蕉筛筛板为变坡面，因投影关系可适当加大合格段筛孔尺寸至 0.75 mm，稀介段筛孔尺寸加大至 0.75 ~ 1.0 mm。

（3）选前预先脱泥的情况下不同筛型脱介处理能力的确定：

①水平直线振动筛。筛孔合格段为 0.5mm，稀介段为 1.0～1.5 mm，单位面积处理能力为 5～7 t/（h·m²）。

②香蕉筛：筛孔合格段为 0.5mm，稀介段为 1.0～1.5 mm，单位面积处理能力为 8～10 t/（h·m²）。

（4）混煤或末煤脱介筛选型的建议：

① ＜50 mm 混煤或末煤脱介，宜采用香蕉筛。在香蕉筛开动时，筛面像一台强力振动的弧形筛，有利于提高脱介效率，且单位面积处理能力比水平直线振动筛大。

②当采用香蕉筛脱介时，为保证必要的脱介时间，提高脱介效率，建议尽量采用筛面倾角为 5 段变坡的筛板，且第一段筛面倾角不宜大于 25°。切记勿用筛面倾角为 3 段变坡的筛板，因其第一段筛面倾角多为 35°。筛面倾角过大，物料运动速度过快，脱介时间过短，也不利于提高脱介效率。

（5）块煤脱介筛选型的建议。块煤重介质分选产品的脱介筛不宜采用香蕉筛，应采用水平直线振动筛。理由如下：

①香蕉筛为变坡度筛板，特别是在筛子入料端第一段筛板坡度最大（25°～35°），块状物料在振动的倾斜筛面上向前运动速度很快，还来不及脱除大部分合格介质就冲到筛面前半部的稀介段了，无法保证必要的脱除合格介质的时间。必然导致过多的合格介质带入稀介质系统，通过磁选机回收。鉴于磁选机本身存在磁选效率问题，进入磁选机的介质越多，损失的介质总量也越多，不利于降低介质消耗。

②水平直线振动筛筛面水平，块状物料在筛面基本上可视做匀速运动，前进速度不快，可以保证必要的脱除合格介质的时间，不存在香蕉筛上述弊端。唯一的缺点是单位面积处理能力比香蕉筛小。

（6）双层脱介筛存在的弊端。不少设计在重介质分选系统中，采用双层脱介筛，将产品脱介与产品分级两个作业的功能合并在一台双层筛内完成。表面上看来，虽然有环节简化、方便布置、可防止大块物料砸筛板等优点。但是，仔细深究，却存在许多弊端：

①因下层筛喷水无压头，影响脱介效率，存在增加介质消耗的弊端。

②如果采用上、下层筛同时设置有压喷水的方式，则会因喷水量增加，降低稀介质浓度。作为磁选机入料的稀介质浓度若低于规定值范围，必将导致磁

选效率大幅下降，同样存在介质消耗增高的弊端。

③产品在主厂房就按粒度分好级，则存在增加上产品仓带式输送机条数的弊端。产品分级品种越多，增加带式输送机的条数也越多，明显不合理。

为此，建议设计中尽量避免采用双层脱介筛。若为防止大块物料砸筛板，可采用在筛子入料端铺钢板或在筛子入料端设置局部双层筛板（上层筛板长度约600 mm）的办法解决；若仍需将脱介与分级两个作业合并在一台筛内完成，则可采用适当加长单层筛筛面长度，并在筛子出料端增加一段长度为600~1000 mm，筛孔为分级粒度直径的筛板即可。

鉴于大块矸石硬度大的特殊情况，为防止大块矸石对条缝筛板的磨损，块煤重介质分选的矸石脱介筛则可考虑采用耐磨的聚氨酯筛板或者双层脱介筛。

2. 磁选机

在重介质选煤流程中，磁性介质的回收宜采用强磁性永磁滚筒式磁选机。《设计规范》5.3.5条规定"磁选机的总效率不应低于99.8%"。

我国生产的磁选机主要有CTX、CT系列单、双滚筒磁选机，其槽体可分为顺流式（S）、逆流式（N）和半逆流式（B），用括弧中的字母标记在型号中，以示区别。目前我国选煤厂多用逆流式和半逆流式。

国内多按式（6-11）的传统方法计算磁选机台数：

$$n = \frac{kQ}{Q_e} \qquad (6-11)$$

式中　　n——所需设备台数，台；

　　　　k——物料不均衡系数；

　　　　Q——入料量，t/h；

　　　　Q_e——设备处理量，t/(h·台)，Q_e按表6-15选取。

表6-15　部分磁选机技术规格

型　　号	槽体形式	处 理 能 力		圆筒转速/(r·min⁻¹)	电动机功率/kW	圆筒尺寸/(mm×mm)	设备总重/kg
		干矿量/(t·h⁻¹·台⁻¹)	矿浆量/(m³·h⁻¹·台⁻¹)				
2CTN-924	逆流	40~60	110	28	4.0	900×2400	7000
2CTN-1024	逆流	60~80	160	22	5.5	1050×2400	7500

表 6 - 15 （续）

| 型 号 | 槽体形式 | 处理能力 | | 圆筒转速/(r·min⁻¹) | 电动机功率/kW | 圆筒尺寸/(mm×mm) | 设备总重/kg |
		干矿量/(t·h⁻¹·台⁻¹)	矿浆量/(m³·h⁻¹·台⁻¹)				
2CTN - 1224	逆流	80 ~ 100	192	19	7.5	1200 × 2400	9000
CYT750 × 1800	半逆流、逆流	40 ~ 60	150	48	2.6	750 × 1800	
CYT600 × 1800	半逆流、逆流	30 ~ 50		40	2.0	600 × 1800	
XCTN1050 × 2100	逆流	60 ~ 120	200 ~ 280	20	4.0	1050 × 2100	
XCTB - 1050 × 2100	半逆流	60 ~ 120	200 ~ 280	20	4.0	1050 × 2100	
CTX1015	半逆流、逆流		135 ~ 165				

但是，与磁选机选型相关的因素也是多方面的。如果仅按式（6 - 11）计算，则选型结果不够完善，磁选效率不一定能达到最佳值。现以近年来在我国应用较为广泛的美国艺利公司（ERIEZ）生产的磁选机为例，将磁选机选型需兼顾考虑的 4 种因素分述如下：

（1）滚筒单位长度允许通过的矿浆最大流量 $Q_1 = 100 \ \mathrm{m^3/(h \cdot m)}$。

（2）滚筒单位长度能够回收的磁性物最大量 $Q_2 = 18.5 \ \mathrm{t/(h \cdot m)}$。

（3）允许进入磁选机的最大入料粒度 $d = 6 \ \mathrm{mm}$。

（4）磁选机入料浓度的大小与磁选效率密切相关，最佳入料浓度为 20%，此时磁选效率最高，$\eta \geqslant 99.9\%$。浓度大于或小于 20%，磁选效率开始下降。允许矿浆的最大入料浓度（固体质量百分浓度）$P = 25\%$（其中，13% 为磁性物最低含量，12% 为非磁性物最高含量）；允许入料浓度波动范围为 15% ~ 25%，超出该范围则磁选效率会大幅度下降。入料矿浆（即稀介质）浓度不仅取决于脱介筛喷水量的大小，还与选前是否设置预先脱泥环节有着直接关系。因此，工艺流程的制定与计算应与磁选机选型结合起来考虑。

磁选机是重介质工艺流程中降低介质消耗的关键环节之一，直接关系到重介质分选生产成本的高低，对磁选机选型必须予以高度重视。

3. 介质浓缩设备

有一些介质回收流程，稀介质在进入磁选机前，先经浓缩，以便达到磁选机要求的入料浓度，提高磁选机的工作效率；还有一些流程，稀介质用分级旋流器分级，旋流器底流去磁选，旋流器溢流和磁选机精矿进浓缩设备，以减少细粒磁铁矿的损失。介质浓缩设备有耙式浓缩机、磁力脱水槽和旋流器等。

（1）耙式浓缩机适用于浓缩细粒磁性和非磁性稀介质。

（2）磁力脱水槽适用于浓缩粗粒度的磁性稀悬浮液。由于磁力作用，磁力脱水槽对磁性介质浓缩时其单位负荷较高。但因结构原因，磁力脱水槽不能制造得过大，其直径不超过 2 ~ 3 m，故单台处理能力低于耙式浓缩机，需用台数较多，一般大、中型选煤厂不采用。

（3）旋流器既有分级作用，又有浓缩作用，只要选型、结构参数及操作适当，可得到浓度较高的浓缩产物，所以适用于稀介质浓缩回收系统。

介质浓缩设备的生产能力均按单位负荷定额计算。耙式浓缩机单位负荷取 $q = 1.2 ~ 2.0 \ \text{t/}(\text{m}^2 \cdot \text{h})$，磁力脱水槽取 $q = 35 ~ 40 \ \text{m}^3/(\text{m}^2 \cdot \text{h})$。所需设备台数参照后面摇床选型中式（6-26）计算。旋流器的单台生产能力也可直接查有关产品目录，所需设备台数参照式（6-11）计算。

需要说明的是，目前设计的介质流程中，若无特殊需要已很少设置介质浓缩作业环节，所以也很少选用介质浓缩设备。

4. 介质桶

在重介质选煤厂中，需要使用介质桶容纳循环介质、稀介质和新介质。介质桶除具有转送、配制介质作用外，还起到介质的缓冲作用，并具有搅拌功能，故介质桶应有足够的容积。

在正常运转条件下，介质桶中的液位在最高液位和最低液位之间波动。当停止生产或发生事故时，重介质分选机及管路系统中的工作悬浮液应全部回到循环介质桶中，而不发生溢满现象。因此，最高液位到溢流口的容积，应不小于重介质分选机和管路系统中工作悬浮液的体积。

1）介质桶有效容积的计算方法

介质桶有效容积的计算方法并无统一规定，不同的资料、书籍表述的计算公式也不同。下面仅列举其中两种，供设计选择使用。

（1）匡亚莉编著《选煤工艺设计与管理（设计篇）》（高等学校教材）表述的计算方法（图6-1）：

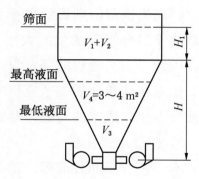

图 6-1　介质桶示意图

块煤合格介质桶总容积 V_{kh} 为

$$V_{kh} = V_1 + V_2 + V_3 + V_4 \qquad (6-12)$$

末煤合格介质桶总容积 V_{mh} 为

$$V_{mh} = \left(\frac{1}{15} \sim \frac{1}{20}\right)Q + V_2 + V_3 \qquad (6-13)$$

块煤稀介质桶总容积 V_{kx} 为

$$V_{kx} = \left(\frac{1}{15} \sim \frac{1}{20}\right)Q + V_3 \qquad (6-14)$$

末煤稀介质桶总容积 V_{mx} 为

$$V_{mx} = \left(\frac{1}{15} \sim \frac{1}{20}\right)Q + V_3 \qquad (6-15)$$

式中　Q——悬浮液循环量，m^3/h；

V_1——分选机槽体总容积，m^3；

V_2——管道及砂泵系统内合格悬浮液总容积，m^3；

V_3——最低液位容积（一般取介质桶锥位高度 $1.5 \sim 2\ m$ 时的容积），m^3；

V_4——介质桶储备容积（即最高液位到最低液位之间的容积，一般为 $3 \sim 4\ m$），m^3。

常见的几种介质桶结构尺寸见表 6-16。

表 6-16　常见的几种介质桶结构尺寸

直径 D/mm	锥体高 H/mm	柱体高 H_1/mm	锥　角/(°)	容　积/m^3
4000	3147	1480	60	28
4000	3147	2120	60	36
3600	2851	1600	60	23
2700	2700	900	60	12

（2）彭荣任等编著《重介质旋流器选煤》表述的计算方法：

合格介质桶容积为

$$V = (V_1 + V_2 + V_3 + V_4)k \qquad (6-16)$$

式中　V——要求合格介质桶的有效容积，m^3；

V_1——分选设备的最大容积（包括定压漏斗），m^3；

V_2——正常生产时，合格介质桶内悬浮液达到允许的高液位时的体积数，m^3；

V_3——生产时输送介质管道、溜槽中的悬浮液量，m^3；

V_4——停止生产时，从稀介质回收系统可能进入的悬浮液量，m^3；

k——系数，取 $1.1 \sim 1.3$。

稀介桶容积为

$$V = \frac{Qt}{60} \tag{6-17}$$

式中　V——要求稀介质桶的有效容积，m^3；

Q——稀悬浮液的流量，m^3/h；

t——要求稀悬浮液的缓冲时间，一般取 $3 \sim 8\ \mathrm{min}$。

下面介绍几种合格介质桶应用实例，借以说明合格介质桶容积计算方法仍有许多需要进一步深入探讨的地方（仅供参考）。

【实例】引进的澳大利亚模块化重介质选煤厂的合格介质桶、稀介质桶的有效容积都很小，据了解 $13 \sim 20\ \mathrm{m}^3$ 不等，但生产运行都正常。这说明传统的介质桶有效容积偏大，计算方法值得进一步探讨。

【实例】离柳矿区××选煤厂设计，在利用式（6-16）计算合格介质桶的有效容积时，作了减小合格介质桶的有效容积的探讨和尝试。

需要特别说明的是，V_2 不是按式（6-16）要求的达到允许的高液位时的体积数计算，而是按允许的低液位（一般应不低于合格介质泵要求的入料压头，多取距介质桶底高 $1.0 \sim 1.5\ \mathrm{m}$）的体积数计算。计算结果，合格介质桶的有效容积约为 $20\ \mathrm{m}^3$，比传统合格介质桶的容积小得多。考虑到生产实际波动情况，乘以 1.3 系数后，设计合格介质桶的体积取 $26\ \mathrm{m}^3$。生产实践证明是可行的，取得了良好正常的运行效果。分析原因如下：

——重介质分选系统在开车前，因上次停车时，分选设备、输送介质管道、溜槽的悬浮液量和从稀介质回收的浓介质，已全部退回合格介质桶。开车前还要加够一个生产班所需的补充介质，故在开车前介质桶一般处于高液位。

——在开车后正常生产时，因介质桶内的大部分悬浮液量（包括 V_1、V_3、V_4）已被介质泵输送出去，桶内液位一般都低于高液位。随着开车时间的推移，介质桶的液位将逐渐降低至允许的低液位。

所以式（6－16）中 V_4 的体积量除考虑停车后从稀介质回收系统可能进入的浓介质量外，还应将一个生产班所需的补充介质体积量包括进去。这样，V_2 按允许的低液位考虑体积量就比较合理了。系数 k 的取值也应因地制宜确定。

上述计算合格介质桶有效容积的新思路仅供参考。

2）介质桶的充气搅拌

为使介质桶内悬浮液的密度均匀稳定，开车前需要将介质桶内的悬浮液进行搅拌，一般采用在介质桶的锥体下部介质泵入料管靠近介质桶处开设 2~4 条直径为 25 mm 的风管，一般悬浮液搅拌风压为 100 ~ 400 kPa（1 ~ 4 kg/cm²）；搅拌风量每吨悬浮液为 0.1~0.2 m³/min，一般取 0.16 m³/min。

5. 混合桶

有压入料重介质旋流器采用泵直接给料，即将煤和介质一起送进混合桶，经泵输入旋流器。这种给料方式的关键是混合桶和泵的选择。我国曾借鉴美国混合桶的结构，如图 6－2 所示。混合桶是由外锥形桶和中心给料管两部分组成。来自弧形筛、脱介筛的合格介质及介质回收系统的介质，通过溜槽或管路分成两部分进入混合桶。一部分介质与煤一起进入装在混合桶内的中心管，且要求有一定的速度，使煤和介质混合，防止煤中轻密度物料停留在中心管液面上；另一部分介质送到中心管外。中心管内煤与介质的混合物与中心管外的介质一起由泵打入旋流器。

混合桶的计算按下列步骤进行。

（1）确定直径：

$$D_1 = 30 \sqrt{Q} \tag{6－18}$$

$$D_2 = \sqrt{2}D_1 = 42 \sqrt{Q} \tag{6－19}$$

式中　D_1——中心管直径，mm；

　　　D_2——混合桶出口处圆柱段的直径，mm；

　　　Q——泵的扬量，m³/h。

（2）确定总容积和高度。求得 D_1、D_2 后，按锥角等于 60°，由已知的工作容积（储备容积）V_4 和介质系统容积 V_2（图 6－2）可得到混合桶的高度及上部直径。在锥体上部 300 mm 处设一层筛网，其上再富余 300 mm 的高度。则混合桶的总容积和高度就确定了。

由上述方法可以看出，确定泵的扬量和确定混合桶的容积是交错进行的，

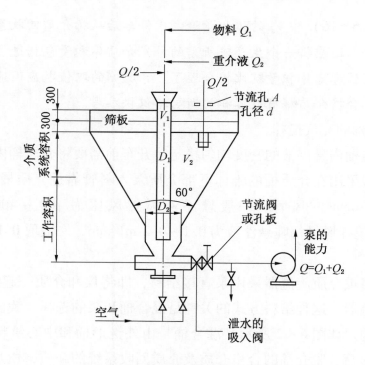

图 6-2 混合桶计算示意图

先根据总处理量确定扬量或容积两个参数之中的一个参数，然后再计算另一参数。选择个数时应考虑与旋流器配套布置的问题。

近年引进澳大利亚的模块化重介质选煤厂所采用的混合桶结构十分简单，容积很小。经生产实践证明实用有效，值得借鉴。

6. 合格介质泵

合格介质泵的选型十分重要，它是重介质旋流器工作条件的重要组成部分，重介质旋流器分选所必需的循环介质量和工作压力，就是由合格介质泵负责提供的。所以，重介质旋流器分选效果的好坏与合格介质泵选型是否合理密切相关。

1）无压入料重介质旋流器的合格介质泵选型

无压入料重介质旋流器所需重悬浮液循环量大，进入旋流器的重悬浮液与入选煤量的比值一般为 5：1，有的高达 6：1。旋流器要求重悬浮液入口压力高，动力消耗大，按照传统的经验，重介质旋流器的重悬浮液入口压力一般为

$$p = \frac{(9 \sim 12)\rho_i D_i}{10^5} \qquad (6-20)$$

式中 p——悬浮液入口压力，MPa；

ρ_i——重悬浮液密度，kg/m³；

D_i——三产品重介质旋流器第一段旋流器直径，m。

例如：当第一段旋流器直径为 1.2 m，重悬浮液密度 $\rho = 1450$ kg/m³ 时，要求悬浮液的入口压力应为

$$p = \frac{(9 \sim 12) \times 1450 \times 1.2}{10^5} = 0.157 \sim 0.209 \text{ MPa}$$

但有些选煤厂，重悬浮液的入口压力值需提高至 0.25 MPa 以上才能保证正常分选。一般规律是入选物料越细，需要压力越高，选择泵的时候要充分注意入选物料的粒度组成。

下面仅以 $\phi1200/850$ mm 无压入料三产品重介质旋流器所配套的合格介质泵为例，具体说明在不同情况下合格介质泵选型应该注意的问题。

（1）首先确定 $\phi1200/850$ mm 无压入料三产品重介质旋流器合理的工作参数：循环悬浮液量 $Q = 1300 \sim 1600$ m³/h，工作压力 $p = 0.16 \sim 0.18$ MPa。

（2）其次要确定合格介质泵是否配置调速装置，常用的调速装置有变频调速器和液力偶合器两种。

①在设置调速装置的情况下合格介质泵的选型。为了使重介质旋流器适应煤质的波动变化，始终保持在最佳工艺参数条件下进行分选，往往要求合格介质泵的工作参数也能随时跟进重介质旋流器工艺参数设定值的变化。最好的办法就是为合格介质泵加设调速装置。由于调速装置只能在泵的已选定工作参数的条件下，通过降低泵的额定转速，达到减少流量，降低压头的目的。所以在设置调速装置的情况下，合格介质泵的流量、扬程等参数要选得大一些，以便为合理下调有关参数留下余地。在这种条件下，泵的流量宜取大值，即 1600 m³/h；泵的扬程在扣除布置几何高差和管道损失后，剩余压头（即重介质旋流器的入料压头，或称工作压头）宜高于 0.18 MPa，高出 2～4 m 水柱为宜。

②在不设调速装置的情况下合格介质泵的选型。鉴于变频调速器等调速装置设备价格不菲，特别是大型泵类配套的大功率高压电动机所需的变频调速器价格更贵（多在百万元以上），有的项目为了节省投资，往往不采用调速装置。在这种条件下合格介质泵的选型需格外慎重。泵的流量、扬程选小了不行，选大了则更麻烦，有关参数必须选得十分合适，这是旋流器分选成功的关

键。这时，泵的流量不宜大于 1500 m³/h；泵的扬程在扣除布置几何高差和管道损失后，剩余压头（即重介质旋流器的入料压头）宜略高于 0. 18 MPa，高出 1 ~ 2 m 水柱为宜。以便在合格介质泵出料管上设置小回流管，为实现简易调压留下点余地。

2）有压入料重介质旋流器混料介质泵的选型

在这种条件下，混料介质泵输送的是入选原煤与合格介质的混合物料，必须考虑泵的叶轮通道尺寸应能满足输送物料最大粒度的通过问题。在设计中不乏混料介质泵选型不当的实例教训。

【实例】陕西榆神矿区某矿选煤厂（4. 00 Mt/a），采用预脱泥有压入料三产品重介质旋流器（1450/1200 型）分选工艺，入选原煤粒度上限为 80 mm。因混料介质泵选型时仍按一般合格介质泵选型，未考虑泵的叶轮通道尺寸能否满足输送物料最大粒度 80 mm 的问题。叶轮通道尺寸不足 100 mm，泵经常被物料卡住，无法正常生产。结果只好另选 16/14 型沃曼泵（叶轮通道尺寸 235 mm）作为混料介质泵进行更换，问题才得以解决。

第四节　浮选设备选型

一、浮选设备的类型

按矿浆的充气方式不同，浮选机分为机械搅拌式和无机械搅拌式两类。

（1）机械搅拌式浮选机有叶轮吸气式、压气搅拌式、混合式 3 种。

（2）无机械搅拌式浮选设备又分为吸气式（如喷射旋流式浮选机、澳大利亚詹姆森浮选槽）、充气式（德国 KHD 公司普弗洛浮选槽）、气体析出式（如浮选柱、浮选床）3 种。

二、浮选设备的工作原理

1. 叶轮搅拌式浮选机的工作原理

由于叶轮的高速旋转而形成负压，从叶轮上部吸入来自中心入料管的新鲜煤浆和从中心循环筒进入的循环煤浆，从叶轮下部吸入经假底的循环煤浆。同时，空气经套筒及中空轴的进气孔分别吸入到叶轮的上、下叶片中。浮选药剂从定子和中空轴的加药漏斗给入，经喷嘴乳化成气溶胶进入叶轮。在双偏摆叶轮的强烈搅拌、碾压及扩散等作用下基本实现气泡与煤粒的矿化作用。煤浆被叶轮甩出后，经定子导流叶片和假底稳流板疏散导流，气泡与煤粒继续碰撞，最终完成矿化作用。矿化气泡上浮，富集于浮选槽上部形成精煤泡沫层，由刮泡器刮出。部分未矿化的煤浆可经叶轮多次循环继续矿化。而大部分矿浆则从槽体侧壁的孔洞进入中矿箱，经中心入料管进入第二个浮选槽重复上述浮选过程。最后，从尾部槽体的尾矿箱排出的矿浆作为尾煤。

2. 喷射旋流式浮选机的工作原理

喷射旋流式浮选机没有机械搅拌机构，利用喷射、旋流的作用原理，实现煤浆充气与矿化。循环煤浆经泵以 $\geqslant 0.22$ MPa 压力进入带螺旋导流叶片的锥形喷嘴，以约 17 m/s 的高速喷出，喷出后的射流压力急剧下降，在喷射器混合室中产生负压（负压程度可达 6×10^4 Pa），吸入空气，同时在高速射流的冲击和切割下，吸入的气流与浮选药剂被粉碎与乳化，所以形成的气泡直径比机械搅拌式浮选机小。混合后的煤浆借助余压切线进入旋流器，在离心力场作用下气泡与煤粒继续碰撞，并从旋流器底流口呈伞状旋转甩出，进入浮选槽，完成矿化作用。由于微泡（直径 $20 \sim 40$ μm）有很大的比表面积，增加了三相接触周边，使煤粒与气泡黏着速度和黏着力大大增加，从而强化气泡矿化过程，特别有利于较粗粒级煤泥的浮选。我国开发的 FJC 系列喷射旋流式浮选机的单位充气量（$1.0 \sim 1.3$ m$^3 \cdot$ m$^{-2} \cdot$ min^{-1}）、充气均匀系数（$88\% \sim 91\%$）、浮选槽单位体积煤浆处理能力（9.8 m$^3 \cdot$ m$^{-3} \cdot$ h^{-1}）等指标均比较先进。

3. 充气式浮选槽的工作原理

充气式浮选槽的代表机型是德国 KHD 公司开发的普浮乐充气式浮选机（PNEUFLOT），其主要工艺特点是，将浮选过程的药剂给入和弥散、输入矿浆、吸入空气、微化气泡、气泡矿化、分离泡沫产品等多步重要的工艺步骤分开实施，互不干扰。

利用文丘里原理，通过自吸式空气反应器（即矿化器，KHD 公司专利）将所需的空气吸入、切割以形成微泡混入矿浆中，充气量可达 $4 \sim 5$ m^3/（m$^2 \cdot$ min）。新一代自吸式空气反应器采用新型耐磨陶瓷材料，煤浆通过断面的孔径 > 20 mm，远大于浮选煤颗粒的粒度（0.5 mm），可有效防止老式喷嘴易堵的问题。

自吸式空气反应器产生的密集的微化气泡极易附着在疏水矿物颗粒上。气泡附着在矿物颗粒上（气泡矿化）的动能是通过给料离心泵产生的（给料压头 2 ~ 2.5 kg/cm²），同时也对药剂进行弥散处理。

矿化后的煤浆通过槽体底部圆形矿浆分配盘呈细柱状垂直向上喷入浮选槽，浮选槽的作用是分离物料、收集泡沫及排除尾矿。

在浮选槽上部设有中空锥形斗，用以对精矿泡沫层厚度和浮选槽液面的稳定进行微调：锥形斗上调，浮选槽液位升高，泡沫层变宽、变薄，泡沫溢流量增加，精矿灰分升高；锥形斗下调，浮选槽液位下降，泡沫层变窄、变厚，泡沫溢流量减少，精矿浓度提高、灰分降低。精矿浓度高是普浮乐充气式浮选机的一大特点，有利于精矿过滤脱水。

浮选尾矿排出量的多少，可通过调节尾矿箱液位高低得以实现。

4. 浮选柱的工作原理

静态微泡浮选柱的结构主要包括微泡发生器、旋流段、浮选段 3 部分，浮选段又分为捕收矿化区、泡沫精选区。微泡发生器是浮选柱实现分选的关键部件，其工作原理是利用泵将循环矿浆加压至 0.1 MPa（压力比喷射旋流式浮选机小）喷射进入微泡发生器，并同时完成吸入空气、混合乳化浮选药剂、粉碎气泡多重作用。由于浮选柱的微泡发生器直径小、数量多，通过压力释放析出的微泡细小而量大，分散度高，因而充入同样的空气量可产生更大的气液界面，与煤粒就有更多的接触机会，而且可产生多个细小微泡黏着于一颗煤粒的气絮团，从而减少了气泡与煤粒脱离的概率。含气、固、液三相初步矿化的煤浆沿切线高速进入旋流段，在离心力与向心曳力的合力作用下微泡和已矿化的气絮团向旋流中心运动，并在浮力的作用下迅速上升至浮选段。在上升过程中，微泡与上部给入的新鲜煤浆逆向碰撞，增加接触黏附的概率，有利于实现矿化，也有利于清除矿化的气絮团夹带的高灰泥质，提高浮选的选择性，从而完成分选。矿化的气絮团上升到柱体上部泡沫精选区，因聚集的精煤泡沫层较厚，并加喷淋水，均有利于精煤的灰分进一步降低。需要指出的是，旋流段的另一个作用是对在浮选段未及时分选而落下的煤粒进行扫选，以提高精煤产率。浮选柱工作原理的最大特点是对细泥浮选的选择性好。

三、主要浮选设备的性能

（一）一般浮选设备的技术性能

一般浮选设备的处理能力，在《设计规范》5.4.1 条中给出了相关的参照指标，转录见表 6－17。

表 6-17　浮选设备处理能力

设 备 类 型	处 理 能 力	
浮 选 机	按干煤泥计/($t \cdot m^{-3} \cdot h^{-1}$)	0.5 ~ 0.9
	按矿浆通过量计/($m^3 \cdot m^{-3} \cdot h^{-1}$)	7 ~ 12
浮 选 柱	按干煤泥计/($t \cdot m^{-2} \cdot h^{-1}$)	1.5 ~ 2.5
	按矿浆通过量计/($m^3 \cdot m^{-2} \cdot h^{-1}$)	20 ~ 30

注：1. 浮选机处理能力是按浮选机总容积计算的单位体积的能力。

2. 浮选柱处理能力按圆柱断面面积计算，矩形柱（浮选床）按其内切圆的断面面积计算。

3. 入浮浓度 80g/L 以下时，宜以矿浆处理能力为选型指标，以干煤泥处理能力为选型校核指标。

4. 易浮煤取偏大值，低入料浓度取偏大值。

（二）国内外新浮选设备的技术性能

1. XJM-S 型机械搅拌式浮选机

在 XJX 型研制的基础上，吸取国外浮选机的优点，设计出结构合理，浮选效果好，占地面积小，维修方便且能耗低的 XJM-S 型浮选机。其技术性能见表 6-18。

表 6-18　XJM-S 型系列浮选机的技术性能

技 术 参 数	型　号				
	XJM-S8	XJM-S12	XJM-S14	XJM-S16	XJM-S20
单槽容积/m^3	8	12	14	16	20
单位处理能力/($t \cdot m^{-3} \cdot h^{-1}$)	0.6 ~ 1.2	0.6 ~ 1.2	0.6 ~ 1.2	0.6 ~ 1.2	0.6 ~ 1.2
充气速率/($m^3 \cdot m^{-2} \cdot min^{-1}$)	0.8 ~ 1.2	0.8 ~ 1.2	0.8 ~ 1.2	0.8 ~ 1.2	0.8 ~ 1.2
搅拌电动机功率/kW	22	30	30	37	45
刮板电动机功率/kW	1.5	1.5	1.5	2.2	2.2
系统外形尺寸（长×宽×高)/(m×m×m)	10.56×2.75×2.96	12.26×3.12×3.25	13.20×3.27×3.31	14.18×3.45×3.43	—

2. 普浮乐充气式浮选机

普浮乐充气式浮选机系德国 KHD 公司开发的浮选设备，设备本身无动力，需配套入料泵。由于浮选实践的需要，一般需设二段串联运转。其技术性能见表 6-19。

表 6 - 19　普浮乐（PNEUFLOT）充气式浮选机的技术性能

技 术 参 数	型　号			
	φ2.5 m	φ3 m	φ4 m	φ5 m
槽体直径/m	2.5	3.0	4.0	5.0
单槽容积/m³	6	12	25	53
生产能力/(m³·h⁻¹)	70～150	150～300	300～600	600～900
充气速率/(m³·m⁻²·min⁻¹)	4～5	4～5	4～5	4～5
入料压力/(kg·cm⁻²)	2～2.5	2～2.5	2～2.5	2～2.5
入料浓度/(g·L⁻¹)	80～100	80～100	80～100	80～100
精矿浓度/(g·L⁻¹)	300	300	300	300
入料泵电动机功率/kW				130

3. 短柱微泡吸气式浮选机

我国长沙开通科技有限公司自主开发的 WPF - 5000 型短柱微泡吸气式浮选机的主要技术性能见表 6 - 20。

表 6 - 20　WPF - 5000 型短柱微泡吸气式浮选机的主要技术性能

技 术 性 能	单　位	指　标
入料粒度	mm	＜0.5
入料浓度	g/L	60～140
矿化器工作压力	MPa	0.2～0.4
充气压力	MPa	0.1～0.2
矿浆处理量	m³/(h·台)	600～800
干煤泥处理量	t/(h·台)	50～80
浮选精煤抽出率	%	83.3～81.4
尾煤灰分	%	＞35
药剂耗量	kg/t	1.1～1.2

4. 浮选柱（床）

浮选柱（床）的处理能力可参考表 6 - 21 的指标，但生产实践表明，浮选柱（床）的处理能力远达不到表 6 - 21 的指标，仅能达到表中指标的 65% ～ 70%。浮选柱（床）的处理能力偏小是其主要弱点，在设计选型时宜谨慎。

表 6 – 21　浮选柱（床）的技术特征（参考值）

尺　寸	处　理　能　力		备　　注
	干煤泥量/(t·h⁻¹·台⁻¹)	矿浆量/(m³·h⁻¹·台⁻¹)	
6 m×6 m	50～70	600～800	配泵 130 kW 2 台
3 m×6 m	25～35	400～450	
ϕ3 m	15～20	200～300	尾煤灰分≤45% 时，尾煤灰分越高，处理量越小
ϕ1.5 m			

四、浮选设备选型计算

1. 用单位容积负荷定额或单台处理能力计算浮选机台数

（1）当浮选流程为浓缩浮选时，或入浮矿浆浓度大于 80g/L 时，应使用单位容积所能处理的干煤泥量 q 来计算所需浮选机台数，即

$$n = \frac{kQ}{k_\mathrm{v}Vq} \qquad (6-21)$$

式中　n——所需浮选机台数，台；

　　　k——物料不均衡系数；

　　　Q——浮选机入料量，干煤泥 t/h；

　　　k_v——有效容积利用系数，一般取 $k_\mathrm{v}=0.85$；

　　　V——浮选机总容积，m³；

　　　q——浮选机单位容积所能处理的干煤泥量（按表 6 – 17 选取），t/(m³·h)。

（2）当浮选流程为直接浮选时，或入浮矿浆浓度小于 80g/L 时，应采用单台浮选机通过的矿浆量来计算设备台数，即

$$n = \frac{k_1 W + \dfrac{k_2 Q}{\delta}}{qV} \qquad (6-22)$$

式中　n——所需浮选机台数，台；

　　　k_1——水量的不均衡系数；

　　　k_2——干煤泥量的不均衡系数；

　　　W——水量，m³/h；

Q——干煤量，t/h；

δ——煤泥真密度；

q——浮选机单位容积所能通过的矿浆量（按表 6 - 17 选取），$m^3/(m^3 \cdot h)$；

V——浮选机总容积，m^3。

2. 用煤泥浮选的试验资料计算浮选机台数

（1）根据需要处理的干煤泥量，计算矿浆可能的通过量 W_1：

$$W_1 = \frac{k_1 Q (100 - P)}{P} + \frac{k_2 Q}{\delta} \tag{6 - 23}$$

式中　k_1——水量的不均衡系数；

　　　k_2——干煤量的不均衡系数；

　　　P——入料的质量百分浓度，% ；

　　　Q——该作业环节所处理干煤泥量，t/h；

　　　δ——煤的真密度。

（2）计算所需浮选机总的室数 n_1：

$$n_1 = \frac{t W_1}{60 V k_v} \tag{6 - 24}$$

式中　n_1——浮选机总的室数，室；

　　　t——矿浆在浮选机中停留时间，按试验时间的 2.5 倍计算，min；

　　　W_1——由式（6 - 23）计出的矿浆量，m^3/h；

　　　V——浮选机单室容积，m^3；

　　　k_v——浮选机有效容积利用系数，一般取 0.75 ~ 0.85。

（3）计算所需浮选机台数 n：

$$n = \frac{n_1}{n_1'} \tag{6 - 25}$$

式中　n_1——由式（6 - 24）算出的浮选机的总室数，室；

　　　n_1'——选定的单台浮选机室数，室。

单台浮选机室数应根据入料浓度、浮选浓度、可浮性及对产品质量的要求选定。一般直接浮选采用四室浮选机。

3. 浮选柱（床）的选型计算

浮选柱（床）的处理能力可按表 6 - 17 选择，不同情况下浮选柱（床）

台数可对照式（6-23）和式（6-24）计算，将式中体积改成面积即可。

浮选柱（床）的所需台数也可按单台干煤泥处理量或单台矿浆通过量计算，即

$$
\begin{cases}
n = \dfrac{kQ}{Q_e} \\[4mm]
n = \dfrac{k_1 W + \dfrac{k_2 Q}{\delta}}{Q_e}
\end{cases}
\tag{6-26}
$$

式中符号意义同前。

Q_e 可参考表6-21列出的指标选取或采用厂家提供的保证值。

第五节　其他分选设备选型

一、其他分选设备的类型及工作原理

其他常用的选煤方法如：螺旋分选机、摇床、干扰床、水介质旋流器、螺旋滚筒分选机、复合式干选机等的分选原理及其特点在第四章中已有叙述，这里不再赘述。

二、其他分选设备的性能

其他分选设备的处理能力，在《设计规范》5.5.1条中给出了相关的参照指标，转录见表6-22。

表6-22　其他分选设备处理能力

作业名称	粒度/mm	入料浓度/%	入料水分/%	处理能力/$(t \cdot m^{-2} \cdot h^{-1})$
摇床	0~6	30~40	—	0.5~1.0
	0~1	30~35	—	0.25~0.4
螺旋分选机	0~3	30~40	—	2.5~4.0
复合式干选机	0~50（70）	—	<7	8~10

注：1. 摇床的处理能力为单层单位面积的处理能力。

2. 螺旋分选机的处理能力为公称直径下单头单位投影面积的处理能力。

（1）目前我国生产的复合式干法分选机有 FGX、FX、ZZFX 等系列。表 6-23 仅列出了部分 FGX 复合式干法分选机系列的规格和性能指标（注意其功率包括附机）。配套振动混流干燥设备规格参数见表 6-24。

表 6-23　部分 FGX 复合式干法分选系列的规格和性能指标

参　数	型　号				
	FGX-9	FGX-12	FGX-18A	FGX-24	FGX-48
入料粒度/mm	80~0	80~0	80~0	80~0	80~0
入料外在水分/%	<9	<9	<9	<9	<9
处理能力/(t·h⁻¹·台⁻¹)	75~90	90~120	150~180	180~240	480
分选数量效率/%	>90	>90	>90	>90	>90
系统总功率/kW	274.04	328.04	499.71	650.41	1300.82
系统外形尺寸/(m×m×m)	12.9×12×9.5	14.2×13.2×9.6	18.6×14.2×9.5	19.1×14.5×11.7	25.4×20.9×11.7

表 6-24　SZ 振动混流干燥系统设备规格参数

参　数	床面面积/(m×m)			
	1.2×2.5	2.0×4.0	2.5×5.0	4.0×10.0
入料粒度/mm	50~0	50~0	50~0	50~0
处理能力/(t·h⁻¹·台⁻¹)	30~40	60~80	120~150	200~250
热风量/(Nm³·h⁻¹·台⁻¹)	19500~39000	39000~78000	78000~156000	200000~360000
入口气体温度/℃	≤200	≤200	≤200	≤200
物料出口温度/℃	<50	<50	<50	<50
加热方式	热风	热风	热风	热风

（2）LZT18/90 型自生介质螺旋滚筒分选机性能指标见表 6-25。

（3）部分摇床的技术特征见表 6-26。

（4）我国研制的 WOC 型水介质旋流器技术规格和处理能力见表 6-27。

表 6 - 25　LZT18190 型自生介质螺旋滚筒分选机性能指标

项目名称	入料粒度/mm	处理能力/ (t·h⁻¹·台⁻¹)	滚筒直径/mm	滚筒长度/mm	安装倾角/(°)
数　值	6 ~ 100	80 ~ 120	1800	9000	8 ~ 10
项目名称	滚筒转速/ (r·min⁻¹)	电动机型号	电动机功率/ kW	外形尺寸/ (mm × mm × mm)	总重/t
数　值	8 ~ 20	Y160L - 4	15	9000 × 2530 × 2730	43.628

表 6 - 26　部分摇床技术特征

项　目	座式单层摇床	座式双层摇床	QYC 悬挂式 三层	XLY 悬挂式 四层	SXLY 悬挂式 双联四层
频率/min⁻¹	270 ~ 300	260 ~ 300	270 ~ 340	250 ~ 330	250 ~ 330
冲程/mm	12 ~ 30	10 ~ 22	6 ~ 24	10 ~ 22	12 ~ 24
床头总面积/m²	9.2	8.7 × 2	5.95 × 3	6.8 × 4	13.6 × 4
入料粒度/mm	1 ~ 0（煤泥） 12 ~ 0（末煤）	13 ~ 0（末煤） 1 ~ 0（煤泥）	13 ~ 0（末煤） 1 ~ 0（煤泥）	3 ~ 0（黄铁矿） 1 ~ 0（煤泥）	13 ~ 0（末煤） 1 ~ 0（粗煤泥） 3 ~ 0（黄铁矿）
处理能力/ (t·h⁻¹·台⁻¹)	8 ~ 15（末煤） 1.5 ~ 2.5 （煤泥）	16（末煤） 6 ~ 8 （粗煤泥）	4 ~ 7 （粗煤泥）	6 ~ 10（洗矸 中回收硫） 10 ~ 15 （粗煤泥）	30 ~ 40（末煤） 15 ~ 20（粗煤泥） 10 ~ 16（矸中 回收硫）
外形尺寸 （长×宽×高）/ (mm × mm × mm)	4318 × 2134 × 1324	5640 × 2353 × 1035	5725 × 2020 × 2950	5300 × 3078 × 3180	9804 × 3200 × 2790

表 6 - 27　WOC 型水介质旋流器技术规格

旋流器 直径/mm	锥体 角度/(°)	入料粒度/ mm	体积流量/ (m³·h⁻¹·台⁻¹)	处理能力/ (t·h⁻¹·台⁻¹)	入料 压力/Pa
200	75.9	0.5 ~ 0	30 ~ 35	5 ~ 8	9.8 × 10⁴ ~ 14.7 × 10⁴
300	75.9	13 ~ 0	80 ~ 120	10 ~ 15	9.8 × 10⁴ ~ 14.7 × 10⁴
500	75.9	25 ~ 0	150 ~ 250	30 ~ 40	9.8 × 10⁴ ~ 14.7 × 10⁴

三、其他分选设备选型计算

（一）复合式干法分选机选型计算

1. 按单位面积负荷定额指标计算

《设计规范》5.5.1 条规定的复合式干法分选机按单位面积负荷定额指标选型的参数转录见表 6-28。可参照式（6-1）和式（6-2）进行应选台数计算。

2. 按单台设备处理量指标计算

复合式干法分选机选型台数计算，也可按下式进行计算：

$$n = \frac{kQ}{Q_e} \qquad (6-27)$$

式中　　n——所需设备台数，台；

　　　　k——物料不均衡系数；

　　　　Q——入料量，t/h；

　　　　Q_e——设备处理量，可参考表 6-23 列出的指标选取或采用厂家提供的保证值，t/(h·台)。

（二）螺旋滚筒分选机选型计算

自生介质螺旋滚筒分选机可按单台设备处理量指标，参照式（6-27）进行选型计算，式中设备处理量（Q_e）可参考表 6-25 列出的指标选取或采用厂家提供的保证值。

（三）摇床选型计算

1. 按单位面积负荷计算摇床台数

$$n = \frac{kQ}{qF'} \qquad (6-28)$$

式中　　n——所需摇床台数，台；

　　　　k——物料不均衡系数；

　　　　Q——入料量，t/h；

　　　　F'——选定摇床面积，m^2；

　　　　q——单位面积负荷，按表 6-22 选取，t/(m^2·h)。

2. 按单台设备处理量指标计算摇床台数

摇床台数可按单台设备处理量指标，参照式（6-27）进行选型计算，式中设备处理量（Q_e）可参考表 6 - 26 列出的指标选取或采用厂家提供的保证值。

（四）螺旋分选机选型计算

螺旋分选机的选型根据每头单位投影面积处理能力指标计算，即

$$n = \frac{kQ}{iqF'} \tag{6-29}$$

式中　n——所需设备台数，台；

k——物料不均衡系数；

Q——入料量，t/h；

i——选定的螺旋分选机头数，头；

q——每头单位投影面积处理能力，按表 6 - 22 选取，t/（m² · h）；

F'——选定螺旋分选机的单头投影面积，m²。

（五）水介质旋流器选型计算

水介质旋流器可按单台设备处理量指标，参照式（6 - 27）进行选型计算，式中设备处理量（Q_e）可参考表 6 - 27 列出的指标选取或采用厂家提供的保证值。

第六节　筛分设备选型

一、筛分设备的类型

筛分设备是选煤厂使用最多的工艺设备之一，通常按筛面结构和运动形式分类。主要有固定筛、辊轴筛、滚筒筛、摇动筛、振动筛、高频振动筛及其他筛分机 7 类。

（一）固定筛

固定筛包括平面固定筛（格筛、棒条筛、条缝筛）和弧形筛等。

1. 平面固定筛

1）格筛

格筛多用于受煤坑、受煤槽（漏斗）的上部，限制原煤中的过大块。一般安装呈水平或略有倾角。筛孔一般为 200～300 mm，多为矩形。

2）棒条筛

棒条筛多用于特大块物料的预先筛分，安装倾角为 35°~40°。筛孔一般不小于 50 mm。

3）条缝筛

条缝筛一般用于振动脱水（脱介）筛前，用作预先泄水、泄介。筛孔一般为 0.5~1 mm。

2. 弧形筛

在选煤厂应用非常广泛，主要用于末煤和煤泥的预先脱水、脱泥及脱介。近年来与分级旋流器一起用作浮选前分级和粗煤泥回收设备。为了延长弧形筛的寿命，生产了可翻转弧形筛，在生产中每隔一定时间，便将弧形筛掉转方向，以便均衡磨损。为了提高弧形筛的效率，目前有振动弧形筛问世并投入使用。目前系列化生产的弧形筛有 FH、DZH、XM 和 R 系列等。

（二）辊轴筛

传统的辊轴筛筛面是由一组带有星轮的辊轴横向（垂直筛上料流）排列而成，通过传动链或齿轮带动辊轴同向转动，靠星轮拨动、运送物料，完成筛分。筛面多呈 12°~15°倾斜安装。

新型螺旋筛也属辊轴筛范畴，辊轴顺煤流纵向排列，轴上带有螺旋，辊轴转动，螺旋推动物料向前运动，完成筛分。辊轴筛多用于原煤预先筛分。

（三）滚筒筛

滚筒筛筛面为圆柱面或圆锥面，且多呈 3°~5°，通过筒形筛面转动，完成筛分。可用于粗、中粒物料的筛分、脱水。因筛分效率低、处理能力小，现已很少采用。

（四）摇动筛

摇动筛是一种比较古老的筛型，靠筛面差动运动运送物料，完成筛分。因筛分效率低、处理能力小，现已很少采用。

（五）振动筛

振动筛靠筛箱较高频率振动松散运送物料，完成筛分。按筛面运动的轨迹不同，主要分为圆振动筛和直线振动筛两种类型。

1. 圆振动筛

圆振动筛按工作时激振器轴的几何中心在空间的位置变与不变分为限定中心式与自定中心式。现在使用多为自定中心式，代表机型有 DD 型和 ZD 型，

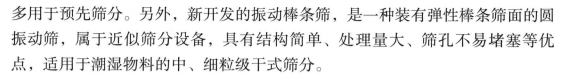

多用于预先筛分。另外，新开发的振动棒条筛，是一种装有弹性棒条筛面的圆振动筛，属于近似筛分设备，具有结构简单、处理量大、筛孔不易堵塞等优点，适用于潮湿物料的中、细粒级干式筛分。

2. 直线振动筛

直线振动筛可用于预先筛分、准备筛分、最终筛分、脱水、脱泥、脱介等各种筛分作业，是目前选煤厂使用最多的筛分设备类型。按筛面形式不同，直线振动筛又可分为水平式和倾斜式。

1）水平式直线振动筛

水平式直线振动筛具有水平筛面，根据参振方式不同又可分为自同步型（惯性振动系统中两偏心重间无强迫联系，自动追随同步，代表机型有 ZK 型、DS 型、ZS 型、ZKP 型）和强迫同步型（双不平衡重间由齿轮强迫联系，多为双电机拖动，代表机型有 ZKS 型）。

2）倾斜式直线振动筛

倾斜式直线振动筛（或称等厚筛、香蕉筛），具有变角度筛面，代表机型有我国开发的 ZD 型等厚筛。澳大利亚、美国制造的香蕉筛因其性能比国产的好，目前在我国选煤厂设计中采用较多。

（六）高频振动筛

高频振动筛是一种以高频率、高振动强度为特征的振动筛。适用于 0.5 mm 以下细粒物料的湿式分级与固、液分离（如粗煤泥回收）。可分为高频圆振动筛和高频直线振动筛两种类型。

1. 高频圆振动筛

高频圆振动筛工作频率为 30～50 Hz，采用高开孔率复层筛面，被称为"三明治"筛网，开孔率达 36%，防堵孔效果好。代表机型有近年我国开发的 GPS 型高频振动筛。

2. 高频直线振动筛

高频直线振动筛工作频率为 20～25 Hz，使用不锈钢或聚氨酯楔形条缝筛面。代表机型有我国开发的 GZ 型和 GZT 型。

（七）弛张筛

利用弹性筛面的弛张运动来抛掷物料的筛分机称作弛张筛。近年来在我国选煤厂设计中使用弛张筛进行细粒级深度分级筛分和选前预脱粉的设计实例越来越多，其独特的工作原理、优越的性能、突出的效果逐渐被人们所认识。弛张筛对黏湿物料和粉末物料进行筛分的特殊优势，是其他筛分设备所不可比拟的，备受青睐。

弛张筛种类很多。有直线运动水平筛面；直线运动倾斜筛面；直线运动香蕉形筛面；各类弛张筛均有单层或双层之分。

（八）其他筛分机

其他筛分机包括旋转概率筛、振动（或无振动）离心筛等，这些筛分机的结构形式、运动形式及工作原理都比较特殊，适用于特定的工况。

二、筛分设备的工作原理

鉴于筛分设备种类繁多，工作原理多有差异，篇幅所限，不能一一尽述，只能重点阐述目前选煤厂使用最多的几种振动筛的工作原理。

1. 自定中心圆振动筛的工作原理

胶带轮偏心式自定中心振动筛的主轴中心与轴承中心在同一直线上，胶带轮与不平衡轮上的轴孔有偏心，轴孔中心与偏心块质心分别布置在胶带轮轮缘几何中心两侧，并且三者布置在一条直线上。筛分机工作时，胶带轮几乎不参振，从而消除了胶带时松、时紧现象。这样自定中心振动筛的振幅就可以设计得大一些，筛分效果也可提高。

2. 直线振动筛的工作原理

筛分过程是由沉降和透筛两个阶段组成。直线振动筛（包括水平式直线振动筛和倾斜式直线振动筛）主要是靠等质量（$m_1 = m_2$）的双偏心振动器中两偏心重作同步异向旋转产生的直线振动进行工作。与筛面成 45°左右的激振力使物料在筛面上作连续的斜上抛运动，物料在抛起时被松散，下落过程形成小颗粒物料的重力透隙现象，即为沉降阶段。下落物料在与筛面相遇的碰撞中使液体或小颗粒透筛，即为透筛阶段。较强的运动参数（抛掷强度）有助于强化筛分过程，使小颗粒尽快沉降，有利于小颗粒透筛。

抛掷强度是表征筛子振动性能的重要指标。直线振动筛的抛掷强度计算式为

$$K_V = \frac{A\omega^2 \sin\alpha}{g\cos\beta} = \frac{4\pi^2 n^2 A \sin\alpha}{3600 g\cos\beta} = 112 \times 10^{-5} n^2 A \frac{\sin\alpha}{\cos\beta} \qquad (6-30)$$

$$\omega = \frac{2\pi n}{60}$$

式中　K_V——筛子的抛掷强度；

　　　A——筛子的振幅，m；

　　　ω——激振器角速度，rad/s；

　　　n——激振器转速，r/min；

　　　α——筛子的安装倾角，(°)；

　　　β——筛子振动直线轨迹与水平面夹角，(°)。

倾斜式直线振动筛（俗称香蕉筛）是单机实现等厚筛分的设备。所谓等厚筛分是指在薄料层中进行，并以筛上物料层高度均衡或渐增为特点的新型筛分技术。它具有料层连续、抛掷强度大、筛分效率高、单位面积处理能力大、结构紧凑、维修量低等优点。与水平式直线振动筛相比，等厚筛用于干、湿法深度筛分具有明显的优势。主要表现在以下三方面：

（1）等厚筛分降低了物料层厚度，改善对筛面的给料状况，从而可充分发挥筛孔的透筛潜力。通常水平式直线振动筛分物料运动速度仅为 0.3～0.5 m/s，料层厚度往往达到 300 mm，筛孔实际透筛量仅达到筛孔透筛能力的25%，这是水平式直线振动筛分处理能力难以提高的原因之一。

而等厚筛分，物料进入大倾角筛面，运动速度高达 2.0～4.0 m/s，料层高度降低到水平式直线振动筛分的 1/4～1/5，小颗粒沉降速度加快了 3～4 倍。同时大量小颗粒含量高的物料被输送到筛面的中间部分，改善了筛面供料状况，故筛孔的平均透筛量提高到筛孔透筛能力的80%，从而使等厚筛的处理能力提高2.5倍。

（2）等厚筛通常沿筛长把筛面分成不同倾角的 3～5 个工作段。首段担负着分层、散料和易筛颗粒的主要透筛作用，为强化筛分过程，首段抛掷强度大 $K_V = 4.6\ g$；中部工作段也担负分层和主要透筛作用，抛掷强度 $K_V = 3.9\ g$；末段起检查筛分作用，抛掷强度取下限指标 $K_V = 3.3\ g$。等厚筛的上述结构与性能比较符合筛分机的不同工作段应具有不同的抛掷强度的要求。

（3）等厚筛首段运动速度高达 2.0～4.0 m/s，利用高速料流的冲刷能清除潮湿煤粉对筛面的附着，从而净化了入料段筛面，使大部分（75%）煤粉得以在该段透筛。因此，等厚筛比较适合对不同水分的物料实施深度筛分。然而通常水平式直线振动筛分物料运动速度低，仅为 0.3～0.5 m/s，潮湿煤粉一旦接触筛面就很快附着在筛面上，使筛丝变粗，开孔率下降，往往在 1 h 左右就能堵塞60%的筛孔，使筛分难以进行。

3. 高频直线振动筛的工作原理

矿浆通过给料箱靠自重沿切线方向均匀、定压给入筛子的弧形段，在弧形筛筛条的剪切和振动作用下，部分细粒物料和液体得以透筛脱出，故弧形段被称作高频筛的预脱水段，一般可脱出入料中1/3的水分。筛上固、液混合物料由筛面进入直线段的结合部后，因筛面呈向上倾斜角度，物料运动速度突然下降，使矿浆聚积形成滤层，在筛面高频振动作用下，液体和部分细泥不断透过滤层透筛脱出，筛上粗粒物料水分降低。

4. 弛张筛的工作原理

弛张筛的独特之处在于具有双重振动原理，即由主筛体的线性振动和浮动筛框的附加振动组成的双重振动系统。在振动过程中，具有弹性的聚氨酯筛板，以每分钟800次的频率反复做张紧、松弛运动，使筛上物料产生的加速度达到50 g，是重力加速度的50倍，不仅可有效防止黏湿物料黏滞筛板，而且可以防止细粒物料堵塞筛孔，显著提高了筛分效率，是其他筛分设备所不可比拟的。实践证明，弛张筛的分级（脱粉）粒度可降至3mm，筛分效率仍可达85%左右。

三、筛分设备的性能

在《设计规范》4.1.2、5.3.4、6.1.1等条款中，分别给出了主要筛分设备用于不同功能的筛分作业时（如干、湿法筛分，脱水，脱泥，脱介等）的处理能力、筛上物水分等相关参照指标，转录见表6－28～表6－30。

固定条缝筛、弧形筛单位面积泄水量参考指标，见表6－31。

表6－28　常用筛分设备的处理能力

设备名称	筛分方法	筛分效率 η/%	处理能力/$(t \cdot m^{-2} \cdot h^{-1})$ 筛孔尺寸/mm							
			100	80	50	25	13	6	1.5	1	0.5
圆振动筛	干法	>85	100~120	80~90	40~50	—	—	—	—	—	—
倾斜式直线振动筛	干法	>85	—	—	40~50	30~40	15~25	7~10	—	—	—
	干法	>60	—	—	—	40~50	20~30	10~15	—	—	—
	湿法	>85	—	—	—	—	—	14~20	12~18	10~15	7~10

表6－28（续）

设备名称	筛分方法	筛分效率 η/%	处理能力/$(t \cdot m^{-2} \cdot h^{-1})$ 筛孔尺寸/mm								
			100	80	50	25	13	6	1.5	1	0.5
水平式直线振动筛	干法	>85	—	—	30~40	15~20	7~10	4~6	—	—	—
		>60	—	—	—	20~30	10~15	7~10	—	—	—
	湿法	>85	—	—	—	—	—	12~16	10~14	9~12	6~8

注：1. 干法筛分的处理能力，当水分≥7%时取偏小值，当水分<7%时取偏大值。

2. 筛分效率和处理能力成反比，筛分效率高时处理能力低。

表6－29 脱水筛、脱泥筛的处理能力及筛上物水分

筛孔尺寸/mm	参数	指标		
		精煤脱水、分级	末精煤脱水、脱泥	粗粒煤泥脱水
13	处理能力/$(t \cdot m^{-2} \cdot h^{-1})$	14~20	—	—
	筛上物水分 M_f/%	8~10	—	—
1.0	处理能力/$(t \cdot m^{-2} \cdot h^{-1})$	—	9~15	—
	筛上物水分 M_f/%	—	12~15	—
0.5	处理能力/$(t \cdot m^{-2} \cdot h^{-1})$	—	6~10	3~5
	筛上物水分 M_f/%	—	13~18	18~23
0.35	处理能力/$(t \cdot m^{-2} \cdot h^{-1})$	—	—	1.5~2.5
	筛上物水分 M_f/%	—	—	23~28

表6－30 脱介筛的处理能力

名称	筛孔/mm	处理能力/$(t \cdot m^{-2} \cdot h^{-1})$		处理能力/$(t \cdot m^{-1} \cdot h^{-1})$		喷水量		喷水压力/MPa
		已脱泥	未脱泥	已脱泥	未脱泥	m^3/t	m^3/m	
块煤	0.5(1.5)	10~18	—	60~90	—	0.5~1.0	23~33	
混煤、末煤	0.5	5~9	4~7	30~45	24~36	1.0~2.0	35~50	0.15~0.3
	1.0	8~14	6~11	45~55	36~48			
	1.5	9~16	7~13	50~65	42~55			

表 6 - 31　固定条缝筛、弧形筛的单位面积泄水量（参考值）

设备名称	作 业 类 型	不同筛孔尺寸的单位面积泄水量/($m^3 \cdot m^{-2} \cdot h^{-1}$)			
		2 mm	1 mm	0.75 mm	0.5 mm
固定条缝筛	精煤脱水，块精煤、中煤、矸石脱介	80 ~ 100	50 ~ 70	40 ~ 60	30 ~ 40
弧形筛	末精煤脱水	—	120 ~ 140	70 ~ 90	50 ~ 60
弧形筛	粗煤泥脱水	—	100 ~ 120	60 ~ 80	40 ~ 50
弧形筛	末精、中、矸脱介	—	80 ~ 100	50 ~ 70	入料悬浮液的 60% ~ 80%

注：当作预先脱水脱介用时，弧形筛宽应比脱水筛宽小 150 ~ 200 mm。

四、筛分设备选型计算

选型计算的最终目的是要确定筛分机的型号和台数。

（一）振动筛分设备选型计算

1. 已知单位面积负荷定额，计算所需设备台数

1）确定所需筛面面积 F

$$F = \frac{kQ}{q} \tag{6-31}$$

式中　F——所需筛面面积，m^2；

　　　Q——入料量，t/h；

　　　k——不均衡系数（按前节规定选取）；

　　　q——单位负荷定额，按表 6 - 28 ~ 表 6 - 30 选取，表 6 - 28 所列为筛分作业的单位负荷定额，表 6 - 29 所列为筛分机用于脱水作业的单位负荷定额，表 6 - 30 所列为筛分机用于脱介作业时的单位负荷定额，并分别附有相应的工作条件，t/（$m^2 \cdot h$）或 t/（$m \cdot h$）。

2）确定所需台数

根据式（6 - 31）算出的面积 F 选择适用的型号后，用下式计算台数：

$$n = \frac{F}{F'} \tag{6-32}$$

式中　n——筛分机台数，台；

　　　F——所需筛面面积，m^2；

　　　F'——选用筛分机的有效面积，m^2。

2. 单位负荷未知情况下，计算所需设备台数

当单位负荷定额查不到时，或不便用其计算时，可由产品目录查出的单台处理量或按厂家提供的保证值计算所需设备台数。

$$n = \frac{kQ}{Q_e} \qquad (6-33)$$

式中　n——所需设备台数，台；

　　　k——物料不均衡系数；

　　　Q——入料量，t/h；

　　　Q_e——筛分设备处理量，t/(h·台)。

需要特别指出的是，筛分设备用于脱介作业，其选型相关因素较多，不能只按上述公式简单地计算所需脱介筛台数。除一般筛分设备选型所需要考虑的问题以外，还需要特殊考虑其他一些问题，请参见第三节中有关介质系统相关设备的选型与计算的相关论述。

（二）固定条缝筛选型计算

固定条缝筛面积由式（6-28）计算，式中单位负荷定额（q）应看作单位面积泄水量指标，由表6-31查出。面积确定后，需进一步确定其长和宽。一般来说，宽度应与入料溜槽相同，长度为筛宽的2倍。筛宽B还要以入料中最大块尺寸$d_{最大}$进行验算。当大块含量多时，$B \geq 3d_{最大}$；反之，$B \leq 2d_{最大} + 100$ mm。

第七节　破碎设备选型

一、破碎设备的类型

全国各选煤厂采用的破碎机种类众多，主要有齿辊式破碎机、分级破碎机、反击式破碎机、选择性破碎机、颚式破碎机、链板式破碎机及锤式破碎机等。

但目前在设计中采用最多的是齿辊式破碎机和分级破碎机，下面仅就这两种破碎机的特点分述如下。

1. 齿辊式破碎机

齿辊式破碎机在选煤厂应用广泛，常用的有四齿辊、双齿辊和单齿辊破碎机。目前生产的齿辊式破碎机有 PG、PC、PGC 及 GCQ 等系列。

齿辊式破碎机具有结构简单、工作可靠、生产能力大和破碎过程粉尘量少等优点。主要缺点是机齿磨损严重。应选用中碳合金钢制造的齿圈或齿面，以便可以使用硬质合金钢堆焊恢复其磨损部位。

破碎粒度较大、硬度较高的煤时，一般采用单齿辊破碎机。对块煤进行粗碎或要求破碎粒度较小时，可采用双齿辊破碎机或四齿辊破碎机。四齿辊破碎机破碎比可达6∶1。

2. 分级破碎机

近年来，对齿辊式破碎机进行改进，推出了分级破碎机，主要是增大齿辊之间的间隙，这样可以使尺寸小于间隙的物料直接落下，避免过粉碎。目前生产的分级破碎机有 FP、PLF、SSC、2PGC 及 MMD 等系列。

二、破碎设备的工作原理

下面仅就近年来推出的强力分级破碎机的工作原理简述如下：

新型强力分级破碎机完全不同于传统的齿辊式破碎机靠撞击和挤压来破碎物料，而是充分利用煤炭等物料的抗压强度＞抗剪强度＞抗拉强度这一特性，利用剪切和拉伸的共同作用对物料进行破碎，同时物料与辊齿各个接触点的线速度不同，因而破碎作业带有一定的冲击性，也有利于物料的破碎。由于采用了低转速、特殊齿形，实际上破碎齿结构就像是一个旋转的格筛，小于排料粒度的颗粒能够直接通过而不需要破碎，故物料过粉碎和超粒均较少。如果系统采取了有效的除铁和除木器措施，原煤可不需预先筛分而直接分级破碎，从而简化了工艺流程。

1. FP 型等分级破碎机

FP 型等分级破碎机的齿辊结构及工作原理如图 6-3 所示。

2. MMD 型分级破碎机

MMD 型分级破碎机的工作原理如图 6-4 所示，两根水平安装的轮齿轴相向运动，轮齿按螺旋方式布置在两根轴上，按照符合剪切作用原理而设计的特殊齿型的轮齿直接作用在物料上，使轮齿沿着物料的薄弱易碎的部位产生巨大剪切力和拉伸力，使物料破碎，破碎后的物料在两齿之间及侧壁梳形板之间排出。物料在破碎后受此间隙控制，粒度均匀，不会产生过大粒度。另外，给料中含有的已合格物料在破碎机中很快就被排出，不受剪切力作用，因此该破碎机的筛分和粒度控制效果好。

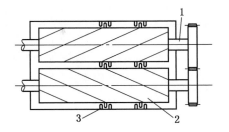

1—轮齿轴；2—轮齿；3—侧壁梳形板

图6－3　分级破碎机的齿辊
　　　　结构及工作原理

图6－4　MMD型分级破碎机的
　　　　工作原理

三、破碎设备的性能

主要破碎设备的处理能力，入、排料粒度等性能参数，在《设计规范》4.3.1条中给出了相关的参照指标，转录见表6－32。

另外，表6－33和表6－34也给出了部分破碎设备的处理能力，入、排料粒度等相关的参考指标。

表6－32　破　碎　机　处　理　能　力

设备类型	齿辊直径/mm	入料最大粒度/mm	排料粒度/mm	单位辊长处理能力/ $(t \cdot m^{-1} \cdot h^{-1})$
分级破碎机	500	<300	50～150	50～100
	650	<300	50～150	60～120
	800	<300	50～150	80～150
	1000	<350	50～150	100～200
双齿辊破碎机	450	<200	50～100	40～80
	600	<300	50～150	50～100
	900	<300	50～150	70～140
环锤式破碎机	650	<200	20	40～80
	800	<250	20	60～120
	1100	<250	30	100～200

注：破碎机处理能力与入料物料性质（硬度、粒度、粒度组成等）、破碎比及破碎机齿型等因素有关，
　　在选用时应加以考虑。

表 6－33　几种破碎机的技术性能（参考值）

设备名称	型　号	进料粒度/mm	排料粒度/mm	产量/(t·h⁻¹·台⁻¹)	电动机			外形尺寸（长×宽×高）/（m×m×m）	质量/t
					型　号	转速/(r·min⁻¹)	功率/kW		
单齿辊破碎机	PGC－1100×1860	<150		140	JO₂－81－8	730	22	5.8×2.2×1.4	16
双齿辊破碎机	2PGC－450×500	200	0～100	55	JB22－8		11	2.26×2.206×0.766	3.765
	2PGC－600×750	600	0～100	60～125	Y225M－8		22	3.97×3.585×1.145	6.95
	2PGC－900×900	300	0～50	100	Y280S－8		37	3.97×3.585×1.145	13
四齿辊破碎机	4PGC－310/280×800	50～300 0～300	40～80 可调 50	120～200 250～350	Y250 M－4		55	2.68×2.66×1.3	6.8
	4PGC－380/350×1000	50～300 0～300		200～300 400～500	Y280S－4		75	3.172×2.98×1.4	8.5
锤式破碎机	PC－φ600×600	≤100	≤15	15～25	Y180L－4	1470	22	1.498×1.156×0.867	1.7
	PC－φ600×1200	≤300	≤25	30	JQO₂－82－4	1470	40	3.0×1.70×1.18	3.44
	PC－φ1000×1000	≤200	≤15	60～80	JR－117－6	1000	130	3.445×1.695×1.331	6.1
	PC－φ1300×1600	≤300	≤10	150～200	JS－147－10	740	200	4.8×2.4×1.9	18
反击式破碎机	PFD－φ750×700	<200	≤25	40～60			37	2.513×1.690×1.540	3.35
	PFD－φ1100×850	<200	≤25	90～110			80	3.165×2.330×2.100	6.3
	PFD－φ1100×1200	<200	≤25	180～220			155	3.615×2.330×2.100	8.753

表6-33（续）

设备名称	型号	进料粒度/mm	排料粒度/mm	产量/($t \cdot h^{-1} \cdot 台^{-1}$)	电动机 型号	电动机 转速/($r \cdot min^{-1}$)	电动机 功率/kW	外形尺寸（长×宽×高）/（m×m×m）	质量/t
分级破碎机	FP5012G	≤300	≤40 ≤50 ≤80	60～110 100～180 100～180			75	2.910× 2.606×1.060	12.8

注：1. 四齿辊4PGC-310/280×800指上辊直径为310 mm，下辊直径为280 mm，辊长为800 mm。

2. 四齿辊允许入料个别粒度为500 mm。

3. 齿辊破碎机的生产能力指破碎含矸≤30%的原煤。

4. 此表仅列出个别型号，详细可查找产品目录。

表6-34 颚式破碎机的技术性能

型号	给矿口/mm 长	给矿口/mm 宽	推荐最大给矿尺寸/mm	产量/($t \cdot h^{-1} \cdot 台^{-1}$)	主电机 功率/kW	主电机 转速/($r \cdot min^{-1}$)	主电机 电压/V	外形尺寸（长×宽×高）/（m×m×m）	质量/t
PE-250	400	250	200、210	5～20	17	970	380	1.100×1.090× 1.100	2.0～ 3.4
PE-400	600	400	350	25～64	30	975	380	1.700×1.742× 1.530	5.8
PE-500	750	500	425	28.5～62.5	55	1000		1.890×1.915× 1.870	9.9
PEX-150×750	750	150	120	5～22	15	970		1.380×1.658× 1.025	3.5
PEX-250×750	750	250	210	15～35	30	980		1.480×1.900× 1.500	6.3
PEX-250×1000	1000	250	210	15～50	37	740		1.530×1.992× 1.380	6.4
PEX-250×1050	1050	250	210	32	45	980		1.400×2.300× 7.700	6.9
PEX-250×1200	1200	250	210	8～60	45	750		1.530×2.192× 1.380	8.0

四、破碎设备选型计算

破碎设备的选型计算一般采用单台设备处理能力指标，所需设备台数为

$$n = \frac{kQ}{Q_e} \tag{6-34}$$

式中　n——所需破碎机台数，台；

　　　Q——入料量，t/h；

　　　k——不均衡系数；

　　　Q_e——破碎机处理量，可按表 6-32 选取，或参考表 6-33 和表 6-34 选取，或按厂家提供的保证值计算所需设备台数，t/(h·台)。

第八节　脱水设备选型

一、脱水设备的类型

（一）斗式提升机

1. 脱水用的斗式提升机

脱水用的斗式提升机通常与跳汰机组成机组，负担选后产品的提升和初步脱水。

2. 捞坑斗式提升机

捞坑斗式提升机与捞坑联合使用，起到脱水、运输和控制捞坑溢流粒度等作用。

（二）离心脱水机

离心脱水机是末煤最终脱水的主要设备。过去，离心脱水机适于 13 ~ 0.5 mm 末精煤或末中煤的最终脱水。近年来新型离心机的问世使某些型号的离心脱水机处理粒度范围扩大到 50 ~ 0.5 mm。国内常用的机型有卧式振动离心机、立式螺旋刮刀卸料离心机和立式振动离心机 3 种。

1. 卧式振动离心机

卧式振动离心机的质量轻，筛篮便于更换，入料粒度上限要求不太严格，适于 50 ~ 0.5 mm 精煤或中煤的最终脱水。目前生产的卧式振动离心机有 WZT 系列、WZL 系列、GXWZL-1300 型、ZWP1000 型和 WZY1400 型等。

2. 立式螺旋刮刀卸料离心机

立式螺旋刮刀卸料离心机最初是由波兰 NAEL 型发展改进而来的，现在国内制造的型号有 LL－9 型和 TLL 型。适于 13～0.5 mm 精煤或中煤的最终脱水。此种离心机的特点是运转平稳，噪声小，工作可靠，产品水分低。主要缺点是入料粒度上限要求严格，筛篮磨损快，处理能力相对比较小，设备质量大，在世界其他国家已很少使用。

3. 立式振动离心机

立式振动离心机由美国进口的 VC 型为代表，入料上限达 50 mm，仿 VC 型国产 TZ 型入料上限一般为 25 mm。由于该种离心机维护保养要求高，常出现振动不均匀现象，且筛缝易堵，水分高于设计要求，故现在使用越来越少。

（三）煤泥脱水设备

煤泥脱水设备主要有煤泥离心机、沉降式离心机、沉降过滤式离心机、真空过滤机、加压过滤机和压滤机等。目前常用的类型有煤泥离心脱水机、沉降过滤式离心机、过滤机和压滤机。

1. 煤泥离心脱水机

煤泥离心脱水机可用于原生或精煤煤泥中＞0.15 mm 级别粗煤泥物料的脱水，是一种新型高效的粗煤泥脱水回收设备。国内研制的立式刮刀卸料煤泥离心脱水机有 LLL 系列。目前我国使用的进口煤泥离心脱水设备多为澳大利亚 FC1200 型立式刮刀卸料煤泥离心脱水机和德国天马 H1100 型卧式煤泥离心脱水机。

2. 沉降过滤式离心机

沉降过滤式离心机适用于浮选精煤、中煤和尾煤的脱水。该设备具有处理量大，产品水分低，辅助设备少，占地面积小，工艺系统简单等优点。其缺点是：特制不锈钢筛网易磨损，高铝陶瓷片易损坏脱落，排料口易堵塞，离心液固体含量高，要求动平衡、维护和使用应有较高的技术水平。目前国内研制和使用的卧式沉降过滤离心机有 TCL 系列和 WLG 系列。

3. 过滤机

过滤机分为真空过滤机和加压过滤机两大类。

1）真空过滤机

煤炭系统使用的真空过滤机有筒式、盘式、折带式和水平带式 4 种类型。筒式又分内滤和外滤两种类型。多数选煤厂曾经都使用盘式真空过滤机。国产盘式过滤机有 PG 型和 GPY 型。GPY 系列是引进国外技术生产的过滤设备，采用瞬时吹风和悬吊式刮刀卸料装置并用，卸饼效果好，并设有滤布清洗装置。近几年借鉴德国技术又研制出 GP 型系列新型圆盘真空过滤机，取消了压力吹风系统，主要靠刮刀卸料装置卸料，卸饼效果好，系统更简化。在选煤厂逐步得到了推广。

2）加压过滤机

加压过滤机是近年来兴起的一种新型煤泥脱水设备。加压过滤机主要有 3 种类型：行星式、圆筒式、圆盘式。目前国内生产和煤炭系统使用的加压过滤机主要是圆盘式加压过滤机，有 GPJ 系列。

加压过滤机主要依靠正压差进行脱水这一机理特点，大大提高了加压过滤机的处理能力，降低了滤饼水分，滤饼呈松散状态，可直接与其他产品均匀混合。此外，加压过滤机还具有自动化程度高及滤液水浓度较低等优点。近几年在选煤厂得到推广应用，大有取代真空过滤机的趋势。但与真空过滤机相比，其配套系统比较复杂，除主机外，尚有液压系统，高压风机，低压风机，给料泵，各种风动、电动闸门，以及给料机和刮板输送机等数量较多的辅机，故能耗高、投资高是加压过滤机的不足之处。

4. 压滤机

压滤机是当前选煤厂实现煤泥厂内回收、洗水闭路循环的有效固、液分离的脱水设备。目前选煤厂使用的压滤机主要有箱式（板框式）压滤机、快开式隔膜挤压压滤机和带式挤压机 3 种类型。

1）箱式压滤机

箱式压滤机过滤强度高，滤饼水分低，滤液质量好，特别适用于回收粒度细、灰分高、一般脱水方法难以处理的浮选尾煤。目前生产和使用的箱式压滤机的型号主要有 XMZ、YSZ、LSZ、QXAZ 及 YSX 等系列。

2）快开式隔膜挤压压滤机

快开式隔膜挤压压滤机的出现旨在解决浮选精煤水分高的问题。快开式隔膜挤压压滤机是在箱式压滤机的基础上，除原有压滤方法外，增加了隔膜压榨和高压空气置换脱水方法，使浮选精煤水分降至 22% 以下。目前生产和使用的快开式隔膜挤压压滤机的主要型号有 QXM（A）Z、XMZG、APN18 及 KM 等系列。

3）带式挤压机

带式挤压机是利用化学能和机械能相结合的方法进行压滤脱水的。尽管带式挤压机有连续工作的优点，但是也有在操作、维护方面要求较高，网带易损坏，滤液固体物较多等缺点。目前我国较少使用带式挤压机。

二、脱水设备的工作原理

（一）斗式提升机

脱水斗式提升机和捞坑斗式提升机的使用环境和给料方式不同，但它们具有相同的工作原理。由传动装置提供动力给链轮轴，通过连接在链轮轴上头轮的转动，带动由两根链条和料斗组成的斗链。料斗由钢板制成，其上交错排列着脱水用的长孔，在经过存有物料的尾部时，料斗挖取物料，在星轮带动斗链无极转动的过程中，完成物料的脱水、运输及卸料。

（二）离心脱水机

离心脱水是用离心力来分离固体和液体的过程，用以实现离心脱水所用的机器通称为离心脱水机。离心脱水过程有两种不同的原理：离心过滤和离心沉降。

离心过滤是将所处理的含水物料加在转子的多孔筛面上，在离心力的作用下，固体在转子筛面上形成固体沉淀物，液体则通过沉淀物和筛面的孔隙排出，脱水效果与被脱水物料的粒度组成有关。

离心沉降是将固体和液体的混合物加在筒形（或锥形）转子中，在离心力作用下，固体在液体中沉降，沉降后的物料进一步受到离心力的挤压，挤出其中水分，以达到固体和液体分离的目的。

在选煤厂，过滤式离心脱水机主要用于 $0 \sim 13$ mm 末煤脱水，有振动离心脱水机和螺旋刮刀卸料离心脱水机两种；沉降式或沉降过滤式离心脱水机，多用于煤泥水的浓缩澄清和 $0 \sim 0.5$ mm 煤泥脱水回收。

振动离心脱水机是利用振动离心作用来强化物料脱水的设备，有卧式和立式两种，工作原理类似。限于篇幅，只重点介绍 3 种常用的离心脱水机的工作原理。

1. 卧式振动离心脱水机

卧式振动离心脱水机工作原理是在过滤式离心脱水机的筛篮上，加以轴向振动，既可使筛面上的物料均匀地向前移动，又可促使筛面上的物料层松散，物料所含的水分更易分离。同时物料层的抖动，有助于清理过滤表面，防止筛面被颗粒堵塞，减少物料对筛面的磨损，提高脱水效果。

2. 螺旋刮刀卸料离心脱水机

进到螺旋卸料离心脱水机的物料被旋转的物料分配盘甩到筛网和螺旋刮刀间隙中，煤在离心力场中受到离心力的作用，互相挤压，在筛网内壁形成具有大量孔隙的物料层，煤粒空隙间及煤粒表面的水，透过物料层和筛网的筛缝，集中到外壳下部两个半圆形溜槽中，排出机外，称为离心液。脱除水分的煤被螺旋刮刀刮到溜槽中，排出机外。

3. 沉降过滤式离心机

沉降过滤式离心机是借助离心加速度来实现固、液分离，并用螺旋刮刀进行卸料的一种脱水设备，是利用离心沉降和离心过滤两种操作机理的有效脱水设备，可用于浮选精煤脱水，也可用于原生煤泥及浮选尾煤的脱水回收。

离心机的转筒由电动机通过液力偶合器、V带和胶带轮带动，当转筒转动时，螺旋卸料转子经由行星差速器通过一、二段导架，带动旋转，转筒与螺旋转子和运转方向一致。但螺旋转子比转筒慢2%转，由于螺旋转子和转筒之间的相对差速运动，可使沉淀在筒壁上的物料通过螺旋转子推向前并卸掉。

煤泥水由给料管给入，经螺旋转子的喷料口进入转筒内，在离心力的作用下，煤水形成环状沉降区，密度较大的固体颗粒附在转筒内壁逐渐形成沉淀层；当连续给入煤泥水时，转筒内环状液体不断向溢流口流动，并从溢流口排出澄清后的溢流水；螺旋转子与转筒转差相对运动，带动沉淀层沿转筒内壁向上运动，在过滤区进一步脱水，直到转筒小端从排料口排出脱水后的产品。

离心因数（分离因数）是表征离心机脱水性能的重要指标。各种转动设备离心因数（分离因数）计算公式如下：

$$F = \frac{a}{g} = \frac{\omega^2 R}{g} = \frac{4\pi^2 n^2 R}{3600g} = 112 \times 10^{-5} n^2 R \qquad (6-35)$$

$$\omega = \frac{2\pi n}{60}$$

式中　F——离心因数，等于物料所受离心加速度与重力加速度之比；

　　　a——离心加速度，m/s^2；

　　　g——重力加速度，$g = 9.8\ m/s^2$；

　　　ω——离心机筛篮角速度，rad/s；

　　　n——离心机筛篮转速，r/min；

　　　R——离心机筛篮半径，m。

例：波兰 WOW-1.3 卧式振动离心机（筛篮直径为1300 mm），当筛篮转

速 $n = 320$ r/min 时，$F = 74.5$；$n = 260$ r/min 时，$F = 49.2$。

（三）过滤机

利用滤网两边的压力差将煤浆中固体和液体分开的设备，统称为过滤机。限于篇幅，下面仅重点介绍两种常用过滤机的工作原理。

1. 圆盘真空过滤机

圆盘真空过滤机的过滤装置包括若干块带滤网的扇形板，安装扇形板的空心轴（滤扇空腔与空心轴的滤液孔相连通），位于空心轴两端的分配头。在槽体中充满煤浆，空心轴带动滤盘转动，依次经过过滤区（Ⅰ）、干燥区（Ⅲ）和滤饼吹落区（Ⅴ）。当滤扇处在过滤区时，与真空泵相连，在真空泵的抽气作用下，产生压力差，固、液分离，滤饼附着在滤布的表面。当滤扇离开液面，处在干燥区时，仍与真空泵相连，真空泵继续抽气，让空气透过滤饼的孔隙并带走水分，使滤饼进一步脱水。当滤扇处于吹落区时，转而与压风机相连，吹落煤饼。在过滤区、干燥区、滤饼吹落区之间留有 3 个过渡区（Ⅱ、Ⅳ、Ⅵ），其作用是，防止滤扇从一个工作区转入另一个工作区时互相串气，影响过滤效果。对每个滤扇来说，工作是间断的，依次要经过过滤、干燥和卸料 3 个工序，而对盘式过滤机整体而言，则是连续工作的过滤设备。

2. 圆盘式加压过滤机

圆盘式加压过滤机是在原来圆盘真空过滤机上，外罩了密封压力罐。工作时，压力罐内的气压达到 0.3~0.5 MPa，过滤机滤扇内外侧压力差可达到 0.2~0.4 MPa，是圆盘真空过滤机的 5~10 倍。使过滤机在高正压下进行煤泥脱水。随着圆盘转动，压力空气继续挤出已形成的滤饼缝隙中的水。前后经过滤、脱水、卸饼等工序后形成固、液分离。过滤机连续地将滤饼卸落到压力仓内底部的刮板输送机上，集中运到密封排料仓。排料仓采用双层闸板结构，既能保证仓内压力不下降，又能及时将滤饼排出，过滤机的工作是连续的，而卸料是断续的，整个工作过程采用了自动调节和自动控制系统，自动化程度高，运行可靠。

（四）压滤机

1. 箱式压滤机

箱式压滤机借助泵或压缩空气，将液、固两相构成的矿浆在压力差作用下，通过过滤介质（滤布）实现固、液分离。

压滤机工作时，操纵液压系统使压力油充入液压缸体，并推动活塞及头板向前移动，将多片滤板压紧在头板和尾板之间，这时由相邻滤板构成的许多中空滤室被密封，给料泵将煤浆从尾板的给料管送入压滤机，当所有中空滤室充满矿浆后，压滤过程开始，浆液借助于给料泵产生的压力进行固、液分离。固体颗粒留在滤室内，滤液经滤布、过滤网沿滤板上的泄水沟槽流出，压滤过程所需时间依矿浆的过滤特性和工艺操作条件而定，当达到规定的压滤时间后，停止给料，压一段时间后，操纵液压操纵系统进行油路换向，将头板退回起始位置，液压马达驱动拉板装置，将滤板相继拉开，滤饼靠自重相继脱落并被运走，压滤机即完成一个工作循环。压滤机的一个工作循环包括：压紧滤板、加压过滤、松开滤板和拉板卸料4个工作过程。

2. 快开式隔膜挤压压滤机

快开式隔膜挤压压滤机是在箱式压滤机的基础上，除原有压滤方法外，增加了隔膜压榨和高压空气穿流置换脱水方法，使浮选精煤水分降至22%以下。正常工作循环分为3个过程，可实现全部自动完成，也可选择执行其中任一过程。

1）脱水过程

在全部滤板压紧后，脱水过程分3个阶段执行：

（1）第一阶段，采用高压强的流体静压力过滤脱水。其工作原理同箱式压滤机，即由供料泵将料浆给入主管路后分流各滤板，每块滤板呈上、下对角形入料，当压力上升到0.5~0.6 MPa后，即完成静压力过滤脱水过程。此间主要脱出滤饼颗粒间的游离水分和部分孔隙水，降低颗粒间的孔隙率和饱和度。

（2）第二阶段，采用二维变相剪切压力过滤脱水。该阶段是借助橡胶隔膜在星点式滤板侧的弧面变形产生的二维变相剪切压力来实现的。本阶段旨在破坏在静压力脱水过程中形成的滤饼定型孔隙，改变颗粒桥联的几何结构，强制重新排列滤饼颗粒布序状态，脱出滤饼颗粒孔隙水。当压力上升到0.6~0.7 MPa（高于前阶段压力0.1~0.2 MPa），并在此压力作用下保持一定时间（60~90 s）后，即完成该阶段脱水过程。

（3）第三阶段，采用强气压穿流压力脱水。采用高压、大气量的净压缩空气流穿流滤饼颗粒孔隙，快速运载颗粒内的润滑水和剩余孔隙水，当压力达到0.7~1.0 MPa（高于前阶段压力0.1~0.3 MPa）时，保持足够气流量和穿流时间（30~45 s）后，即完成该阶段脱水过程。

2）卸料过程

当完成第三阶段脱水过程后，依次逐一拉开各滤板，快开式则分三次或一次全部拉开滤板。在拉开滤板过程中，部分滤饼借助重力自行脱落，剩余黏附的滤饼则借助抖饼装置强行卸除。

3）冲洗滤布过程

当卸料过程完成后，可选择执行冲洗滤布过程，借助滤布冲洗装置自动完成。

三、脱水设备的性能

（一）脱水斗式提升机的性能

在《设计规范》6.1.3 条的表 6.1.3 中给出了脱水斗式提升机相关的性能指标，转录见表 6-35；根据设计标准图册转录的脱水、捞坑斗式提升机最大生产能力指标见表 6-36。

表 6-35　脱水斗式提升机的处理能力及产品水分

作业类别	提升速度/ $(m \cdot s^{-1})$	脱水时间/s	装满系数	处理能力/ $(t \cdot m^{-1} \cdot m^{-1} \cdot h^{-1})$	倾角/(°)	产品水分 M_f/%
最终脱水	0.16	45~50	0.50~0.75	60~120	<65	22~27
预脱水	0.27	20~25	0.5~0.75	100~200	<70	28~30

注：脱水斗式提升机处理能力（$t \cdot m^{-1} \cdot m^{-1} \cdot h^{-1}$）是指单位时间、单位斗宽、单位斗子间距的处理能力。预脱水取偏大值，最终脱水取偏小值。

（二）混（末）煤离心脱水机的性能

在《设计规范》6.1.2 条的表 6.1.2 中给出了离心脱水机相关的性能指标，转录见表 6-37。

表 6-37　离心机的处理能力及产品水分

设备类型	规格/mm	入料粒级/mm	处理能力/ $(t \cdot h^{-1})$	产品水分 M_f/%
立式刮刀卸料	$\phi700$	0.5~13	30~50	5~7
	$\phi900$	0.5~13	50~70	5~7
	$\phi1000$	0.5~25	70~100	5~7
	$\phi1150$	0.5~25	100~150	5~7
卧式振动	$\phi1000$	0.5~25	60~100	6~8
	$\phi1200$	0.5~13	140~160	6~8
		0.5~50	160~180	5~7
	$\phi1400$	0.5~13	180~200	6~8
		0.5~50	200~240	5~7

注：产品水分与入料条件（入料量、水分、粒度）有关。细粒级含量高时，产品水分宜取偏大值。

表 6－36　脱水、捞坑斗式提升机的最大生产能力

根据运输物料的种类及采用的速度确定斗式提升机的最大生产能力 $Q/(t \cdot h^{-1})$（装满系数＝0.5/0.75，v＝0.16 m/s）

运输物料的种类	堆密度/(t·m⁻³)	提升机型号												
		T3240	T3260	T4060	T4080	T40100	T50100	T50120	T50140	L3240	L4060	L40100	L50120	L50140
矸石	16	20.4/30.6	30.6/45.9	38.3/57.4	51.1/76.6	63.8/95.6	79.7/120	95.7/143.5	111.6/167.4					
中煤	12	15.3/23	23/34.4	28.7/43.1	38.3/57.5	47.8/71.7	59.8/89.7	71.8/107.6	83.7/125.6	22.5/33.7				
精煤	0.85													

根据运输物料的种类及采用的速度确定斗式提升机的最大生产能力 $Q/(t \cdot h^{-1})$（装满系数＝0.5/0.75，v＝0.27 m/s）

运输物料的种类	堆密度/(t·m⁻³)	提升机型号												
		T3240	T3260	T4060	T4080	T40100	T50100	T50120	T50140	L3240	L4060	L40100	L50120	L50140
矸石	16	34.4/51.6	51.7/77.5	64.6/96.8	86.1/129.2	107.6/161.4	134.5/201.8	161.5/242.2	188.4/282.5					
中煤	12	25.8/38.7	38.8/58.1	48.4/72.6	64.6/96.9	80.7/121.1	100.9/151.4	121.1/181.6	141.3/211.9	37.9/56.9				
精煤	0.85									26.9/40.3	53.6/80.4	89.4/134	133.6/200.4	155.8/233.7

（三）煤泥脱水设备的性能

1. 煤泥离心脱水机

煤泥离心脱水机可有效脱水回收>0.15 mm 级粗煤泥，其产品水分可达 12%～16%。随入料性质不同其处理能力有很大不同，一般随入料中细颗粒增加，处理能力降低，而产品水分增大。

在《设计规范》6.1.4 条的表 6.1.4－3 中给出了煤泥离心脱水机相关的性能指标，转录见表 6－38；常用的立式煤泥离心机相关的性能指标见表 6－39。

表 6－38 煤泥离心机处理能力及产品水分

规格/mm	处理物料	入料浓度/%	处理能力/(t·h⁻¹·台⁻¹)	产品水分 M_f/%
φ700	<3 mm 煤泥	>35	8～13	15～22
φ900	<3 mm 煤泥	>35	13～20	15～22
φ1000	<3 mm 煤泥	>35	20～30	15～22
φ1200	<3 mm 煤泥	>35	30～50	15～22

表 6－39 立式煤泥离心机技术特征（参考值）

名 称		单位	LLL930	LLL1030	LLL1200	FC1200（进口）
回收粒度		mm	>0.15			
入料水分（浓度）		%	<40（>60）			
处理能力（按入料计）		t/(h·台)	20～30	25～35	40～60	50～80
产品外在水分		%	12～16			
筛篮大端直径		mm	930	1030	1180	1200
筛篮转速		r/min	600	520	594	399.8
筛篮半锥角		（°）	30			20
筛网缝隙		mm	0.25、0.35、0.5			0.25、0.35
主电动机	型号		Y280S－8－V1	Y280M－6－V1	Y280S－5－V1	TECO
	功率	kW	37	45	75	55
	转速	r/min	740	980	1480	
润滑电动机	型号		Y802－4	Y90S－4	Y90S－4	
	功率	kW	0.75	1.1	1.1	
	转速	r/min				

表6－39（续）

名　称	单位	LLL930	LLL1030	LLL1200	FC1200（进口）
外形尺寸 （长×宽×高）	mm×mm× mm	2780×2080× 2450	3010×2250× 2515	3243×2420× 2705	
质量	kg	4650	6465	7965	

2. 沉降过滤式离心机

沉降过滤式离心脱水机是一种中细粒煤泥的脱水设备。该设备要求制造技术水平高、材质好、安装精确。此外，对入料粒度有一定要求，其处理粒度上限一般为1～0.5 mm，要求入料中<0.044 mm（－325目）的细粒含量不超过30%～35%，否则堵塞筛网，回收率显著降低，产品水分增高，生产不能正常。据有关资料介绍，入料中<0.044 mm含量与脱水后产品水分、回收率的关系见表6－40。

表6－40　入料粒度与产品水分、回收率的关系　　　　　　　　%

入料中<0.044 mm含量	回收率	产品水分
15	97～99	13～14
25	85～93	13～20
35	69～78	15～20

在《设计规范》6.1.4条的表6.1.4－2中给出了沉降过滤式离心机、沉降式离心机相关的性能指标，转录见表6－41。

表6－41　沉降过滤式、沉降式离心脱水机处理能力及产品水分

设备规格/（mm×mm）	处理物料	入料浓度/%	处理能力/（t·h^{-1}·台$^{-1}$）	产品水分 M_f/%
φ900×1800	<1 mm煤泥	25～35	5～10	15～24
φ900×2400	<1 mm煤泥	25～35	7～12	15～24
φ1100×2600	<1 mm煤泥	25～35	13～15	15～24
φ1100×3400	<1 mm煤泥	25～35	20～25	15～24
φ1400×1800	<1 mm煤泥	25～35	25～30	15～24
φ1800×4000	<1 mm煤泥	25～35	40～50	14～20

3. 过滤机、压滤机的性能

炼焦煤选煤厂的浮选精煤、动力煤选煤厂的煤泥多采用过滤机或加压过滤机脱水回收，生产实践证明，加压过滤机对细煤泥脱水效果差，处理能力明显降低。所以目前对细煤泥的处理越来越多地采用箱式压滤机或快开式隔膜挤压压滤机脱水回收。

但选煤厂的浮选尾煤，因含黏土物质多、粒度细、黏度大（特别是直接浮选时）等原因，很难脱水回收。目前比较有效可靠的方法，仍是采用压滤机处理。生产实践证明，压滤机的滤饼水分可达 20% ~ 25%，滤饼可单独运输。滤液为清水，比较容易实现洗水闭路循环，避免对环境的污染。

浮选尾煤是一种复杂的多分散系。它是由不同形状、粒度、岩相组分和不同比例构成的。因此，不同性质的尾煤，采用相同的压滤机处理时，其效果是不完全相同（如压滤时间、处理能力及滤饼厚度等）。故应当结合具体情况选择压滤机、供料方式和供料压力。

目前，我国生产供应选煤厂使用的压滤机有 340 m^2、500 m^2、750 m^2、800 m^2 和 1050 m^2 等规格。

在《设计规范》6.1.4 条的表 6.1.4 - 1 中给出了真空过滤机、加压过滤机、箱式压滤机和快开式隔膜挤压压滤机等煤泥脱水设备的相关性能指标，转录见表 6 - 42。

表 6 - 42　过滤机、压滤机的处理能力及产品水分

设备名称	处理物料	入料浓度/ $(g \cdot L^{-1})$	处理能力/ $(t \cdot m^{-2} \cdot h^{-1})$	产品水分 M_f/%	工作压力/MPa
真空 过滤机	精煤、中煤	250 ~ 350	0.15 ~ 0.3	22 ~ 26	− 0.03 ~ − 0.05
	煤泥	350 ~ 500	0.1 ~ 0.2	24 ~ 28	− 0.03 ~ − 0.05
加压 过滤机	精煤	200 ~ 250	0.4 ~ 0.8	16 ~ 18	0.35 ~ 0.5
	煤泥	350 ~ 500	0.3 ~ 0.6	18 ~ 22	0.35 ~ 0.5
箱式 压滤机	尾煤	350 ~ 500	0.01 ~ 0.02	22 ~ 26	0.25 ~ 0.35
	煤泥	350 ~ 500	0.02 ~ 0.03	20 ~ 24	0.25 ~ 0.35
快开式隔膜 挤压压滤机	精煤	200 ~ 250	0.05 ~ 0.07	18 ~ 23	0.5 ~ 0.7
	煤泥	350 ~ 500	0.03 ~ 0.06	20 ~ 24	0.5 ~ 0.7

四、脱水设备选型计算

（一）混（末）煤脱水设备选型计算

1. 脱水斗式提升机

脱水斗式提升机系列生产的有 T 系列，捞坑斗式提升机系列生产的有 L 系列。

各系列生产的产品都有配套的参数及传动装置选择表。选型计算时，应根据输送量选择装满系数、链速及对应的传动装置。表 6 - 36 所列为脱水、捞坑斗式提升机的最大生产能力。由于篇幅有限，对应的传动装置功率选择表略去，使用时可查阅标准设计图册等。

《设计规范》6.1.3 条规定，"脱水斗式提升机的处理能力应根据运输物料的种类、装满系数及采用的速度计算"，计算参数也可参照转录表 6 - 35 中的相关指标选取。

2. 离心脱水机

混（末）煤离心机的选型计算，采用单台负荷量指标，所需台数为

$$n = \frac{kQ}{Q_e} \qquad (6-36)$$

式中　　n——所需设备台数，台；

　　　　k——物料不均衡系数；

　　　　Q——入料量，t/h；

　　　　Q_e——设备处理量，按表 6 - 37 选取，t/(h·台)。

（二）煤泥脱水设备选型计算

1. 煤泥离心脱水机、沉降过滤式离心机

煤泥离心脱水机、沉降过滤式离心机的选用台数可用式（6 - 33）计算，其中 Q_e 值分别由《设计规范》转录表 6 - 38 和表 6 - 41 选取，立式煤泥离心脱水机也可参考表 6 - 39 选取 Q_e 值或参考厂家保证值选取。

2. 真空过滤机、加压过滤机

（1）当浮选精煤占总精煤比例较小，不影响总精煤水分时，可采用真空过滤机脱水。

真空过滤机生产能力按单位负荷定额指标计算。单位负荷定额（q）由《设计规范》转录表 6 - 42 选取，需用台数为

$$n = \frac{kQ}{Fq} \qquad (6-37)$$

式中　　n——所需过滤机台数，台；

k——物料不均衡系数；

Q——入料量，t/h；

F——所选过滤机面积，m²；

q——单位面积负荷定额，t/(m²·h)。

（2）当浮选精煤占总精煤比例较大，影响到总精煤水分时，或者过滤脱水后的产品需要掺入电煤产品中时，采用加压过滤机脱水是可供选择的脱水方案之一。加压过滤机的选型可按式（6-34）计算，其中单位负荷定额（q）可参考《设计规范》转录表6-42选取。

（3）过滤机配套的主要辅助设备的选型。真空过滤机配套的真空泵的真空度、空气消耗量，压风机的出口压力、空气消耗量及加压过滤机配套的空压机的出口压力、空气消耗量，在《设计规范》6.1.5条的表6.1.5中给出了相关参考指标，转录见表6-43，供在配套真空泵、压风机及空压机选型时参照选取。

表6-43　真空过滤机和加压过滤机所需空气压力及其耗风量

真空过滤机				加压过滤机	
真空泵真空度		空气消耗量/(m³·m⁻²·min⁻¹)	压风机出口压力/MPa	空气消耗量/(m³·m⁻²·min⁻¹)	空压机出口压力/MPa	空气消耗量/(m³·m⁻²·min⁻¹)
MPa	%					
-0.05 ~ -0.07	53~79	1.2~1.5	0.15~0.20	0.20~0.30	0.45~0.60	0.8~1.2

3. 压滤机

压滤机需用设备台数用式（6-35）计算，其中单位负荷定额（q）可参考《设计规范》转录表6-42选取。

第九节　水力分级设备选型

一、水力分级设备的类型

选煤常用的粗煤泥分级设备有角锥池、斗子捞坑、倾斜板沉淀槽（池）、水力分级旋流器和永田沉淀槽等。

上述粗煤泥分级设备中，斗子捞坑的入料粒度上限可达 13 mm 甚至更大些，靠机械排料。其余设备的入料粒度均在 3 mm 以下，靠自流排料。其中，水力分级旋流器是近年来经常使用的设备。它与弧形筛配套，可用于粗煤泥分级和回收。分级粒度为 0.03 ~ 0.5 mm，一般分级旋流器直径为 300 ~ 500 mm，小直径的旋流器以旋流器组的形式使用。目前生产和使用的分级旋流器有 FX、FXJ 等系列。

至于选用设备的类型，应根据煤质的特点、工艺流程需要及实际生产的经验教训而定。例如，有部分设计采用倾斜板沉淀池来取代浓缩机作为洗水浓缩澄清的功能。实践证明，运行时间稍长，倾斜板多被煤泥黏附，直至压塌，难以正常运行。

二、水力分级设备的工作原理

水力分级是固体颗粒在水流中按其沉降速度的差别分成不同粒级的过程。在选煤工艺流程中，水力分级常作为浮选前的准备作业，将浮选入料中的粗粒煤泥分出。有时也作为辅助作业，从煤泥水中回收粗粒煤泥。

水力分级是在水平、垂直、旋转或逆向水流中进行的。过去曾简单地认为，水力分级是按颗粒在水中自由沉降末速之差来区分的。但实际上煤泥在煤泥水中是干扰沉降，因而煤泥颗粒沉降速度应按干扰沉降速度公式计算。

$$v_{st} = v_0 (1 - \lambda)^n$$

$$\lambda = \frac{1}{R\delta + 1}$$

式中　　v_{st}——煤粒在煤泥水中的干扰沉降速度，cm/s；

　　　　v_0——煤粒在水中的自由沉降速度，cm/s；

　　　　n——试验指数，一般取 $n = 5 \sim 6$；

　　　　λ——给料煤泥水的固体容积浓度（以小数表示）；

　　　　δ——煤泥颗粒的密度，g/cm³；

　　　　R——给料煤泥水的液固比。

在实际运作中，不可能去计算每一颗煤泥颗粒的干扰沉降速度，因为煤泥在煤泥水中的分级过程是十分复杂的，分级效果不仅与煤泥的粒度、密度、形状，以及煤泥水浓度有关，而且还与水流的流态有很大关系。例如，新给入物料的冲击形成涡流，也会导致形成不稳定悬浮液，破坏正常分级过程。所以，对于作业功能主要是回收粗粒煤泥的水力分级环节，只需控制分离粒度，计算分级效率，从宏观上来描述水力分级效果足矣。

分离粒度，通常是以分配粒度或等误粒度表示。在实际运作中，分配粒度是根据产品的粒度分析资料绘制成粒度分配曲线（纵坐标为分配率 ε，横坐标为粒度 d）而求出的粗、细产品曲线的交点在横坐标轴上的投影，即相当于分配率为 50% 的粒度，该粒度称分配粒度。

分级效率有不同的计算方法，仅举两种如下：

（1）
$$E = 0.01\varepsilon_0\varepsilon_u$$

式中　E——分级效率，%；

　　　ε_0——溢流中 <0.5 mm 颗粒的回收率，%；

　　　ε_u——底流中 >0.5 mm 颗粒的回收率，%。

（2）原煤炭工业部指导性技术文件 MT/Z 5—1979 规定，用溢流产品中细粒（小于规定粒度的物料）的回收率与粗粒（大于规定粒度的物料）的错配率（混杂率）之差表示分级效率，作为评定水力分级设备（设施）工艺效果的综合指标。分级效率按下式计算：

$$\eta_f = \frac{(\alpha - \theta)(\beta - \alpha)100}{\alpha(\beta - \theta)(100 - \alpha)}$$

式中　η_f——分级效率，%；

　　　α——入料中小于规定粒度的细粒含量，%；

　　　β——溢流中小于规定粒度的细粒含量，%；

　　　θ——底流中小于规定粒度的细粒含量，%。

规定粒度一般取 0.5 mm，在分选下限甚小的情况下，可降到不小于 0.3 mm 的某一固定值。

三、水力分级设备的性能

在《设计规范》6.1.4 条的表 6.1.4－1 中给出了斗子捞坑、角锥沉淀池、倾斜板沉淀槽及水力分级旋流器等设备的相关性能指标，转录见表 6－44 和表 6－45。

表中的"分级粒度"按原煤炭工业部指导性技术文件 MT/Z 5—1979 规定，"分级粒度"是以溢流物中 95% 的量通过标准筛筛孔的尺寸来表示。

表6-44　斗子捞坑、角锥沉淀池、倾斜板沉淀槽的处理能力

设施名称	水力分级物料	处理能力/($m^3 \cdot m^{-2} \cdot h^{-1}$)	分级粒度/mm
斗子捞坑	末精煤	15～20	0.3～0.5
角锥沉淀池	粗粒煤泥	15～20	0.3～0.5
倾斜板沉淀槽	粗粒煤泥	30～40	0.3～0.5

表6-45　水力分级旋流器的处理能力

直径/mm	入料压力/MPa	锥角/(°)	入料粒度/mm	分级粒度/mm	处理能力/($m^3 \cdot h^{-1} \cdot$ 台$^{-1}$)
150	0.1～0.2	15	<3	0.03～0.07	10～25
200	0.1～0.2	20	<3	0.035～0.1	15～40
250	0.1～0.2	20	<3	0.04～0.15	20～50
300	0.1～0.2	20	<3	0.05～0.15	30～80
350	0.1～0.2	20	<3	0.06～0.2	40～100
500	0.1～0.2	20	<3	0.1～0.5	80～200

四、水力分级设备选型计算

1. 斗子捞坑、角锥沉淀池、倾斜板沉淀槽沉淀面积的计算

粗煤泥分级时，分级粒度一般取0.3～0.5mm，计算中取溢流量等于给料量，所需沉淀面积为

$$F = \frac{1}{q}\left(k_1 W + k_2 \frac{Q}{\delta}\right) \tag{6-38}$$

式中　F——所需沉淀面积，m^2；

　　　k_1——煤泥水系统的不均衡系数；

　　　k_2——干煤泥的不均衡系数；

　　　Q——进入设备的干煤泥量，t/h；

　　　W——进入设备的水量，m^3/h；

　　　δ——煤泥的真密度，t/m^3；

　　　q——单位沉淀面积处理煤泥水量，按表6-44选取，$m^3/(m^2 \cdot h)$。

2. 水力分级旋流器的选型计算

水力分级旋流器的分级粒度一般取0.15～0.25mm，水力分级旋流器的处理能力、需用台数，采用单台处理能力来计算。

$$n = \frac{kQ}{Q_e} \qquad (6-39)$$

式中　　n——所需旋流器台数，台；

　　　　k——物料不均衡系数；

　　　　Q——入料量，m^3/h；

　　　　Q_e——旋流器的处理能力，按表 6-45 选取，$m^3/(h \cdot 台)$。

第十节　浓缩澄清设备选型

一、浓缩澄清设备的类型及工作原理

常用浓缩澄清设备有耙式浓缩机、高效浓缩机、浓缩旋流器、沉淀塔及深锥浓缩机等。

（一）普通耙式浓缩机

耙式浓缩机是使用最普遍的浓缩设备。据调查，约 78% 的选煤厂使用耙式浓缩机。耙式浓缩机按传动方式分为中心传动式和周边传动式。周边传动式又分为周边齿条传动、周边辊轮传动和周边胶轮传动。目前选煤厂使用的耙式浓缩机型号主要有 NT、NG、NZ 及 XZS 系列。

耙式浓缩机是利用煤泥水中固体颗粒的自然沉淀特性，完成对煤泥水连续浓缩的设备。需要浓缩的煤泥水首先进入自由沉降区，水中的颗粒靠自重迅速下沉。当下沉到压缩区时，煤浆已汇集成紧密接触的絮团，继续下沉则到达浓缩物区。由于耙架的运转，耙架下部的刮板使浓缩物区形成一个锥形表面，浓缩物受刮板的压力进一步被压缩，挤出其中水分，最后由卸料口排出，这就是浓缩机的底流产物。煤浆由自由沉降区沉至压缩区时，中间还要经过过滤区。在过滤区，一部分煤粒能够因自重而下沉，一部分煤粒却又受到密集煤粒的阻碍而不能自由下沉，形成了介于自由沉降和压缩两区之间的过滤区。在澄清区得到的澄清水从溢流堰流出，称为浓缩机的溢流产物。

在煤浆浓缩过程中，颗粒的运动是比较复杂的。由于浓缩机一般给料比较稀薄，所以在自由沉降区运动的颗粒，可视为自由沉降；在过滤区以后，煤浆浓度逐渐变大，颗粒实质上是在干扰条件下运动。所以，颗粒在浓缩过程中的下沉速度是变化的，它与煤泥水中煤的粒度、密度、浓度及环境温度等有关，一般只能通过试验来确定。

由于普通耙式浓缩机在连续作业过程中，固体颗粒的沉降与澄清水上升运动方向相反，细泥颗粒容易被上升水流带入溢流，细泥颗粒必然在生产工艺系统中不断循环积聚，使洗水浓度增高。因此，普通耙式浓缩机存在浓缩效率低、底流固体回收率低、澄清水质量差和处理能力小等问题。

（二）高效耙式浓缩机

针对普通耙式浓缩机在机理方面存在的缺点，耙式浓缩机正向高效型方向发展。借鉴国外技术先进的浓缩澄清设备，我国从20世纪80年代就开始进行了高效浓缩机的研制工作，并取得了较大进展。生产的高效浓缩机有NZG、XGN及ZQN等系列，在设计中已被广泛采用。几种常用的高效浓缩机的工作原理及特点分述如下。

1. NZG型高效浓缩机

NZG型高效浓缩机与普通浓缩机相比，区别在于入料方式不同。普通浓缩机是中心给料，由于入料流速大，煤泥不能充分沉淀。高效浓缩机改变了入料方式，直接在浓缩机布料筒的液面下一定深度处给料，由于布料筒中所设缓冲环的缓冲作用，使入料煤泥水流速降低。当煤泥水从布料筒底部排出时，又成为辐射状水平流，流速变缓，有助于煤泥颗粒沉淀，提高了煤泥沉淀效果。同时，煤泥水从布料筒底部排出缩短了煤泥颗粒的沉降距离，增加了煤泥细颗粒向上浮起进入溢流的阻力，使大部分煤泥在重力作用下沉入池底。

2. XGN型高效浓缩机

XGN型高效浓缩机中装有倾斜板，并采用了喷雾泵计量加药、特殊的搅拌絮凝给料井、缓冲桶脱除气泡等技术。

3. ZQN型斜板（管）浓缩机

ZQN型斜板（管）浓缩机体积小，占地面积仅为普通浓缩机的1/10，煤泥水直接从进料箱的侧边封闭的进料道给入，均匀分布在倾斜板上，避免了对澄清过程的干扰；倾斜板增加了沉淀面积。

（三）浓缩旋流器

浓缩旋流器可用于煤泥水和稀介质的浓缩。目前设计和使用的浓缩旋流器有NN（T）X系列和NN（T）Xxn耐磨系列等。

（四）深锥浓缩机

深锥浓缩机也用于处理浮选尾煤和洗水澄清。为了取得较好的效果，必须添加凝聚剂。

二、浓缩设备的性能及澄清面积的计算

（一）耙式浓缩机、深锥浓缩机澄清面积的计算

《设计规范》7.2.1 条规定，"细煤泥的沉淀与浓缩不应采用煤泥沉淀池。浓缩机的选型应结合煤质特性如泥化程度、疏水特性、沉淀速度等因素确定"。同时《设计规范》还规定浓缩设备的澄清面积可按下列两种方法计算：

——按分级粒度（截留粒度）计算；

——按表面负荷计算。

现将浓缩澄清面积的两种计算方法（浓缩旋流器除外）分述如下。

1. 按分级粒度计算

所谓"截留粒度"在《煤矿科技术语　选煤》（GB/T 7186—1998）中早已属于禁用词，正确术语名称应该叫作"分级粒度"，按原煤炭工业部指导性技术文件 MT/Z 5—1979 规定，"分级粒度"是以溢流物中 95% 的量通过标准筛筛孔的尺寸来表示的。

浓缩澄清设备处理的是细粒物料。细粒物料沉降速度极慢，粒度越细所需澄清面积越大。浓缩澄清设备的分级粒度一般为 0.05 ~ 0.1 mm。所以，浓缩澄清设备应能满足溢流物中 95% 的量通过 0.05 mm 或 0.1 mm 的筛网。其对应不同入料浓度和底流浓度时，浓缩机的选型所需澄清面积为

$$F = kGf \qquad (6-40)$$

式中　k——干煤泥不均衡系数；

　　　G——入料中干煤泥量，t/h；

　　　f——处理 1 t 煤泥所需沉淀面积，按表 6-46 选取，m²。

2. 按单位面积表面负荷定额计算

浓缩机的选型所需澄清面积为

$$F = \frac{Q(R_1 - R_2)k}{q\phi} \qquad (6-41)$$

式中　F——所需沉淀面积，m²；

　　　Q——进入设备的干煤泥量，t/h；

　　　R_1——给料煤泥水液固比；

R_2——浓缩产品煤泥的液固比，$R_2 = 3 \sim 4$ 或按流程计算浓度取值；

k——煤泥水系统的不均衡系数；

ϕ——沉淀面积利用系数，一般取 $0.9 \sim 0.95$；

q——单位面积处理能力，由《设计规范》7.2.1 条的相关参数规定，归纳为表 6 - 47，可对照选取相应指标，$m^3/(m^2 \cdot h)$。

表 6 - 46　浓缩煤泥时单位生产率所需的面积

入料浓度（固：液）	分级粒度 $d = 0.05$ mm 时的 f 值/$(m^2 \cdot t^{-1} \cdot h^{-1})$								溢流水的浓度/$(g \cdot L^{-1})$
	浓缩后煤泥的固、液比								
	1:10	1:8	1:6	1:5	1:4	1:3	1:2	1:1	
1:100	85.7	87.6	89.5	90.5	91.4	92.8	93.3	94.2	1.05
1:75	62.5	64.4	66.3	67.3	68.3	69.2	70.2	71.2	1.04
1:50	38.8	40.7	42.7	43.7	44.6	45.6	46.6	47.6	1.03
1:40	29.7	31.7	33.7	34.6	35.6	35.6	37.6	38.6	1.01
1:25	15.5	17.5	19.6	20.6	21.6	22.7	23.7	24.8	0.97
1:20	10.5	12.6	14.7	15.8	16.8	17.9	19.0	20.0	0.95
1:15	5.6	7.8	11.1	11.7	12.2	13.3	14.4	15.6	0.90
1:12	2.3	4.7	7	8.1	9.4	10.5	11.7	12.9	0.86
1:10		2.5	4.9	6.2	7.4	8.7	9.9	11.1	0.81
1:9		1.3	3.9	6.15	6.4	7.7	9.0	10.3	0.78
1:8			2.7	4.0	5.4	6.7	8.1	9.4	0.75
1:7			1.5	2.9	4.3	5.7	7.2	8.6	0.70
1:6				1.6	3.2	4.7	6.3	7.9	0.63
1:5					1.8	3.7	5.3	7.4	0.55
1:4						2.5	4.9	7.3	0.41
入料浓度（固：液）	分级粒度 $d = 0.1$ mm 时的 f 值/$(m^2 \cdot t^{-1} \cdot h^{-1})$								溢流水的浓度/$(g \cdot L^{-1})$
	浓缩后煤泥的固、液比								
	1:10	1:8	1:6	1:5	1:4	1:3	1:2	1:1	
1:100	21.4	22.0	22.4	22.6	22.8	23.1	23.3	23.6	4.20
1:75	15.6	16.0	16.5	16.8	17.0	17.3	17.5	17.8	4.17
1:50	9.8	10.3	10.7	11.0	11.2	11.5	11.7	12.0	4.10
1:40	7.4	7.9	8.4	8.7	8.9	9.1	9.4	9.6	4.05
1:25	3.9	4.4	4.9	5.2	5.4	5.8	5.9	6.2	3.88

表 6-46（续）

入料浓度（固：液）	分级粒度 $d=0.1$ mm 时的 f 值/$(m^2 \cdot t^{-1} \cdot h^{-1})$								溢流水的浓度/$(g \cdot L^{-1})$
	浓缩后煤泥的固、液比								
	1：10	1：8	1：6	1：5	1：4	1：3	1：2	1：1	
1：20	2.6	3.2	3.7	4.0	4.2	4.5	4.8	5.0	3.78
1：15	1.4	2.0	2.5	2.8	3.1	3.4	3.6	3.9	3.58
1：12	0.6	1.2	1.8	2.1	2.4	2.6	2.9	3.2	3.42
1：10		0.6	1.2	1.6	1.9	2.3	2.5	2.8	3.24
1：9		0.3	1.0	1.3	1.6	2.0	2.3	2.6	3.10
1：8			0.7	1.0	1.4	1.7	2.0	2.4	2.98
1：7			0.4	0.7	1.1	1.5	1.8	2.2	2.73
1：6				0.4	0.8	1.2	1.6	2.0	2.54
1：5					0.5	0.9	1.4	1.8	2.18
1：4						0.6	1.2	1.1	1.64

注：本表转录自《设计规范》7.2.1 条的表 7.2.1。已将原表中"截留粒度"按《煤矿科技术语》规定改为"分级粒度"。

表 6-47 浓缩澄清设备的单位面积处理量

设 备 名 称	入 料 性 质	单 位 面 积 处 理 能 力	
		煤泥水/$(m^3 \cdot m^{-2} \cdot h^{-1})$	干煤泥（参考值）/$(t \cdot m^{-2} \cdot h^{-1})$
耙式浓缩机	煤泥水	2.5～3.5	0.4～0.7
	浮选尾煤（加絮凝剂）	0.8～1.2	
高效型、斜板（管）型耙式浓缩机	煤泥水	3.6～5.0	
	浮选尾煤（加絮凝剂）	1.6～2.4	
深锥浓缩机	浮选尾煤（加絮凝剂）	3.0～5.0	0.5～1.6

注：表内除干煤泥一栏的参数外，其余指标均转摘自《设计规范》7.2.1 条。

（二）浓缩旋流器选型计算

浓缩旋流器一般以旋流器组的形式使用，选型时按一组的能力计算。具体所需组数按式（6-39）计算，其中浓缩旋流器单组处理量 Q_e 按表 6-48 选取。

表6-48 浓缩旋流器组技术参数（参考值）

NN(T)X	旋流器 直径/ mm	每组 台数/台	入料浓度/ (kg·m⁻³)	入料 粒度/ mm	入料压力/ MPa	处理量/ (m³·h⁻¹)	分级粒 度/mm	底流浓度/ (kg·m⁻³)	溢流 浓度/ (kg·m⁻³)
80×16	80	16	50	1~0	0.1~0.2	100	0.01	200~300	10~15
150×8	150	8	80	3~0	0.1~0.2	160	0.05	300~400	10~20
200×8	200	8	100	3~0	0.1~0.2	160~320	0.05	250~350	20~30
250×8	250	8	110	3~0	0.1~0.2	240~280	0.06	250~350	20~30
300×8	300	8	110	3~0	0.1~0.2	400~640	0.07	250~350	20~30
300×8	350	8	120	3~0	0.1~0.2	480~960	0.08	250~350	20~30
350×6	350	16	120	3~0	0.1~0.2	960~1920	0.08	250~350	20~30

三、矿（煤）浆浓度计算及换算公式

1. 各种浓度计算式

（1）液、固比：

$$R = \frac{W}{T}$$

式中　R——液、固比；

　　　W——水的质量，g；

　　　T——煤的质量，g。

（2）百分浓度：

$$P = \frac{100\,T}{Q} = \frac{T}{T+W} \times 100\%$$

式中　P——百分浓度，%；

　　　Q——煤泥水样质量，g。

（3）固体含量：

$$g = \frac{1000\,T}{W+V} = \frac{1000\,T}{W+\dfrac{T}{\delta}}$$

式中　g——固体含量，g/L；

　　　V——固体体积，cm³；

　　　δ——固体密度，g/cm³。

其余符号意义同前。

注：各种煤浆固体物密度（δ）取值，原生煤泥密度取 1.5 g/cm³，精煤脱水煤泥密度取 1.4 g/cm³，浮选精煤密度取 1.3 g/cm³，浮选尾煤密度取 1.6 g/cm³，重介质非磁性物密度取 1.5~1.6 g/cm³。

2. 浓度单位的换算

（1）已知 R，求 P 及 g：

$$P = \frac{100}{R+1}$$

$$g = \frac{1000}{R + \dfrac{1}{\delta}}$$

（2）已知 P，求 R 及 g：

$$R = \frac{100-P}{P}$$

$$g = \frac{1000P}{100 - P\left(1 - \dfrac{1}{\delta}\right)}$$

（3）已知 g，求 R 及 P：

$$R = \frac{1000}{-\dfrac{1}{\delta}}$$

$$P = \frac{100g}{1000 + g\left(1 - \dfrac{1}{\delta}\right)}$$

（4）已知 R，求固体容积浓度（λ）：

$$\lambda = \frac{1}{R\delta + 1}$$

3. 浓度壶称重法测量矿浆浓度

以容积为 1L 的浓度壶用称重法测量矿浆浓度的计算公式为

$$g = \frac{\delta(G - G_0 - 1000)}{\delta - 1}$$

式中　g——被测矿浆浓度，g/L；

　　　G——带矿浆的壶实称总重，g；

　　　G_0——容积为 1 L 的空壶自重，g；

　　　δ——煤泥密度，g/cm³。

第七章 工 艺 布 置

第一节 工艺总平面布置

一、工艺总平面布置所需的基础资料

（1）工程设计委托书。

（2）工业场地近期实测地形图（地形图比例按《设计规范》12.0.1条规定"可行性研究阶段可采用1∶1000或1∶2000；初步设计阶段可采用1∶500或1∶1000；施工图应采用1∶500"）。

（3）工业场地工程地质和水文地质资料。如厂区地质构造、土壤物理力学性质、地下水位及其变化规律、土壤冻结深度和地震烈度等。

（4）主要气象资料。如主导风向、最大风速、最高级最低气温、相对湿度、最大降雨量和最大洪水水位标高等。

（5）铁路站场方案图（包括铁路站场平面图和正线纵断图）。应含有铁路站场长度、股道数、股道间距、装车点坐标方位及轨面标高。

（6）各车间及设施的轮廓尺寸或准确尺寸。

（7）电源进线方向。

（8）水源接管方位。

（9）生产废水及生活污水的排放去向。

（10）矸石处理方式及外排去向。

（11）进厂公路方位。

（12）不同类型的选煤厂（矿井型、群矿型、用户型）设计所需的其他资料：若属矿井型或群矿型选煤厂，还需矿井工业场地总平面布置图；若属用户选煤厂则需有用户企业总平面布置图。

二、工艺总平面布置的原则及要求

工艺总平面布置不同于工业场地总平面布置图（即总图），除集中选煤厂和用户选煤厂外，绝大多数情况下，选煤厂的地面生产系统与矿井设施是在同一个工业场地内。选煤厂的工艺总平面布置只是矿井工业场地总平面布置图组成的一部分。所以，矿井工业场地总平面布置图的大部分设计原则和要求仍然适用于选煤厂工艺总平面布置，现将其中与选煤厂工艺总平面布置关系密切的要求，扼要归纳如下：

（1）建（构）筑物、道路的布置应优先满足工艺要求，在此前提下，尽量使建（构）筑物平面布置紧凑，并与竖向布置互相协调。应满足安全使用、维护检修和施工的要求，并需满足管、线最短敷设长度要求和扩建时所需的最小合理间距。

（2）布置应充分考虑地形，主厂房一般选择在地形较高的位置上，便于煤泥水及厂内污水采用自流方式；平坦地区长边与地形等高线稍成角度，便于厂区排水。地形带有坡度时，厂区及建（构）筑物长轴方向最好平行地形等高线布置，以减少土石方工程量，地形坡度大时尤应如此。

（3）主要建（构）筑物宜布置在工程地质条件较好的地段。

（4）分期建设的工程，应便于前后衔接，其预留场地宜在边缘地段；改建、扩建选煤厂，应充分利用已有场地、建（构）筑物和设施。

（5）处理好建（构）筑物位置与风向、朝向的关系。

（6）建（构）筑物之间的间距应结合通风、防火、防震、防噪声等要求综合考虑，合理确定，满足卫生、防火、安全等有关技术规范。

（7）与所在地规划或矿区、矿井的总平面布置协调。

（8）工艺总平面布置的煤流系统应顺畅，尽量减少中转和折返环节，在满足工艺要求的前提下，力求煤流系统运输线路最短。

三、工艺总平面布置的内容与注意事项

1. 工艺总平面布置的内容

选煤厂是由多个不同功能的建（构）筑物组成的工业企业，在进行工业场地总平面设计时，按功能可将选煤厂工业场地分为 4 个分区，即主要生产区、辅助生产区、厂前区、站场区。其各分区功能特点及所包括的建（构）

筑物主要内容各不相同，但实际操作中并没有固定的模式，也没有严格的界限，多是彼此渗透、相互穿插。

选煤厂工艺总平面布置，在本节着重阐述的主要是指选煤厂地面生产系统的布置，基本上应在选煤厂工业场地的主要生产区内进行。而矿井型或群矿型选煤厂的地面生产系统则应在矿井工业场地的主要生产区内进行选煤厂工艺总平面布置。

选煤厂地面生产系统主要由受煤车间、准备车间（筛分破碎车间或动筛车间）、储煤场、原煤仓、主厂房、浓缩车间、装车仓及其间的连接栈桥等单位工程构成工艺总平面布置的骨架，主要组成见表7-1。

表7-1 选煤厂主要生产及辅助生产建（构）筑物的组成

分　　类	建（构）筑物名称	功　　能
主要生成建（构）筑物	1. 受煤车间 2. 筛分破碎车间（准备车间） 3. 储煤仓及储煤场 4. 主厂房（主要生产车间） 5. 装车仓（或装车点）、轨道衡沟及磅房、销售煤样室 6. 浓缩车间及沉淀塔 7. 煤泥沉淀池（包括澄清水池及水泵房） 8. 干燥车间 9. 带式输送机走廊及转载点 10. 集中水池及泵房 11. 压滤车间 12. 生产系统管桥及地沟 13. 排矸设施	主要生产作业车间，构成全厂生产系统的"骨架"
辅助生产建（构）筑物	1. 介质制备车间 2. 压缩空气房 3. 浮选药剂库 4. 煤样室（包括生产检查煤样室及销售煤样室） 5. 化验室 6. 生产水池及泵房 7. 生活、消防水池及泵房	提供动力、材料，进行维修和运输作业的车间

表 7 - 1（续）

分 类	建（构）筑物名称	功 能
辅助生产建（构）筑物	8. 检修车间 9. 材料库、棚 10. 变电所 11. 锅炉房 12. 窄轨检车库 13. 生活污水转排水池及泵房 14. 推土机房 15. 汽车库 16. 汽车、手推车地磅房	提供动力、材料，进行维修和运输作业的车间

注：1. 表中列出的建（构）筑物应根据需要设置。

　　2. 表中第二类及第一类中的排矸设施，宜与矿井或矿区的相应项目合并设置。

各车间彼此通过带式输送机走廊或管道衔接，故在相对位置、间距和标高等方面相互关联与制约。其工艺关系的典型形式如图 7 - 1 所示。

2. 工艺总平面布置的注意事项

（1）工艺总平面布置必须符合《设计规范》的相关规定。《设计规范》相关条文摘录如下：

①《设计规范》3.2.1 条规定，"选煤厂应设原煤储煤设施。当入选煤层多，煤质变化大时，宜设混煤场或其他均质化设施"。

②《设计规范》3.2.3 条规定，"当大容量原料煤储煤设施为旁路设计时，宜设置不小于 8 h 设计能力的在线原料煤储存仓"。

③《设计规范》2.0.4 条规定，"群矿和矿井选煤厂的电源、热源、水源和公共设施应与所在矿井统一设计"。

④《设计规范》12.0.4 条规定，"群矿、矿井选煤厂的辅助生产建（构）筑物，行政福利建筑物及相应设施可与矿井联合设置，个别建筑物也可单独设置"。

（2）选煤厂工艺总平面布置的煤流系统，应力求简捷、顺畅，尽量减少中转环节，使连接各生产车间的带式输送机走廊最短，达到既节能又少占地的目的。

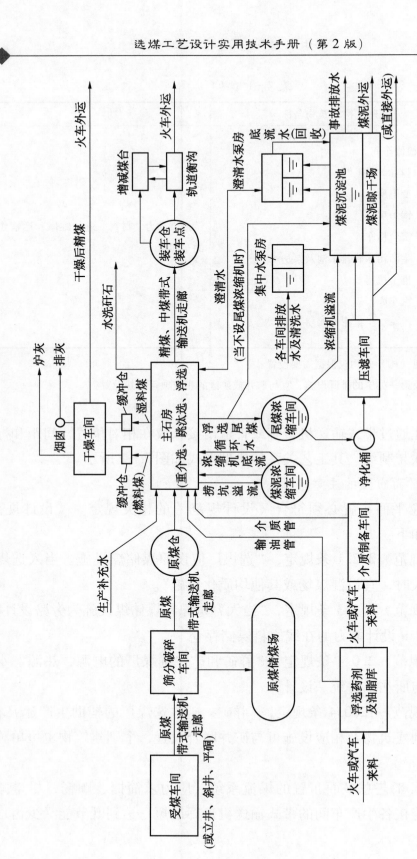

图 7—1 建（构）筑物工艺关系典型形式

（3）当生产多种产品，特别是其中包括块煤品种时，产品分级环节的布置位置及装车仓的布置形式和位置的确定，对选煤厂工艺总平面布置的效果好坏及带式输送机走廊是否最短有着至关重要的影响。

（4）设计必须处理好选煤厂地面生产系统煤流"骨架"与铁路站场、地形地貌、进厂大门、厂内外主要道路的相互关系。也要兼顾与辅助生产区相关建（构）筑物的联系（辅助生产建、构筑物组成见表7-1）。使其平面和空间布局既能满足工艺流程的要求，又能符合矿井工业场地总平面布置的需要。其实有些内容在《设计规范》相关条文中也作了相应规定。现扼要归纳如下：

①介质制备车间或介质库应靠近主厂房布置。

②浮选药剂站和油脂库可联合设置，其四周应设2.4 m以上的围墙。浮选药剂站应位于距浮选车间较近一端的工业场地边缘，地势较低、运输方便的地段。并应按全年风向频率和风速，布置在受经常散发火花和有明火源的建（构）筑物的下风向。浮选药剂站与一般建（构）筑物的防火间距应符合《建筑设计防火规范》（GBJ 16）的相关规定。

③生产水池和泵房应选择在距主厂房较近的地方，同时考虑水源地供应方便。生活与消防水池及泵房一般与生产水池布置在一起。

④空气压缩机站应按全年风向频率，布置在空气清洁和受粉尘、废气污染较小的位置，吸气口与翻车机房、装车仓、受煤坑、储煤场等粉尘源的距离不宜小于30 m，在不利风向位置时，不宜小于50 m。

⑤储煤场、事故煤泥沉淀池应按全风向频率布置在对工业场地污染最小的位置，与提升机房、办公楼的距离不宜小于30 m，在不利风向位置时，不宜小于50 m。

⑥销售煤样室应布置在装车仓重车出口端附近，便于采制煤样及工人休息。

⑦锅炉房的位置应便于供煤、排灰和回水，宜靠近负荷中心。锅炉房或采用煤炭燃烧炉的干燥车间应按全年风向频率布置在对进风井口、空气压缩机站、变电所、办公楼、化验室污染最小的位置，其距离不宜小于30 m，有条件时，干燥车间可与锅炉房联合设置。

⑧变电所的位置应便于进出高压输电线路和靠近用电负荷中心，并应按全年风向布置在受粉尘污染最小的位置。室外变电装置与翻车机房、装车仓、受煤坑、储煤场等粉尘源的距离不宜小于30 m，在不利风向位置时，不宜小于

50 m。

（5）建（构）筑物布置要符合国家防火、安全规定要求。选煤厂厂房多为二、三耐火等级的建筑物，设计时应留有防火距离。工业企业相邻两建（构）筑物最小防火距离见表 7-2。

表 7-2 工业企业相邻两建（构）筑物最小防火距离   m

建（构）筑物耐火等级	建（构）筑物防火距离		
	建（构）筑物耐火等级		
	一、二级	三级	四级
一、二级	10	12	14
三级	12	14	16
四级	14	16	18

（6）选煤厂工业场地宜设置围墙，但在矿井工业场地内布置的选煤厂则不宜设置围墙。浮选药剂站、变电所等单位工程可设置专用围墙。围墙至建（构）筑物、铁路、道路的距离应符合表 7-3 的规定。

表 7-3 围墙至建（构）筑物、铁路、道路的最小距离   m

名 称		距 离
一般建（构）筑物外墙	无消防要求时	3.0
	有消防要求时	6.0
标准轨距铁路中心线		5.0
窄轨铁路中心线		3.5
道路路面边缘（公路明沟或路肩边缘）		1.5

四、工艺总平面布置的设计步骤

工艺总平面布置必须在完成主要生产建筑物和构筑物单体工艺布置的基础上进行。主要生产建筑物和构筑物包括原煤受煤坑、储煤场、原煤准备车间、跳汰车间、重介车间、浮选车间（或组成联合建筑称主厂房）、干燥车间、浓缩机及泵房、压滤车间、集中水池（仓）、装车仓及产品储煤场、事故水池（事故浓缩池或煤泥沉淀池），以及原煤和产品运输输送带走廊及转载点等。它们是组成选煤厂地面生产系统骨架的主要"元素"，也是做好选煤厂工艺总平面布置设计的关键。明确它们的功能、特点，特别是相互之间的衔接关系及特定要求十分重要。其布置的主要设计步骤如下：

（1）工艺总平面布置一般宜先借助草图，根据场地大小、地形条件，按多种走向，多种组合，形成多种布置方案，择优选择。

（2）初步设计阶段作工艺总平面布置设计，要特别关注选煤厂地面生产系统的起点（主井井口）与终点（铁路站场站中）的坐标、方位角。最终定稿时，地面生产系统的平面坐标必须闭合。

（3）在工艺总平面内，各主要生产车间平面位置的确定大多与连接于它们之间的带式输送机走廊（栈桥）的布置密切相关。所以，带式输送机几何尺寸的计算及其走廊（栈桥）的布置十分重要。具体设计要点如下：

①根据 ±0.00 m 相对基准标高（一般以主厂房 0.00 m 层的标高作为相对基准标高的 ±0.00 m）推算带式输送机的起、终点标高，并计算带式输送机的倾角和水平投影尺寸；在满足工艺及角度要求的条件下（一般在 17° 及其以下），确定平面位置和竖向标高。否则进行调整再确定。

②一般布置带式输送机走廊宜保持直线原则，即互相垂直或平行。但是，为了工艺流程需要或受场地、地形限制，在平面上也可布置成一定的夹角。

五、工艺总平面布置实例

为了对上述工艺总平面布置的原则、要求、注意事项、布置方法、设计步骤等内容有更深入的理解，下面通过选择一些典型工艺总平面布置实例进一步佐证，以供读者参考。

1. 原煤储煤设施和原煤仓平面位置选择的布置实例

关于原煤储煤设施和原煤仓的布置首先需要特别指出的有以下两点：

（1）有些设计文件为节省投资不设置原煤储煤设施，不利于调节选煤厂生产与矿井生产、产品运输、市场需求之间的不均衡性。

（2）设置在线原煤仓的目的，主要是为了短时间内代替旁路储煤设施的功能，调节因工作制度不同（选煤厂 3 班/d、矿井 4 班/d），矿井提升原煤较集中，提升能力大大超过选煤厂额定小时生产能力（一般情况下主井最大提升能力约为选煤厂额定小时能力的 1.6 倍左右）等因素带来的选煤厂与矿井生产短时间的不均衡性。其次是保持原煤稳定均衡地进入选煤厂地面生产系统。

对是否设置在线储煤设施或原煤仓，通常有 3 种做法（方案）。

方案一 有些设计因受场地限制，在大容量原料煤储煤设施为旁路设计时，没有设置在线原煤仓。甚至有些设计为了节省投资，既不设置储煤设施，也不设置在线原煤仓。井口来煤直接进入选煤厂地面生产系统。显然这是不符合《设计规范》3.2.3 条的规定，且存在一系列弊端。

①选煤厂地面生产系统的全部设备必须与主井最大提升能力保持一致，这就使选煤厂的设备选型能力大大增加，无谓地增加投资、生产成本和能耗，不符合节能减排原则。

②地面生产系统在运行中，任何一台设备突发故障时，将因煤流系统设置有电气闭锁关系，导致逆煤流连锁事故停车，直接影响矿井提升环节正常运转。在竖井绞车提升条件下，问题更加突出、严重。在选煤厂故障设备停车检修时间内，矿井也得相应停产，相互干扰严重。

【实例】 平顶山矿区汝州煤田××矿井可行性研究报告（第一版），就是属于既不设置储煤设施，又不设置在线原煤仓的典型工艺总平面布置。该井田主要可采煤层赋存的煤类：二₁ 煤层为贫瘦煤、贫煤及少量瘦煤，四₃、五₃ 煤层为焦煤。《可研报告》确定本矿产品方向为炼焦用煤、高炉喷吹煤和动力电煤是合适的，符合本矿煤质特性。《可研报告》根据业主要求前期暂不建选煤厂，仅预留了补建选煤厂的场地。首先，该矿以生产炼焦煤为主，不建选煤厂不符合国家煤炭产业政策。其次，地面生产系统既不设置储煤设施，又不设置在线原煤仓，不符合《设计规范》3.2.1 条规定"选煤厂应设原煤储煤设施"，以及《设计规范》3.2.3 条规定"当大容量原料煤储煤设施为旁路设计时，宜设置不小于 8 h 设计能力的在线原料煤储存仓"的相关规定。且存在上述方案一所描述的一系列弊端。地面生产系统布置如图 7－2 所示。

方案二 井口来煤直接先进入准备车间（筛分破碎车间或动筛排矸车间），将原煤仓布置在准备车间与主厂房之间，用以缓冲储存准备合格的原煤。这样的布置形式同样存在类似方案一的弊端，只是影响范围小一点，仅局限在原煤准备系统。弊端分述如下：

①筛分破碎车间或动筛排矸车间的设备必须与主井最大提升能力保持一致，这就使进入原煤缓冲仓前的设备选型能力大大增加，无谓地增加投资、生

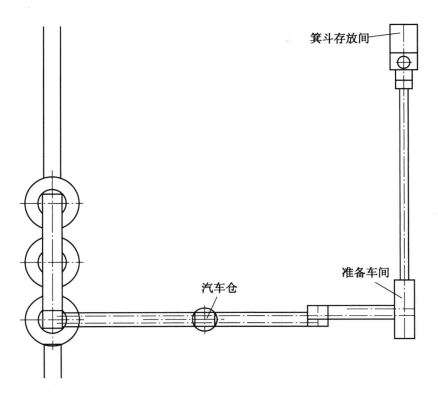

图 7-2 平顶山汝州煤田××矿井地面生产系统平面布置图

产成本和能耗，不符合节能减排原则。

②原煤准备生产系统在运行中，设备突发故障时，将因煤流系统设置有电气闭锁关系，导致逆煤流连锁事故停车，直接影响矿井提升环节正常运转。在竖井绞车提升条件下，问题更加突出。为了不影响矿井正常生产，筛分破碎车间或动筛排矸车间必须设置备用系统或旁路系统，不仅会造成投资的浪费，而且还会增加实际生产操作、管理的难度。

【实例】山东巨野××选煤厂工艺总平面布置属于井口来煤直接先进入动筛车间，将原煤仓布置在动筛车间与主厂房之间的典型实例，如图 7-3 所示。

方案三 将原煤储煤设施在线布置（即储缓合一），或储煤设施旁路布置时，将原煤仓在线布置于井口来煤进入筛分破碎车间或动筛排矸车间之前。这是两种比较合理的布置方式，可以有效克服方案一、二的弊端。唯一的缺点是存在特大块煤堵仓问题。鉴于井下难以有效地控制原煤的粒度上限，原煤中往往混有超限（＞300 mm）特大块物料，进一步加重了原煤仓的堵仓危害。为防止堵仓，传统的做法是，适当加大仓口尺寸或在入仓之前设置清除超限特大

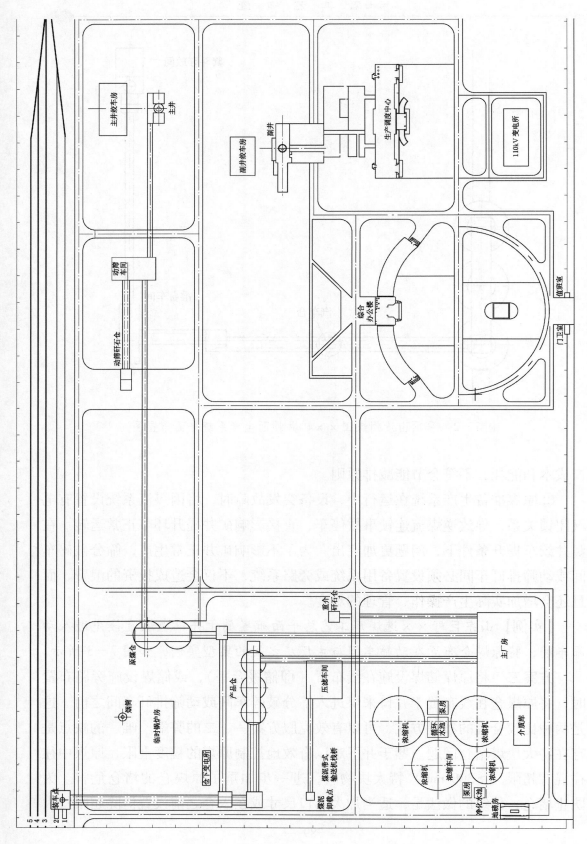

图 7 − 3　山东巨野×× 选煤厂工艺总平面布置图

块的措施。例如，在入原煤仓之前设置排料孔为 300 mm 的分级破碎机，以便严格控制原煤的粒度上限不大于 300 mm。

生产实践证明，即便是小于 300 mm 的物料，有时也仍然存在堵仓现象。为了更有效地解决大块煤堵仓问题，特提出以下参考方案：

即将入原煤仓之前设置的分级破碎机的排料孔缩减至 200～150 mm，进一步减小入仓原煤的粒度上限。这样，除有利于减少堵仓概率外，对准备车间的筛分、破碎作业，或其后的动筛跳汰机、浅槽重介质分选机等排矸分选作业并没有任何妨碍。反而因 200～150 mm 小于或正好满足了排矸分选设备的入料粒度上限要求，完全可以取消准备车间的破碎环节，节省了投资。是一个一举两得的方案，值得参考。

【实例】陕西黄陵××矿井选煤厂，储煤场旁路布置，设计将原煤仓在线布置在井口来煤进入筛分破碎车间之前。可以有效克服方案一、二的弊端，是比较合理的工艺总平面布置方案，如图 7-4 所示。

【实例】山西乡宁矿区××矿井选煤厂，设计能力 6.00 Mt/a，属炼焦煤选煤厂，采用浅槽重介质分选机＋重介质旋流器＋浮选联合分级分选工艺。其工艺总平面布置，因场地面积不大，未设储煤场，仅设置了储缓合一的在线原煤仓。专家评审讨论时，对原煤仓应该布置在井口来煤进入筛分破碎车间之前还是之后的两种方案存在两种相反的观点，焦点集中在堵仓问题上。业主在多年生产实践中深受堵仓危害，认为将原煤仓布置在筛分破碎车间之前的方案，虽有诸多优点，且符合《设计规范》3.2.3 条规定，但唯一的缺点是存在特大块煤堵仓的隐患。为解决堵仓问题，最终选择了将原煤仓布置在井口来煤进入筛分破碎车间之前的方案。但在入原煤仓之前增设了分级破碎机环节，分级破碎机排料孔尺寸采用 200～150 mm。正好与浅槽重介质分选机的入料粒度上限要求一致。从而取消了原设计准备车间的破碎环节。

【实例】陕西榆神矿区×××一号矿井（15.00 Mt/a）和×××二号矿井（13.00 Mt/a）共用一个工业场地，合建一座群矿型处理规模巨大的选煤厂（28.00 Mt/a），入选一号矿井与二号矿井的原煤。

初版《可研报告》推荐的工艺总平面布置方案为两套平行布置的独立的生产系统，虽然整体布置紧凑，转载环节少，煤流顺畅。但原煤储煤场采用堆取料机储煤场形式并采用在线布置方式，尚存在以下问题：

（1）×××一号矿井、二号矿井的井下均未设置井底煤仓，矿井生产原

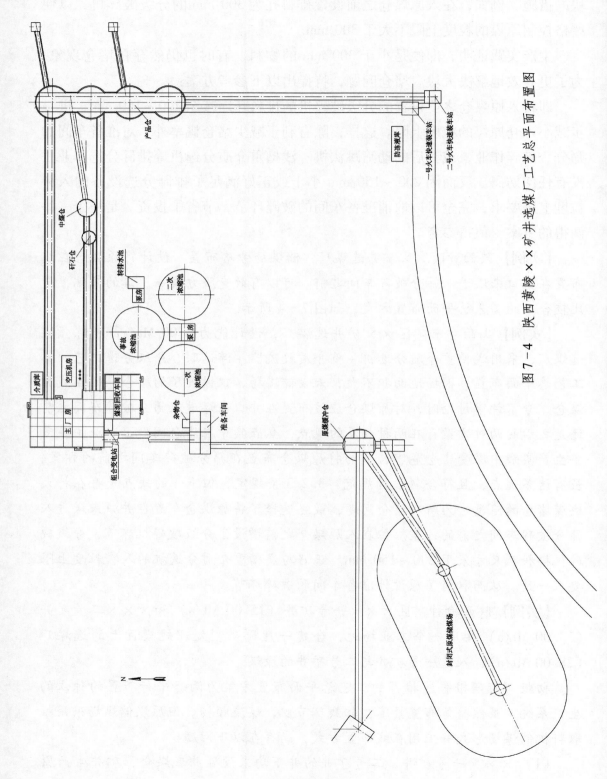

图 7-4 陕西黄陵××矿井选煤厂工艺总平面布置图

煤从采煤工作面通过带式输送机接力运输，直达地面生产系统与在线原煤储煤场堆料机直接对接。这就要求2座储煤场堆料机能力必须分别与两个矿井主斜井带式输送机的小时最大提升能力相一致（一井6000 t/h，二井5300 t/h）。据了解，目前国内储煤场堆料机能力尚无如此大的规格，难以配套。

（2）《可研报告》没有考虑原煤储煤场突发事故情况下的应对措施。鉴于原煤储煤场堆、取料机，设备结构复杂，故障率高。一旦堆料机发生故障，则会因电气闭锁关系，造成主斜井带式输送机及井下煤流系统事故停车，直达井下工作面停产，严重影响井下生产；若取料机发生故障，则会造成其后的选煤厂生产线全部停产。

修改版《可研报告》吸纳了专家评审意见，在矿井仍然没有设置井底煤仓的条件下，选煤厂设计改为采用在线布置储缓合一的大直径原煤筒仓形式。井下来煤直达4个直径30 m的原煤大筒仓，单仓容量为0.025 Mt（2.5万吨），总储煤量为0.10 Mt（10万吨），较好地解决了井下来煤缓冲问题。

点评：在矿井没有设置井底煤仓，井下来煤量极不均衡，波动大的条件下，规模如此巨大的选煤厂的储煤方式是不宜采用堆取料机储煤形式的，在线布置就更不可取。若仍要坚持采用堆取料机储煤形式，则堆、取料机原煤储煤场也宜旁路布置，按《煤炭洗选工程设计规范》3.2.3条规定，同时还应设置不小于8 h原煤量的在线原煤仓。鉴于井下没有设井底煤仓，地面在线原煤仓容量还宜适当加大。这样倒不如直接采用在线布置储缓合一的大直径原煤筒仓形式，能够较好地解决井下来煤缓冲问题。而且选煤厂工艺总平面布置也比较简化，易于布置。

2. 生产多种产品（包括块煤品种）的工艺平面布置实例

下面仅以内蒙古呼吉尔特矿区××矿井选煤厂两种不同的工艺总平面布置方案为例，说明不同的布置方案所产生结果上的差异。另外，山西阳泉某动力煤选煤厂工艺总平面两种布置方案也很具有典型意义和参考价值。

【实例】呼吉尔特矿区××矿井选煤厂为动力煤选煤厂，设计生产能力为4.00 Mt/a。推荐的分选工艺为：>13 mm块原煤采用浅槽重介质分选机排矸，<13 mm末原煤不入选。根据目标市场定位，煤炭产品结构见表7-4。

《可研报告》提出两种工艺总平面布置方案。

方案一：产品仓采用跨线圆筒仓，如图7-5所示。

方案二：产品仓采用落地圆筒仓，块、末煤产品共用一套快速装车系统装车，如图 7-6 所示。

表 7-4　最终产品平衡表

产品名称	数　量				质　量		
	产率/	产　量			A_d/	全水分/	发热量/
	%	t/h	t/d	Mt/a	%	%	(kcal·kg^{-1})
洗大块	22.05	167.07	2673.09	0.88	5.38	13.50	6134.42
洗混煤	70.01	530.36	8485.82	2.80	10.10	13.42	5637.28
洗块矸	7.94	60.15	962.42	0.32	76.91	13.50	959.16

注：1 kcal = 4.1868 kJ。

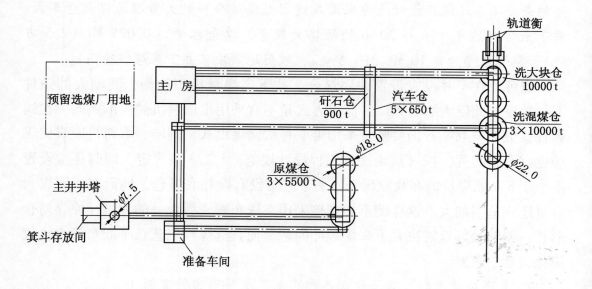

图 7-5　内蒙古呼吉尔特矿区××矿井选煤厂工艺总平面布置图（方案一）

　　方案一与方案二相比，其优点是：减少了带式输送机走廊的数量和总长度，减少了占地面积，避免了块、末煤产品共用一套装车系统存在不同品种产品相互混淆、相互污染的问题。

　　【实例】山西阳泉矿区×××矿井配套建设一座动力煤选煤厂，该井田煤炭种类属无烟煤三号。设计生产能力为 6.00 Mt/a。推荐的分选工艺为：>13 mm 块原煤采用浅槽重介质分选机排矸，<13 mm 末原煤初期（前 8 年）暂不洗选，8 年后采用选前不脱泥无压入料三产品重介质旋流器分选（生产高

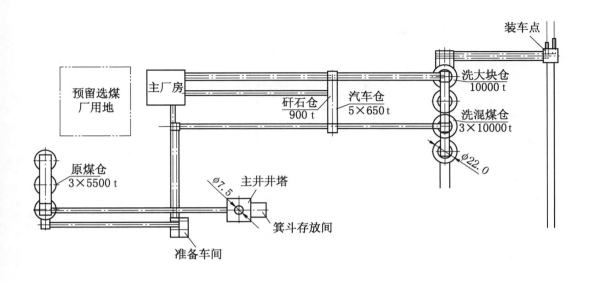

图 7-6 内蒙古呼吉尔特矿区××矿井选煤厂工艺总平面布置图（方案二）

炉喷吹用煤）或只排矸（生产电煤）的选煤方法。根据目标市场定位，初期煤炭产品结构如下：

化肥造气洗混块，$A_d = 10.54\%$，$Q_{net,ar} = 29.0$ MJ/kg，产量为 110.88×10^4 t/a；

电煤，$A_d = 21.09\%$，$Q_{net,ar} = 23.58$ MJ/kg，产量为 352.86×10^4 t/a；

矸石，$A_d = 68.16\%$，产量为 136.26×10^4 t/a。

工艺总平面布置有两种方案，如图 7-7 和图 7-8 所示。

方案一（图 7-7），工艺总平面布置煤流系统顺畅、简捷，无转载环节。原煤采用储缓合一形式，符合《设计规范》对原煤储缓系统的相关要求。块、末煤产品仓采用跨线式布置方式，比落地式产品仓少了一次转载，不仅多种产品装车互不混淆，而且带式输送机走廊短。特别是地面生产系统与分选系统的布置比较灵活，兼顾了不同煤层组合入选，以及同时生产电煤和高炉喷吹用煤两种产品的需求。

方案二（图 7-8），工艺总平面布置煤流系统基本顺畅，无转载环节，原煤采用储缓合一形式。块、末煤产品分别设置装车系统虽然能避免多种产品装车互不混淆的弊端，但是，产品仓采用落地式布置方式，带式输送机走廊比方案一要长 200 m 以上。

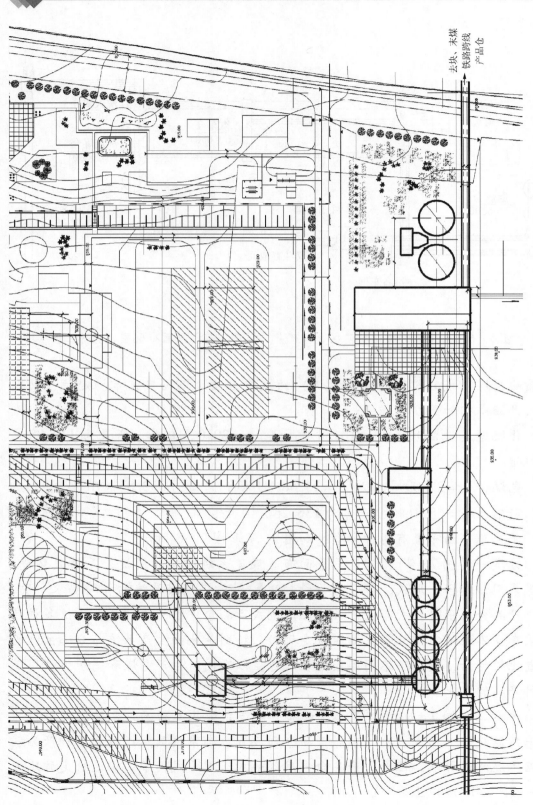

图 7-7　阳泉矿区×××矿井选煤厂工艺总平面布置图（方案一）

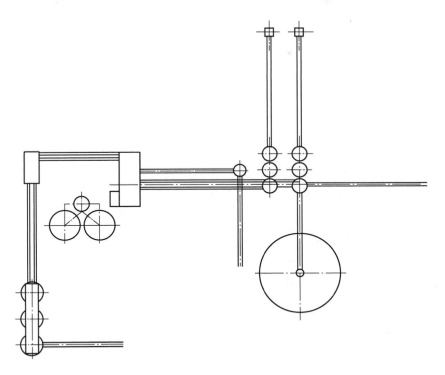

图 7－8　阳泉矿区×××矿井选煤厂工艺总平面布置图（方案二）

3. 选煤厂工艺总平面布置的煤流系统简捷、顺畅，中转环节少，带式输送机走廊短的典型实例

【实例】内蒙古准格尔矿区×××矿井选煤厂，设计生产能力为 6.00 Mt／a，属动力煤选煤厂。＞13 mm 块原煤采用浅槽重介质分选机排矸工艺，＜13 mm 末煤不入选。生产单一电煤产品，采用单点快速装车系统。其工艺总平面布置简捷、顺畅，没有中转环节；原煤仓储缓合一，位置设置合理；唯装车系统距离偏远，上仓带式输送机走廊长达近 600 m，存在不利于生产管理的缺点，是布置较好的典型实例之一，如图 7－9 所示。

【实例】陕西永陇矿区麟游区××矿井选煤厂，设计生产能力为 4.00 Mt／a，属动力煤选煤厂。＞13 mm 块原煤采用浅槽重介质分选机排矸工艺，＜13 mm 末煤不入选。产品结构方案：块煤产品用于造气，末煤用作动力电煤。其工艺总平面布置简捷、顺畅，没有中转环节；原煤仓储缓合一，位置设置合理；块、末煤产品分别设置装车系统。是布置紧凑、短捷、多种产品装车互不混淆的典型实例之一。该实例的缺点是主要厂房没有预留改扩建的余地，如图 7－10 所示。

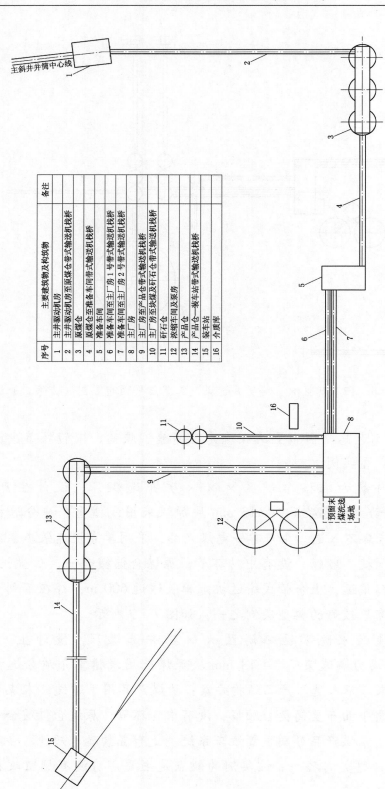

序号	主要建筑物及构筑物	备注
1	主井驱动机房	
2	主井驱动机房至原煤仓带式输送机栈桥	
3	原煤仓	
4	原煤仓至准备车间带式输送机栈桥	
5	准备车间	
6	准备车间至主厂房 1 号带式输送机栈桥	
7	准备车间至主厂房 2 号带式输送机栈桥	
8	主厂房	
9	主厂房至产品仓带式输送机栈桥	
10	主厂房至块煤及矸石仓带式输送机栈桥	
11	矸石仓	
12	浓缩车间及泵房	
13	产品仓	
14	产品仓—装车站带式输送机栈桥	
15	装车站	
16	办煤库	

图 7-9 内蒙古准格尔矿区×××矿井选煤厂地面工艺总平面布置图

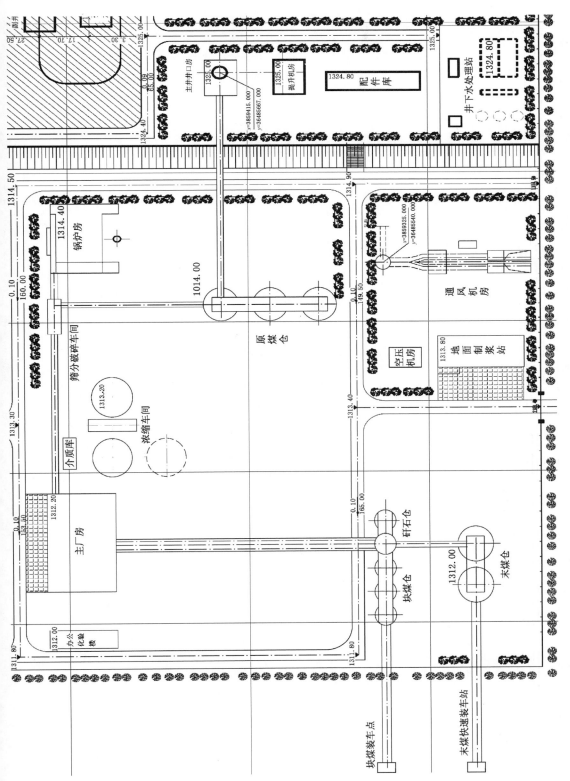

图 7-10 陕西永陇矿区麟游××矿井选煤厂工艺总平面布置图

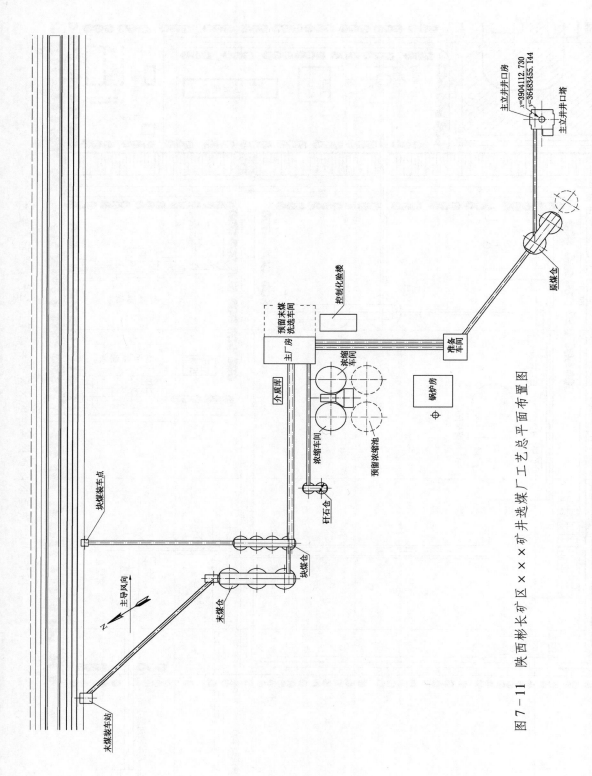

图 7 - 11 陕西彬长矿区××× 矿井选煤厂工艺总平面布置图

建筑物与结构物名称一览表	
1	矿井井口房
2	矿井井口房至原煤仓带式输送机栈桥
3	原煤仓
4	原煤转载点
5	原煤转载点至准备车间带式输送机栈桥
6	准备车间
7	准备车间至主厂房末煤带式输送机栈桥
8	准备车间至主厂房块煤带式输送机栈桥
9	主厂房
10	主厂房至产品仓带式输送机栈桥
11	主厂房至矸石仓带式输送机栈桥
12	产品仓
13	矸石仓
14	产品仓至1号快速装车站带式输送机栈桥
15	产品仓至2号快速装车站带式输送机栈桥
16	1号快速装车站
17	2号快速装车站
18	介质库
19	浓缩车间
20	空压机房
21	控制化验楼
22	锅炉煤仓
23	锅炉煤仓至锅炉房带式输送机栈桥
24	锅炉房
25	原煤仓电梯、楼梯及提升间
26	产品仓电梯、楼梯及提升间

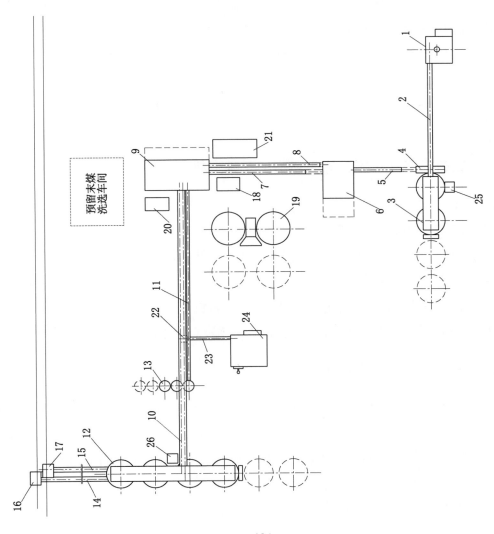

图 7－12　内蒙古呼吉尔特矿区×××矿井选煤厂工艺总平面布置图

【实例】陕西彬长矿区×××矿井选煤厂，设计生产能力为 5.00 Mt/a，属动力煤选煤厂。>13 mm 块原煤采用浅槽重介质分选机排矸工艺，<13 mm 末煤暂不入选，仅预留增建末煤洗选系统的可能性。块煤产品用于造气或煤化工原料，末煤用作动力电煤。其工艺总平面布置简捷、顺畅，没有中转环节；原煤仓储缓合一，位置设置合理；块、末煤产品分别设置装车系统。是布置紧凑、短捷、多种产品装车互不混淆的典型实例之一，如图 7-11 所示。

【实例】内蒙古呼吉尔特矿区×××矿井选煤厂，设计生产能力为 12.00 Mt/a，属动力煤选煤厂。>13 mm 块原煤采用浅槽重介质分选机排矸工艺，<13 mm 末煤暂不入选。其工艺总平面布置横平竖直、规整简捷、煤流顺畅，没有中转环节，并合理地预留了增建末煤分选系统的余地；原煤仓储缓合一，位置合理；精煤、末煤产品可以根据用户要求，在产品仓下按任意比例掺配成不同热值的产品销售，分别用两套快速装车系统外运，避免了不同产品装车相互混淆的弊端。是工艺总平面布置好的典型实例之一，如图 7-12 所示。

第二节 工艺厂房（设施）布置概述

一、工艺厂房（设施）布置所需的基础资料

（1）工艺流程图。

（2）主要设备选型资料。

（3）有关设备总图或注有必要尺寸的设备外形图。

（4）工艺总平面布置方案图。

（5）铁路站场机车牵引定数、正列车车辆数。

（6）当原煤、产品采用公路运输时，运输汽车可能的型号及载重吨位。

二、工艺厂房（设施）布置的原则及要求

厂房（设施）及设备的工艺布置是选煤厂工艺设计的重要组成部分，它是根据工艺总平面布置图、工艺流程图、设备选型资料及生产经营管理要求等，将厂房和设备综合而合理地在厂房（设施）的平面及剖面上进行布置。

1. 厂房建筑结构、形体的设计原则及要求

（1）选煤厂厂房（设施）建筑设计必须全面贯彻适用、安全、经济、美

观的方针，厂区建筑应与周围环境相协调。

（2）厂房（设施）结构类型应根据生产的重要性、耐久性和使用要求并结合材料来源和施工条件，经技术经济比较后合理确定。

传统的厂房建筑结构多为钢筋混凝土框架结构，此类结构使用寿命长，维护简单。最近几年，随着我国钢产量迅速提高，钢结构、钢混结构的厂房逐渐增多。此类结构，防震效果好，建设工期短，但防腐维护费用较高。因此应进行比较后合理选择。总之，厂房的结构应不拘一格，结构形式应该服从工艺布置的需要。

（3）厂房形体宜力求简单，规则整齐，尽量避免高低错落，凹进凸出。

（4）对于传统的钢筋混凝土框架结构厂房，在满足工艺要求和符合建筑模数的前提下，应力求降低厂房高度以减少造价。对于钢结构或模块化单层厂房则可不受建筑模数的限制，厂房高度降低的自由度较大。

（5）鉴于地下建筑土方工程量大，劳动条件差。除了受煤坑、大翻车机房等外，一般尽量不设地下工程。若必须设地下工程时，应充分考虑通风、除尘及排水设施。

（6）生产厂房在满足工艺要求和地形条件允许的情况下，宜尽量采用联合建筑。如重选车间与浮选车间联合建筑，重选、浮选及压滤车间联合建筑等。当工业场地受到限制或有其他要求和考虑时，可以采取分散布置。压滤机台数多时宜设计独立建筑。通常火力干燥车间采取独立建筑。

（7）根据厂房的长度，人流多少、货物设备进出的大小，合理设置厂房大门、楼梯、安装门、提升孔、检修通道、检修场地、货运电梯或客货两用电梯。

提升孔用于安装、检修提运设备和部件之用。提升孔尺寸由提运设备最大部件外形尺寸确定，一般在提升孔周围应留有足够的设备停放场地和运输通道。厂房提升孔的多少应根据车间大小、方便检修确定。在厂房的某些部位，若不允许设置提升孔时，可根据检修、安装的需要在外墙体设置安装门，并将吊装梁伸出墙外。安装门的尺寸要求与提升孔的要求相同。

（8）需要时要设车间变电所，一般宜设在进出线方便的厂房一层。动力负荷较集中的各楼层需设置配电室，其面积取决于配电盘的数量。配电室最好布置在变电所同一跨间内或进线跨间内，以便于线路垂直连接或水平连接。车间变电所和配电室除符合变压器布置的要求外，还应注意靠近负荷中心，远离振动源，进线方便，严禁与变、配电室无关的管路通过，不跨沉降缝，避免日晒，不设在煤尘较多的设备附近，不设在水池下或多水场合。

（9）集中控制室（包括调度室）是全厂管理、操作的要害部门，其面积大小应视厂型大小、工艺流程复杂程度、装备水平等具体情况而定。其位置宜设在主厂房外独立的建筑物内，如果需设在主厂房内，应尽量与跳汰机或重介质分选机在同一层或上一层布置，且靠近主配电室、主要楼梯间和主要通道的位置。不要设在多水和振动较大处，不要跨在沉降缝上。特别是钢结构厂房内的集中控制室宜与支撑振动设备的结构隔离，以防振动。集中控制室应有好的采光、防尘和隔音措施。

（10）浮选车间，干燥车间，原煤仓，精、中煤仓，锅炉房，空气压缩机房，以及油脂库等，当采取自然通风方式不能满足要求时，应设机械通风设施。

化验室、销售煤样室等产生有害气体的建筑物应设机械通风。

当原煤的外在水分小于7%时，相应生产环节应设置除尘装置。

设备噪声应小于85 dB。噪声大的设备尽量布置在厂房底层并采取隔音、消声等防噪措施。也可以布置在厂房外部独立的房间内。

（11）平台四周及孔洞周围，应砌筑不低于100 mm的挡水围台；地沟应设间隙不大于20 mm的铁箅盖板或活动盖板。各层楼板上的提升孔周围应设高度不低于1100 mm的保护栏杆。

（12）主要厂房、栈桥室内通道的最小宽度应符合表7-5的规定。人行道和检修道的坡度>5°时，应设防滑条；坡度>8°时，应设踏步。

表7-5 主要厂房、栈桥室内通道的最小宽度　　　　　　　　　　m

建筑物名称	检修道宽度	人行道宽度		备　注
		距设备运转部分	距设备固定部分	
主厂房、准备车间、压滤车间	0.7	1.0	0.7	
栈　桥	0.5		1.0	双输送机栈桥中间人行道宽度≥1.0
地　道	0.7		1.2	

2. 工艺厂房（设施）设备布置的原则及要求

（1）设备布置时力求做到生产流程通畅、布置紧凑。应结合厂房结构及设备特点、数量，将设备在平面和立面加以定位。设备定位必须标注设备中心线三维安装尺寸。此外，附属设备如溜槽、管道、操作台、扶梯、检修设备、料仓及水池等也随之定位或已考虑了其布置所需的空间。

（2）同一作业环节的同类设备宜布置在同一标高上，两台或两台以上同样设备对称或同轴线布置，同时排列整齐。对大型钢结构厂房要防止振动设备过于集中，以防产生共振。

（3）尽量采用自流作业，减少输送设备和转载点。但因物料自流需过多增加厂房高度时，应进行方案比选，择优采用。

（4）重型设备及振动较大的设备尽量布置在厂房底层。对多层钢筋混凝土框架结构的厂房而言，整机安装的特大型设备，必须在厂房围墙等土建施工前就位或搬进厂房。单层模块化结构厂房可不必受此限制。

（5）设备布置应便于安装、操作和检修。所有设备的上方必须留足安装、检修的空间和高度，并设置必要的吊装措施或起重设备。对于模块化单层厂房上方宜设置大跨度桥式起重设备，以便覆盖厂房内绝大部分设备，起重量应兼顾最重设备的安装和检修需要。模块化单层厂房设置大跨度桥式起重设备的方式，可大大缩短设备安装、检修时间，体现了现代化高效选煤厂厂房布置的新方向。

（6）设备之间连接的溜槽应尽量缩短，溜槽的坡度要保证物料畅通，又要避免坡度过大砸压设备。输送块煤物料的溜槽的坡度更要避免坡度过大，落差过大，并应采取必要的防碎措施。

（7）料仓的倾角应大于物料自然安息角，并考虑物料的粒度、水分和料仓漏斗内壁材质合理确定。

（8）管路在选煤厂应用广泛，是工艺布置中一个重要环节。管路布置是否合适，对选煤厂能否正常生产和工艺系统灵活性影响很大，对重介车间管道的布置尤为重要。有关煤泥水和重悬浮液管道坡度的选择可参考《选煤厂设计手册（工艺部分）》（1979 年版）进行。设备上的闸门、手把及阀门等操作部件的水平线，距地板高度要适合工人操作，一般在 1.0 ~ 1.4 m 范围内。若高于此范围，需设工作台或采用链轮操作；若低于此范围时，距离地面、楼板高度，应大于操作件最大转动半径 100 ~ 200 mm，以保证操作安全和部件检修。操作台宽度一般不小于 1500 mm，共用操作台应更宽敞。当工作台高度高于 600 mm 时应设保护栏杆。

（9）设备裸露的转动部分，应设防护罩或防护屏。

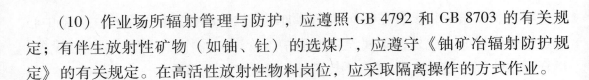

（10）作业场所辐射管理与防护，应遵照 GB 4792 和 GB 8703 的有关规定；有伴生放射性矿物（如铀、钍）的选煤厂，应遵守《铀矿冶辐射防护规定》的有关规定。在高活性放射性物料岗位，应采取隔离操作的方式作业。

三、本手册对工艺厂房（设施）布置的论述重点

有关主要工艺厂房（设施）工艺布置的一般方法、步骤和有关数据在《选煤厂设计手册（工艺部分)》（1979 年版）中已有详细论述，这里不再赘述。本手册根据多年来设计积累的经验教训，只着重论述其中几类主要工艺厂房（设施）工艺布置需要特殊关注的问题，以供读者参考。它们包括：原煤储煤设施，动筛跳汰车间，主厂房，复合式风力分选系统等。

第三节　原煤储煤设施的工艺布置

一、原煤储煤设施的类型及原则要求

（1）《设计规范》3.2.1 条规定，"选煤厂应设原煤储煤设施。当入选煤层多、煤质变化大时，宜设混煤场或其他均质化设施"。

选煤厂若因入选原煤种类多或入选各矿（层）煤的煤质变化大，可设置多个煤仓分别装仓储存，实行分组轮洗或按比例配煤入选；也可采用均质化混煤场进行混煤入选；这些都是科学管理入选原煤数、质量的方式。

（2）《设计规范》3.2.2 条规定"原料煤储煤设施的形式，可采用堆取料机储煤场、落煤筒（溢流窗）式储煤场、栈桥式储煤场、半地下煤仓或筒仓等。原煤储煤和混煤设施总容量应根据设计生产能力、运输、市场等条件确定，并与产品仓容量统筹考虑。原料煤与产品煤储量之和宜为 3~7 d 选煤厂的设计生产能力"。

大容量的圆筒仓、半地下煤仓（槽仓）、大型堆取料机储煤场等储煤设施，均是现代化选煤厂储煤的先进形式。它们不仅能满足生产储量要求，调节矿井与选煤厂之间生产协调稳定，而且能改善劳动条件、环境卫生，并起到配煤作用，使入选原料煤均匀且质量稳定。

（3）《设计规范》3.2.4 条规定，"在人口集中的城镇或自然保护区附近的选煤厂，应采用封闭方式储存原煤"。

现在不少省、市环保部门已明确提出采用封闭方式储存原煤的要求。对此，设计应给予重视，满足地方环保部门的要求。

二、不同类型原煤储煤设施的特点及其布置

(一) 栈桥式储煤场

栈桥式储煤场是一种传统的储煤方式，具有结构简单，投资不高，借助于推土机储煤量不受限制等优点，在我国曾被广泛采用；因其存在落煤时扬尘大，对环境污染比较严重，推土机返煤时对原煤碾压破碎严重，造成粉煤量增多，增加了分选难度和煤泥水处理负荷等缺点，故除中、小型选煤厂外，现在采用得越来越少。

(二) 落煤筒 (溢流窗) 式储煤场

溢流窗式储煤场是平朔安太堡露天矿选煤厂引进美国设计的储煤方式。因其具有结构简单，投资少，落煤时扬尘少，借助于推土机储煤量不受限制等优点，在我国被广泛采用。它由受煤设施、输送带走廊、落煤柱、堆放场地、地下返煤输送带等组成。

溢流窗式储煤场使用的是常规设备，如给料机、带式输送机、推土机等。落煤柱是一个空心圆柱体，高度一般为 15 ~ 20 m，视储煤场的大小而定。原煤由输送带走廊运至卸煤点，卸下后顺着落煤柱下落。落煤柱在不同高度上开有溢流窗，当落煤柱内的煤堆至一定高度后，便从溢流窗口溢出。下方窗口被溢出的煤堵住后，煤便继续在落煤柱中堆积，达到上面一个溢流窗，煤便再次溢出。推土机将落下的原煤推离落煤柱，堆积在储煤场的不同位置。当需要返煤时，推土机将原煤从不同位置推至地下漏斗的入料口，经转载输送带运至地面生产系统。

溢流窗式储煤场占地面积比较小，堆取方便，堆料高度较高，适于较长时间存储变质程度较高的原煤。但推土机往返推煤时对原煤碾压破碎严重，造成粉煤量增多，增加了分选难度和煤泥水处理负荷，这是溢流窗式储煤方式的主要缺点，因而不太适合易粉碎原煤的储存。

合理布局返煤地道和漏斗，尽量增加自然煤堆的活煤量，减少死角煤量，是弥补上述缺点的有效措施。

为了更好地适应环保要求，在溢流窗式储煤场上加设轻质壳盖的做法越来越被重视和采用。溢流窗式储煤场的形式如图 7 - 13 所示。

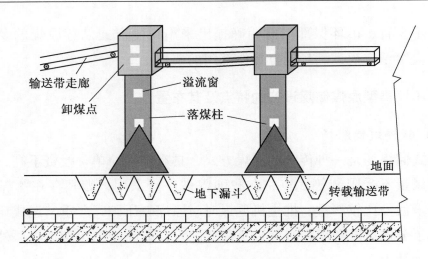

图 7 - 13　溢流窗式储煤场剖面图

【实例】 平顶山矿区汝州煤田赋存的煤炭最突出的煤质特点是：质软、极易粉碎。汝州煤田××矿二$_1$煤层在采煤方法为炮采的条件下，<3 mm 粉煤量高达 75.66%，<0.5 mm 原生煤分量也高达 45.15%，国内罕见。预计在大采高综采条件下，煤的粉碎程度将进一步加剧。

然而汝州煤田××矿井可行性研究报告（第二版），采煤方法为大采高综采，竟然采用溢流窗式储煤场，而且在线布置，具有储缓合一功能，成为全部原煤的必经之路。溢流窗式储煤场主要缺点是必须借助推土机回煤，而推土机来回碾压作业必将加剧煤的进一步粉碎，增加了分选难度，不利于煤泥水处理。考虑到该矿还有外来煤量约有 100×10^4 t，均由汽车卸载在储煤场上，靠推土机回煤。加上储煤场本身的死角煤量，估计需推土机回煤总量约占选煤厂处理原煤总量的 50% 以上，碾压粉碎量十分可观，应该引起足够重视。建议最好采用其他有利于减少煤炭粉碎的储缓合一的形式（如筒仓）及配套外来煤受煤系统。

（三）圆筒仓储煤

煤仓的形式较多，作为原煤储煤和配煤之用者，多采用圆筒仓。大容量圆筒仓比较适合具有储缓合一功能的在线布置形式，是目前设计中用得最多的储煤方式。

1. 圆筒仓容积的计算

由图 7 - 14 可以看出单个圆筒仓的容积为

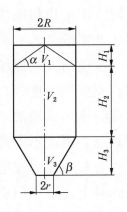

图 7 - 14　圆筒仓
容积计算简图

$$V = V_1 + V_2 + V_3 \qquad (7-1)$$

式中　　　　　　V——单个圆筒仓的有效容积，m^3；

V_1、V_2、V_3——图 7-14 中各部分容积，m^3。

1）V_1 的计算

V_1 的大小与装料方式、装料设备有关。装料设备通常有溜槽（包括分岔溜槽）、箱式链板输送机、带式输送机配套移动犁式卸料器或电动卸料车、可逆配仓带式输送机等。装料方式与仓的直径大小，仓的个数多少有关，可分一点、两点和多点，或一线和两线装料。

以一点正载溜槽装料为例，对 V_1 进行计算，V_1 因呈圆锥体形状，则

$$V_1 = \frac{\pi R^2}{3} H_1 = \frac{\pi R^3}{3} \tan\alpha = 1.0472 R^3 \tan\alpha \qquad (7-2)$$

式中　R——圆筒仓半径，m；

H_1——圆锥体高度，m；

α——堆积角，（°）。

如无堆积角资料时，可近似等于安息角。

2）V_2 的计算

因为 V_2 成圆柱体，则

$$V_2 = \pi R^2 H_2 \qquad (7-3)$$

3）V_3 的计算

V_3 的容积大小与仓下排料孔的多少和孔形有关，一般圆筒仓下部排料多采用矩形一孔和四孔排料，如图 7-15 所示。

（1）单孔排料口圆筒仓 V_3 的计算：

$$H_3 = (R - r) \tan\beta$$

$$V_3 = \frac{\pi H_3}{3} (R^2 + Rr + r^2)$$

（2）四孔排料口圆筒仓 V_3 的计算：

$$H_3 = \frac{1}{2} (L - b) \tan\beta$$

$$V_3 = 0.2(L - b)(\pi R^2 + 4ab) \tan\beta \qquad (7-4)$$

其中，a、b、L（$L = R$）如图 7-15b 所示，其单位为 m。

煤仓卸料口的线形尺寸 a 和 b，取决于物料粒度的大小和粒度组成，以物

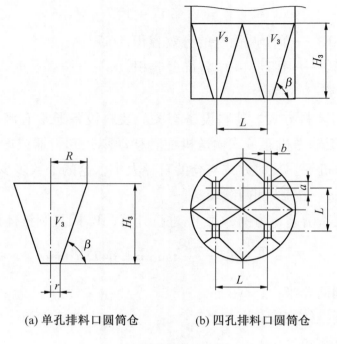

(a) 单孔排料口圆筒仓　　　　(b) 四孔排料口圆筒仓

图 7－15　圆筒仓 V_3 的计算简图

料不致发生堵塞和成拱现象为原则，结合选用的给煤机尺寸确定。设计时可参考表 7－6。

表 7－6　最小仓口尺寸参考表　　　　　　　mm

入料最大粒度	仓口最小尺寸	入料最大粒度	仓口最小尺寸
100	450	40	350
80	400	20	300

2. 圆筒仓装煤量的计算

当圆筒仓的有效容积求出后可用下式计算煤仓的装煤量：

$$Q = \gamma V \tag{7－5}$$

式中　γ——煤的堆密度，t/m³。

3. 圆筒仓的工艺布置

圆筒仓使用方便、土建结构上合理、受力性能好、并可采用滑动模板施工，施工速度快又节约大量木材。我国选煤厂常用的圆筒仓直径一般为 8 m、10 m、12 m、15 m、18 m、22 m、25 m 和 30 m，最大直径为 40 m。仓直径与

圆柱体 H_2 的比例取 1 : 1.5 以上比较经济合理。单个圆筒仓容量，小者在千吨左右，大者在万吨以上。建设圆筒仓是否经济合理，取决于工程地质条件和地震烈度。如果大型圆筒仓建设在基岩上，这是最经济合理的方案。如果工程地质条件恶劣，大量投资用于基础处理，不如改选其他储煤方式。

圆筒仓的布置方式，结合仓的直径大小及工艺要求，可采取单排或双排的布置。图 7 - 16 所示为圆筒仓布置实例。

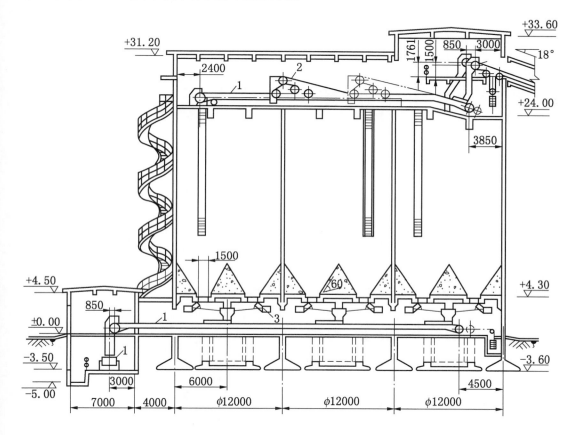

图 7 - 16 圆筒仓布置剖面图

圆筒仓的布置需要重点关注以下几个问题：

（1）圆筒仓防碎问题。当选煤工艺为块、末煤分级入选或只入选块煤时，如果拟采用圆筒仓储存原煤，或者储存选后块煤产品，则都必须考虑圆筒仓防碎问题。常用的有效的防碎措施有沿圆筒仓内壁设置外螺旋溜槽及在圆筒仓卸料点处设伸缩溜槽。以上两种措施虽然可以取得一定程度的防碎效果，但是其共同的缺点都是仓上的卸料点必须固定，不能适应移动式卸料方式。

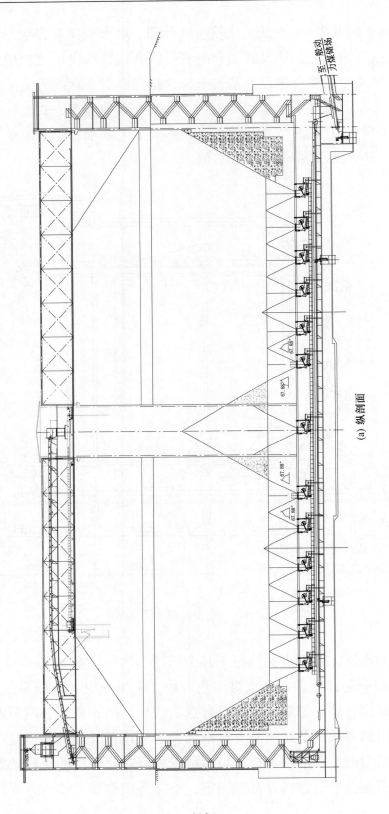

(a) 纵剖面

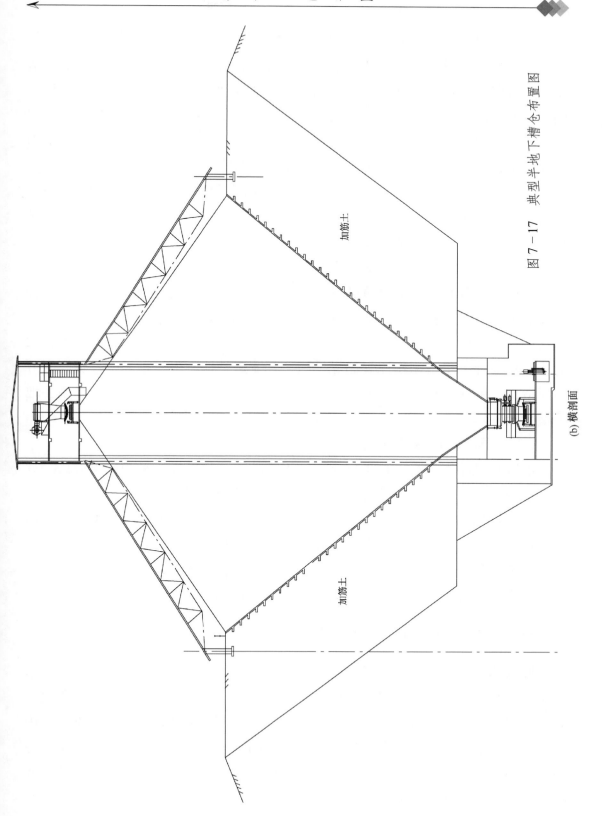

加筋土

加筋土

(b) 横剖面

图 7 - 17　典型半地下槽仓布置图

（2）防成拱问题。圆筒仓一般高度高，仓内煤压大，物料储存时间一长容易造成板结、成拱、堵仓。常用的有效的防成拱、堵仓措施有采用双曲线漏斗，随着漏斗横截面缩小，漏斗角度增大，物料可实现等流量通过，不致成拱。双曲线漏斗施工难度大，实践证明若用类似双曲线的折板漏斗代替，可取得类似双曲线漏斗的破拱效果；另外，也可采用漏斗 4 块斜壁以对称的 2 块斜壁为一组，每组采用不同的角度，造成摩擦力的改变，以达到破拱的目的。

（3）仓上设备安装、检修起吊问题。圆筒仓距地面一般都在 20 m 左右，有的甚至高达 40 ~ 50 m，这就带来仓上设备安装、检修起吊的困难。设计必须妥善解决仓上设备安装、检修起吊问题，不得疏漏。

（四）半地下煤仓（槽仓）储煤

槽仓是一种封闭式大容量储煤设施，我国最早在 20 世纪 80 年代，美国设计建设的平朔安太堡露天矿选煤厂用以储存产品煤，储煤量最大可达 15×10^4 t。槽仓储煤的主要优点是储煤容量大，封闭式储煤环保效果好，在我国一些特大型选煤厂设计中也被用作原煤储煤设施。其缺点是地下工程量大，投资高，万吨煤造价一般在 800 万元以上，因而使用并不普遍。图 7 - 17 所示为典型半地下槽仓布置。

（五）堆取料机储煤场

堆取料机储煤场是一种机械化程度很高的散装物料堆取料的储煤方式。近年来在我国大型选煤厂、焦化厂和海港码头等已经广泛采用。堆取料机储煤场与其他储煤场相比，因其设备布置在地面上，具有土建工程量小、地面系统简单、投资省、施工期短、劳动条件好、储煤量大等优点。

图 7 - 18 所示为 DQ5030 型斗轮堆取料机工作流程示意图。

图 7 - 19 所示为堆取料机储煤场平面图。

三、原煤均质化设施（混煤场）

原煤均质化原则在工业发达国家，如德国、英国的选煤厂设计中，早就给予了高度重视，并被广泛付诸实施。世界上最先进、规模最大的原煤均质化设施，就是均质化混煤场。例如，德国罗贝克选煤厂的均质化混煤场，采用"人"字形木制屋架，轻质维护，屋架下部跨度 66 m，"人"字形顶部高度为 35 m，储煤场长度为 210 m，煤堆宽为 33 m、高为 15.5 m，煤堆长为 122 m 时，储量为 3×10^4 t，最大储量为 4×10^4 t。储煤场的横剖面布置如图 7 - 20 所

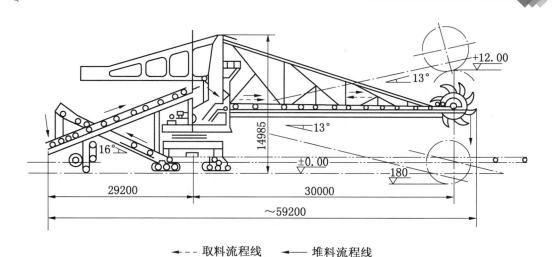

----- 取料流程线   ←—— 堆料流程线

图 7－18   DQ5030 型斗轮堆取料机工作流程示意图

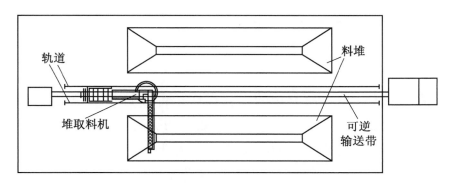

图 7－19   堆取料机储煤场平面图

示。东欢坨选煤厂的设计中，也采用了类似的混煤场。济宁三号选煤厂、晋城寺合选煤厂采用了圆形结构混煤场。

（一）入选原煤均质化的必要性

由于成煤环境和成煤条件不同，形成了煤炭赋存状况上的差异。因此在同一井田内，不同的采区、不同的煤层，其煤质的变化和区别也是非常明显的。加之，井下各采区工作循环进度不同步，每个工作面在一个班的不同时间内，出煤量也有很大波动，故而致使井口出煤不论在数量上还是质量上，都是不均匀的。这些差异将直接影响到原煤的分选过程和分选结果。如果在地面设置原煤均质化混煤场，则可有效地解决上述问题，并具有以下优点：

（1）可以使入选原煤的数量和质量在一段时间内（2～3 d）保持相对稳

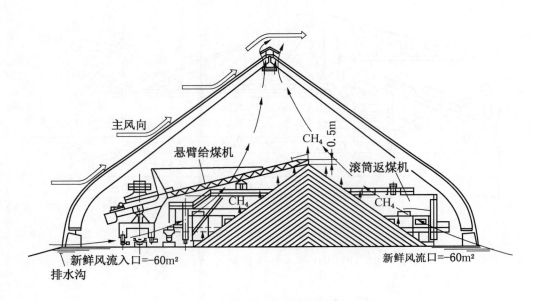

图 7 - 20　原煤均质化混煤场横剖面图

定，不受井下变化的影响。

（2）能使跳汰、重介质分选的工艺操作条件保持相对稳定，从而保证了精煤产品质量的稳定。而且，有利于分选效率的提高。

（3）由于在地面设置了均质化混煤场，井下不必再搞复杂的分采分运工程，可节省大量资金。尤其对于同时开采硫分不同的上、下组煤或同时开采可选性差异大的几层煤的条件下，而且井下采区上下山直至水平大巷均采用带式输送机运输煤炭的方式，实现分采分运困难很大，耗资也多。这时若地面采用均质化混煤场设施，则优越性更明显。

【实例】内蒙古准格尔矿区××矿井，4、$6_上$、6 三层煤为全区主要可采煤层，矿井首采的 4、$6_上$ 二层煤的灰分、密度组成相差较大，是本井田煤质方面一个主要特点。设计预测首采区实际生产原煤灰分，其中 4 号煤层高达 38.04%，$6_上$ 号煤层为 25.69%。4 号煤层比 $6_上$ 号煤层生产灰分高出 12 个百分点以上。两层煤的（密度组成）差别也很大，其中，各密度级的基元灰分虽然比较接近，可以混洗。但因各密度级的产率相差较大，混洗的比例必须保持恒定，否则分选密度将随混煤比例波动而变化，这将导致实际分选过程无法操控。

设计提出取长补短配煤入选方式。对 4、$6_上$ 二层煤的混配比例是 $4:6_上=1:5$。但是，井下开采设计未考虑实行分采分运，不同煤层、不同工作面开采过程不可能同步，具有随机性。这必然导致4、6下二层煤在井下掺混的比例也随机变化，基本上保证不了《可研报告》确定的4、6下二层煤的混煤比例。使进入选煤厂的原煤的煤质特性，包括粒度组成、密度组成、原煤灰分和发热量等也随机波动，实际上将造成4、6下二层煤按随机比例波动的煤质混合入选，原设计实行配煤入选的意图无从落实。在这种情况下，正如前面已经阐明的，如果混洗的比例不能保持恒定，分选密度将随混煤比例的波动而变化，这将导致实际分选过程无法操控，最终将造成选后产品质量不稳定的严重后果。

在井下不能实行分采分运的情况下，要解决配煤入选的问题，最佳的补救措施和解决途径是靠地面设置原煤均质化混煤场来解决按比例配煤入选问题，起码可保持2~3 d内原煤配比相对稳定。而井下也就不必再搞复杂的分采分运工程，可节省大量资金。然而该矿井地面工程大多已经实施，工业场地已经没有剩余空地补建原煤均质化混煤场，造成了永久的遗憾。

（二）均质化混煤场构成与工作原理

均质化混煤场主要由堆料系统、料堆和取料系统3部分组成。

1. 堆料系统

堆料系统主要由来煤带式输送机和堆料机组成。堆料机沿堆长匀速往返堆料，横断面堆成△形（图7-21）。堆料机机头设有探头，自动测距，使机头与煤堆之间始终保持约1 m高的落差，可以有效地防碎、防扬尘。

2. 料堆

均质化混煤场一般由两个料堆组成，一堆一取（图7-22）。每个料堆的容量，一般为矿井2~3 d的产量（20000~30000 t）。每个料堆要往复堆200多层料层，如图7-23所示，目的是任意截取料堆一个横断面时，其各项煤质指标基本上都应是相同的，从而实现原煤均质化。

3. 取料系统

取料系统主要由可移动△形耙架、滚筒取料机（或刮斗取料机）及返煤带式输送机组成。△形耙架横向往复缓慢移动，使堆积物料整个横断面均匀滑落，再由滚筒（或刮斗）取料机将落下的物料及时取起，运至返煤带式输送机上。整个堆、取料过程可实现高度自动化。

四、几种常用储、配煤方式优缺点比较

几种常用储、配煤方式如下：

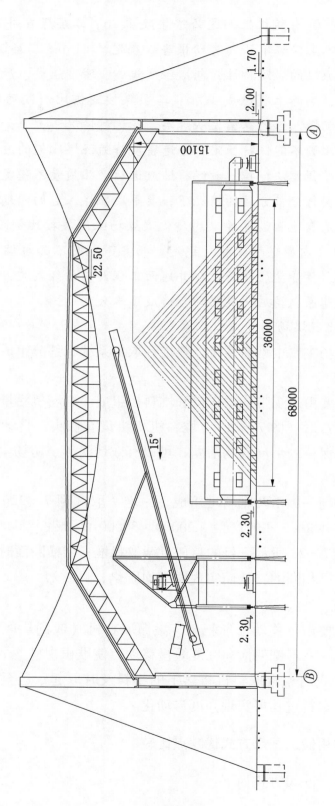

图 7 - 21　均质化混煤场横断面分层堆料

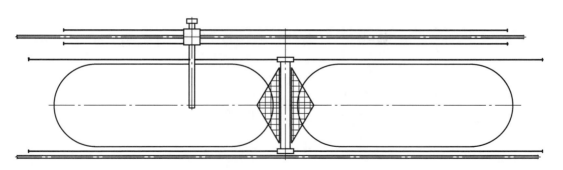

图 7-22 均质化混煤场平面布置图

（1）储煤场与原煤配煤筒仓相结合的方式。

（2）大直径筒仓储、配煤合一方式。

（3）均质化混煤场方式。

前两种储、配煤方式，除储煤场作为生产系统的备用环节以外，原煤配煤筒仓和大直径筒仓皆是生产系统正常运行的必经环节，通过调节仓下给煤机的给料量虽然也能实行配煤，但是，配煤的均质化效果不会太精确。此外，这两种储、配煤方式要求井下必须实现分采分运，不仅井下工程耗资大，而且井下管理也麻烦。

均质化混煤场，也是一种储、配煤合一方式。它在工艺环节上可同时兼有储煤场与原煤配煤筒仓两个环节的作用，它比储、配煤合一的大直径筒仓工艺性能更先进，配煤的均质化效果更理想，而且可省去耗资巨大的井下分采分运工程，是一种技术先进，经济合理的均质化储、配工艺。

针对某些井田煤炭种类较多、煤层多，各煤层的灰分、硫分、可选性等煤质指标差异较大的客观现实，设计拟采用先进的均质化混煤场应是合理的选择。为了便于经济分析比较，现将 3 种不同的储、配煤方式及其相关的带式输送机栈桥、转载点等工程加以对比，详见表 7-7。

表 7-7 3 种储、配煤方式土建总费用及材料耗量比较表

厂　　名	西曲选煤厂	马兰选煤厂	屯兰选煤厂
厂型/(kt·a⁻¹)	3000	4000	4000
储 配 方 式	储煤场与配煤筒仓结合	储配合一的大直径筒仓	均质混煤场（轻质棚盖）

表7-7（续）

厂 名			西曲选煤厂	马兰选煤厂	屯兰选煤厂
规 格	堆取能力 $Q/(\text{t} \cdot \text{h}^{-1})$		1500		1500
	筒仓直径×个数/m×个		$\phi15 \times 4$	$\phi21 \times 5$	
土建工程费用/万元	主体工程	储（混）煤场	91.46		781.79（579）
		筒仓	356.23	1026.96	
		合计	447.69	1026.96	781.79
	相关工程	带式输送机栈桥	177.02	86.79	38.18
		转载点	35.93	37.41	13.25
	土建工程费用总计		660.64	1151.16	833.22
材料耗量/t	钢材耗量	主体工程	796.09	3228.01	1298.53（908）
		相关工程	213.83	247.48	59.29
		合计	1009.92	3475.49	1357.82
	水泥耗量	主体工程	2226.87	6960.62	3031.96
		相关工程	640.72	259.12	248.21
		合计	2867.59	7219.74	3280.17

由表7-7可知，均质化混煤场加轻质棚盖以后，所需的土建总费用及材料耗量比其他两种储、配煤方式居中偏低。这还没有把矿井井下节省的分采分运工程费用和材料耗量计算在内。实际上，应该把井上、井下相关工程的总费用综合起来考虑才是全面合理的。这样，均质化混煤场的优势就更突出了。

第四节 动筛跳汰车间的工艺布置

动筛跳汰机是德国20世纪80年代初开发的块煤排矸分选设备，可以有效处理>50（35）mm以上的块原煤，具有工艺简单、单位处理量大、分选精度高、入料粒度上限大（300~350 mm）、生产成本低、循环水用量小等优点。因此，近年来在我国得到了广泛应用。

一、动筛跳汰车间组成环节

动筛跳汰排矸车间主要由给料设施、预先筛分、检查性手选、动筛跳汰机、脱水斗式提升机、脱水筛、循环水系统等工艺环节组成。

二、动筛跳汰车间主要环节的布置

下面仅对给料设施、动筛跳汰机两个主要工艺环节的布置进行分述。

1. 给料设施的布置

动筛跳汰排矸车间给料设施按是否设置入料原煤缓冲仓分为两种布置形式（方案）。

有种观点认为动筛跳汰机对入料量的波动较为敏感，最好设置原煤缓冲仓。原煤缓冲仓最好布置在原煤预先分级筛之前，当改扩建工程等难以在原煤预先分级筛之前设置原煤缓冲仓时，也可以在动筛跳汰机前设置原煤缓冲仓（图7-23）。根据目前国内现有动筛跳汰系统的实际生产情况，动筛跳汰机前原煤缓冲仓容量以 20~25 min 的处理量为宜，但要特别注意块煤的二次破碎问题。仓下给煤机应设置变频调速装置对给料量进行调控。

另一种观点认为，动筛跳汰机入料粒度大，一般上限可达300 mm，若在动筛跳汰机前设置入料缓冲仓，容量过小起不到缓冲作用，若容量稍大一点，则因入料落差大，这无异于让大块矸石砸煤，即所谓的"砸核桃"现象，会造成大量块煤二次破碎，致使动筛跳汰机入料限下率超标，严重影响动筛跳汰机正常排矸分选。实践证明，动筛跳汰机对入料限下率超标十分敏感，故不宜设置入料缓冲仓。在动筛跳汰机前不设置入料缓冲仓的工艺布置平、剖面图如图7-24所示。

在动筛跳汰机前设置入料缓冲仓的实践教训并不鲜见，下面的实例很具典型意义。

【实例】西山×××矿和潞安××矿的动筛跳汰排矸车间设计，均在动筛跳汰机前设置了入料缓冲仓。投产后因存在"砸核桃"现象，致使动筛跳汰机入料限下率超标（入仓前限下率为5%，出仓后限下率为18%），结果动筛跳汰机无法正常排矸分选，带煤运转超过1~2 h，就因限下率超标导致动筛跳汰机槽内洗水浓度过稠，分选物料不能顺利下排，造成大量洗水外溢停车。最后不得不将入料缓冲仓仓下给料机改为筛分机来保证入料限下率。

其实，动筛跳汰机对入料量的波动并不像普通跳汰机那样敏感。因为动筛跳汰机不存在风、水问题，它是靠筛板上下往复运动进行跳汰分选的，一旦入料量大幅度波动或停料，可立即按停止按钮，停止筛板运动，不会破坏床层。而且被分选的物料是块煤，不存在床层好坏影响末煤透筛问题。

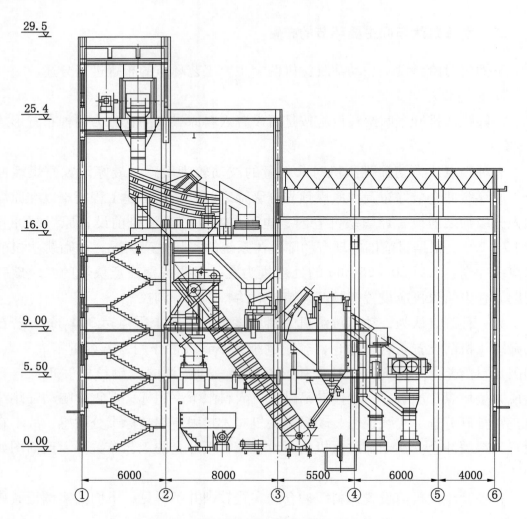

图 7-23　设缓冲仓的动筛车间布置图（方案一）

在动筛跳汰车间内不设入料缓冲仓，其入料量的控制，应依靠设在动筛跳汰车间之前的在线原煤仓仓下给煤机解决（动筛跳汰车间之前设置在线原煤仓的必要性在前面第一节中已有详细阐述）。所以，在动筛车间内部原煤进入动筛跳汰机前是否设置小容量原煤缓冲仓，宜慎重对待。

2. 动筛跳汰机的布置

动筛跳汰机是动筛跳汰排矸车间的主要设备，应布置得比较宽敞，动筛跳汰机所在楼层高度以 9.0～9.5 m 为宜。动筛跳汰机周围应有宽敞、明亮的操作平台。动筛跳汰机质量较大，其支撑应使用大的次梁，直接将负荷传递到主梁上。图 7-25 所示为动筛跳汰机的支撑。

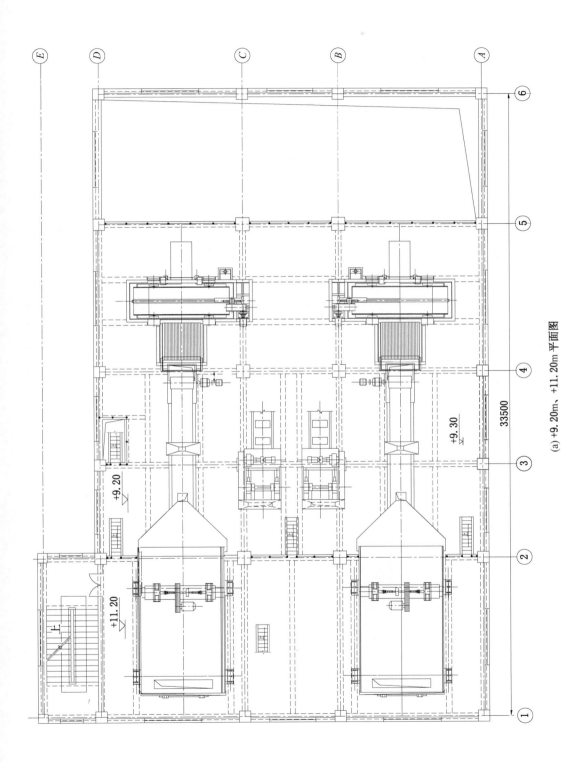

(a) +9.20m、+11.20m 平面图

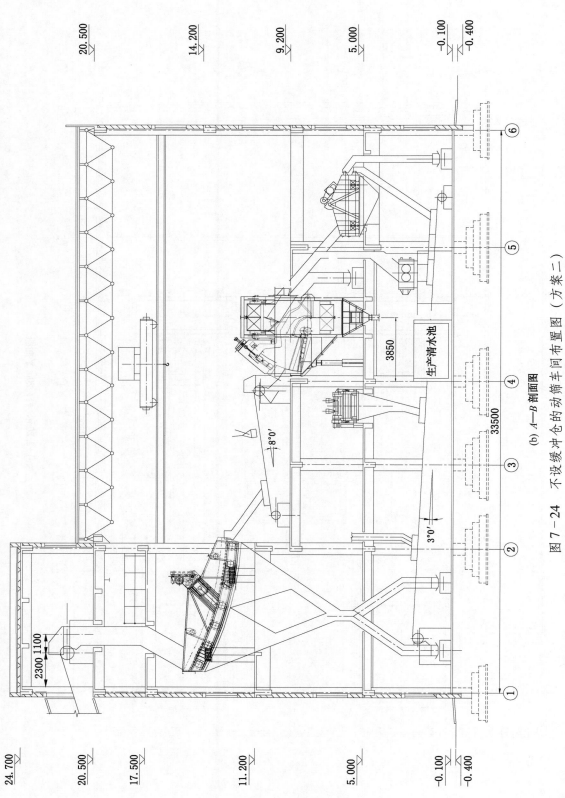

(b) *A—B* 剖面图

图 7－24　不设缓冲仓的动筛车间布置图（方案二）

生产精水池

三、动筛跳汰车间布置应注意的问题

1. 动筛跳汰机前宜设置检查性手选环节

设置检查性手选的目的是预先清除铁器、木屑和特大块矸石等杂物，以保证动筛跳汰机安全运转。

2. 合理选择动筛跳汰机面积

动筛跳汰机是根据称重传感器检测出的入料量情况通过液压系统改变动筛机构的振幅和频率来实现物料按密度分层，从而保证达到最佳分选效果。因此，动筛跳汰机对入料量的波动较为敏感，不同大小的机型各自有一个最佳入料量区间，以 4 m² 机型为例，其最佳入料量区间为 200~300 t/h，最大处理能力为 $Q_{max} = 385$ t/h。当 $Q < 100$ t/h 时，将对动筛跳汰机的正常工作造成不利影响。因此，设计中首先应确定合理的机型和面积。

3. 透筛物料的排放

动筛跳汰机透筛物料有闸门排放和斗式提升机排料两种方式。其中，采用斗式提升机排料方式具有操作简单、可靠性高的优点。但在选用斗式提升机排料方式时应注意：将排料口尺寸由 $\phi250$ mm 改为 $\phi350$ mm，以保证透筛物料的流动性；排料口至斗式提升机之间的入料角度以 45°~50°为宜，不能太小。斗式提升机的倾角应为 55°~70°。

4. 块煤溜槽的设计

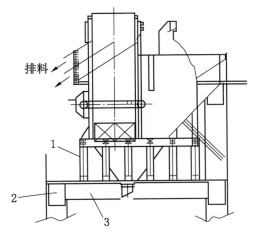

1—支撑墩；2—主梁；3—次梁

图 7-25　动筛跳汰机的
支撑

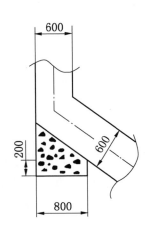

图 7-26　动筛跳汰机块
煤溜槽布置图

合理的块煤溜槽设计既能保证系统的正常运转，又能有效地降低厂房高度、降低噪声、延长溜槽使用寿命。块煤溜槽的断面尺寸宜定为 600 mm × 800 mm，溜槽应采用厚壁钢板并内衬耐磨钢板，在溜槽垂直跌落处宜采用"煤砸煤"的布置形式（图 7 - 26），以预防块煤破碎。对 300 ~ 50 mm 物料，溜槽倾角可在 30° ~ 32° 之间调整选取。

5. 起吊和检修

动筛跳汰机排料提升轮直径和质量都很大，要求整体起吊安装。从理论分析和设计实践来看，其提升孔以 4.0 m × 6.0 m 为宜（不应小于 3.5 m × 5.5 m），梁下应设置 150 kN 的起吊装置。

第五节　主厂房的工艺布置

一、主厂房工艺布置的发展趋势

早在 20 世纪 80 年代初，世界上选煤技术比较先进的国家就已经着手对选煤厂主厂房传统工艺布置模式进行改革尝试，并取得了成功。例如：德国建成的莫诺波尔和索菲亚·贾科巴两座选煤厂的主厂房，都是采用特殊结构的单层厂房，并在单层棚式大厅内按工艺作业环节，分成若干独立单元，布置工艺设备。每个独立单元类似于一个模块，再由各独立单元组合成一座工艺完整的主厂房。与传统厂房工艺布置模式相比有较大突破，令人耳目一新。我国古交矿区屯兰矿井选煤厂设计（4.00 Mt/a）借鉴德国单层厂房工艺布置技术，首次进行了大型选煤厂主厂房工艺布置的改革尝试，并在 1986 年和 1992 年分二期建成付诸生产。屯兰矿井选煤厂主厂房工艺布置剖面图如图 7 - 27 所示。

20 世纪末我国从澳大利亚引进的全钢结构模块式选煤厂主厂房，在工艺布置方面又有所进步，由于采用了重介质旋流器分选工艺和设备大型化、作业环节单机化、全厂单系统化，厂房体积更小，工艺布置更为紧凑。

近几年我国设计建成的选煤厂新型主厂房，也突破了传统厂房多层框架结构的格局，使工艺布置模式发生了很大变化。

选煤厂主厂房工艺布置的发展趋势如下：

（1）厂房从高层向低层发展，从多层框架向单层大厅式发展。在单层厂房大厅内，设备可以采用独立钢架支撑，也可以采用模块式结构支撑。

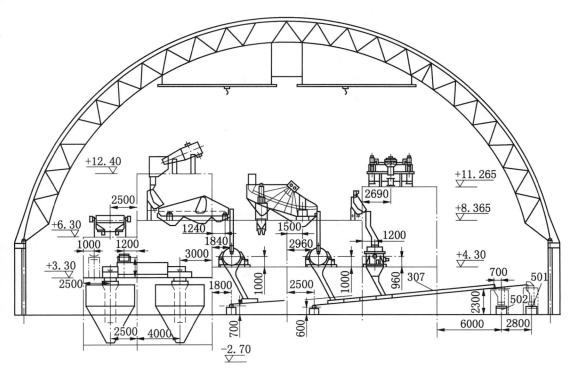

图 7-27 古交矿区屯兰矿井选煤厂主厂房工艺布置剖面图

（2）从厂房的土建结构来看，全钢结构厂房是今后的发展方向。钢结构厂房有很多优点，不仅制作施工方便，施工工期短，抗震性能好，而且只要设计合理，造价也不一定比钢筋混凝土结构贵。唯有维护费用偏高，是其不足之处。若因工艺布置需要，也不必拘泥于一种全钢结构形式，完全可以采用局部钢筋混凝土框架与钢排架单层厂房相结合的混合结构。总之，结构应该服从工艺需要。

（3）设备大型化，作业环节单机化，全厂单系统化，至少要尽量减少工艺系统的数量，这是选煤厂工艺布置的发展方向。这种布置模式有很多优点：

①工艺设备基本实现一台接一台布置，省去了许多中间转载、分配环节，使得设备布置十分紧凑，为降低厂房高度提供了有利条件，使单层厂房布置模式成为可能，从而也减少了厂房体积，降低了造价。

②厂房高度低，则泵类和运输设备运转能耗低，有利于降低生产成本。

③单系统化和单机化，为实现高度集中控制和高度自动化提供了便利条件，为减人提效奠定了基础。

④单系统和单机化使设备台数大大减少，同时也减少了设备维修量，为方便维修提供了有利条件。

二、澳大利亚模块式厂房工艺布置的特点

澳大利亚的全钢结构模块式重介质选煤厂主厂房，在工艺布置方面的特点如下所述：

（1）设备大型化、作业环节单机化、全厂单系统化，是澳大利亚模块式重介质选煤厂工艺布置方面的主要特点。这种布置方式可带来厂房高度低、体积小、设备台数少、能耗低、便于实现自动化控制等一系列好处。

（2）厂房采用模块化、装配式全钢结构，是对传统厂房多层框架结构的一大突破。模块式厂房的钢结构件，均为只受拉力、压力的二力杆件，全部采用螺栓连接。可在工厂加工制造，现场组装，省工省时，大大加快了施工速度。另外，单层厂房大厅上方设有 20 t 桥吊，可以实现大型工艺设备整机吊装，也大大缩短了设备安装时间。因此，一般主厂房施工周期只需几个月便可建成。

（3）澳大利亚模块式设计，虽具有布置紧凑、厂房体积小、易于拆迁等优点。但也相应带来设备检修比较困难的弊端。尤其是对位于模块中间或下层的设备，维修更困难一些。设备要移出来，必须先拆卸支撑钢架的斜拉杆件。另外，对于绝大多数中国的选煤厂来说，一旦建成，拆迁的可能性极小。所以，搞模块化组合式结构的必要性似乎并不太大。因而，在中国不一定要刻意去追求可拆卸模块组合式结构。实际上，在单层厂房大厅内采用其他轻钢结构来支撑设备，形成若干类似模块化的独立单元，也会取得同样的效果。对设备维修也许更为有利，设计布置的自由度更大。

三、单层厂房与多层厂房工艺布置的比较

1. 国外高层与低层主厂房的比较

据国外有关资料表明，低层厂房与高层厂房相比，在土建投资、动力消耗及生产成本费用等方面都有着明显的优势，详见表 7 - 8。

2. 国内多层与单层主厂房比较实例

现以两座 60×10^4 t/a 选煤厂分别采用传统多层框架布置和单层大厅布置为例，进行比较，详见表 7 - 9 和表 7 - 10。

表 7-8　高层和低层主厂房技术经济指标比较

项　目	指　标		
厂房高度/m	60	33	23
土建总投资/%	100	79	46
基础投资/%	100	87	8
厂房层数/%	100	71	20
动力消耗/%	100	62	38
生产成本费用/%	100	76	60

表 7-9　多层、单层厂房工艺布置模式能耗对比表

厂　名	稷山选煤厂	屯兰选煤厂
入选能力/(10^4 t·a^{-1})	60	60（一期）
工艺布置形式	多层厂房	单层厂房大厅
选煤工艺	跳汰、浮选	跳汰、浮选
跳汰机型号	SKT-14（1台）	SKT-14（1台）
浮选机型号	XJX-T12（1组）	XJX-T12（1组）
主厂房：设备总容量/kW	1484.34	1187.23
年耗电量/(kW·h)	376.47×10^4	296.72×10^4
吨煤电耗/(kW·h)	6.27	4.94
耗电比例/%	100	78.8

表 7-10　多层、单层主厂房土建指标对比表

厂　名	稷山选煤厂	屯兰选煤厂
入选能力/(10^4 t·a^{-1})	60	60（一期）
主厂房结构	多层框架	大跨度单层厂房
主厂房体积/m^3	30013.80	24368.64
三材消耗：钢材/t	210.80	149.16
木材/m^3	210.17	143.48
水泥/t	1284	530.85
土建投资/万元	978.24	613.09
土建投资比例	100	62.67

四、主厂房工艺布置需特殊关注的问题

（一）跳汰工艺布置需特殊关注的问题

目前在设计中跳汰工艺采用的越来越少，除了跳汰工艺本身固有的弱点外，厂房工艺布置难以实现模块化也是原因之一。跳汰工艺布置需特殊关注的问题有跳汰机的给料设施、跳汰机的排列方式选择、跳汰机配套脱水斗式提升机的布置、脱水筛的布置和斗子捞坑的布置 5 个方面。

1. 跳汰机的给料设施

跳汰机的给料是否连续、均匀（质量、数量、粒度等）对分选效果影响很大，或者说跳汰机的分选效果对给料是否连续、均匀十分敏感。这是跳汰工艺不同于其他分选工艺的特殊之处。为了保证跳汰机给料的连续性和均匀性，首先必须在每台主选机前设置具有一定容量的原煤缓冲仓，缓冲仓的容量大小根据跳汰机的生产能力来确定，一般按跳汰机 5 ~ 10 min 的处理量计算。其次给料机结构性能的选择也十分重要。大型跳汰机必需配套大型给料机，根据实践经验优先推荐链式给料机。该机具有适用于大型跳汰机的给料（给料机宽度达 3000 mm），并具有给料连续均衡、稳定，给料量在 300 ~ 440 t/h 范围内随意调节（调节输送链上方物料层厚度和链条的运行速度），无振动，无噪声，运行可靠，维护量少，电耗少（7.5 kW·h），给料易自动控制等优点。缓冲仓、链式给料机、跳汰机机组布置如图 7-28 所示。在布置时，注意该给料机入料端与缓冲仓下部要用倾斜溜槽相连，其角度一般为 55°（混合入选原煤）。该机本身设有滑动闸门控制输送链上方物料层的厚度。其卸料端与跳汰机入口相接并伸入跳汰槽内不小于 200 mm，防止原煤撒落到跳汰机外部。该机布置倾角为 6° ~ 10°，以便将输送链下方由于链条转向而落下的细粒煤用冲水冲入跳汰机中，不破坏跳汰机入料端的床层并减少冲水用量。

2. 跳汰机的排列方式选择

跳汰机的排列形式一般有两种方案，分述如下：

（1）多台跳汰机沿厂房横向并列布置，斗子向后倾斜，方便缓冲仓的一线给料和产品统一运输，还可使用其中的一台作为主再选互换。图 7-29 所示为 4 台跳汰机并列布置方案，其中一台是再选。由于 4 台跳汰机入料前同样设立了缓冲仓，所以再选跳汰机也可以改作主选。

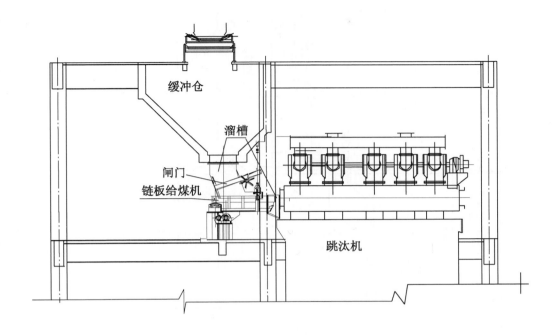

图 7-28 链式给料机跳汰机机组布置图

（2）跳汰机对称布置方式，两台跳汰机背靠背，斗式提升机同时向中间提升，如图 7-30 所示。该方式不适合多台跳汰机布置，有一定局限性。而且厂房空间被分割成几部分，不利于设备安装检修，也不美观。

3. 跳汰机配套脱水斗式提升机的布置

1）脱水斗式提升机的倾角

与跳汰机配套的斗式提升机对分选重产物（洗矸、中煤）起到运输和脱水的作用。因此，需要一定的脱水高度和特定的倾角要求。在可能的情况下，应尽量布置成 60°。

跳汰机机体下部排料口至脱水斗式提升机入料口之间的密封溜槽的倾角（该角度是指空间角）应不小于 45°，以保证物料通畅不堵塞。

2）脱水斗式提升机长度的确定

跳汰机的中煤与矸石及捞坑精煤的脱水斗式提升机的有效脱水长度应根据产品粒度大小、产品水分要求及下一作业性质等因素进行布置，选择时可参见表 7-11。

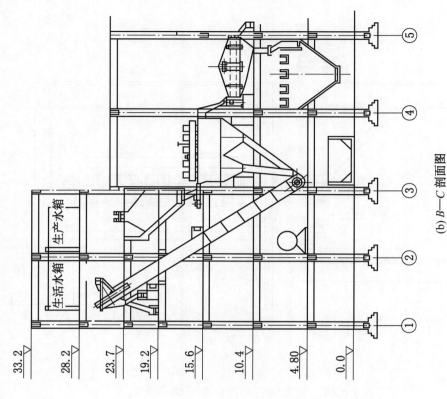

(b) B—C 剖面图

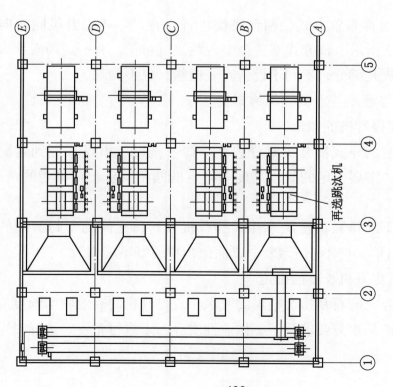

(a) 19.2 m、10.4 m 平面图

图 7-29　多台跳汰机平、剖面布置图

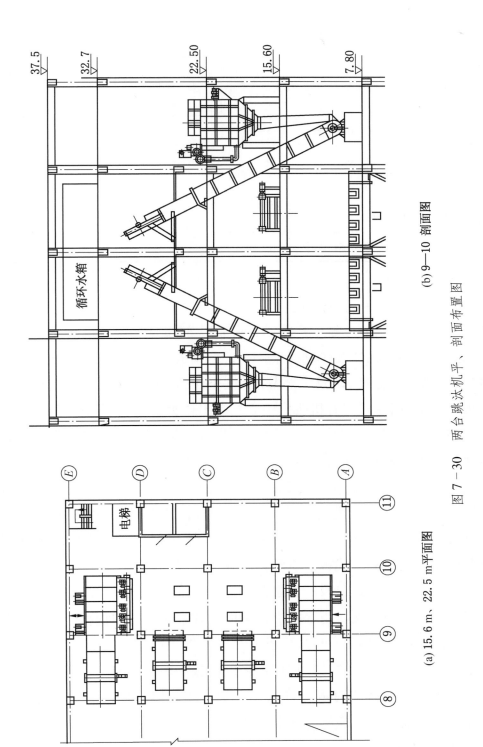

(b) 9—10 剖面图

(a) 15.6 m、22.5 m平面图

图 7 - 30　两台跳汰机平、剖面布置图

表7-11　脱水斗式提升机的有效长度

| 脱　水　产　品 | | 脱水长度（斜长）/m | | |
名　　称	粒度/mm	作为最终产品	去二次脱水时	去输送机或经输送机转载去二次脱水时
跳汰机的中煤或矸石	50～0.5	5～6	3～4	4～5
	13～0.5	6～7	4～5	5～6
捞坑精煤	50～0.5	6～7	4～5	5～6
	13～0.5			
	1～0.5	8～10	5～6	7～8

3）脱水斗式提升机布置要点

脱水斗式提升机由机头、机尾、中间节段3部分组成。机头又由头部节段、头部组件、传动系统及传动支架4个部分组成。为了便于头部拉紧装置的调节，机头溜槽安装方便，以及头部节段与中间段的连接，斗式提升机机头应布置在楼板面以上，以斗式提升机机头中心线高出楼板1.0～1.5 m为宜。传动系统最好放在传动支架上。如果层高受限不便起重检修时，特别是大型斗式提升机的减速器与电动机较重时，可将传动系统放在楼板面上（不设传动支架）。

斗式提升机机尾支架布置在楼（地）板面上，在尾部节段的事故排放口附近应设置排水沟（多台跳汰机时应统一考虑），地面应有一定的坡度，便于煤泥水排放和冲刷堆积物。两台斗式提升机机尾之间应留有检修距离（根据斗式提升机型号大小和斗式提升机整体布置考虑尺寸）。

脱水斗式提升机密封节段转为敞开节段时（密封段上口），要高出跳汰机内水面500～700 mm，既防止水溢出，又便于观察斗子内的物料。为了布置方便也可与跳汰机操作台侧的机壳高度相等。

脱水斗式提升机斜长大，往往穿过多层楼板和多个跨间。在布置时容易碰建筑结构的主梁，在必要时可允许去掉一根主梁，但不允许连续去掉两根主梁，以保证厂房建筑整体强度。脱水斗式提升机布置如图7-31所示。

4. 脱水筛的布置

为了减轻脱水筛的负荷，增大处理量，提高脱水效率，防止跑水，跳汰机溢流

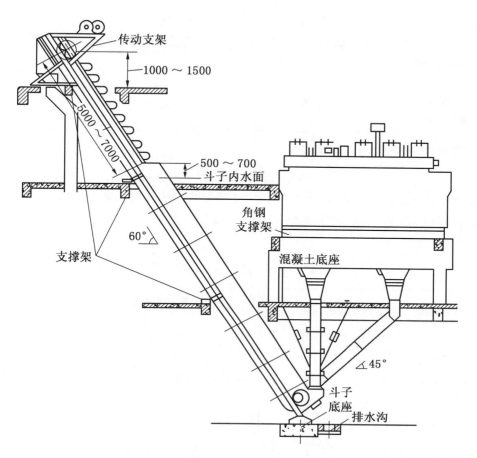

图 7－31　跳汰机脱水斗式提升机布置图

进入脱水筛之前可设置弧形筛或固定筛预先泄出大量煤泥水（单层块煤脱水筛因筛孔较大可不设）。当采用弧形筛时其弧度角及曲率半径可参见表 7－12。

表 7－12　弧形筛弧度及曲率半径参考表

弧角/(°)	曲率半径/mm					
45、60	500	750	1000	1500	2000	2500

采用平面固定筛时，可将其设置在跳汰机溢流至脱水筛之间水运溜槽底部，其宽度一般与溜槽宽度相同，在 600～1000 mm 范围内，长度为 2000 mm 左右，筛孔为 1～0.5 mm，泄水能力为 200～300 m³/(m²·h)。固定脱水筛的坡度可参见表 7－13。

表 7-13 固定脱水筛坡度

物 料 名 称	处理不同粒度的固定筛坡度/(°)		
	13~0 mm	50~0 mm	100~0 mm
跳汰机溢流 R=5~6	4~5	5~6	6~7

注：液固比 R 大时取小值，反之取大值。

固定筛至脱水筛之间往往有一段水运溜槽，该溜槽的坡度与固定脱水筛筛上物粒度大小有关，布置时可参见表 7-14。

表 7-14 处理不同粒度的水运溜槽坡度

物 料 名 称	筛缝间隙/mm	处理不同粒度的溜槽坡度/(°)		
		13~0 mm	50~0 mm	100~0 mm
固定脱水筛筛上物	0.5	4~6	6~8	8~10
	1	6~8	8~10	10~12

5. 斗子捞坑的布置

斗子捞坑属水力分级沉淀设备的一种，通常与跳汰机配合使用。捞坑多采用钢筋混凝土结构建造。主要用于在对洗水进行水力分级的同时，实现末精煤和粗粒煤泥沉淀回收和脱水。其几何形状多为角锥形。依斗子捞坑的提升机安装位置的不同可分为 3 种布置形式，如图 7-32 所示。

第一种布置形式（图 7-32a）为喂入式，优点是斗子在捞坑池外，沉淀物可全部进入机尾斗子中，池壁物料不易堆积，沉淀面积利用率高，容易控制

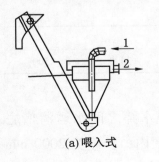
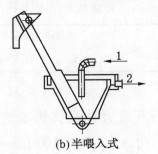

(a) 喂入式   (b) 半喂入式   (c) 挖入式

1—入料；2—溢流

图 7-32 斗子捞坑的布置形式

溢流粒度，防止溢流中混入大于 0.5 mm 的精煤，有利于浮选作业。其缺点是由于斗子布置在捞坑外部，增加了布置高度和空间。该布置形式采用较少。

第二种布置形式（图 7 - 32b）为半喂入式，优点介于第一种、第三种两者之间。实际采用该种形式的较多。

第三种布置形式（图 7 - 32c）为挖入式，优点是布置高度较低，占空间少。其缺点是斗式提升机机尾埋在煤水中，机件损害不易检修。此外，由于不能全部挖取池底物料而造成池壁沉淀物的堆积，沉淀面积利用率低。

捞坑池壁锥角一般为 60°～70°，视具体情况选定，见表 7 - 15。

表 7 - 15 捞坑池壁锥角参考值 　　　　　　　　　　　　（°）

捞 坑 类 别	方 锥 形 池	圆 锥 形 池
精煤捞坑	65 ～ 68	60 ～ 63
煤泥捞坑	68 ～ 70	63 ～ 65

布置斗子捞坑时应注意入料、溢流、排料方式。入料方式多为中心入料，即在捞坑中心安装一段稳流套筒，高 1500 ～ 1800 mm，直径为入料管的 2 ～ 3 倍，或约为 1000 mm。并在套筒下部设置圆锥形卸料稳流塔。捞坑溢流一般为四边溢流或三边溢流，周边设溢流槽。在捞坑溢流水排出口处设置筛孔为 5 ～ 10 mm 的格状筛板以便捞取木屑和杂物。为了便于检修捞坑斗式提升机机尾和事故放水，应在检修孔、排水管口附近设置排水沟，地面需有一段坡度，便于煤泥水排放和冲刷堆积物。

图 7 - 33 所示为中心入料四边溢流半喂入式斗子捞坑布置实例。

（二）重介质工艺布置需特殊关注的问题

1. 浅槽重介质分选机入料选前分级筛分环节布置位置的选择问题

选前分级筛的布置位置一般有两种不同方案。

（1）方案一，选前分级筛布置在主厂房浅槽重介质分选机入料之前。考虑到浅槽重介质分选机有效分选下限为 6 mm，以及筛分效率的影响，浅槽重介质选前筛分分级粒度多为＜13 mm。鉴于浅槽重介质分选机要求入料限下率不超过 5%，为提高筛分效率，多采用干湿筛分相结合的方式。该方案比较适合末煤不入选或采用有压入料重介质旋流器分选工艺的情况。因为有压入料重

— 437 —

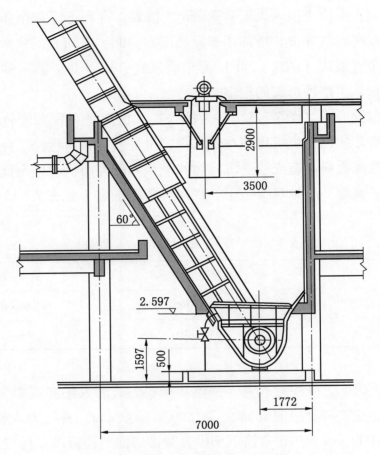

图 7 - 33　半喂入式斗子捞坑布置剖面图

介质旋流器要求来料点标高较低，选前分级筛筛下物的标高足以满足要求。该方案又有两种布置方式：

①在一个筛分环节内进行干湿筛分，即以干筛为主，先干筛，距筛子末端 1~2 m 处加喷水再湿筛。采用一台加长型筛分机即可完成。环节少，节能，节省厂房体积。多用于 13 mm 分级。

②干湿筛分分别在两个筛分环节内完成，即两台筛分机串联，一台筛分机先干筛，第二台筛分机加喷水再湿筛。环节多，筛分总面积大，能耗较高，厂房体积较大，但湿式筛分机筛孔可降至 6 mm。

（2）方案二，选前分级筛（干式筛分）布置在筛分破碎车间，筛上块煤、筛下末煤分别用两台带式输送机运至主厂房。为提高筛分效率，保证入料限下率不超过 5%，块煤进入浅槽重介质分选机前，再增加一道湿式筛分环节。工艺效果同方案一第二种分级筛分布置方式。该方案比较适合末煤采用无压入料重介质旋流器分选工艺。因为无压入料重介质旋流器要求来料点标高较高。

上述 3 种布置方式虽然在设计中均是可行的，但优、缺点不同，适用条件不同，宜择优选用。

2. 浅槽重介质分选机上下环节设备布置的衔接问题

浅槽重介质分选机入料口、排料口宽度大（7 m 左右），故应注意选前分级筛分环节和选后脱介筛环节的布置。特别是大型浅槽重介质分选机选前分级筛分环节宜布置成双台分级筛分机对应一台浅槽重介质分选机，宽度近似相等，以保证入料均布分选槽宽，有利于充分发挥浅槽重介质分选机的处理能力。此时选后脱介筛也宜布置成双台筛，与浅槽重介质分选机等宽布置，有利于物料均布脱介筛筛面。而且这种等宽布置方式可有效减少上下环节设备衔接的落差，有利于降低厂房高度、减少厂房体积。

3. 重介质旋流器（包括两产品、三产品重介质旋流器）产品自流管道布置与脱介筛的衔接问题

应注意旋流器产品出口至脱介筛（或弧形筛）环节的自流管运输距离力求最短，不宜太长。若自流管线过长，往往因落差不够而造成堵管事故。尤其是在多层钢筋混凝土框架结构厂房内布置重介质旋流器时，因层高所限，堵管事故难以纠正弥补，应该引起重视。

为缩短旋流器产品自流管运输距离，工艺布置时宜从多方面入手，这里不能一一论述。其中比较重要的两点是：

（1）留有足够的落差空间。

（2）三产品重介质旋流器的第一、二段旋流器布置的方位应与精、中、矸脱介筛的位置相适应，以保持精、中、矸产品自流管运输距离最短为准。

【实例】山东巨野矿区××选煤厂设计采用无压入料三产品重介质旋流器分选工艺，在多层钢筋混凝土框架结构厂房内布置，三产品重介质旋流器的第二段旋流器布置的方位不尽合理，致使重介质旋流器产品出口至脱介弧形筛的自流管运输距离大于 10 m，因落差不够，运行时发生堵管事故。结果不得不拆除入料缓冲仓，抬高重介质旋流器标高，以增加落差。

4. 磁选机与上下环节设备布置的衔接问题

磁选机与上下环节设备衔接的布置方式一般有两种不同方案：

（1）方案一，脱介筛筛下的稀介质自流直接进入磁选机的方式。虽然减

少了一台稀介泵，但是必须将磁选机布置在脱介筛下一层，厂房需增加一层楼，增加了厂房总体高度和体积。同时增加了其他介质泵（如合格介质泵）、磁尾泵的扬程和功率，不一定节省能耗。

（2）方案二，脱介筛筛下的稀介质先进入稀介桶，用稀介泵输送至磁选机的方式。则磁选机可布置在脱介筛同一层，节省一层楼，并相应降低厂房总体高度。该方案虽增加了一台小功率稀介泵（扬程 6~7 m），但相应降低了其他介质泵（如合格介质泵）、磁尾泵的扬程和功率，综合能耗不一定比方案一高。

两种布置方式各有所长，所以应进行方案综合比选，择优采用。

5. 两套及其以上独立重介质分选系统的悬浮液净化、回收环节不宜共用的问题

特大型选煤厂多布置两套以上独立的重介质分选系统，各分选系统的悬浮液净化、回收环节不宜共用，必须独立设置。理由如下：

（1）两套以上的独立分选系统从原煤分配进入重介质分选设备就存在不均衡性，因为任何分配方式都无法避免原煤分配进入各独立分选系统的粒度组成、密度组成、原生煤泥量存在一定程度的差异。致使其后的介质系统与悬浮液相关的各项参数，如在线实测的合格介质密度、非磁性物含量、分流量、脱介喷水量、稀介质浓度等均不尽相同。

（2）若将各分选系统的悬浮液净化、回收环节掺混共用，则混淆了各介质系统悬浮液的固有特征，不利于自动监测和自动控制各系统的介质平衡。

（3）为了提高各独立重介质分选系统介质密度和分流量控制的精度，准确掌控补加介质量，保持每套生产系统所属介质系统的独立性是十分必要的。

所以，两套以上的介质系统布置设计，切忌出现"你中有我，我中有你"的相互混淆现象。但是，有的设计因为厂房空间紧张，将两个分选系统的介质系统中某些环节（如稀介桶、磁选机）合并为一台设备去处理，看似减少了设备台数，节省了厂房空间，却是很不合理的。这样的实例并不鲜见，下面仅就山东巨野矿区某选煤厂设计为例加以说明。

【实例】山东巨野矿区××矿选煤厂主厂房设计布置成 4 套无压入料三产品重介质旋流器分选系统。而且，4 套重介质分选系统中，每两套系统的中、矸介质系统多数环节的设备（脱介筛、稀介桶、稀介泵、磁选机）互为共用，虽能减少一些设备台数，但不利于每个分选系统的介质平衡，也难以实现密度、分流量等工艺参数的精确自动控制，更难以实现远距离集控开停车。例

如，当其中一套分选系统故障停车时，某些共用设备如稀介泵因选型流量大（是按两套系统合计稀介质流量选型），则无法适应单开一套系统时的运转条件，稀介泵一开，极短时间内稀介桶就被抽空。不仅无法实现远距离集控开停车，即便解锁就地操作也难以正常运转。

6. 重介质选煤设备、管路布置防磨、防堵问题

重介质选煤的介质系统比较复杂，设备磨损较为严重，管路、弯头及闸阀的磨损就更为突出。为了克服和减少设备磨损，合理的布置设备、管路、弯头及闸阀是减少磨损的一项重要因素。例如：介质泵出料管压头大不宜设置闸阀，故也不宜设置备用介质泵；有压介质管道尽量少拐弯；为防堵无压自流介质管道坡度要留足。

【实例】磁选精矿因其浓度高，自流困难大，所以磁选机精矿管的布置最好直上直下，垂距越短越好。为此，磁选机布置的位置宜尽量靠近合格介质桶，最好位于合格介质桶上方楼板。有的设计将磁选机布置在厂房顶层，远离合格介质桶，结果磁选机精矿管既长，拐弯又多，容易发生堵管现象，极不合理。

（三）浮选工艺布置需特殊关注的问题

1. 浮选设备与矿浆准备器、矿浆预处理器的布置

浮选机入料调浆（或矿浆准备）设施一般采用矿浆准备器和矿浆预处理器等。它们具有体积小、生产能力大、节省电能、噪声小、减少设备、简化工艺、减少厂房空间等优点。它们的作用是将浮选药剂与矿浆均匀混合。而浮选柱（床）入料多采用传统搅拌桶作为调浆设施。

矿浆准备器、矿浆预处理器与浮选设备通常布置在同一层楼板上。为了便于矿浆槽的管路布置和检修，两者都采用柱墩式支承。支承高度一般为 1000 ~ 1500 mm。压入式浮选机要求矿浆准备器、矿浆预处理器中的矿浆液面高于浮选机室内液面 700 mm 以上，以保证给料畅通。浮选机与矿浆准备器、矿浆预处理器的操作台一般为同一标高整体结构（水泥地板或钢板）。当矿浆准备器布置的较高时，应单独设置联系楼梯、工作台和保护栏杆。

浮选机操作台的宽度一般不小于 1500 mm，操作台平面到浮选机精矿溢流口的距离为 500 ~ 800 mm。精矿接料槽的宽度一般为 300 ~ 500 mm，槽深不小于 500 mm，槽底坡度 $i \geqslant 0.07 ~ 0.11$。浮选机所在楼层高度应根据浮选机等设备部件检修提升高度、起吊设备及钢丝绳需要的高度确定。还需保证自然采光和通风，因此，一般为 6 ~ 7 m 或更高些。

浮选精矿在脱水前应设有精矿缓冲池（同时起消泡作用），布置在浮选机操作台下边，其容量按 5～10 min 的精矿量确定。精矿池底部向排料口的倾斜坡度 $i \geqslant 0.05 \sim 0.07$。同时，在精矿池同层要布置尾矿槽。浮选机操作台下至楼板底面（夹层）高度应考虑工人管理、检修及打扫卫生的要求，一般在 2000～2500 mm 范围内。

图 7-34 所示为压入式浮选机与矿浆准备器布置图。

图 7-35 所示为压入式浮选机与矿浆预处理器布置图。

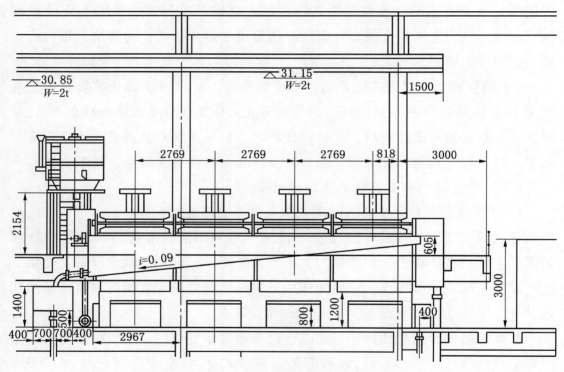

图 7-34　压入式浮选机与矿浆准备器布置图

2. 浮选柱（床）的布置

浮选柱（床）比较高，一般要占用 3 个楼层高度，在浮选柱上方设操作台。图 7-36 所示为 FCMC 型浮选柱和浮选槽的布置图。FCMC 型浮选柱（床）主要由柱体、微泡发生器和尾矿箱 3 部分组成。柱体的顶部设有精矿收集槽，柱体的外侧装有微泡发生器组，位于柱体上部 2/3 处设有给矿管、尾矿箱和液位调节装置。矿浆由柱体上部 2/3 处的给料管给入浮选柱，尾矿从柱体底部的尾矿管排出。产生的精矿通过周边溢流到精矿槽中，汇集入位于精矿槽正下方的精矿池，经过泵或高压风给料罐给入脱水设备。

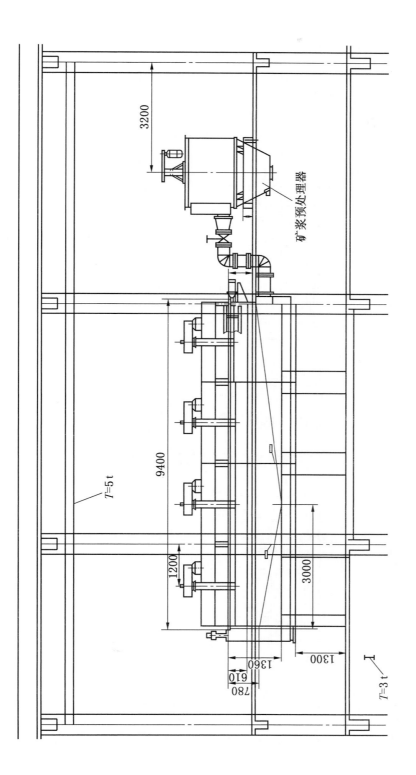

图 7－35　压入式浮选机与矿浆预处理器布置图

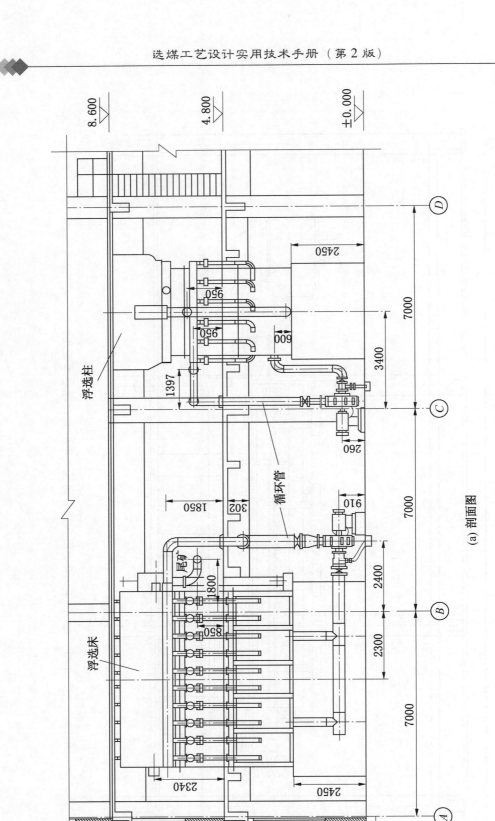

(a) 剖面图

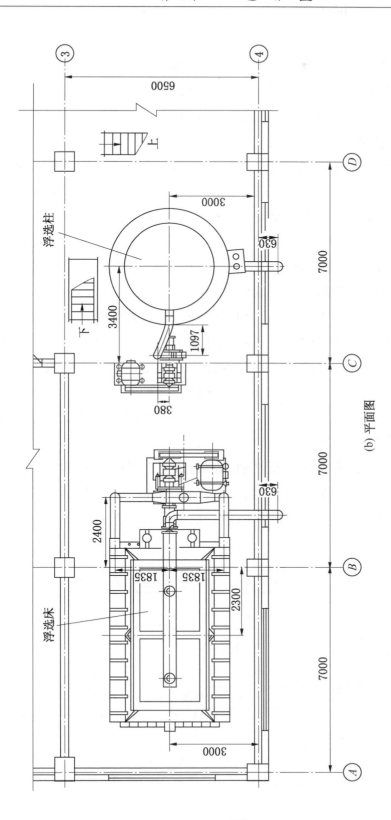

(b) 平面图

图 7 - 36　浮选柱或浮选床布置图

3. 浮选药剂系统

浮选药剂一般采用油罐车定期运至选煤厂装入药剂库（罐）储存。使用时经药剂泵扬送至浮选车间药剂桶（箱）中，再经给药管给入矿浆准备器（或矿浆预处理器）和浮选机中。浮选药剂库（站）的储存容量宜不小于 15 d 的药剂消耗量，当用标轨距车辆运输时，总容量应大于两辆油罐车的容量。对车间里设置的药剂箱（桶）的容量，《设计规范》5.4.2 条有明确规定，"药剂箱的容量应按 0.5~1.0 d 的药剂消耗量确定"。浮选用药量和品种在有条件时，可按照实验室浮选剂配比试验结果选定，也可参照类似选煤厂实际生产用量选取。根据浮选生产经验，一般 1 t 干煤泥的捕集剂和起泡剂的混合用量为 1.0~1.5 kg。药剂桶（箱）应布置在浮选车间顶层，药剂自流给入矿浆调浆装置中。车间内应设置监测药剂耗量的装置。

为了提高浮选药剂的作用效率，药剂宜经乳化装置乳化后使用。乳化是先将浮选药剂在清水中分散成微细药滴制成乳浊液，再将乳浊液加到浮选矿浆中混合。由于乳浊液的宏观性质呈水性，因此，它与水性的矿浆容易混匀。计算表明，乳化细度为 5~20 μm 时，1 mL 药剂的总表面积可增加数千倍。这就增大了药剂与矿粒的碰撞概率。研究表明，对药剂进行乳化能够改善浮选过程，提高精煤回收率和降低药剂消耗。

为便于现场安装，将乳化器及其辅助部分设计成整体结构的乳化站。它主要由水箱、药剂箱、增压泵、乳化器、调节显示装置、液位控制装置和操作面板等组成。图 7-37 所示为设置乳化站前、后的浮选工艺系统图。

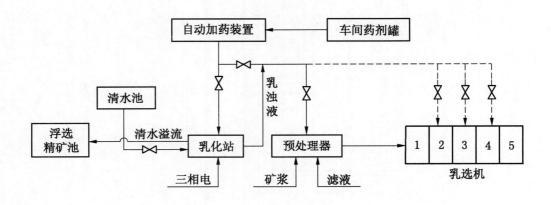

图 7-37　乳化器安装前（虚线）、后工艺流程

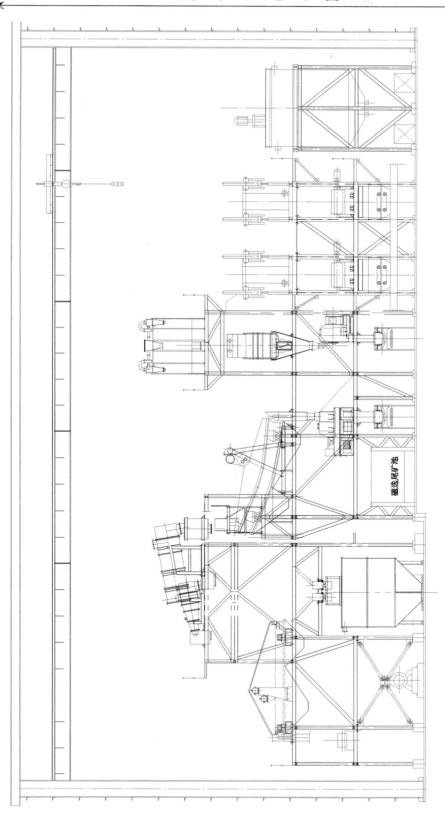

图 7－38　大同××ｘ选煤厂主厂房布置图

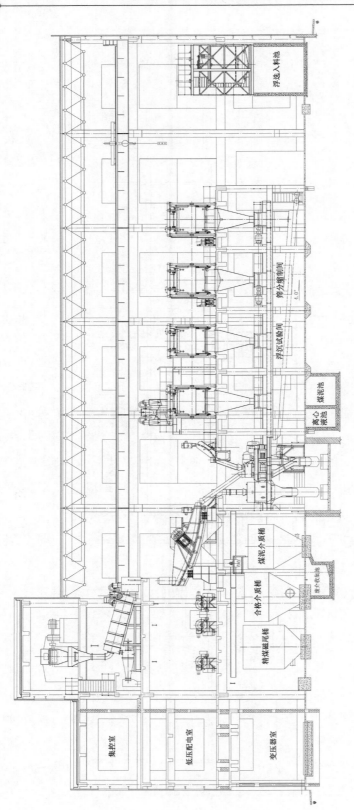

图 7－39　离柳××选煤厂主厂房布置图

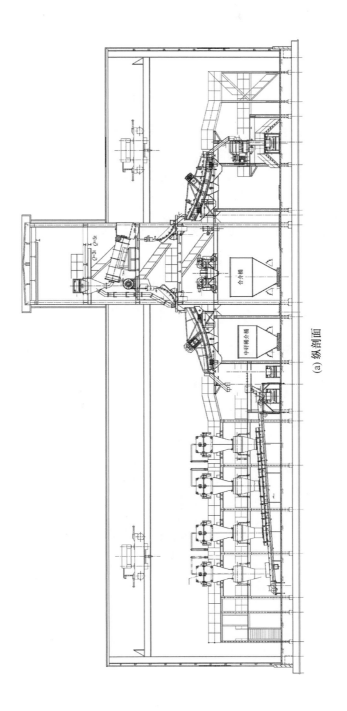

(a) 纵剖面

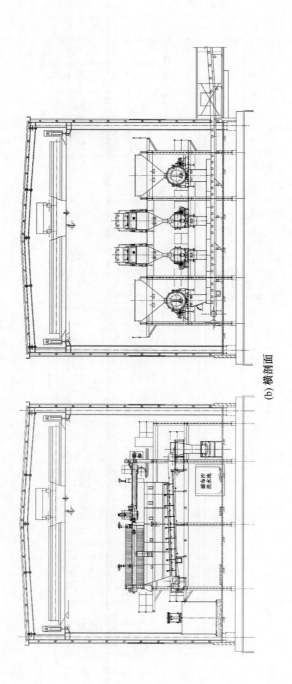

(b) 横剖面

图 7 - 40　潞安××选煤厂主厂房布置图

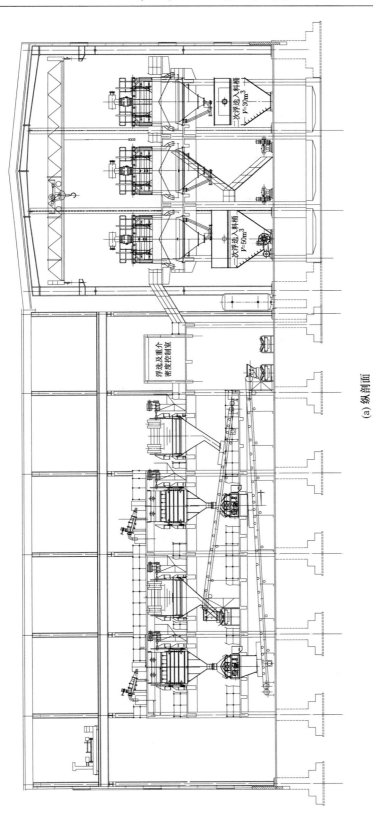

（a）纵剖面

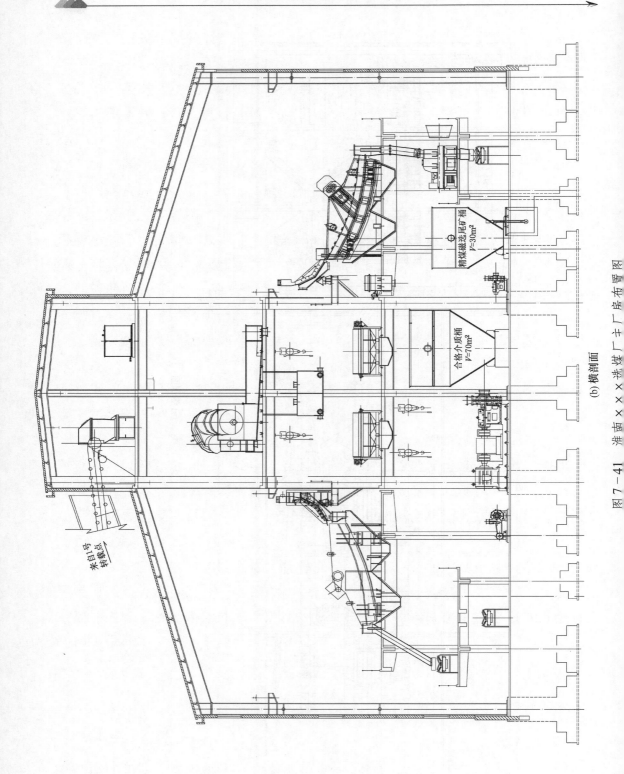

精煤磁选尾矿桶
$V=30m^2$

合格介质桶
$V=70m^2$

来自 1 号
转载点

(b) 横剖面

图 7—41　淮南×××洗煤厂主厂房布置图

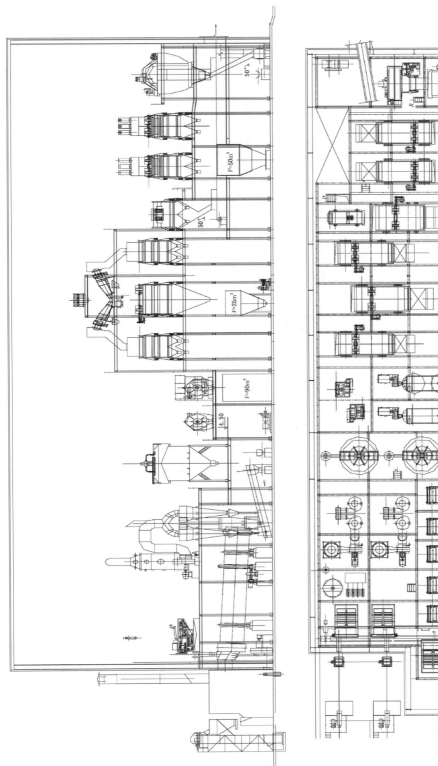

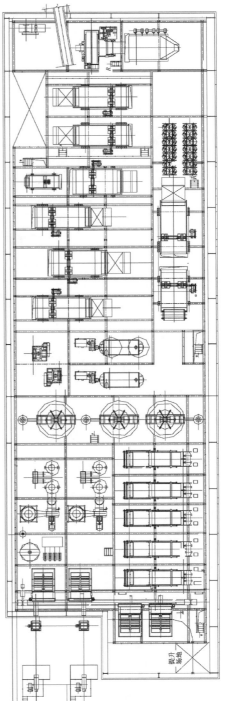

图 7-42 贵州盘江××选煤厂主厂房布置图（投标方案）

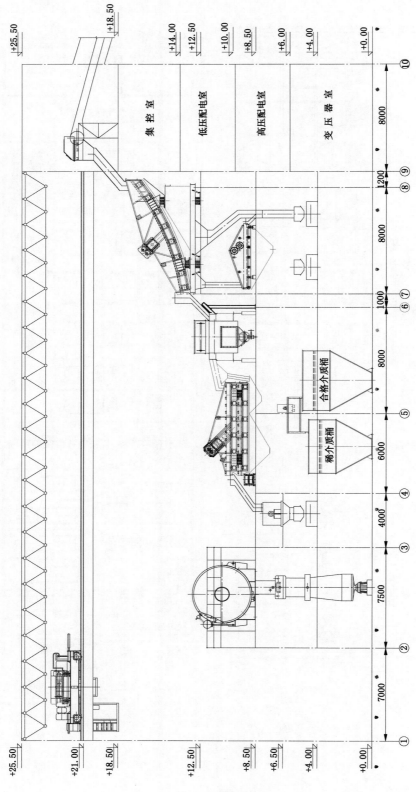

图 7-43 内蒙古某动力煤选煤厂块煤重介质浅槽厂房模块化布置图（方案图）

一般，乳化站安装在浮选机操作平面的空闲地方，距矿浆预处理器和浮选机均较近，便于输送乳浊液，另外也兼顾到浮选药剂能自流到乳化站，避免乳化泵从开式给药管路中吸进过多的空气，降低真空度。在就近的配电柜上接出电源并设置开关，便于司机观察操作。

4. 浮选产品脱水设施的布置

目前，选煤厂设计常用的浮选精煤产品脱水设备主要有快开式隔膜挤压压滤机、加压过滤机；常用的浮选尾煤产品脱水设备主要有板框式压滤机。

鉴于压滤机为间歇式工作，且需经常不定期冲洗滤布，故多台压滤机宜平行并列布置，尽量避免串联布置，以免冲洗滤布水对其他串联压滤机卸饼的干扰。

五、近年我国各类新型主厂房布置实例

全钢结构模块式主厂房、局部钢筋混凝土框架与单层钢筋混凝土排架厂房相结合的主厂房、钢筋混凝土框架与单层钢结构厂房相结合的混合结构主厂房等。这些我国自己设计的不同类型的新型主厂房的布置形式，均不是真正意义上的模块化布置，多为类模块化布置。虽然风格迥异，但是各有所长，如图7-38～图7-43所示。

第六节 复合式干法分选系统工艺布置

干法风力分选机由分选床、振动源、风室、机架及调坡装置等组成，入选物料经振动给料机给入具有一定纵向和横向倾角的分选床，振动源带动分选床振动。床面有若干个可控制风量的风室，空气由离心通风机供入风室，通过床面上的风孔，气流向上作用于被分选物料，在振动力和风力的共同作用下，物料松散并按密度分层，轻物料在上，重物料在下。干选机还利用了入料中的细粒物料作为自生介质和空气组成气固混合悬浮体，在一定程度上相当于空气煤泥介质分选机，改善了粗粒级的分选效果。由于床面横向有倾角，低密度物料从床层表面下滑，通过侧边的排料挡板使最上层煤不断排出进入精煤排料槽；高密度物料聚集于床层底部，在床面上导向板的作用下，向矸石端移动，最终进入尾矿溜槽。根据用户对产品的不同要求，可分段截取，生产多种产品。

　　复合式干法选煤系统为整体钢结构，除振动筛和移动带式输送机外，所有设备都安装在机架上。整套系统在现场组装后即可投入生产，成为可装配、可移动式选煤厂。由于分选原理独特，所需风量小，产生煤尘少，配套的除尘系统规格小。俄罗斯的风力摇床风量为 $13600 m^3/(h \cdot m^2)$，而复合式干选机仅为 $4000 m^3/(h \cdot m^2)$，相当于风力摇床的 $1/3$。复合式干法选煤系统占地面积小，占用空间少，可露置布置，也可在厂房内布置。干选系统本身外形尺寸最小机型（FGX-1）为 $5.7 m \times 3.1 m \times 6.0 m$，最大机型（FGX-48A）为 $25.4 m \times 20.9 m \times 11.7 m$，加上振动筛和带式输送机后，全厂占地面积仅为一般湿法选煤厂的 $1/3 \sim 1/2$。设备都在地面，最高点二次除尘排气烟囱为 $6 \sim 11.7 m$。干法选煤系统适合动力煤排矸，可得到大块煤、中块煤、粉煤、低热值煤、矸石等多种产品。系统设两段除尘工艺，保证大气环境不受污染。

　　复合式干法选煤系统的纵剖和横剖布置图如图7-44和图7-45所示。

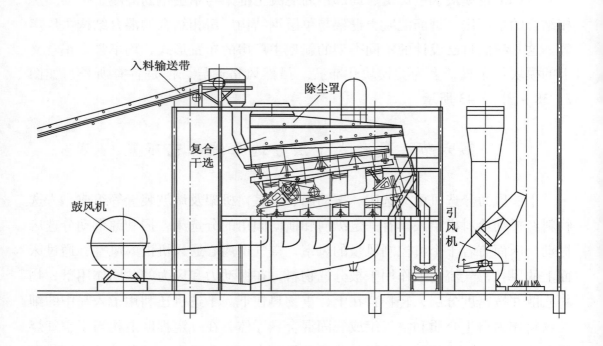

图7-44　复合式干法分选系统纵剖面布置图

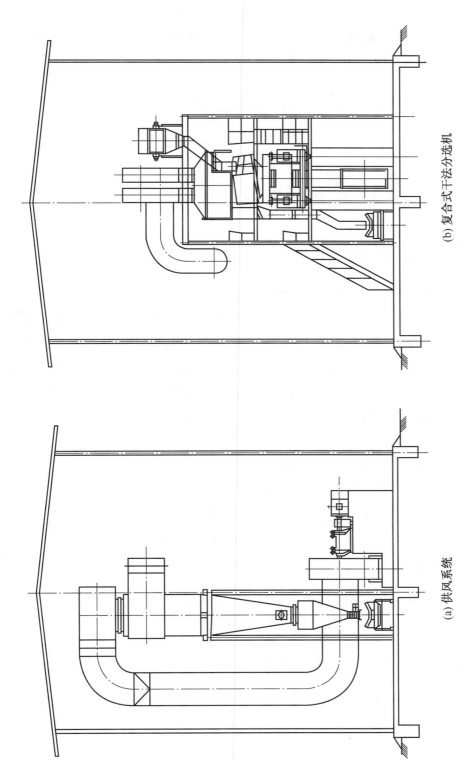

(b) 复合式干法分选机

(a) 供风系统

图 7－45　复合式干法分选系统横剖面布置图

第八章 资源综合利用

第一节 资源综合利用的意义及现状

一、我国资源综合利用的现状

随着科学技术的进步，社会经济进入了高速发展期，在工业生产发展的同时，自然资源的消耗和废物的产生也同样急剧增长，由此造成了有限自然资源的日益枯竭和环境污染的日趋严重。我国废弃物利用率仅为世界水平的 1/3 ~ 1/2。如此下去，势必造成大量废弃物积存，给生态环境带来巨大威胁。据统计，全国仅矿山堆积的固体废物所占用或破坏土地就达 900 km^2，其中 2/3 是耕地。2000—2005 年我国工业固体废物综合利用的现状见表 8 - 1。

表 8 - 1　我国工业固体废弃物产生及处理情况（2000—2005 年）

工业固体废弃物指标	年　份					
	2000	2001	2002	2003	2004	2005
产生量/(10^4 t · a^{-1})	81608	88840	94509	100428	120030	134449
综合利用量/(10^4 t · a^{-1})	37451	47290	50061	56040	67796	76993
综合利用率/%	45.9	53.2	53.0	55.8	56.5	57.3

二、煤炭行业资源综合利用的现状

煤矿三废排放量同样惊人，下面仅以 3 个大型矿区为例来说明三废排放与利用现状。

1. 山东新汶矿区

2004 年矿区排放废水 3845 × 10^4 t、废气 131.2159 × 10^8 Nm^3、烟尘 4590 t、

二氧化硫 6488 t、煤矸石 262.81×10^4 t，矿区累计矸石堆存量 4072.03×10^4 t，形成了 20 座矸石山，占地 88.044 hm² （1320 亩）。2004 年通过煤矸石发电、生产水泥、制砖、铺路、覆土造田共利用煤矸石 292×10^4 t，矿井水净化复用 2607.81×10^4 t。

2. 河南平顶山矿区

三废排放与利用现状详见表 8-2。

表 8-2　平顶山矿区三废排放及利用现状

污染废弃物名称	产生量	排放量	利用量
矿井排水/$(10^4\,t \cdot a^{-1})$	5007.4	1638.5	3368.9
选煤废水/$(10^4\,t \cdot a^{-1})$	736.3	2.9	733.4
生活污水/$(10^4\,t \cdot a^{-1})$	353.4	353.4	—
COD/$(t \cdot a^{-1})$	1143.0	171.4	
SO₂/$(t \cdot a^{-1})$	6891.8	4824.3	—
烟尘/$(t \cdot a^{-1})$	4318.0	3358.0	960.0
煤矸石/$(10^4\,t \cdot a^{-1})$	249.3	107.6	141.7

3. 淮南潘谢矿区

三废排放与利用现状详见表 8-3。

表 8-3　淮南潘谢矿区废弃物排放及利用现状

煤炭及废弃物名称	产　出　量				利用率/%
	2005 年	2006 年	2007 年	2008 年	
原煤产量/$(10^4\,t \cdot a^{-1})$	3095	3750	5020	6790	
矿井岩矸/$(10^4\,t \cdot a^{-1})$	371	450	602	815	
洗选矸石/$(10^4\,t \cdot a^{-1})$	112	179		353	38.0
洗选煤泥/$(10^4\,t \cdot a^{-1})$	75	116		226	
矿井排水/$(10^4\,m^3 \cdot a^{-1})$	1750	2223	2988	3653	44.0
抽采瓦斯/$(10^4\,m^3 \cdot a^{-1})$	17000	18800	23600	30000	

三、资源综合利用的意义

党和国家结合我国国情提出了科学发展观作为中国现代化建设的发展道

路、发展模式和发展战略的指导思想。对于我国存在的上述废弃物排放量日趋增多，利用率仍然低下的实际状况，科学发展同样具有重要的指导意义。大力发展循环经济，建立节约型社会是落实科学发展观的重要内容。建设环境友好型、资源节约型现代循环经济煤炭矿区，是煤炭行业、煤炭工程设计的必然选择。

所谓循环经济是一种以资源的高效利用和循环利用为核心，以"减量化、再利用、资源化"为原则，以低消耗、低排放、高效率为基本特征，符合可持续发展理念的经济增长模式。循环经济的实质是以尽可能少的资源消耗和尽可能小的环境代价，取得最大的经济产出和最少的废物排放，力求把经济社会活动对自然资源的需求和生态环境的影响降低到最小限度。

所谓"资源化"，常指综合利用废弃物制取可用的材料或能量。就是使废弃物具有最佳的经济价值，将废弃物资源化。

煤炭行业要建设循环经济矿区，除应积极推行煤炭分选加工和深加工等洁净煤技术外，还需对煤炭分选的副产品（中煤、煤泥）、固体废弃物（煤矸石）、煤的共生元素、煤系共伴生矿物、煤层气（瓦斯）、矿井水及疏干水等资源实行综合利用。

近年来国家颁发了一系列有关资源及废物综合利用的法规、政策、文件。对资源及废物综合利用的要求越来越严格，推行的力度也越来越大。例如：在煤炭矿区总体规划中，要求同时提出矿区共伴生资源综合开发和利用的意见；在煤炭工程建设项目核准时，要求必须提出资源综合利用方案，作为项目核准的条件之一。

所以，在矿区总体规划中，统筹提出资源综合利用规划意见；在编制选煤厂单项工程可行性研究报告和设计中，提出资源的综合利用方案，已经是不可或缺的内容。目前编制的矿区总体规划、矿井与煤炭洗选单项工程可行性研究和初步设计中，均要求单独设置"综合利用"章节。

第二节　综合利用的政策依据

国家颁发的一系列有关资源及废物综合利用的法律法规、政策、文件就是编制设计文件"综合利用"章节的依据。

需要特别指出的是，鉴于各项法律法规、政策、文件发布时间前后相距较长，其内容之间如有相互矛盾、数据指标有不一致的地方，建议以发布时间最近的法规、政策、文件为准。

下面仅将部分法规、政策、文件中有关资源及废物综合利用的相关内容摘引如下。

1. 《中华人民共和国矿产资源法》

——第三十条规定，"在开采主要矿产的同时，对具有工业价值的共生、伴生矿产应当统一规划，综合开采，综合利用，防止浪费……"。

2. 《中华人民共和国煤炭法》

——第三十五条规定，"……国家鼓励煤矿企业发展煤炭洗选加工，综合开发利用煤层气、煤矸石、煤泥、石煤和泥炭"。

3. 国家发改委公告（2007 年 80 号）发布的经国务院批准的《煤炭产业政策》

——第七条规定，"加强煤炭资源综合利用，推进洁净生产，发展循环经济……"；

——第三十六条规定，"按照减量化、再利用、资源化的原则，综合开发利用与煤共伴生资源和煤矿废弃物。鼓励企业利用煤矸石、低热值煤发电、供热，利用煤矸石生产建材产品、井下充填、复垦造田和筑路等，综合利用矿井水，发展循环经济。支持煤层气（煤矿瓦斯）长输管线建设，鼓励煤层气（煤矿瓦斯）民用、发电、生产化工产品等"。

4. 《国家发展改革委关于规范煤炭矿区总体规划审批管理工作的通知》（发改能源〔2004〕891 号）

——对煤炭矿区总体规划说明书主要内容第（六）项明确要求，"对矿区共伴生资源，提出综合开发和利用的意见"。

5. 《国务院关于促进煤炭工业健康发展的若干意见》（国发〔2005〕18 号）

——第（二十）条"推进资源综合利用"中规定，"按照高效、清洁、充分利用的原则，开展煤矸石、煤泥、煤层气、矿井排放水，以及与煤共伴生资源的综合开发与利用。鼓励抽采利用，变害为利，除尽煤层气产业化发展。按照就近利用的原则，发展与资源总量相匹配的低热值煤发电、建材等产品的生产……鼓励对废弃物进行资源化利用，无害化处理。在煤炭生产开发规划和建设项目申报中，必须提出资源综合利用方案，并将其作为核准项目的条件之一"。

6. 国家能源局《关于促进低热值煤发电产业健康发展的通知》（国能电力〔2011〕396号）

——第一条　发展低热值煤发电产业的重要意义

我国是煤炭生产和消费大国，煤炭生产过程中产生了大量的煤矸石、煤泥、洗中煤等低热值煤资源。近年来，我国低热值煤发电取得积极进展，总装机已达26 GW，但仍存在规模偏小、机组效率不高、管理基础薄弱、相关标准和政策不适应技术进步需要等问题。进一步完善政策，促进低热值煤发电产业健康发展是构建资源节约型、环境友好型社会的必然要求。

（1）有利于提高能源资源利用效率。我国每年产生可用于发电的煤矸石、煤泥、洗中煤等低热值煤资源 3×10^8 t以上，而已建成的低热值煤发电机组，每年消耗低热值煤资源超过 1×10^8 t，尚有 2×10^8 t未得到合理有效利用，折合标煤85 Mt。加快发展低热值煤发电产业，对实现低热值煤资源就近高效转化，提高煤炭资源利用效率具有重要意义。

（2）有利于减轻矿区生态环境污染。大量未利用的煤矸石、煤泥等长期在矿区堆存，易自燃并释放有害气体，污染大气环境；同时经雨水淋溶，也会污染水体和土壤。加快发展低热值煤发电产业，对多途径利用废弃资源，减少煤矸石、煤泥堆存，保护矿区生态环境具有重要作用。

（3）有利于节约土地和运力资源。初步统计，全国煤矸石、煤泥占用土地已达1.3万公顷以上，长期堆存不仅浪费有限的土地资源，且对土壤质量造成很大破坏，加大了土地恢复利用的难度。另外，部分煤矸石、煤泥、洗中煤掺混在优质煤中长距离运输，增加运输能耗，加剧运力紧张矛盾。加快发展低热值煤发电产业，对保护宝贵的土地资源、避免运力浪费具有积极作用。

——第二条　指导方针和目标

（1）指导思想

深入贯彻落实科学发展观，按照"十二五"规划纲要提出的加快构建资源节约、环境友好生产方式的要求，围绕提高能源资源利用效率，科学规划布局，规范准入标准，加大政策支持，强化监督管理，促进低热值煤发电产业健康发展。

（2）基本原则

分类利用、高效环保。根据矿区煤矸石、煤泥和洗中煤等资源的利用价值，选择最佳途径实现综合利用。合理确定低热值煤发电项目的机组选型和入炉燃料热值范围，严格执行环保、用水和灰渣综合利用等相关要求。

合理布局、就近消纳。在科学论证资源总量的基础上，就近布局低热值煤发电项目，尽量减少低热值煤长距离运输，提高外运煤炭质量，避免运力浪费，实现煤炭资源合理分级利用，提高能源综合利用效率。

突出重点、统筹规划。把主要煤炭调出省区和大型矿区作为发展低热值煤发电的重点区域，科学编制低热值煤发电专项规划，做好与所在省区电力发展规划的衔接，统筹推进低热值煤发电项目建设。

政策支持、加强管理。进一步完善支持政策，调动骨干能源企业发展低热值煤发电的积极性。充分发挥地方政府作用，规范低热值煤发电项目前期工作与核准程序，加强生产运行管理，促进低热值煤发电产业又好又快发展。

（3）主要目标

力争到 2015 年，全国低热值煤发电装机容量达到 76 GW，年消耗低热值煤资源 3×10^8 t 左右，形成规划科学、布局合理、利用高效、技术先进、生产稳定的低热值煤发电产业健康发展格局。

——第三条 具体要求

（1）用于发电的低热值煤资源主要包括煤泥、洗中煤和收到基热值不低于 5020 kJ/kg（1200 kcal/kg）的煤矸石。收到基热值不足 5020 kJ/kg（1200 kcal/kg）的煤矸石等资源，可通过生产建材、筑路、沉陷区回填、井下充填等方式综合利用。

（2）"十二五"期间，重点在主要煤炭调出省区和大型煤炭矿区，紧邻 6 Mt/a 及以上规模的炼焦煤（无烟煤）选煤厂（群）或 10 Mt/a 及以上规模的动力煤选煤厂（群），规划建设总规模 0.3 GW 及以上的高效低热值煤发电项目。矿区内选煤规模不足的，其低热值煤资源应由临近具备条件的大型坑口电厂掺烧实现就近消纳。

（3）低热值煤发电项目所用燃料优先采用带式输送方式。依托多个选煤厂的项目，燃料运输距离应不超过 30 km。合理运输距离范围内不重复规划建设低热值煤发电项目。

（4）低热值煤发电项目应以煤矸石、煤泥、洗中煤等低热值煤为主要燃料。以煤矸石为主要燃料的，入炉燃料收到基热值不高于 14640 kJ/kg

（3500 kcal/kg）。

（5）根据燃料特性合理确定低热值煤发电项目的机组选型。以煤矸石为主要燃料的，应结合资源数量，优先选用国产大型循环流化床锅炉；以洗中煤、煤泥为主要燃料的，可考虑采用高效煤粉炉。扩建项目可建设单台机组，新建项目原则上按两台机组考虑。

（6）低热值煤发电项目应尽可能兼顾周边工业企业和居民集中用热需要，采用热电联产或具备一定供热能力的机组。

（7）低热值煤发电项目原则上采用煤矿、选煤厂、电厂为同一投资主体控股的"煤电一体化"模式。鼓励有低热值煤发电运行管理经验的企业，以及周边符合国家产业政策的电力、热力用户参股建设。

（8）低热值煤发电项目要严格执行国家环保、土地、用水和灰渣综合利用等相关政策规定，确保达标排放和灰渣综合利用，严格控制土地占用量，高度重视节约用水，并优先考虑使用矿井水，水资源匮乏地区要采用空冷机组。

——第四条　支持政策

（1）符合上述条件的低热值煤发电项目，在各省（区、市）自用、外送火电建设规模中优先安排。

（2）对于以煤矸石为主要燃料的低热值煤发电项目，优先于常规燃煤机组调度和安排电量，并结合循环流化床锅炉发电机组负荷跟踪速度慢等特性，降低机组负荷调节速率要求。

（3）支持以煤矸石为主要燃料的低热值煤发电项目作为所在矿区工业园单个或多个符合国家产业政策企业的自备电厂，或参与大用户直供电。

——第五条　监督管理

（1）低热值煤发电专项规划是项目核准的主要依据之一。有关省（区、市）政府能源主管部门要统筹考虑煤炭资源、分选规模、水资源、环境容量等条件，按照国家电力发展规划和产业政策，抓紧编制本地区低热值煤发电专项规划，合理安排低热值煤发电项目布局和建设时序，经科学论证和专家评议后，统一纳入全省（区、市）电力发展规划。低热值煤发电专项规划在实施过程中，可根据实际情况进行滚动调整。

（2）低热值煤发电项目申报核准时，申报单位除按照有关规定编制并报送项目申请报告，提交与常规燃煤火电项目相同的支持性文件外，还需提供所在省（区、市）低热值煤发电专项规划及其评议审查意见，项目选用锅炉的订货协议，有关部门对项目燃料来源的论证和批复文件，项目申报单位和当地其他低热值煤发电项目运行以及近三年核验情况等。

7. 山西省人民政府《关于印发山西省低热值煤发电项目核准实施方案的通知》（晋政发〔2013〕30 号）

——第七条　准入条件

（1）布局在国家批复的煤炭规划矿区内，且矿区内低热值煤发电项目装机容量与低热值煤资源量相匹配。

（2）用于发电的低热值煤燃料主要为煤泥、洗中煤和收到基热值不低于5020 kJ/kg（1200 kcal/kg）的煤矸石。

（3）布局应依托大型选煤厂（群），依托多个选煤厂的项目，燃料运输距离应不超过 30 km。

（4）合理运输距离范围内原则上不重复规划建设低热值煤发电项目。

（5）以煤矸石为主要燃料的，优先选用国产大型循环流化床锅炉，入炉燃料收到基热值不高于 14.64 MJ/kg（3500 kcal/kg）；以洗中煤、煤泥为主要燃料的，可考虑采用高效煤粉炉，入炉燃料收到基热值不高于 17.57 MJ/kg（4200 kcal/kg）。

（6）选用单机容量 0.3 GW 级或以上机组，所选设备需经实践证明技术成熟可靠，且设备制造商有定型产品和良好业绩。

（7）使用空冷机组，电厂生产用水限制使用地表水，严禁使用地下水。

（8）同步建设全封闭煤场和高效脱硫脱硝及除尘设施，主要污染物排放浓度达到排放标准，粉煤灰和废渣实现综合利用。

（9）原则上应采用煤矿、选煤厂和低热值煤电厂为同一投资主体控股的煤电一体化模式。鼓励煤炭和电力企业通过资产重组、交换股份等方式实现煤电一体化。

（10）项目投资主体在省内有良好的燃煤火电项目建设和运行管理业绩。

——第八条　优先原则

（1）建设高效环保设施，污染物排放可以达到特别排放限制标准的项目优先。

（2）在工业园区或循环经济园区，有符合国家产业政策的高载能下游产业的项目优先。

（3）属热电联产项目或能够兼顾周边工业园区和城市集中供热需要的项

目优先。

（4）在省内有良好的低热值煤发电项目建设和运行管理业绩的企业、扩建项目特别是共用基础设施已建成的扩建项目优先。

（5）靠近大型煤矿，依托大型骨干选煤厂，所用燃料采用皮带运输的项目优先。

（6）外送电市场和通道已落实的项目优先。

（7）使用城市中水和矿井水的项目优先。

（8）不占或少占耕地、集约节约用地、使用工矿废弃用地和未利用土地的项目优先。

（9）各项前期工作深入扎实，支持性文件齐备且层级较高的项目优先。

（10）大容量、高参数机组的项目或示范项目优先。

8.《国家发展改革委国家环保总局关于印发煤炭工业节能减排工作意见的通知》（发改能源〔2007〕1456 号）附件："煤炭工业节能减排工作意见"

——第三条"……煤矸石、煤泥等固体废弃物综合利用率由 2005 年的43% 提高到70% ，矿井水利用率由 2005 年的44% 提高到70% ，矿井瓦斯抽采利用率达到60% "。

——第七条"高瓦斯及煤与瓦斯突出矿井的瓦斯抽采利用系统必须与矿井同时设计、同时施工、同时投入生产和使用……提高瓦斯抽采和利用率，减少矿井瓦斯排空量"。

——第八条"矿井设计要考虑减少煤炭开采对地下水的破坏，积极采用保水开采的设计方案，要有切实可行的矿井水净化处理和利用方案"。

——第二十五条"选煤厂补充用水必须首先采用处理后的矿井水或中水"。

——第二十七条"煤炭企业必须按照清洁生产和发展循环经济的要求，制定资源综合利用规划。煤矸石、洗矸、煤泥必须进行综合利用，不得长期排放堆存，临时堆存要有防止自燃措施"。

——第二十九条"煤矸石、煤泥等综合利用电厂建设应符合电力工业相关设计规范，并纳入电力发展规划，优先选用单机容量 13.5×10^4 kW 及以上的高效循环流化床锅炉机组。积极推进现有煤矸石、煤泥等综合利用电厂的升级换代和'以大代小'，提高燃烧效率，降低消耗，减少排放"。

——第三十条"建设煤矸石、煤泥等综合利用电厂，必须靠近低热值燃料排放地，避免长途运输煤矸石、煤泥等低热值燃料。凡有稳定热负荷的地方，应考虑热电联产联供"。

——第三十四条"鼓励发展煤矸石烧结空心砖、轻骨料等新型建材，替代黏土制砖。鼓励煤矸石建材及制品向多功能、多品种、高档次方向发展。积极利用煤矸石充填采空区、采煤沉陷区和露天矿坑，开展复垦造地"。

9.《国务院办公厅关于进一步推进墙体材料革新和推广节能建筑的通知》（国办发〔2005〕33号）

——第（二）条指出，"加快发展以煤矸石、粉煤灰、建筑渣土、冶金和化工废渣等固体废物为原料的新型墙体材料，是提高资源利用率、改善环境、促进循环经济发展的重要途径"。

——第（三）条要求，"到2010年底，所有城市禁止使用实心黏土砖，全国实心黏土砖产量控制在4000亿块以下"。

——第（四）条要求，"到2010年，新型墙体材料产量占墙体材料总量的比重达到55%以上，建筑应用比例达到65%以上，严寒、寒冷地区应执行节能率65%的标准"。

第三节　综合利用的资源种类

根据上述国家法律法规、政策、文件精神，与煤炭相关的可综合利用的资源种类，大致包括生产废弃物和低热值燃料，煤系共、伴生资源两大方面。

一、生产废弃物和低热值燃料

（1）矿井巷道掘进产生的半煤岩及煤矸石等。

（2）矿井、露天矿的排水和疏干水。

（3）选煤厂生产的中煤、煤泥等低热值燃料及洗矸废弃物。

（4）矿区内煤矸石电厂及坑口电厂产生的粉煤灰、炉渣等废弃物。

二、煤系共、伴生资源

1. 含煤岩系伴生的可燃矿物

含煤岩系伴生的可燃矿物主要有煤层气（瓦斯）、油页岩、石煤、风化煤、天然焦、碳沥青等。

2. 煤层共、伴生其他矿物

含煤岩系中与煤有成因联系的矿产（共、伴生矿物）包括金属与非金属矿产，如铝土矿、耐火黏土（高岭土）、膨润土（蒙脱石）、菱铁矿、赤铁矿、黄铁矿、锰矿及磷矿等。其中，黄铁矿及高岭岩等为煤层主要的共、伴生矿物。

3. 与煤伴生的微量元素

目前已发现的与煤伴生的元素有 60 多种。煤中微量元素的积聚取决于成煤原始物质的元素组成、煤的形成环境特征，以及成煤期和成煤期后所经历的各种物理化学、地球化学作用。煤中微量元素富集到适宜开发利用的含量，就可作为有用矿产资源加以利用。我国煤中伴生的微量元素以锗、镓、铀、钒等最为丰富。中国煤中镧、铈、钐、铽、钕、镱、镥、钴、铬、铯、铪、钾、钠、镍、钍的含量均高于世界煤中的平均值。

第四节　煤矸石的综合利用

煤矸石是煤炭开采、分选过程中的固体废弃物。目前，我国的煤矸石总堆积量已超过 25×10^8 t，而且还正以每年约 1.5×10^8 t 的速度增加，给周围环境带来了严重危害。现在我国煤矸石的利用率仍低于 50%，与发达国家相比差距仍然较大。

综合利用煤矸石要从本地区煤矸石的特性出发，提高有效成分利用率，注重工业化的可实施性。只有如此，才可以减轻对矿区大气的污染和地下水的污染，而且可以减少对土地的占用，又能回收有价值资源，这样才符合循环经济"减量化、再利用、资源化"的原则。

需要强调指出的是，按照国家政策要求，对煤矸石应实行分质、梯级综合利用的原则。

为了指导煤矸石的综合利用，2012 年发布了国家标准《煤矸石利用技术导则》（GB/T 29163—2012），该标准规定了煤矸石利用的通则和技术要求。

1. 通则

煤矸石可利用在燃料、建筑材料、路基填料、化工原料、农业生产和回填等方面。

2. 技术要求

1）燃料用煤矸石技术要求

——循环流化床锅炉燃料用煤矸石收到基低位发热量应大于 6.270 kJ/kg。

2）建材用煤矸石技术要求

（1）烧结砖用煤矸石技术要求：

——生产烧结砖用煤矸石的二氧化硅、三氧化二铝、放射性等主要指标应符合要求。用于制烧结砖的煤矸石的放射性应符合 GB 6566 要求，二氧化硅含量通常控制在 55%～70%，三氧化二铝含量通常控制在 15%～25%。

（2）水泥用煤矸石技术要求：

——普通硅酸盐水泥原料用煤矸石，其二氧化硅含量应大于 35%，三氧化二铝含量应低于 25%。

——水泥混合材料用过火或者煅烧煤矸石，其烧失量、三氧化硫、火山灰性试验、水泥胶砂 28 d 抗压强度应符合 GB/T 2847 要求。

（3）轻集料用煤矸石技术要求：

——轻集料用煤矸石应满足 GB/T 17431.1 的要求，且放射性应该符合 GB 6566 要求。

3）路基用煤矸石技术要求

（1）铁路路基填料用煤矸石压实标准应符合 TB 10001 要求。

（2）公路路基填料用煤矸石强度和粒径应符合 JTG F10 要求。公路路面基层用煤矸石压碎值应符合 JTJ 034。

4）回收有益矿产及生产化工产品用煤矸石技术要求

（1）硫精矿用煤矸石技术要求：

——煤矸石中的硫主要以黄铁矿形式存在，且呈结核状、团块状或者其他易选出形态时，则可回收其中的硫铁矿。

（2）高岭土用煤矸石技术要求：

——高岭土用煤矸石，其高岭石含量（质量分数）应大于 80%。

（3）含铝化工产品用煤矸石技术要求：

——含铝化工产品用煤矸石，其三氧化二铝含量（质量分数）应大于 40%。

5）农业用煤矸石技术要求

（1）微生物肥料用煤矸石污染物含量应符合 GB 8173 要求，灰分产率应小于 85%。

（2）有机复合肥用煤矸石污染物含量应符合 GB 8173 要求，有机质含量应大于20%。

一、煤矸石掺烧发电

根据国家有关文件精神，当煤矸石的低位发热量大于 5000 kJ/kg 时，在矿区总体规划或编制煤矿或选煤厂单项工程可行性研究报告和设计中，宜尽可能优先考虑将煤矸石与煤炭分选加工的副产品（煤泥、中煤）混烧发电。

1. 煤矸石资源综合利用电厂与燃料相关的重点问题

在设计文件中，规划、建设煤矸石电厂或低热值煤资源综合利用电厂，应着重关注以下几方面与燃料相关的问题。

（1）电厂规模宜与可利用的煤矸石和低热值煤资源总量相匹配，不宜片面追求大容量发电机组。经分析，可利用掺烧发电的煤矸石和低热值煤资源大致可分为以下两大类情况。

①炼焦煤矿区选煤厂。其分选的副产品与废弃物主要有 3 种：中煤、煤泥和洗选矸石。其中，中煤发热量较高，一般可达到 16.747 MJ/kg 以上，是较好的动力发电用煤，多作为大型电厂燃料利用；煤泥和洗矸可作为综合利用燃料，混合后的燃料发热量一般在 12.560 ~ 14.654 MJ/kg 之间，灰分在 50% ~ 60% 之间；当洗矸灰分较高时，可对洗矸进行筛分处理，块矸（25 mm 以上）发热量很低（一般小于 4.1868 MJ/kg），可通过其他综合利用途径加以利用，末洗矸热值较高，一般可在 5.0 MJ/kg 以上，比较适合作为资源综合利用电厂的燃料。

所以，在炼焦煤矿区的大型选煤厂附近可规划建设煤矸石资源综合利用电厂，燃料主要以煤泥和煤矸石为主，在混合燃料发热量不理想或煤矸石资源量不够的情况下，可适量混入中煤。

②动力煤矿区大体又分为两种情况：

——仅对块原煤进行排矸分选的选煤厂。由于仅入选大于 13 mm（25 mm）的块煤，末煤不入选，副产品主要是块矸石和少量煤泥，一般情况下煤泥脱水后直接掺入末煤作为产品销售，块矸石发热量很低（一般小于 4.1868 MJ/kg），不能作为综合利用电厂的燃料，只能采用其他的综合利用途径加以利用。

所以，动力煤矿区在只有块煤入选的选煤厂附近不宜规划建设煤矸石综合利用电厂。

——原煤全部入选的动力煤选煤厂。其中，块煤排矸分选产生的块矸石由于上述同样原因，不能作为综合利用电厂的燃料；末煤入选后的副产品主要有煤泥和末矸石，一般情况下末矸石发热量较高，与煤泥混合后可作为综合利用电厂的燃料，混合后的燃料发热量为 12.560 ~ 14.654 MJ/kg，灰分为 50% ~ 60%。

所以，在动力煤矿区对原煤全部入选的选煤厂附近，可规划建设资源综合利用电厂，其燃料主要以煤泥和末矸石为主。

综上所述，煤矸石资源综合利用电厂的燃料质量应根据项目所在矿区的煤质特征、选煤工艺综合确定。据了解，河南白马综合利用电厂当前正在燃用的劣质煤与煤泥和末矸石混合燃料的特征相似，所以白马电厂的运行经验对煤矸石资源综合利用电厂的建设具有实际参考意义。

（2）煤矸石电厂或低热值煤资源综合利用电厂的选址，必须考虑以下两点因素：

①煤矸石等低热值燃料的经济合理的运输半径，目前尚无定论和统一规定，比较多的说法是，经济合理的运输半径宜< 30 km。

②煤泥合理可行的运输方式。煤泥的运输不外乎采用泵送煤泥浆和采用车运脱水后的煤泥滤饼等两种方式。而泵送煤泥浆需受煤浆浓度和运距的限制，输送可直接入炉燃烧的高浓度煤泥浆，有效运距< 2 km；若输送低浓度煤泥浆，虽然运距限制不大，但在入炉前必须增设煤浆压滤脱水环节。采用车运脱水后的煤泥滤饼，则存在污染环境的问题，应慎重抉择。

为此，按前述国家有关文件精神，煤矸石电厂或低热值煤资源综合利用电厂应该紧邻大型选煤厂选址建设，尽量避免燃料远距离运输，以便就近取得分选矸石、分选副产品（中煤、煤泥）和低热值燃料（掘进半煤岩、劣质煤、天然焦）等。

（3）当选煤厂的洗矸灰分过高，发热量低于 5.0 MJ/kg 时，宜将洗矸通过筛分处理，摒弃发热量过低的大块洗矸，取筛下热值较高的末矸作为综合利用电厂掺烧发电的燃料。

（4）规划、建设煤矸石电厂或低热值煤资源综合利用电厂，必须考虑当地水资源条件。宜优先考虑就近利用经过净化处理的矿井井下排水。

2. 煤矸石资源综合利用电厂实例

【实例】贵州省低热值煤发电"十二五"专项规划。

1. 贵州省低热值煤资源概况

贵州省低热值煤资源主要有以下几种来源：

——分选低热值副产品，包括中煤、煤泥、洗矸（发热量＞5024 kJ/kg）；鉴于贵州煤炭高硫煤储量大，一般在大型矿井选煤厂配套建设选硫车间或筛分车间，选煤厂洗矸就是选硫车间的原料，在回收硫铁矿的同时，同时生产矸煤（沸腾煤）或末矸，可用作低热值煤电厂燃料。末矸或沸腾煤的比例约占总矸石量的30%以上；

——劣质煤，贵州各煤田煤层赋存特点，多为薄煤层群，在煤炭掘进和开采瓦斯解放层的过程中会产生大量半煤岩，其发热量约为6.28～12.5 MJ/kg，灰分大于40%，入选成本大，因此作为煤矸石发电厂的燃料比较合适。劣质煤产量一般为原煤产量的10%～20%，平均约为15%。但是半煤岩必须具备单独提升至地面，才能成为一种低热值产品；

——堆存矸石，贵州省部分矿区（如盘江、六枝等矿区）开发较早，前期选煤厂主要采用跳汰工艺选煤，其矸石热值能达到7536 kJ/kg左右，且投产以来主要运往矸石山堆放，存量巨大，也是煤矸石发电厂可利用的低热值燃料资源。

2. 贵州省煤炭分选加工概况

截至2009年底止，贵州全省共有大中小型选煤厂165座，原煤入选能力达89.60 Mt/a（0.6 Mt/a及以上选煤厂86.30 Mt/a）。其中：国有重点煤矿选煤厂23座，原煤入选能力共43.69 Mt/a；地方国有煤矿选煤厂4座，原煤入选能力1.35 Mt/a；乡镇煤矿选煤厂138座，入选原煤能力44.56 Mt/a。2009年全省原煤入选量56.61 Mt，生产精煤32.39 Mt，同时还产生大量低热值副产品。其中与"十二五"期间规划建设低热值煤发电厂相关的盘江、水城、六枝、普兴等4个矿区的选煤厂现状与选煤厂规划，以及低热值煤资源情况，分别扼要归纳如下：

（1）盘江矿区。

盘江矿区现有大型选煤厂6座，总入选能力18.80 Mt/a；在建选煤厂1座，入选能力2.40 Mt/a；规划新建选煤厂5座，总生产能力为13.80 Mt/a；改扩建选煤厂1座，入选能力由3.00 Mt/a提高到4.00 Mt/a；盘县地方现有及规划选煤厂总入选能力38 Mt/a。

矿区内煤类齐全，气煤、肥煤、焦煤、瘦煤、贫煤、无烟煤都有，西部以炼焦煤用煤为主，东部以动力用煤为主。本矿区炼焦煤选煤厂，选煤工艺为三产品重介旋流器分选＋浮选；化工用煤选煤厂，选煤工艺为三产品重介旋流器分选＋干扰床（TBS）；动力煤选煤厂，选煤工艺为动筛跳汰机或重介浅槽分选。

矿区低热值煤资源构成：选煤厂低热值副产品（中煤 15.30 Mt/a、煤泥 1.71 Mt/a、末矸 4.58 Mt/a）；矿井劣质煤（8.11 Mt/a）；堆存矸石（96 Mt，其中可作为燃料发电部分末矸 67 Mt）。

（2）水城矿区。

水城矿区分为水城老矿区和发耳矿区两部分。其中：

——水城老矿区由水矿集团作为开发主体，现有选煤厂 3 座，总入选能力 4.80 Mt/a，"十二五"期间，规划对现有选煤厂（汪家寨选煤厂和二塘选煤厂）进行技术改造，将 3 座选煤厂的总入选能力提高到 9.90 Mt/a；

——水城发耳矿区规划建设大中型矿井 8 对，配套建设选煤厂 5 座，总入选能力为 11.40 Mt/a。目前矿区已建成选煤厂入选能力 6.20 Mt/a。

水城县现有地方选煤厂总入选能力 13.80 Mt/a。

水城矿区煤炭种类较多，有焦煤、1/3 焦煤、气煤、肥煤、瘦煤、贫煤、无烟煤等。矿区现有与规划的选煤厂多为炼焦煤选煤厂，部分选煤厂兼有分选动力煤功能，选煤工艺多为重介旋流器分选＋浮选。

矿区低热值煤资源构成：选煤厂低热值副产品（中煤 7.90 Mt/a、煤泥 2.96 Mt/a、末矸 3.93 Mt/a）、矿井劣质煤（4.18 Mt/a）。

（3）六枝矿区。

六枝矿区分为六枝老矿区和六枝黑塘矿区，由六枝工矿集团作为开发主体。

——六枝老矿区仅有 7 座选煤厂，均为地方选煤厂，0.60 Mt/a 选煤厂 4 座，原煤入选能力 2.40 Mt/a；

——六枝黑塘矿区规划配套建设选煤厂 4 座，总入选能力 6.00 Mt/a，其中：新华矿选煤厂 1.20 Mt/a，化乐矿井选煤厂 3.00 Mt/a，黑拉嘎矿选煤厂 1.20 Mt/a，黑塘矿选煤厂 0.60 Mt/a。同时地方选煤厂将实施技改，重新规划了 5 座选煤厂。届时六枝矿区选煤厂总规模将达到 13.20 Mt/a。

六枝矿区老矿区煤炭种类多为焦煤。六枝黑塘矿区煤炭种类单一，主要为无烟煤。矿区现有与规划选煤厂多为动力煤选煤厂，部分选煤厂兼有分选炼焦煤功能，选煤工艺多为重介浅槽排矸或重介旋流器分选。

矿区低热值煤资源构成：选煤厂低热值副产品（中煤 3.20 Mt/a、煤泥 1.34 Mt/a、末矸 1.25 Mt/a）、矿井劣质煤(1.89 Mt/a)、堆存矸石(10.00 Mt，其中可作为燃料发电部分末矸 5.00 Mt)。

（4）普兴矿区。

普兴矿区煤矿主要集中在普安县和兴仁县。兴仁县目前有 0.30 Mt/a 以上选煤厂 25 座，总分选能力仅为 9.00 Mt/a，且较为分散。普兴矿区总体规划拟在青山工业园区内规划群矿型选煤厂多座，规模约为 7.80 Mt/a。

普兴矿区主要属于二叠系煤田，矿区内煤类主要为无烟煤，还有少量贫煤和瘦煤。矿区现有与规划选煤厂均为动力煤选煤厂，选煤工艺多为块煤动筛跳汰机排矸＋重介旋流器分选。

矿区低热值煤资源构成：选煤厂低热值副产品（中煤 2.52 Mt/a、煤泥 1.06 Mt/a、末矸 1.34 Mt/a)、矿井劣质煤（2.27 Mt/a）。

综上所述，贵州省煤田多是二叠系煤田，煤炭种类齐全，有气煤、气肥煤、肥煤、1/3 焦煤、焦煤、焦瘦煤、瘦煤、贫煤、无烟煤等煤种。其中炼焦煤类是国家宝贵资源，需要全部分选加工外，部分动力煤类虽不一定需要全部入选。但因贵州原煤硫分大多较高，加之贵州各煤田赋存的多为薄煤层群，开采过程混入的顶底板矸石较多，因而原煤灰分也高。为了脱硫、降灰，贵州省的原煤一般都全部分选加工，故分选后产生的低热值副产品较多。另外，薄煤层群掘进半煤岩以及为释放瓦斯开采解放层所产生的劣质煤，均提供了更多的低热值煤资源。总体来看，贵州省各矿区基本具备建设低热值煤电厂所需低热值燃料的资源条件。

盘江、六枝等老矿区堆存多年的矸石山，存量虽然巨大，但因堆积年久，矸石氧化自燃，其热值已经发生了变化。对这部分存量矸石应通过煤质化验区别对待，然而其可利用量目前尚缺乏准确的化验依据。其实，各矿区现行生产的低热值煤产品数量已很充足尚且有剩余，宜先行利用。

3. 低热值煤发电项目规划及燃料耗量

根据贵州省煤炭产量现状和规划，结合选煤厂分布情况，并综合考虑交通、水源等条件，低热值煤发电项目重点布局在盘江、水城、六枝、普兴矿区以及生产石煤的铜仁等地。贵州省"十二五"期间，拟规划间建设低热值煤电厂共计7座，总装机容量4200 MW。共需低热值燃料18.73 Mt/a，其中：中煤5.27 Mt/a，煤泥3.05 Mt/a，末矸3.56 Mt/a，劣质煤3.97 Mt/a，石煤2.07 Mt/a，掺烧原煤0.81 Mt/a。贵州省"十二五"规划7座低热值煤电厂燃料耗量详见表8-4。

表8-4　贵州省"十二五"规划低热值煤电厂及燃料耗量汇总表

序号	电厂名称	规模/MW	低热值煤消耗/(Mt·a⁻¹)					地理位置
			中煤	煤泥	末矸	劣质煤	合计	
1	盘北低热值煤电厂	2×300	0.93	0.68	0.55	0.60	2.76	盘江矿区
2	盘南低热值煤电厂	2×300	0.96	0.71	0.69	0.58	2.94	盘江矿区
3	汪家寨低热值煤电厂	2×300	0.86	0.40	0.77	0.67	2.69	水城矿区
4	大湾(二塘)低热值煤电厂	2×300	0.94	0.65	0.56	0.45	2.60	水城矿区
5	六枝黑塘低热值煤电厂	2×300	0.90	0.12	0.47	0.09	2.40	六枝矿区
6	普兴矿区低热值煤电厂	2×300	0.68	0.49	0.53	0.77	2.46	普兴矿区
7	铜仁石煤电厂	2×300	石煤：2.07　原煤：0.81				2.88	铜仁地区
	总　计	4200	5.26	3.05	3.56	3.97	18.73	

4. 低热值煤燃料供应

（1）《专项规划》确定上述7座低热值煤电厂均就近吸纳当地矿区煤炭分选加工的副产品煤泥、中煤等低热值燃料和废弃物末洗矸用以发电，符合国家当前所提倡的资源节约型循环经济发展模式，符合国务院《关于促进煤炭工业健康发展的若干意见》（国发〔2005〕18号）第二十条"按照就近利用的原则，发展与资源总量相匹配的低热值煤发电"的规定精神。也符合国家能源局《关于促进低热值煤发电产业健康发展的通知》（国能电力〔2011〕396号）"合理布局、就近消纳"的相关精神。

（2）《专项规划》规划的多数低热值煤发电厂，依托的燃料供应片区基本可靠，低热值资源量平衡有余，热值能满足要求，运距也在规定范围内。初步具备国家能源局《关于促进低热值煤发电产业健康发展的通知》（国能电力〔2011〕396号）文件规定的在"十二五"期间，重点规划建设低热值煤发电项目的基本条件。但是，推荐的低热值煤发电厂燃料供应尚存在以下问题：

——规划的不同矿区低热值煤电厂的燃料有的煤质指标（末矸灰分、发热量）数据基本雷同，且偏离实际。例如，盘江矿区已生产的 6 座选煤厂，其中 5 座选煤厂实际洗矸灰分高达 78.02% ~ 85.50%，大大高于《专项规划》提供的末矸灰分（68.57% ~ 65.84%），估计实际发热量 < 5024 kJ/kg，不适宜掺烧发电；有的煤质指标（煤泥的灰分、水分；各种产品的干燥无灰基挥发分）同样存在偏高、偏低，脱离实际的问题，缺乏准确性；

——建议低热值煤燃料构成宜优先考虑煤泥、洗矸，其次考虑利用矿井高灰劣质煤，不足部分再由中煤补足；

——普兴低热值煤电厂所对口的供煤矿井和选煤厂在"十二五"期间难以形成所需的生产规模，特别是作为主要煤源供应点的青山工业园区规划选煤厂，尚处于项目前期准备阶段，而且其入选原煤来源不明，估计主要是依靠收购地方小煤矿生产的原煤进行分选。然而地方煤矿分属多个业主，服务年限短，煤源可靠性不稳定，难以保证所需低热值燃料供应。也不符合国家能源局《关于促进低热值煤发电产业健康发展的通知》（国能电力〔2011〕396 号）文件提出的"低热值煤发电项目原则上采用煤矿、选煤厂、电厂为同一投资主体控股的'煤电一体化'模式"的具体要求。所以，普兴低热值煤电厂宜推迟至"十三五"期间供煤条件成熟后再考虑；

——《专项规划》为促进石煤资源的最大化利用，规划建设铜仁石煤电厂，拟从电厂粉煤灰中提取氧化钒（V_2O_5）。从综合利用角度看，有一定道理。但是，铜仁低热值煤发电厂拟将发热量不足 5024 kJ/kg 的石煤直接作为燃料，同时掺烧大量高热值原煤。不太符合国家能源局《关于促进低热值煤发电产业健康发展的通知》（国能电力〔2011〕396 号）文件的相关精神。建议，另行单独处理。

【实例】宁夏低热值煤发电"十二五"专项规划。

1. 区内煤炭分选加工及低热值煤资源概况

截至 2011 年底，宁夏回族自治区选煤厂总规模约为 30.80 Mt/a，所产生的可用于低热值煤发电厂燃料的煤泥、洗中煤、煤矸石等低热值煤资源总量约为 16.20 Mt/a。

预计到"十二五"末，宁夏回族自治区选煤厂总规模将达到 148.80 Mt/a，所产生的低热值煤资源总量约为 39.60 Mt/a。其中，绝大部分低热值煤资源在宁东区（约 30.06 Mt/a，占 76%），少部分在宁北区（约 6.54 Mt/a，占

17%）；宁南区规划在"十二五"期间建设一座规模为 6.00 Mt/a 的选煤厂，低热值煤产能相对较少；宁西南区矿井规模小而分散，无配套的大型选煤厂，低热值煤资源很少。扼要分述如下：

（1）宁北区。

宁北区赋存的煤田主要属于石炭二叠系煤田，煤炭种类多为配焦煤类，少数矿区属侏罗系煤田（汝箕沟矿区），赋存高变质程度优质无烟煤。目前有较大型选煤厂 15 座，分布于石嘴山市大武口区、惠农区和平罗县。其中，大武口区 4 座，惠农区 11 座，平罗县 1 个煤炭分选加工区。本区选煤工艺多为重介（重力）选＋浮选，生产精煤、中煤、煤泥、洗矸等产品。

（2）宁东区。

宁东区赋存的煤田大致分为两类，一类是石炭二叠系煤田，煤炭种类多为配焦煤类；另一类是侏罗系煤田，煤炭种类多为低变质程度的长焰煤、不黏煤。截至 2011 年底，宁东区内已建成选煤厂 9 座，原煤分选总规模约 70.00 Mt/a，低热值煤产能约 9.66 Mt/a，其中：煤泥约 4.20 Mt/a，洗中煤约 2.66 Mt/a，煤矸石约 2.80 Mt/a。配焦煤类原煤全部分选，选煤工艺为重介分选＋浮选；长焰煤、不黏煤等动力煤或煤化工用煤一般多采用排矸分选。

预计"十二五"期间，宁东区选煤厂数量为 22 座，原煤分选规模为 120.10 Mt/a，低热值煤产能约 30.06 Mt/a，其中：煤泥约 7.95 Mt/a，洗中煤约 14.81 Mt/a，煤矸石约 7.30 Mt/a，具体分布在灵武、横城、鸳鸯湖、马家滩、韦州、积家井、红墩子等 7 个矿区，各矿区选煤厂规模及低热值煤数、质量情况详见表 8－5。

（3）宁南、宁西南区。

鉴于宁南区、宁西南区低热值煤资源少，"十二五"期间暂不考虑规划该地区低热值煤的利用问题，待有一定规模后在"十三五"及以后再规划利用；因此，对这两地区不再赘述。

综上所述，本次宁夏回族自治区"十二五"低热值煤发电专项规划，只重点研究宁北区和宁东区的低热值煤电厂规划问题。

从宏观来看，宁夏回族自治区赋存的煤田大致分为两类，分述如下：

第一类是石炭二叠系煤田。如宁北区的石嘴山矿区，赋存的炭多为气煤、肥煤、焦煤等中等变质程度的烟煤。以及宁东区的部分矿区（横城矿区、红墩子矿区，韦州矿区、甜水河井田等）赋存的煤炭种类多为气煤，气肥煤、少量1/2中黏煤和1/3焦煤。上述这些矿区原煤一般全部入选，分选下限较深，选煤厂产生相当数量的中煤、煤泥和具有一定热值的末洗矸等适宜掺烧发电的低热值产品，基本具备建设低热值煤发电厂的煤质条件。

第二类是侏罗系煤田。如宁东区的其余矿区（灵武、鸳鸯湖、马家滩、积家井等矿区），赋存的煤炭种类多为低变质程度的不黏煤、长焰煤。煤的内在灰分低。其中部分矿井采用块煤排矸分选工艺，排出的块矸石较纯，灰分高，热值低（例如，鸳鸯湖矿区梅花井选煤厂重介浅槽分选机实际排矸灰分高达90.21%）。另有部分矿井采用块、末原煤全部进行排矸分选，但因采用分选效率高的重介法分选，其矸石灰分也较高，热值较低。故侏罗系煤田的矿区，在利用低热值煤资源发电时，宜慎重对待。

此外，宁北区的汝箕沟矿区，虽也属于侏罗系煤田，但赋存的是我国少有的高变质程度优质无烟煤，可以分选出超低灰精煤和高端碳素产品原料。故原煤全部入选，分选过程会产生相当数量的中煤、煤泥和具有一定热值的末洗矸等适宜掺烧发电的低热值产品。

宁夏回族自治区分选加工规模及可利用的低热值煤资源量情况详见表8-5。

表8-5 宁夏回族自治区"十二五"低热值煤资源及其分布

区　域	矿　区	选煤厂规模/ (Mt·a⁻¹)	低热值煤产能/(Mt·a⁻¹)			
			煤泥	中煤	煤矸石	小计
宁北区	大武口区	11.15	0.46	1.19	1.63	3.28
	惠农区	11.55	0.44	0.91	1.91	3.26
	小计	21.70	0.90	2.10	3.54	6.54
宁东区	灵武矿区	26.40	1.58	0	1.06	2.64
	横城矿区	13.60	1.12	3.10	1.64	5.86
	鸳鸯湖矿区	44.00	2.64	2.66	1.76	7.06
	马家滩矿区	12.00	0.72	1.33	0.48	2.53
	韦州矿区	10.20	1.19	30.6	1.02	5.27
	积家井矿区	6.70	0.23	2.14	0.62	3.00
	红墩子矿区	7.20	0.47	2.52	0.72	3.71
	小计	120.10	7.95	14.81	7.30	30.06
宁西南区		—	—	—	—	—

表 8 - 5（续）

区　域	矿　区	选煤厂规模/（Mt·a⁻¹）	低热值煤产能/（Mt·a⁻¹）			
			煤泥	中煤	煤矸石	小计
宁南区	王洼矿区	6.00	0.60	18.00	0.60	3.00
合计		148.80	9.45	18.71	11.44	39.61

注：煤矸石量仅统计热值高于 5024 kJ/kg 的煤矸石，下同。

但是，《专项规划》对上述侏罗系煤田所属宁东不同矿区低热值煤资源的构成状况叙述不客观，例如：所有涉及灵武、鸳鸯湖、马家滩、积家井等矿区的低热值煤构成表中均出现了中煤产品的数量，与现实情况不符。因为上述矿区的绝大多数选煤厂均采用排矸分选工艺，不可能产生中煤产品。

据了解，鸳鸯湖、马家滩、积家井等侏罗系矿区井下开采薄煤层时，会产生一定数量的半煤岩，属于劣质煤范畴，也应该作为低热值煤资源加以利用。《专项规划》却未考虑，应该补充。

为此建议，进一步核查、落实上述矿区煤矸石的热值以及低热值煤品种构成。最好能提供各矿区选煤厂实际生产的低热值煤产品数、质量数据。

2. 低热值煤发电项目规划

根据宁夏回族自治区内"十二五"期间可用于低热值煤发电的煤泥、洗中煤、煤矸石资源的数量及其分布，综合考虑自治区煤炭发展规划，以及电厂建设条件等因素，拟规划在自治区境内建设 5 座低热值煤电厂，其中宁北区 2 座，宁东区 3 座，总装机规模约 4500 MW。宁夏回族自治区"十二五"规划的低热值煤电厂汇总及低热值煤燃料供给详见表 8 - 6。

表 8 - 6　宁夏回族自治区"十二五"规划的低热值煤电厂汇总表

序号	项目名称	性质	建设规模/MW	燃料类型	入炉煤热值/（kJ·kg⁻¹）	燃料来源	最远运输距离/km
1	石嘴山低热值煤电厂	新建	2×300	煤泥、矸石，28.8% 原煤	12405	石嘴山惠农区 11 座选煤厂	15
2	平罗低热值煤电厂	新建	2×300	煤泥、洗中煤、煤矸石，24% 原煤	12682	石嘴山大武口区 4 座选煤厂	20

表8-6（续）

序号	项目名称	性质	建设规模/MW	燃料类型	入炉煤热值/(kJ·kg⁻¹)	燃料来源	最远运输距离/km
3	宁东低热值煤电厂	扩建	2×600	煤泥、洗中煤	17032	①鸳鸯湖矿区红柳、石槽村、梅花井选煤厂；②马家滩矿区双马、金凤、金家渠选煤厂	29
4	横城低热值煤电厂	新建	4×300	煤泥、洗中煤、煤矸石	12112	①横城矿区宝丰选煤厂；②鸳鸯湖矿区清水营选煤厂；③红墩子矿区红一、红二、红四矿选煤厂	28
5	韦州低热值煤电厂	新建	3×300	煤泥、洗中煤、煤矸石	13796	①韦州矿区永安、韦二矿、韦三矿选煤厂；②积家井矿区银星、李家坝选煤厂	20
	合计		4500				

3. 低热值煤燃料供给

（1）由表8-6可以看出《专项规划》拟就近吸纳当地煤炭分选加工的副产品煤泥、中煤等低热值燃料和废弃物洗矸用以发电，符合国家当前所提倡的资源节约型循环经济发展模式，符合国务院《关于促进煤炭工业健康发展的若干意见》（国发〔2005〕18号文）第二十条"按照就近利用的原则，发展与资源总量相匹配的低热值煤发电"的精神。也符合国家能源局《关于促进低热值煤发电产业健康发展的通知》（国能电力〔2011〕396号）"合理布局、就近消纳"的相关精神。

（2）其中规划的大部分低热值煤发电厂，初步具备国家能源局《关于促进低热值煤发电产业健康发展的通知》（国能电力〔2011〕396号）文件规定的在"十二五"期间，重点规划建设低热值煤发电项目的基本条件。

（3）《专项规划》提出的宁东低热值煤发电厂，鉴于其煤源来自鸳鸯湖、马家滩等矿区，其中多数选煤厂均采用＞25（13）mm块煤重介排矸分选工艺。这些工艺分选效率高，矸石排得纯，故块矸灰分高，热值低，且没有中煤产品。选煤厂末煤基本不分选，故大多数选煤厂煤泥数量也不多。若将选煤厂的高灰、低热值块矸全部用作掺烧发电，在缺少中煤、煤泥的条件下，势必掺烧大量原煤。这样既不符合国家能源局《关于促进低热值煤发电产业健康发展的通知》（国能电力〔2011〕396号）规定的"用于发电的低热值煤资源主要包括煤泥、洗中煤和收到基热值不低于5020 kJ/kg（1200 kcal/kg）的煤矸石"的要求，也有悖于低热值煤综合利用发电的本旨。

为此建议，应根据国家能源局《关于促进低热值煤发电产业健康发展的通知》（国能电力〔2011〕396号）文件提出的对低热值煤资源分类利用的原则，重新审视上述矿区利用高灰煤矸石发电的合理性。建议，进一步落实在"十二五"期间，上述矿区内真正符合掺烧发电热值要求的煤矸石、煤泥等低热值煤资源的实际数量，重新考虑宁东低热值煤发电厂的资源条件。

【实例】彬长低热值煤CFB示范项目，建设规模2×660 MW超超临界CFB机组，先期建设一台，预留一台，不堵死扩建条件。

1. 低热值燃料构成

设计煤种（热值为14373 kJ/kg）　矸石∶煤泥∶中煤∶末原煤＝11∶49∶30∶10。

校核煤种（热值为13008 kJ/kg）　矸石∶煤泥∶中煤∶末原煤＝21∶49∶25∶5。

根据上述比例，一台660 MW超超临界CFB机组年需低热值燃料量：

设计煤种2.19 Mt/a（校核煤种2.42 Mt/a）。

其中：矸石耗量0.24 Mt/a（0.51 Mt/a）。

煤泥耗量1.07 Mt/a（1.19 Mt/a）。

中煤耗量0.66 Mt/a（0.61 Mt/a）。

末原煤量0.22 Mt/a（0.12 Mt/a）。

（注：括号内数字为校核煤种。）

2. 燃料煤来源

（1）本项目燃料就近来自彬长矿区内彬长矿业集团下属的5座矿井及配

套的4座选煤厂（大佛寺选煤厂、文家坡选煤厂、亭南选煤厂、小庄选煤厂）。其中又以文家坡煤矿、文家坡选煤厂为主要煤源。本示范项目所用燃料的主要定点选煤厂产品结构及数量、质量参数详见表8-7。

表8-7　可供彬长低热值煤CFB示范项目用煤的选煤厂产品一览表

序号	选煤厂名称	规模/ (Mt·a⁻¹)	选煤工艺	产品	产率/%	产量/ (Mt·a⁻¹)	发热量 (kJ·kg⁻¹)
1	大佛寺选煤厂	8.00	块煤动筛（300~30 mm）+末煤重介旋流器（<30 mm）	原煤	100.00	8.00	20620
				块精煤	20.98	1.68	25129
				末精煤	48.28	3.86	25782
				中煤	6.13	0.49	16663
				煤泥	11.68	0.93	12171
				块矸石	6.82	0.55	
				末矸石	6.10	0.49	5761
2	文家坡选煤厂	4.00	块煤浅槽（200~13 mm）+末煤重介旋流（13~0.5 mm）	原煤	100	4.00	18786
				块精煤	34.73	1.39	23480
				末精煤	21.04	0.84	24673
				煤泥	9.1	0.36	12347
				混中煤	18.24	0.73	18623
				块矸石	9.80	0.39	
				末矸石	7.09	0.28	5623
3	小庄选煤厂	6.00	块煤浅槽（150~13 mm）+末煤重介旋流（13~1.5 mm）	原煤	100.00	6.00	21101
				块精煤	37.51	2.25	24782
				末精煤	38.19	2.29	25347
				中煤	0.42	0.03	15068
				细煤泥	11.18	0.67	12452
				块矸石	6.05	0.36	
				末矸石	6.65	0.40	5891

表 8-7（续）

序号	选煤厂名称	规模/(Mt·a⁻¹)	选煤工艺	产品	产率/%	产量/(Mt·a⁻¹)	发热量/(kJ·kg⁻¹)
4	亭南选煤厂	3.00	块煤动筛（≥40 mm）+部分末煤重介旋流器（<40 mm）	原煤	100.00	3.00	20189
				精煤	62.06	1.86	25171
				中煤	4.19	0.13	15629
				末原煤	7.24	0.22	23505
				煤泥	10.88	0.33	12288
				块矸石	11.87	0.36	
				末矸石	3.76	0.11	5619

注：本产品平衡表中数据由各选煤厂产品平衡表中数据汇总得出，按照全部入选计算。

按照占燃料 11% 的比例配入文家坡末原煤（0.22 Mt/a）以及文家坡选煤厂生产的所有煤泥（0.36 Mt/a）、中煤（0.66 Mt/a）和末矸石（0.24 Mt/a）。其余缺额煤泥（0.71 Mt/a）由距电厂 30 km 以内的大佛寺、小庄、亭南等选煤厂提供。火石嘴、水帘洞、下沟等矿作为后备补充煤源，以保证燃料充分供应。燃料煤源基本落实可靠，并符合国家能源局《关于促进低热值煤发电产业健康发展的通知》（国能电力〔2011〕396 号）文件"合理布局、就近消纳"的相关精神。

（2）本项目与主要煤源供给点为同一投资主体（彬长矿业集团）控股。符合国家能源局《关于促进低热值煤发电产业健康发展的通知》（国能电力〔2011〕396 号）文件提出的"低热值煤发电项目原则上采用煤矿、选煤厂、电厂为同一投资主体控股的'煤电一体化'模式"的要求。

（3）《初步可研报告》有关燃料煤供应尚存在以下问题：

——据了解主要煤源点文家坡矿井仅获得国家发改委开展前期准备工作的"路条"，尚未正式核准；

——未说明矿区内或矿区周边现有的电厂（如瑶池 2×200 MW 低热值 CFB 机组电厂）的煤源供应情况以及矿区内现有、规划的低热值电厂需煤量和矿区内供煤能力的平衡情况。

3. 煤质分析

（1）煤源煤质条件。

仅以主要煤源文家坡矿井主采的4号煤为代表，将其煤质特征及工艺性能扼要归纳如下：

文家坡井田4号煤层赋存的不黏煤（BN31）具有中等内水（M_{ad} = 4.68%）、低灰（A_d = 16.36%）、中高挥发分（V_{daf} = 32.09%）、高发热量（$Q_{gr,d}$ = 27.41 MJ/kg）、低硫（S_t = 1.01%）、低磷（P_d = 0.013%）、特低氯（Cl_d = 0.030%）、低氟（F_d = 113 μg/g）、特低砷（As_d = 2~4 μg/g）、中等可磨性（HGI = 66）、化学活性不强（950 ℃时对 CO_2 转化率 α = 40%~46.4%）、高落下强度（SS = 85.4%~86.0%）、中等热稳定性（TS_{+6} = 61.4%~67.1%）、低~中等煤灰软化温度（ST = 1138~1346 ℃）、中等结渣性（Clin = 0.49~0.84）、无黏结性（$G_{R.L.}$ = 0）、煤的焦油产率（Tar_d = 7.4%~7.7%）等煤质特性。

（2）设计的混配燃料煤质指标。

《初步可研报告》按矸石、煤泥、中煤、末原煤混配比例，提出的设计煤种、校核煤种的煤质分析详见表8-8。

表8-8　设计煤种、校核煤种煤质指标表

项　目	符号	单位	煤泥	矸石	中煤	末原煤	设计煤种	校核煤种
全水分	M_t	%	32.5	7.12	20.57	16.02	24.48	23.36
空气干燥基水分	M_{ad}	%	1.42	1.94	3.51	5.29	2.49	2.25
收到基灰分	A_{ar}	%	29.16	67.3	23.42	23.16	31.03	35.43
干燥无灰基挥发分	V_{daf}	%	32.77	65.31	33.71	35.08	36.86	39.95
收到基固定碳	FC_{ar}	%	25.47	8.87	37.13	39.48	28.54	25.60
收到基碳	C_{ar}	%	32.59	18.03	50.58	55.48	38.67	35.17
收到基氢	H_{ar}	%	1.63	1.47	2.85	3.23	2.14	1.98
收到基氮	N_{ar}	%	0.60	0.75	0.50	0.58	0.58	0.61
收到基氧	O_{ar}	%	3.06	3.30	0.98	0.23	2.18	2.45
收到基全硫	$S_{t,ar}$	%	0.46	2.03	1.10	1.30	0.91	0.99
收到基低位发热量	$Q_{net,v,ar}$	MJ/kg	12.58	5.62	18.6	19.91	14.35	12.99
		kcal/kg	3009	1343	4448	4762	3433	3107
哈氏可磨指数	HGI	—		65	60	58	60	62

《初步可研报告》对低热值燃料的煤质参数的选取基本可行，与《彬长低热值煤 660 MW 超超临界 CFB 示范项目煤源论证报告》的论证基本符合。

但是，作为动力电煤，在煤质方面需要特别指出的是：鉴于侏罗系煤炭煤灰成分普遍具有碱性氧化物含量高，Na_2O 含量尤其高，沾污性严重的特点。然而《初步可研报告》和《煤源论证报告》均未提供彬长矿区各供煤点的煤灰成分参数。为此，专家组借用《文家坡矿井可研报告》的有关参数（以 4 号煤为代表），以兹参照。文家坡煤矿其煤灰成分中碱性氧化物含量虽不高（29.76%），但是沾污元凶 Na_2O 含量却比较高（1.06% ~ 2.10%）。经计算，煤灰沾污性指数为 0.52 ~ 1.03，属强—严重沾污等级，在燃烧过程中，对锅炉沾污程度较高。所以，应该重视彬长矿区各供煤点的煤灰成分和煤灰沾污性分析。在下阶段设计时应补充相关内容以便准确判断煤灰沾污性，及早考虑相应对策。

【实例】大同塔山坑口电厂二期低热值煤发电工程，建设规模为 2 × 660 MW 超临界空冷燃煤机组。

1. 低热值燃料构成

《可研报告》提供的低热值燃料构成比例如下：

设计煤种：煤泥：中煤：原煤 = 30% : 40% : 30%；

校核煤种 1：中煤：原煤 = 40% : 60%；

校核煤种 2：原煤 = 100%。

年需燃料煤总耗量：设计煤种为 4.18 Mt/a，校核煤种 1 为 3.93 Mt/a，校核煤种 2 为 3.52 Mt/a。

其中：煤泥耗量 1.25 Mt/a（0 Mt/a）。

中煤耗量 1.67 Mt/a（1.57 Mt/a）。

原煤耗量 1.25 Mt/a（2.36 Mt/a）。

（注：括号外数字为设计煤种，括号内数字为校核煤种 1。）

2. 燃料煤来源

本项目燃煤主要由大同矿区塔山煤矿供给。

（1）塔山煤矿基本概况。

塔山矿井开采石炭二叠系的煤炭，主要可采煤层为 3 号、3 - 5 号、8 号三层煤。矿井地质储量 5.0738 Gt；工业储量 4.7642 Gt；可采储量 3.0706 Gt。煤炭种类以气煤为主，少量 1/3 焦煤。3 号和 8 号煤层为 1/2 中黏煤；3 - 5 号煤层为 1/3 焦煤。

塔山矿井设计生产能力 20.00 Mt/a。目前实际原煤产量 21.00 Mt/a，除去其中供电厂一期原煤 3.00 Mt/a，供电厂二期（按设计煤种）原煤约 1.25 Mt/a，选煤厂还剩余入选原煤量约 16.75 Mt/a。分选后，产中煤 1.695 Mt/a，产煤泥1.48 Mt/a。塔山矿井及选煤厂服务年限 140 年。

（2）大同塔山坑口电厂二期低热值煤发电工程所需低热值煤燃料就近由大同矿区塔山煤矿及其配套的选煤厂来供给，属于典型的坑口电厂。符合国家能源局《关于促进低热值煤发电产业健康发展的通知》（国能电力〔2011〕396 号）"合理布局、就近消纳"的精神，也符合山西省人民政府 2013 年 8 月7 日发布的《山西省低热值煤发电项目核准实施方案》（晋政发〔2013〕30号）文件规定的"布局应依托大型选煤厂（群）"的准入条件。

（3）本项目投资主体为大同煤矿集团公司，为本项目提供燃料的塔山煤矿及其所属选煤厂的控股股东也是同煤集团。上述情况表明，本项目与主要煤源为同一投资主体控股。符合山西省人民政府发布的《山西省低热值煤发电项目核准实施方案》（晋政发〔2013〕30 号）文件规定的"原则上采用煤矿、选煤厂和低热值煤电厂为同一投资主体控股的煤电一体化模式"的准入条件要求。

（4）在扣除了供电厂一期原煤 3.00 Mt/a，供电厂二期（按设计煤种）原煤约 1.25 Mt/a 以外，塔山选煤厂每年还剩余约 16.75 Mt 入选原煤量的条件下，分选后，产中煤 1.695 Mt/a，产煤泥 1.48 Mt/a。塔山选煤厂剩余原煤量分选后产品结构详见表 8-9。

由表 8-9 可以看出，塔山选煤厂生产的低热值副产品数量基本上能满足电厂二期对各类低热值煤品种的需求量。但所需原煤的来源尚存在如下问题。

——电厂二期燃料构成中，原煤取自新建原煤缓冲仓上的＜150 mm 原煤，其中包括了未经排矸分选的 150~50 mm 特大块原煤在内。这部分＞50 mm 特大块原煤灰分高达 58.45%，其中近 60% 的量是灰分＞80% 的大块纯矸，按设计煤种计算，年混入燃料的大块纯矸总量约 0.19 Mt，若按校核煤种计算年混入燃料的大块纯矸总量则更多（校核煤种 1 为 0.36 Mt，校核煤种 2 为 0.54 Mt）。将这样多的大块纯矸石几经破碎混入燃料中送去电厂磨粉燃烧，不仅增加磨机消耗（能耗、机械磨损、运行费用），降低锅炉热效率，更重要的是不符合国家环保政策和节能减排原则，违背了煤炭产业政策。实际上低热值煤电厂掺烧原煤一般是指末原煤，而非未经排矸分选的块原煤。

为此建议，电厂二期获取原煤的方式，宜参照电厂一期工程取自＜25 mm 自然级原煤的思路，相对较为合理。

表8-9 塔山选煤厂产品平衡表

产品名称		产率	产 量			质 量		
		γ/%	小时产量/t	日产量/t	年产量/Mt	水分 M_t/%	灰分 A_d/%	发热量/(kJ·kg^{-1})
精煤	重介精煤	33.53	1063.69	17019.02	5.61	7.12	22.68	
	螺旋精煤	8.14	258.23	4131.67	1.36	15.00	18.12	
	小计	41.67	1321.92	21150.68	6.98	8.66	21.79	22813
中煤		10.12	321.04	5136.67	1.70	6.89	45.65	12753
加压过滤和压滤煤泥		8.86	281.07	4497.12	1.48	18.9	30.33	
矸石	重介矸石	36.9	1170.60	18729.55	6.18	12.87	75.95	
	螺旋尾煤	2.45	77.72	1243.56	0.41	22.72	79.37	
	小计	39.35	1248.32	19973.11	6.59	13.48	76.56	
原煤		100	3172.35	50757.58	16.75	6.00	46.51	12858

3. 燃料的煤质状况

《可研报告》按确定的煤泥、中煤、原煤混配比例，提出设计煤种、校核煤种1、校核煤种2的煤质分析见表8-10。

表8-10 设计煤种、校核煤种1、校核煤种2的煤质分析表

项 目	符 号	单 位	设计煤种	校核煤1	校核煤2
1. 工业、元素分析与发热量					
全水分	M_t	%	15	6.3	7.5
空气干燥基水分	M_{ad}	%	0.68	0.78	0.81
收到基灰分	A_{ar}	%	34.1	39.55	34.17
干燥无灰基挥发分	V_{daf}	%	39.48	35.98	35.92
收到基碳	C_{ar}	%	40.55	42.8	46.48
收到基氢	H_{ar}	%	2.64	3.02	2.93
收到基氮	N_{ar}	%	0.68	0.71	0.78
收到基氧	O_{ar}	%	6.7	7.25	7.78

表 8 - 10（续）

项　　目	符　号	单　位	设计煤种	校核煤 1	校核煤 2
收到基全硫	$S_{t,ar}$	%	0.33	0.37	0.36
收到基高位发热量	$Q_{gr,v,ar}$	MJ/kg	15.85	16.73	18.52
收到基低位发热量	$Q_{net,v,ar}$	MJ/kg	14.96	15.96	17.74
2. 煤灰熔融性					
变形温度	DT	℃	>1500	>1500	>1500
软化温度	ST	℃	>1500	>1500	>1500
半球温度	HT	℃	>1500	>1500	>1500
流动温度	FT	℃	>1500	>1500	>1500
3. 煤灰成分					
二氧化硅	SiO_2	%	48.69	50.78	50.21
三氧化二铝	Al_2O_3	%	38.31	38.34	38.71
三氧化二铁	Fe_2O_3	%	5.82	3.87	4.15
氧化钙	CaO	%	2.45	2.42	2.69
氧化镁	MgO	%	0.69	0.67	0.57
氧化钠	Na_2O	%	0.23	0.23	0.26
氧化钾	K_2O	%	0.82	0.79	0.94
二氧化钛	TiO_2	%	1.39	1.58	1.41
三氧化硫	SO_3	%	0.9	0.35	0.38
二氧化锰	MnO_2	%	0.013	0.011	0.011
4. 煤的可磨指数与磨损特性分析					
哈氏可磨指数	HGI	—	68	59	57
冲刷磨损指数	K_e	—	3.1	3.2	2.4

注：1. 设计煤种：煤泥 30%，中煤 40%，原煤 30%；

2. 校核煤种 1：中煤 40%，原煤 60%；

3. 校核煤种 2：原煤 100%。

由《可研报告》提供的表 8 - 10 可以看出，设计煤种、校核煤种 1 的收到基低位发热量在 14.96 ~ 16.73 MJ/kg 之间，基本符合山西省人民政府发布的《山西省低热值煤发电项目核准实施方案》（晋政发〔2013〕30 号）文件规定的"以洗中煤、煤泥为主要燃料的，……入炉燃料收到基热值不高于 17570 kJ/kg（4200 kcal/kg）"的要求。但在燃料的煤质方面尚存在以下问题：

（1）表 8-10 的校核煤种 2 由 100% 的原煤构成，不符合国家能源局《关于促进低热值煤发电产业健康发展的通知》（国能电力〔2011〕396 号）规定的"用于发电的低热值煤资源主要包括煤泥、洗中煤和收到基热值不低于 5020 kJ/kg（1200 kcal/kg）的煤矸石"的要求。其实由 100% 的原煤构成的燃料，不属于低热值煤范畴。且发热量为 17.74 MJ/kg（4237 kcal/kg）也超过《山西省低热值煤发电项目核准实施方案》（晋政发〔2013〕30 号）文件规定的"入炉燃料收到基热值不高于 17570 kJ/kg（4200 kcal/kg）"的要求；建议设计取消校核煤种 2。

（2）电厂燃料的设计煤种、校核煤种的各项煤质指标来源出处不清，缺乏明确依据。对比塔山选煤厂低热值副产品：煤泥、中煤及原煤的煤质指标与混配的设计煤种、校核煤种相关煤质指标之间并不完全吻合，存在有"两张皮"之虞。例如，根据表 8-9 塔山选煤厂产品平衡表中的煤泥、中煤、原煤的干基灰分推算，设计煤种、校核煤种的收到基灰分有出入。此外诸如灰成分、煤灰熔融性、可磨性指数、发热量等指标的确定也缺乏依据。

为此建议，应补充说明上述煤质方面存在的问题。并将落实的供煤点的低热值煤相关煤质指标据实明细，并根据塔山选煤厂煤泥、中煤、末原煤相关煤质指标，重新全面核查设计煤种、校核煤种的各项煤质指标。

4. 燃料厂外运输

《可研报告》指出，二期工程所需原煤、中煤、煤泥混合后由新建的二期厂外带式输送机系统运至电厂内。带式输送机带宽 $B = 1400$ mm，运输量 $Q = 1400$ t/h，输送距离约 1.1 km，基本上是可行的。但是，将又黏又湿的煤泥混入燃料中一起运进电厂，会对电厂磨机带来不利影响。建议，进一步调查落实。

【实例】山东菏泽××综合利用电厂（装机总容量 2×300 MW），属煤矸石及低热值煤资源综合利用项目。本着就近供应燃料的原则，综合利用电厂依托紧邻的赵楼矿井和选煤厂建设。电厂所需燃料供应，以紧邻的赵楼矿井（3.00 Mt/a）为主，邻近的郭屯矿井（2.40 Mt/a）、彭庄矿井（0.60 Mt/a）为辅。利用赵楼、郭屯两矿选煤厂所生产的副产品煤泥、洗中煤和废弃的洗矸，并配以赵楼煤矿所生产的天然焦（1.00 Mt/a），组成混合燃料供电厂锅炉燃用。电厂机组设计煤种的混烧比例为：煤泥：煤矸石：洗中煤：天然焦 = 26%：34%：20%：20%。

按照此比例，电厂一期工程 1 × 300 MW 机组年耗燃料总量为 129.43×10^4 t。其中，煤泥为 33.66×10^4 t，煤矸石为 43.95×10^4 t，洗中煤为 25.91×10^4 t，天然焦为 25.91×10^4 t。

赵楼、郭屯矿井均配套建有与矿井设计生产能力相同的选煤厂。每年生产的煤泥、煤矸石、洗中煤及天然焦数量见表 8-11。

表 8-11　低热值煤炭产品可供数量　　　　　　Mt/a

低热值煤炭产品种类	赵楼矿井及选煤厂	郭屯矿井及选煤厂	彭庄矿井	合　计
1. 煤泥	0.39	0.32		0.71
2. 洗中煤	0.33	0.23		0.56
3. 洗选矸石	0.51	0.36		0.87
其中：重介矸石	0.27	0.22		0.49
4. 掘进矸石	0.57	0.39	0.108	1.068
5. 天然焦	1.00			1.00
合　计	2.80	1.30	0.108	4.208

对该综合利用电厂项目的低热值混合燃料作如下分析：

（1）就近消化当地煤炭洗选加工的副产品洗中煤、煤泥和废弃的洗矸发电，符合国家当前所提倡的资源节约型循环经济发展模式和国务院、国家发改委相关文件精神和国家资源综合利用政策。

（2）由表 8-11 可知，赵楼矿井天然焦产量和赵楼选煤厂煤泥、洗中煤产量均能满足电厂本期工程(1×300 MW)设计煤种年耗数量要求，是落实可靠的。

（3）唯煤矸石数量存在以下问题：

①矿井绝大多数掘进矸石属于掘进全岩巷产生的白矸，发热量极低，所以矿井掘进矸石基本不能用于发电。

②选煤厂洗选矸石中，>50 mm 大块洗矸灰分极高（$A_d = 85.66\%$ ~ 87.93%），预计发热量 $Q_{net,ar} < 5.0$ MJ/kg，按相关文件规定，也不宜用于发电。

因此，能用于发电的煤矸石只能考虑重介质旋流器排出的洗矸。单靠赵楼选煤厂的重介洗矸量（0.27 Mt/a）是不能满足电厂一期工程对煤矸石的需求，还需将郭屯选煤厂的重介洗矸量（0.22 Mt/a）包括在内才能满足。

（4）当电厂建成最终规模（2×300 MW）时，赵楼、郭屯两矿的煤泥、洗中煤、天然焦数量也基本能满足要求，但是，符合发热量要求的煤矸石数量远不够，相差较多。为此建议，届时，除将赵楼、郭屯两矿的煤泥、洗中煤、重介洗矸量全部用足外，不足部分宜用天然焦补齐，不必刻意追求煤矸石所占的比例，应该因地制宜相应调整设计煤种混烧比例。

二、煤矸石生产建材

根据国家有关文件精神，当煤矸石的低位发热量小于 5000 kJ/kg 时，不能用于发电，可考虑其他综合利用途径。

国务院（国办发〔2005〕33 号）关于到 2010 年底，所有城市禁止使用实心黏土砖的规定，以及积极推广新型墙体材料的要求，为利用煤矸石生产建筑材料提供了广泛的发展空间。

国家经贸委和国家科学技术部联合发布的《煤矸石综合利用技术政策要点》（国经贸资源〔1999〕1005 号）中指出，煤矸石的性质（岩石种类、岩石成分中的铝硅比、煤矸石中的碳含量）是确定煤矸石综合利用途径及选择其工业利用方向的依据。

长期以来我国的煤矿企业在煤矸石综合利用方面积累了许多可资借鉴的有益经验和教训。在作矿区总体规划、编制煤炭工程项目可行性研究报告或设计时，应首先对本矿区煤矸石资源化利用方向进行科学评价，然后再选择综合利用的合理途径和拟建项目，做到物尽其用，产品适销对路。

1. 煤矸石制砖

煤矸石制砖包括用煤矸石生产烧结砖和作烧砖内燃料。煤矸石砖以煤矸石为主要原料，一般占坯料质量的 80% 以上，有的全部以煤矸石为原料，有的外掺少量黏土。煤矸石经破碎、粉磨、搅拌、压制、成型、干燥、焙烧，制成煤矸石转。焙烧时，基本上无须再外加燃料。

2. 煤矸石生产轻质骨料

烧制轻质骨料的煤矸石主要是炭质页岩和选煤厂排出的洗矸，矸石的含碳量不要过大，以低于 13% 为宜。有两种烧制方法：成球法与非成球法。

3. 煤矸石作原、燃料生产水泥

泥岩煤矸石和黏土的化学成分相近并能释放一定的热量，用其代替黏土和部分燃料生产普通水泥能提高水泥质量。

4. 煤矸石制取聚合物氯化铝

以煤矸石为原料，用酸溶法制取聚合物氯化铝技术已成熟，其工艺流程可分为破碎、焙烧、连续酸溶、浓缩结晶、沸腾分解和配水聚合等工序。该工艺实现了资源的合理利用，避免了资源浪费，减轻了环境污染，具有巨大的经济效益和社会效益。

5. 煤矸石生产建材的实例

【实例】高头窑矿区建设总规模为 31.00 Mt/a，其中，5 个国有重点矿井合计规模为 25.00 Mt/a，地方矿井整合规模为 6.00 Mt/a。《总体规划》确定在规划的每座矿井均配套同步建设生产能力相同的选煤厂。新建选煤厂设计总规模为 25.00 Mt/a。《总体规划》预测各矿选煤厂生产的洗矸为 3.48 Mt/a，鉴于预测的选煤厂洗矸灰分过高（$A_d > 90\%$），发热量 < 5.00 MJ/kg（1200 kcal/kg），故不适合直接用于发电。

为此《总体规划》考虑了以下综合利用途径：

（1）考虑到砖材市场的需求及销路，拟规划建设总规模为 5.2 亿块/a 的煤矸石砖厂 3 座，即高头窑砖矸石厂（1.3 亿块/a）、色连二号矸石砖厂（2.6 亿块/a）、城梁矿矸石砖厂（1.3 亿块/a）。共消耗煤矸石为 1.56 Mt/a，煤矸石利用率为 42%。为使煤矸石综合利用率达到国家发改委关于煤矸石综合利用率应达到 70% 的规定。规划要求积极采取煤矸石作路基、回填等措施，进一步消耗煤矸石。

（2）预测拟建的煤泥综合利用电厂灰渣为 0.34 Mt/a，规划拟建建材厂两座，即色连二号砌块厂（20×10^4 m³/a）和色连二号水泥厂（50×10^4 m³/a），消耗炉渣为 0.078 Mt/a，消耗粉煤灰为 0.1785 Mt/a，粉煤灰利用率为 87.5%，达到并超过国家发改委关于粉煤灰综合利用率应达到 75% 的规定。

项目评审专家组认为：利用不宜发电的高灰矸石和电厂灰渣生产建材，符合国家相关政策精神和建设循环经济型矿区的方向。

【实例】××矿业集团拟利用临涣选煤厂洗选矸石制作烧结砖，项目总体规模为年产 2.4 标块矸石多孔烧结砖，分两期建设：

一期生产规模为年产 1.2 标块煤矸石多孔烧结砖；

二期生产规模为年产 1.2 标块煤矸石、粉煤灰掺混烧结砖。

共计每年可耗用煤矸石 70×10^4 t，粉煤灰渣 15×10^4 t。项目总投资 8058

万元，占地 114562 m²。厂址位于临涣工业园区内毗邻临涣选煤厂建设。该项目工程主要技术内容分述如下。

（1）煤矸石及混合料的基本性能。煤矸石及混合料（煤矸石与粉煤灰按 6:4 比例掺配）的化学成分、发热量、物理性能见表 8-12~表 8-14。

表 8-12 煤矸石、混合料的化学成分

原料名称	SiO₂	Al₂O₃	Fe₂O₃	CaO	MgO	K₂O	Na₂O	SO₃	烧失量
煤矸石/%	54.29	18.04	3.03	1.07	1.36	0.84	2.11	0.64	15.96
混合料/%	52.22	23.42	4.11	2.23	0.74	0.87	0.77	0	3.88

（2）制砖原料综合性能分析评价。煤矸石及混合料的物化性能良好，均可生产出合格产品。

①从化学成分来看，化学成分指标都在煤矸石制砖原料的要求范围之内。混合原料中 Al₂O₃、SiO₂ 的含量都不高，因而要求煤矸石坯体烧成温度不高，建议温度在 980~1050 ℃ 之间。

表 8-13 煤矸石、混合料的发热量

原料名称	发热量/(kcal·kg⁻¹)
煤矸石	461
混合料	398

注：1 kcal = 4.1868 kJ。

表 8-14 煤矸石、混合料的物理性能

原料名称	干敏系数	总收缩率/%	液限/%	塑限/%	塑性指数
煤矸石	0.883	3.24	31.3	23.1	8.2
混合料	0.83	3.25	24.3	17.2	7.1

②从原料塑性来看，原料的塑性指数为 8.2 和 7.1，属中等塑性原料（中等塑性指数为 >7~15，不包括 7 和 15），有利于成型。莫氏硬度中等，也有利于粉碎。矸石在加工过程中，为增强混合料的可塑性，保证原料的颗粒细度、级配，充分混炼是最重要的，因而建议陈化时间为 72 h。

③从干燥性能来看，原料干燥敏感系数为 0.883 和 0.83，均小于 1，属低

敏感性原料，干燥收缩较小，不易产生裂纹，适宜快速干燥。建议干燥温度为120～150 ℃。

④从发热量来看，煤矸石及混合料均能完全满足生产煤矸石多孔砖的要求。

⑤鉴于原料自然含水率较高，粉碎时需要稍加晾晒。建议使用风化1年以上的煤矸石作制砖原料，经自然晾晒降低原料水分的风化煤矸石制砖更为适合。

（3）制砖工艺。根据以上对制砖原料综合性能分析，该项目拟采用高真空度的硬塑挤砖机，全硬塑成型制砖工艺。若使用风化1年以上的煤矸石作制砖原料，还可以适合一次码烧工艺技术，不需晾坯。

煤矸石多孔烧结砖工艺流程如图8－1所示；煤矸石粉煤灰混合料多孔烧结砖工艺流程如图8－2所示。

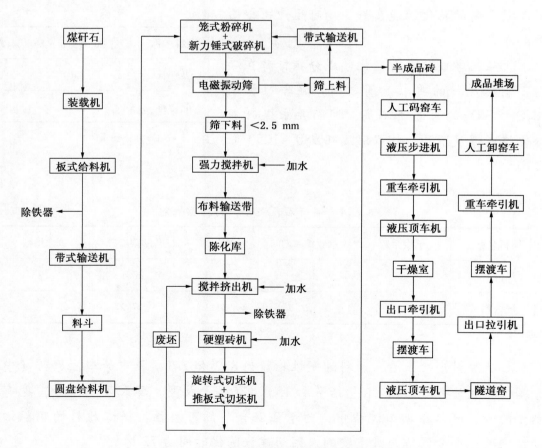

图8－1　煤矸石多孔烧结砖工艺流程

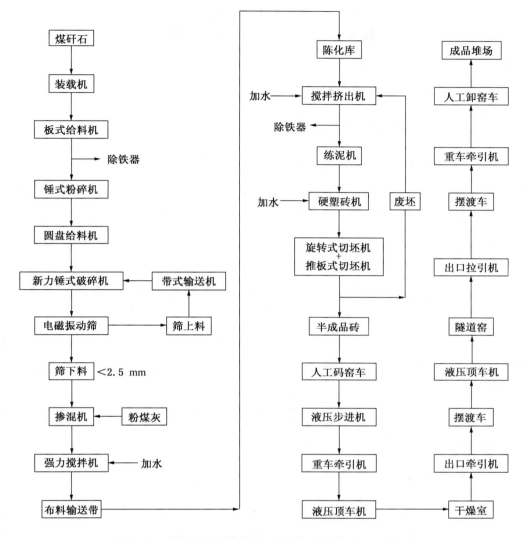

图 8-2 煤矸石粉煤灰混合料多孔烧结砖工艺流程

第五节 粉煤灰渣的综合利用

粉煤灰、炉渣是火力发电厂煤粉锅炉或循环流化床锅炉排出的一种工业废渣。我国是一个以燃煤发电为主的国家，粉煤灰渣产生量极大，2002 年我国火力发电厂粉煤灰渣排放量已达 2.2×10^8 t。我国从 20 世纪 50 年代开展粉煤灰渣综合利用研究，已从被动堆放、简单处理发展到在建材、建工、市政、交通及农业等领域大规模应用，并逐步扩展到轻工、化工、冶金及煤炭等新的领域。目前粉煤灰渣综合利用率已达到 60% 左右。

鉴于在煤炭矿区总体规划和煤炭单项工程设计中，因综合利用的要求，均涉及煤矸石和低热值煤资源综合利用电厂项目的建设，自然也应将粉煤灰渣的综合利用问题纳入综合利用考虑的范畴。

一、用于水泥和混凝土

粉煤灰在水泥工业中，一是作为黏土组分配料生产水泥熟料，二是利用粉煤灰硅、铝玻璃体的活性，以粉煤灰作水泥活性混合材料与水泥熟料共同磨粉生产出粉煤灰水泥。国外从 20 世纪 50 年代就开始生产粉煤灰水泥，技术和经验都很成熟，并制定了粉煤灰水泥标准。现在粉煤灰水泥已成为我国五大水泥品种之一。

粉煤灰作为混凝土掺和料是从 20 世纪 70 年代末开始的，粉煤灰混凝土应用面极广，在土木工程、水利工程、建筑工程，以及预制混凝土制品和构件等方面都可广泛使用。掺入粉煤灰不仅可减少水泥用量、降低水化热，而且可提高混凝土抗渗性能和抗腐蚀能力。我国也研制出新的混凝土制品，如粉煤灰彩色地板砖。

注：中国中材国际工程股份有限公司南京水泥工业设计院对粉煤灰水泥设计居国内领先地位。

二、用于筑路与回填

粉煤灰在工程中作为填筑材料使用，是大量、直接利用的一种重要途径。利用粉煤灰进行筑路不仅加工简单、投资少，而且技术和经验都很成熟。近年来，粉煤灰在市政工程中应用的范围不断扩大，除用于高速公路外，还用于大桥、护坡、引道及飞机场跑道等工程。例如，上海莘松、沪嘉高速公路，黄浦江隧道，北京五环工程，厦门黄海大桥等工程均使用了粉煤灰，经济效益良好。

粉煤灰既可代替黄沙作为回填矿井塌陷区的填充料，也可作为矿井的灌浆材料。把粉煤灰压实代替黏土作填筑材料具有良好的工程性能。淮北矿区利用粉煤灰回填煤矿塌陷区取得令人满意的效果。

三、用于人造骨料和制砖

英国早于 20 世纪 50 年代就研制出烧结粉煤灰为人造轻骨料——粉煤灰陶

粒，并于 60 年代建厂生产。在国外这也是大量利用粉煤灰的途径之一。利用粉煤灰陶粒可以配置轻质混凝土，适用于高层建筑的维护结构墙体，质量可减轻 33%，保温性提高 3 倍。我国也有这方面的应用，如利用"莱泰克"技术生产粉煤灰陶粒，用粉煤灰制作防火纤维棉系列建材产品等。

注：南京新源天节能技术实业有限公司在国内率先开发出一粉煤灰为主要原料的粉煤灰纤维技术。

用粉煤灰代替黏土作为制砖的原料已有 60 多年的历史，由于粉煤灰掺入量最高可达 80%～90%，因此可以节约黏土，少占用农田，并节约烧砖的燃料。粉煤灰制砖也是我国粉煤灰用量较大的途径之一。品种主要有蒸养粉煤灰砖、自养粉煤灰免烧砖、粉煤灰泡沫砖、轻质黏土砖及新型碳化粉煤灰砖等。

四、用于分选空心微珠

国外从 20 世纪 60 年代开始对粉煤灰空心微珠进行研究，而中国这方面的研究始于 70 年代。空心微珠的分选方法大致有干法机械分选和湿法分选两种，空心微珠直径为 1～300 m，主要成分为氧化硅、氧化铝及氧化铁等，并分为厚壁玻璃珠（沉珠）和薄壁玻璃珠两种。通常广泛作为塑料、橡胶制品的填充料；生产轻质耐火材料、防火涂料、防水涂料；用于汽车刹车片、石油钻机刹车块等耐磨制品；用于人造大理石的主要填料，人造革的填充剂。

注：长沙德比粉煤灰工程设备有限公司研制开发了具有自主知识产权居于国内、国际先进水平的粉煤灰干法分选技术。

五、用于提取工业原料

粉煤灰的主要金属成分为铝和铁，采用现代磁选法从含铁 5% 左右的粉煤灰中可获得含铁 50% 以上的铁精矿粉，铁回收率可达 40% 左右；一般从粉煤灰中提取铝比从铝矾土提炼的成本仅高 30%；粉煤灰中还含有一定量未燃尽的炭粒，实践表明，含碳量超过 12% 的粉煤灰就具有回收炭粉的价值。株洲电厂建了年处理 20×10^4 t 粉煤灰的浮选脱炭车间。美国、日本、加拿大等国还开发了从粉煤灰中回收稀有金属钼、锗、钛、锌及铀等的新技术，其中有些能实现工业化提取。

六、在农业方面的应用

粉煤灰主要由粗颗粒（0.25～0.01 mm）和细颗粒（0.005～0.001 mm）组成。根据卡庆斯基土壤质地分类标准，按照颗粒组成，粉煤灰相当于紫砂土、沙壤土和轻壤土，持水特性与类似质地土壤一致。与土壤水分相比，粉煤灰的颗粒结构决定其水分更易被植物吸收利用。上述特性在农业中得到了充分肯定。此外，粉煤灰在改良土壤、育秧、覆盖越冬作物、制作硅化肥、磁化粉煤灰、与腐植酸混合的堆积肥等方面收效显著。

七、粉煤灰综合利用实例

【实例】 临涣工业园区煤矸石综合利用电厂全部投产后，粉煤灰渣年排放量将达到 260.5×10^4 t 左右，其中粉煤灰和炉渣各占 50%。淮北矿业集团水泥厂每年可利用 65×10^4 t 左右，剩余部分需由临涣工业园区进行综合利用。鉴于粉煤灰综合利用项目属国家政策优惠、鼓励项目，有其明确的执行标准，加之粉煤灰分选技术在国内已相当成熟和完善，以及商品混凝土和商品灰渣产品的优越性逐渐突出。为此，临涣工业园区确定拟建的粉煤灰渣综合利用项目为粉煤灰磨粉站、商品灰渣厂及商品混凝土搅拌站3项，见表8-15。

表8-15 粉煤灰渣综合利用项目规划表

序号	项 目 名 称	生产能力/ $(10^4 \text{ t} \cdot \text{a}^{-1})$	耗粉煤灰渣量/ $(10^4 \text{ t} \cdot \text{a}^{-1})$	占地/ 10^4 m^2	总投资/ 万元
1	粉煤灰磨粉站	50	50	2.09	3319
2	商品灰渣厂	112	112	10.86	1147
3	商品混凝土搅拌站	60	18	4.97	6919
	合计		180	17.92	11385

（1）粉煤灰磨粉站。粉煤灰颗粒多数为空心微珠，具有颗粒细、质量轻、耐高温、绝缘隔热和抗压强度高等特点。采用先进的粉煤灰分选技术和国产成熟设备，生产一级商品灰可以广泛适用于建材、化工、冶金、汽车和航空等领域，是一种多功能的工业材料。粉煤灰粉磨站工艺流程如图8-3所示。

磨粉站的工艺过程简述如下：

电厂原灰从库底斜料口进入料封泵，由罗茨风机供气，通过管道送到磨细车间过渡仓。由刚性叶轮给料机、螺旋给料机、冲板流量计组成的稳流与计量系统，将过渡仓中的粉煤灰计量后，经过提升机与粉磨后的物料一起入分选机进行分选，粗粉由斜槽送至磨头入球磨机继续粉磨，细粉由高浓度袋集尘器收集，经提升机送到成品库中储存。

（2）商品灰渣厂。炉渣基本为具有微细孔的分散颗粒，含碳量较低，主要以烧结土质材料为主，化学成分中 SiO_2、Al_2O_3、Fe_2O_3、CaO、MgO 等占 90% 以上，商品炉渣因级配合理、可调范围广、成本低廉等优点，可广泛用于轻集料混凝土粗细骨料、普通混凝土掺加料、井下喷射混凝土骨料、回填土垫层，代替河沙用于普通砂浆。

商品灰渣厂工艺流程如图 8-4 所示。

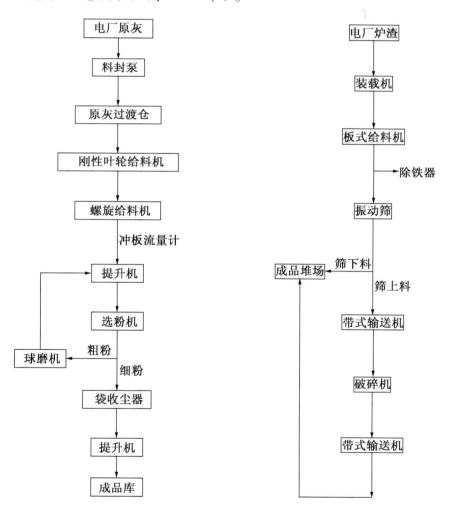

图 8-3　粉煤灰粉磨站工艺流程　　　图 8-4　商品灰渣厂工艺流程

（3）商品混凝土搅拌站。商品混凝土使用散装水泥外加粉煤灰组成，这样可节约一定数量的水泥。商品混凝土不仅技术成熟、搅拌性能好、混凝土质量稳定可靠，而且搅拌速度快、生产效率高、供应量大。商品混凝土搅拌站工艺流程如图8-5所示。

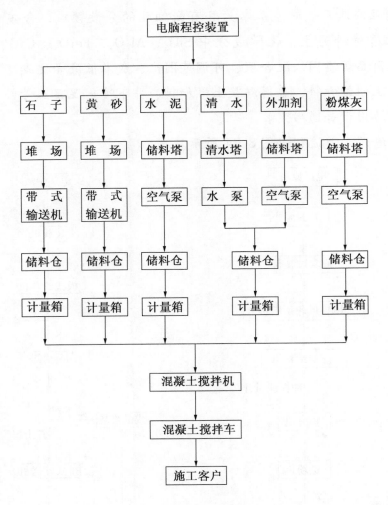

图8-5　商品混凝土搅拌站工艺流程

【实例】内蒙古锡林郭勒盟乌尼特矿区总体规划提出建设2×300 MW煤矸石电厂，将产生大量的粉煤灰，为了充分利用电厂废弃的粉煤灰及矿区的煤矸石，保护土地及环境，矿区总规划将利用粉煤灰免烧砖技术，建设粉煤灰砖厂。高掺量粉煤灰免烧砖以粉煤灰为主要原料，加以少量的水泥、添加剂及水，经轮辗、陈化，用轮辗、搅拌、加压成型、浸渍养护工艺生产而成。该技术可以大量利用粉煤灰，其用量达到 80%（包括骨料）以上，为大量消化利用粉煤灰开辟一条新途径。

（1）原料。生产自养废渣砖的主要原料是工业废渣，如粉煤灰、煤矸石，其用量达 80%（包括骨料）以上，来源于各发电厂、煤矿，其他辅料为石灰、水泥、石膏及添加剂等。

（2）成型机理。粉煤灰及煤矸石含有较高的氧化硅、氧化铝、氧化铁，经原料混合轮辗后，充分水化形成硅，铝型玻璃体，这种玻璃体与水化后的氧化钙化合，产生化学反应，称之为"火山灰反应"。

（3）生产工艺。自养废渣砖的生产工艺非常简单，流程如下：

上料机→轮辗搅拌机→带式输送机→压砖机→砖坯→养护→成品→出厂。

原料送至储料斗中自流入喂料机，压砖机以每小时 1800~2000 块的速度出砖坯，同时由人工捡拾到平车上，运至储砖厂地，砖坯之间无间隙摆放，垛高 15 层，自然养护 10~15 d，即可为成品出厂。

（4）粉煤灰砖厂规模及砖型。考虑单套生产线最低能力，粉煤灰砖厂设计规模为 6×3000 万块。

除标准二四砖外，利用"自养废渣砖"技术还可生产八五多孔砖、九五多孔砖及空心砌块等建材产品。

（5）技术指标：

自养废渣砖性能优良，其力学性能可达 100~200 号，外观质量为一等品。

抗压强度为 100~200 kg/cm^2。

抗折强度为 26~40 kg/cm^2。

吸水率为 12.2%~13%。

冻融——经 15 次反复冻融，强度增强，外观质量不变。

第六节　矿井水的综合利用

由于水文地质条件的差异，尽管矿井、露天矿的排水和疏干水的涌水量大小不等，不尽相同，但都是宝贵的水资源，特别是干旱缺水地区，更应该珍惜利用。有关国家文件中，对矿井水的复用均有明确要求。《国家发展改革委国家环保总局关于印发煤炭工业节能减排工作意见的通知》（发改能源〔2007〕1456 号）附件："煤炭工业节能减排工作意见"第三条就明确提出"……矿井水利用率由 2005 年的 44% 提高到 70%"。

矿井、露天矿的排水和疏干水宜按不同用途，分别采用不同深度的处理净化工艺后复用。一般应按照排水水质和复用水水质要求设计处理工艺：

（1）用于选煤厂生产补充水、道路洒水及绿化用水只需作混凝、沉淀处理便可达到要求。

（2）用作井下消防洒水、黄泥灌浆用水及生产除尘洒水等，则还需进一步作过滤、消毒等一系列处理才能满足要求。

若水量还有富余，可考虑供其他综合利用项目如煤矸石电厂作循环补充水，制砖厂作生产用水等。

第七节　矿井瓦斯的综合利用

一、矿井抽采瓦斯的构成

煤层气俗称瓦斯，是吸附在煤层中的非常规天然气，其主要成分是甲烷，也有少量乙烷、丙烷和丁烷等。

矿井瓦斯涌出构成关系如图 8-6 所示。根据矿井瓦斯涌出的构成，矿井瓦斯抽采系统分为：高负压瓦斯抽采系统（抽出的瓦斯浓度一般较高）和低负压瓦斯抽采系统（抽出的瓦斯浓度一般较低）。

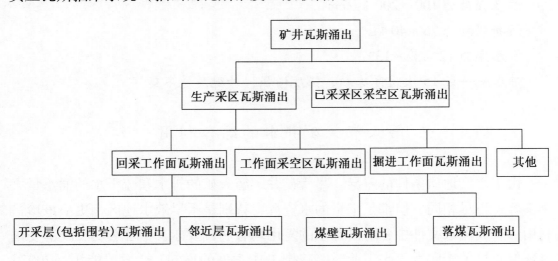

图 8-6　矿井瓦斯涌出构成关系图

二、瓦斯综合利用的意义

矿井抽出的瓦斯如果排放到大气中，将产生很强的温室效应（是二氧化碳的 21 倍），从而严重影响大气环境。但是，瓦斯也是一种清洁能源，1 m³的瓦斯发热量相当于 1 kg 燃油或 1.25 kg 标准煤，且燃烧时不产生烟尘和二氧化硫气体，它既可以作为民用燃气，又可以用来发电。此外，瓦斯也是一种难得的化工原料，可用于生产合成氨。因此，矿井瓦斯既是一种对大气环境十分有害的气体，又是一种优质能源。

高瓦斯矿井和瓦斯突出矿井，一般煤层气资源都十分丰富。如将矿井抽采出来的瓦斯加以综合利用，不但可以取得环境效益，还可取得经济效益，使其变害为宝，作为能源被开发利用。同时，矿井开采做到先采气，后采煤，既可保证矿井安全生产，提高煤炭产量，又能取得经济效益。

国家对瓦斯的综合利用十分重视，国家发改委、国家环保总局联合发布《关于煤炭工业节能减排工作意见的》通知（发改能源〔2007〕1456 号）的附件："煤炭工业节能减排工作意见"中明确规定，"高瓦斯及煤与瓦斯突出矿井的瓦斯抽采利用系统必须与矿井同时设计、同时施工、同时投入生产和使用……提高瓦斯抽采和利用率，减少矿井瓦斯排空量"。

为此要求在设计阶段，就必须做到同步进行瓦斯抽采和综合利用的相应设计：

（1）编制《矿区总体规划》时，应该指出瓦斯综合利用的途径，同步规划瓦斯综合利用项目的布局。

（2）编制《可行性研究报告》时，应该同步提出瓦斯综合利用的具体项目（包括规模、主要工艺路线、厂址选择、投资估算等），并计算瓦斯利用率。

三、瓦斯综合利用的途径

瓦斯综合利用的途径可分为 4 类：用作工业及民用燃料、替代天然气、用作化工原料、瓦斯发电。

（一）用作工业及民用燃料

瓦斯用作工业及民用燃料，是最简单、最直接的利用途径。

1. 作为民用燃料

如果井下抽放系统回收的煤矿瓦斯浓度平均达到 30% ~ 50%，在不考虑其他组分燃烧的情况下，瓦斯的热值在 18.7 MJ/Nm³ 以上。基本达到城市燃气的标准，满足城市燃气的热值要求。可供给当地居民或矿区居民用户，以及食堂、医院、学校等公用事业单位。

煤层气民用管道输送一般由抽放泵、储气罐、调压站、输气管道及燃气管网组成。要求具有稳定的气源、浓度，以及无有害杂质。

2. 作为工业燃料

煤层气（瓦斯）可作为洁净的工业炉燃料，能够减少污染，改善工业产品质量。工业炉以煤层气（瓦斯）为燃料，可以增加传热效率，提高工业炉的生产率。

煤矿瓦斯作为工业燃料，可用于干燥煤矿煤炭产品、替代煤炭用于矿区生活及生产锅炉、加热炉或与其他燃料混烧。在技术成熟的情况下，可全部采用瓦斯代替燃煤锅炉，这样不仅可以减少环境污染，节约标准煤，而且提高了锅炉的热效率。

（二）替代天然气

当煤层气（瓦斯）达到一定质量标准时，经过加工处理后，可用作天然气替代产品，用作民用燃气和汽车燃料等。煤层气替代天然气技术主要有 CNG 工艺、瓦斯液化和管道输送等。

1. CNG 工艺

压缩天然气（CNG）能储密度比液化石油气（LPG）和液化天然气（LNG）低，然而作为汽车替代燃料或向难觅民用燃料的城镇供应然气而言，由于 CNG 生产工艺、技术、设备较简单，运输装卸方便，在环境保护方面有明显的优势，因此它不失为值得选择的城镇燃气气源形式之一。

压缩天然气以符合现行国家标准《天然气》（GB 17820）之二类作为气源，在环境温度为 − 40 ~ 50 ℃ 时，经加压站净化、脱水、压缩至不大于 25 MPa，出站 CNG 符合现行国家标准。送至城镇的 CNG 汽车加气站或城镇燃气公司的 CNG 供应站。按压缩天然气作为气源的要求，甲烷浓度应该达到 95% 以上。对矿井抽采的煤层气（瓦斯）要进行浓缩或提纯后才能使用。

2. 瓦斯液化

煤层气（瓦斯）液化后由运液车运输比管道运输投资少，见效快，是煤层气（瓦斯）长距离运输的发展方向之一。液化甲烷的体积约为甲烷的

1/600，通过运液车运送，煤层气（瓦斯）的长途运输问题就会迎刃而解。

目前世界上通常采用的小型 LNG 系统工艺循环、带丙烷预冷的混合工质闭式循环、单工质透平膨胀闭式循环、Joule - Thomson 膨胀开式循环、透平膨胀开式循环、混合工质透平膨胀闭式循环、级联式闭式循环、热声振荡制冷循环及磁制冷循环等工艺。

液化系统由液化装置、低温储液罐、运液罐车三部分组成。煤层气（瓦斯）经液化装置加压缩、绝热膨胀后形成液化气，进入低温储液罐保存。低温储液罐中的液体可通过运液槽车运送到加气站，由加气站分售给用户。液化煤层气（瓦斯）不仅可替代柴油、汽油用作机动车燃料，而且还适用于民用等。

3. 管道输送

当气质达到管输天然气标准时，天然气长输管线常常是煤层气（瓦斯）最易达到的市场。如果煤层气的甲烷含量在 95% 以上（31.8 MJ/m³），非烃成分小于 4% 且无氧气，煤层气（瓦斯）只需进行适度的处理即可压缩送入长输管线；达不到管输质量的煤层气可以通过除去不需要的成分，或者与高热值的气体如丙烷混合提高质量。一般来说，当煤层气（瓦斯）中的甲烷含量大于 50% 时，将其质量改善在经济上和技术上是可行的；当煤层气（瓦斯）中的甲烷含量大于 90% 时，其需要的处理大为简化，也更具价值。

（三）用作化工原料

高浓度的纯净煤层气可用作原料生产一系列化工产品，如甲基叔丁基醚 DME、甲醇、炭黑及生产乙炔等。另外，以瓦斯气体中的甲烷为原料用于生产甲烷燃料电池或氢气也是煤层气技术的新发展方向。

无论哪种化工原料的生产，对煤层气（瓦斯）的质量要求都是很高的，同时还要有大量且稳定的原料来源。由于矿井煤层气（瓦斯）的抽采存在着很大的不稳定性，煤层气（瓦斯）的质量变化也很大，影响化工生产的规模经营。因此，利用瓦斯生产化工产品时机还不成熟。

（四）瓦斯发电

瓦斯发电，是大量综合利用瓦斯的主要途径。

1. 瓦斯发电的意义

利用瓦斯发电可以使抽放瓦斯成为盈利工程，抽放的瓦斯越多，产生的经济效益越好，可以形成良性循环。一般来说，1 m³ 含量 100% 的纯瓦斯，不同发电效率的机组可以发电 3 ~ 4 kW·h；含量 30% 的瓦斯，不同发电效率的机组可以发电 1 kW·h。不仅相当于增加标准煤的产量，缓解能源紧张局势，增加企业收入产值，同时还可减排二氧化碳，极大地减少大气污染。近年来我国瓦斯发电技术发展迅速，正走向成熟。

瓦斯发电站作为资源综合利用电厂在并网、上网电价及税收等方面可享受国家优惠政策。

2. 瓦斯发电的形式

利用煤矿瓦斯发电主要的方式有：燃气锅炉汽轮机发电、燃气涡轮机发电和燃气内燃机发电。3 种方式的工艺流程如图 8－7 所示，其主要优缺点见表 8－16。

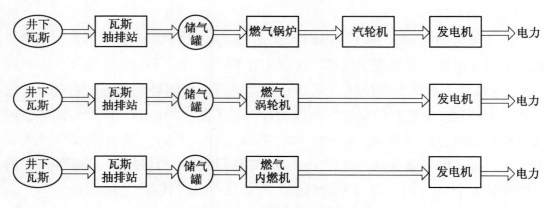

图 8－7　瓦斯发电工艺流程

表 8－16　3 种发电方式的优缺点比较表

	方　　式	优　　点	缺　　点
方式一	燃气锅炉＋汽轮机＋发电机	单机功率大 运行可靠 技术成熟	建设周期长 占地面积大 系统复杂
方式二	燃气涡轮机＋发电机	单机功率大 系统简单 综合利用效率高 占地面积小	气体浓度和压力要求高
方式三	燃气内燃机＋发电机	组站及运行灵活 气体浓度和压力要求不高 建设周期短 发电效率高	单机功率较小

由于煤矿瓦斯气体浓度相对不高，发热量较低，如采用方式一，则系统复杂、占地面积大、发电效率较低，因此不宜采用；如采用方式二，由于燃气涡轮机对进气的浓度和压力要求较高，需要对进气加压到其要求的压力（0.9 MPa）才能保证燃气涡轮机的正常运行，随着压力的提高，瓦斯温度也会升高（压力为0.9 MPa时，温度约为160 ℃），由于温度的上升会使瓦斯浓度处于爆炸区域，达不到安全要求，加之系统复杂、占地面积大、辅助设备多、维护工作量大，因此也不宜采用。

　　方式三具有对瓦斯气体浓度及压力要求低，适用瓦斯浓度范围广，发电效率高，启动时间短及运行灵活等诸多优点，尽管矿井抽采的瓦斯具有浓度变化大和热值较低等不利于发电的特性，但我国瓦斯发电技术近年来发展迅速，正走向成熟。燃气内燃机瓦斯发电机组采用了电控混合技术，解决了瓦斯浓度不稳定、压力波动大而影响燃气燃烧不稳定的问题；利用预燃室、电子点火技术加大点火能量，保证了低热值燃气的正常点火；采用全电子管理技术提高了机组的监控水平，保证了机组运行的稳定性等，目前采用方式三即瓦斯内燃机组发电较多，已经在全国许多矿区应用。

　　其中，适宜中等浓度瓦斯（浓度在30%以上）的内燃机发电技术是目前国内外瓦斯发电主流技术之一。其技术特点是热效率高、体积小、机动性好，尤其是对瓦斯气体浓度及不稳定性适应能力强。

　　适宜低浓度瓦斯（浓度>6% ~30%）发电的技术《煤矿瓦斯细水雾输送机发电技术》已经由淮南矿业集团和山东胜利油田胜动机械公司联合开发成功，该技术成功地解决了煤矿浓度>6%的低浓度瓦斯抽排放空的问题，拓展了瓦斯综合利用的空间。《煤矿瓦斯细水雾输送机发电技术》科技成果已通过了国家安全生产监督管理总局规划科技司组织的专家鉴定。目前，还在探索低浓度瓦斯富氧发电的技术研究。低浓度瓦斯发电技术极具发展前景。

　　3. 瓦斯发电设备选择

　　目前，国内瓦斯发电普遍采用瓦斯内燃发电机组，其中，国内主要有胜利动力机械有限公司、济南柴油机股份有限公司生产的190系列燃气发电机组、南通宝驹气体发电机有限责任公司生产的SA系列燃气发电机组，容量主要有1500 kW、1000 kW、700 kW和500 kW等，其中技术成熟度较高的为500 kW机组；进口机组主要有美国的卡特彼勒、奥地利的颜巴赫、德国的道依茨等生产的燃气发电机组，容量主要有1000 kW、1800 kW、2000 kW、3000 kW和

4000 kW 等，目前国内应用最多的为美国卡特彼勒公司生产的 G3500 系列燃气发电机组，技术成熟度较高的为 2000 kW 及以下机组。

国内外机组从技术、经济等各方面比较，主要优缺点如下所述。

（1）浓度要求。国内瓦斯发动机对瓦斯浓度适应宽广，可以燃用甲烷含量 8% ~ 50% 浓度范围的瓦斯，因此不需要对瓦斯进行吸附浓缩，减少了中间环节，节约投资，且国产机组进气压力要求较低（3 kPa）。

国外机组要求进气压力必须在 20 kPa 以上，瓦斯浓度必须在 30% 以上，并且对瓦斯气体的其他要求（如粉尘、温度、湿度等）也较高，因此需在机组前面加装瓦斯预处理装置。

（2）技术先进性。国内机组以"济柴"瓦斯机组为例，主要采用了一系列先进技术：空燃比闭环控制技术，引进世界上最先进的 WOODWARD - EGS 控制系统、Tecjet 控制阀和混合器、电子调速器等瓦斯进气控制系统；引进德国 MOTORTECH 公司智能 IC500 点火系统；网电无隙备用技术；稀薄燃烧技术。

美国卡特彼勒 G3500 系列燃气发电机组技术工艺水平高、运行可靠性强、日常维护量小。在可靠性上取消了预热室的设计，免除了复杂的预热室调整和维护，可达到与预燃室燃气机相当的发动机效率。采用了一体化电子控制系统，结合最先进的稀薄燃烧技术，让发动机在满足最严格的排放要求的同时获得最优化的机械效率与电效率。同时具备了可调整的空燃比控制和混合气进气密度的补偿功能的特点。

（3）经济性。国内机组年利用时间可达到 7200 h，连续运行时间较短、输出功率小；国外机组年利用时间达到 8000 h 以上，连续运行时间长、输出功率大。国外设备在长期运行时具有明显的优势，但工程初期投资相对较大。

综上所述，采用国产机组初期投资较低，瓦斯浓度及压力要求较低，瓦斯预处理系统简单，建设周期短，但单机容量较小，不适合在瓦斯量大、装机规模大的情况下使用。进口机组单机容量大、发电效率高，但要求瓦斯浓度要达到 30% 以上。从性能及发电的稳定性上采用进口机组的效益要远好于国产机组，但一次性投资高，订货周期长，同时在瓦斯气量小、装机规模不大的情况下其灵活性不够。

下面介绍两种先进的瓦斯燃气发电机组技术规格。

（1）G3520 型燃气发电机组技术规格：

型号	G3520C
机组额定电功率	1.8 MW
功率因素	0.8
发电机电压	10.5 kV
发动机励磁方式	永磁机励磁绕组
燃气	井下抽放瓦斯
适用燃气最低燃值 LHV	14.70 MJ/Nm^3 以上
燃气压力	31.5~35 kPa
机组热耗	8.31 MJ/(kW·h)
NO$_2$ 排放等级	500 mg/Nm^3
排气温度	463 ℃
简单循环发电效率	42.3%
缸套水进出口温度	82 ℃/90 ℃
缸套水散热量	744 kW
机组燃气消耗量	917.1 Nm^3/h（16.31 MJ/Nm^3）
燃烧空气流量	7668 Nm^3/h
外形尺寸	6857 mm×1854 mm×2249 mm
质量	23350 kg

（2）500GFI-RW 型低浓度瓦斯发电机组由山东胜利油田胜动机械公司制造，技术性能详见表8-17。

表8-17 燃气内燃机组主要技术指标

发 动 机 主 要 技 术 指 标	
型　号	W12V190Z$_L$D$_K$-2C
形　式	四冲程、火花塞点火、水冷、增压中冷、电控混合
气缸排列	V 形 60°夹角
气缸直径/mm	190
活塞行程/mm	210
总排量/L	71.45
额定功率/kW	500
标定转速/(r·min^{-1})	1000
最低空载稳定转速/(r·min^{-1})	600
燃气热耗率/(MJ·kW^{-1}·h^{-1})	10.5

表8－17（续）

发 动 机 主 要 技 术 指 标		
机油消耗率/(g·kW⁻¹·h⁻¹)		≤1.5
排气温度（涡轮前）/℃		≤650
出水温度/℃		≤85
油底壳机油温度/℃		≤90
主油道机油压力/kPa		400～800
稳定调速率/%		0～5 可调
冷却方式		强制循环水冷
润滑方式		压力和飞溅复合式润滑
气缸编号	输出端	1—2—3—4—5—6 7—8—9—10—11—12
点火方式		火花塞电点火
点火顺序		1—8—5—10—3—7—6—11—2—9—4—12
启动方式		24 V 直流电动机启动
旋转方向		逆时针（面向输出端）
输出方式		飞轮输出
外形尺寸（长×高×宽)/(mm×mm×mm)		2745×1560×2590
净质量/kg		5300
机组型号		500GF1－3RW
发 电 机 组 主 要 技 术 指 标		
发动机型号		W12V190Z$_L$D$_K$－2C
发电机型号		1FC6 454－6LA42（防砂型）
控制屏型号		PCK1－RB500
额定功率/kW		500
额定电流/A		902
额定电压/V		400
额定功率因数 $\cos\varphi$		0.8（滞后）
额定频率/Hz		50
启动方式		24 V 直流电动机启动
电压调整方式		自动
调速方式		电子调速
励磁方式		无刷

表 8 - 17（续）

发 电 机 组 主 要 技 术 指 标	
接线方式	三相四线制
循环水冷却方式	开式（带换热器）
连接方式	弹性联轴器连接
外形尺寸 $(l \times b \times h)/(mm \times mm \times mm)$	$6070 \times 2264 \times 2750$
机组质量/kg	12500

四、瓦斯综合利用的实例

【实例】 四川省筠连矿区所属矿井均为高瓦斯矿井，其中部分矿井为煤与瓦斯突出矿井，煤层气资源丰富。据初步估算，该矿区的瓦斯储量约 $429.8 \times 10^8 \ m^3$，可抽瓦斯量约 $172 \times 10^8 \ m^3$。

《筠连矿区总体规划》统计，筠连矿区新规划的九对矿井（不包括鲁班山南矿及鲁班山北矿）合计瓦斯抽放纯量：$218.47 \ m^3/min$（$314597 \ m^3/d$）。本次规划除少部分瓦斯(约占 10%，抽放纯量 $21.41 \ m^3/min$，即 $30834 \ m^3/d$)作为居民用燃气外，其余绝大部分瓦斯（约占 90%，抽放纯量 $197.06 \ m^3/min$，即 $283763 \ m^3/d$）用于瓦斯发电。

由于筠连矿区的各个矿井较为分散，建井先后不一，投资渠道各异，将瓦斯集中收集存在较大困难，不仅大量增加矿井投资，且不便于生产管理，故矿区规划的瓦斯电厂采用相对分散（原则上以每个矿井为单位）的燃气简单循环发电方案。根据新规划的 9 对矿井（不包括鲁班山南矿及鲁班山北矿，两矿井已建成 1 座瓦斯发电厂）的瓦斯排放量，拟建 9 座瓦斯发电厂，其装机容量分别为：武乐（$2 \times 1.8 \ MW$）、青山（$2 \times 1.8 \ MW$）、焦村（$2 \times 1.8 \ MW$）、船景（$2 \times 1.8 \ MW$）、金銮（$2 \times 1.8 \ MW$）、沐园（$5 \times 1.8 \ MW$）、洛表（$4 \times 1.8 \ MW$）、金珠（$1 \times 1.8 \ MW$）及新场加维新（新场、维新 2 个矿井合用工业场地，合建为 1 个瓦斯发电厂，总容量 $7 \times 1.8 \ MW$）等，9 座瓦斯发电厂装机总规模为 $48.6 \ MW$。

《矿区总体规划》考虑到燃气发电设备的安全可靠性和技术先进性，规划的瓦斯电厂全部拟选择美国卡比特公司生产的 G3520 型燃气发动机。该发动机的单机容量为 $1.8 \ MW$，按单机耗气量 $7 \ m^3/min$（纯量）计算，筠连矿区 9 座瓦斯发电厂共可安装 27 台燃气发动机组，装机总容量为 $48.6 \ MW$。对燃气发动机排出的余热，采用余热锅炉作为生活热水补充矿井及居民生活用热水。

【实例】 淮南矿区利用中等浓度瓦斯（浓度在 30% 以上）内燃机发电技术，已建设成投产 5 座瓦斯发电站，总装机规模为 8000 kW（谢桥矿 2×600 kW、潘三矿 4×1200 kW、潘一矿 2×500 kW、谢一矿 2×500 kW）。在建 5 座瓦斯发电站，总装机规模为 13232 kW（张集 2×1360 kW、潘一矿南风井 2×1360 kW、新庄孜毕家岗 1×1360 kW、张集矿 2×1800 kW、谢桥矿 2×1416 kW）。

利用低浓度瓦斯发电技术，在谢一矿建立一座低浓度瓦斯发电站。设计装机规模 6×500 kW，以谢一矿浓度为 6%~23% 的瓦斯为燃料，成功地解决了浓度>6% 的低浓度瓦斯抽排放空的问题。

【实例】 贵州省织金矿区肥田矿井为高瓦斯矿井，按瓦斯突出矿井设计。《肥田矿井可研报告》提出本矿井抽采的纯量高负压瓦斯 46.97 m³/mim，浓度 40%，抽采的纯量低负压瓦斯 19.03 m³/mim，浓度 25%。拟在矿井工业场地附近建设瓦斯发电厂，推荐采用对燃气浓度适应范围宽（燃气浓度>6%）、供气压力低（5~30 kPa）的燃气内燃机热联发电机组，装机容量为 12×500 kW，瓦斯抽采利用率可达到 52.6%。后期考虑再增建 2×500 kW 瓦斯发电机组，以进一步提高瓦斯抽采利用率。瓦斯发电厂总投资 3447.39 万元。

第八节　煤系共、伴生矿物及微量元素的综合利用

一、煤系共、伴生矿物的综合利用

与煤炭共、伴生矿物主要有黄铁矿、高岭岩等。下面列举四川省筠连矿区总体规划黄铁矿综合利用实例，仅供参考。

【实例】 四川省筠连矿区煤系地层中赋存有硫铁矿层，根据现有地质资料，矿区硫铁矿层赋存于宣威组底部，主要分布在洛表勘探区东部，矿层厚度为 0.78~3.28 m，平均厚度为 1.82 m，矿体呈层状产出，矿石品位一般在 15%~20% 之间，全硫含量为 10.14%~32.46%，平均含量为 18.09%。

根据预测，区内共获得 D 级矿石储量为 83980 kt，折算标准矿石储量（硫含量 35%）为 43400 kt。

矿区硫铁矿层具有一定开采价值，但由于区内硫铁矿石储量仅为预测，勘探中揭露硫铁矿层的钻孔取心不合格率达40%，获得的储量均为 D 级，储量级别低，勘探程度不够，对硫铁矿层的产状、矿石品位、可采范围及赋存状况尚需进一步查明，本次规划难以确定硫铁矿的开采、加工工艺及开采规模等。因此，对硫铁矿的开发与利用，待进一步勘探后再作确定。

但是，根据筠连矿区实地调查，矿区境内地方小煤矿在开采过程中，大量高灰矸石含硫较高，矸石存在乱堆放现象，造成高硫矸石含硫物的渗漏，造成严重的环境污染，应引起相关部门的重视。

作为国家大型煤炭基地的筠连矿区，由于本矿区洗选矸石硫分在 5.5% ～ 7.5% 之间，根据煤质分析预测，<50 mm 洗矸硫分约 4.5%，<50 mm 的洗矸可在各选煤厂出厂前筛分分离出来，可直接作为矸石电厂劣质燃煤；而大块矸石一般在 8.5% 左右，硫分以黄铁矿硫为主，占全硫的 85% 以上，直接排放对环境污染十分严重，因此，有必要通过设黄铁矿选硫车间加以回收，回收的硫精砂精矿品位在 32% 左右，矿区 9 座选煤厂洗选矸石可分选硫精砂约 212.82 kt/a。黄铁矿回收车间工艺流程如图 8-8 所示。

黄铁矿回收车间的尾矿硫分约为 4.2%，可分离 20% 劣质煤作为矸石电厂用煤，加上洗矸中<50 mm 的矸石劣质煤，全矿区洗选矸石及地方煤矿的劣质煤量共计约 2498.95 kt/a，可通过汽车或火车装车运送至平寨 2×300 MW 矸石劣质煤电厂作燃料，根据相关专业规划，平寨 2×300 MW 矸石劣质煤电厂约需 2496 kt/a，全区矸石劣质煤量足以满足矸石劣质煤用量。剩下的高灰矸石可作为制作矸石制砖材料，消耗量约为 218.54 kt/a，水泥消耗高灰矸石约 25.90 kt/a，矸石总利用率可达到 78.75%，超过国家对矸石利用率的指标。

二、煤中伴生的微量元素的工业利用品位

我国煤中伴生的微量元素以锗、镓、铀和钒等最为丰富。具有工业提取价值微量元素的品位分别是：锗 20 g/t 以上，镓 30 g/t 以上，铀 300 g/t，钒 0.5%。

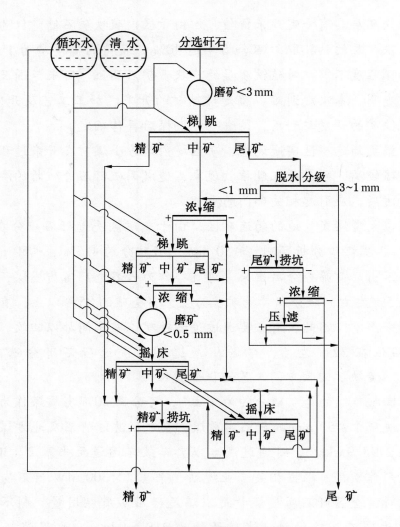

图 8-8 黄铁矿回收车间工艺流程

附文一 再论设置选前脱泥环节的适用条件

在重介工艺设计中，经常会遇到是否有必要设置选前脱泥环节的问题，这是一个看似普通却又不容小觑的重要问题。尽管在原版《手册》中对选前脱泥问题已有过明确阐述，但是经过近几年的设计评审咨询，发现选前脱泥问题仍然没有引起设计者的足够重视。现在不少设计项目多从选前脱泥有利于保证重介浅槽入料限下率，有利于提高重介旋流器分选精度，有利于降低介耗的角度考虑，偏向于设置选前脱泥环节。

这样考虑问题虽然不无道理，然而不够全面，有失偏颇。笔者感到有必要再次对选前脱泥的相关问题作进一步探讨、论证。并在本文中提出了一些对设置选前脱泥环节的新认知，希冀能得到选煤同行的首肯，并在设计、生产实践中得到进一步验证。

一、与选前脱泥相关的 4 个关键因素

（1）关键因素之一：在重介旋流器工作介质密度确定的前提下，非磁性物（煤泥）含量是否超标？

不同密度的工作介质允许含有不同数量的非磁性物（煤泥），参见表 1。煤泥量若超标，则工作介质密度达不到要求，必须通过脱泥来达标。

表 1 悬浮液中固相的煤泥含量最大允许值

悬浮液密度/(kg·L^{-1})	1.4	1.5	1.6	1.7	1.8	1.9	2.0
煤泥含量/%	60	50	40	30	20	<10	<5

（2）关键因素之二：重介旋流器工作介质的固体体积浓度是否超标？

《选煤厂设计手册（工艺部分）》（1979 年版）规定，工作介质（悬浮液）固体体积浓度宜在 15% ~ 35% 范围内。但据有关方面研究指出，如果悬浮液的固体体积浓度超过 30% 这个极限，即便是分选较粗的块煤，悬浮液也不能被看作是均匀的液体。故合理的悬浮液的固体体积浓度一般宜控制在 ≤30%。

若超标，则须通过脱泥来达标；但若脱泥过度，固体体积浓度＜15% 也不合理。所以脱泥量应该适度。

（3）关键因素之三：分流量是否过大？

合理的分流量宜控制在循环介质量的 25%（30%）以内，若分流量过大将影响到介质系统难以稳定。分流量计算公式已清楚地表明，分流量的大小与进入重介旋流器的原生煤泥量（G_n）呈正变关系，所以选前脱泥与否（或脱泥量的多少）直接影响到分流量的大小。

分流量计算公式：

$$V_P = \frac{G_n + V_x g_x - V_s g_s}{g_F} - V_F$$

式中
　　　　　　　V_P——分流悬浮液的体积，m^3/h；

　　　　　　　G_n——入选煤带入悬浮液中的固体数量（即原生煤泥量），t/h；

　　　　　　　V_x——补加浓介质的体积，m^3/h；

　　　　V_F、V_s——浮物和沉物产品带入稀介段的悬浮液体积，m^3/h；

　　g_x、g_F、g_s——单位体积的补加浓介质、浮物和沉物产品带入稀介段的浮液中的固体量，t/m^3。

（4）关键因素之四：磁选机入料浓度是否在合理范围内？

磁选机对入料浓度有着严格的要求，以美国艺利磁选机为例，厂家要求的最佳入料浓度为 20%，在此最佳浓度条件下，磁选机的磁选效率最高，为 99.9%，入料高于或低于上述最佳浓度，则磁选效率开始下降，若入料浓度超出允许范围：15%～25%，则磁选机的磁选效率急剧下降，此时磁选机的工作效果厂家不予保证。然而，磁选机的入料浓度取决于稀介质浓度和分流量的多少，而稀介质浓度不仅与脱介筛喷水量的大小有关，更与选前脱泥与否（或脱泥量的多少）有着直接或间接的关系。

二、与选前脱泥相关的 4 个工艺环节的内在联系

通过上面对与选前脱泥相关的 4 个关键因素的分析，可以明显看出以下 4 个工艺环节之间存在非同一般的内在联系：

选前脱泥—工作悬浮液特性—合格介质分流—磁选机入料。

上面这条连线中，4 个工艺环节之间存在着密切的、有机的联系。后 3 个环节既是判定选前是否需要脱泥或脱多少泥量的关键依据，反过来，选前脱泥与否，又直接或间接影响到后 3 个环节的工艺特性参数、工况条件是否合理可行。

这 4 个环节连线充分体现了重介选煤介质系统最重要的实质性内在联系。是关乎重介选煤（特别是重介旋流器分选）介质悬浮液特性参数波动的程度、介质系统运行的稳定性以及介耗高低的核心要素。而选前脱泥又是 4 个环节当中首当其冲且最有讲究的环节，是一个具有"牵一发而动全身"的敏感因素。因此，设计在确定选前是否需要脱泥或脱泥量的多少时，应该慎之又慎。

三、选前是否需要脱泥应通过计算验证决定取舍

一般而言，设计不宜停留在定性分析层面来决定选前是否需要脱泥，应通过计算来验证上述与选前脱泥相关的 4 个关键因素是否满足要求。只有在量化验证上述 4 个关键因素均不存在问题的情况下，选前不脱泥才可行。反之，只要计算证明选前可以不脱泥，则宜尽量不设置脱泥环节，以简化工艺流程，且可省去进一步处理被脱出煤泥的诸多麻烦。

现在多数选煤工艺设计在设置选前脱泥环节时不够慎重，一般只是单纯从理论上定性分析脱泥对提高重介分选效率带来的好处，就草率决定设置选前脱泥环节。很少根据入选原煤的具体煤质条件，通过认真计算来全面阐述选前脱泥的必要性和合理性。必须及时扭转这种不科学、不客观、不全面的设计思路。

从上面有关脱泥的新认知出发，本文将重点剖析在不同重介分选工艺条件下，设置脱泥环节的适用条件和相关问题：

四、重介浅槽分选块煤条件下的选前脱泥

1. 选前脱泥筛的筛孔尺寸问题

鉴于重介浅槽对入料粒度上、下限及限下率有比较严格的要求：重介浅槽分选机有效分选下限理论上为 6 mm，而目前实际生产中多取 13 mm；一般要求入料中限下率不超过 5%。故多数设计在选前均考虑比较完善的准备分级环节。特别是在分选下限较低（＜13 mm）的条件下，为了提高分级筛分效率，往往还要进行湿式筛分或增设脱泥环节。目前设计多采用增设脱泥环节的方式来控制入料限下率，但脱泥筛筛孔的选择往往从方便筛下物料回收出发，筛孔多取 6 mm 或 3 mm，筛下物可直接进入粗煤泥处理系统，工艺环节相对简单。

但是，这样一来反而会带来一系列更大的弊端，扼要剖析如下：

（1）重介浅槽选前脱泥筛筛孔若为 3 mm（6 mm），往往与确定的分选下限为 13 mm（25 mm）的工艺原则不一致。

（2）因重介浅槽分选机有效分选下限理论上仅为 6 mm，而设计和实际生产中多取 13 mm。如果脱泥筛筛孔取 3 mm（6 mm），则会将 3～13 mm（6～13 mm）的限下物料，特别是 3～6 mm 重介浅槽不能分选的限下物料也进入了重介浅槽分选机，不利于分选。

（3）由于重介浅槽选前脱泥筛筛孔取 3 mm（6 mm），它既造成其后的块精煤脱介筛选型必须用双层筛，且需增加末精煤离心脱水机环节，反而使工艺环节变得复杂。

为此建议，应将选前脱泥筛的筛孔尺寸与设计确定的重介浅槽分选下限保持一致，如果条件允许（例如，选前分级筛分筛孔在 13 mm 或 25 mm 时），最好将干式分级筛分与选前脱泥两个作业合并为一个环节。即合并为干式、湿式相结合的分级筛分作业，可在一台加长型筛子内完成。这样重介浅槽产品既可以采用单层筛脱介，若产品水分条件允许，也可以取消末精煤离心机脱水作业。不仅简化了工艺环节，进一步降低厂房高度和体积，还能节省投资。

2. 原煤预脱粉工艺在重介浅槽分选中的应用

近年来原煤预脱粉工艺在我国选煤厂工艺设计中备受青睐（其实德国 20 世纪 80 年代就发展了原煤预脱粉工艺）。

对于含有易泥化矸石的动力煤而言，为了尽量避免原生煤粉沾水，尽可能用脱粉取代脱泥，减少脱泥量，以减轻煤泥水系统负担，是一种新的工艺思路。可通过采用原煤预脱粉工艺来实现。

目前原煤预脱粉多利用高效弛张筛来完成，弛张筛具有弹性的筛板，在反复曲张运动中，使物料产生的动能是重力加速度的几十倍，不仅可有效防止黏湿物料黏滞筛板，而且可以防止细颗粒物料堵塞筛孔。实践证明，弛张筛的脱粉粒度可降至 3 mm，筛分效率仍可达 85% 左右，采用单层或双层弛张筛均可。

3. 利用高效弛张筛实现降低重介浅槽分选下限

若欲将重介浅槽分选机分选下限降至 10 mm 或 8 mm 甚至 6 mm，将分选成本较低的重介浅槽分选功能发挥到极致。这样即可扩大市场销售看好的粒煤产品范围，又可减少分选成本较高的末煤重介旋流器入选量。在分选动力煤时，甚至还可彻底取消末煤重介旋流器分选环节，以达到减轻煤泥水系统负荷，简化工艺流程的目的。在这种情况下，鉴于香蕉筛分级的筛分效率不理想，依靠香蕉筛难以达到降低重介浅槽分选下限的目的。而利用高效弛张筛来完成小粒级分级筛分，同时还兼具预脱粉的优点，则不失为一种好的工艺选择。

【实例】 内蒙古塔然高勒矿区×××矿井选煤厂，设计生产能力6.00 Mt/a，入选煤类均以不黏煤（BN31）为主，长焰煤（CY41）零星分布。产品方向定为动力用煤为主，同时兼顾化工用煤。

《可研报告》推荐150～8 mm块煤采用重介浅槽分选机分选；<8 mm末煤不分选，仅预留末煤分选的场地条件；煤泥采用隔膜压滤机回收。

根据该矿煤质条件和当地市场需求，设计推荐的块煤采用重介浅槽分选机分选是可行的。在力求扩大市场看好的洗粒煤产品范围的前提下，并尽量避免末煤沾水，减轻煤泥水系统负荷，将入选下限下调至8 mm，<8 mm末煤暂不分选的工艺原则也是合理的。

考虑到8 mm分级筛分难度大，设计利用高效弛张筛进行8 mm分级筛分的同时，兼具预脱粉的优点，是较好的工艺思路。

【实例】 山西晋城××矿井选煤厂，设计生产能力4.00 Mt/a，入选煤类为无烟煤三号（WY3）和无烟煤二号（WY2）。产品方向：块煤主要为合成氨造气和化工用煤；末煤主要用作动力发电，也可考虑作为高炉喷吹用煤。

原《初步设计》推荐分选工艺：200～13 mm块煤采用重介浅槽分选机分选；13～1.5 mm末煤采用有压二产品重介旋流器主、再选；1.5～0.25 mm粗煤泥采用干扰床分选；<0.25 mm细煤泥采用压滤回收联合工艺。

吸纳评审专家意见后，设计改进的分选工艺为：200～8 mm块煤采用重介浅槽分选机排矸分选；8～1.0 mm末煤采用有压两产品重介旋流器粗选，预留第二段精选环节，还考虑了末原煤不分选或部分分选的系统灵活性；取消干扰床分选环节，1.0～0.25 mm粗煤泥采用煤泥离心机直接回收、<0.25 mm细煤泥采用压滤机回收联合工艺。

《初步设计》改进后的选煤工艺就比较合理了。剖析如下：

——利用原设计的高效弛张筛进行8 mm分级筛分，性能没问题，可将重介浅槽分选下限降低至8 mm，替代原设计利用重介旋流器分选13～8 mm粒煤的工艺任务。这样既维持了市场销售看好的粒煤产品的范围，又减少了分选成本较高的重介旋流器入选量，有利于降低生产成本；

——鉴于本矿末原煤具有内在灰分低、热值高（$Q_{net,ar} \geqslant 24.66$ MJ/kg）的煤质特性，即便不分选亦可达到优质动力煤质量标准。若作为动力煤，则末原煤完全可以不分选，除非用户有特殊要求，需要分选，那也只进行排矸分选足矣，因为排矸分选后洗末煤热值高达 $Q_{net,ar} \geqslant 27.88$ MJ/kg。故改进工艺对 <8 mm 末原煤，暂时只设置一段重介旋流器进行排矸粗选，并考虑了末原煤不分选或部分分选的系统灵活性，为末煤重介旋流器尽量少开车或不开车提供了有利条件，是合理的。

——考虑到本矿煤质存在化学活性差、煤可磨性难、磷含量较高、煤灰结渣性强等一些不利于高炉喷吹的煤质缺点，以及目前高炉喷吹煤用户难以落实，缺乏必要的市场支撑条件等诸多实际情况，现时暂无生产低灰高炉喷吹煤的必要。故改进工艺暂不设第二段重介旋流器精选环节，仅预留可能性是适宜的，也节省了初期投资；

——出于同样的煤质、市场理由，改进工艺取消粗煤泥干扰床分选环节，煤泥直接脱水回收后作电煤，更符合本矿煤质条件和市场现实状况，且可节省初期投资。

五、重介旋流器分选条件下的选前脱泥

1. 分选炼焦煤时选前宜尽量不脱泥

在采用重介旋流器分选炼焦煤的条件下，分选密度较低，工作介质中允许也需要的非磁性物（煤泥）量较多，故选前大多可以不必脱泥。分选炼焦煤选前宜尽量不脱泥的理由剖析如下：

（1）炼焦煤属国家特殊稀缺煤炭资源，设计应该遵循的首要原则是最大限度提高精煤产率。目前尚无适宜的高效分选设备来处理脱出的粗煤泥，各类粗煤泥分选设备其分选精度均达不到行业标准《重力分选设备分选效果评定标准》（MT/T 811—1999）规定的指标要求（$E_p < 0.10$）；例如：

——螺旋分选机分选精度不高，不完善度 I 值：0.20~0.25（摘自《设计规范》）；外国厂家保证值：

分选粒级	可能偏差
1.5~1.0 mm	$E_p = 0.19$
1.0~0.5 mm	$E_p = 0.20$

$$0.5 \sim 0.25 \text{ mm} \qquad E_p = 0.21$$
$$0.25 \sim 0.075 \text{ mm} \qquad E_p = 0.50$$

——TBS 干扰床分选机分选粗煤泥也存在类似弊端。

外国厂家保证值（与《设计规范》指标取值相同）：

分选粒级   9 可能偏差

$$1.0 \sim 0.25 \text{ mm} \qquad E_p = 0.12$$

（2）用干扰床、螺旋分选机等设备来分选粗煤泥，特别是螺旋分选机分选密度难以控制在 $1.70 \text{g}/\text{cm}^3$ 以下，往往与重介旋流器主分选环节不能实现在等边界灰分（等 λ）条件下分选，不符合最大产率原则。同样不利于最大限度提高精煤产率。

（3）与其用分选效率低下的干扰床、螺旋分选机等设备来分选粗煤泥，不如充分发挥重介旋流器有效分选下限低的优势。一般而言，重介旋流器的有效分选下限约可达到 0.5 mm 左右，这表明 $1.0 \sim 0.5$ mm 粗煤泥在重介旋流器内基本可以得到有效分选。而且 $0.5 \sim 0.25$ mm 次一级粗煤泥在重介旋流器中的分选效果虽达不到有效标准，但也会得到了一定程度的分选，其分选效果甚至比螺旋分选机、干扰床（TBS）分选效果还要好。若原生煤泥在选前被脱出，使得重介旋流器有效分选下限低、对细粒物料分选效果好的优势得不到发挥，"英雄无用武之地"；

（4）对焦、肥、瘦等炼焦煤而言，因其可浮性极好，故浮选的精煤回收率往往明显高于重力分选。因而，对于重介旋流器不能有效分选的 < 0.5 mm 煤泥，则宜通过浮选来处理。虽然浮选生产成本较重选高，但实践证明，因焦、肥、瘦等炼焦煤浮选的精煤回收率高于重力分选，相抵有余。

小结：

——对于炼焦煤而言，重介旋流器选前宜尽量不脱泥。重点把握住计算验证重介旋流器工作介质的固体体积浓度和分流量大小两个参数是否超标。若经计算必须脱泥，其脱泥量也要适度。脱泥筛筛孔尺寸也不宜大于 0.5 mm，这样脱下的煤泥可以直接去浮选。

——对于炼焦煤而言，无论选前脱泥与否，都推荐将煤泥按粒度一分为二处理，即 > 0.5 mm 粗煤泥，宜充分发挥重介旋流器有效分选下限低的优势进行分选；< 0.5 mm 细煤泥宜采用直接机械搅拌式浮选。严拒采用分选效率低下的干扰床、螺旋分选机等设备来分选炼焦煤的粗煤泥。

【**实例**】 陕西吴堡矿区××选煤厂，设计生产能力3.60 Mt/a，分选吴堡矿区两座矿井的原煤，煤类以主焦煤为主，少量肥、瘦煤，属于国家特殊稀缺炼焦煤类。设计提供的原煤筛分、浮沉特性详见表2、表3。

表2 生产原煤综合级筛分试验报告表（校正后）

粒度/mm	产物名称	数量		质量
		产率/%	筛上累计/%	灰分/%
>100	煤	1.28		15.82
	夹矸	0.78		57.34
	矸石	4.23		89.05
	小计	6.29	6.29	70.77
100~50	煤	2.95		17.01
	夹矸	0.78		42.26
	矸石	5.84		88.44
	小计	9.57	15.86	63.08
>50合计		15.86	15.86	66.13
50~25	煤	11.93	27.79	52.11
25~13	煤	12.79	40.58	35.17
13~6	煤	17.33	57.91	27.49
6~3	煤	12.89	70.80	20.15
3~0.5	煤	17.79	88.59	16.52
0.5~0	煤	11.42	100.00	19.39
50~0合计		84.15		27.61
毛煤总计		100.00		33.71
除去>50矸石、硫化铁合计		89.94		27.56

表3 生产原煤50~1 mm综合级浮沉试验综合报告表（校正后）

密度级/ (kg·L^{-1})	产 率		灰 分	浮物累计		沉物累计	
	占本级/%	占全样/%	A_d/%	γ/%	A_d/%	γ/%	A_d/%
<1.3	19.52	16.03	4.03	19.52	4.03	100.00	35.75
1.3~1.4	30.14	24.74	9.92	49.66	7.60	80.48	43.45
1.4~1.5	10.60	8.70	18.65	60.26	9.55	50.34	63.52

表3（续）

密度级/	产　率		灰　分	浮物累计		沉物累计	
（kg·L⁻¹）	占本级/%	占全样/%	A_d/%	γ/%	A_d/%	γ/%	A_d/%
1.5~1.6	3.81	3.13	28.01	64.07	10.65	39.74	75.49
1.6~1.7	2.17	1.78	35.93	66.24	11.47	35.93	80.52
1.7~1.8	1.48	1.21	44.18	67.72	12.19	33.76	83.38
1.8~2.0	1.65	1.35	59.88	69.36	13.32	32.28	85.18
+2.0	30.64	25.15	86.54	100.00	35.75	30.64	86.54
合计	100.00	82.10	35.75				
煤泥	2.35	1.98	36.29				
总计	100.00	84.08	35.76				

设计推荐原煤全部破碎至 50 mm 以下，选前 1 mm 脱泥，50~1 mm 原煤采用无压三产品重介旋流器分选，1~0.25 mm 粗煤泥采用干扰床分选，<0.25 mm 细煤泥采用浮选联合工艺。

设计推荐的上述分选工艺存在以下问题：

（1）设计对设置选前脱泥环节的理由只进行定性分析，缺乏量化计算依据。

其实从筛分浮沉资料可以看出，原煤的原生煤粉量并不多仅占 11.42%，浮沉煤泥量也少仅 1.98%，若把无压入料重介旋流器产生的次生煤泥量也考虑在内，估计煤泥总量仅在 20% 左右，这就为选前不脱泥提供了可能性。根据生产实践经验证明，一般分选原煤所含的煤泥总量<25%（30%）时，从实际分选工作介质稳定性的需要出发，基本可以不用选前脱泥。为保险起见，最好能通过计算来证明重介悬浮液体积浓度在 15%~35% 之间（一般宜按<30% 考虑）；介质分流量<25%，则选前不脱泥就是可行的。但设计并没有通过计算来验证与选前脱泥相关的几个重要参数是否在合理范围内，就草率决定设置选前脱泥环节，依据不够充分。

（2）设计将脱出的原生煤泥又通过分级旋流器分出 1.0~0.25 mm 粗煤泥，单独采用干扰床（TBS）分选，这样处理脱出的粗煤泥，存在诸多弊端，扼要分析如下：

——首先，设计所选的 1300/920 型无压三产品重介旋流器的有效分选下限约可达 0.5 mm 左右，说明 1.0～0.5 mm 粗煤泥在重介旋流器内基本可以得到有效分选。而且 0.5～0.25 mm 次一级粗煤泥在重介旋流器中的分选效果虽达不到有效标准，但也会得到了一定程度的分选，甚至比干扰床（TBS）分选效果还要好。但设计将原生煤泥在选前脱出，使得重介旋流器有效分选下限低，对细粒物料分选效果好于其他选煤方法的优势得不到发挥；

——其次，将这部分粗煤泥（1.0～0.25 mm）分出，采用干扰床（TBS）分选，不仅使工艺变得复杂，而且因干扰床的分选精度极低，其可能偏差 $E_p = 0.12$，比无压三产品重介旋流器的可能偏差（$E_p = 0.04$）差得多。况且设计确定的干扰床分选密度为 $\delta_p = 1.35 \text{ g/cm}^3$，其截取的理论边界灰分约为 7.5%。而设计确定的三产品重介旋流器的分选密度为 $\delta_p = 1.54 \text{ g/cm}^3$，其截取的理论边界灰分约为 22%。两者截取的理论边界灰分值相差太大，约相差 15 个百分点，明显不符合最大产率（等λ）原则。因此上说，单独采用干扰床（TBS）分选粗煤泥反而影响了原煤整体综合分选效率，使得综合精煤产率不升反降，得不偿失。这对于稀缺的主焦煤资源而言，尤宜慎重对待。

综上分析，该选煤厂比较合理的选煤工艺应该是：取消选前脱泥和粗煤泥分选两个作业环节，采用原煤不脱泥入无压三产品重介旋流器分选，磁选尾矿宜按 0.5 mm 分级，已经在三产品重介旋流器得到有效分选的 >0.5 mm 粗煤泥，经脱水回收后直接掺入精煤产品，<0.5 mm 细煤泥则宜采用浮选工艺分选。

2. 分选动力煤时脱泥应该适度

对于动力煤而言，多数情况下是进行高密度排矸分选，工作介质允许的非磁性物（煤泥）量较少，故一般需设置选前脱泥环节的可能性比较大。若经计算必须脱泥，那也不是脱得越干净越好，脱泥应该适度。动力煤进行排矸分选前适度脱泥的理由如下：

（1）即便在排矸分选条件下，高密度合格循环介质中也必须有少量的非磁性物（即 <0.5 mm 细煤泥），以保持合格循环悬浮液的合理黏度和稳定性。否则还得人工往合格循环悬浮液中添加必需的非磁性物（即 <0.5 mm 细煤泥）。

（2）如果入选原煤脱泥脱得太干净，则可能导致产品脱介时稀介质浓度过低，达不到磁选机入料最佳浓度要求，反而影响磁选效率，增加介耗。

小结：

——对于动力煤排矸分选而言，重介旋流器工作介质密度较高，一般设置选前脱泥环节的可能性比较大，只有在计算验证上述 4 个关键因素均不存在问题的情况下，选前不脱泥才是可行的。所以对于动力煤而言，更有必要通过计算来验证是否可以不脱泥。

　　——对于动力煤而言，脱泥筛筛孔尺寸应视不同粒级煤泥灰分高低而定，一般不宜大于 1.0 ~ 1.5 mm，脱下的煤泥宜分粗、细分别直接回收。在能够满足目标用户要求的前提下，煤泥宜尽量不分选。如无特殊需要，应尽可能避免用分选效率低下的干扰床、螺旋分选机分选脱出的粗煤泥。

附文二　再论重介旋流器分选工艺条件的选择

在设计重介质旋流器分选作业流程结构时，必须首先确定分选工艺条件。一般包括以下内容：

——选前脱泥与不脱泥的选择；

——有压入料与无压入料方式的选择；

——两产品重介旋流器与三产品重介旋流器的选择；

——大直径重介旋流器与小直径旋流器组的选择。

以上4项内容的选择在原版《手册》第五章中已有详细论述，其中对选前脱泥与不脱泥的选择，在再版《手册》中又有专题论述（详见附文一"再论设置选前脱泥环节的适用条件"）。这些论述均为重介质旋流器分选工艺条件，特别是对选前脱泥与不脱泥的选择，提供了基本的参考依据，故本文不再赘述。

本文论述的主旨，是想结合实际设计中对合理选择重介旋流器分选工艺条件所普遍存在的问题，进一步强调说明绝不能脱离开入选原煤本身的煤质条件，抽象地、纯理论推理式地进行重介旋流器分选工艺条件的选择，这是一种错误的设计思路，必将导致工艺偏差。

在多数设计项目说明书中，选择重介旋流器分选工艺条件时，除了论点、论据多不够准确充分外，更多的问题是脱离开本矿入选原煤的煤质特性，撇开市场条件，将上述4项分选工艺条件分割开来抽象地、教科书式地进行纯理论式推理论证。

建立在这种错误的论证思路基础之上，其选择重介旋流器分选工艺条件的所谓根据和片面理由扼要归纳起来不外乎是以下几点：

——选前脱泥分选精度高、介耗低；

——有压入料重介旋流器比无压入料重介旋流器分选精度高；

——两产品重介旋流器主、再选第二段旋流器比三产品重介旋流器第二段分选密度控制精确；

——三产品重介旋流器处理能力比两产品重介旋流器主、再选搭配的处理能力低，介质泵总能耗大等等。

依照这种纯理论、教科书式的分析论述方式，最后得出的结论意见往往就成了千篇一律的同一种工艺模式：即选前脱泥，有压入料，大直径两产品重介旋流器主、再选。结果就自然而然地陷入了"无论分选什么煤，都采用这种同样分选工艺"的设计怪圈。

但是，一旦结合本矿煤层结构特征、煤质条件、目标市场用户等具体情况，综合起来一看，往往脱离实际，就十分不合理了。这样的设计实例很多，限于篇幅，仅举其中一例为代表，便可见一斑。

【实例】宁夏横城矿区××矿井选煤厂，分选煤类为当地稀缺的 1/3 焦煤，属国家规定的稀缺炼焦煤类范围。《可研报告》对重介旋流器分选工艺条件的选择，脱离开本矿煤层结构特征、煤质条件，将重介旋流器分选条件分割开来，采用抽象地、教科书式的论证方式进行选择。最终导致设计推荐的选煤工艺明显不合理，严重脱离本矿煤质实际条件。设计推荐的选煤工艺原则如下：

>50 mm 粒级块原煤采用动筛跳汰机预排矸，50～1 mm 粒级混煤采用有压入料大直径两产品重介旋流器主、再选，1～0.2 mm 粒级粗煤泥采用 TBS 干扰床分选，预留浮选系统位置。

设计推荐的上述选煤工艺原则，除设置块煤预排矸工艺符合本矿实际煤质条件外，其余工艺环节的设置和重介旋流器分选条件的选择均存在诸多问题。具体分析如下：

（1）鉴于该矿井各煤煤层夹矸岩性均以炭质泥岩、泥岩为主，煤层顶、底板也有泥岩，特别是 5 号煤层有泥岩、炭质泥岩伪顶和伪底，均系易泥化之泥质岩类。从生产大样浮沉试验资料中浮沉煤泥量高达 12.03%，灰分高达 37.43%，便可见矸石泥化的严重程度。另外，煤和矸石泥化试验结果也表明，泥化比高达 69.25%～84.54%，这进一步说明该矿煤、矸属于泥化极严重的类型。设计注意到了矿井煤层结构特征、矸石岩性等条件，设置了 >50 mm 块原煤动筛跳汰机预排矸工艺，可将大量易泥化的泥质岩类预先从煤流系统中排出，是必要的、合理的。

（2）设计在选择重介旋流器分选工艺条件时，却反其道而行之，偏偏撇开该矿上述矸石均系易泥化之泥质岩类的特点，只从纯理论分析出发，推荐重介旋流器采用有压入料方式。然而，在重介旋流器有压入料条件下，煤先在介质桶中浸泡一定时间后，和介质混合一起经介质泵高速旋转的叶轮搅拌、撞击，高压输入重介旋流器，一般到达入料口的余压仍在 1 kg/cm² 以上。这一过程必将进一步加重煤和矸石的泥化程度，会对重介旋流器内工作介质的性质、分选效果及其后续的煤泥水系统均产生不利影响。

（3）设计没有经过计算和量化论证，就选择选前脱泥工艺，并将脱出的粗煤泥又采用 TBS 干扰床分选。众所周知，干扰床分选效率低下，《煤炭洗选工程设计规范》明确指出干扰床可能偏差 $E_p = 0.12$。在分选效率如此低下的条件下，精煤损失大，导致选煤厂综合精煤产率不升反降。不符合最大产率（等 λ）原则的要求，也不符合有关国家标准《稀缺、特殊煤炭资源的划分与利用》（GB/T 26128—2010）要求稀缺煤类实行保护性加工利用的原则。其实，还不如不脱泥，充分发挥重介旋流器分选效率高，有效分选下限低的优势，来代替分选效率低下的 TBS 干扰床分选。

（4）对炼焦煤（气煤除外）而言，浮选的精煤回收率往往比重力分选高。如果该矿 1/3 焦煤确有炼焦煤用户，则对于重介旋流器不能有效分选的细煤泥（即 <0.5 mm 细煤泥），可通过浮选来分选处理。

点评：根据该矿煤层、煤质条件，本项目宜考虑采用块原煤预排矸，选前不脱泥，无压入料三产品重介旋流器分选工艺，同时取消 TBS 干扰床粗煤泥分选环节，增加煤泥浮选环节，似更合理。

附文三　最大产率原则（等"λ"原则）在选煤工艺设 计 中 的 应 用

最大产率原则，亦称等"λ"原则，是选煤工艺设计中应该遵循的基本理论依据之一。其实有关等"λ"原则的理论在大学教材中已有清晰、明确的阐述，无须再多费笔墨。但是，笔者在参与大量设计项目的评审、咨询中发现，仍然有一些项目的选煤工艺设计，因为不能熟谙等"λ"理论的精髓和实质含义，或不掌握正确运用这一理论的实际方法，往往导致在设计中难以自觉地践行这一基本原则。笔者撰写本文的主旨就是想通过切身体会，阐述在选煤工艺设计中，对科学、正确地应用等"λ"原则的方法提出一些观点，供同行切磋。

在选煤厂设计中，经常遇到有以下两类与最大产率原则有关的情况：

一、多层原煤入选的情况

当多层原煤或多矿原煤在同一座选煤厂入选时，就存在采用何种入选方式才能体现最大产率原则的讲究。特别是遇到我国稀缺、宝贵的炼焦煤资源的分选加工项目时，问题尤为突出。根据 2010 年制定的国家标准《稀缺、特殊煤炭资源的划分与利用》（GB/T 26128—2010）和国家发改委 2012 年 12 月 9 日颁发的 16 号令，均对特殊稀缺煤类划定了明确的范围，并规定应实行保护性加工利用。为此，炼焦煤的分选工艺设计更应遵循等"λ"原则，围绕尽量提高分选精煤产率做文章。

众所周知，入选多层原煤的方式，不外乎混合分选或轮流单独分选两种方式。所谓混合分选，即指选前将多层原煤按一定比例掺配入选；所谓轮流单独分选，顾名思义，系指多层原煤分别单独分选，选后精煤产品再按一定比例掺配。

鉴于入选的多层原煤的煤质状况往往比较复杂，究竟应该采用哪种入选方式，需要具体分析，区别对待。但是，无论煤质如何千变万化，有一条原则是必须共同遵守的，即不论混选（选前原煤掺配），还是单选（选后精煤掺配），都应尽量符合等"λ"原则，以便获取最终精煤产品的最大产率。下面就将两种入选方式能够符合等"λ"原则的先决条件分别解析如下：

1. 混合分选方式

混合分选方式符合等"λ"原则的先决条件是：掺混的多层原煤的煤类相同或接近；多层原煤的浮沉特性必须具备同一密度级基元灰分相同或接近的条件（在实际当中，企求多层原煤的同一密度级基元灰分完全相同是不现实的，不必刻意追求完全相同，只要同一密度级的基元灰分接近，就可以认为近似符合等"λ"原则了），否则不能获取最大精煤产率。此外，还必须保证多层煤掺混比例相对稳定，不能随机波动，这是关乎混合分选效果好坏、产品质量能否稳定的关键因素。

2. 轮流单独选

轮流单独分选符合等"λ"原则的先决条件是：必须保证多层原煤各自所选取的分选密度能使各自选后精煤截取的边界灰分"λ"相同或基本接近，而非精煤产品灰分相同（即不必追求各层原煤选后的精煤灰分同样达到要求的同一灰分值，只需使各层原煤选后的精煤按预定比例加权平均的灰分达到要求的精煤产品灰分值即可）。这时综合精煤产率才最大。需要指出的是，在实际生产中要做到选后精煤边界灰分"λ"完全相同也是十分困难的，能做到基本接近就可以了，边界灰分"λ"越接近，精煤产率就越接近最大。

因为混合分选会使工艺系统和工艺布置相对简化，也会给生产管理带来诸多方便。所以在实际应用中，只要多层原煤浮沉特性基本具备或接近等"λ"条件，则应优先考虑混合分选方式。当然，多层原煤煤质条件若相差太大，则不宜混合分选，可选择轮流单独分选方式。《煤炭洗选工程设计规范》（GB 50359—2005）第5.1.5条明确规定，"当各层煤在分选密度相同的条件下，其可选性、基元灰分相差较大、净煤硫分相差较大或煤种不同时，宜分别分选"。前面已经阐述了只要轮流单独分选方式运用的方法得当，同样可以获取最大精煤产率。

混合分选或轮流单独分选两种方式的选择，关系到工艺的合理性、系统的复杂性、生产管理的难度、投资的大小以及经济上是否合理等诸多方面，是个牵涉面广且比较复杂的问题，需要权衡利弊，全面考虑，再决定取舍。

为了更清楚地阐明上述最大产率原则（即等"λ"原则）在实际设计中如何应用，下面仅借用一个实际设计项目的煤质条件为例，进一步加以说明。

巴彦淖尔××选煤厂位于内蒙古巴彦淖尔市甘其毛都口岸加工园区，设计生产能力6.00 Mt/a，入选来自蒙古国塔本陶勒盖煤田的原煤。

塔本陶勒盖煤田储量丰富，估计储量约为 6.0 Gt。煤层倾角小，构造简单。属巨厚型煤层，适合大规模露天开采。主要可采煤层为 3 号、4 号、8 号煤层。

按照《中国煤炭分类国家标准》（GB 5751—2009），塔本陶勒盖煤田 3 号、4 号煤层煤类属焦煤（JM），8 号煤属 1/3 焦煤（1/3JM）。均是我国稀缺的优质炼焦用煤。

1. 原煤可选性（浮沉特性）

3 号、4 号、8 号三层原煤及混合原煤浮沉试验的密度组成及密度累计组成，由笔者分别汇总归纳见表 1、表 2。并据此分别绘制出可选性曲线，详见图 1、图 2、图 3、图 4。

表 1　3 号、4 号、8 号、混合原煤（50～0.5 mm 级）浮沉密度组成表

密度级/ (kg·L⁻¹)	3 号原煤（焦煤）		4 号原煤（焦煤）		8 号原煤（1/3 焦煤）		混 合 原 煤	
	产率/%	灰分/%	产率/%	灰分/%	产率/%	灰分/%	产率/%	灰分/%
< 1.30	8.60	3.59	19.47	4.60	30.02	4.74	19.73	4.52
1.30～1.35	31.87	8.51	42.04	8.83	37.08	8.92	36.03	8.76
1.35～1.40	28.54	12.35	19.93	13.92	12.74	15.16	20.24	13.39
1.40～1.50	16.46	18.39	6.33	20.92	8.64	21.03	11.24	19.52
1.50～1.60	4.09	26.01	2.83	28.94	3.53	28.07	3.62	27.30
1.60～1.70	1.38	37.79	1.68	37.43	1.60	37.40	1.53	37.55
1.70～1.80	1.03	47.89	1.43	46.50	1.08	43.42	1.13	45.67
1.80～2.0	1.16	56.75	1.00	54.72	1.45	49.40	1.21	53.07
> 2.0	6.87	83.34	5.29	75.45	3.86	66.37	5.27	76.57
小计	100.00	18.03	100.00	15.36	100.00	13.81	100.00	15.71
带泥计	93.83	18.03	94.83	15.36	96.56	13.81	95.37	15.71
煤泥	6.17	18.37	5.17	21.12	3.44	15.23	4.63	17.87
总计	100.00	18.05	100.00	15.65	100.00	13.86	100.00	15.81

表2 3号、4号、8号、混合原煤（50~0.5 mm级）浮煤累计组成表

密度级/(kg·L⁻¹)	3号浮煤累计		4号浮煤累计		8号浮煤累计		混合原煤浮煤累计	
	产率/%	灰分/%	产率/%	灰分/%	产率/%	灰分/%	产率/%	灰分/%
< 1. 30	8. 60	3. 59	19. 47	4. 60	30. 02	4. 74	19. 73	4. 52
1. 30 ~ 1. 35	40. 47	7. 47	61. 51	7. 49	67. 10	7. 05	55. 76	7. 26
1. 35 ~ 1. 40	69. 01	9. 49	81. 43	9. 06	79. 84	8. 34	76. 00	8. 89
1. 40 ~ 1. 50	85. 47	11. 20	87. 77	9. 92	88. 48	9. 58	87. 23	10. 26
1. 50 ~ 1. 60	89. 56	11. 88	90. 60	10. 51	92. 01	10. 29	90. 85	10. 94
1. 60 ~ 1. 70	90. 94	12. 27	92. 28	11. 00	93. 62	10. 76	92. 38	11. 38
1. 70 · 1. 80	91. 97	12. 67	93. 71	11. 54	94. 69	11. 13	93. 51	11. 79
1. 80 ~ 2. 0	93. 14	13. 22	94. 71	12. 00	96. 14	11. 70	94. 72	12. 32
> 2. 0	100. 00	18. 03	100. 00	15. 36	100. 00	13. 81	100. 00	15. 71
合计								

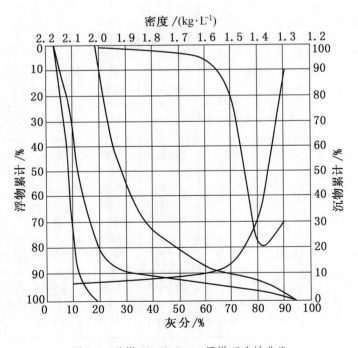

图1 3号煤50~0.5 mm原煤可选性曲线

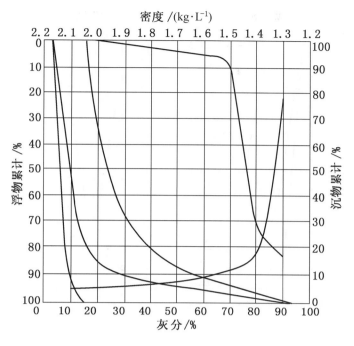

图2　4号煤50~0.5 mm原煤可选性曲线

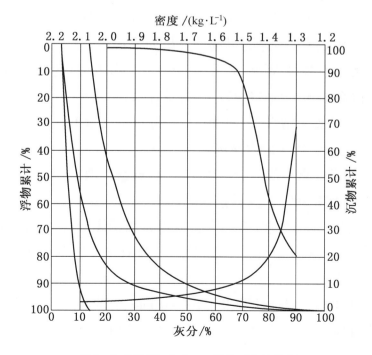

图3　8号煤50~0.5 mm原煤可选性曲线

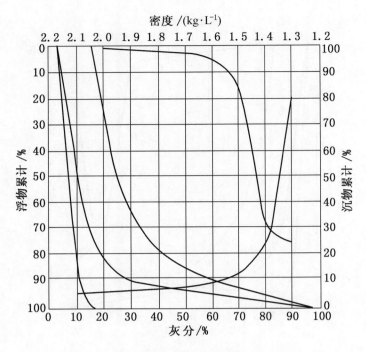

图4 混合分选 50~0.5 mm 原煤可选性曲线

借助表1、表2以及图1、图2、图3、图4的可选性曲线，可对3号、4号、8号三层原煤及混合原煤的可选性分析如下：

——3号煤，当要求精煤灰分 < 10.5%，分选密度取 1.44 g/cm³ 时，±0.1 含量（扣除沉矸）为 38.92%，为难选煤；

——4号煤，当要求精煤灰分 < 10.5%，分选密度取 1.56 g/cm³ 时，±0.1 含量（扣除沉矸）为 6.35%，为易选煤；

——8号煤，当要求精煤灰分 < 10.5%，分选密度取 1.62 g/cm³ 时，±0.1 含量（扣除沉矸）为 4.89%，为易选煤。

——三层煤按设定比例综合的混合原煤，当精煤灰分 < 10.5%，分选密度为 1.50 g/cm³ 时，±0.1 含量（扣除沉矸）为 16.0%，为中等可选煤。

2. 入选方式的选择

该选煤厂设计的主分选环节采用 50~0 mm 原煤不脱泥、不分级无压给料三产品重介旋流器分选。其中，一段分选的可能偏差设计取 $E_p = 0.03$，精煤灰分设计确定为 10.26%。

为了使计算结果更符合实际，我们对原设计的工艺参数作了如下的变动：

——根据《煤炭洗选工程设计规范》（GB 50359—2005）表 5.1.8-2 所列参数，并参照大量实际生产指标，无压给料三产品重介旋流器一段的可能偏差，宜取 $E_p = 0.04$；

——对于灰分＜10.50% 的 11 级精煤而言，设计精煤产品灰分取 10.26% 偏低，留的富余空间过大，不利于最大限度地回收稀缺的主焦煤资源。本文精煤产品灰分暂按 10.46% 进行计算。

我们认为，对于蒙古国塔本陶勒盖煤田的原煤煤质条件而言，可能的入选方式不外乎以下两种：

方式一　原煤按比例混合分选。这里暂借用原设计提出的三层煤掺混比例为 3 号：4 号：8 号 = 40：20：40。

方式二　原煤单独轮换入选，即 3 号、4 号、8 号三层煤分别轮换入选。

下面，针对上述两种入选方式的优缺点以及所需要特殊关注的问题，分别剖析如下：

（1）原煤按比例混合分选方式。

3 号、4 号、8 号三层煤的浮沉试验资料（见表 1）表明，其同一密度级的基元灰分比较接近，相差仅约 1～2 个百分点，这就为三层原煤混合分选提供了有利条件，充分说明三层原煤采用掺配混合分选方式是基本可行的，宜优先考虑采用。鉴于 3 号、4 号、8 号三层煤煤类不尽相同，同时又存在密度组成和可选性差异大，在获得相同精煤灰分的要求下，三层煤分选密度相差较大，精煤产率差别也大（见表 2）的实际情况。所以当采用三层原煤选前掺配混合分选方式时，还必须保持三层煤掺混比例相对稳定，不能随机波动；否则，将造成以下严重后果：

——若欲维持选后精煤灰分不变，则分选密度将随原煤掺混比例的变化而随机波动，致使分选生产过程无法操控；

——若欲维持分选密度保持不变，则产品质量（灰分、硫分等）又将随原煤掺混比例的变化而随机波动，根本无法稳定；

——在以上两种情况下，均难以实现选煤工艺设计所追求的最大产率原则。

为了保证三层原煤掺混比例相对稳定，首先就涉及原料煤煤矿三层煤能否做到分采、分运，以及如何保证三层煤掺配比例相对稳定的技术手段等问题。这些问题若得不到落实，所谓"保证三层煤掺混比例相对稳定"就是一句空话。三层原煤混合分选分选结果见表 3。

表 3　三层原煤混合分选分选结果表

混合原煤掺混比例	分选密度/(kg·L^{-1})	精煤灰分 A_d/%	精煤边界灰分 λ/%	精煤产率/%
3 号：4 号：8 号 = 40：20：40	1.533	10.46	25.99	87.66

注：计算条件为①可能偏差 E_p = 0.04；②以 50～0.5 mm 作为全级进行对比分析（不含浮沉煤泥）。

（2）原煤单独轮换入选方式。

当然如果需要，该选煤厂三层煤分别轮换入选也是可行的。当采用三层原煤单独轮换入选时，存在两种截然不同的做法，我们权且当作两种方案来分析。

——方案一，是一种不符合最大产率原则（等"λ"原则）的方案。即三层原煤均按同样达到要求的最终精煤产品灰分（10.46%）分别进行单独分选，我们权且简称为"等灰分分选"，选后精煤再掺混。但三层原煤选后精煤产品截取的边界灰分"λ"相差很大，分别为：3 号煤 = 19.21%、4 号煤 = 32.95%、8 号煤 = 37.16%，明显不符合等"λ"原则。故导致三层精煤综合产率仅为 84.89%，其计算结果归纳见表 4。

——方案二，是一种基本符合最大产率原则（等"λ"原则）的方案。即三层原煤在分别进行单独分选时，精煤均按边界灰分"λ"基本达到相同值（27.27%）来分别选取分选密度进行分选，我们权且简称为"等边界灰分分选"。尽管三层原煤分别入选后的精煤产品灰分值不尽相同，分别为：3 号煤 = 11.47%、4 号煤 = 9.98%、8 号煤 = 9.74%，但三层精煤按设定比例加权平均后，同样能达到要求的最终精煤产品灰分（10.46%）。因该方案的做法基本符合等"λ"原则，故三层精煤综合产率高达 87.69%，其计算结果也归纳见表 4。

表 4　两种单独轮换入选方案的分选结果表

单独轮换入选方式		入选煤层	分选密度/(kg·L^{-1})	精煤灰分 A_d/%	精煤边界灰分 λ/%	精煤产率/%	综合精煤（3 号：4 号：8 号 = 40：20：40）	
							灰分/%	产率/%
方案一	三层原煤均按达到灰分 10.46% 计算精煤产率	3 号	1.453	10.46	19.21	74.64	10.46	84.89
		4 号	1.594	10.46	32.95	90.18		
		8 号	1.639	10.46	37.16	92.50		

表4（续）

单独轮换入选方式		入选煤层	分选密度/(kg·L⁻¹)	精煤灰分 A_d/%	精煤边界灰分 λ/%	精煤产率/%	综合精煤（3号：4号：8号＝40：20：40）	
							灰分/%	产率/%
方案二	三层原煤均按边界灰分基本达到相同值来计算精煤产率	3号	1.545	11.47	27.27	86.53	10.46	87.69
		4号	1.515	9.98	27.27	87.54		
		8号	1.527	9.74	27.27	88.89		

注：计算条件为①3号煤层：可能偏差 E_p＝0.04；②4号煤层：可能偏差 E_p＝0.04；③8号煤层：可能偏差 E_p＝0.04；④以50～0.5 mm作为全级进行对比分析（不含浮沉煤泥）。

3. 结论

由表3、表4可以得出以下结论：

（1）单独轮换入选方式中，方案二"等边界灰分分选"的做法符合等"λ"原则，三层原煤选后精煤截取的边界灰分理论计算上是相同的，同为27.27%。然而方案一"等灰分分选"的做法仅考虑三层原煤选后精煤灰分都能达到10.46%的要求，但是，忽视了三层原煤选后精煤截取的边界灰分相差却很大，违背了等"λ"原则的问题，最终导致综合精煤产率比方案二低了2.8个百分点，折算成占全样约低2.38个百分点（该厂浮选系统入浮煤泥按照占15%左右计算）。按该选煤厂6.00 Mt/a规模估算，每年少生产精煤0.14 Mt/a，这些损失的精煤变成了中煤销售，根据该选煤厂项目业主提供的产品销售价格，精煤单价为1300元/吨，中煤单价为290元/吨，精煤与中煤的差价为1010元/吨，则全厂每年损失销售收入14422.8万元。

鉴于该选煤厂分选蒙古国主焦煤煤质条件好，年经济损失已经近1.5亿元，损失体现得还不算太显著。如果原煤的浮沉特性和可选性差一些（我国大部分炼焦煤煤质条件较差），则因违背等"λ"原则所造成的精煤损失将会更为惊人。

（2）就该选煤厂分选蒙古国塔本陶勒盖煤田三层原煤的浮沉特性而言，因其相同密度级的基元灰分值比较接近，先天条件好，采用掺配混合分选方式基本符合等"λ"原则，其综合精煤产率比方案二仅低了0.03个百分点，差别很小，却能带来生产管理的极大方便，也会使工艺系统和工艺布置相对简化。全面综合考虑，该选煤厂优先采用原煤掺配混合分选方式则更为适宜。但必须具备保持三层煤掺混比例相对稳定，不能随机波动的条件。否则，将适得其反，背离等"λ"原则，造成严重后果。

（3）最大产率原则，亦称等"λ"原则，是选煤工艺设计中应该遵循的基本理论依据之一。在选煤厂工艺设计中，特别是对炼焦煤资源的分选设计中，运用、体现最大产率原则尤为重要。它不仅关系到精煤产率的高低、选煤厂经济效益的好坏，更重要的是关系到对我国稀缺、宝贵的炼焦煤资源的保护。望能引起设计同行们的高度重视。

二、原煤分粒级采用不同选煤方法分选的情况

当原煤分粒级采用不同选煤方法分选时，同样存在如何才能体现最大产率原则的讲究。因为，不同粒级的原煤浮沉特性（密度组成）不同，有时差异还很大。尤其是当对不同粒级的原煤采用分选效率相差悬殊的选煤方法分选时，不符合最大产率原则的问题就更加突出。例如，在选前脱泥的前提下，粗煤泥与脱泥原煤分别采用不同分选工艺，实际上就是分粒级采用不同选煤方法分选，就存在是否符合等"λ"原则的问题。特别是遇到我国稀缺的、宝贵的炼焦煤资源的分选加工项目时，这种选前脱泥分粒级分选方式，问题尤为严重。但在设计中，往往被忽视。有例为证。

【实例】山西沁源县××矿井选煤厂，设计生产能力 1.80 Mt/a，××井田赋存的煤炭种类繁杂，跨度大，其中 1 号、6 号上部煤层主要为焦煤、瘦煤，属于国家稀缺的炼焦煤资源；

设计推荐的选煤工艺为：>50 mm 原煤先经动筛预排矸后，原煤全部破碎至 50 mm 以下，选前脱泥后的 50~1 mm 原煤采用重介旋流器分选、1~0.25 mm 粗煤泥采用 TBS 干扰床分选，<0.25 mm 级细煤泥浮选的联合分选工艺。

鉴于本矿原煤中>50 mm 大块原煤灰分高达 60.93%，其中大块矸石含量占本级 79.77%，设计采用动筛跳汰机预排矸，将这些易泥化的泥质岩类矸石尽早从煤流系统中排出，有利于改善原煤密度组成，可在一定程度上改善轻重产物比例倒挂现象，并减少矸石泥化对重介分选的影响，减少煤泥水系统的负荷。故采用预排矸工艺是适宜的。

但设计的主分选环节又采用选前脱泥工艺，将选前脱出的煤泥中 1.0~0.25 mm 这部分粗煤泥分出，另外采用干扰床（TBS）单独分选，不仅使工艺变得复杂。而且因干扰床的分选精度低，可能偏差为 $E_p = 0.12$，比重介旋流

器的可能偏差（$E_p = 0.04$）差得多。况且设计确定的干扰床的精煤灰分为 7.20%，分选密度约为 $\delta_p = 1.35$，其截取的理论边界灰分约为 7.5%；而设计确定的重介旋流器的精煤灰分为 8.69%，分选密度约为 $\delta_p = 1.55$，其截取的理论边界灰分约为 22%；两者截取的理论边界灰分值相差太大，约相差 15 个百分点以上，明显不符合最大产率（等 λ）原则。因此上说，单独采用干扰床（TBS）分选粗煤泥反而影响了原煤整体综合分选效率，使得综合精煤产率不升反降，得不偿失。这对于稀缺的焦、瘦煤资源而言，尤宜慎重对待。

其实，如果选前不脱泥，原煤全部进入重介旋流器分选，尽管在同一台重介旋流器内，对不同粒度级物料的分选密度和分选精度有所差别，也不可能完全符合等"λ"原则，但重介旋流器对不同粒度级物料分选时截流的边界灰分差值，会大大低于干扰床对粗煤泥的分选。相比之下其综合精煤产率要高得多。

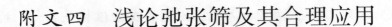

附文四　浅论弛张筛及其合理应用

近年来在我国选煤厂设计中使用弛张筛进行细粒级深度分级筛分和选前预脱粉的设计实例越来越多，备受青睐。其实早在20世纪80年代，德国就开发出了弛张筛，用于细粒级黏湿物料的筛分。其独特的工作原理、优越的性能、突出的效果逐渐被人们所认识。弛张筛对黏湿物料和粉末物料进行筛分的特殊优势，是其他筛分设备所不可比拟的。所以，很快得到了推广，只不过在我国应用起步时间较晚而已。

一、弛张筛的工作原理

弛张筛工作运转的独特之处在于筛子具有双重振动原理和弹性筛板。即由主筛体的线性振动，和浮动筛框的附加振动组成的双重振动系统，产生相对运动。而且在振动过程中，具有弹性的聚氨酯筛板，以每分钟800次的频率反复做张紧、松弛运动来抛掷物料，使筛上物料产生的加速度达到50 g，是重力加速度的50倍，不仅可有效防止黏湿物料黏滞筛板，而且可以防止细粒物料堵塞筛孔，显著提高了筛分效率，是其他筛分设备所不可比拟的。

二、弛张筛的种类

弛张筛种类很多，有直线运动水平筛面，直线运动倾斜筛面，直线运动香蕉形筛面；各类弛张筛均有单层或双层之分。

双层弛张筛又可分为两种类型：

——上层筛板为刚性筛面，下层筛板为弹性弛张筛面。（多用于利用上层固定筛面来控制下层筛面的入料粒度上限，以保护下层弹性弛张筛面不受损伤）

——上、下层筛板均为弹性弛张筛面。（多用于同时进行细粒物料分级与脱粉双重功能的筛分）

弛张筛生产厂家及产品有：秦皇岛优格玛工业技术公司（EUROCMA）生产的UF系列弛张筛（德国技术）；荷兰天马公司（TEMA）的姐妹公司德国

海茵雷曼公司生产的 Liwell 系列弛张筛；美国凯瑞斯矿业设备技术公司生产的凯瑞斯-宾得强力弛张筛；大地奥瑞（天津）工业技术公司（AURY）生产的 AF、ABF 系列弛张筛。

三、弛张筛使用的技术条件

1. 影响弛张筛筛分效率的因素

弛张筛的分级效率取决于 3 个方面：

（1）入料粒度组成——物料中最难分级的粒级为接近筛孔大小的粒级，因此入料粒度越大，相同处理量范围内接近筛孔尺寸的物料粒级相对比例就越小，分级效率越高。

（2）物料水分——在一定水分范围内（一般指外水＜15%），水分越大，物料越黏，越容易堵塞筛孔，分级效率越低。

（3）处理能力——相同煤质情况下，处理能力越大，分级效率越低。

实践证明，弛张筛的深度分级（脱粉）粒度可降至 3 mm，筛分效率仍可达 85% 左右。

2. 弛张筛入料粒度要求

（1）单层弛张筛要求入料粒度上限一般为 50（80）mm；当入料中筛下物含量＞50% 时，可考虑使用香蕉型弛张筛。

（2）双层弛张筛上下层筛板均为弹性弛张筛面时，当上层筛板筛孔为 25 mm，一般要求入料粒度上限＜150 mm；当上层筛板筛孔为 13 mm，一般要求入料粒度上限＜80～100 mm。

四、弛张筛的规格性能

《煤炭洗选工程设计规范》（GB 50359—2005）没有给出弛张筛的规格、技术性能参数。编著者仅就收集到的部分弛张筛的技术规格、处理能力及实际使用效果资料，摘录其中一部分，仅供参考。

（1）淮南矿业集团是国内煤炭行业最早引进弛张筛用于原煤深度筛分的企业，分别在谢桥选煤厂和张集北选煤厂安装使用。谢桥选煤厂使用美国凯瑞斯—宾得强力弛张筛，用于块煤重介分选入料的 8 mm 分级筛分；张集北选煤厂同样使用美国凯瑞斯—宾得强力弛张筛，用于块煤重介分选入料的 6 mm 分级筛分。以上 2 个选煤厂的弛张筛使用效果均很好，重介浅槽分选效果良好，设备运行可靠。

（2）美国凯瑞斯-宾得强力弛张筛技术规格及实际使用效果（表1～表3）。

表1　凯瑞斯-宾得强力弛张筛技术规格

筛板层数	型　　号	筛面尺寸/m	筛分面积/m²	分级粒度/mm	处理能力/(t·h⁻¹)
单层	KRL/ED2200×8	2.2×8.0	17.6	6	200～300
	KRL/ED2400×8	2.4×8.0	19.2	6	250～350
	KRL/ED2700×8	2.7×8.0	21.6	6	300～400
	KRL/ED3000×8	3.0×8.0	24.0	6	325～425
	KRL/ED3600×8	3.6×8.0	28.8	6	400～500
	KRL/ED3000×6	3.0×6.0	18.0	6	250～300
	KRL/ED3000×7	3.0×7.0	21.0	6	300～350
	KRL/ED3000×9	3.0×9.0	27.0	6	350～450
	KRL/ED3000×10	3.0×10.0	30.0	6	400～500
	KRL/ED3000×12	3.0×12.0	36.0	6	450～550
双层	KRL/DD1900×6	1.9×6.0	11.4	6	200～300
	KRL/DD2200×6	2.2×6.0	13.2	6	250～350
	KRL/DD2400×8	2.4×8.0	19.2	6	350～450
	KRL/DD3000×8	3.0×8.0	24.0	6	450～550
	KRL/DD3000×10	3.0×10.0	30.0	6	600～700
	KRL/DD3600×8	3.6×8.0	28.8	6	650～750

注：1. 如果物料中筛下物含量＞50%，可考虑使用香蕉型弛张筛。

　　2. 筛分效率可达85%～95%。

表2　凯瑞斯-宾得强力弛张筛使用业绩

用　户	筛　型	数量	筛分物料	筛分粒度	处理能力
辽宁铁法大兴煤矿	KRL/ED 1.9×5	2		10/13 mm	300 t/h
神府海湾煤矿	KRL/ED 3×6-R45	1		6 mm	350 t/h
重庆松藻白岩选煤厂	KRL/DD 3×10	2	无烟煤	11/3 mm	350 t/h
淮南谢桥选煤厂	KRL/ED 3×10.7	1	无烟煤	6 mm	400 t/h
神华宁东红柳选煤厂	KRL/DD 3×10	1		25/6 mm	700 t/h

表2（续）

用　户	筛　型	数量	筛分物料	筛分粒度	处理能力
内蒙古大唐锡林浩特公司	KRL/ED 3000×8	10	褐煤	13 mm	600 t/h
山东莱芜矿业公司	KRL/ED 3000×8	2	铁矿石	6 mm	700 t/h

表3　凯瑞斯-宾得强力弛张筛在红柳选煤厂试验结果表

项　　目	入料（原煤）水分 M_t =19.40%			
处理量/(t·h⁻¹)	400 t/h	500 t/h	600 t/h	700 t/h

项　　目				
处理量/$(t\cdot h^{-1})$	400 t/h	500 t/h	600 t/h	700 t/h
一层筛面（25 mm）筛分效率/%	92.30	91.80	91.20	90.80
二层筛面（6 mm）筛分效率/%	86.90	83.60	80.30	78.70

注：表内数据摘自神华宁煤集团宁东红柳选煤厂编制的《弛张筛适用鉴定报告》，该厂使用美国凯瑞斯-宾得30100型双层弛张筛（上、下层均为弹性弛张筛面），上层筛孔为25 mm，下层筛孔6 mm。

（3）秦皇岛优格玛公司 UF 系列弛张筛（德国技术）技术规格及实际使用效果。列于表4～表6。

表4　优格玛单层直线香蕉形弛张筛技术规格

型　　号	筛分面积/m²	功率/kW
UFSB 1861	10.98	15
UFSB 2461	14.64	22
UFSB 2473	17.52	22
UFSB 2480	19.20	22
UFSB 3061	18.30	22
UFSB 3073	21.90	30
UFSB 3080	24.00	30
UFSB 3090	27.00	30
UFSB 30100	30.00	30
UFSB 3661	21.96	30
UFSB 3673	26.28	45
UFSB 3680	28.80	45
UFSB 3690	32.40	45
UFSB 36100	36.00	55

表 4（续）

型　　号	筛分面积/m²	功率/kW
UFSB 4373	31.39	55
UFSB 4390	38.70	55
UFSB 43100	43.00	55

表 5　优格玛弛张筛在山西晋城煤业集团使用业绩

筛　　型	数量	物料	工艺环节	筛分粒度	处理能力	筛分效率
UFSB 3661	1	无烟煤	原煤分级	13 mm	600 t/h	95%
UFDB 3661 - SF	2	无烟煤	原煤分级	13/50 mm	600 t/h	95%
UFDB 2480 - SF	4	无烟煤	原煤分级	13/50 mm	600 t/h	95%
UFDB 30100	1	无烟煤	末原煤分级	3/6 mm	400 t/h	90%
UFDB 36100	1	无烟煤	末原煤分级	3/6 mm	500 t/h	90%
UFDB 43100 - SF	2	无烟煤	原煤分级	13/30 mm	1300 t/h	95%
UFDB 3690	1	无烟煤	末原煤分级	3/6 mm	600 t/h	85%

表 6　优格玛弛张筛在陕北张家峁选煤厂实验数据汇总

实验名称	序　号	处理量	限下率/%	筛分效率/%
5 - 2 末煤 6 mm 筛分实验（注）	1	250 t/h 10.4 t/m²·h	5.92	94.2
	2	380 t/h 15.8 t/m²·h	4.57	95.6
5 - 2 末煤 13 mm 筛分实验	1	450 t/h 18.8 t/m²·h	14	95.2
	2	460 t/h 19.2 t/m²·h	8.5	97.3
	3	460 t/h 19.2 t/m²·h	10	96.7
	4	600 t/h 25 t/m²·h	10.8	96.4
4 - 2 原煤 13 mm 筛分实验	1	650 t/h 27.1 t/m²·h	8.4	92.9

注：摘自张家峁选煤厂 2013 年 8 月完成的《张家峁矿弛张筛筛分试验报告》。该厂对秦皇岛优格玛公司
　　UF3080 型弛张筛（德国技术）进行了系列筛分试验，入筛的粒度范围为 25 ~ 0 mm，分别采用
　　6 mm、13 mm 脱粉或深度筛分，入料全水 13.2%，＜6 mm 占入料量的 52.1%。

（4）宁夏王洼选煤厂使用荷兰天马公司提供的德国海茵雷曼公司生产的利威尔（Liwell）双层弛张筛3090型（宽3.0 m×长9.0 m）2台，上、下层筛板均为弹性弛张筛板。上层筛孔13 mm，入料上限150 mm；下层筛孔6 mm。单台处理能力650 t/h。

五、弛张筛的合理应用

在我国弛张筛的应用起步虽然较晚，但发展迅速。近年来在我国选煤厂设计中使用弛张筛进行细粒级深度分级筛分和选前预脱粉的设计实例越来越多，备受青睐。在设计应用中多数实例还算得体，但也不乏考虑欠周的实例。下面略举几例供大家借鉴参考。

【实例】陕西永陇矿区麟游区×××选煤厂（8.00 Mt/a）。

1. 煤质条件及产品方向

该厂分选的不黏煤，尽管存在内水较高（7.73%）、较低—中等煤灰软化温度（1250 ℃左右）、较难—中等可磨性（HGI=60左右）等不太理想的动力电煤煤质指标。但同时也具有低灰、低硫、特低氯、中高挥发分、高热值等诸多优良燃煤特性。特别需要指出的是，本矿煤灰成分中碱性氧化物含量虽然不低（34.78%），但是 Na_2O 含量不高（0.91%），经计算煤灰沾污性指数仅为0.54，基本接近中等沾污级别，在燃烧过程中，对锅炉虽有一定程度沾污，但这在普遍具有严重煤灰沾污特性的侏罗系煤炭中沾污程度还是比较轻的。所以，×××选煤厂煤炭产品方向比较适宜而且比较现实的用途是作动力电煤。

设计预测前期生产原煤平均灰分为26.53%。根据确定的上述产品方向，设计推荐的选煤工艺及分选上下限如下：

2. 选煤工艺

选前采用8 mm深度筛分，150～8 mm块煤采用重介浅槽排矸分选，8～1 mm末煤采用选前脱泥两产品重介旋流器分选，1～0.25 mm粗煤泥采用螺旋分选机分选，<0.25 mm细煤泥采用浓缩+快开隔膜压滤机脱水回收。

设计采用了高效弛张筛进行8 mm深度筛分，以便降低块煤入选下限，是合理可行的。但设计在合理应用弛张筛优势的同时也存在不尽合理的地方，具体分析如下：

（1）利用高效弛张筛适宜深度筛分的优势将块煤入选下限降至8 mm有以下好处：

——降低块煤入选下限，扩大重介浅槽入选范围，减少末煤入选量，可以充分发挥重介浅槽分选机处理量大、生产成本相对较低的优势；

——考虑到本矿＜13 mm 末原煤灰分 20.24%，发热量＞20.93 MJ/kg（5000 kcal/kg），即便掺进粗、细煤泥，发热量也＞20.30MJ/kg（4850 kcal/kg），已能满足主要目标用户宝鸡二电厂设计煤种对燃煤发热量要求 19.64 MJ/kg（4693 kcal/kg）的实际情况。所以，现阶段末原煤特别是粗煤泥完全有条件可以不经分选直接作动力电煤产品供应电厂用户。但是为了保险起见，设计采取降低浅槽入选下限至 8 mm，尽量扩大重介浅槽入选范围的同时，还为在末煤、粗煤泥不入选的条件下，仍能保留一定数量的末精煤（13~8 mm），用于调节、提升电煤产品的发热量，增加市场的适应性，提供了可行的条件。

（2）设计在合理利用弛张筛优势的同时，相应的配套工艺也存在考虑欠周的地方。扼要阐述于下：

——设计根据2012 年 9 月 20 日，国土资源部为强化煤炭资源合理开发利用的监督管理，促进矿山企业节约与综合利用煤炭资源，所制定《煤炭资源合理开发利用"三率"指标要求（试行)》，要求煤炭矿山企业的原煤入选率原则上应达到75% 以上的规定为依据。认为本矿采用弛张筛脱粉工艺，如果只分选块煤，入选率只能达到54.97%，因此从国家政策层面考虑，设计认为本厂末煤也应该进行分选。

但这种说法，不问具体煤质条件好坏，笼统硬性规定原煤入选率原则上应达到75% 以上，是不科学、不合理的。上面已经清楚地分析过了，本矿末煤不分选其热值完全能够满足目标用户电厂的要求。无论如何应该因地制宜，具体情况具体对待。客观地讲，本矿末煤应该以旁路不分选为主，预留末煤入选灵活性即可。

——即使末煤要分选，设计也宜考虑利用已设置的弛张筛在进行 8 mm 深度分级筛分的同时进行预脱粉。因为选前预脱粉工艺的一个重要目的，是使脱出的粉煤能尽量不沾水，既可尽量减少末煤入洗量，又可减少煤泥水系统的负担，降低生产成本。尤其是对于本井田各主采煤层的顶底板及夹矸层均为极易泥化的泥质岩类而言，尽量避免末、粉煤沾水分选尤为重要。

优化建议：如果本项目把弛张筛变成双层弹性弛张筛面，在上层筛面进行 8 mm 深度分级筛分的同时，下层筛面进行 3 mm 预脱粉，一举两得。这样螺旋分选机分选粗煤泥环节就完全可以取消了。根据设计提供的筛分资料可以看出，即便进行了 3 mm 预脱粉，入洗率也基本上能达到 75%。

【实例】山西晋城矿区××选煤厂（4.00 Mt/a）。

1. 煤质条件

入选的无烟煤属国家划定的特殊稀缺煤类范围，且具有低灰、低硫、低磷、低氯、高发热量、较高煤灰软化温度、弱结渣性、弱沾污性、煤中钾和钠总量低（0.10，Ⅰ级高炉喷吹煤要求＜0.12）等诸多适合高炉喷吹的优良煤质特性。

2. 产品方向

《可研报告》将本矿煤炭产品方向确定为以生产煤化工造气用煤、高炉喷吹用煤和动力发电用煤为主是适宜的。

3. 选煤工艺

《可研报告》推荐的选煤工艺：选前采用弛张筛进行 13/3 mm 深度分级筛分和预脱粉，80～13 mm 重介浅槽分选机分选、13～3 mm 有压入料三产品重介旋流器分选、部分 3～0 mm 末原煤脱粉直接作产品、1.0～0.15 mm 螺旋分选机分选、＜0.15 mm 压滤回收联合工艺。

《可研报告》推荐的选前采用弛张筛进行 13/3 mm 深度分级筛分和预脱粉，原煤分粒级采用不同的选煤方法分选的工艺原则基本上合理可行，尚存在以下值得商榷的地方：

（1）为了提高分级筛分效率，设计利用双层弛张筛在进行 3 mm 预脱粉的同时又进行 13 mm 分级筛分，一举两得。弛张筛效率高，本是用于细粒级深度筛分的设备，当筛孔为 3 mm 时筛分效率就可达 85%，若利用弛张筛进行 13 mm 分级筛分，其筛分效率一定在 90% 以上，甚至达到 95%（表6），所以，在弛张筛筛上物中所谓的限下率已经很低了。但是，设计并没有充分发挥、利用这一举两得的优势，反而在浅槽前又增设了脱泥筛环节，其必要性不大。而且块煤脱泥筛筛孔取 3 mm，也不合理。这样会使残存的 3～13 mm 低于浅槽有效分选下限的细粒煤也进入重介浅槽分选机，哪怕数量很少，理论上也是站不住脚的。

（2）既然已经经过效率较高的弛张筛预脱粉处理，＜3 mm 粉煤大部分已经脱去，末原煤选前是否还需要脱泥，《可研报告》缺乏必要的量化论证做依据。设计仍然设置了末原煤选前脱泥环节。考虑到末煤分选采用三产品重介旋流器，其循环介质密度低，允许循环介质中非磁性物（煤泥）含量应该比较多的实际情况，取消末原煤选前脱泥环节应该是可能的。

（3）尽管采用弛张筛 3 mm 脱粉的筛分效率较高（约 85%），但毕竟筛分效率不是 100%，事实上还是会剩余一小部分粉煤随筛上物一同进入末煤重介旋流器分选系统。不过其中 1~0.25 mm 粗煤泥量已经很少了。为了这一点点剩余的沾水粗煤泥，设计专门增设了螺旋分选机环节，就明显不合理了。如果说这一点点剩余的 1~0.25 mm 粗煤泥还需要分选的话，则被选前预脱粉脱出的<3 mm 粉煤数量更多，更应该入选。仅分选沾了水的那一点点粗煤泥是站不住脚的，有画蛇添足之虞。取消螺旋分选机粗煤泥分选环节，才与设置选前脱粉的工艺原则和目的相一致。

况且螺旋分选机的分选效率极低（国外厂家保证的技术指标为：1.5~1 mm，$E_p = 0.2$；1~0.5 mm，$E_p = 0.19$；0.5~0.25 mm，$E_p = 0.21$；0.25~0.075 mm，$E_p = 0.5$），远达不到煤炭行业标准规定重力分选有效分选下限判断指标 $E_p < 0.1$ 的要求。为此建议，取消螺旋分选机环节后，作为稳定动力电煤质量的调节措施，可考虑用适量的末精煤掺入电煤产品，以替代螺旋精煤。

【实例】山西晋城矿区沁水××群矿选煤厂（2.40 Mt/a）。

1. 煤质条件

该选煤厂入选的无烟煤属国家划定的特殊稀缺煤类范围，首采的 2 号煤为低-中灰、特低硫-中硫、特低磷、高-特高热值之无烟煤，煤对二氧化碳反应差，精煤回收率良，热稳定性高，为良好的动力用煤和一级合成氨气化用煤。

主采的 15 号煤层为低灰—高灰、中硫—高硫、低热值—特高热值、较高软化温度灰、高强度之无烟煤，对该煤层进行分选加工和配煤后，为良好的动力用煤和一级合成氨气化用煤。

入选原煤筛分特性具有以下特点：

——原煤粒度组成的特点是块煤含量少，粉末煤含量多。其中：2 号和 15 号煤<13 mm 末煤量分别占到原煤的 64.49%、73.53%，特别是<3 mm 粉煤量分别占到原煤的 33.18%、35.55%。充分说明在选煤厂产品方向以动力煤为主的条件下，末煤宜尽量少入洗或不入洗或采用预脱粉工艺，尽量减少沾水煤泥量。

2. 产品方向

根据晋煤集团多年的销售经验：100~13 mm 的洗块煤作为合成氨气化用

煤，销售价格颇高，市场供不应求，<13 mm 的洗末煤也是较为理想的动力用煤。其中，2 号煤储量较少，主要开采洗选煤层均为 15 号。但 15 号原煤硫分高为 3.22%，不适合生产喷吹用煤。结合周边选煤厂的生产实际情况，设计认为本选煤厂产品应定位于生产化工及动力用煤。根据市场需要，预留后期增加 13~6 mm 粒煤产品的可能性。

3. 选煤工艺

1）分选工艺影响因素分析

结合晋城无烟煤集团公司销售情况，硫分是制约产品价格的主要因素，灰分是次要因素。

鉴于入厂原煤中 >13 mm 粒级块原煤硫分及灰分均较高，不经分选难以满足用户的要求；而 <13 mm 各粒级末原煤的硫分、灰分则有所差别，其中：

——2 号煤 <13 mm 各粒级灰分相对较低，硫分 S_t <0.5% 属特低硫煤，发热量可以达到 23.03 MJ/kg，所以 2 号末煤可以不分选；

——15 号煤属中高硫和高硫煤，最高达 3.22%，经过分选后可有效降低硫分，分选后为 1.8% 左右，选后发热量也可以达到 22.61~23.03 MJ/kg，所以 15 号煤末煤宜全部入选。

2）原则选煤工艺

综上分析，设计推荐的选煤工艺如下：

——块、末原煤分级入选，入选原煤采用香蕉筛按 13 mm 分级；

——100~13 mm 块原煤采用重介浅槽分选机排矸分选；

—— <13 mm 末原煤可根据需要采取全部入选、部分入选或不入选等 3 种方式。需入选的末原煤通过双层弛张筛按 6/3 mm 分级、预脱粉后，筛上 13~3 mm 末粒煤再经脱泥筛脱泥后，采用有压入料两产品重介旋流器排矸分选；被脱除的 <3 mm 粉煤直接掺入洗混煤产品，以降低末煤入选量及煤泥水系统负担。根据市场需要，预留增加 13~6 mm 粒煤产品通道。

——粗细煤泥分别采用煤泥离心机和快开式压滤机分别脱水回收。

该选煤厂弛张筛应用的最大特点是，利用双层弹性弛张筛面，为适应市场需要，预留了增加 13~6 mm 粒煤产品可能性。

【实例】山西河保偏矿区保德×××选煤厂技改工程（5.00 Mt/a）。

1. 煤质条件

选煤厂入选本矿井二叠系下统山西组和石炭系上统太原组赋存的气煤。入选原煤筛分浮沉特性具有以下突出特点：

（1）生产原煤灰分高达43.6%，本身就是高灰煤，比首采煤层本就不低的钻孔平均灰分（$A_d = 29.28\%$）还高出14个百分点。说明在井下采煤过程中混入原煤的外来矸石量比较多。这从＞50 mm大块原煤灰分高达63.37%（其中65%以上是可见矸和夹矸）；50～6 mm各粒级原煤灰分也都高达40.46%～53.96%的实际状况中，进一步得到充分地佐证。说明块、粒煤均需进行排矸分选，对电厂磨机是十分必要的。

（2）原煤粒度组成的特点是块煤含量少，粉末煤含量多。其中：＜25 mm末煤量占原煤的近80%（79.11%），＜13 mm末煤量占原煤的65%，特别是＜3 mm粉煤量占原煤的30%以上（30.33%）。充分说明在选煤厂产品方向以低热值动力煤为主的条件下，末煤宜尽量少入选或不入选或采用预脱粉工艺，尽量减少沾水煤泥量。

（3）原煤密度组成的特点是煤的内在灰分高，轻产物含量少，因而难以分选出低灰精煤，若硬性分选低灰精煤，则精煤产率极低，经济效益极差。

根据上述煤质条件，充分说明该选煤厂不宜进行深度分选加工。

2. 产品方向及目标用户

选煤厂的产品方向定位以生产发热量＜17585 kJ/kg的低热值动力煤为主。目标用户明确，就是煤电一体化配套的2×660 MW超超临界低热值煤发电工程。电厂机组配套煤粉炉，要求燃料的发热量为：

设计煤种——16366 kJ/kg；

校核煤种Ⅰ——14708 kJ/kg；

校核煤种Ⅱ——17442 kJ/kg。

3. 选煤厂工艺现状

选煤厂原有选煤工艺采用分级重介分选，块末煤均设置选前脱泥环节：

——200～25/13 mm块煤采用重介浅槽分选机分选；

——25/13～1.5 mm末煤采用有压两产品重介旋流器分选；

——1.5～0.25 mm粗煤泥采用螺旋分选机分选；

——0.25 mm细煤泥采用加压过滤机和压滤机联合回收。

4. 选煤厂技术改造的必要性

鉴于当前选煤厂系统中存在大量细煤泥，不仅量大，而且水分高、压滤后物料黏成团，无法均匀掺配至电厂低热值动力煤中。若舍弃大量细煤泥直接外排不仅引发环境问题，同时降低选煤厂可供低热值动力煤的总产量，无法保证低热值动力煤供应。为了实现为煤电一体化电厂提供保质保量的电煤，需对选煤厂当前系统进行技术升级改造，降低系统煤泥量。

5. 技改后选煤工艺剖析

技改设计推荐的选煤工艺如下：

——选前采用双层弛张筛 25/4 mm 分级、预脱粉；

——200 ~ 25 mm 块煤保留重介浅槽分选机排矸分选；

——25 ~ 4 mm 末煤保留有压两产品重介旋流器排矸分选；

——预脱粉 4 ~ 0 mm 粉煤旁路直接掺入电煤产品；

——1.5 ~ 0.15 mm 粗煤泥取消螺旋分选机分选采用煤泥离心机直接回收；

——0.15 ~ 0 mm 细煤泥采用压滤机脱水回收（尽量不使用对细煤泥脱水效果差的加压过滤机）。

技改后的选煤工艺基本沿用了选煤厂现有的原煤分粒级采用不同方法排矸分选的工艺原则。鉴于块、粒煤各粒级原煤灰分均很高的特点，保留块、粒煤排矸分选环节是合理的必要的。在此基础上，技改主要增加了原煤预脱粉工艺，减少了沾水煤泥量。从而为取消原设计粗煤泥螺旋分选环节提供了条件，也是合理的、必要的。本实例在设计中能够比较合理地应用弛张筛解决问题，其思路值得借鉴，具有典型意义。为了使选煤厂技改更合理，特提出以下两点优化意见，供借鉴者参考：

（1）既然原设计已经设置了块煤选前脱泥环节，就应该充分发挥弛张筛适合深度筛分的性能优势，即将上层固定筛板改为弹性弛张筛面，同时将上层弹性弛张筛面原 25 mm 筛孔进一步降低（比如降至 13 mm 或更低，需根据实际情况酌定）。在利用弛张筛预脱粉的同时进行深度筛分，这就相当于降低了块煤入选下限，扩大了重介浅槽入选范围，进一步减少末煤入选量。便可更加充分发挥重介浅槽处理能力大、生产成本相对较低的优势；

（2）该矿原煤灰分虽然很高（43.60%），但<6 mm 各细粒级和粉煤的灰分相对较低，在 30.59% ~ 36.24% 之间，加权平均值仅为 34%，其发热量约在 4000 kcal/kg 以上。如果原煤预脱粉的上限能提高至 6 mm，则又可进一步减少末煤入选量，降低分选加工费，当然也进一步减少了沾水煤泥量，增加了直接掺入电煤的脱粉量。即便如此，估计最终电煤产品发热量仍能保持在 16747 ~ 17585 kJ/kg，完全能够满足低热值煤发电工程的设计、校核煤种的热

值要求，对电厂、选煤厂综合效益可能更好。

【实例】陕西榆神矿区×××一号矿井（15.00 Mt/a）和×××二号矿井（13.00 Mt/a）共用一个工业场地，合建一座群矿型处理规模巨大的选煤厂（28.00 Mt/a），入选一号矿井与二号矿井的原煤。

1. 煤质条件

×××一号井和二号井各煤层赋存的煤炭以不黏煤 31 号（BN31）为主，部分长焰煤 41 号（CY41）。煤的内在灰分低，低密度产物含量很高，中间产物含量极少，采用高密度排矸分选即可获得低灰精煤产品。

2. 产品方向及目标用户

煤炭产品方向适宜作为动力用煤、气化用煤、液化用煤、低温干馏用煤和活性炭用煤等。需要指出的是，根据新发布的国家标准《稀缺、特殊煤炭资源的划分与利用》（GB/T 26128—2010）的有关规定，本矿井特低灰、特低硫煤，应属稀缺煤炭资源，应优先考虑作为生产符合煤炭行业标准 MT/T 1011 的活性炭用原料煤，其次可用于需要低灰、低硫的特殊用途方面。

本厂煤炭产品目标市场用户包括两部分：一为就地转化，二为通过铁路外运，供区外煤炭用户。

主要目标用户是供榆林清水园工业园区大型煤炭分质清洁高效转化示范项目，该项目采用中/低温煤焦油全馏分加氢多联产中间馏分油成套工业化技术（FTH），拟建设 20 套年加工 1.50 Mt 原煤的粉煤干馏装置，年转化原煤总量 30.00 Mt。每年可生产粉焦 12.00 Mt，柴油 3.46 Mt，石脑油 0.96 Mt，天然气 17×10^8 m³，同时副产品有粗苯、硫黄、氨水等。

此外，潜在用户还有诸多电厂：锦界电厂（4×600 MW）耗煤量 5.17 Mt/a。规划扩建 4×1000 MW 机组，需燃煤约 7.68 Mt/a；榆林热电厂（2×300 MW $+2 \times 600$ MW）需燃煤约 2.66 Mt/a；锦界热电厂（2×300 MW）需燃煤约 1.45 Mt/a。

3. 选煤工艺

推荐的选煤工艺为：150 ~ 13 mm 块煤采用重介浅槽排矸分选工艺，< 13 mm 末煤不分选（预留末煤分选或分选下限降低至 6 mm 的可能），0.5 ~ 0.25 mm 粗煤泥采用弧形筛 + 煤泥离心机回收，0.25 ~ 0 mm 细煤泥采用筛网沉降离心机 + 快开隔膜压滤机回收。

根据煤质条件并结合主要目标用户，设计推荐的块煤排矸分选、末煤不分选的工艺原则合理可行；而且特地采用高效双层弛张筛进行 13 mm 分级筛分（上层为刚性筛板 $\phi = 50$ mm 以控制下层筛入料粒度；下层为弹性弛张筛板 $\phi = 13$ mm 以提高分级效率）是适宜的。其优点是，除了可尽量减少沾水粉末煤量外，还为块煤分选下限进一步降低至 6 mm 提供了可行的分级技术条件（通过变更下层弹性弛张筛面的筛孔来实现）。鉴于主要目标用户为低温干馏多联产项目，需要大量块粒煤，从长远看，块煤分选下限进一步降低至 6 mm 是必然的趋势。

弛张筛应用点评（小结）

以上应用弛张筛的实例，为我们提供了以下启示：

——在产品方向以分选动力煤为主的条件下，利用弛张筛进行原煤预脱粉，尽量减少沾水煤泥量，既可减少末煤入洗量，又可减少煤泥水系统的负担，降低生产成本。不失为一种可供选择的好工艺。

——在完成选前脱粉功能的同时，利用弛张筛（双层弹性弛张筛面）效率高的优势，也可同时进行深度分级筛分。在此基础上可进一步获得诸多利好，例如：提供了取消块煤选前脱泥环节的可能性；可降低块煤分选下限，扩大块煤入选范围，充分发挥重介浅槽处理量大、成本低的优势；增加提供粒煤产品可能性等等。是一举多得的好工艺。

——在设置选前预脱粉的工艺的条件下，一般不宜再设置粗煤泥分选环节。

——弛张筛的应用并非是一种孤立的工艺行为，与之密切相关的其他工艺环节并不少，因此弛张筛应用得是否合理、得当，牵涉面相当广。值得设计者重视。

附文五　新疆煤炭资源、煤质及用途分析

第一部分　新疆煤炭资源概貌

新疆煤炭资源十分丰富，根据全国第三次资源普查结果，新疆埋深1000 m以浅的煤炭资源量，约1050 Gt，占我国煤炭资源量的36.7%。埋深2000 m以浅的煤炭资源量约2190 Gt，占我国煤炭资源量的40.5%。

新疆煤炭资源分布相对比较集中，主要富集在四大煤田，即准东煤田、吐哈煤田、伊犁煤田、库拜煤田等。此外还有一些较小规模的煤田如：准南煤田、塔城地区（和什托洛盖煤田）、库尔勒地区（焉耆煤田）等。目前各煤田矿区规划现状分述如下。

一、准东煤田

准东煤田总面积11213 km²，查明及预测资源总量374.76 Gt，是新疆乃至全国最大的整装煤田。主要包括以下矿区：

——五彩湾矿区，总资源量30211.09 Mt，规划规模115.00 Mt/a，划分为5个露天煤矿、1个矿井、3个勘查区。

（其中：一号露天矿20.00 Mt/a、二号露天矿20.00 Mt/a、三号露天矿20.00 Mt/a、四号露天矿20.00 Mt/a、五号露天矿20.00 Mt/a、一号井15.00 Mt/a。各露天矿、矿井均规划配套建设相应规模的选煤厂。）

——大井矿区，总资源量59195.81 Mt，规划规模175.00 Mt/a，划分为3个露天煤矿、7个矿井。

（其中：南露天矿30.00 Mt/a、北露天矿20.00 Mt/a、东露天矿10.00 Mt/a、一号矿井20.00 Mt/a、二号矿井30.00 Mt/a、三号矿井20.00 Mt/a、四号矿井15.00 Mt/a、五号矿井15.00 Mt/a、六号矿井10.00 Mt/a、七号矿井5.00 Mt/a。各露天矿、矿井均规划配套建设相应规模的选煤厂。）

——西黑山矿区，总资源量38329.28 Mt，规划规模145.00 Mt/a，划分为5个露天煤矿、3个矿井、1个小井开发区。

（其中：将军戈壁一号露天矿 20.00 Mt/a、将军戈壁二号露天矿 20.00 Mt/a、西黑山露天矿 20.00 Mt/a、红沙泉一号露天矿 20.00 Mt/a、红沙泉二号露天矿 20.00 Mt/a、西黑山矿井 20.00 Mt/a、笈笈湖矿井 15.00 Mt/a、黑梭井矿井 10.00 Mt/a。各露天矿、矿井均规划配套建设相应规模的选煤厂。）

矿区增补规划：资源量 7951.99 Mt，规划规模 25.00 Mt/a，划分为 2 个矿井。

（其中：黑梭井南矿井 15.00 Mt/a、黑梭井东矿井 10.00 Mt/a。各矿井均规划配套建设相应规模的选煤厂。）

——将军庙矿区，总资源量 65336.98 Mt，规划规模 135.00 Mt/a，划分为 1 个露天煤矿、11 个矿井、1 个勘查区。

（其中：将军庙露天煤矿 15.00 Mt/a、帐南东一号矿井 10.00 Mt/a、帐南东二号矿井 10.00 Mt/a、大井南一号矿井 15.00 Mt/a、大井南二号矿井 15.00 Mt/a、大井东南矿井 10.00 Mt/a、黄草湖一号矿井 20.00 Mt/a、黄草湖二号矿井 30.00 Mt/a、南黄草湖一号矿井 30.00 Mt/a、南黄草湖二号矿井 10.00 Mt/a、葫芦峪矿井 10.00 Mt/a、大沙丘矿井 10.00 Mt/a。各露天矿、矿井均规划配套建设相应规模的选煤厂。）

——老君庙矿区（目前尚未规划）。

——吉木萨尔预测区（目前尚未勘查）。

——滴水泉预测区（目前为采油区）。

二、吐哈煤田

1. 吐哈煤田哈密地区主要包括以下矿区

——大南湖矿区西区、资源总量 29275.96 Mt，规划规模 56.0 Mt/a，划分为 1 个露天煤矿、6 个矿井、2 个后备区、3 个勘查区。

（其中：大南湖露天矿 15.00 Mt/a、大南湖西一号矿井 12.00 Mt/a、大南湖西二号矿井 5.00 Mt/a、大南湖西三号矿井 4.00 Mt/a、大南湖西四号矿井 6.00 Mt/a、大南湖一号矿井 10.00/15.00 Mt/a、大南湖二号矿井 10.00/15.00 Mt/a。各露天矿、矿井均规划配套建设相应规模的选煤厂。）

——大南湖矿区东区（尚在规划中）。

——沙尔湖矿区（不含库木塔格区），资源总量 71080.73 Mt，规划规模 166.00 Mt/a，划分为 6 个露天煤矿、1 个矿井、2 个勘查区。

（其中：一号露天矿 20.00 Mt/a、二号露天矿 20.00 Mt/a、三号露天矿 40.00 Mt/a、四号露天矿 30.00 Mt/a、五号露天矿 30.00 Mt/a、六号露天矿 20.00/30.00 Mt/a、一号矿井 6.00 Mt/a。各露天矿、矿井均规划配套建设相应规模的选煤厂。）

——三道岭矿区，埋深 1200 m 以浅资源总量 2093.03 Mt，规划规模 11.20 Mt/a，划分为 1 个露天煤矿、4 个矿井、1 个后备区、1 个勘查区。

（其中：三道岭露天矿 3.00 Mt/a、北泉一矿 1.80 Mt/a、北泉二矿 2.20 Mt/a、砂墩子矿井 3.00 Mt/a、西山一号矿井 1.20 Mt/a。各露天矿、矿井均规划配套建设相应规模的选煤厂。）

——巴里坤矿区，资源总量 2980.07 Mt，规划规模 19.85 Mt/a，划分为 12 个矿井。

（其中改扩建井：天顺矿井 0.60 Mt/a、红山矿井 0.45 Mt/a、明鑫一号矿井 0.60 Mt/a、明鑫二号矿井 0.60 Mt/a、红星一号矿井 0.45 Mt/a、红星二号矿井 0.45 Mt/a；其中新建井：纸房一号矿井 6.00 Mt/a、别斯库都克露天矿 5.00 Mt/a、吉朗德露天矿 3.00 Mt/a、黑眼泉矿井 1.20 Mt/a、段家地矿井 0.90 Mt/a、石炭窑矿井 0.60 Mt/a。各矿井均规划配套建设相应规模的选煤厂。）

——三塘湖矿区，埋深 1000 m 以浅资源/储量 58580.95 Mt，三塘湖矿区总体规划已于 2012 年 10 月获得国家发改委批复，近期建设规模为 38.00 Mt/a（其中包括：汉水泉 2 号井 8.00 Mt/a、汉水泉 3 号井 8.00 Mt/a、汉水泉 4 号井 4.00 Mt/a、条湖 1 号井 10.00 Mt/a、条湖 2 号井 8.00 Mt/a），远期发展规模为 122.00 Mt/a。全矿区划分为 19 个矿井、5 个勘查区。

［其中：汉水泉一号矿井 5.00～12.00 Mt/a、汉水泉二号矿井 5.00～10.00 Mt/a、汉水泉三号矿井 5.00～10.00 Mt/a、汉水泉四号矿井 4.00 Mt/a、汉水泉五号矿井 5.00～10.00 Mt/a、库木苏一号矿井 6.00 Mt/a、库木苏二号矿井 3.00～6.00 Mt/a、库木苏三号矿井 6.00 Mt/a、库木苏四号矿井 6.00 Mt/a、库木苏五号矿井 8.00 Mt/a、石头梅一号矿（露井联采）20.00～15.00 Mt/a、石头梅二号矿井 8.00 Mt/a、条湖一号矿井 12.00 Mt/a、条湖二号矿井 10.00 Mt/a、条湖三号矿井 1.80 Mt/a、条湖四号矿井 2.40 Mt/a、条湖五号矿井 4.00 Mt/a、条湖六号矿井 2.40 Mt/a、条湖七号矿井 4.00 Mt/a。各矿井均规划配套建设相应规模的选煤厂。］

——淖毛湖矿区，资源总量 7640.96 Mt，规划规模 29.00 Mt/a，划分为 2个露天煤矿、4 个矿井、1 个勘查区。

（其中：白石湖露天煤矿 8.00 Mt/a，兴盛露天煤矿 5.00 Mt/a，白石湖斜井 5.00 Mt/a，白石湖立井 3.00 Mt/a，英格玛一号井 3.00 Mt/a，英格玛二号井 5.00 Mt/a。各露天矿、矿井均规划配套建设相应规模的选煤厂。）

——野马泉矿区（尚未规划）。

2. 吐哈煤田吐鲁番地区主要包括以下矿区

——库木塔格矿区，资源总量 23481.67 Mt，规划均衡生产规模 70.00 Mt/a，划分为 4 个露天煤矿、2 个矿井、1 个勘查区。

（其中：一号露天矿 10.00 Mt/a、二号露天矿 20.00 Mt/a、三号露天矿 40.00 Mt/a、四号露天矿 20.00 Mt/a、一号矿井 15.00 Mt/a、二号矿井 8.00 Mt/a。各露天矿、矿井均规划配套建设相应规模的选煤厂。）

——黑山矿区，资源总量 1634.81 Mt，规划规模 10.00 Mt/a，划分为 1 个露天煤矿（即黑山露天煤矿 10.00 Mt/a，规划配套建设相应规模的选煤厂。）

——克尔碱矿区，资源总量 2206.9791 Mt，规划规模 7.00 Mt/a，划分为 11 个矿井、4 个勘查区、1 个农田保护区。

（其中改扩建井：一号井 1.50 Mt/a、二号井 0.60 Mt/a、六号井 0.45 Mt/a、七号井 0.90 Mt/a、八号井 0.90 Mt/a；其中新建井：三号井 1.20 Mt/a、四号井 0.60 Mt/a、五号井 0.60 Mt/a、九号井 1.50 Mt/a、十号井 0.60 Mt/a、十一号井 0.90 Mt/a。各矿井均规划配套建设相应规模的选煤厂。）

——艾维尔沟矿区，资源总量 881.62 Mt，规划规模 5.10 Mt/a，划分为 4 个矿井、1 个后备区、1 个勘查区。

（其中：二一三〇煤矿 1.20 Mt/a、一九三〇煤矿 1.50 Mt/a、一八九〇煤矿 1.20 Mt/a、二道沟煤矿 1.20 Mt/a。各矿井均规划配套建设相应规模的选煤厂。）

三、伊犁煤田

伊犁煤田主要包括以下矿区：

——伊宁矿区北区，资源总量 19280.0348 Mt，规划规模 66.00 Mt/a，划分为 15 个矿井。

［其中：肖尔布拉克西矿井 6.00 Mt/a、六十六团矿井 0.90 Mt/a、界梁子

南矿井 2.40 Mt/a、界梁子北矿井 2.40 Mt/a、南台子矿井 5.00 Mt/a、伊北矿井 1.50 Mt/a、干沟矿井 3.00 Mt/a、窄梁子矿井 1.50 Mt/a、肖尔布拉克矿井 5.00 Mt/a、四号矿井 6.00 Mt/a、五号矿井 1.50 Mt/a、六号矿井 3.00 Mt/a、七号矿井（露井联采，露采 5.00 Mt/a、井工采 10.00 Mt/a）、八号矿井（露井联采，露采 4.00 Mt/a、井工采 10.00 Mt/a）、九号矿井 6.00 Mt/a。各矿井均规划配套建设相应规模的选煤厂。]

——伊宁矿区南区，资源总量 29032.60 Mt（其中能利用煤炭资源量 14734.41 Mt），规划规模 55.60 Mt/a，划分为 7 个矿井、5 个铀煤兼探联采区、1 个勘查区。

［其中：伊犁一号矿井 15.00 Mt/a、伊昭煤矿整合矿井 3.00 Mt/a、加格斯台一号矿井 15.00 Mt/a、梧桐沟整合矿井 8.00 Mt/a、阿尔玛勒一号煤矿（露井联采）8.00 Mt/a、阿尔玛勒二号矿井 6.00 Mt/a、山鑫煤业公司阿尔玛勒煤矿 0.60 Mt/a。各矿井均规划配套建设相应规模的选煤厂。]

——尼勒克矿区，资源总量 16366.57 Mt，规划规模 5.00 Mt/a，划分为 1 个矿井（国电平煤一号矿井 5.00 Mt/a，规划配套建设相应规模的选煤厂）、1 个预留区、2 个保护区。

四、库拜煤田

库拜煤田主要包括以下矿区：

——拜城矿区，资源总量 4989.358 Mt，前期规划规模 13.65 Mt/a、后期规划规模 14.85 Mt/a，划分为 22 个矿井、3 个勘查区。

［其中：1 个大型矿井（五号矿井 1.50 Mt/a）；1 个露井联采煤矿（二十二号煤矿，前期露采 1.20 Mt/a、后期井工采 2.40 Mt/a）；20 个中型矿井（13 个 0.60 Mt/a、7 个 0.45 Mt/a）。按建设性质分为 7 个新建矿井、11 个改扩建矿井和 4 对整合矿井。各矿井均规划配套建设相应规模的选煤厂。]

——温宿县博孜墩矿区，资源总量 396.5962 Mt，规划规模 2.85 Mt/a，划分为 6 个矿井、2 个勘查区。

［其中：1 个新建矿井（泊尔孜煤矿 0.60 Mt/a）、5 个改扩建矿井（均为 0.45 Mt/a）。各矿井均规划配套建设相应规模的选煤厂。]

——库车阿艾矿区，资源总量 1569.027 Mt，规划规模 10.35 Mt/a，划分为 11 个矿井、5 个接替勘查区、4 个远景勘查区。

（其中：大型矿井 3 座，大平滩煤矿 2.40 Mt/a、北山中部煤矿 1.50～3.00 Mt/a、榆树岭煤矿 1.2 Mt/a；中型矿井 8 座，榆树泉煤矿 0.9 Mt/a、伟晔煤矿 0.6 Mt/a、龟兹煤矿力 0.45 Mt/a、永新煤矿 0.6 Mt/a、榆树田煤矿 0.9 Mt/a、金沟煤矿 0.6～1.5 Mt/a、华地煤矿一井 0.6 Mt/a、华地煤矿二井 0.6 Mt/a。）

——库车俄霍布拉克矿区（老矿区，缺少有关资料）。

五、库尔勒地区（焉耆煤田）

——焉耆煤田塔什店矿区，资源总量 644.58 Mt，规划规模 4.50 Mt/a，划分为 5 个矿井、1 个后备区。

［其中：一号矿井 1.20 Mt/a（新建）、二号矿井 0.60 Mt/a（改扩建）、三号矿井 0.60 Mt/a（改扩建）、四号矿井 1.20 Mt/a（改扩建）、五号矿井 0.90 Mt/a（改扩建）。各矿井均规划配套建设相应规模的选煤厂。］

六、淮南煤田

淮南煤田主要包括以下矿区：

——阜康矿区，资源总量 4600.32 Mt，规划规模 10.00 Mt/a，划分为 24 个矿井（一号至二十四号矿井）、6 个勘查区。

［其中：多数矿井规划生产能力为 60～90 Mt/a 的中型矿井。全矿区集中建设 4 座群矿型选煤厂（3 座炼焦煤选煤厂，1 座动力煤选煤厂）按煤类分别就近分选部分矿井的原煤。］

——水溪沟矿区，资源总量 828.548 Mt，规划规模 2.55 Mt/a，划分为 4 个矿井、2 个勘查区。

［其中：一号矿井 0.45 Mt/a（改扩建）、二号矿井 0.45 Mt/a（改扩建）、三号矿井 1.20 Mt/a（改扩建）、四号矿井 0.45 Mt/a（改扩建）。各矿井均规划配套建设相应规模的选煤厂。］

——乌鲁木齐矿区。

——硫磺沟矿区。

——白杨河矿区。

——塔西河矿区。

——沙湾矿区。

——四棵树矿区（规模 5.10 Mt/a）等。

七、塔城地区（和什托洛盖煤田）

——和什托洛盖煤田白杨河矿区，资源总量 82834.76 Mt，规划规模 90.20 Mt/a（西区 31.00 Mt/a、东区 59.20 Mt/a），划分为 18 个矿井、4 个勘查区、2 个保护区。

（其中西区 6 个矿井分别为：铁厂沟一号井 3.00 Mt/a、二号井 4.00 Mt/a、三号井 6.00 Mt/a、莫合台一号井 6.00 Mt/a、二号井 6.00 Mt/a、三号井 6.00 Mt/a；东区 12 个矿井分别为：白砾山一号井 4.00 Mt/a、二号井 8.00 Mt/a、三号井 6.00 Mt/a、白砾山南一号井 4.00 Mt/a、二号井 6.00 Mt/a、达拉布特一号井 10.00 Mt/a、二号井 10.00 Mt/a、三号井 4.00 Mt/a、四号井 3.00 Mt/a、骆驼包北矿井 1.20 Mt/a、骆驼包南矿井 1.20 Mt/a、图拉南矿井 1.80 Mt/a。各矿井均规划配套建设相应规模的选煤厂。）

八、阿勒泰地区

——喀木斯特矿区，资源总量 6078.27 Mt，规划规模 22.00 Mt/a，划分为 3 个矿井、1 个勘查区。

（其中：喀拉萨依西矿井 6.00 Mt/a、阿拉安道南矿井 12.00 Mt/a、阿拉安道北矿井 4.00 Mt/a。各矿井均规划配套建设相应规模的选煤厂。）

——哈尔交矿区，资源总量 520.46 Mt，规划规模 1.20 Mt/a，划分为 1 个矿井（哈尔交矿井 1.20 Mt/a，配套建设相应规模的选煤厂）。和 1 个勘查区。

第二部分　新疆地区煤质概况及用途分析

新疆地区成煤年代基本在侏罗纪，多属低变质程度的烟煤：长焰煤、不黏煤、弱黏煤等，也有少量褐煤和炼焦煤类。下面分煤田，分地区扼要论述新疆不同地区的煤质概况及用途。

一、准东煤田煤质、用途分析

准东煤田含煤地层主要在侏罗系中统西山窑组。而在侏罗系上统石树沟群和侏罗系下统八道湾组分布有局部可采煤层。煤田范围内煤炭种类均以不黏煤为主，少量长焰煤，各矿区煤质相近，变化不大，故不再分矿区论述。现以将军庙矿区为代表，扼要归纳准东煤田的煤类、煤质特征与工艺性能以及煤炭主要用途。

1. 煤类

将军庙矿区乃至于整个准东煤田赋存的煤炭种类，均以不黏煤为主，少量长焰煤。

2. 煤质特征及工艺性能

将军庙矿区乃至于整个准东煤田赋存的煤炭均具有**内水偏高**（M_{ad} = 7.78% ~ 12.21%）、**特低—低灰**（A_d = 6.76% ~ 19.33%）、**中高—高挥发分**（V_{daf} = 29.90% ~ 37.20%）、**中等—高发热量**（$Q_{gr,d}$ = 23.75 ~ 28.05 MJ/kg）、**特低硫**（$S_{t,d}$ = 0.084% ~ 0.37%）、**特低—中磷**（P_d = 0.009% ~ 0.07%）、**特低—低氯**（Cl_d = 0.05% ~ 0.11%）、**特低砷**（As_d = 1.0 ~ 2.61 μg/g,）、**较低煤灰软化温度**（ST = 1130 ~ 1290 ℃，B1 下煤层 1400 ℃）、**弱—中等结渣性**（结渣率 = 16.30% ~ 40.0%）、**易—极易可磨性**（HGI = 88.38 ~ 107.50）、**煤的化学活性强**（950 ℃时，对 CO_2 转化率为 81.45% ~ 100.0%）、**低—中等热稳定性**（TS_{+6} = 50.0% ~ 70.0%）、**高落下强度**（多数煤层 SS > 65.0%）、**无黏结性**（$G_{R,I}$ = 0）、**焦油产率低**（Tar = 2.39% ~ 5.47%）等煤质特性。

3. 煤炭用途及产品方向

将军庙矿区乃至于整个准东煤田赋存的煤炭是优质的气化、煤化工原料和良好的动力发电用煤。为了对准东煤田的煤炭用途方向有一个更为客观的评价，特别提出以下具体分析意见，作为合理利用准东煤田煤炭资源的参考：

（1）作为动力电煤优、缺点并存。

本区煤炭具有特低灰、特低硫、特低氯、中高挥发分、高热值、极易磨、弱—中等结渣性等优良燃煤特性，但也存在内在水分高、煤灰软化温度低等煤质缺点。

需要特别指出的是，作为动力发电用煤，准东煤田的低变质程度烟煤普遍存在煤灰成分中碱性氧化物，特别是 Na_2O 含量高的特性，对电厂锅炉将造成严重影响。

据调查显示，煤粉锅炉在炉壁与过热器上的积灰与沾污造成停产事故日益频繁。沾污与煤灰成分中碱性氧化物的含量有关，引起沾污的元凶就是煤灰成分中的氧化钠 Na_2O。实践证明，碱性氧化物，特别是氧化钠 Na_2O 含量高的煤灰，在煤炭燃烧、气化过程中，将对炉体热辐射表面形成极高程度的沾污。此外煤中有害元素氯 Cl 的存在，会进一步强化积灰沾污程度，所以要重视对准东煤田煤灰成分及有害元素的分析。

关于煤灰沾污性，我国尚无计算指标与分级标准，需借鉴国外有关煤灰沾污性指数计算公式及分级标准进行评价（参阅本书第一章第三节四中第 8 项）。

在新疆地区所有侏罗系煤田的低变质程度煤中，煤灰沾污性严重带有普遍性，只是严重的程度略有差别而已。下面仅就准东煤田略举几例加以佐证。

【实例】 新疆准东五彩湾矿区神华坑口电厂，以五彩湾矿区一号露天矿生产的不黏煤为燃料。电厂运行不久，锅炉即被煤灰像糨糊一样黏糊堵死，无法运转。究其原因就是煤灰成分中碱金属氧化物含量高，其中沾污元凶 Na_2O 含量尤其高，属严重沾污级煤。据了解，最后不得已，只能从嘉峪关内调运沾污性指数低的劣质煤和末矸石，反向西运至五彩湾坑口电厂掺烧，缓解煤灰沾污影响。

为了具体说明五彩湾矿区不黏煤的沾污达到何等严重程度，特地借用新疆××公司×××2.00 Mt/a 煤制油项目所提供的来自五彩湾矿区三号、二号两座露天煤矿的原料煤的煤灰成分数据。作为原料煤操作煤种的煤灰成分参数如下（括弧内的数据为设计煤种数据）：

煤灰成分：SiO_2——13.21%（17.08%）

Al_2O_3——5.96%（6.99%）

Fe_2O_3——7.06%（11.60%）

TiO_2——0.30%（0.61%）

CaO——41.99%（27.53%）

MgO——10.21%（7.42%）

K_2O——0.39%（0.66%）

Na_2O——6.13%（6.18%）

MnO_2——0.13%（0.08%）

SO_3——8.90%（21.65%）

P_2O_5——0.07%

从上述煤灰成分组成看，五彩湾矿区二号、三号露天矿煤灰成分中碱性氧化物含量很高，占 65.78% ~ 53.39% ，其中沾污元凶氧化钠 Na_2O 含量高达 6.13% ~ 6.18% ，致使煤灰沾污性极其严重。根据提供的煤灰成分参数测算，其操作煤种煤灰沾污性指数 R_f 高达 20.71，属极其严重沾污类型，是沾污最高级指标 R_f 的 20 倍；设计煤种煤灰沾污性指数 R_f 也高达 13.37（国外标准：R_f > 1.0 即属严重沾污级）。

由此可见，若用五彩湾矿区不黏煤作电厂锅炉燃料时，尤其需要高度重视煤灰沾污问题。

其实，在准东煤田乃至于全新疆侏罗系煤田均存在煤灰成分碱金属氧化物含量高，氧化钠 Na_2O 含量尤其高，对锅炉炉体热辐射表面形成极高程度沾污的问题，带有普遍性。准东煤田五彩湾矿区神华集团所属露天矿坑口电厂的锅炉被煤灰沾污糊死的实例，就是前车之鉴，必须引以为戒。及早采取相应对策。

【实例】准东大井矿区六号矿井赋存的侏罗系不黏煤，煤灰成分中碱性氧化物含量占 47.30% ，其中 Na_2O 含量高达 5.56% 。初步估算沾污性指数 R_f = 5.47，据国外标准，沾污性指数 R_f > 1.0 即属严重沾污级类型煤。该井田不黏煤沾污性指数超出严重沾污级指标 5 倍多，对炉体及热辐射管表面沾污程度极高。

【实例】新疆准东煤田将军庙矿区六号矿井赋存的侏罗系不黏煤，煤灰成分中碱金属氧化物含量占 47.43% ，其中 Na_2O 含量高达 6.96% ~ 7.16% 。初步估算沾污性指数 R_f = 7.10，超出煤灰沾污程度最高级——严重沾污级指标 7 倍之多（国外标准：R_f > 1.0 即为严重沾污级），对炉体及热辐射管表面沾污程度极高。

【实例】新疆准东煤田西黑山矿区将军戈壁二号露天煤矿目标用户十分明确，主要为特变电工公司"一高两新"产业的自备电厂和为城市供热的热电厂项目提供燃料。

作为动力发电用煤，本矿不黏煤虽具有特低灰、特低硫、特低氯、中高挥发分、中高—高热值、极易磨、弱—中等结渣性等优良燃煤特性，但也存在内在水分高、煤灰软化温度较低等煤质缺点。

需要特别指出的是煤灰沾污性问题。现以首采 B_5 煤层为代表，以《新疆准东煤田奇台县西黑山矿区将军戈壁二号露天煤矿补充勘探报告》所提供的煤灰成分参数为依据，B_5 煤层煤灰成分中，碱金属氧化物含量高，占

47.69%，其中沾污元凶氧化钠 Na_2O 含量高达 5.22%，致使煤灰沾污性极其严重。初步测算 B_5 煤层煤灰沾污性指数 R_f 高达 5.85，超出煤灰沾污程度最高级——严重沾污级指标近 6 倍（国外标准：$R_f > 1$ 即属严重沾污级）。

点评：上面所举 4 个实例，全面客观反映了准东煤田四大矿区普遍存在煤灰严重沾污问题，其中尤以五彩湾矿区沾污最为严重。根据掌握的资料，准东煤田的煤灰沾污性在新疆乃至全国也是最严重的。若欲以准东煤田不黏煤用作发电燃料或煤制天然气原料，均应引起足够重视，及早采取相应对策。

（2）不适合作为直接液化的原料。

准东煤田赋存的不黏煤存在诸多不利于直接液化的煤质特性分述如下：

——本区赋存的不黏煤属低变质程度烟煤，镜质组最大反射率（R_{max}）为 0.53%，小于直接液化油收率最高的最佳值（$R_{max} = 0.6\%$），不利于煤的加氢液化；

——显微煤岩类型为微镜惰煤～微惰煤，有机显微煤岩组分中，镜质组 + 壳质组等活性组分含量平均为 29.96%，远小于直接液化要求 > 80% 的最佳值；而惰质组分含量过高，平均为 66.43%，大大超出直接液化要求 < 15% 的最佳值；

——煤的挥发分平均为 34.30%，低于直接液化要求煤的干燥无灰基挥发分 > 37% 的最佳值；

——碳氢比为 19.11，远高于直接液化要求 C/H < 16 的最佳值；

——原煤内在水分较高为 10.04%，远高于液化反应炉的入炉原料水分 < 2% 的要求，将增加磨煤干燥的成本；

——煤的元素组成中，氧元素含量高，平均为 12.73% ～ 16.51%，在加氢液化过程中会增加氢的耗量，从而增加了制氢的费用。

鉴于上述诸多不利于直接液化的煤质特性的存在，说明准东煤田的煤炭不适合作为直接液化的原料。

（3）适合作为制合成气及其下游煤化工产品或间接液化的原料。

本区不黏煤具有特低灰、特低硫、较高氧元素含量、煤灰软化温度低等煤质特性，适合作为煤制合成气及其下游煤化工产品或煤基合成油（间接液化）的优质原料。但是，不同气化工艺对煤质要求差别很大，就本区煤质条件而言，并不能适应所有的气化工艺，对其中某些气化工艺就存在以下两个问题需要慎重对待、特殊关注：①当采用以水煤浆为原料的气化工艺时，需要特殊关注准东煤田普遍存在成浆性差的特性。以将军庙矿区为代表，其不黏煤属于低阶烟煤，本是我国制浆用煤的定位煤种，而且其哈氏可磨性指数高（全区平均 HGI = 98.34），也是成浆的有利因素。但是，本区与成浆性密切相关的其他两个因素：内水高、氧元素含量高等两大缺点，均不利于成浆。经初步测算，本区甚至全准东煤田的不黏煤成浆性难易指标 $D > 12 \sim 17$，属于很难成浆等级的烟煤，制成水煤浆浓度偏低，多在 60% 以下。以本区不黏煤为原料的煤化工、煤制油项目，若拟采用以水煤浆为原料的气化工艺（德士古炉、多喷嘴气化炉），则必须先做成浆试验，再慎重抉择；②当以块粒煤为原料的移动床气化炉（鲁奇炉）制天然气时，本区煤炭虽具有特低灰、高热值、中等热稳定性、高落下强度、煤的化学活性强、无黏结性等优良煤质特性，适合以块粒煤为原料的移动床气化炉（鲁奇炉）造气。但也存在内水较高、煤灰软化温度低等煤质缺点。特别是存在的煤灰成分中碱性氧化物含量高，Na_2O 含量尤高，煤灰沾污性极强，会导致对移动床气化炉严重沾污的问题。宜慎用或采取相应对策。

【实例】准东煤田西黑山矿区赋存的不黏煤成浆性差，若欲采用以水煤浆为原料的气化工艺（德士古、多喷嘴气化炉）时，则必须先做成浆试验，慎重抉择。具体分析如下：

本区不黏煤属于低阶烟煤，本是我国制浆用煤的定位煤种，其哈氏可磨性指数高（多数 HGI ≥ 80），也是成浆的有利因素。但是，本区不黏煤与成浆密切相关的另外两大因素：内水高（10.28% ~ 12.58%）、氧元素含量高（全区平均 16.51%）均不利于成浆。经初步测算，本区不黏煤成浆性难易指标 $D = 16.12$，属于很难成浆等级的烟煤，制成水煤浆浓度偏低，经测算，水煤浆浓度理论值仅为 $C = 57.66\%$，实际生产制浆浓度会更低。以如此低浓度水煤浆为原料制气，气化效率低，且煤耗、氧耗均高。以本区不黏煤为原料制气，不宜采用水煤浆气化工艺。

【实例】新疆 × × × 2.00 Mt/a 煤制油项目，其原、燃料煤来自准东煤田五彩湾矿区的三号、二号两座露天煤矿。项目原版《可研报告》采用干煤粉气流床气化炉并联以水煤浆为原料的气化炉相组合的气化工艺。《可研报告》提出的原料煤操作煤种与成浆性相关的煤质数据及成浆试验结果如下（括弧内的数据为设计煤种）：

水分——$M_{t,ar} = 25.99\%$、$M_{ad} = 12.95\%$（$M_{t,ar} = 27.30\%$、$M_{ad} = 13.05\%$）；

可磨性（哈氏可磨指数）——HGI = 118（HGI = 90）；

氧元素含量——O_{daf} = 15.04%（O_{daf} = 14.58%）；

成浆性——成浆试验水煤浆浓度（0.5% 添加剂）53.47%。

为慎重起见，专家组对原料煤成浆性作了分析计算。认为五彩湾矿区不黏煤与成浆性密切相关的三大因素中，除可磨性极易磨（HGI = 118）有利于制浆外，其余两个因素：内在水分高（M_{ad} = 12.95%），氧元素含量尤其高（O_{daf} = 15.04%）均不适宜磨制水煤浆。经初步测算，设计煤种成浆性指标 D = 14.70，属很难成浆煤，计算的理论制浆浓度仅能达到 C = 59.36%，实际成浆浓度将会更低。这从修改版《可研报告》提供的成浆试验浓度仅为 53.47%，得到了进一步佐证。作为气化原料，该试验浓度明显偏低。以如此低浓度水煤浆作为气化原料，必将增加煤耗、氧耗，是极不经济的。

所以，该项目修改版《可研报告》充分重视了五彩湾矿区不黏煤成浆性差的客观煤质条件，在修编时，断然舍弃了原版《可研报告》并联以水煤浆为原料的气化工艺是适宜的，符合了五彩湾矿区煤炭成浆性差的煤质条件。

【实例】准东煤田西黑山矿区不黏煤虽具有的低灰、中高—高热值、中—高落下强度、化学活性强、无黏结性、弱结渣性等适合以块粒煤为原料的移动床气化炉（鲁奇炉）造气的优良煤质特性。但也存在内水高、热稳定性较低、煤灰软化温度较低等不利于移动床造气的煤质缺点。特别是存在煤灰成分中碱金属氧化物和氧化钠 Na_2O 含量高，会产生煤灰沾污严重的问题。初步测算本区煤灰沾污性指数 R_f 约高达 6.0 左右。

鉴于西黑山矿区目标用户中，有 ×× 公司拟建的 $22 \times 10^8 \ m^3$ 煤制天然气项目，若欲以本区不黏煤为原料采用鲁奇炉类型的气化技术制天然气时，应权衡利弊，慎重抉择。据了解，在内蒙克什克腾旗大唐集团公司建成的煤制天然气项目就是因为原料煤煤灰成分中氧化钠 Na_2O 含量高，导致炉体严重沾污被封死，被迫停产。新疆伊犁庆华煤化公司建成的煤制天然气项目，也同样存在类似问题。前车之鉴，足以为训。

（4）不适合作为低温干馏的原料。

准东煤田的不黏煤、长焰煤焦油产率低，Tar_d = 2.39% ~ 5.47%，故不适合作为低温干馏的原料。

（5）比较适合作食品加工、酿造业的燃料。

准东煤田的不黏煤因砷、硫、磷、氯等有害元素含量均很低，故比较适合作食品加工、酿造业的燃料。

二、吐哈煤田煤质、用途分析

吐哈煤田有的矿区含煤地层主要为侏罗系中统西山窑组，有的矿区含煤地层主要为侏罗系下统八道湾组。煤田范围内各矿区煤类、煤质变化大，从褐煤、长焰煤、不黏煤到炼焦煤类均有，煤质条件复杂。对吐哈煤田赋存的煤炭资源，宜具体分析，区别对待，分质利用。下面分别选取大南湖、三塘湖、巴里坤、克尔碱、艾维尔沟等矿区为代表，对吐哈煤田不同区块的煤类、煤质特征与工艺性能以及煤炭主要用途进行扼要归纳。

（一）大南湖矿区西区（位于哈密中南部，煤质与之相近的还有哈密中南部的大南湖东区、沙尔湖矿区以及吐鲁番鄯善县的库木塔格矿区）

1. 煤类

大南湖矿区煤层煤类变化较大，上部煤以长焰煤为主，褐煤次之；下部煤以不黏煤为主。但总体以长焰煤（41CY）为主，不黏煤（31BN）和褐煤次之。按勘查区划分煤类：

东部勘查区（东二 B、东二 A、东一）一般以长焰煤（41CY）为主，局部不黏煤（31BN），个别褐煤。

西部勘查区（一井田、二井田、大南湖二区）一般上部煤层群（3、5、6、7、8、9、11）主要为褐煤，以下煤层以长焰煤为主，局部不黏煤，个别褐煤。

对于以低阶煤为主体的本矿区而言，煤炭种类的准确划分十分重要，它是确定产品方向，合理选择选煤方法的基础依据。

就总体而言，本矿区可能是以年轻的低阶长焰煤为主，但仍然存在相当数量的褐煤（储量约占 10%）。矿区褐煤的分布存在以下规律：水平方向，西部多，东部少；垂直方向，上部煤层群多为褐煤，下部煤层多为长焰煤。

从本矿区大南湖一号井、新峰煤矿以及邻近的沙尔湖矿区二号露天矿等煤矿已经揭露的上部煤层显示，煤炭种类均为低热值褐煤，进一步证实了上述分布规律的存在。

若参照最新国际煤炭分类标准（ISO 11760：2005），褐煤与次烟煤的主要分界点是随机平均反射率小于 0.4%。而本矿区镜质组最大反射率波动在 0.13% ~0.57% 之间，换算成随机反射率应为 0.122% ~0.535%。所以，不论是按中国煤炭分类标准还是按最新国际煤炭分类标准，本矿区前期开采的上部煤层群的煤类，部分井田应以褐煤为主，部分井田似应为褐煤与长焰煤共存。

2. 煤质特征及工艺性能

大南湖矿区西区赋存的煤炭具有**高内在水分**（$M_{ad} = 10.78\% \sim 11.92\%$）、**特低—低灰**（$A_d = 9.49\% \sim 11.93\%$）、**高挥发分**（$V_{daf} = 39.17\% \sim 41.88\%$）、**中等—高发热量**（$Q_{gr,d} = 22.95 \sim 28.97 \ MJ/kg$）、**特低—中硫**（$S_{t,d} = 0.09\% \sim 1.85\%$）、**特低—高磷**（$P_d = 0 \sim 0.25\%$）、**特低—高氯**（$Cl_d = 0.02\% \sim 0.53\%$）、**低—中氟**（$F_d = 114 \sim 210 \mu g/g$）、**特低—低砷**（$As_d = 1 \sim 5 \mu g/g$）、**较低煤灰软化温度**（$ST = 1115 \sim 1226 \ ℃$）、**难—易磨**（$HGI = 49.64 \sim 109$）、**化学活性强**（950 ℃时，对 CO_2 转化率 $\alpha = 78.4\% \sim 94.6\%$）、**热稳定性变化大**（区内热稳定性从低—高分布无规律）、**无黏结性**（$G_{R.I.} = 0$）、**焦油产率低**（$Tar = 6.46\%$，属含油煤）、**低—中等腐植酸含量**（$17.27\% \sim 33.36\%$）等煤质特性。

3. 煤炭用途及产品方向

鉴于大南湖矿区地处我国西部，目前交通运力有限，特别是考虑到矿区前期开采煤类多为低热值褐煤，具有极易自燃发火的特性（紧邻的沙尔湖矿区二号露天矿的褐煤外运烧毁车皮的前车之鉴，值得认真汲取）。另外，低阶煤炭还具有遇水易崩解、泥化的特性（只是褐煤和长焰煤在崩解、泥化程度上有所差别而已）。

综上分析，本矿区的低阶煤炭不宜长距离运输，也不宜长时间储存和露置堆存，更不宜揭露煤层后，长时间闲置不采，引起自燃发火（沙尔湖二号露天矿剥离上覆岩土层揭露煤层后，因无落实用户，闲置不采，引起自燃发火，教训深刻）。所以，本矿区的低阶煤炭比较适于就地发电或洁净转化，而且目标用户必须明确落实，否则不宜急于开采。

（二）三塘湖矿区（位于哈密北部地区）

三塘湖矿区地处吐哈煤田北部和自治区的东端门户，兰新铁路北侧，具有较佳的地理位置和区位优势，是疆煤外运和疆电外输的较为理想之地，而且矿区煤炭资源丰富，煤质较好，适合建设亿吨级特大型现代化矿区。

三塘湖矿区主要含煤地层为下侏罗统八道湾组，根据地层构造单元《矿区总体规划》将本区分为汉水泉、库木苏、石头梅、条湖、岔哈泉等 5 个分区。

1. 煤类

整体来看，三塘湖矿区赋存的煤炭大多属于低阶烟煤——长焰煤和不黏煤。

——汉水泉区，以长焰煤为主，局部气煤（赋存在 30～37 号下部煤层），少量不黏煤；

——库木苏区，以长焰煤为主，不黏煤次之；

——石头梅区，以不黏煤为主，少量长焰煤；

——条湖区，以长焰煤、不黏煤为主。

2. 煤质特征及工艺性能

鉴于三塘湖矿区西部与东部煤质差异较大，且西部分区具有的煤质优势，国内罕见。专家组仅以西部汉水泉分区、东部条湖分区为代表分别扼要归纳如下：

——汉水泉分区赋存的煤炭具有**低内水**（$M_{ad} = 2.84\%～4.06\%$）、**低灰**（$A_d = 10.73\%～17.12\%$）、**高挥发分**（$V_{daf} = 46.25\%～49.12\%$）、**中高一特高发热量**（$Q_{gr,d} = 26.25～32.33$ MJ/kg）、**特低一低硫**（$S_{t,d} = 0.44\%～0.69\%$）、**低一中磷**（$P_d = 0.035\%～0.062\%$）、**特低一低氯**（$Cl_d = 0.04\%～0.06\%$）、**特低一低砷**（$As_d = 2.0～6.0 \mu g/g$）、**特低一低氟**（$F_d = 70.0～86.0 \mu g/g$）、中等煤灰软化温度（$ST = 1264～1333$ ℃）、**弱结渣性、难磨一易磨**（$HGI = 32～94$）、**化学活性强**（950 ℃时，对 CO_2 转化率 $\alpha > 60\%$）、**黏结性波动大**（$G_{R.I.} = 0～92.0$ 煤层越深，黏结指数越大）、**高油煤**（$Tar = 13.80\%～16.30\%$）等煤质特征。

——条湖分区赋存的煤炭具有**较低内水**（$M_{ad} = 4.26\%～5.43\%$）、**低灰**（$A_d = 11.83\%～16.71\%$）、**高挥发分**（$V_{daf} = 40.82\%～45.46\%$）、**中高一高发热量**（$Q_{gr,d} = 26.30～27.60$ MJ/kg）、**特低硫**（$S_{t,d} = 0.24\%～0.42\%$）、**低磷**（$P_d = 0.01\%～0.04\%$）、**特低氯**（$Cl_d = 0.04\%～0.05\%$）、**特低一低砷**（$As_d = 1.0～8.0 \mu g/g$）、**特低氟**（$F_d = 48.0～70.0 \mu g/g$）、**较低一较高煤灰软化温度**（$ST = 1238～1393$ ℃）、**弱结渣性、较难磨一易磨**（$HGI = 46～83$）、**化学活性强**（950 ℃时，对 CO_2 转化率 $\alpha > 95\%$）、**低一中高热稳定性**（$TS_{+6} = 48.08\%～77.30\%$）、**不黏结煤**（$G_{R.I.} = 0～4$）、**含油一富油煤**（$Tar = 4.13\%～10.66\%$）等煤质特征。

3. 煤炭用途及产品方向

鉴于三塘湖矿区西部与东部煤质差异大，且西部分区具有的煤质优势，国内罕见。所以"因地制宜，分质利用"应该成为三塘湖矿区煤炭资源科学合理利用的原则。三塘湖矿区煤炭转化产业的选择、定位和布局，应以煤质条件作为主要基础依据。为此，对三塘湖矿区的煤炭用途及产品方向，按分区分别提出如下的剖析建议，仅供参考。

1）西部分区煤炭用途及产品方向

（1）是加氢直接液化的理想原料。

库木苏区除2号煤层以外的全部可采煤层以及汉水泉区中下部煤层（15、18、31、32、33、34、37号煤层）与准东煤田、伊犁煤田相比，虽同为侏罗系煤田，煤类也相近，但显微煤岩组分、镜质组最大反射率、氢碳原子比等特性差别甚大，形成强烈的反差对比，更突显出三塘湖西部分区（库木苏区、汉水泉区）赋存的煤炭的特殊、稀缺和宝贵，它与直接液化相关的各项煤质指标，均符合或好于直接液化用煤技术要求的最佳值。是新疆乃至全国罕见的加氢直接液化的理想原料。具体指标优势如下：

——镜质组最大反射率 R_{max} 平均值在0.43% ~ 0.66%之间，接近直接液化油产率最高的最佳值（R_{max} = 0.6%）；

——显微煤岩组分中，镜质组 + 半镜质组 + 壳质组等活性组分含量＞80%，符合直接液化要求＞80%的最佳值；惰质组含量：库木苏区各煤层为4.6% ~ 13.26%，汉水泉区为9.25% ~ 19.99%，达到直接液化用煤要求＜15% ~ 20%的理想指标；

——氢碳原子比 H/C 平均为0.86 ~ 0.93之间，优于直接液化要求 H/C ＞0.75 的最佳值；

——挥发分 V_{daf}：库木苏区各煤层为47.24% ~ 50.25%，汉水泉区为46.25% ~ 48.29%，均大大高于直接液化用煤要求＞37%的理想值；

——原煤内在水分较低，为2.84% ~ 3.63%，接近液化入炉原料水分＜2%的要求，在低阶煤中实为罕见；

——原煤经简单排矸分选，灰分可降至＜8%，符合直接液化Ⅰ级原料煤灰分＜8%的指标。

（2）是煤炭低温干馏的理想原料。

汉水泉区、库木苏区赋存的煤炭煤焦油含量均极高（其中：汉水泉区各煤层煤焦油产率平均高达13.80% ~ 16.30%；库木苏区各煤层煤焦油产率平均高达 12.86% ~15.63%)，皆属高油煤。其煤焦油产率之高，也是国内少见的煤炭低温干馏——焦油加氢提质——半焦制气多联产，煤、气、化一体化产业的理想原料。

（3）三塘湖矿区西部分区（库木苏区、汉水泉区）的长焰煤、不黏煤应属于国家稀缺、特殊煤炭资源。

根据国家标准《稀缺、特殊煤炭资源的划分与利用》（GB/T 26128—2010）的规定，在对煤炭资源开发利用以前，应对煤炭资源的稀缺性、特殊性进行评价：

三塘湖矿区西部分区（库木苏区、汉水泉区）的长焰煤、不黏煤均符合国家标准关于"稀缺煤炭资源，是指具有十分重要的工业用途，其利用途径具有一定的产业规模，需求量大但资源量又相对较少的优质煤炭资源"定义的范围。

也符合"特殊煤炭资源，是指煤中某个或某些成分、性质与一般煤有所不同，其含量特高或特低，并具有一些特殊性质的煤炭资源"定义的范围。

故应认真执行国家标准规定的"稀缺、特殊煤炭资源要进行保护性开采""稀缺、特殊煤炭资源应按优先用途进行利用"的原则。

（4）库木苏区、汉水泉区的优质煤炭应作为战略资源储备保存。

库木苏区、汉水泉区煤炭储量丰富，产能巨大。像这样质量和数量双优的优质煤炭基地，全国绝无仅有，十分罕见。非常适合作为我国加氢直接液化或多联产煤化一体化产业的理想原料煤基地。绝不宜作为一般煤化工原料，或用作发电燃料烧掉，糟蹋了宝贵资源实在太可惜。

综上分析，特别建议，库木苏区、汉水泉区的优质煤炭最好能作为战略资源储备暂时保存下来。待我国加氢直接液化技术成熟后，再行利用。

2）东部分区煤炭用途及产品方向（与之相近的还有淖毛湖矿区）

（1）石头梅区、条湖区等东部分区赋存的煤炭是三塘湖矿区变质程度相对较高的低阶烟煤。其灰分较低，热值较高，预测实际生产原煤灰分在 19% 左右，收到基低位发热量在 20.93 MJ/kg 以上，经过排矸分选，收到基低位发热量便可提高到 23.03 MJ/kg 以上，是优良的动力发电用煤和煤化工原料。

（2）石头梅区低阶煤的煤焦油产率偏低，在 4.03% ~7.08% 之间，基本属含油煤；条湖区低阶煤的煤焦油产率波动大，在 4.13% ~10.66% 之间，属含油煤—富油煤，且多数煤层或块段属含油煤。这充分说明了东部各分区煤炭转化的定位方向宜区别对待，对于煤焦油产率不同的煤炭应分别选择不同的转化产业。若将条湖区原煤全部作为低温干馏原料，意欲获取煤焦油，是不完全符合条湖区煤质客观实际的。

（3）据了解《三塘湖综合能源基地产业发展及布局规划》提出：>13 mm块/粒煤去低温干馏提质，<13 mm 粉煤去气化、制氢、FT 合成的技术路线，可实现将原料煤的块/粒煤、粉煤全部梯级利用，其思路是适宜的，有利于充分合理利用煤炭资源。为此建议，在实施单项工程时，应着重关注原料煤的块/粒煤、粉煤的产率问题，在落实原料煤矿井原煤分选后的粒度组成的基础上，相应确定块/粒煤、粉煤转化产业的规模。

综合来看，石头梅、条湖等东部分区距内地更近，区位优势明显，比较适宜就地转化作煤化工原料，或就地发电"疆电外送"，或作为"疆煤东运"的基地。

（三）巴里坤矿区（位于哈密地区北部，煤质与之相近的还有三道岭矿区）

1. 煤类

——东区，A、B、C 三煤组煤层在石炭窑向斜南翼均以具强黏结性的气煤为主，局部分布 1/3 焦煤。石炭窑向斜北翼以 1/3 焦煤为主。

——中区，煤层区以具中强黏结性的气煤为主。

——西区，煤层区以不具黏结性的长焰煤为主，夹有部分气煤和弱黏煤。

2. 煤质特征及工艺性能

巴里坤矿区煤质特征及工艺性能按三个分区分别扼要归纳如下：

——东区赋存的煤炭具有**极低内在水分**（M_{ad} = 0.80% ~ 0.97%）、**低—中等灰分**（A_d = 18.70% ~ 25.89%）、**高挥发分**（V_{daf} = 38.17% ~ 42.40%）、**中高—高发热量**（$Q_{gr,d}$ = 26.46 ~ 30.01 MJ/kg）、**中硫**（$S_{t,d}$ = 1.00% ~ 1.17%）、**低磷**（P_d = 0.019% ~ 0.036%）、**特低—低氯**（Cl_d = 0.037% ~ 0.067%）、**低砷**（As_d = 5.0 ~ 11.0μg/g）、**特低氟**（F_d = 58.0 ~ 64.0μg/g）、**较低—中等煤灰软化温度**（ST = 1175 ~ 1290 ℃）、**强黏结性**（$G_{R.I.}$ = 96.0 ~ 101.50）、**富油煤**（Tar = 7.0% ~ 12.0%）等煤质特征。是良好的炼焦配煤和动力发电用煤。

——中区赋存的煤炭具有**低内水**（M_{ad} = 1.98%）、**特低—低灰**（A_d = 8.48% ~ 14.44%）、**高挥发分**（V_{daf} = 37.90%）、**中高发热量**（$Q_{gr,d}$ = 26.17 MJ/kg）、**低硫**（$S_{t,d}$ = 0.75%）、**中磷**（P_d = 0.074%）、**特低氯**（Cl_d =

0.040%）、**低砷**（$As_d = 13.63\mu g/g$）、**低氟**（$F_d = 85.50\mu g/g$）、**中等煤灰软化温度**（$ST = 1258$ ℃）、**中等黏结性**（$G_{R.I.} = 57.39$）、**富油煤**（$Tar = 7.0\%$ ～ 12.0%）等煤质特征。是良好的炼焦配煤和动力发电用煤。

——西区赋存的煤炭具有**中等内水**（$M_{ad} = 2.60\%$ ～5.05%）、**特低—低灰**（$A_d = 8.71\%$ ～ 10.96%）、**高挥发分**（$V_{daf} = 38.70\%$ ～ 40.10%）、**高发热量**（$Q_{gr,d} = 28.33$ ～30.01 MJ/kg）、**特低硫**（$S_{t,d} = 0.015\%$ ～ 0.47%）、**低磷**（$P_d = 0.012\%$ ～0.015%）、**特低—低氯**（$Cl_d = 0.028\%$ ～ 0.062%）、**特低砷**（$As_d = 2.0$ ～ 2.8$\mu g/g$）、**特低氟**（$F_d = 58.39$ ～ 64.0$\mu g/g$）、**较低—中等煤灰软化温度**（$ST = 1175$ ～ 1261 ℃）、**无—微黏结性**（$G_{R.I.} = 0$ ～ 18.7）、**富油煤**（$Tar = 7.0\%$ ～12.0%）等煤质特征。是优质的煤化工原料和良好的动力发电用煤。

3. 煤炭用途及产品方向

巴里坤矿区煤类品种多样，市场需求面广。需要指出的是，本矿区1/3焦煤储量极少（占3.3%），主要是气煤（占43.3%），尚缺主要炼焦煤类（焦煤、肥煤、瘦煤）。故就地取材单独炼冶金焦有难度，必须从区外部适当购进其他炼焦煤类，配煤炼焦。所以，若欲在巴里坤工业园建设焦化厂就地炼焦，则必须对巴里坤矿区缺少主要炼焦煤类的不利条件引起足够重视，慎重抉择。

（四）克尔碱矿区（位于吐鲁番地区，煤质与之相近的还有黑山矿区）

1. 煤类

克尔碱矿区赋存的煤炭种类均为长焰煤。

2. 煤质特征及工艺性能

——西山窑组具有**中等内水**（$M_{ad} = 4.64\%$ ～ 6.21%）、**低灰**（$A_d = 9.95\%$ ～10.65%）、**高挥发分**（$V_{daf} = 42.87\%$ ～ 44.65%）、**中高—高发热量**（$Q_{gr,d} = 26.56$ ～ 28.12 MJ/kg）、**低—中硫**（$S_{t,d} = 0.75\%$ ～ 1.72%）、**低磷**（$P_d = 0.018\%$ ～0.049%）、**特低氯**（$Cl_d = 0.032\%$ ～0.037%）、**低砷**（$As_d = 9$ ～ 21$\mu g/g$）、**特低—低氟**（$F_d = 59$ ～98$\mu g/g$）、**较低—中等煤灰软化温度**（$ST = 1164$ ～ 1285 ℃）、**较难—中等可磨性**（$HGI = 50$ ～69 借用黑山矿指标）、**无黏结性**（$G_{R.I.} = 0$ ～3）、**富油煤**（$Tar = 9.80\%$）等煤质特征。

——八道湾组具有**较低内水**（$M_{ad} = 3.64\%$ ～ 3.69%）、**低—中高灰分**（$A_d = 9.10\%$ ～ 31.06%）、**高挥发分**（$V_{daf} = 42.63\%$ ～ 48.03%）、**中高—高发热量**（$Q_{gr,d} = 26.18$ ～ 29.75 MJ/kg）、**特低—低硫**（$S_{t,d} = 0.31\%$ ～ 0.74%）、**特低—低磷**（$P_d = 0.005\%$ ～ 0.029%）、**特低氯**（$Cl_d = 0.024\%$ ～ 0.040%）、

特低—低砷（$As_d = 2 \sim 6\,\mu g/g$）、**特低氟**（$F_d = 42 \sim 77\,\mu g/g$）、**较低—较高煤灰软化温度**（$ST = 1170 \sim 1400\ ℃$）、**较难—中等可磨性**（$HGI = 50 \sim 69$ 借用黑山矿指标）、**无—微黏结性**（$G_{R.I.} = 0 \sim 7$）、**富油—高油煤**（$Tar = 9.90\% \sim 14.50\%$）等煤质特征。

3. 煤炭用途及产品方向

克尔碱矿区赋存的长焰煤是优质的煤化工原料和良好的动力、发电用煤。其中八道湾组煤的各种有害元素含量均低，也适合做酿造和食品工业的燃料。

鉴于克尔碱矿区（含黑山矿田）赋存的长焰煤比较适合作多种煤化工的原料，特别是可作为煤炭直接液化的优质原料。是新疆自治区不多见的优质低阶烟煤资源。为了合理利用两矿区优质煤炭资源，对煤炭产品方向和用途有一个更为客观的评价，特别提出以下具体分析意见，供有关部门参考：

（1）该矿区赋存的长焰煤属低阶烟煤，具有以下适宜作煤炭直接液化原料的特殊优良煤质特性。

——镜质组最大反射率 R_{max} 两矿区均在 $0.50\% \sim 0.60\%$ 之间，接近直接液化要求的最佳值（$R_{max} = 0.6\%$）；

——显微煤岩类型为微镜惰煤，有机显微煤岩组分中,镜质组＋半镜质组＋壳质组等活性组分含量高（克尔碱矿区西山窑组 $78.52\% \sim 73.70\%$；八道湾组 $80.80\% \sim 64.90\%$；黑山矿田 $58.70\% \sim 77.90\%$），接近或达到直接液化要求＞80% 的最佳值；

——惰性组分含量不高（克尔碱矿区西山窑组 $21.48\% \sim 26.30\%$；八道湾组 $19.20\% \sim 35.10\%$；黑山矿田 $22.60\% \sim 32.30\%$），略超出直接液化要求＜$15\% \sim 20\%$ 的最佳值；

——煤的挥发分含量高（克尔碱矿区 $42.63\% \sim 48.03\%$；黑山矿田 $37.45\% \sim 46.78\%$），满足直接液化要求煤的干燥无灰基挥发分＞37% 的最佳值；

——碳氢比低（克尔碱矿区 $15.51 \sim 14.81$；黑山矿田 $15.67 \sim 15.90$），均满足直接液化要求 $C/H < 16$ 的最佳值；

——原煤内在水分，就低阶烟煤而言不高（克尔碱矿区 $3.64\% \sim 6.21\%$；黑山矿田 $3.81\% \sim 5.79\%$），且可磨性中等，有利于直接液化制油煤浆前的磨煤干燥,降低磨煤成本；

——但是,两矿区煤中氧元素含量较高（克尔碱矿区西山窑组 $14.99\% \sim 15.43\%$；八道湾组 $12.55\% \sim 13.41\%$；黑山矿田 $11.24\% \sim 14.28\%$），会在一定

程度上增加直接液化过程中氢的耗量,增加制氢的成本。

综合来看,克尔碱矿区与黑山矿田的长焰煤、不黏煤,虽然与直接液化相关的各项煤质指标略逊于三塘湖矿区库木苏、汉水泉分区的煤炭,且资源量也比三塘湖矿区少。但是,在新疆自治区乃至全国,也是不多见的适合作为直接液化原料的宝贵、稀少的煤炭资源,应加以珍惜,合理利用,并尽量提高资源采收率。

(2) 两矿区长焰煤、不黏煤具有低灰、低硫、高发热量、较高氧元素含量、煤灰软化温度低等煤质特性,是煤制合成气及其下游煤化工产品或煤基合成油(间接液化)的优质原料。

(3) 两矿区煤焦油产率高,属富油—高油煤(克尔碱矿区 Tar_d = 9.80% ~ 14.50%;黑山矿田 Tar_d = 8.20% ~ 11.80%)。半焦产率也高(克尔碱矿区 CR = 67.0% ~ 72.90%;黑山矿田 CR = 67.10% ~ 78.60%),适合作为低温干馏的原料。

(4) 克尔碱矿区八道湾组、黑山矿田的长焰煤因硫、磷、氯、氟、砷等有害元素含量均很低,比较适合作食品加工、酿造业的燃料。

(五) 艾维尔沟矿区 (位于吐鲁番地区)

1. 煤类

艾维尔沟矿区西区、东区煤类分布如下:

——西区内煤层属中变质程度炼焦及配焦用煤,且类别齐全。由东向西分别为气煤、肥煤、焦煤和瘦煤。其中矿区范围内以焦煤为主,大面积分布在矿区中部7-17线之间及煤层深部;肥煤次之,分布在一八九〇煤矿及一九三〇煤矿浅部,气煤小面积分布在矿区东部一八九〇煤矿西部,而瘦煤只在矿区西部20-1号孔中见到。

——东区内各煤层变质程度差异大,煤类变化也大,有气煤、长焰煤、不黏煤,详见表1。

表1　东区各煤层精煤挥发分、黏结指数、煤类分析表

分析项目	煤 层 编 号						
	3	4	5	6	7	8	9
黏结指数	91	81	31	0	0	90	54
V_{daf}/%	38.51	37.51	37.41	34.87	43.51	41.16	41.48
Y	12.32					12.5	
煤类	(QM)	(QM)	(CY)	(BN)	(CY)	(QM)	(QM)

艾维尔沟矿区赋存的煤炭种类跨度大，且分布零散，因此准确划分煤类、掌握煤类分布规律十分重要，它是确定产品方向，合理选择选煤方法的基础依据。

艾维尔沟矿区西区赋存的绝大部分煤炭是焦煤和肥煤，按照国家标准《稀缺、特殊煤炭资源的划分与利用》（GB/T 26128—2010），以及国家发展和改革委2012年发布的第16号令《特殊和稀缺煤类开发利用管理暂行规定》等文件精神，应属国家稀缺、特殊煤炭资源，在新疆地区尤为稀少宝贵，必须实行保护性开采和保护性高效利用。设计应围绕尽量提高分选精煤产率做文章。第16号令具体要求摘录如下：

——特殊和稀缺煤类矿区均衡生产服务年限不得低于矿区规范规定的1.2倍。

——特殊和稀缺煤类矿井采区回采率：薄煤层不低于88%，中厚煤层不低于83%，厚煤层不低于78%。

——特殊和稀缺煤类应当全部分选，提高精煤产率。

2. 煤质特征及工艺性能

艾维尔沟矿区赋存的煤炭的煤质特征及工艺性能，按西区和东区分别扼要归纳如下：

——西区赋存的煤炭具有**特低内水**（$M_{ad}=0.29\%\sim0.94\%$）、**低—中高灰**（$A_d=11.15\%\sim30.22\%$）、**中等—中高挥发分**（$V_{daf}=22.93\%\sim28.86\%$）、**中—特高发热量**（$Q_{gr,d}=22.71\sim33.67$ MJ/kg）、**特低硫**（$S_{t,d}=0.24\%\sim0.40\%$）、**特低—高磷**（$P_d=0.008\%\sim0.108\%$）、**特低—低氯**（$Cl_d=0.035\%\sim0.058\%$）、**特低—低砷**（$As_d=3\sim9$ μg/g）、特低氟（$F_d=56\sim79$ μg/g）、**较低—较高煤灰软化温度**（$ST=1150\sim1400$ ℃）、**强黏结性**（$G_{R.I.}=90.0\sim101.0$）、**含油煤**（焦油产率 $Tar=2.9\%\sim4.5\%$，仅6号煤为7.2%属富油煤）等煤质特征。

——东区赋存的煤炭具有**低—较低内水**（$M_{ad}=1.51\%\sim3.18\%$）、**特低—低灰**（$A_d=9.22\%\sim18.01\%$）、**中高—高挥发分**（$V_{daf}=36.80\%\sim46.35\%$）、**中高—高发热量**（$Q_{gr,d}=25.70\sim30.09$ MJ/kg）、**低硫**（$S_{t,d}=0.54\%\sim0.75\%$）、**特低—中磷**（$P_d=0.006\%\sim0.06\%$）、**特低—低氯**（$Cl_d=0.04\%\sim0.072\%$）、**特低砷**（$As_d=2\sim3$ μg/g）、**特低—低氟**（$F_d=66\sim92$ μg/g）、**可磨性较难—易磨**（$HGI=58.17\sim97.27$）、**较低—中等煤灰软化温度**（$ST=$

$1217 \sim 1317$ ℃ ）、**弱—中等结渣性**（$Clin = 0\% \sim 61.9\%$）、**差—中等化学活性**（950 ℃时，对 CO_2 反应率 $\alpha = 24\% \sim 59.1\%$）、**高热稳定性**（$Ts_{+6} = 85.5\% \sim 99.7\%$）、**无黏结—强黏结性**（$G_{R.I.} = 0 \sim 103$）、**富油—高油煤**（焦油产率 $Tar = 8.7\% \sim 16.6\%$）等煤质特性。

3. 煤炭用途及产品方向

本区煤炭产品定向为生产优质冶金焦用煤。原煤经分选加工后，主要供应新疆八一钢铁集团作为炼焦用煤。

需要指出的是，东区二道沟井田赋存的煤类不如西区，是以气煤为主，长焰煤次之，还有少量不黏煤和弱黏煤，煤类跨度大。故东区二道沟矿井的产品方向定位宜分煤类区别对待。

三、伊犁煤田煤质分析

伊犁煤田含煤地层主要分布在侏罗系中统西山窑组，和侏罗系下统八道湾组。伊犁煤田主要由南、北两个矿区组成。分别位于伊犁河的南岸和北岸。煤田范围内各矿区煤质变化不大，煤炭种类均以不黏煤、长焰煤为主。

对伊犁煤田的煤类、煤质特征与工艺性能以及煤炭主要用途分南、北两个矿区分别进行扼要归纳。

（一）伊犁矿区北区

1. 煤类

——矿区东部 $1 \sim 12$ 号煤层以不黏煤（BN31）为主，长焰煤（CY41）少量。$13 \sim 28$ 号煤层以长焰煤（CY41）为主，不黏煤（BN31）次之。

——矿区西部西山窑组 2、3、5、6 - 7、8、10 号煤层煤类以不黏煤（BN31）为主，次为长焰煤（CY41）；三工河组和八道湾组 13、18、21 - 23、27 - 29、30 号煤层煤类以长焰煤（CY41）为主，不黏煤（BN31）少量，零星分布。

2. 煤质特征及工艺性能

——伊北矿区东部（五号勘查区）赋存的长焰煤具有**较高内水**（$M_{ad} = 7.23\% \sim 12.42\%$）、**特低—低灰**（$A_d = 9.10\% \sim 13.33\%$）、**中高—高挥发分**（$V_{daf} = 32.57\% \sim 42.10\%$）、**中高—高发热量**（$Q_{gr,d} = 25.78 \sim 27.37$ MJ/kg）、**特低—低硫**（$S_{t,d} = 0.39\% \sim 0.73\%$）、**特低—低磷**（$P_d = 0.004\% \sim 0.021\%$）、**特低氯**（$Cl_d = 0.04\%$）、**特低砷**（$As_d = 1.0 \sim 2.3$ μg/g）、**特低氟**

（F_d = 33 ~ 52 μg/g）、**无黏结性**（$G_{R.I.}$ = 0）、**较低—中等煤灰软化温度**（ST = 1150 ~ 1330 ℃）、**弱结渣性**（结渣率 = 0%）、**较难—极易磨**（HGI = 50 ~ 118 多数属易磨）、**特低—低落下强度**（SS = 21.95% ~ 45.85%）、**低热稳定性**（TS_{+6} = 39.30% ~ 54.28%）、**化学活性强**（950 ℃时，对 CO_2 转化率 α = 67.2% ~ 100.0%）、**含油—富油煤**（Tar = 2.85% ~ 10.57%，焦油产率波动大，一般偏低）、**氧元素含量高且波动大**（O_{daf} = 7.96% ~ 20.30%）等煤质特性。

——伊北矿区西部（伊犁四号井及其周边区域）赋存的煤炭具有**较高内水**（M_{ad} = 7.70% ~ 11.85%）、**低—中灰**（A_d = 11.08% ~ 22.94%）、**中高—高挥发分**（V_{daf} = 31.08% ~ 43.68%）、**中高发热量**（$Q_{gr,d}$ = 24.44 ~ 27.19 MJ/kg）、**低—中硫**（$S_{t,d}$ = 0.53% ~ 1.33%）、**特低—低磷**（P_d = 0.002% ~ 0.030%）、**特低—低氯**（Cl_d = 0.022% ~ 0.148%）、**特低氟**（F_d = 43 ~ 70 μg/g）、**特低—低砷**（As_d = 2.0 ~ 7.0 μg/g）、**较低—中等煤灰软化温度**（ST = 1130 ~ 1294 ℃）、**弱结渣性**（结渣率 = 4.14% ~ 9.43%）、**可磨性波动大**（HGI = 54 ~ 137 多数属易—极易磨）、**煤的化学活性极强**（950 ℃时，对 CO_2 转化率为 ~ 100.0%）、**低—中高热稳定性**（TS_{+6} = 32.85% ~ 74.60%）、**无黏结性**（$G_{R.I.}$ = 0 ~ 2）、**含油—富油煤**（Tar = 4.40% ~ 9.03%）等煤质特征。

3. 煤炭用途及产品方向

本矿区煤炭产品是煤基化工、煤间接液化的优质原料，但不是直接液化的理想原料。为了合理利用伊北矿区优质煤炭资源，对煤炭产品方向和用途有一个更为客观的评价，特别提出以下具体分析意见，供有关部门参考：

（1）不适宜作为直接液化的原料。

伊北矿区的长焰煤、不黏煤与准东煤田类似，同样不适宜作为直接液化的原料，理由如下：

——煤的显微煤岩组分中，镜质组 + 壳质组等活性组分含量在 40.0% 左右，大大低于煤炭直接液化要求镜质组含量 > 80% 的最佳值；惰性组分丝质组含量在 50.0% 左右，大大高于直接液化要求 < 15% ~ 20% 的最佳值；

——本区煤炭煤化程度低，属 0 煤化阶段，镜质组反射率在 0.40% 左右，明显低于煤炭直接液化油收率最高的最佳值（R_{max} = 0.6%），不利于煤的加氢直接液化；

——煤的挥发分平均为 35% 左右，低于直接液化要求煤的干燥无灰基挥发分＞37% 的最佳值；

——碳氢比约为 18，远高于直接液化要求 C/H＜16 的最佳值；

——原煤内在水分较高为 10% 左右，远高于液化反应炉的入炉原料水分＜2% 的要求，将增加磨煤干燥的成本；

——煤的元素组成中氧元素含量高达 17.0% 左右，会增加氢的耗量，因而增加了制氢的成本。

上述诸多不利于直接液化的煤质特性的存在。说明本矿区煤炭产品不是直接液化的理想原料。建议在规划建设煤直接液化项目时，宜慎重决策。

（2）适合作为煤制天然气和制合成气及其下游煤化工产品或间接液化的优质原料。

本矿区长焰煤、不黏煤所具有特低灰、特低硫、高热值、氧元素含量高、煤灰软化温度低等煤质特性，很适合作为煤制合成气及其下游煤化工产品或煤基合成油（间接液化）和煤制天然气的优质原料。但是，由于不同气化工艺技术对煤质要求差别很大，就本区煤质条件而言，并不能适应所有的气化工艺，对其中某些气化工艺就存在以下问题需要慎重对待，应特殊关注以下两个问题：①本矿区不黏煤属于具有高挥发分的低阶烟煤，本是我国制浆用煤的定位煤种，其哈氏可磨性指数高（多数煤层 HGI＞80～100）属易～极易磨煤，也是成浆的有利因素。但是，煤的内水高（10% 左右）、氧元素含量很高（17% 左右）均不利于成浆。经初步测算，本矿区不黏煤、长焰煤属于很难成浆等级的烟煤，制成水煤浆浓度偏低。故若欲采用以水煤浆为原料的气化工艺（德士古、多喷嘴气化炉）时，则必须先做成浆试验，慎重抉择；②本矿区煤炭虽然具有特低灰、高热值、煤的化学活性极强、无黏结性等适合制气的优良煤质特性。但是，因为存在内水较高、落下强度差、热稳定性差（东部尤甚）、煤灰软化温度低等不利于以块粒煤为原料的移动床气化炉（鲁奇炉）造气的煤质缺点。

需要特别指出的是，伊北矿区煤灰成分的显著特点是碱性氧化物含量高，除导致灰熔点偏低外，还将致使煤灰沾污性增强，会造成气化炉严重积灰沾污。详见下面的实例。

（3）本矿区煤的焦油产率波动大（Tar＝2.85%～10.57%），且多数煤层焦油产率偏低，若欲用作低温干馏原料时，宜慎重抉择。

（4）本矿区煤炭具有特低灰、特低硫、特低氯、中高挥发分、高热值、极易磨等优良燃煤特性，虽也存在内在水分高、煤灰软化温度低等煤质缺点。综合来看，仍不失为良好的动力发电用煤。

（5）本矿区不黏煤因砷、硫、磷、氯等有害元素含量均很低，比较适合作食品加工、酿造业的燃料。

【实例】 新疆伊犁新汶伊北煤炭清洁转化项目的原、燃料煤来源以伊北煤田七号矿井为主。伊北煤田七号矿井赋存的煤炭种类为长焰煤。伊北煤炭清洁转化项目《可研报告》提出的原料煤质量指标见表2。

表2　项目原料煤、燃料煤质量指标

项　　目	原料煤、燃料煤
工业分析	
M_{ar}/%	14.50
M_{ad}/%	8.00
A_{ar}/A_{d}	10.26/12.00
V_{ar}/V_{daf}	29.34/39.00
FC_{ar}/%	45.90
$Q_{net,ar}$/$Q_{gr,d}$，MJ/kg	23.74/28.94
$S_{t,ar}$/$S_{t,d}$，%	0.30/0.35
元素分析/%	
C_{ar}	58.68
H_{ar}/H_{d}	3.25/3.80
N_{ar}	0.74
O_{ar}/O_{daf}	12.27/16.31
S_{ar}	0.30
灰成分/%	
SiO_2	7.90
Al_2O_3	6.65
Fe_2O_3	22.19
CaO	29.65
MgO	5.88
SO_3	24.34
TiO_2	0.92
K_2O	0.07

表 2（续）

项　目	原料煤、燃料煤
Na_2O	0.48
煤的工艺性能	
灰熔融性（ST）/℃	1180
灰熔融性（FT）/℃	1190
可磨性（HGI）	81

从表 2 可以看出，伊北煤田七号矿井赋存的长焰煤煤灰成分的特点是，尽管沾污元凶 Na_2O 含量并不高，仅为 0.48%，但是煤灰成分中碱性氧化物含量却很高，为 58.27%，而酸性氧化物含量很少，仅为 15.47%，使碱酸比高达 3.77，导致煤灰沾污性指数 R_f 仍高达 1.81，属严重沾污级（国外标准：$R_f > 1$ 即属严重沾污级）。

【实例】 新疆××煤化有限公司煤制天然气项目一期工程（10×10^8 m^3）以伊北矿区长焰煤、不黏煤为原料，采用鲁奇炉制天然气。据了解，投运后气化炉严重积灰沾污，且废水、废渣无法处理，环保不过关，至今没有通过国家正式验收。前车之鉴，足以为训。

点评：以伊犁矿区长焰煤、不黏煤为原料制天然气时，鉴于存在严重煤灰沾污问题，若欲采用以块粒煤为原料的移动床气化炉（鲁奇炉），宜慎重抉择。

（二）伊犁矿区南区

伊犁伊宁矿区南区（简称伊南矿区）主要含煤地层为侏罗系西山窑组。伊南矿区存在 Y 矿资源分布的区域均与煤炭资源在平面上重叠，在垂向上互层，部分区域煤层中有 Y 矿。在两种资源重叠区，煤层上部或下部的砂岩中有 Y 矿产出，Y 矿的上部或下部有煤层赋存的特点。总之伊南矿区 Y、煤资源在分布空间上有着十分紧密的共存关系。

Y 矿是国家的重要战略资源，必须妥善保护，优先开采。煤炭资源开发只能在不破坏、不影响 Y 勘探开发的前提下进行。

这一特殊问题使伊南矿区煤炭资源开发受到一定程度的制约，但伊南矿区煤质优良，为有效开采两种矿产资源，新疆自治区已审批了《伊南 Y、煤兼探联采专项规划》，上报国家待批。

对伊南矿区的煤类、煤质特征与工艺性能以及煤炭主要用途扼要归纳如下。

1. 煤类

伊南煤田赋存的煤炭的煤种以长焰煤为主，次为不黏煤。

2. 煤质特征及工艺性能

伊南矿区赋存的长焰煤、不黏煤具有**较高内水**（$M_{ad} = 8.80\% \sim 11.46\%$）、**特低—中灰**（$A_d = 9.52\% \sim 20.53\%$）、**中高—高挥发分**（$V_{daf} = 34.01\% \sim 41.66\%$）、中高发热量（$Q_{gr,d} = 25.85 \sim 26.74$ MJ/kg）、**低—中硫**（$S_{t,d} = 0.67\% \sim 1.74\%$）、**特低—低磷**（$P_d = 0.003\% \sim 0.012\%$）、**特低—低氯**（$Cl_d = 0.009\% \sim 0.098\%$）、**特低砷**（$As_d = 3 \sim 3.5$ ppm）、**特低氟**（$F_d = 37.13 \sim 73 \mu g/g$）、**较低—中等煤灰软化温度**（$ST = 1173 \sim 1259$ ℃）、**弱结渣性**（结渣率 $= 4.14\% \sim 9.43\%$ 参考伊北矿区）、**极易磨**（$HGI = 117 \sim 118$）、**低落下强度**（$SS = 30.7\% \sim 42.0\%$）、**低热稳定性**（$TS_{+6} = 29.90\% \sim 32.87\%$）、**化学活性强**（950 ℃ 时对 CO_2 转化率 $\alpha = 89.66\% \sim 95.60\%$）、**无黏结性**（$G_{R.I.} = 0$）、**含油煤**（$Tar = 2.92\% \sim 5.47\%$）、**氧元素含量高**（$O_{daf} = 18.01\% \sim 18.80\%$）等诸多煤质特性。

3. 煤炭用途及产品方向

（1）不适宜作为直接液化的原料。

伊南矿区的长焰煤、不黏煤也与准东煤田、伊北煤田相类似，同样不适宜作为直接液化的原料，理由如下：

——显微煤岩类型 3 号煤为微泥煤，5 号煤为微镜惰煤。有机显微煤岩组分中，镜质组 + 半镜质组 + 壳质组等活性组分含量低为 $10.2\% \sim 35.9\%$，远小于直接液化要求显微煤岩活性组分 $>80\%$ 的最佳值；惰质组分含量过高，为 $60.4\% \sim 89.1\%$，大大超出直接液化要求惰质组分 $<15\% \sim 20\%$ 的最佳值；

——镜质组最大反射率 $R_{max} = 0.35\% \sim 0.39\%$，明显小于直接液化油收率最高的最佳值（$R_{max} = 0.6\%$），不利于煤的加氢液化；

——主采煤层平均挥发分别为 $34.01\% \sim 34.74\%$，低于直接液化要求煤的干燥无灰基挥发分 $>37\%$ 的最佳值；

——煤层的碳氢比（C/H）为 $18.08 \sim 18.34$，远高于直接液化要求 C/H <16 的最佳值；

——煤层的内在水分较高 $M_{ad} = 8.80\% \sim 11.46\%$，远高于液化反应炉的入炉原料水分 $<2\%$ 的要求，将增加磨煤干燥的成本；

——煤层的元素组成中氧元素含量很高，$O_{daf} = 18.01\% \sim 18.80\%$，液化

过程中会增加氢的耗量，从而增加了制氢的成本。

鉴于上述诸多不利于直接液化的煤质特性的存在，说明本矿区煤炭是不适合作为直接液化的原料。

（2）适合作为煤制天然气和制合成气及其下游煤化工产品或间接液化的优质原料。

本矿区长焰煤、不黏煤（3号煤除外）具有特低灰、低硫、中高热值、氧元素含量高、煤灰软化温度低等煤质特性，很适合作为煤制合成气及其下游煤化工产品或煤基合成油（间接液化）和煤制天然气的优质原料。但是，由于不同气化工艺技术对煤质要求差别很大，就本区煤质条件而言，并不能适应所有的气化工艺，对其中某些气化工艺就存在以下问题需要慎重对待，应特殊关注以下两个问题：

①本矿区长焰煤、不黏煤属于具有中高挥发分的低阶烟煤，本是我国制浆用煤的定位煤种，其哈氏可磨性指数高（主采煤层 HGI = 117 ~ 118）属极易磨煤，也是成浆的有利因素。但是，煤的内水偏高（10% 左右）、氧元素含量很高（18.50% 左右）均不利于成浆。经初步测算，本矿区长焰煤、不黏煤属于很难成浆等级的烟煤（成浆指数 $D = 16.77$），制成水煤浆浓度偏低（水煤浆理论浓度 $C = 56.88\%$），实际制浆浓度将会更低。西北化工研究所进行的伊南煤田成浆试验（不加添加剂的空白试验）结果表明，在不加添加剂的情况下，制备料浆浓度低，表观黏度高，流动性差。当表观黏度 < 1000 mPa·s 时，煤浆浓度仅为 51% ~ 52%。在加入 GHA - 5 添加剂，加入量为 0.6% 的条件下，表观黏度 < 1000 mPa·s 时的煤浆浓度可提高至 57% ~ 58%。用浓度如此低的水煤浆作气化原料，将大幅增加气流床气化工艺的煤耗和氧耗，从而增加生产成本，加大空分装置规模和投资。为了增加水煤浆浓度，还须加入一定数量添加剂，则会进一步增加制浆生产成本。所以，宜慎重考虑伊南煤田采用以水煤浆作原料的气流床气化工艺（德士古、多喷嘴气化炉）的合理性及可行性。而且国家标准《水煤浆技术条件（GB/T 18855—2008）》明确规定，长焰煤只宜配煤制浆。

成浆性差这一特性，在新疆地区侏罗系的低阶烟煤中具有普遍性，伊犁煤田也不例外，详见其后的实例说明。

②本矿区煤炭虽然具有特低—中灰、中高热值、煤的化学活性极强、无黏结性等适合制气的优良煤质特性。但是，因为存在内水较高、落下强度差、热

稳定性差、煤灰软化温度低等不利于以块粒煤为原料的移动床气化炉（鲁奇炉）造气的煤质缺点。需要特别指出的是，伊南矿区煤灰成分的显著特点是碱性氧化物含量高，除导致灰熔点偏低外，还将致使煤灰沾污性增强，会造成气化炉严重积灰沾污。故欲以本矿区煤炭为原料制天然气时，宜慎重抉择采用以块粒煤为原料的移动床气化炉技术。

（3）本矿区主采煤层的焦油产率低（$Tar_d = 2.92\% \sim 5.47\%$），不宜用作低温干馏原料。

（4）本矿区煤炭具有特低灰、低硫、特低氯、中高挥发分、中高热值、极易磨等优良燃煤特性，虽也存在内在水分高、煤灰软化温度低等煤质缺点。综合来看，仍不失为良好的动力发电用煤。

需要特别指出的是，根据煤炭科学院北京煤化工研究所对伊南矿区一号矿井煤质分析报告，就明确指出伊南矿区煤灰成分的显著特点是碱性氧化物（Na_2O、K_2O、Fe_2O_3、CaO 和 MgO）含量高，遗憾的是煤质分析报告没有给出煤灰成分具体的含量数据。

鉴于煤灰成分中碱性氧化物含量高，特别是 Na_2O 含量高，除导致灰熔点偏低外，还将致使煤灰沾污性增强，会造成锅炉严重积灰沾污。所以，伊犁矿区（包括南区和北区）应高度重视煤灰成分，特别是沾污元凶 Na_2O 含量的分析。认真做好煤灰成分准确数据的化验工作，以便准确评定煤灰沾污性严重程度，尽早采取相应对策。

（5）本矿区长焰煤、不黏煤因硫、磷、氯、砷等有害元素含量均低，比较适合作食品加工、酿造业的燃料。

【实例】新疆伊犁××公司 1.00 Mt/a 煤制油示范项目，其原、燃料煤来自伊南矿区阿尔玛勒一号煤矿（露井联采）。该煤制油项目（间接液化）的气化工艺拟采用以水煤浆为原料的加压气化工艺（多喷嘴气化炉）。鉴于伊南煤田的低阶烟煤成浆性差具有普遍性，所以必须关注原料煤的成浆性。

阿尔玛一号煤矿赋存的长焰煤、不黏煤属于具有中高—高挥发分的低阶烟煤，本是我国制浆用煤的定位煤种。可磨性好（$HGI = 98$），也有利于成浆。但是，与成浆性密切相关的另外两大因素：煤的内在水分高（$M_{ad} = 15.70\%$）、氧元素含量高（折算干燥无灰基 $O_{daf} = 18.43\%$）均不利于成浆。经初步测算，本矿长焰煤成浆性难易指标 $D = 18.26$，属于很难成浆等级的烟煤，制成水煤浆浓度偏低，理论制浆浓度约为 55.09%，实际制浆浓度会更低。这从《可研报告》提供的操作煤种实验室加添加剂后最高成浆浓度仅为57.19%，得到了进一步佐证。

以如此低浓度的水煤浆作气化原料，对提高气化效率，减少空分装置规模，降低气化成本均存在不利影响。加添加剂也会进一步增加生产成本。应注重经济效益，或者采取其他合理可行的气化工艺，慎重抉择。

四、库拜煤田煤质分析

库拜煤田含煤地层主要为侏罗系中统克孜努尔组（J2k），侏罗系下统塔里奇克组（J1t）、阳霞组（J1y）。煤田范围内煤类、煤质变化大，从长焰煤、不黏煤到炼焦煤类、贫煤均有，煤质条件复杂。对库拜煤田赋存的煤炭资源，宜具体分析，区别对待，分质利用。下面以拜城矿区、库车阿艾矿区为代表，对库拜煤田的煤类、煤质特征与工艺性能以及煤炭主要用途进行扼要归纳。

（一）拜城矿区

1. 煤类

矿区范围内，煤炭种类分布广，且以炼焦煤和配焦煤为主。其中：

——A组煤在1区、2区（顺发煤矿—察尔齐煤矿）以气煤为主，3区（种羊场煤矿到阿尔格敏勘查区）以焦煤为主，4区（阿尔戈敏勘查区以东到俄霍布拉克）以气煤为主；

——B组煤为高变质程度的贫煤（11PM）；

——C组煤为中等变质程度的肥煤（26FM）、焦煤（25JM）。

本矿区赋存的炼焦、配焦煤类占资源总储量的80%，大部分属国家规定的稀缺煤类资源，更是新疆地区稀缺宝贵的炼焦煤资源的最重要基地，应实行保护性开采和利用，围绕最大限度地提高炼焦煤资源的回收率做文章。

（附注：新疆开采炼焦用煤的矿区主要有库-拜煤田、艾维尔沟矿区、尼勒克矿区、包孜东矿区、阳霞矿区等，共有生产炼焦用煤矿井75处，至2010年总生产能力15.73 Mt/a，其中用于炼焦的8.49 Mt/a，气煤为4.74 Mt/a，肥煤0.93 Mt/a，焦煤2.92 Mt/a。）

2. 煤质特征及工艺性能

——塔里奇克组所含A组煤具有**低内水**（$M_{ad} = 0.46\%$ ~3.08%）、**低—中灰**（$A_d = 11.90\%$ ~27.98%）、**中等—中高挥发分**（$V_{daf} = 24.34\%$ ~35.17%）、**特低—低硫**（$S_{t,d} = 0.34\%$ ~0.62%）、**特低磷**（$P_d = 0.009\%$）、

特低氯（$Cl_d = 0.019\%$）、特低氟（$F_d = 72.0\mu g/g$）、特低砷（$As_d = 4.0\mu g/g$）、中高—特高发热量（$Q_{gr,d} = 25.08 \sim 35.16 \ MJ/kg$）、弱—强黏结性（$G_{R.I.} = 35.0 \sim 88.0$）、较低煤灰软化温度（$ST = 1229 \ ℃$）、含油煤（$Tar = 4.82\%$）等煤质特征。

——阳霞组所含 B 组煤具有低内水（$M_{ad} = 1.03\% \sim 2.63\%$）、特低灰（$A_d = 3.46\% \sim 9.11\%$）、中等—中高挥发分（$V_{daf} = 21.17\% \sim 32.58\%$）、特低—低硫（$S_{t,d} = 0.24\% \sim 0.79\%$）、特低磷（$P_d = 0.002\%$）、低氯（$Cl_d = 0.059\%$）、特低氟（$F_d = 53.0\mu g/g$）、特低砷（$As_d = 1.0\mu g/g$）、特高发热量（$Q_{gr,d} = 32.77 \sim 33.31 \ MJ/kg$）、无黏结性（$G_{R.I.} = 1.0$）、中等煤灰软化温度（$ST = 1290 \ ℃$）、中等煤灰流动温度（$FT = 1305 \ ℃$）等煤质特征。

——克孜努尔组所含 C 组煤具有低内水（$M_{ad} = 0.76\%$）、低灰（$A_d = 11.51\%$）、中等挥发分（$V_{daf} = 22.30\%$）、低硫（$S_{t,d} = 0.56\%$）、低磷（$P_d = 0.012\%$）、特低氯（$Cl_d = 0.038\%$）、特低氟（$F_d = 38.0\mu g/g$）、特低砷（$As_d = 1.0\mu g/g$）、特高发热量（$Q_{gr,d} = 33.04 \ MJ/kg$）、中黏结性（$G_{R.I.} = 75.0$）、中等煤灰软化温度（$ST = 1335 \ ℃$）等煤质特征。

3. 煤炭用途及产品方向

本矿区煤炭产品方向确定为：A 组、C 组煤以炼焦和配焦用煤为主；B 组煤以动力、民用煤为主，部分用于配焦用煤。

拜城矿区的目标市场主要由阿克苏地区传统用户、南疆其他地区电厂、拜城县重化工工业园煤炭就地转化等煤炭市场组成。需要指出的是：

（1）鉴于本矿区地处我国西部边境，交通运力有限。所以除满足阿克苏地区煤炭传统用户需求外，利用本矿区丰富的煤炭资源和水资源，就地发展煤炭洁净转化，生产附加值高的煤焦化、煤化工或发电产业，既符合本地客观情况，也符合发展循环经济的大方向。

（2）拜城矿区目标市场主要是拜城重化工工业园煤炭就地转化项目。据了解，拜城重化工工业园有部分煤焦化项目已经建成或已进入在建阶段。所以，本矿区总体规划的矿井应与周边落实的煤焦化、电厂等项目根据市场的需求统筹安排，协调建设。尽量避免盲目建设，供需失衡，造成不必要的经济损失。

（二）库车阿艾矿区

1. 煤类

矿区内煤种齐全，有焦煤、1/3 焦煤、气煤、长焰煤、不黏结煤和弱黏结煤。其中焦煤、1/3 焦煤、占总储量的 31.55%，气煤占总储量的 36.07%，弱黏煤占总储量的 18.19%；不黏煤占总资源储量的 5.42%；长焰煤占总储量的 4.7%。

本矿区赋存的炼焦、配焦煤类占资源总储量的 60% 以上，其中一部分属国家规定的稀缺煤类资源，更是新疆地区稀缺宝贵的炼焦煤资源的重要基地之一，应实行保护性开采和利用。

2. 煤质特征及工艺性能

——井田向斜北翼煤层具有**特低—低灰**（$A_d = 9.27\% \sim 17.48\%$）、**高挥发分**（$V_{daf} = 37.49\% \sim 42.61\%$）、**特低硫**（$S_{t,d} = 0.13\% \sim 0.33\%$）、**中高—高发热量**（$Q_{gr,d} = 25.82 \sim 29.83$ MJ/kg）、**无—强黏结性**（$G_{R.I.} = 0.0 \sim 104.0$）、**较低煤灰软化温度**（$ST = 1180 \sim 1320$ ℃）等煤质特征。

——井田向斜南翼煤层具有**特低—低灰**（$A_d = 8.55\% \sim 19.64\%$）、**高挥发分**（$V_{daf} = 37.12\% \sim 41.64\%$）、**特低硫**（$S_{t,d} = 0.24\% \sim 0.43\%$）、**中高—高发热量**（$Q_{gr,d} = 26.26 \sim 30.05$ MJ/kg）、**无—强黏结性**（$G_{R.I.} = 0 \sim 97$）、**较低煤灰软化温度**（$ST = 1180 \sim 1320$ ℃）等煤质特征。

综上分析，可以看出，井田向斜北、南两翼煤质基本相似，本区煤质最大特点是内在灰分低、硫分低。经分选加工可得到低灰、低硫优质精煤产品。

3. 煤炭用途及产品方向

本区所产的煤炭，大部分都可作炼焦和配焦煤，阿艾矿区建成后可作为库拜、阿克苏地区的炼焦、配焦、化工用煤和优质动力用煤基地。

五、准南煤田煤质分析

准南煤田划分的矿区多，但规模都不大，其含煤地层主要为侏罗系中统西山窑组，侏罗系下统八道湾组。煤田范围内煤类、煤质变化较大，从长焰煤、不黏煤到炼焦煤类均有分布，煤质条件复杂。对准南煤田赋存的煤炭资源，宜具体分析，区别对待，分质利用。下面以阜康矿区、水溪沟矿区为代表，对准南煤田的煤类、煤质特征与工艺性能以及煤炭主要用途进行扼要归纳。

（一）阜康矿区

1. 煤类

——西山窑组煤炭变质程度较低，煤类以不黏煤为主，占矿区资源总量

21.08%；

——八道湾组煤炭变质程度相对较深，煤类主要为气煤，个别煤层为长焰煤或弱黏煤，占矿区资源总量 78.92%。

2. 煤质特征及工艺性能

——阜康矿区西山窑组赋存的煤炭具有**较低内在水分**（$M_{ad} = 2.95\%$）、**中等灰分**（$A_d = 22.14\%$）、**中高挥发分**（$V_{daf} = 33.84\%$）、**特低—低硫**（$S_{t,d} = 0.25\% \sim 0.77\%$）、**低磷**（$P_d = 0.02\% \sim 0.03\%$）、**特低氯**（$Cl_d = 0.017\% \sim 0.039\%$）、**低—中氟**（$F_d = 98.44 \sim 156.00 \mu g/g$）、**特低—低砷**（$As_d = 2.83 \sim 9.06 \mu g/g$）、**特高发热量**（$Q_{gr,d} = 31.84 \sim 32.55 \ MJ/kg$）、**无—微黏结性**（$G_{R.I.} = 0 \sim 15$）、**较低—中等煤灰软化温度**（$ST = 1179 \sim 1269 \ ℃$）等煤质特性。

——阜康矿区八道湾组赋存的煤炭具有**较低内在水分**（$M_{ad} = 3.24\%$）、**中等灰分**（$A_d = 20.82\%$）、**高挥发分**（$V_{daf} = 39.49\%$）、**特低—中硫**（$S_{t,d} = 0.23\% \sim 1.05\%$）、**低磷**（$P_d = 0.02\% \sim 0.03\%$）、**特低氯**（$Cl_d = 0.007\% \sim 0.011\%$）、**特低氟**（$F_d = 56.29 \sim 74.64 \mu g/g$）、**特低砷**（$As_d = 0.38 \sim 1.86 \mu g/g$）、**高—特高发热量**（$Q_{gr,d} = 27.95 \sim 34.53 \ MJ/kg$）、**微—强黏结性**（$G_{R.I.} = 7 \sim 84$）、**较低煤灰软化温度**（$ST = 1191 \sim 1245 \ ℃$）等煤质特性。

3. 煤炭用途及产品方向

鉴于本矿区煤炭储量近 4/5 是气煤，本矿区八道湾组赋存的气煤的产品方向以炼焦和配焦用煤为主，西山窑组赋存的不黏煤的产品方向以动力发电用煤为主。需要指出的是，当地单独用气煤大量炼气煤焦，是生产碳化钙（电石）的基本原料，也可用于铸铁工业。据说在区内和中亚国家有很好的销路，供不应求。由于西山窑组不黏煤砷含量、氟含量偏高，不宜作为酿造和食品工业的燃料。

（二）水溪沟矿区

1. 煤类

——水溪沟矿区八道湾组上段赋存的煤炭种类为长焰煤及气煤。

——水溪沟矿区八道湾组下段赋存的煤炭种类有长焰煤、不黏煤、弱黏煤及气煤、贫煤。

2. 煤质特征及工艺性能

——八道湾组上段赋存的煤炭具有**较低内在水分**（$M_{ad} = 2.22\% \sim 3.75\%$）、**特低—低灰分**（$A_d = 8.09\% \sim 19.03\%$）、**高挥发分**（$V_{daf} = 45.06\% \sim$

48.71%）、**中高一高发热量**（$Q_{gr,d}$ = 24.95 ~ 30.27 MJ/kg）、**特低硫**（$S_{t,d}$ = 0.27% ~ 0.37%）、**低一中磷**（P_d = 0.03% ~ 0.058%）、**特低一低氯**（Cl_d = 0.02% ~ 0.052%）、**特低一低砷**（As_d = 2.0 ~ 6.0μg/g）、**无一强黏结性**（$G_{R.I.}$ = 0 ~ 97）、**中等一较高煤灰软化温度**（ST = 1250 ~ 1440 ℃）、**富油一高油煤**（Tar = 8.30% ~ 20.20%）等煤质特性，属良好的动力发电用煤及民用煤，部分煤层可作为配焦用煤及低温干馏煤。

——八道湾组下段赋存的煤炭具有**较低内在水分**（M_{ad} = 2.40% ~ 3.65%）、**特低一低灰分**（A_d = 8.90% ~ 13.60%）、**高挥发分**（V_{daf} = 40.59% ~ 49.41%）、**高发热量**（$Q_{gr,d}$ = 27.55 ~ 29.76 MJ/kg）、**特低一低硫**（$S_{t,d}$ = 0.27% ~ 0.62%）、**特低一低磷**（P_d = 0.004% ~ 0.049%）、**特低氯**（Cl_d = 0.032% ~ 0.043%）、**特低砷**（As_d = 2.0 ~ 3.0μg/g）、**无一强黏结性**（$G_{R.I.}$ = 0 ~ 96）、**中等一较高煤灰软化温度**（ST = 1250 ~ 1440 ℃）、**富油一高油煤**（Tar = 7% ~ 19.50%）等煤质特性，属良好的动力发电用煤及民用煤，部分煤层可作为配焦用煤及低温干馏煤。

3. 煤炭用途及产品方向

本矿区赋存的不同煤类的储量特点是：93% 左右为动力、化工用煤类，剩余 7% 的储量为配焦气煤。故本矿区煤炭产品方向主要作为工业动力、气化、民用煤及炼油用煤。部分煤层赋存的少量气煤，可作为配焦用煤。

需要指出的是，焦油产率高是本矿区煤炭工艺性能的一大特点，多属于高油煤。建议，可考虑对本矿区高含油煤资源实行分质加工、高效利用的新工艺路线：即通过粉煤低温干馏—半焦利用—粉煤制氢—煤焦油加氢轻质化—干馏气制天然气等系列化加工利用途径，形成循环经济多联产产业链。对于本矿区高油煤而言，这是一条发展煤基替代石油化工的具有良好前景的新途径。

六、塔城地区和什托洛盖煤田煤质分析

现以白杨河矿区为代表，对和什托洛盖煤田的煤质分析如下。

1. 煤类

——矿区内西山窑 56 层煤的煤类均以长焰煤（41CY）为主，局部有小面积不黏煤（31BN）分布；

——八道湾组各煤层煤类以长焰煤（41CY）为主，个别点为不黏煤（31BN）。

2. 煤质特征及工艺性能

白杨河矿区赋存的煤炭具有**中等内在水分**（$M_{ad} = 4.47\% \sim 8.16\%$）、**低—中灰**（$A_d = 17.78\% \sim 21.86\%$）、**高挥发分**（$V_{daf} = 40.23\% \sim 41.43\%$）、**中—中高发热量**（$Q_{gr,d} = 23.53 \sim 24.84$ MJ/kg）、**特低—低硫**（$S_{t,d} = 0.40\% \sim 0.57\%$）、**特低—低磷**（$P_d = 0.082\% \sim 0.127\%$）、**特低—低氯**（$Cl_d = 0.03\% \sim 0.068\%$）、**低—中氟**（$F_d = 127 \sim 154$ μg/g）、**低砷**（$As_d = 1.88 \sim 4$ μg/g）、**中等煤灰软化温度**（$ST = 1250 \sim 1350$ ℃，B_{20} 煤层＜1250 ℃）、**弱—中等结渣性**（结渣率 $= 20\% \sim 40\%$，B_{10} 煤层结渣率 45% ~ 77%）、**较难—极易磨**（$HGI = 49 \sim 102$，多数煤层为中等可磨）、**煤的化学活性较弱—较强**（950 ℃时，对 CO_2 转化率为 34.7% ~ 77.3%）、**低—中等热稳定性**（$TS_{+6} = 36.6\% \sim 68.70\%$）、**无黏结性**（$G_{R,L} = 0$）、**含油—富油煤**（$Tar = 2.8\% \sim 10.6\%$）等煤质特征。是良好的动力发电用煤和优良的气化、煤化工原料煤。

3. 煤炭用途及产品方向

本矿区煤炭产品方向定为：矿区西部生产的原煤用于发电用煤；矿区东部生产的原煤主要用于煤化工原、燃料用煤。

附文六　中华人民共和国国家发展和改革委员会令

第 14 号

为规范煤炭资源勘查开发秩序，保护和合理开发利用煤炭资源，特制定《煤炭矿区总体规划管理暂行规定》，现予发布，从二〇一二年七月十三日起实施。

煤炭矿区总体规划管理暂行规定

第一章　总　　则

第一条　为规范煤炭资源勘查开发秩序，保护和合理开发利用煤炭资源，特制定本规定。

第二条　适用于国家发展改革委审批的矿区总体规划。

第三条　煤炭资源开发必须编制矿区总体规划。经批准的矿区总体规划，是煤炭工业发展规划、煤矿建设项目开展前期准备工作和办理核准的基本依据。

第四条　国家发展改革委和省级发展改革委负责矿区总体规划的监督管理，煤炭行业管理、安全生产监管、国土资源、环保、水利、监察等部门在各自职责范围内参与管理。

第二章　规　划　编　制

第五条　煤炭矿区总体规划由省级发展改革委委托具有甲级煤炭工程咨询资质的单位编制。

第六条　编制煤炭矿区总体规划应当坚持合理布局、有序开发、规模生产和综合利用的原则，符合国家法律、法规、标准、规范等有关规定。

第七条　多个相邻煤田、大型煤田要在科学论证的基础上，合理划分矿区。

第八条 编制煤炭矿区总体规划应当在普查和必要的详查地质报告基础上进行，详查及以上区域面积占矿区含煤面积的 60% 左右。

矿区内有多个地质勘查报告时，省级发展改革委应当委托具有相应资质的地质勘查单位编制地质资料汇编报告。

编制矿区总体规划所依据的地质资料应当符合有关规范的要求，并取得相应资质单位的评审意见。

第九条 煤炭矿区总体规划应当与国家主体功能区规划、国家能源规划、煤炭工业发展规划、省级以上人民政府批准的城镇总体规划等相衔接。

第十条 煤炭矿区总体规划设计文件应当包括下列内容：

（一）规划编制的依据、指导思想和原则；

（二）矿区概况，包括矿区位置、资源条件、勘查程度等；

（三）矿区开发目的和必要性，矿区开发对地区经济社会发展的作用和意义，煤炭市场前景和产品竞争力；

（四）矿区开发企业基本情况，生产和在建矿区应当说明矿区生产开发现状；

（五）矿区和井（矿）田范围确定依据，井田划分的技术经济比较；

（六）矿井（露天矿）建设规模、服务年限、开拓方式、井口位置和工业场地；

（七）矿区建设规模、均衡生产服务年限、煤炭资源补充勘查意见和矿井建设顺序；

（八）煤炭分选加工，包括煤质特征、原煤可选性、产品利用方向、煤炭分选加工及布局；

（九）矿区与煤伴生资源、煤层气（煤矿瓦斯）、矿井水和煤矸石等资源综合开发利用方案；

（十）外部建设条件、矿区铁路、公路、供电电源及供电方案、供水水源及供水方式、通讯等；

（十一）矿区总平面布置及辅助设施，包括矿区地面布置、建设用地、防洪排涝等；

（十二）矿区安全生产分析与灾害防治等；

（十三）矿区环境保护、水土保持和节能减排等；

（十四）矿区劳动定员和矿区静态总投资；

（十五）规划矿井（露天矿）基本特征表、勘查程度图、井（矿）田划分图、矿区及井（矿）田拐点坐标表。

第三章　规　划　审　批

第十一条　资源储量为中型、规划总规模 300 万吨/年及以上的矿区，其总体规划由矿区所在省级发展改革委会同省级煤炭行业管理等部门提出审查意见后，报国家发展改革委审批。

第十二条　国家发展改革委收到报送的矿区总体规划文件后，对申报材料不齐全或者不符合要求的，应在收到申报材料后 10 个工作日内一次性告知申报单位，补充相关情况和文件。逾期不通知的，自收到申报材料之日起即视为受理。

申报单位应在统筹兼顾资源状况、技术经济、开发合理、管理规范等方面的基础上，提出矿区开发主体企业的建议。

第十三条　国家发展改革委在受理矿区总体规划后，应当委托有资质的评估机构进行评估或者组织专家评审。

接受委托的评估机构应当在规定的时间内提出评估报告，并对评估结论负责。评估机构在进行评估时，可要求申报单位就有关问题进行说明。

在咨询评估过程中，评估机构应当向国家发展改革委报告评估进度等有关情况。

第十四条　煤炭矿区总体规划评估报告应当包括下列内容：

（一）矿区概况及开发企业基本情况；

（二）矿区范围及勘查程度评价；

（三）资源条件评价，包括地层与构造、煤层、水文地质、开采技术条件及工程地质、资源储量、煤质等；

（四）矿区开发的必要性；

（五）矿区开发评价，包括矿区开发现状、规划原则、井（矿）田划分方案、规划建设规模、矿区均衡生产服务年限等；

（六）煤炭分选加工和资源综合利用评价，包括原煤可选性及产品利用方向、煤炭分选加工与布局、资源综合利用等；

（七）外部建设条件评价，包括矿区铁路、公路、供电电源及供电方案、供水水源及供水方式等；

（八）矿区总平面布置及辅助设施评价，包括矿区地面布置、建设用地、防洪排涝等；

（九）矿区安全生产与灾害防治评价；

（十）矿区环境保护、水土保持和节能减排评价；

（十一）主要结论和建议；

（十二）评估报告应当附规划矿井（露天矿）基本特征表、矿区勘查程度图、矿区井（矿）田划分图、矿区及井（矿）田拐点坐标表。

第十五条　对于可能会对公众利益造成重大影响的矿区，省级发展改革委在报批矿区总体规划前，应当采取适当方式征求公众意见。

第十六条　国家发展改革委对同意批复的矿区总体规划，应当向规划申报单位下达批复文件，同时抄送相关省（区、市）人民政府和国务院有关部门；对不同意批复的矿区总体规划，应当告知规划申报单位。

第四章　规划管理与实施

第十七条　煤炭矿区总体规划实行动态管理。已批准的矿区总体规划，矿区范围、井（矿）田划分和建设规模发生较大变化的，应编制矿区总体规划（修改版），明确矿区总体规划修改内容，并按照上述程序重新报批。

矿区总体规划（修改版）申报时间距原规划批复时间原则上不少于五年。评估或者评审矿区总体规划（修改版），应当对矿区总体规划修改内容做出评价。

第十八条　省级发展改革委在收到矿区总体规划批复文件后，应当将批复文件转发省级国土资源、水利、铁路、电力等部门，以及矿区所在地市（盟）、县（旗）人民政府和矿区开发主体企业。

第五章　法　律　责　任

第十九条　接受委托编制、评估煤炭矿区总体规划的工程咨询单位、评估机构，违反有关规定，提供虚假报告，违法所得在五千元及以上的，处五千元以上三万元以下的罚款；没有违法所得或者违法所得不足五千元的，处二千元以上一万元以下的罚款；对其直接负责的主管人员和其他直接责任人员处一千元以上一万元以下的罚款；构成犯罪的，依法追究刑事责任。

对有前款违法行为且情节严重的工程咨询单位、评估机构，应当由资质认定单位依法取消其相应资质。

第二十条　煤炭矿区总体规划的委托编制、审批部门违反本规定，在委托编制、审批中徇私舞弊、滥用职权、玩忽职守的，由上级行政主管机关或者监察机关责令改正，依法对其直接负责的主管人员和其他直接责任人员给予处分。

第二十一条　矿区煤炭开发企业在矿区总体规划未经批准或者违反经批准的矿区总体规划，擅自从事煤矿建设、生产的，由省级发展改革委会同有关部门责令停止建设、生产，并对相关企业负责人、直接负责的主管人员和其他直接责任人员处一千元以上一万元以下的罚款；构成犯罪的，依法追究刑事责任。

第六章　附　　　则

第二十二条　煤炭资源储量为小型、规划总规模 300 万吨/年以下的矿区，其总体规划由省级发展改革委审批，报国家发展改革委备案。

省级发展改革委审批的矿区总体规划，参照本规定执行。

第二十三条　本规定由国家发展改革委负责解释。

第二十四条　本规定自发布之日起三十日后施行，《国家发展改革委关于规范煤炭矿区总体规划审批管理工作的通知》（发改能源〔2004〕891 号）同时废止。

参 考 文 献

［1］中华人民共和国国家质量监督检验检疫总局，中国国家标准化管理委员会．GB/T 7186—2008　选煤术语［S］．北京：中国标准出版社，2008．

［2］《选煤标准使用手册》编委会．选煤标准使用手册［M］．北京：中国标准出版社，2004．

［3］国家技术监督局．GB/T 3715—2007　煤质及煤分析有关术语［S］．北京：中国标准出版社．

［4］中华人民共和国国土资源部．DZ/T 0215—2002　煤、泥炭地质勘查规范［S］．北京：地质出版社．

［5］中华人民共和国国家质量监督检验检疫总局，中国国家标准化管理委员会．GB/T 5751—2009　中国煤炭分类［S］．北京：中国标准出版社．

［6］中华人民共和国国家质量监督检验检疫总局，中国国家标准化管理委员会．GB/T 15224.1—2009　煤炭质量分级　第 1 部分：灰分［S］．北京：中国标准出版社．

［7］中华人民共和国国家质量监督检验检疫总局，中国国家标准化管理委员会．GB/T 15224.2—2009　煤炭质量分级　第 2 部分：硫分［S］．北京：中国标准出版社．

［8］中华人民共和国国家质量监督检验检疫总局，中国国家标准化管理委员会．GB/T 15224.3—2009　煤炭质量分级　第 3 部分：发热量［S］．北京：中国标准出版社．

［9］中华人民共和国国家安全生产监督管理总局．MT/T 561—2008　煤的固定碳分级［S］．北京：煤炭工业出版社．

［10］中华人民共和国国家质量监督检验检疫总局，中国国家标准化管理委员会．GB/T 20475.1—2006　煤中有害元素含量分级　第 1 部分：磷［S］．北京：中国标准出版社．

［11］中华人民共和国国家质量监督检验检疫总局，中国国家标准化管理委员会．GB/T 20475.2—2006　煤中有害元素含量分级　第 2 部分：氯［S］．北京：中国标准出版社．

［12］国家煤炭工业局．MT/T 803—1999　煤中砷含量分级［S］．北京：煤炭工业出版社．

［13］国家发展和改革委员会．MT/T 966—2005　煤中氟含量分级［S］．北京：煤炭工业出版社．

［14］中华人民共和国国家安全生产监督管理总局．MT/T 596—2008　烟煤黏结指数分级［S］．北京：煤炭工业出版社．

［15］中华人民共和国国家安全生产监督管理总局．MT/T 560—2008　煤的热稳定性分级［S］．北京：煤炭工业出版社．

［16］国家安全生产监督管理总局．MT/T 1017—2007　选煤用磁铁矿粉［S］．北京：煤炭工业出版社．

［17］中华人民共和国国家安全生产监督管理总局．MT/T 1075—2008　选煤厂　煤伴生矿物泥化程度评定［S］．北京：煤炭工业出版社．

［18］国家安全生产监督管理总局．MT/T ××××—20××　选煤厂　煤泥水沉降特性分类（征求意见稿）．北京：煤炭工业出版社．

［19］国家质量技术监督局．GB/T 7562—1998　发电煤粉锅炉用煤技术条件［S］．北京：中国标准出版社．

［20］国家质量技术监督局．GB/T 7563—2000　水泥回转窑用煤技术条件［S］．北京：中国标准出版社．

［21］中华人民共和国国家质量监督检验检疫总局，中国国家标准化管理委员会．GB/T 18855—2008　水煤浆技术条件［S］．北京：中国标准出版社．

［22］中华人民共和国国家质量监督检验检疫总局，中国国家标准化管理委员会．GB/T 397—2009　炼焦用煤技术条件［S］．北京：中国标准出版社．

［23］中华人民共和国国家质量监督检验检疫总局，中国国家标准化管理委员会．GB/T 18512—2008　高炉喷吹用煤技术条件［S］．北京：中国标准出版社．

［24］中华人民共和国国家质量监督检验检疫总局，中国国家标准化管理委员会．GB/T 9143—2008　常压固定床气化用煤技术条件［S］．北京：中国标准出版社．

［25］中华人民共和国国家质量监督检验检疫总局，中国国家标准化管理委员会．GB/T 23251—2009　煤化工用煤技术导则［S］．北京：中国标准出版社．

［26］中华人民共和国国家质量监督检验检疫总局，中国国家标准化管理委员会．GB/T 23810—2009　直接液化用煤技术条件［S］．北京：中国标准出版社．

［27］中华人民共和国国家发展和改革委员会．MT/T 1011—2006　煤基活性炭用煤技术条件［S］．北京：煤炭工业出版社．

［28］中华人民共和国国家质量监督检验检疫总局，中国国家标准化管理委员会．GB/T 17608—2006　煤炭产品品种和等级划分［S］．北京：中国标准出版社．

［29］中华人民共和国建设部，中华人民共和国国家质量监督检验检疫总局．GB 50465—2008　煤炭矿区总体规划规范［S］．北京：中国计划出版社，2009．

［30］中华人民共和国建设部，中华人民共和国国家质量监督检验检疫总局．GB 50359—2005　煤炭洗选工程设计规范［S］．北京：中国计划出版社，2005．

［31］张荣立，何国纬，李铎．《采矿工程设计手册》［M］．北京：煤炭工业出版社，2003．

［32］煤炭工业部选煤设计研究院．选煤厂设计手册（工艺部分）［M］．北京：煤炭工业出版社，1978．

［33］郝风印，李文林．选煤手册［M］．北京：煤炭工业出版社，1978．

［34］陈鹏．中国煤炭性质、分类和利用［M］．2 版．北京：化学工业出版社，2007．

［35］李增学，魏久传，刘英．煤地质学［M］．北京：地质出版社，2005．

［36］彭荣任，丛桂芝，白守义，等．重介质旋流器选煤［M］．北京：冶金工业出版社，1998．

［37］戴少康．选煤工艺设计的思路与方法［M］．北京：煤炭工业出版社，2003．

［38］匡亚莉．选煤工艺设计与管理（设计篇）［M］．徐州：中国矿业大学出版社，2006．

［39］郝临山，彭建喜．水煤浆制备与应用技术［M］．北京：煤炭工业出版社，2003．

［40］汤清华，马树涵，等．高炉喷吹煤粉知识问答［M］．北京：冶金工业出版社，2006．

［41］郭树才．煤化工工艺学［M］．北京：化学工业出版社，2005．

［42］许详静，刘军．煤炭气化工艺［M］．北京：化学工业出版社，2005．

［43］欧泽深，张文军．重介质选煤技术［M］．徐州：中国矿业大学出版社，2006．

［44］王敦增，洪瑞壑，秦良，等．选煤新技术的研究与应用［M］．北京：煤炭工业出版社，2005．

［45］邓晓阳，周少雷，解京选，等．选煤厂机械设备安装使用与维护［M］．徐州：中国矿业大学出版社，2004．

图书在版编目（CIP）数据

选煤工艺设计实用技术手册／戴少康编著．－－2版．－－北京：
煤炭工业出版社，2016

ISBN 978 - 7 - 5020 - 5207 - 2

Ⅰ. ①选⋯　Ⅱ. ①戴⋯　Ⅲ. ①选煤—工艺技术—技术手册
Ⅳ. ①TD94 - 62

中国版本图书馆 CIP 数据核字（2016）第 024219 号

选煤工艺设计实用技术手册　第 2 版

编　　著	戴少康
责任编辑	袁　筠
责任校对	孔青青
封面设计	王　滨

出版发行　煤炭工业出版社（北京市朝阳区芍药居 35 号　100029）
电　　话　010 - 84657898（总编室）
　　　　　010 - 64018321（发行部）　010 - 84657880（读者服务部）
电子信箱　cciph612@126. com
网　　址　www. cciph. com. cn
印　　刷　三河市万龙印装有限公司
经　　销　全国新华书店

开　　本　787mm×1092mm^1/$_{16}$　印张　38$\frac{1}{4}$　字数　650 千字
版　　次　2016 年 4 月第 2 版　2016 年 4 月第 1 次印刷
社内编号　8058　　　　　　　　定价　180. 00 元
